[2015. 6. 4. 시행 개정법률 반영]

국토계획법

이론 및 해설

법학박사 김 동 근
변 호 사 윤 승 현 공저

진 원 사

머 리 말

국토는 한번 파괴되면 회복이 어렵다. 균형과 조화를 갖춘 개발, 다음 세대를 위한 친환경적 개발, 사회 각 부분과의 유기적 조화를 이루는 개발이 필요한 이유다. 「국토의 계획 및 이용에 관한 법률」은 이러한 문제의 인식하에 국토의 계획적이고 체계적인 이용을 통한 난개발을 방지하고 효율적인 개발추진과 국토이용질서를 확립하여 쾌적한 도시환경의 조성과 공공복리를 증진시키고 국민의 삶의 질을 향상시키기 위한 목적으로 기존의 「도시이용관리법」과 「도시계획법」이 통합되어 제정된 법이다.

「국토의 계획 및 이용에 관한 법률」은 이처럼 국토의 이용 및 개발, 도시환경조성 등에 관한 국토계획의 기초를 이루고 있는 중추적인 법률이다. 이러한 중요성 때문에 국토의 계획 및 이용에 관한 법률은 제정 이래 지금까지 수십 차례에 걸친 개정작업이 이루어졌고(가장 최근은 일부개정 2014.6.3. 일부개정 된 후 2015.6.4. 시행예정이다), 그 만큼 더 복잡하게 세분화되어 그 내용을 이해하기도 쉽지 아니할 정도이다.

하지만 문제는 위와 같이 복잡하게 세분화되어 이해하기조차 어려운 「국토의 계획 및 이용에 관한 법률」을 쉽게 풀이하고 그와 관련된 분쟁들의 사례를 유형화한 후 그에 대한 해법을 제시하는 실무서는 그리 많지 않은 형편인 것이다. 이에 필자는 「국토의 계획 및 이용에 관한 법률」과 관련하여 실제 국토개발의 현장에서, 개발 실무에서 직접 실무를 담당하는 실무가 및 법률가뿐만 이 아니라 국토의 이용 및 개발에 관심이 있는 일반인들도 늘 곁에 두고 쉽게 참고할 수 있는 실무서가 필요하다는 생각에 이 책을 집필하게 되었다.

따라서 이 책은 이러한 취지에서 부동산학도·부동산 개발 전문가·법조인·일반 행정기관·감정평가사들은 물론 부동산 투자를 하는 일반 국민들에게

직·간접적으로 관련 있는「국토의 계획 및 이용에 관한 법률」을 체계적으로 이해시키기 위하여 법령·조례·각종 지침·대법원 및 하급심 판례·유권해설 등을 체계적으로 수록하는 한편 각종 서식까지 소개하는 등 부동산관련 업무를 수행하는데 조금이나마 도움이 되도록 정리를 하여 대학교재뿐만 아니라 실무서로서도 활용될 수 있도록 하였다는 그 특징이 있다.

이처럼 이 책은 실무자적 입장에서 서술한 책이기에 국토의 이용 및 개발 관련업무 수행자, 일반 토지소유자, 건설업계 종사자, 부동산업에 종사하는 사람들에게 좋은 지침서가 될 것으로 기대한다.

졸서이나마 준비하는 과정에서 많은 자료와 협조를 아낌없이 해주신 법원 및 여러 법무법인(LAW FIRM) 관계자 여러분께 이 면을 빌어 고마움을 표시하며, 아울러 어려운 여건 속에서도 이 책의 저술에 전념할 수 있도록 섬세한 배려와 따뜻한 격려를 아끼지 아니한 아내 고유선에게도 감사의 마음을 표하고자 한다.

끝으로 어려운 가운데에서도 본서의 출판을 위하여 불철주야 노력하신 진원사 양진수 사장님을 비롯하여 편집자 및 여러 임직원들에게도 깊은 감사를 드리는 바이다.

2014년 11월

저자 **김 동 근**

목 차

제2절 수도권정비계획 / 26

제3장 광역도시계획 75

제4장 도시기본계획 87

제5장 도시관리계획 99

제6장 용도지역·용도지구·용도구역 155

제1절 용도지역 / 157

제2절 용도지구 / 229

제3절 용도구역 / 245

제8장 도시계획시설 365

제12장 도시계획위원회 621

제13장 토지거래의 규제 631

제14장 보 칙 687

第16장 권한의 위임 및 위탁 713

第17장 벌 칙 717

국토계획법

이론 및 해설

제1장 총 론

제1절 서 론

1. 국토계획법의 목적

토지는 사람의 주거, 생산, 경제활동에 반드시 필요한 기본적 재화이지만 그 양이 한정되어 있어 원하거나 필요하다고 하여 마음대로 조절하여 공급하는 것이 불가능하며, 또 일단 무분별한 개발행위로 인하여 파괴되면 그에 대한 원상복구에 많은 노력과 비용 및 시간이 필요하다. 따라서 토지의 합리적이고 효율적인 이용을 위해서는 보전할 토지는 보전하고, 또 건축물의 부지로 이용하는 토지는 가장 적절한 용도 및 규모로 이용하되 전체 구성원의 이익을 감안하여야 한다. 하지만 토지의 소유자는 자신의 사적인 이익을 극대화하는 데에만 관심이 있을 뿐 토지의 합리적인 이용이나 공익에는 관심이 적은 것이 일반적이다.[1] 이 때문에 공익과 사익의 절적한 조절이 필요하게 되었고, 나아가 자원의 효율적인 활용을 통하여 건전하고 지속 가능한 발전을 위해 국민의 소유권행사에 대한 적절한 규제가 필요하게 되었다.

이를 위해 헌법 제23조에서는 국토의 효율적이고 균형적인 이용·개발과 보전을 도모하기 위하여 모든 국민의 재산권은 보장하되, 그 내용과 한계를 법률로 정하고, 그 행사는 공공복리에 적합하게 하여야 한다'라는 규정을 두었고, 같은 법 제122조에서는 '국가는 국민 모두의 생산 및 생활의 기반이 되는 국토의 효율적이고 균형 있는 이용·개발과 보전을 위하여 그에 대한 필요한 제한과 의무를 과할 수 있다'는 규정을 두었으며, 같은 법 제120조에서는 '국가는 그 균형 있는 개발과 이용을 위하여 필요한 계획을 수립할 수 있다'는

1) 민태욱, "부동산공법", 부연사, 2007, 51면.

규정을 두었다. 나아가 국토의 이용·개발과 보전을 위한 계획의 수립 및 집행 등에 필요한 사항을 정해 공공복리를 증진시키고 국민의 삶의 질을 향상시키는 것을 목적으로 「국토의 계획 및 이용에 관한 법률」(이하 '국토계획법 또는 법'이라 한다) 또한 제정된 것이다.

2. 국토계획법의 연혁

가. 연 혁

국토계획법이 제정되기 이전에는 국토를 도시와 비도시지역으로 구분하여 도시지역은 도시계획법이, 비도시지역은 국토이용관리법이 각각 적용되는 방식으로 운영되었지만 계획기법의 부족으로 인한 국토의 난개발 문제 등이 대두됨에 따라 국토의 계획적이고 체계적인 이용을 통한 난개발의 방지 및 도시지역의 과도한 고밀도 개발을 억제할 목적으로 도시계획법과 국토이용관리법을 통합하여 2002년 2월 4일 법률 제6655호로 법(법은 제1장 총칙, 제2장 광역도시계획, 제3장 도시기본계획, 제4장 도시관리계획, 제5장 개발행위의 허가 등, 제6장 용도지역·용도지구 및 용도구역에서의 행위 제한, 제7장 도시계획시설사업의 시행, 제8장 비용, 제9장 도시계획위원회, 제10장 토지거래의 허가 등, 제11장 보칙, 제12장 벌칙 등 전문 144조와 부칙으로 이루어져 있다)이 제정되었다.

나. 국토계획법의 연혁별 개정 주요내용

연 혁	개정사유	개정내용
2004.1.20.	• 토지적성평가 및 개발행위허가 등의 대상과 기준을 조정 • 관리지역, 수자원보호구역 등에 대한 행위제한의 정도 완화	• 토지적성평가 : 개발용도를 보전용도의 용도지역으로 변경하는 경우 평가 생략 • 개발행위허가 : 녹지지역, 관리지역, 농림지역, 자연환경보전지역의 제1종 근생시설과 주택사업계획승인 대상이 아닌 주택의 경우 연접개발 제한대상 제외
2005.1.15.	관리지역의 원활한 택	• 지구단위계획 : 제2종 지구단위계획구역 면적기준

	지공급과 중소기업 공장 입지 기준 완화	완화 • 개발행위허가 : 공장부지 증설에 대한 연접개발규제 완화 • 용도지역 : 관리지역내 소규모 공장 건축제한 규정(증축, 개축) 완화
2005.3.31.	• 도시기본계획 수립절차 간소화 및 자율성 제고 • 도시민에게 건전한 여가와 휴식공간 제공	• 도시기본계획 승인사무 도지사 이양 • 용도구역 도시자연공원구역 지정·관리
2005.7.31.	토지거래계약허가 : 토지의 경우 허가받은 목적대로 이용하기 위한 구체적 위임근거 마련	토지거래계약허가 이용의무기간 위임근거 마련
2005.9.8.	• 중소기업 공장 신설 완화 • 장기 임대주택의 활성화	• 도시계획시설 : 골프장 설치 입안절차 간소화 • 지구단위계획 : 제1종 지구단위계획구역의 공공시설부지 제공에 따른 용적률 완화 확대 • 용도지역 : 10년 이상 장기임대주택의 용적률 완화 • 관리지역 내 소규모 공장신설 제한적 허용 • 토지거래허가 구역의 지정권한 위임 축소 • 개발행위허가 : 개발토지의 도로확보 기준 일원화
2005.11.11.	자연공원의 사업추진 원활화	용도지구 : 자연공원 공원집단시설지구 용적률 완화
2006.3.23.	공공시설부지의 확보	• 지구단위계획 : 제1종 지구단위계획의 건폐율 완화 적용대상의 확대 • 용도지역 : 준공업지역 내 노인복지주택 건축제한 강화
2006.8.17.	기반시설부담금에 관한 법률제정	기반시설부담금구역 : 기반시설부담금구역 규정폐지, 삭제
2006.12.7.	• 도시계획위원회 심의절차의 객관성과 공정성 확보 • 투기심리 억제를 통	• 도시계획위원회 안건 관련 위원 심의 제척 및 회의록 공개 • 도시개발허가 : 비도시지역 토지분할 포함 • 토지거래계약허가 : 조갈계획 제출 및 위반사항 신

	한 부동산 시장 안정도모	고포상제 도입과 이용의무위반자 이행강제금부과
2006.12.28.	• 제한적 토지의 균형적 이용, 개발 • 자연공원법과의 법률간 해석논란 해소	• 지속가능성 평가 도시계획에 반영 • 용도지역 : 자연공원 내 용적률은 공원계획에 따름
2007.1.19.	• 국가의 주용정책사업의 신속한 추진 • 국민재선권 행사에 대한 제한 완화	• 도시기본계획 : 국가계획은 도시기본계획에 우선하고 향후 반영 • 지방의회 : 도시관리계획입안시 지방의회 의견조회 • 도시기간시설 : 도시계획시설부지 매수여부 결정기간 단축(2년 → 6월)
2007.4.19.	계획관리지역 내 주택공급확대	• 지구단위계획 : 제2종 지구단위계획구역의 용적률 상향 • 용도지역 : 생산녹지지역의 첨단업종 공장 신설증설 완화
2007.10.17.	개발제한구역 재제지역 주민의 권익보호와 계획적 개발유도	용도구역 : 개발제한구역 해제 집단취락지구 내 도시계획시설의 국가 우선지원 및 이행강제금 체납처분의 근거규정 마련
2008.1.8.	관리지역의 조속한 세분	• 용도시역 : 미세분 관리지역의 건축제한 강화 • 계획관리지역 내 소규모 공장설립 규제 완화
2008.3.28.	• 도시관리계획 수립절차 간소화 및 대도시의 자율성 제고 • 수익자부담 실현 및 기반시설의 완활한 설치	• 도시관리계획 : 50만 이상 대도시 시장 도시관리계획 결정 • 기반시설부담구역 : 구역 지정 근거 및 부과대상, 산정기준 마련
2008.9.25.	• 연접개발 규제 완화 • 농공단지 활성화	• 개발행위허가 : 연접개발 합산제도 개선 • 용도지역 : 농공단지 및 자연녹지지역 건폐율, 입지규제 완화 • 제2종 일반주거지역 층수제한 완화 • 토지거래허가 : 기준면적 이하 적용이 가능하도록 강화

2009.2.6.	지역특성을 고려한 광역권 도시계획 활성화	도시기본계획 : 특별시, 광역시 도시기본계획에 대한 국토부 승인권한 폐지
2009.5.13.	쾌적하고 저렴한 소형 주택 공급	용도지역 : 제1종 일반주거지역 도시형생활주택 층수 완화
2009.7.7.	• 토지의 효율적 이용을 촉진하고 기업투자를 활성화 • 토지거래계약허가제도의 합리적 개선	• 개발행위허가 : 연접 합산기준 개선 • 용도지역 : 보전목적의 용도지역 내 기존공장 한시적 증축 허용 • 계획관리지역의 공장 업종제한 폐지 • 토지거래허가 : 주택 외 시설분양을 위한 토지취득시 면제
2009.12.29.	• 전기선, 통신설의 지중화 및 지하시설물의 체계적 관리 • 대도시의 자율성 부여	• 도시계획시설 : 일정규므 이상 개발사업 시행시 공동구 설치 의무화 • 도시관리계획 : 대도시시장에 대한 자격 완화
2010.4.29.	• 토지의 효율적 이용을 촉진하고 기업투자를 활성화 • 토지의 연접개발 제한을 합리적으로 개선	• 개발행위허가 : 대규모 단일시설물에 대한 규모제한 완화 • 제2종 근생시설 등 연접개발제한제도 개선
2011.3.9.	• 공공시설 부지 확보 • 연접개발 제한 폐지 지역의 난개발 방지	• 지구단위계획 : 제1종 지구단위계획구역 인센티브 부여 대상 확대 • 개발행위허가 : 연접개발 제한 폐지 및 도시계획위원회 심의 의무화 • 토지거래허가 : 준산업단지 및 지식산업센터 면제
2011.4.14.	• 개별법률의 지역, 지구해제 간소화 • 복잡하고 경직적인 국토이용체계를 통화, 단순화 및 유연하게 개편 • 조례제정의 근거를 법률에 규정	• 용도지역 : 농업진흥지역, 보전산지 해제시 용도지역 변경 절차 간소화 • 도시계획시설 : 시설결정 관련 조례에 관련 위임근거를 법률에 규정 • 장기 미집행 도시계획시설 해제권고제도 도입 • 지구단위계획 : 지구단위계획의 통합 및 지정대상 확대 • 개발행위허가 : 용도지역 및 기반시설 등에 따른 기준의 차등화

2011.7.1.	주택공급 및 기업의 투자 활성화	• 용도지역 : 제2종 일반주거지역의 층수제한 폐지 • 기존 공장에 대한 한시적 건폐율 완화 연장
2011.9.16.	농업관련시설 부족문제 해결	용도지역 : 녹지지역 내 농업관련 건축물의 건폐율 완화
2012.1.6.	• 집중호우로 인한 재해 예방 • 용도지역에서의 건축제한 탄력성 제고	• 방제계획 : 안전관리계획과 풍수해저감종합계획을 고려한 도시계획수립 • 재해취약지역의 개발해위에 대한 심의 강화 • 지구단위계획 : 기반시설(방제) 설치에 따른 인센티브 제공 범위 확대 • 용도지역 : 새로운 유형의 건축물은 도시계획조례로 제한사항 관리
2012.2.1.	• 개발행위 인허가의 간소화 • 토지거래허가 기준 완화 • 복합용도지역 토지의 비정상적 합필, 분필 해결	• 개발행위허가 : 인거가 의제 협의기간을 29로 정하고 협의회 구성 • 토지거래허가 : 투기목적외 원칙적으로 허가 • 용도지역 : 복합용도지역 부지의 경우 가중평균 건폐율 및 용적률 적용
2012.4.10.	유휴토지의 효율적 개발	지구단위계획 : 지구단위계획을 통한 용도지역 변경 일부 허용
2012.12.18.	체육시설의 성격과 공익성을 고려	기반시설 : 공공필요성이 있는 체육시설만 기반시설로 인정
2013.5.22.	지역간 균형발전 기여	용도지역 : 용도지역 구분시 지역간 균형발전 고려
2013.6.11.	• 용적률 또는 건축제한의 완화 • 신재생에너지 개발 활성화	• 지구단위계획 : 용적률 및 건축제한 완화적용 고려사항 확대 • 도시계획시설 : 신재생에너지 설비 설치절차 완화 • 용도지역 : 계획관리지역 내 숙박시설에 대한 건축제한 완화

3. 국토계획법의 성격

국토계획법은 도시계획법과 국토이용관리법이 통합하여 제정된 법률이다. 따라서 국토계획법은 양 법률이 갖는 특성인 계획법으로서의 성격 및 공간규제법으로서의 성격뿐만 아니라 사업법으로서의 성격도 아울러 가진다.

제2절 국토계획법의 구성체계 등

1. 헌법적 근거

토지이용의 통제는 구체적으로 토지의 효율적인 이용 및 보전, 쾌적한 주거 및 생활환경의 확보, 아름다운 도시미관 확보, 환경과의 조화 등을 추구하고 있다, 이러한 목적달성을 위하여 취하는 기본적인 구조는 우선 국가 또는 지방자치단체가 토지에 대한 이용계획을 사전에 수립하고, 개별토지의 이용은 이들 계획에 따라 이루어지도록 통제하는 것이다.[2] 이를 위해 헌법 제122조에서는 '국가는 국민 모두의 생산 및 생활의 기반이 되는 국토의 효율적이고 균형 있는 이용·개발과 보전을 위하여 그에 대한 필요한 제한과 의무를 과할 수 있다'고 규정함은 물론 법 제120조에서는 '국가는 그 균형 있는 개발과 이용을 위하여 필요한 계획을 수립할 수 있다'고 각 규정하고 있다.

2. 다른 부동산공법과의 관계

법은 국토기본법의 하위법으로서의 성격을, 다른 부동산공법에 대하여는 상위법·일반적으로서의 성격을 갖는다. 따라서 법은 우리나라의 공간계획 중에서 최상위에 위치하는 국토종합계획으로서, 국토기본법에 의하여 수립되며, 도종합계획, 시·군종합계획, 지역계획 그리고 무분별계획의 지침으로서의 역

2) 민태욱, 앞의 책, 52면.

할을 한다.[3] 그 결과 이법에 따른 도시·군계획은 특별시·광역시·특별자치시·특별자치도·시 또는 군의 관할 구역에서 수립되는 다른 법률에 따른 토지의 이용·개발 및 보전에 관한 계획의 기본이 되는 것이다(법 제4조제1항).

〈국토계획법의 구성체계〉

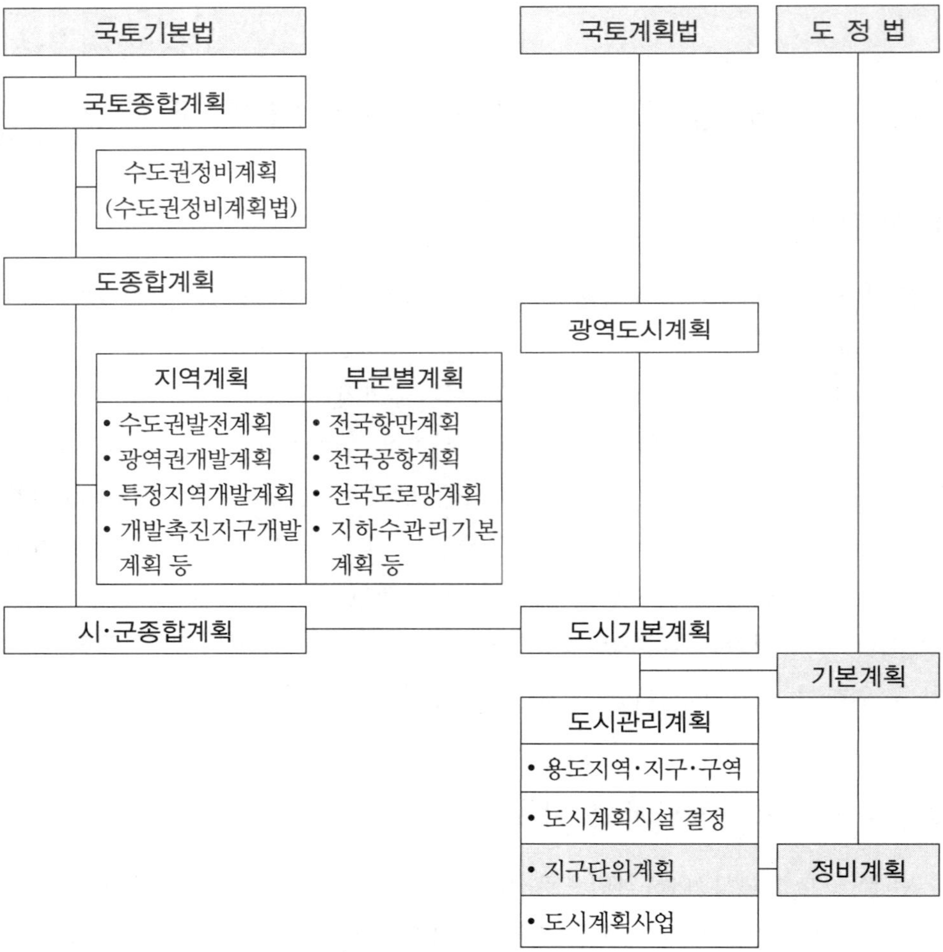

3) 대한국토·도시계획학회 편저, “도시개발론”, 보성각, 2008, 248면.

3. 법령 및 하위지침

가. 법령 및 하위지침

법령은 「국토의 계획 및 이용에 관한 법률」, 대통령령인 「국토의 계획 및 이용에 관한 법률 시행령」, 국토교부부령인 「국토의 계획 및 이용에 관한 시행규칙」, 「도시계획시설의 결정·구조 및 설치기준에 관한 규칙」, 「지하공공보도시설의 결정·구조 및 설치기준에 관한 규칙」 등으로 이루어져 있다.

나. 법 하위지침·훈령

계획적이고 효율적인 토지이용계획 수립을 위해 법의 하위지침 및 훈령으로 광역도시계획 수립지침, 도시기본계획 수립지침, 도시관리계획 수립지침, 제1종 지구단위계획 수립지침, 제2종 지구단위계획 수립지침, 개발행위허가 운영지침, 기반시설연동제 운영지침, 토지의 작성평가에 관한 지침 등 8개의 수립지침과 중앙도시계획위원회 운영세칙 및 도시계획조례(특별시·광역시·도·시·군·구 조례) 등을 두고 있다.

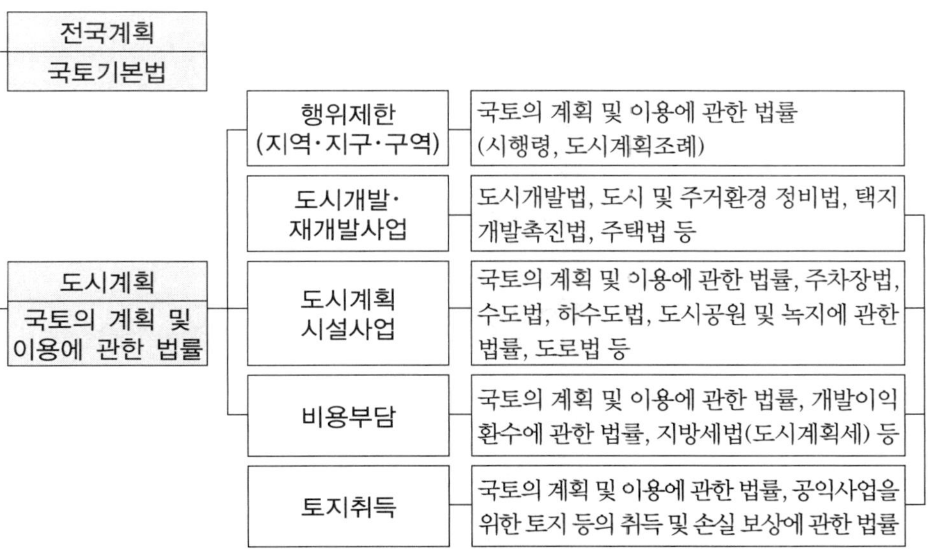

제2장 국토계획

제1절 국토계획

1. 국토계획의 의의 및 성질

가. 국토계획의 의의

국토계획이라 함은 국토를 이용·개발 및 보전할 때 미래의 경제적·사회적 변동에 대응하여 국토가 지향하여야 할 발전방향을 설정하고 이를 달성하기 위한 계획을 말한다(국토기본법 제6조제1항). 국토기본법이 정하는 국토계획은 국토종합계획, 도종합계획, 시·군종합계획, 지역계획, 부문별계획 5가지이다(국토기본법 제6조제2항).

나. 국토계획의 성질

국토계획은 광범한 형성의 자유를 갖는 계획재량행위이고, 행정기관에 대하여 법적구속력을 갖는다는 점에서 구속적 계획에 속하나, 국민에 대하여 법적구속을 갖지 않는다는 점에서 좁은 의미의 구속적 계획은 아니다. 따라서 일반적·추상적 처분으로서 사법심사의 소송물에 해당하지 않으며, 그것을 다툴 수 있는 원고적격이 개인에게 없다. 다만, 공익을 위한 대표소송인 민중소송의 가능성이 존재하나 이것도 법이 인정하는 규정을 두고 있지 않다.

2. 국토계획상호간의 관계 및 계획간의 조정

가. 다른 법령에 따른 계획과의 관계

헌법 제122조에 근거하여 제정된 국토기본법과 이 법에 따른 국토종합계획은 다른 법령(수도권정비계획 및 국토의 계획 및 이용에 관한 법률)에 따라 수립되는 국토에 관한 계획에 우선하며 그 기본이 된다. 다만, 군사에 관한 계획에 대하여는 그러하지 아니하다(국토기본법 제8조).

나. 국토계획 상호간의 관계

국토종합계획은 도종합계획 및 시·군종합계획의 기본이 되며, 부문별 계획과 지역계획은 국토종합계획과 조화를 이루어야 한다. 도종합계획은 해당 도의 관할 구역에서 수립되는 시·군종합계획의 기본이 된다. 국토종합계획은 20년을 단위로 하여 수립하며, 도종합계획, 시·군종합계획, 지역계획 및 부문별 계획의 수립권자는 국토종합계획의 수립주기를 고려하여 그 수립주기를 정하여야 한다(국토기본법 제7조).

다. 계획간의 조정

국토교통부장관은 도종합계획, 시·군종합계획, 지역계획 및 부문별 계획이 서로 상충되거나 국토종합계획에 부합하지 아니하다고 판단되는 경우, 국토계획평가 실시결과 해당 국토계획을 보관·조정할 필요가 있다고 인정되는 경우에는 중앙행정기관의 장 또는 지방자치단체의 장에게 해당계획을 조정할 것을 요청할 수 있다. 계획을 조정할 것을 요청받은 중앙행기관의 장 또는 지방자치단체의 장이 특별한 사유 없이 이를 반영하지 아니하는 경우에는 국토교통부장관이 국토정책위원회의 심의를 거쳐, 미리 관계중앙행정기관의 장 또는 해당 지방자치단체의 장의 의견을 듣고, 이를 조정할 수 있다(국토기본법 제20조).

3. 국토계획의 수립절차 및 내용

가. 국토종합계획

1) 의 의

국토종합계획은 국토개발과 보전에 관한 종합적·장기적 정책방향을 설정하는 국가의 최상위 국토계획이다. 헌법 제121조제2항과 1963년에 제정된 국토건설종합계획법에 따라 수립된다. 여기에는 중앙정부와 지방자치단체가 실시할 국토정책과 지역·도시계획, 간접자본(SOC) 투자에 대한 기본지침이 포함되는 것이 일반적이다.[4)]

2) 수립절차

가) 국토종합계획 수립권자

국토종합계획의 수립권자는 국토교통부장관이다(국토기본법 제9조제1항). 국토교통부장관은 국토종합계획을 수립하려는 경우에는 중앙행정기관의 장 및 특별시장·광역시장·도지사 또는 특별자치도지사에게 대통령령으로 정하는 바에 따라 국토종합계획에 반영되어야 할 정책 및 사업에 관한 소관별 계획안[5)]의 제출을 요청할 수 있다. 이 경우 중앙행정기관의 장 및 시·도지사는 특별한 사유가 없으면 그 요청에 따라야 하고(같은 조 제2항), 국토교통부장관은 소관별 계획안을 기초로 이를 조정·총괄하여 국토종합계획안을 작성하되,[6)]

---

4) 1972년 이전에는 경제개발 5개년계획과 함께 수립되었다. 이것이 1972년부터 5년짜리 경제개발계획과 별도의 10년짜리 국토종합개발계획으로 분리되었다. 제1차 국토종합개발계획은 1981년까지로 잡혔고 경부축 중심의 거점개발로 구체화했다. 제2차와 제3차 계획은 각각 1982~1991년과 1992~2001년을 대상으로 세워졌다. 하지만 경제개발계획의 필요성이 줄어들면서 유명무실해졌다는 비판도 적지 않다. 제4차 계획에서는 명칭에서 '개발'이라는 말을 빼 '국토종합계획'으로 바꾸었다. 환경친화성을 살리려는 의지를 담은 셈이다. 대상기간도 2000년부터 2020년까지 20년으로 늘려 장기종합계획으로 삼도록 했다.

5) 소관별 계획안 수립지침에는 다음 각 호의 사항이 포함되어야 한다(국토기본법 시행령 제2조제2항).
   1. 국토종합계획의 수립 배경 및 목적
   2. 국토종합계획 수립의 기본방향
   3. 국토종합계획에 반영이 필요한 정책 및 사업의 개요
   4. 소관별 계획안 수립시의 고려사항 및 주요 항목
   5. 그 밖에 소관별 계획안 수립과 관련하여 필요한 사항

6) 국토교통부장관은 법 제9조제3항의 규정에 의하여 소관별 계획안을 조정·총괄하는 경우에는 다음 각 호의 사항을 검토하여야 한다(국토기본법 시행령 제3조).
   1. 정책 또는 사업의 국토종합계획의 목적 및 기본방향과의 부합여부
   2. 정책 또는 사업 간의 상충여부
   3. 정책 또는 사업의 타당성

제출된 소관별 계획안의 내용 외에 국토종합계획에 포함되는 것이 타당하다고 인정하는 사항은 관계 행정기관의 장과 협의하여 국토종합계획[7]안에 반영할 수 있다(같은 조 제3항).

나) 공청회 개최

국토교통부장관은 국토종합계획안을 작성하였을 때에는 공청회를 열어 일반 국민과 관계 전문가 등으로부터 의견을 들어야 하며, 공청회에서 제시된 의견이 타당하다고 인정하면 국토종합계획에 반영하여야 하고(국토기본법 제11조제1항), 공청회를 개최하고자 하는 때에는 공청회 개최 14일전까지 ⅰ) 공청회의 개최 목적, ⅱ) 공청회의 개최 예정일시 및 장소, ⅲ) 국토종합계획안의 개요, ⅳ) 의견발표에 관한 사항, ⅴ) 그 밖에 공청회 개최에 필요한 사항 등을 전국을 보급지역으로 하는 일간신문에 1회 이상 공고하여야 한다(국토기본법 시행령 제4조제1항). 다만, 국방상 기밀을 유지하여야 하는 사항으로서 국방부장관이 요청한 사항은 그러하지 아니하다(국토기본법 제11조제1항 단서).

다) 국토종합계획의 승인

국토교통부장관은 국토종합계획을 수립하거나 확정된 계획을 변경하려면

---

4. 정책 또는 사업의 우선순위와 중요도
5. 정책 또는 사업의 기대효과
6. 소요재원의 확보가능성

7) 국토종합계획에는 다음 각 호의 사항에 대한 기본적이고 장기적인 정책방향이 포함되어야 한다(국토기본법 제10조).
1. 국토의 현황 및 여건 변화 전망에 관한 사항
2. 국토발전의 기본 이념 및 바람직한 국토 미래상의 정립에 관한 사항
3. 국토의 공간구조의 정비 및 지역별 기능 분담 방향에 관한 사항
4. 국토의 균형발전을 위한 시책 및 지역산업 육성에 관한 사항
5. 국가경쟁력 향상 및 국민생활의 기반이 되는 국토 기간 시설의 확충에 관한 사항
6. 토지, 수자원, 산림자원, 해양자원 등 국토자원의 효율적 이용 및 관리에 관한 사항
7. 주택, 상하수도 등 생활 여건의 조성 및 삶의 질 개선에 관한 사항
8. 수해, 풍해(風害), 그 밖의 재해의 방제(防除)에 관한 사항
9. 지하 공간의 합리적 이용 및 관리에 관한 사항
10. 지속가능한 국토 발전을 위한 국토 환경의 보전 및 개선에 관한 사항
11. 그 밖에 제1호부터 제10호까지에 부수(附隨)되는 사항

미리 국토정책위원회와 국무회의의 심의를 거친 후 대통령의 승인을 받아야 하고(국토기본법 제12조제1항), 이에 따라 국토교통부장관이 국토정책위원회의 심의를 받으려는 경우에는 미리 심의안에 대하여 관계 중앙행정기관의 장과 협의하여야 하며 시·도지사의 의견을 들어야 하는데(같은 조 제2항), 이 경우 심의안을 받은 관계 중앙행정기관의 장 및 시·도지사는 특별한 사유가 없으면 심의안을 받은 날부터 30일 이내에 국토교통부장관에게 의견을 제시하여야 한다(같은 조 제3항).

라) 공고 및 관계 행정기관의 장 등에 대한 송부

국토교통부장관은 국토종합계획을 수립하여 국토정책위원회와 국무회의의 심의를 거쳐 대통령의 승인을 받았을 때에는 지체 없이 그 주요 내용을 관보에 공고하고, 관계 중앙행정기관의 장, 시·도지사, 시장 및 군수(광역시의 군수는 제외한다)에게 국토종합계획을 보내야 한다(국토기본법 제12조제4항).

나. 도종합계획

1) 도종합계획의 의의

도종합계획은 도가 보유하고 있는 유형·무형의 인적·물적 자원을 효과적으로 이용·개발·보전하기 위하여 장·단기 정책방향과 치침을 설정하고 추진함으로써 지역주민의 복리향상과 지역발전에 기여함을 목적으로 한다. 초광역클러스터 개발계획, 지역특화발전특구제도의 도입 등 기존의 공간계획의 영역이 다향하게 확대 발전되고 있는 점을 감안하여 도종합계획이 이들 공간관련 계획을 종합하는 계획이 되도록 하여야 하고, 또한 각 부처에서 추진하고 있는 다향한 도단위 계획 간의 유기적인 연계성을 제시하는 계획이 되도록 하여야 한다.

2) 도종합계획의 수립절차

가) 수립권자

도종합계획의 수립권자는 도지사이다. 도지사는 ⅰ) 지역 현황·특성의 분석 및 대내외적 여건 변화의 전망에 관한 사항, ⅱ) 지역발전의 목표와 전략에 관한 사항, iii) 지역 공간구조의 정비 및 지역 내 기능 분담 방향에 관한 사항, iv) 교통, 물류, 정보통신망 등 기반시설의 구축에 관한 사항, v) 지역의 자원 및 환경 개발과 보전·관리에 관한 사항, vi) 토지의 용도별 이용 및 계획적 관리에 관한 사항, vii) 그 밖에 도의 지속가능한 발전에 필요한 사항으로서 대통령령으로 정하는 사항 등에 대한 도종합계획을 수립하여야 한다(국토기본법 제13조제1항).

나) 도시계획위원회의 심의 및 수립기준 등

도지사가 도종합계획을 수립할 때에는 「국토의 계획 및 이용에 관한 법률」에 따라 도에 설치된 도시계획위원회의 심의를 거쳐야 하며, 도종합계획의 수립 기준 및 작성 방법은 대통령령으로 정하는 바에 따라 국토교통부장관이 정한다(같은 조 제2,3항). 다만, 다른 법률에 따라 따로 계획이 수립된 도로서 대통령령으로 정하는 도[8]는 도종합계획을 수립하지 아니할 수 있다(같은 조 제1항 단서).

다) 도종합계획의 수립을 위한 공청회

도종합계획의 수립에 관하여는 제11조를 준용한다. 즉, 도지사는 도종합계획안을 작성하였을 때에는 공청회를 열어 일반 국민과 관계 전문가 등으로부터 의견을 들어야 하며, 공청회에서 제시된 의견이 타당하다고 인정하면 국토종합계획에 반영하여야 하고, 공청회를 개최하고자 하는 때에는 공청회 개최 14일전까지 전국을 보급지역으로 하는 일간신문에 1회 이상 공고하여야 한다. 다만, 국방상 기밀을 유지하여야 하는 사항으로서 국방부장관이 요청한 사항은 그러하지 아니하다.

라) 도종합계획의 승인

도지사는 도종합계획을 수립하였을 때에는 국토교통부장관의 승인을 받아

8) 여기에는 수도권정비계획법 제4조에 따른 수도권정비계획이 수립되는 경기도와 제주도특별자치도 설치 및 국제자유도시 조성을 위한 특별법 제222조제1항에 따른 종합계획이 수립된 제주특별자치도가 있다.

야 한다.[9] 국토교통부장관이 도종합계획을 승인하려면 미리 관계 중앙행정기관의 장과 협의한 후 국토정책위원회의 심의를 거쳐야 하는데(국토기본법 제15조제2항), 이 경우 협의 요청을 받은 관계 중앙행정기관의 장은 특별한 사유가 없으면 그 요청을 받은 날부터 30일 이내에 국토교통부장관에게 의견을 제시하여야 한다(같은 조 제3항).

마) 도종합계획의 공고 및 송부

도지사가 도종합계획을 수립하여 국토교통부장관의 승인을 받으면 지체 없이 그 주요 내용을 공보에 공고하고, 관할구역에 있는 시장 및 군수에게 도종합계획을 보내야 한다(국토기본법 제15조제4항).

다. 시군종합계획(도시계획)

시·군종합계획이란 특별시, 광역시, 시 또는 군(광역시의 군 제외)의 관할 구역을 대상으로 하여 해당지역의 기본적인 공간구조와 장기발전 방향을 제시하고, 토지이용, 교통, 환경, 안전, 산업, 정보통신, 보건, 후생, 문화 등에 관하여 수립하는 계획으로서 「국토의 계획 및 이용에 관한 법률」에 따라 수립되는 도시·군계획을 말한다(국토기본법 제6조제3호).

라. 지역계획

1) 의 의

지역계획이란 특정지역을 대상으로 특별한 정책목적을 달성하기 위하여 수립하는 계획을 말한다(국토기본법 제6조제4호).

2) 수립권자 등

중앙행정기관의 장 또는 지방자치단체의 장은 지역 특성에 맞는 정비나 개발을 위하여 필요하다고 인정하면 관계 중앙행정기관의 장과 협의하여 관계

9) 승인받은 도종합계획을 변경할 때에도 또한 같다.

법률에서 정하는 바에 따라 ⅰ) 수도권 발전계획(수도권에 과도하게 집중된 인구와 산업의 분산 및 적정배치를 유도하기 위하여 수립하는 계획), ⅱ) 광역권 개발계획(광역시와 그 주변지역, 산업단지와 그 배후지역 또는 여러 도시가 서로 인접하여 같은 생활권을 이루고 있는 지역 등을 광역적·체계적으로 개발하기 위한 계획), ⅲ) 특정지역 개발계획(특정지역을 대상으로 경제, 사회, 문화, 관광 등을 전략적으로 발전시키기 위하여 수립하는 개발계획), ⅳ) 개발촉진지구 개발계획(다른 지역에 비하여 개발 수준이나 소득 기반이 현저히 열악한 낙후지역의 개발을 촉진하기 위하여 수립하는 계획),[10] ⅴ) 그 밖에 다른 법률에 따라 수립하는 지역계획을 수립할 수 있다(국토기본법 제16조제1항). 또한, 중앙행정기관의 장 등이 지역계획을 수립하거나 변경한 때에는 이를 지체 없이 국토교통부장관에게 알려야 한다(같은 조 제2항).

마. 부문별계획

1) 의 의

부문별계획이란 국토전역을 대상으로 하여 특정부문에 대한 장기적인 발전 방향을 제시하는 계획을 말한다(국토기본법 제6조제5호).

2) 수립권자 등

중앙행정기관의 장은 국토전역을 대상으로 하여 소관업무에 관한 부문별계획을 수립할 수 있으며(국토기본법 제17조제1항), 위 계획에는 국토종합계획의 내용을 반영하여야 하고, 이와 상충되지 아니하도록 하여야 하며(같은 조 제2항), 이를 수립하거나 변경한 때에는 지체 없이 국토교통부장관에게 알려야 한다(같은 조 제3항).

---

10) 법률개정에 따라 iii), iv)는 2015.1.1.자로 삭제 예정.

4. 국토계획의 효율적 추진

가. 실천계획의 수립 및 평가

중앙행정기관의 장 및 시·도지사는 국토종합계획의 내용을 소관 업무와 관련된 정책 및 계획에 반영하여야 하며, 이를 실행하기 위한 소관별 실천계획11)을 수립하여 국토교통부장관에게 제출하여야 하고(국토기본법 제18조제1항), 또한 소관별 실천계획의 추진 실적서를 작성하여 국토교통부장관에게 제출하여야 한다(같은 조 제2항). 국토교통부장관은 중앙행정기관의 장 등이 제출한 추진 실적을 종합하여 국토종합계획의 성과를 정기적으로 평가하고 그 결과를 국토정책의 수립·집행에 반영하여야 하며(같은 조 제3항), 이에 대한 평가를 효율적으로 하기 위하여 필요한 조사·분석 등을 전문기관에 의뢰할 수 있다(같은 조 제4항).

나. 국토종합계획의 정비

국토교통부장관은 위 '가.'항에 따른 평가 결과와 사회적·경제적 여건 변화를 고려하여 5년마다 국토종합계획을 전반적으로 재검토하고 필요하면 정비하여야 한다(국토기본법 제19조).

다. 국토계획평가의 대상 및 기준

국토교통부장관은 대통령령으로 정하는 중장기적·지침적 성격의 국토계획을 대상으로 국토의 균형 있는 발전, 경쟁력 있는 국토여건의 조성 및 환경친화적인 국토관리 측면에서 국토의 지속가능한 발전에 이바지하는지를 평가하여야 하며(국토기본법 제19조의2제1항), 이때 평가의 기준은 국토기본법 제2조

---

11) 소관별 실천계획은 5년 단위로 작성하고, 다음 각 호의 사항을 포함하여야 한다(국토기본법 시행령 제7조제1항).

1. 현황 및 문제점
2. 목표 및 추진전략
3. 실천과제 및 세부추진계획
4. 추진기간 및 투자계획
5. 그 밖에 계획의 효율적인 집행을 위하여 필요한 사항

부터 제5조까지의 규정에 따른 국토관리의 기본이념을 고려하여 대통령령으로 정한다(같은 조 제2항).

라. 국토계획평가의 절차

국토계획평가 대상이 되는 국토계획의 수립권자는 해당 국토계획을 수립하거나 변경하기 전에 대통령령으로 정하는 바에 따라 국토계획평가 요청서를 작성하여 국토교통부장관에게 제출하여야 하며, 이에 따라 국토계획평가 요청서를 제출받은 국토교통부장관은 국토계획평가를 실시[12)]한 후 그 결과에 대하여 국토정책위원회의 심의를 거쳐야 한다(국토기본법 제19조의3제1항). 국토계획평가 요청서 제출시기 및 국토계획평가 결과의 통보 절차 및 그 밖에 국토계획평가 절차에 필요한 사항은 대통령령으로 정한다(같은 조 제4항).

마. 계획 간의 조정

국토교통부장관은 도종합계획, 시·군종합계획, 지역계획 및 부문별계획이 i) 서로 상충되거나 국토종합계획에 부합하지 아니한다고 판단되는 경우, ii) 제19조의3제2항에 따른 국토계획평가 실시 결과 해당 국토계획을 보완·조정할 필요가 있다고 인정되는 경우의 어느 하나에 해당하는 경우에는 중앙행정기관의 장 또는 지방자치단체의 장에게 해당 계획을 조정할 것을 요청할 수 있고(국토기본법 제20조제1항), 이에 따라 계획을 조정할 것을 요청받은 중앙행정기관의 장 또는 지방자치단체의 장이 특별한 사유 없이 이를 반영하지 아니하는 경우에는 국토교통부장관이 국토정책위원회의 심의를 거쳐 이를 조정할 수 있다(같은 조 제2항). 국토교통부장관은 조정을 하고자 하는 경우 미리

12) 국토교통부장관이 국토계획평가를 실시할 때 필요한 경우에는 「정부출연연구기관 등의 설립·운영 및 육성에 관한 법률」에 따라 설립된 정부출연연구기관이나 관계 전문가에게 현지조사를 의뢰하거나 의견을 들을 수 있으며, 제1항에 따른 국토계획평가 요청서 중 환경친화적인 국토관리에 관한 사항은 대통령령으로 정하는 바에 따라 환경부장관의 의견을 들어야 한다(국토기본법 제19조의3제3항).

관계 중앙행정기관의 장 또는 해당 지방자치단체의 장의 의견을 들어야 한다(같은 조 제3항).

바. 국토계획에 관한 처분 등의 조정

국토교통부장관은 중앙행정기관의 장 또는 지방자치단체의 장이 국토계획의 시행을 위하여 하는 처분이나 사업이 상충되어 국토계획의 원활한 실시에 지장을 줄 우려가 있다고 인정하는 경우에는 국토정책위원회의 심의를 거쳐 그 처분이나 사업을 조정할 수 있고(국토기본법 제21조제1항), 조정을 하고자 하는 경우에는 미리 관계 중앙행정기관의 장 또는 해당 지방자치단체의 장의 의견을 들어야 한다(같은 조 제3항). 이때 관계 중앙행정기관의 장 또는 지방자치단체의 장은 국토교통부장관에게 그 처분이나 사업의 조정을 요청할 수 있다(같은 조 제2항).

사. 재정상의 조치

중앙행정기관의 장과 지방자치단체의 장은 국토계획이 실효성 있게 추진될 수 있도록 필요한 재정상의 조치를 마련하여야 한다(국토기본법 제22조).

5. 국토정보체계의 구축 등

가. 국토의 계획 및 이용에 관한 연차보고

정부는 국토의 계획 및 이용의 주요 시책에 관한 보고서를 작성하여 매년 정기국회 개회 전까지 국회에 제출하여야 한다. 위 보고서에는 ⅰ) 국토계획의 수립 및 관리, ⅱ) 국토의 계획 및 이용에 관하여 추진된 시책과 추진하려는 시책, ⅲ) 지역개발 현황 및 주요 시책, ⅳ) 사회간접자본의 현황, ⅴ) 국토자원의 이용 현황, ⅵ) 국토 환경 현황 및 주요 시책, ⅶ) 용도지역별 토지이용 현황 및 토지거래 동향, ⅷ) 그 밖에 국토계획 및 국토 이용에 관한 중요 사항 등의 내용이 포함되어야 한다.

나. 국토 조사

국토 조사의 종류와 방법 등에 필요한 사항은 대통령령으로 정하며(국토기본법 제25조제4항), 국토교통부장관은 국토에 관한 계획 또는 정책의 수립, 공간정보의 제작, 연차보고서의 작성 등을 위하여 필요할 때에는 미리 인구, 경제, 사회, 문화, 교통, 환경, 토지이용, 그 밖에 대통령령으로 정하는 사항[13]에 대하여 조사할 수 있다(같은 조 제1항). 이때 국토교통부장관은 국토조사를 효율적으로 실시하기 위하여 국토조사 항목 및 조사주체 등 필요한 사항에 대하여 관계 중앙행정기관의 장 및 시·도지사와 사전협의를 거쳐 국토조사계획을 수립할 수 있고(국토기본법 시행령 제10조제2항), 중앙행정기관의 장 또는 지방자치단체의 장에게 조사에 필요한 자료의 제출을 요청하거나 조사 사항 중 일부를 직접 조사하도록 요청할 수 있으며(국토기본법 제25조제2항), 효율적인 국토 조사를 위하여 필요하면 조사를 전문기관에 의뢰할 수 있다(국토기본법 제25조제3항). 위 2항의 요청을 받은 중앙행정기관의 장 또는 지방자치단체의 장은 특별한 사유가 없으면 그 요청에 따라야 한다.

6. 보 칙

가. 비용 부담의 원칙

국토계획의 수립, 국토 조사 등에 관한 비용은 이 법 또는 다른 법률에 특별한 규정이 있는 경우를 제외하고는 이를 수행하는 자가 부담하는 것을 원칙으로 한다. 다만, 제25조제2항에 따라 지방자치단체가 국토 조사를 하는 경우에는 국고에서 그 비용의 일부를 보조할 수 있다(국토기본법 제31조).

---

13) "대통령령으로 정하는 사항"이란 다음 각 호의 사항을 말한다.
1. 지형·지물 등 지리정보에 관한 사항
2. 농림·해양·수산에 관한 사항
3. 방재 및 안전에 관한 사항
4. 그 밖에 국토교통부장관이 필요하다고 인정하는 사항

나. 측량·수로조사 및 지적에 관한 법률의 준용[14)]

국토계획의 수립 등을 위한 국토 조사에 필요한 자료의 제출, 국토 조사의 통지·공고, 토지 등의 출입, 장애물 등의 변경·제거, 토지 등의 일시 사용, 국토 조사로 인한 손실 보상, 표지의 설치·관리·보호에 관하여는 「측량·수로조사 및 지적에 관한 법률」 제8조제2항·제3항·제6항·제7항, 제9조, 제11조, 제12조, 제101조 및 제102조를 각각 준용한다(국토기본법 제32조제1항). 다만, 위 사항 중 표지의 보호, 토지 등의 출입 및 그 일시 사용에 관한 사항의 위반에 대한 벌칙에 관하여는 「측량·수로조사 및 지적에 관한 법률」 제108조제1호 및 제111조제1항제18호를 각각 준용한다(같은 조 제2항).

다. 권한의 위임 및 업무의 위탁

국토기본법에 따른 국토교통부장관의 권한은 그 일부를 대통령령으로 정하는 바에 따라 소속 기관의 장 또는 시·도지사에게 위임할 수 있고(국토기본법 제33조제1항),[15)] 국토교통부장관, 시·도지사, 시장 또는 군수의 업무는 그 일부를 대통령령 또는 해당 지방자치단체의 조례로 정하는 바에 따라 다른

---

14) 제32조(「공간정보의 구축 및 관리 등에 관한 법률」의 준용)
① 국토계획의 수립 등을 위한 국토 조사에 필요한 자료의 제출, 국토 조사의 통지·공고, 토지 등의 출입, 장애물 등의 변경·제거, 토지 등의 일시 사용, 국토 조사로 인한 손실 보상, 표지의 설치·관리·보호에 관하여는 「공간정보의 구축 및 관리 등에 관한 법률」 제8조제2항·제3항·제6항·제7항, 제9조, 제11조, 제12조, 제101조 및 제102조를 각각 준용한다.
② 제1항에 규정된 사항 중 표지의 보호, 토지 등의 출입 및 그 일시 사용에 관한 사항의 위반에 대한 벌칙에 관하여는 「공간정보의 구축 및 관리 등에 관한 법률」 제108조제1호 및 제111조제1항제18호를 각각 준용한다.

15) 국토교통부장관은 법 제33조제1항에 따라 다음 각 호의 권한을 국토지리정보원장에게 위임한다(국토기본법 시행령 제19조).
1. 삭제 [2009.8.5 제21671호(국가공간정보에 관한 법률 시행령)]
2. 법 제25조의 규정에 의한 국토조사, 자료 제출의 요청, 직접조사의 요청, 전문기관에의 조사의뢰 및 제10조제2항의 규정에 의한 국토조사계획의 수립
3. 제10조의2제3호 및 제4호에 따른 국토조사를 이용한 국토통계지도의 구축, 유지·관리 및 활용에 관한 사항

행정청이나 행정청이 아닌 자에게 위탁할 수 있다(같은 조 제2항). 이에 따라 권한을 위탁을 받은 자로서 행정청이 아닌 자나 그에 소속된 직원은 「형법」 제129조부터 제132조까지의 규정을 적용할 때에는 각각 공무원으로 본다(같은 조 제3항).

제2절 수도권정비계획

1. 의 의

정부주도에 의한 공업화가 시작된 1960년대 이후 사상 유례가 없는 급격한 도시화로 인하여 수도권에 인구와 산업이 과도하게 밀집하게 되었고, 그 결과 수도권(서울특별시와 대통령령으로 정하는 그 주변 지역을 말한다)은 교통혼잡·주택난·토지부족·지가상승·환경오염·공원녹지부족·범죄 등 전형적인 도시문제가 심각하게 대두되었다. 수도권정비계획[16]은 이러한 문제에 대처하여 수도권 정비에 관한 종합적인 계획 수립과 시행에 관하여 필요한 사항을 정함으로써 수도권에 과도하게 집중된 인구 및 산업의 적정배치를 유도하여 수도권의 질서 있는 정비와 국토의 균형 있는 발전을 기할 목적 즉, 수도권집중현상을 억제하고, 인구와 산업을 재배치하여 지역간 균형발전을 도모하게 위해 수립되는 계획이다.

이러한 이유 때문에 수도권정비계획은 수도권의 「국토의 계획 및 이용에 관한 법률」에 따른 도시계획, 그 밖의 다른 법령에 따른 토지 이용 계획 또는 개발 계획 등에 우선하며, 그 계획의 기본이 되고, 중앙행정기관의 장이나 서울특별시장·광역시장·도지사 또는 시장·군수·자치구의 구청장 등 관계 행정기관의 장은 수도권정비계획에 맞지 아니하는 토지 이용 계획이나 개발 계획

16) 수도권정비계획이란 「국토기본법」 제6조제2항제1호에 따른 국토종합계획을 기본으로 하여 제4조에 따라 수립되는 계획을 말한다(수도권정비계획법 제2조제2호).

등을 수립·시행하여서는 아니 될 만큼 아주 강력한 효력을 부여하고 있다(수도권정비계획법 제3조).[17)]

〈수도권내 5개 지역 구분〉

구 분	시·군	거점도시
중부지역	서울, 고양, 의정부, 구리, 하남, 성남, 부천, 광명, 과천	주핵도시(서울)
서부지역	인천, 김포, 시흥	1차거점도시(인천)
남부지역	수원, 안양, 의왕, 군포, 안산, 용인, 오산, 화성, 평택, 안성	1차거점도시(수원) 2차거점도시(평택)
북부지역	파주, 연천, 동두천, 양주, 포천	2차거점도시(파주, 동두천)
동부지역	가평, 남양주, 양평, 광주, 이천, 여주	3차거점도시(남양주, 이천)

〈수도권 5개 지역 구분도〉

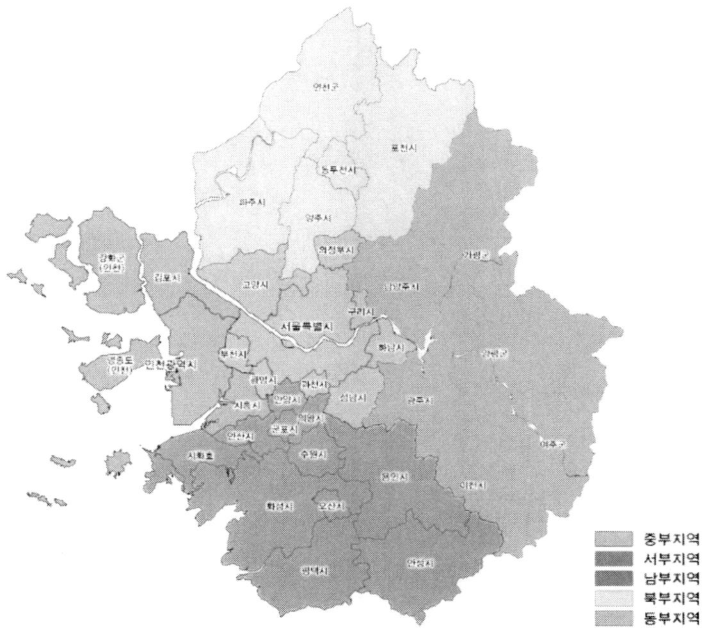

17) 다만, 수도권의 군사에 관한 사항에 대하여는 그러하지 아니하다.

2. 권역의 구분과 지정 등

가. 권역의 구분과 지정

수도권정비계획법은 수도권의 인구와 산업의 적적배치를 유도하고, 수도권의 과밀화를 막기 위하여 수도권을 i) 인구와 산업이 지나치게 집중되었거나 집중될 우려가 있어 이전하거나 정비할 필요가 있는 지역인 과밀억제권역, ii) 과밀억제권역으로부터 이전하는 인구와 산업을 계획적으로 유치하고 산업의 입지와 도시의 개발을 적정하게 관리할 필요가 있는 지역인 성장관리권역, iii) 한강 수계의 수질과 녹지 등 자연환경을 보전할 필요가 있는 지역인 자연보전권역 등으로 구분한다(수도권정비계획법 제6조제1항).

〈수도권과 수도권정비계획〉

나. 권역의 범위

과밀억제권역, 성장관리권역 및 자연보전권역의 범위는 대통령령으로 정하는데(수도권정비계획법 제6조제2항), 그 범위는 다음 별표와 같다(법 시행령 제9조).

[별표 1]

과밀억제권역, 성장관리권역 및 자연보전권역의 범위

(시행령 제9조 관련) 〈개정 2011.3.9〉

과밀억제권역	성장관리권역	자연보전권역
• 서울특별시 • 인천광역시(강화군, 옹진군, 서구대곡동·불로동·마전동·금곡동·오류동·왕길동·당하동·원당동, 인천경제자유구역 및 남동 국가산업단지는 제외한다) • 의정부시 • 구리시 • 남양주시(호평동, 평내동, 금곡동, 일패동, 이패동, 삼패동, 가운동, 수석동, 지금동 및 도농동만 해당한다) • 하남시 • 고양시 • 수원시 • 성남시 • 안양시 • 부천시 • 광명시 • 과천시 • 의왕시 • 군포시 • 시흥시[반월특수지역(반월	• 동두천시 • 안산시 • 오산시 • 평택시 • 파주시 • 남양주시(와부읍, 진접읍, 별내면, 퇴계원면, 진건읍 및 오남읍만 해당한다) • 용인시(신갈동, 하갈동, 영덕동, 구갈동, 상갈동, 보라동, 지곡동, 공세동, 고매동, 농서동, 서천동, 언남동, 청덕동, 마북동, 동백동, 중동, 상하동, 보정동, 풍덕천동, 신봉동, 죽전동, 동천동, 고기동, 상현동, 성복동, 남사면, 이동면 및 원삼면 목신리·죽릉리·학일리·독성리·고당리·문촌리만 해당한다) • 연천군 • 포천시 • 양주시 • 김포시 • 화성시 • 안성시(가사동, 가현동, 명륜	• 이천시 • 남양주시(화도읍, 수동면 및 조안면만 해당한다) • 용인시(김량장동, 남동, 역북동, 삼가동, 유방동, 고림동, 마평동, 운학동, 호동, 해곡동, 포곡읍, 모현면, 백암면, 양지면 및 원삼면 가재월리·사암리·미평리·좌항리·맹리·두창리만 해당한다) • 가평군 • 양평군 • 여주군 • 광주시 • 안성시(일죽면, 죽산면 죽산리·용설리·장계리·매산리·장릉리·장원리·두현리 및 삼죽면 용월리·덕산리·율곡리·내장리·배태리만 해당한다)

특수지역에서 해제된 지역을 포함한다)은 제외한다]	동, 숭인동, 봉남동, 구포동, 동본동, 영동, 봉산동, 성남동, 창전동, 낙원동, 옥천동, 현수동, 발화동, 옥산동, 석정동, 서인동, 인지동, 아양동, 신흥동, 도기동, 계동, 중리동, 사곡동, 금석동, 당왕동, 신모산동, 신소현동, 신건지동, 금산동, 연지동, 대천동, 대덕면, 미양면, 공도읍, 원곡면, 보개면, 금광면, 서운면, 양성면, 고삼면, 죽산면 두교리·당목리·칠장리 및 삼죽면 마전리·미장리·진촌리·기솔리·내강리만 해당한다) • 인천광역시 중 강화군, 옹진군, 서구 대곡동·불로동·마전동·금곡동·오류동·왕길동·당하동·원당동, 인천경제자유구역, 남동 국가산업단지 • 시흥시 중 반월특수지역(반월특수지역에서 해제된 지역을 포함한다)	

3. 권역별 제한기준 등

수도권정비계획법은 수도권의 과밀화를 막기 위한 수단으로 수도권을 권역별로 나누고 각 권역별로 공장, 대학 등 인구집중유발시설의 신설·증설 대한 총량규제, 대규모사업에 대한 규제, 공업지역의 지정을 규제하고 있다.

가. 인구집중유발시설, 대규모사업, 공업지역의 개념

인구집중유발시설이란 학교, 공장, 공공 청사, 업무용 건축물, 판매용 건축물, 연수 시설, 그 밖에 인구 집중을 유발하는 시설로서 대통령령으로 정하는 종류 및 규모 이상의 시설을 말하며(수도권정비계획법 제2조제3호), 대규모사업이란 택지, 공업 용지 및 관광지 등을 조성할 목적으로 하는 사업으로서 대통령령으로 정하는 종류 및 규모 이상의 사업을 말한다(같은 조 제4호). 또한, 공업지역이란 i) 「국토의 계획 및 이용에 관한 법률」에 따라 지정된 공업지역, ii) 「국토의 계획 및 이용에 관한 법률」과 그 밖의 관계 법률에 따라 공업 용지와 이에 딸린 용도로 이용되고 있거나 이용될 일단(一團)의 지역으로서 대통령령으로 정하는 종류 및 규모 이상의 지역을 말한다(같은 조 제5호).

나. 인구집중유발시설의 종류(수도정정비계획법 시행령 제3조)

인구집중유발시설은 다음의 어느 하나에 해당하는 시설을 말한다. 이 경우 3)부터 5)까지의 시설에 해당하는 건축물의 연면적 또는 시설의 면적을 산정할 때 대지가 연접하고 소유자('3)'의 공공 청사인 경우에는 사용자를 포함한다)가 같은 건축물에 대하여는 각 건축물의 연면적 또는 시설의 면적을 합산한다.

【판시사항】

「구 수도권정비계획법 시행령」 제3조제4호 나목 (1)항 소정의 과밀부담금 부과대상이 되는 '판매용시설이 주용도가 아닌 건축물로서 그 판매용시설의 면적의 합계가 15,000m² 이상인 건축물'에 해당하는지 여부의 판단 방법(대법원 2002.4.9. 선고 2001두2843 판결)

【판결요지】

수도권정비계획법 제2조 및 제12조제1항, 구 수도권정비계획법 시행령(2000.3.28. 대통령령 제16766호로 개정되기 전의 것) 제3조제4호 나목 (1)항은 과밀부담금의 부과대상이 되는 판매용건축물 등에 관하여 규정하고 있고, 건축법 시행령 제2조제1항제14호는 건축물의 '부속용도'에 관하여 규정하고 있는바, 어떤 건축물이 구 수도권정비계획법시행령 제3조제4호 나목 (1)항 소정의 '판매용시설이 주용도가 아닌 건축물로서 그 판매용시설의 면적의 합계가 15,000m² 이상인 건축물'에 해당하는지 여부는, 건축법 시행령 제2조제1항제14호 소정의 부속용도에 관련된 시설의 면적을,

주차장에 관한 법령 등 관계 법령의 취지에 따라, 구 수도권정비계획법 시행령 제3조제4호 나목 (1)항에서 규정하고 있는 건축법 시행령 별표 1 소정의 각 주된 용도에 관련된 시설에 안분한 후, 각 주된 용도에 관련된 시설의 면적에 그 각 안분면적을 합산한 다음, 판매용시설에 해당하는 시설(판매시설·위락시설과 그 밖에 근린생활시설·운동시설·관람집회시설·전시시설·창고시설로서 그 면적이 위의 판매시설·위락시설 면적의 합계보다 작은 시설)에 관련된 면적을 합산한 합계가 15,000m² 이상인지 여부에 따라 판단함이 상당하다.

1) 학 교

「고등교육법」 제2조에 따른 학교로서 대학, 산업대학, 교육대학 또는 전문대학(이에 준하는 각종학교를 각각 포함한다)을 말한다.

2) 공 장

「산업집적활성화 및 공장설립에 관한 법률」 제2조제1호에 따른 공장으로서 건축물의 연면적(제조시설로 사용되는 기계 또는 장치를 설치하기 위한 건축물 및 사업장의 각 층 바닥면적의 합계를 말한다)이 500m² 이상인 것을 말한다.

3) 공공청사

다음의 어느 하나에 해당하는 공공 청사(도서관, 전시장, 공연장, 군사시설 중 군부대의 청사, 국가정보원 및 그 소속 기관의 청사는 제외한다. 이하 같다)로서 건축물의 연면적이 1천m² 이상인 것을 말한다.

가) 중앙행정기관 및 그 소속 기관의 청사

나) 다음에 해당하는 법인(이하 "공공법인"이라 한다)의 사무소(연구소와 연수 시설 등을 포함한다. 이하 같다)

(1) 정부가 자본금의 100분의 50 이상을 출자한 법인 및 그 법인이 자본금의 100분의 50 이상을 출자한 법인

(2) 「국유재산법」에 따른 정부출자기업체

(3) 법률에 따른 정부 출연 대상 법인으로서 정부로부터 출연을 받거나

받은 법인

(4) 개별 법률에 따라 설립되는 법인으로서 주무부장관의 인가 또는 허가를 받지 아니하고 해당 법률에 따라 직접 설립된 법인

4) 업무용 건축물, 판매용 건축물 및 복합 건축물

다음의 어느 하나에 해당하는 업무용 건축물, 판매용 건축물 및 복합 건축물. 다만, 지방자치단체가 출자하거나 출연한 법인의 사무소로 사용되는 건축물과 자연보전권역이 아닌 지역에 설치되는 「벤처기업육성에 관한 특별조치법」 제2조제4항에 따른 벤처기업집적시설 및 「국제회의산업 육성에 관한 법률 시행령」 제3조에 따른 국제회의시설 중 전문회의시설은 제외한다.

가) 업무용 건축물

다음에 해당하는 시설(이하 "업무용시설"이라 한다)이 주용도[해당 건축물의 업무용시설 면적의 합계가 「건축법 시행령」 별표 1의 분류에 따른 용도별 면적(이하 "용도별면적"이라 한다) 중 가장 큰 경우를 말한다. 이하 이 목에서 같다]인 건축물로서 그 연면적이 2만5천m² 이상인 건축물 또는 업무용시설이 주용도가 아닌 건축물로서 그 업무용시설 면적의 합계가 2만5천m² 이상인 건축물을 말한다.

(1) 「건축법 시행령」 별표 1 제10호 마목의 연구소 및 같은 표 제14호 나목의 일반업무시설

(2) 「건축법 시행령」 별표 1 제3호의 제1종 근린생활시설, 같은 표 제4호의 제2종 근린생활시설, 같은 표 제5호의 문화 및 집회시설(같은 호 라목 및 마목의 시설만 해당한다) 및 같은 표 제18호의 창고시설. 다만, 각 시설의 면적이 1)에 따른 시설 면적의 합계보다 작은 경우만 해당한다.

나) 판매용 건축물

(1) 건축물로서 그 연면적이 1만5천m² 이상인 건축물 또는 판매용시설이 주용도가 아닌 건축물로서 그 판매용시설 면적의 합계가 1만5천m² 이상인 건축물을 말한다.

(가)「건축법 시행령」 별표 1 제7호의 판매시설 및 같은 표 제16호의 위락시설

(나)「건축법 시행령」 별표 1 제3호의 제1종 근린생활시설, 같은 표 제4호의 제2종 근린생활시설, 같은 표 제5호의 문화 및 집회시설, 같은 표 제13호의 운동시설 및 같은 표 제18호의 창고시설. 다만, 각 시설의 면적이 가)에 따른 시설 면적의 합계보다 작은 경우만 해당한다.

(2) 업무용시설 및 판매용시설이 주용도(해당 건축물의 복합시설 면적의 합계가 용도별면적 중 가장 큰 경우를 말한다)가 아닌 건축물로서 복합시설의 면적의 합계가 1만5천m² 이상 2만5천m² 미만이고 판매용시설 면적이 업무용시설 면적보다 큰 건축물의 복합시설에 해당하는 부분을 말한다.

5) 복합 건축물

복합시설이 주용도인 건축물로서 그 연면적이 2만5천m² 이상인 건축물 또는 복합시설이 주용도가 아닌 건축물로서 그 복합시설의 면적의 합계가 2만5천m² 이상인 건축물을 말한다.

6) 교육원, 직업훈련소

「건축법 시행령」 별표 1 제10호 나목의 교육원, 같은 호 다목의 직업훈련소 및 같은 표 제20호 사목의 운전 및 정비 관련 직업훈련소로서 건축물의 연면적이 3만m² 이상인 연수 시설. 다만, 지방자치단체 또는 지방자치단체가 출자하거나 출연한 법인이 설치하는 시설은 제외한다.

다. 대규모사업의 종류(수도권정비계획법 시행령 제4조)

대규모 사업이란 다음의 어느 하나에 해당하는 사업을 말한다. 이 경우 같은 목적으로 여러 번에 걸쳐 부분적으로 개발하거나 연접하여 개발함으로써 사업의 전체 면적이 다음 각 호의 어느 하나로 정하는 규모 이상이 되는 사업을 포함한다.

1) 택지조성사업

다음의 어느 하나에 해당하는 택지조성사업으로서 그 면적이 100만m^2 이상인 것을 말한다.

가) 「택지개발촉진법」에 따른 택지개발사업

나) 「주택법」에 따른 주택건설사업 및 대지조성사업

다) 「산업입지 및 개발에 관한 법률」에 따른 산업단지 및 특수지역에서의 주택지 조성사업

2) 공업용지조성사업

다음의 어느 하나에 해당하는 공업용지조성사업으로서 그 면적이 30만m^2 이상인 것을 말한다.

가) 「산업입지 및 개발에 관한 법률」에 따른 산업단지개발사업 및 특수지역 개발사업

나) 「자유무역지역의 지정 및 운영에 관한 법률」에 따른 자유무역지역 조성사업

다) 「중소기업진흥에 관한 법률」에 따른 중소기업협동화단지 조성사업

라) 「산업집적활성화 및 공장설립에 관한 법률」에 따른 공장설립을 위한 공장용지 조성사업

3) 관광지조성사업

다음의 어느 하나에 해당하는 관광지조성사업으로서 시설계획지구의 면적이 10만m^2 이상인 것. 다만, 공유수면매립지에서 시행하는 관광지조성사업은 30만m^2 이상인 것으로 한다.

가) 「관광진흥법」에 따른 관광지 및 관광단지 조성사업과 관광시설 조성사업

나) 「국토의 계획 및 이용에 관한 법률」에 따른 유원지 설치사업

다) 「온천법」에 따른 온천이용시설 설치사업

4) 도시개발사업

「도시개발법」에 따른 도시개발사업으로서 그 면적이 100만㎡ 이상인 것 또는 그 면적이 100만㎡ 미만인 도시개발사업으로서 공업용도로 구획되는 면적이 30만㎡ 이상인 것을 말한다.

5) 지역종합개발사업

「지역균형개발 및 지방중소기업 육성에 관한 법률」에 따른 지역종합개발사업으로서 그 면적이 100만㎡ 이상인 것과 그 면적이 100만㎡ 미만인 지역종합개발사업으로서 공업용도로 구획되는 면적이 30만㎡ 이상인 것 또는 10만㎡ 이상의 관광단지가 포함된 것을 말한다.

라. 공업지역의 종류(수도권정비계획법 시행령 제5조)

공업지역이란 다음 각 호의 어느 하나에 해당하는 지역을 말한다.

1) 산업단지

「산업입지 및 개발에 관한 법률」에 따른 산업단지. 다만, 성장관리권역 중 「경제자유구역의 지정 및 운영에 관한 특별법」에 따른 경제자유구역이나 「주한미군 공여구역주변지역 등 지원 특별법」에 따른 반환공여구역 또는 지원도시사업구역에서 지정되는 산업단지는 제외한다.

2) 지구단위계획구역, 개발진흥구역

「국토의 계획 및 이용에 관한 법률」 제51조제3항에 따른 지구단위계획구역 및 법 시행령 제31조제2항제7호에 따른 개발진흥지구로서 공업용도로 구획되는 면적이 3만㎡ 이상인 것을 말한다.

4. 권역별 제한내용

가. 과밀억제권역

과밀억제권역은 인구 및 산업이 과도에게 밀집되어 있어 그 이전 또는 정비가 필요한 지역으로서, 이 지역은 기본적으로 금융, 정보와 같은 국제적 경쟁력을 지니는 기능을 중심으로 유지하고, 나머지 기능은 성장관리권역과 같은 타 지역으로 이전을 추구하고 있다. 따라서 관계 행정기관의 장은 과밀억제권역에서 ⅰ) 대통령령으로 정하는 학교, 공공 청사, 연수 시설, 그 밖의 인구집중유발시설의 신설 또는 증설(용도변경을 포함하며, 학교의 증설은 입학 정원의 증원을 말한다), ⅱ) 공업지역 지정 등의 행위나 그 허가·인가·승인 또는 협의 등(이하 "허가 등"이라 한다)을 하여서는 아니 된다(수도권정비계획법 제7조제1항).

하지만 국민경제의 발전과 공공복리의 증진을 위하여 필요하다고 인정하면 이에 불구하고 ⅰ) 대통령령으로 정하는 학교 또는 공공 청사의 신설 또는 증설, ⅱ) 서울특별시·광역시·도(이하 "시·도"라 한다)별 기존 공업지역의 총면적을 증가시키지 아니하는 범위에서의 공업지역 지정 등의 행위나 그 허가 등을 할 수 있다. 다만, 국토교통부장관이 수도권정비위원회의 심의를 거쳐 지정하거나 허가 등을 하는 경우에만 해당한다(같은 조 제2항).

[과밀억제권역의 행위제한 완화 내용]

수도권정비계획법 시행령 제11조
(과밀억제권역의 행위 제한 완화)

관계 행정기관의 장은 법 제7조제2항에 따라 과밀억제권역에서 다음 각 호의 구분에 따라 해당 행위나 그 행위의 허가·인가·승인 또는 협의 등(이하 "허가 등"이라 한다)을 할 수 있다.

1. 학교의 경우

가. 제24조에 따른 총량규제의 내용에 적합한 범위에서의 산업대학, 전문대

학 또는 대학원대학의 신설. 다만, 산업대학과 전문대학의 경우에는 서울특별시가 아닌 지역에 신설되는 경우만 해당한다.

나. 제24조에 따른 총량규제의 내용에 적합한 범위에서의 학교 입학 정원의 증원

다. 과밀억제권역에서의 학교 이전(서울특별시로 이전하는 경우는 제외한다). 다만, 대학이나 교육대학을 이전하는 경우에는 교육 여건의 개선 등 교육정책상 부득이하거나 도시 안의 지역균형발전을 위하여 법 제21조에 따른 수도권정비위원회(이하 "수도권정비위원회"라 한다)의 심의를 거친 경우만 해당한다.

라. 「한국예술종합학교 설치령」에 따른 한국예술종합학교의 각원(各院)을 설치하기 위한 입학 정원의 증원

마. 전문대학 중 수업연한이 3년인 간호전문대학을 대학 중 간호대학으로 변경하는 것으로서 다음의 요건을 갖춘 것

1) 간호전문대학은 설립 후 10년이 지날 것

2) 변경하려는 간호대학의 총학생정원은 간호전문대학의 총학생정원을 초과하지 아니할 것

3) 수도권정비위원회의 심의를 거칠 것

바. 교육부장관이 대학의 구조개혁을 위하여 고시하는 국립대학 및 사립대학 통·폐합기준에 따른 대학과 전문대학 간 통·폐합(서울특별시 밖의 대학과 서울특별시 안의 전문대학 간 통·폐합은 제외한다)으로 인한 대학의 신설·증설 또는 이전으로서 다음의 요건을 갖춘 것

1) 해당 대학 및 전문대학이 관할 시·도지사의 의견을 들어 교육부장관에게 요청한 것으로서 2012년 12월 31일까지 수도권정비위원회의 심의를 거칠 것

2) 대학 본부가 과밀억제권역 밖에서 과밀억제권역으로 이전하거나 과밀억제권역에 신설되지 아니할 것

3) 대학의 교사(校舍)와 교지(校地) 등이 종전과 같이 사용되고, 폐지되는 전문대학의 교사와 교지 등은 대학의 교사와 교지 등으로 전환될 것

사. 「고등교육법」 제40조의2에 따른 산업대학의 폐지로 인한 대학의 설립으로서 2011년 9월 28일까지 수도권정비위원회의 심의를 거친 것

2. 공공 청사의 경우
   가. 다음에 해당하는 공공 청사의 신축, 증축 또는 용도변경으로서 수도권정비위원회의 심의를 거친 것. 다만, 2)에 해당하는 공공 청사의 경우에는 증축이나 용도변경만 가능하며, 수도권이 아닌 지역에 있는 3)에 해당하는 공공법인이 과밀억제권역에 사무소를 신축하는 경우는 제외한다.
      1) 중앙행정기관(청은 제외한다)의 청사
      2) 중앙행정기관 중 청의 청사, 중앙행정기관의 소속 기관의 청사(교육, 연수 또는 시험기관의 청사는 제외한다)
      3) 공공법인의 사무소
   나. 다음의 어느 하나에 해당하는 행위
      1) 중앙행정기관의 소속 기관 및 공공법인(지점을 포함한다) 중 수도권만을 관할하는 기관 및 공공법인의 청사 또는 사무소의 신축, 증축 또는 용도변경
      2) 중앙행정기관의 소속 기관 및 공공법인(지점을 포함한다) 중 관할 구역이 수도권과 그 인근의 도 지역만을 관할하는 기관 및 공공법인의 청사 또는 사무소의 신축, 증축 또는 용도변경으로서 국토교통부장관과 협의를 거친 것

나. 성장관리권역

성장관리권역은 과밀억제권역에서 이전하는 인구 및 산업을 계획적으로 유치하고 산업의 입지와 도시의 개발을 적정하게 관리할 필요가 있는 지역으로서, 과밀억제권역에서 이전하는 산업과 인구를 수용하고 자족적인 기반을 갖출 것을 추구하는 권역이다. 따라서 관계 행정기관의 장은 성장관리권역이 적정하게 성장하도록 하되, 지나친 인구집중을 초래하지 않도록 대통령령으로 정하는 학교, 공공 청사, 연수 시설, 그 밖의 인구집중유발시설의 신설·증설이나 그 허가 등을 하여서는 아니 된다(수도권정비계획법 제8조제1항). 또한 공업지역을 지정하려면 대통령령으로 정하는 범위에서 수도권정비계획으로 정하는 바에 따라야 한다(같은 조 제2항).

[성장관리권역의 행위 제한 내용]

수도권정비계획법 시행령 제12조
(성장관리권역의 행위 제한)

① 법 제8조제1항에서 "대통령령으로 정하는 학교, 공공 청사, 연수 시설, 그 밖의 인구집중유발시설의 신설·증설"이란 다음 각 호의 어느 하나에 해당하는 것을 제외한 학교, 공공 청사 또는 연수 시설의 신설·증설을 말한다.

1. 학교의 경우
   가. 제24조에 따른 총량규제의 내용에 적합한 범위에서의 산업대학, 전문대학, 대학원대학 또는 입학 정원이 50명 이내인 대학(컴퓨터, 통신, 디자인, 영상, 신소재, 생명공학 등 첨단 전문 분야의 대학으로서 교육부장관이 정하여 고시하는 대학의 경우에는 입학 정원이 100명 이내인 대학을 말한다. 이하 "소규모대학"이라 한다)의 신설. 다만, 소규모대학을 신설하는 경우에는 수도권정비위원회의 심의를 거친 경우만 해당한다.
   나. 제24조에 따른 총량규제의 내용에 적합한 범위에서의 학교 입학 정원의 증원
   다. 신설된 지 8년이 지나지 아니한 소규모대학 입학 정원의 증원(최초 입학 정원의 100% 범위에서의 증원만 해당하며, 신설된 후 8년 이내에는 나목에 따른 증원을 할 수 없다)으로서 수도권정비위원회의 심의를 거친 것
   라. 수도권에서의 학교 이전
   마. 교육부장관이 대학의 구조개혁을 위하여 고시하는 국립대학 및 사립대학 통·폐합기준에 따른 대학과 전문대학 간 통·폐합으로 인한 대학의 신설·증설 또는 이전으로서 다음의 요건을 갖춘 것
      1) 해당 대학 및 전문대학이 관할 시·도지사의 의견을 들어 교육부장관에게 요청한 것으로서 2012년 12월 31일까지 수도권정비위원회의 심의를 거칠 것
      2) 대학 본부가 수도권 밖에서 성장관리권역으로 이전하거나 성장관리권역에 신설되지 아니할 것
      3) 대학의 교사(校舍)와 교지(校地) 등이 종전과 같이 사용되고, 폐지되는

전문대학의 교사와 교지 등은 대학의 교사와 교지 등으로 전환될 것

바. 「고등교육법」 제40조의2에 따른 산업대학의 폐지로 인한 대학의 설립으로서 2011년 9월 28일까지 수도권정비위원회의 심의를 거친 것

2. 공공 청사의 경우

가. 다음에 해당하는 공공 청사의 신축, 증축 또는 용도변경으로서 수도권정비위원회의 심의를 거친 것. 다만, 2)에 해당하는 공공 청사의 경우에는 증축이나 용도변경만 가능하며, 수도권이 아닌 지역에 있는 3)에 해당하는 공공법인이 성장관리권역에 사무소를 신축하는 경우는 제외한다.

1) 중앙행정기관(청은 제외한다)의 청사

2) 중앙행정기관 중 청의 청사, 중앙행정기관의 소속 기관의 청사(교육, 연수 또는 시험기관의 청사는 제외한다)

3) 공공법인의 사무소

나. 다음의 어느 하나에 해당하는 행위

1) 중앙행정기관의 소속 기관 및 공공법인(지점을 포함한다) 중 수도권만을 관할하는 기관 및 공공법인의 청사 또는 사무소의 신축, 증축 또는 용도변경

2) 중앙행정기관의 소속 기관 및 공공법인(지점을 포함한다) 중 관할 구역이 수도권과 그 인근의 도 지역만을 관할하는 기관 및 공공법인의 청사 또는 사무소의 신축, 증축 또는 용도변경으로서 국토교통부장관과 협의를 거친 것

3. 연수 시설의 경우

가. 연수 시설의 신축, 증축 또는 용도변경으로서 수도권정비위원회의 심의를 거친 것

나. 기존 연수 시설의 건축물 연면적의 100분의 20 범위에서의 증축

다. 수도권에서 이전하는 연수 시설의 종전 규모의 범위에서의 신축, 증축 또는 용도변경

② 법 제8조제2항에서 "대통령령으로 정하는 범위"란 다음 각 호의 어느 하나에 해당하는 지역을 말한다.

1. 과밀억제권역에서 이전하는 공장 등을 계획적으로 유치하기 위하여 필요한 지역

> 2. 개발 수준이 다른 지역에 비하여 뚜렷하게 낮은 지역의 주민 소득 기반을 확충하기 위하여 필요한 지역
> 3. 공장이 밀집된 지역을 재정비하기 위하여 필요한 지역
> 4. 관계 중앙행정기관의 장이 산업정책상 필요하다고 인정하여 국토교통부장관에게 요청한 지역

다. 자연보전권역

1) 개 념

자연보전권역은 한강수계의 수질 및 녹지 등 자연환경을 보전할 필요가 있는 지역으로서, 관계 행정기관의 장은 자연보전권역에서는 ⅰ) 택지, 공업 용지, 관광지 등의 조성을 목적으로 하는 사업으로서 대통령령으로 정하는 종류 및 규모 이상의 개발사업, ⅱ) 대통령령으로 정하는 학교, 공공 청사, 업무용 건축물, 판매용 건축물, 연수 시설, 그 밖의 인구집중유발시설의 신설 또는 증설 등의 행위나 그 허가 등을 하여서는 아니 된다(수도권정비계획법 제9조제1항). 다만, 국민경제의 발전과 공공복리의 증진을 위하여 필요하다고 인정되는 경우로서 대통령령으로 정하는 경우에는 그러하지 아니하다(같은 조 제2항).

2) 자연보전권역의 행위 제한(수도권정비계획법 시행령 제13조)

가) 대통령령으로 정하는 종류 및 규모 이상의 개발사업이란 다음의 어느 하나에 해당하는 사업을 말한다. 이 경우 같은 목적으로 여러 번에 걸쳐 부분적으로 개발하거나 연접하여 개발함으로써 사업의 전체 면적이 다음의 어느 하나에서 정하는 규모 이상으로 되는 사업[18)]을 포함한다.

(1) 택지조성사업. 다만, 「건축법 시행령」 별표 1 제2호의 공동주택 중 아파트 또는 연립주택의 건설계획이 포함되지 아니한 택지조성사업과 「한강수계 상수원수질개선 및 주민지원 등에 관한 법률」 제8조에 따른 오

18) 「국토의 계획 및 이용에 관한 법률」 제36조 및 제37조에 따른 도시지역 중 주거지역, 상업지역, 공업지역 및 개발진흥지구에서 시행하는 사업은 제외한다.

염총량관리계획을 수립·시행하는 시·군이 아닌 지역에서 시행하는 택지조성사업은 그 면적이 3만m² 이상인 것을 말한다.

(2) 면적이 3만m² 이상인 공업용지조성사업

(3) 시설계획지구의 면적이 3만m² 이상인 관광지조성사업

(4) 면적이 3만m² 이상인 도시개발사업

(5) 면적이 3만m² 이상인 지역종합개발사업

나) 대통령령으로 정하는 학교, 공공 청사, 업무용 건축물, 판매용 건축물, 연수 시설, 그 밖의 인구집중유발시설이란 다음의 어느 하나에 해당하는 시설을 말한다.

(1) 학　교

(2) 공공 청사

(3) 업무용 건축물, 판매용 건축물 또는 복합 건축물로서 창고 시설(「하수도법」 제2조제1호에 따른 오수를 배출하지 아니하는 시설만 해당한다)과 주차장의 면적을 제외한 면적이 제3조제4호 각 목의 어느 하나에 해당하는 건축물

(4) 연수 시설 중 「건축법 시행령」 별표 1 제10호 나목의 교육원, 같은 호 다목의 직업훈련소 및 같은 표 제20호 사목의 운전 및 정비 관련 직업훈련소 중 「근로자직업능력 개발법」에 따라 사업주가 설치·운영하는 직업능력개발훈련시설

3) 자연보전권역의 행위 제한 완화(수도권정비계획법 시행령 제14조)

가) 관계 행정기관의 장은 다음의 어느 하나에 해당하는 행위나 그 행위의 허가 등을 할 수 있다.

(1) 오염총량관리계획 시행지역이 아닌 지역에서 시행하는 택지조성사업, 도시개발사업, 지역종합개발사업 또는 관광지조성사업 중 그 면적(관광지조성사업의 경우에는 시설계획지구의 면적을 말한다)이 6만m² 이하인 것으로서 수도권정비위원회의 심의를 거친 것

(2) 오염총량관리계획 시행지역에서 시행하는 택지조성사업, 도시개발사업, 지역종합개발사업 또는 관광지조성사업의 경우

(가) 다음의 어느 하나에 해당하는 택지조성사업. 다만, 「한강수계 상수원수질개선 및 주민지원 등에 관한 법률」 제4조제1항에 따라 지정·고시된 수변구역에서 시행하는 택지조성사업은 제외한다.

① 「국토의 계획 및 이용에 관한 법률」 제36조 및 제37조에 따른 도시지역 중 주거지역, 상업지역, 공업지역 및 개발진흥지구에서 시행되는 택지조성사업 중 「국토의 계획 및 이용에 관한 법률」 제51조에 따라 지정된 10만m² 이상의 지구단위계획구역에서 시행되는 것으로서 수도권정비위원회의 심의를 거친 것

② 도시지역 등에서 시행되는 택지조성사업 중 「국토의 계획 및 이용에 관한 법률」 제51조에 따라 지정된 10만m² 미만의 지구단위계획구역에서 시행되고 주변 지역이 이미 시가화(市街化) 등이 완료되어 추가적으로 개발할 수 있는 지역이 없는 것으로서 국토교통부장관과 협의를 거친 것

③ 도시지역 등이 아닌 지역에서 시행되는 택지조성사업 중 「국토의 계획 및 이용에 관한 법률」 제51조에 따라 지정된 10만m² 이상 50만m² 이하의 지구단위계획구역에서 시행되는 것으로서 수도권정비위원회의 심의를 거친 것

④ 도시지역 등과 도시지역 등이 아닌 지역에 걸쳐서 시행되는 택지조성사업 중 「국토의 계획 및 이용에 관한 법률」 제51조에 따라 지정된 10만m² 이상 50만m² 이하의 면적(각 지역의 지구단위계획구역 면적을 합산한 면적을 말한다)의 지구단위계획구역에서 시행되는 것으로서 수도권정비위원회의 심의를 거친 것

(나) 다음의 어느 하나에 해당하는 도시개발사업 또는 지역종합개발사업. 다만, 「한강수계 상수원수질개선 및 주민지원 등에 관한

법률」 제4조제1항에 따라 지정·고시된 수변구역에서 시행하는 도시개발사업 및 지역종합개발사업은 제외한다.

① 6만m² 이하의 도시개발사업 또는 지역종합개발사업('3)'에 해당하는 경우는 제외한다)으로서 수도권정비위원회의 심의를 거친 것

② 도시지역 등에서 시행되는 도시개발사업 또는 지역종합개발사업 중 그 면적이 10만m² 이상인 것으로서 수도권정비위원회의 심의를 거친 것

③ 도시지역 등에서 시행되는 도시개발사업 또는 지역종합개발사업 중 그 면적이 10만m² 미만이고 주변 지역이 이미 시가화 등이 완료되어 추가적으로 개발할 수 있는 지역이 없는 것으로서 국토교통부장관과 협의를 거친 것

④ 도시지역 등이 아닌 지역에서 시행되거나 도시지역 등과 도시지역 등이 아닌 지역에 걸쳐서 시행되는 도시개발사업 또는 지역종합개발사업 중 그 면적이 10만m² 이상 50만m² 이하인 것으로서 수도권정비위원회의 심의를 거친 것

다. 관광지조성사업 중 시설계획지구의 면적이 3만m² 이상인 것으로서 수도권정비위원회 심의를 거친 것

(3) 공업용지조성사업 중 면적이 6만m² 이하인 것으로서 수도권정비위원회의 심의를 거친 것

(4) 학교의 경우

(가) 제24조에 따른 총량규제의 내용에 적합한 범위에서의 전문대학, 대학원대학 또는 소규모대학의 신설로서 수도권정비위원회의 심의를 거친 것

(나) 제24조에 따른 총량규제의 내용에 적합한 범위에서의 학교 입학정원의 증원

(다) 신설된 지 8년이 지나지 아니한 소규모대학 입학 정원의 증원(최초 입학 정원의 100% 범위에서의 증원만 해당하며, 신설된 후 8년 이내

에는 나목에 따른 증원을 할 수 없다)으로서 수도권정비위원회의 심의를 거친 것

(라) 자연보전권역에서의 전문대학, 대학원대학 또는 소규모대학의 이전

(마) 교육부장관이 대학의 구조개혁을 위하여 고시하는 국립대학 및 사립대학 통·폐합기준에 따른 대학과 전문대학 간 통·폐합으로 인한 대학의 신설·증설 또는 이전으로서 다음의 요건을 갖춘 것

① 해당 대학 및 전문대학이 관할 시·도지사의 의견을 들어 교육부장관에게 요청한 것으로서 2012년 12월 31일까지 수도권정비위원회의 심의를 거칠 것

② 대학 본부가 자연보전권역 밖에서 자연보전권역으로 이전하거나 자연보전권역에 신설되지 아니할 것

③ 대학의 교사(校舍)와 교지(校地) 등이 종전과 같이 사용되고, 폐지되는 전문대학의 교사와 교지 등은 대학의 교사와 교지 등으로 전환될 것

(5) 공공 청사의 경우

(가) 다음에 해당하는 공공 청사의 신축, 증축 또는 용도변경으로서 수도권정비위원회의 심의를 거친 것. 다만, 2)에 해당하는 공공 청사의 경우에는 증축이나 용도변경만 가능하며, 수도권이 아닌 지역에 있는 3)에 해당하는 공공법인이 자연보전권역에 사무소를 신축하는 경우는 제외한다.

① 중앙행정기관(청은 제외한다)의 청사

② 중앙행정기관 중 청의 청사, 중앙행정기관의 소속 기관의 청사(교육, 연수 또는 시험기관의 청사는 제외한다)

③ 공공법인의 사무소

(나) 다음의 어느 하나에 해당하는 행위

① 중앙행정기관의 소속 기관 및 공공법인(지점을 포함한다) 중

수도권만을 관할하는 기관 및 공공법인의 청사 또는 사무소의 신축, 증축 또는 용도변경

② 중앙행정기관의 소속 기관 및 공공법인(지점을 포함한다) 중 관할 구역이 수도권과 그 인근의 도 지역만을 관할하는 기관 및 공공법인의 청사 또는 사무소의 신축, 증축 또는 용도변경으로서 국토교통부장관과 협의를 거친 것

(6) 연수 시설의 경우

(가) 기존 연수 시설의 건축물 연면적의 100분의 10 범위에서의 증축

(나) 오염총량관리계획 시행지역에서 시행하는 연수 시설의 신축, 증축(기존 연수 시설의 건축물 연면적의 100분의 10 범위에서의 증축은 제외한다) 또는 용도변경으로서 수도권정비위원회의 심의를 거친 것

(7) 오염총량관리계획 시행지역에서 시행하는 업무용 건축물, 판매용 건축물 및 복합 건축물의 신축, 증축 또는 용도변경

5. 과밀부담금

가. 개 념

수도권의 집중을 억제하기 위하여 과밀억제권역에 속하는 지역에서 일정규모 이상의 대형건축물을 신·증축할 때 부과되는 부담금을 말한다. 즉, 과밀부담금은 수도권정비계획법에 의해 지정되는 과밀억제권역에 속하는 지역에서 동일한 법률에서 규정하는 인구집중유발시설 중 업무용 건축물, 판매용 건축물, 공공청사, 그 밖의 수도권정비계획법 시행령에서 정하는 건축물을 건축하려는 자에 대해 부과되는 부담금이다. 이는 규제에 경제적 개념을 도입하여 사회 전체적인 경제적 효율성과 자원의 최적배분을 유도하고자 하는 시장유인적 규제수단이라고 할 수 있다.[19]

19) 1982년 수도권정비계획법 제정시 과밀억제권안에서 인구집중을 유발하는 대형건축물에 대해 수도권정비위원회의 심의를 거쳐 제한적으로 입지를 허용하였으나, 경제적인 물리적

수도권정비계획법 제2조제3호 등 위헌소원
(2001.11.29. 2000헌바23 전원재판부)

【판시사항】

1. 과밀부담금의 부과대상을 규정하고 있는 수도권정비계획법 제12조제1항, 제2조제3호 중 판매용건축물 해당부분이 불명확하며 위임입법의 한계를 일탈하였는지 여부(소극)
2. 법 소정의 인구집중유발용도시설과 기타의 용도시설이 복합된 건물의 과밀부담금을 건축물 전체 건축비를 기준으로 산정하도록 한 것이 과잉금지원칙에 반하는지 여부(소극)
3. 법 소정의 인구집중유발용도시설과 기타의 용도시설이 복합된 건물의 과밀부담금을 건축물 전체 건축비를 기준으로 산정·부과하는 것이, 인구집중유발시설이 아닌 건축물을 건축하는 자와 인구집중유발용도시설만으로 이루어진 건축물을 건축하는 자와의 관계에서 복합된 건물을 건축하는 자를 합리적 이유없이 차별하는 것인지 여부(소극)
4. 「사회간접자본시설에 대한 민간자본유치촉진법」이 민자유치사업을 시행하는 때에는 수도권정비계획법이 정하는 바에 따라 과밀부담금을 감면할 수 있다고 규정하나 수도권정비계획법이 이를 감면사유로 규정하고 있지 않은 것이 청구인의 재산권을 침해하여 위헌인지 여부(소극)

【결정요지】

1. 과밀부담금의 부과대상을 규정하고 있는 수도권정비계획법 제12조제1항, 제2조제3호의 업무용건축물, 판매용건축물 등에서 사용되고 있는 건축물이라는 단어의 사전적 의미 및 통상적 사용법, 부담금을 부과하여 인구집중을 유발하는 대형건축물을 규제하고자 하는 과밀부담금제도의 취지, 그리고 이 사건 법률조항들의 규정형식 등을 고려할 때 법 제2조제3호, 제12조제1항의 판매용건축물 등은 시행령 제3조제4호의 소정의 요건을 충족하는 독립한 부동산인 당해 건물 자체를 의미함이

규제로 인한 부작용을 해소하고 국토균형발전을 실효성 있게 추진하기 위해 1994년 전문개정시 경제적 규제로 전환하여 부담금을 부담하면 건축할 수 있도록 하였다.

분명하며 위 법률조항들이 집행당국에 자의적 해석의 여지를 주거나 수범자의 예견가능성을 해할 정도로 불명확하다고 볼 여지는 없다. 법 제12조제1항과 제2조제3호는 인구집중을 유발하는 시설에 해당하는 주요내용들을 열거한 후, 이에 대하여 대통령령에 의한 부분적 보충만을 예정하면서 그 보충될 내용 또한 법률에서 열거하고 있는 구체적 사례들을 통하여 어느 정도의 판단기준을 제시하여, 인구집중유발시설의 종류 및 범위에 관하여 어느 정도 범위를 한정하여 하위법규인 대통령령에 위임함으로써 보다 세부적인 유형과 판정기준을 그 때 그 때의 사회경제적 상황에 따라 탄력적으로 대통령령에서 정할 수 있도록 한 것이며, 시행령에서 사용된 '주용도'라는 개념은 단지 입법기술상의 편의를 위해 사용하고 있는 것일 뿐, 그 내용은 본법에서 정하고 있는 판매용건축물 등의 의미를 구체화하고 있는 것에 불과하며, 그 구체화된 내용 또한 본법에서 예정하고 있지 아니한 별도의 새로운 내용이나 기준을 제시하고 있는 것은 아니라고 할 것이므로, 따라서 이 사건 법률조항이 헌법이 정한 위임입법의 한계를 일탈한 것이라 볼 수 없다.

2. 과밀부담금은 인구집중에 따른 여러 문제의 해결을 위한 공사시행의 원인을 제공하게 됨에 따라 부과하는 원인자부담금의 성격과, 건축물이 기반시설이 풍부한 수도권에 입지함에 따라 생기는 이득분을 수익자에게서 환수하여 낙후지역의 개발에 투자하고자 하는 수익자부담금의 성격을 함께 지니고 있지만, 기본적으로는 과밀억제권역 내에서의 인구집중유발시설의 신축·증설을 억제함으로써 수도권의 과밀해소 및 지역균형발전이라는 국가적 목적 달성을 유도하기 위해 정책적으로 부과되는 특별부담금이다. 그렇다면 과밀부담금은 수도권의 과밀해소와 지역균형발전이라는 국가 정책적 목표를 달성할 수 있는 적절한 방법으로 부과하되 그 원인자부담적 성격과 수익자부담적 성격을 함께 고려하여 부과되어야 한다.

   건축물의 용도와 규모에 따라 당해 건축물이 과밀을 유발하는 정도 및 기반시설로부터 누리는 편익의 정도와의 상관관계를 완벽히 계량화하기란 어려운 데 반하여, 법 소정의 인구집중유발시설이 인구집중을 유발하는 정도는 대체로 당해 건축물의 크기, 즉 그 건축물의 연면적에 비례할 것이란 점은 통상 인정할 수 있으며, 또 하나의 인구집중유발시설 건축물 내에 법 소정의 인구집중유발용도시설 외의 다른 용도시설이 함께 들어 있다고 하더라도 하나의 건물 안에 있는 다른 용도시설 또한 인구집중유발과 전혀 무관하다고 할 수 없고, 오히려 법 소정의 인구집중유발용도시설과 같은 건축물 내에 존재하게 됨에 따라 인구유발에 대한 복합적 상승효과를 가질 수 있으며, 여기에 기본적으로 수도권 내에 인구집중을 유발하는 대형 건축물을 규제하고자 하는 과밀부담금제도의 정책적 목적을 고려하면, 과밀부담금을 당해 건물의 전체 건축비를 기준으로 일정비율의 범위 내에서 부과하도록 한 것이 과잉금지원칙에 반하는 것은 아니다.

3. 하나의 건축물 내에 법 소정의 인구집중유발용도시설과 다른 용도시설이 함께 들어 있는 경우에도 전체 건축비의 100분의 10 범위 내에서 과밀부담금을 부과한다고 하더라도, 과밀부담금의 부과자체가 그 목적이 정당하고 적절한 수단이며, 구체적인 부과방법 또한 앞에서 본 바와 같이 적정한 것이라면, 법 소정의 인구집중유발시설이 아닌 건물을 건축하는 자나 건물전체를 인구집중유발용도시설만으로 건축하는 자에 비하여 법 소정의 인구집중유발용도시설과 그 외의 용도시설이 복합된 건물을 건축하는 자를 합리적 근거 없이 차별하는 것이라고 말할 수는 없다.

4. 「사회간접자본시설에 대한 민간자본유치촉진법」이 민자유치시설에 대하여 수도권정비계획법이 정하는 바에 의하여 과밀부담금을 감면할 수 있다고 규정하고 있더라도, 이 규정만으로 입법자에게 이에 관한 구체적인 입법의무가 발생하였다고 보기는 어렵고, 또 민자유치촉진법은 "수도권정비계획법이 정하는 바에 의하여 …… 감면할 수 있다."고 재량적으로 규정하였으나, 수도권정비계획법에서 그와 같은 감면사유를 규정하고 있지 않은 점을 종합하여 판단하면, 수도권정비계획법에서 이를 감면사유로 규정하고 있지 않은 것은 결국 아직은 이를 동법상의 감면사유로 삼지 않겠다는 것이 입법자의 판단이라 볼 수 있으므로, 위 민자유치촉진법의 규정에 비추어 이러한 입법자의 판단을 위헌으로 볼 만한 아무런 근거가 없다.

나. 적용대상지역

과밀부담금제도는 1994년 수도권정비계획법에 의하여 도입되었고, 현재 서울특별시에 한하여 부과되고 있다(수도권정비계획법 시행령 제16조제1항).

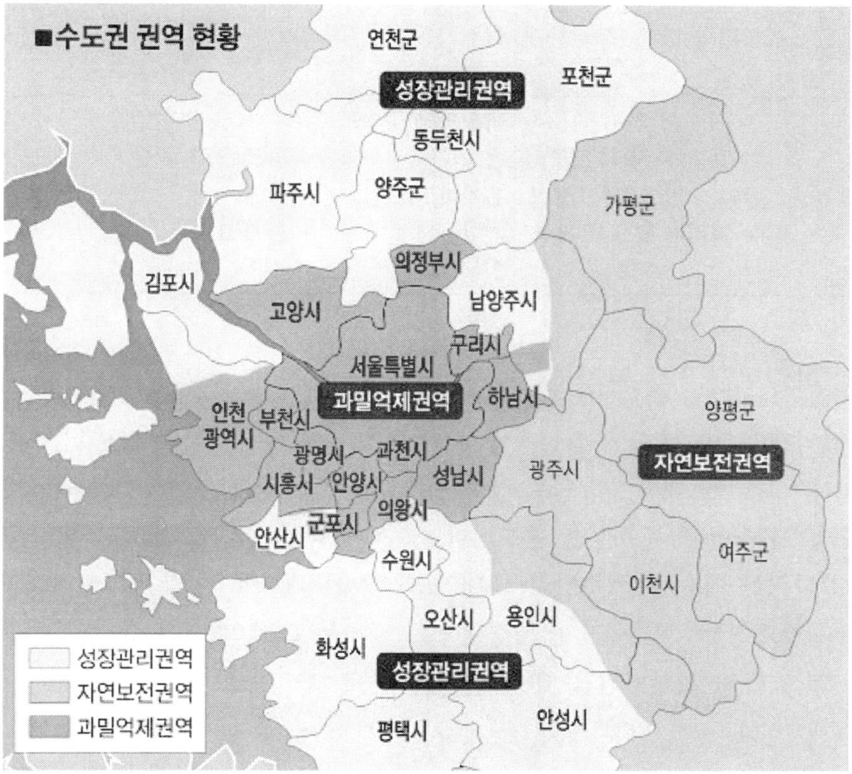

〈2009.12.31. 기준 수도권 3개 권역의 지정현황과 지정기준〉

[국토해양부 국토정책국]

구 분	과밀억제권역	성장관리권역	자연보전권역
면적 11,820km²	2,032km² (17.2%)	5,958km² (50.4%)	3,830km² (32.4)
인구 24,950	19,525천 명 (78.3%)	4,417천 명 (17.7%)	1,008천 명 (4.0%)
행정구역	서울, 인천(일부), 의정부, 구리, 남양주(일부), 하남, 고양, 수원, 안양, 성남, 부천, 광명, 과천, 의왕, 군포, 시흥 16개시	동두천, 안산, 오산, 평택, 파주, 남양주(일부), 용인(일부), 연천군, 포천군, 양주군, 김포시, 화성시, 안성시(일부), 인천(일부), 시흥(일부) 12개시, 3개군	이천, 남양주(일부) 용인(일부), 가평군, 양평군, 여주군, 광주시, 안성시(일부) 5개시, 3개군

정비전략	과밀화 방지, 도시문제 해소	이전기능 수용, 자족기반 확충	한강수계 보전, 주민불편해소
지정기준	인구 및 산업이 과도하게 집중되었거나 집중의 우려가 있어 그 이전 또는 정비가 필요한 지역	과밀억제권역으로부터 이전하는 인구 및 산업을 계획적으로 유치하고 산업의 입지와 도시의 개발을 적정하게 관리할 필요가 있는 지역	한강수계의 수질 및 자연환경의 보전이 필요한 지역

다. 과밀부담금의 부과·징수

과밀억제권역에서 인구집중유발시설 중 업무용 건축물, 판매용 건축물, 공공 청사, 그 밖에 대통령령으로 정하는 건축물을 건축(신축·증축 및 공공 청사가 아닌 시설을 공공 청사로 하는 용도변경, 그 밖에 대통령령으로 정하는 용도변경을 말한다)하려는 자는 과밀부담금을 내야 한다(수도권정비계획법 제12조제1항). 만일, 부담금을 내야 할 자가 대통령령으로 정하는 조합인 경우 그 조합이 해산하면 그 조합원이 부담금을 내야 한다(같은 조 제2항). 이때 부담금 납부 의무의 승계, 연대(連帶) 납부 의무와 제2차 납부 의무에 관하여는 「국세기본법」 제23조부터 제25조까지 및 법 제38조부터 제41조까지의 규정을 준용한다(같은 조 제3항). 한편, 하나의 복합건축물로 허가받아 공동으로 비용을 부담하여 건축한 건물을 구분 소유하기로 한 공동사업자는 다른 공동사업자와 연대하여 건물 전체에 대한 과밀부담금을 납부할 의무가 있고, 위 공동사업자에 대한 과밀부담금 납부고지서에 연대납부의무자별 과밀부담금을 특정하여 기재하지 않았다고 하여 그 납부고지가 위법하다고 할 수 없다.[20]

【판시사항】
과밀부담금의 부과에 관한 경과규정인 수도권정비계획법 부칙(1994.1.7.) 제2항의 규정 취지(대법원 2001.12.24. 선고 2000두2037 판결)

---

20) 대법원 2005.9.28. 선고 2003두13168 판결.

【판결요지】

수도권정비계획법 부칙(1994.1.7.) 제2항은 "이 법 시행 당시 종전의 규정에 의하여 수도권정비심의위원회의 심의를 거쳐 건설부장관이 협의 또는 승인한 건축물에 대하여는 제12조의 규정에 의한 과밀부담금을 부과하지 아니한다."라고 규정하고 있는바, 수도권에 과도하게 집중된 인구 및 산업의 적정배치를 달성한다는 입법목적에 있어 구 수도권정비계획법(1994.1.7. 법률 제4721호로 전문 개정되기 전의 것)이나 수도권정비계획법 모두 차이가 없고, 이와 같은 입법목적을 달성하기 위해서는 건축물의 신축행위 뿐만 아니라 그 후의 증축행위에 대해서도 규제할 필요성이 있는 것이며, 그리하여 구 수도권정비계획법(1994.1.7. 법률 제4721호로 전문 개정되기 전의 것)이 신축행위와 증축행위를 각각 별도로 규제하고 있었던 것{구 수도권정비계획법(1994.1.7. 법률 제4721호로 전문 개정되기 전의 것) 제9조제2항, 같은 법 시행령(1994.4.30. 대통령령 제14234호로 전문 개정되기 전의 것) 제12조제1항제1호, 제3호 등 참조}과 마찬가지로, 수도권정비계획법에서도 위 양 행위를 별도로 규제하고 있는 점(수도권정비계획법 제12조제1항, 같은 법 시행령 제18조 별표 2 제1호 참조), 원래 과밀부담금이란 인구의 분산과 산업의 적정 배치 등을 위한 공익사업의 요인인 인구집중이 일어나도록 하는 원인행위를 하는 자에게 부과되는 것으로서, 이와 같은 원인행위에는 성질상 신축행위 뿐만 아니라 증축행위도 당연히 포함된다고 여겨지는 점 등 사정에 비추어 볼 때 수도권정비계획법 부칙(1994.1.7.) 제2항의 취지는 구 수도권정비계획법(1994.1.7. 법률 제4721호로 전문 개정되기 전의 것)에 의하여 협의 또는 승인의 대상이 되었던 행위에 대하여 과밀부담금을 부과하지 않는다는 것이지, 수도권정비계획법이 시행된 후에 이루어진 별개의 행위에 대해서까지 과밀부담금을 부과하지 않겠다는 뜻으로 해석할 수는 없다.

【판시사항】

건축주를 달리하는 집합적 건축물에 대한 과밀부담금의 부과 여부나 그 금액은 각 건축주가 건축허가를 받아 건축하고자 한 건축물만을 기준으로 결정하여야 한다고 판단한 사례(대법원 2002.4.9. 선고 2001두2843 판결)

【판결요지】

아시아유럽정상회의(ASEM)를 준비하기 위하여 수인의 건축주가 컨벤션센터·아셈(ASEM) 회관·업무시설동·호텔 등을 증·개축하기로 한 후 하나의 건축허가신청서에 공동으로 신청하여 건축허가를 받은 경우, 위 건축물들의 규모·용도 및 형태 등에 비추어 하나의 건축물이라고는 볼 수 없고, 각 건축주들이 각자의 비용과 노력을 들여 해당 건축물을 증·개축한 것으로서 그 소유자를 달리하고 있다는 이유로, 과밀부담금 부과 여부나 그 금액은 각 건축주가 건축주로서 건축허가를 받아 건축하고자 한 건축물만을 기준으로 결정하여야 한다고 판단한 사례

【판시사항】

수익적 행정처분을 취소할 수 있는 경우

【판결요지】

수익적 행정처분에 하자가 있음을 이유로 처분청이 이를 취소하는 경우, 그 처분으로 인하여 당사자가 입게 될 기득권과 신뢰보호 및 법률생활안정의 침해 등 불이익을 비교 교량한 후 공익상 필요가 당사자가 입을 불이익을 정당화할 만큼 강한 경우에 한하여 이를 취소할 수 있다.

라. 부담금의 감면

i) 국가나 지방자치단체가 건축하는 건축물, ii) 「도시 및 주거환경정비법」에 따른 도시환경정비사업에 따른 건축물, iii) 건축물 중 주차장이나 그 밖에 대통령령으로 정하는 용도로 사용되는 건축물, iv) 건축물 중 대통령령으로 정하는 면적 이하의 건축물에 대하여는 대통령령으로 정하는 바에 따라 부담금을 감면할 수 있다(수도권정비계획법 제13조).

[과밀부담금 감면 기준]

수도권정비계획법 시행령 제17조 (과밀부담금의 감면)

법 제12조에 따른 과밀부담금(이하 "부담금"이라 한다)의 감면은 다음 각 호에서 정하는 바에 따른다.

1. 국가나 지방자치단체가 건축하는 건축물에는 부담금을 부과하지 아니한다.
2. 「도시 및 주거환경정비법」에 따른 도시환경정비사업으로 건축하는 건축물에는 부담금의 100분의 50을 감면한다.
3. 건축물 중 주차장, 주택 및 국가나 지방자치단체에 기부채납되는 시설에 대하여는 별표 2에서 정하는 바에 따라 부담금을 감면한다.
4. 건축물 중 수도권만을 관할하는 공공법인(지점을 포함한다)의 사무소에 대하여는 부담금을 부과하지 아니한다.
5. 「건축법 시행령」 별표 1 제10호 마목에 따른 연구소 중 다음 각 호의 어느 하나에 해당하는 단지에 건축하는 연구소에 대하여는 별표 2에서 정하는 바에 따라 부담금을 감면한다.
   가. 「산업입지 및 개발에 관한 법률」 제2조에 따른 산업단지
   나. 「과학기술기본법」 제29조에 따른 과학연구단지
   다. 「나노기술과학촉진법」 제16조에 따른 나노기술연구단지
   라. 「산업기술단지 지원에 관한 특례법」 제2조에 따른 산업기술단지
6. 「금융중심지의 조성과 발전에 관한 법률」 제2조에 따른 금융중심지에 건축하는 「건축법 시행령」 별표 1 제14호 나목의 일반업무시설 중 금융업소에 대하여는 별표 2에서 정하는 바에 따라 부담금을 감면한다.
7. 건축물 중 부담금이 부과된 시설을 용도변경하는 경우에는 부담금을 부과하지 아니한다.
8. 다음 각 목의 어느 하나에 해당하는 건축물의 경우에는 해당 면적에 대하여 각각 별표 2에서 정하는 바에 따라 부담금을 감면한다.
   가. 업무용 건축물 : 2만5천m^2
   나. 판매용 건축물 : 1만5천m^2

다. 복합 건축물로서 부과대상 면적 중 판매용 시설의 면적이 용도별면적 중 가장 큰 건축물 : 1만5천m^2

라. 다목 외의 복합 건축물 : 2만5천m^2

마. 부담금의 산정 기준

부담금은 건축비의 100분의 10으로 하되, 지역별 여건 등을 고려하여 대통령령으로 정하는 바에 따라 건축비의 100분의 5까지 조정(調整)할 수 있고, 이에 따른 건축비는 국토교통부장관이 고시하는 표준건축비를 기준으로 산정한다.

[별표 2]

부담금의 산정방식

(제18조 관련) 〈개정 2013.3.23〉

1. 업무용시설 등이 주용도(해당 건축물의 업무용시설 등 면적의 합계가 용도별면적 중 가장 큰 경우를 말한다. 이하 같다)인 업무용 건축물, 판매용 건축물 또는 복합 건축물의 경우(증축 또는 용도변경의 경우에는 증축 또는 용도변경으로 업무용시설 등이 주용도가 되는 경우를 포함한다)

가. 신축의 경우

1) 주차장면적과 기초공제면적의 합계면적이 기준면적(제17조제8호 각 목의 구분에 따른 면적을 말한다. 이하 같다)을 초과하지 아니하는 경우
부담금 = (기준면적 − 주차장면적 − 기초공제면적)×단위면적당 건축비 ×0.05 + 기준면적 초과면적×단위면적당 건축비×0.1

* 기초공제면적은 5천m^2로 한다. 이하 이 호에서 같다.

2) 주차장면적과 기초공제면적의 합계면적이 기준면적을 초과하는 경우
부담금 = (신축면적 − 주차장면적 − 기초공제면적)×단위면적당 건축비 ×0.1

나. 증축의 경우

1) 기존 건축물의 면적(이하 "기존면적"이라 한다)이 기준면적을 초과하지

아니하는 경우

가) 기존면적과 증축면적 중 주차장면적의 합계면적이 기준면적을 초과하지 아니하는 경우

부담금＝(기준면적－기존면적－증축면적 중 주차장면적)×단위면적당 건축비×0.05＋전체면적 중 기준면적 초과면적×단위면적당 건축비×0.1

* 기존면적이 기초공제면적보다 작은 경우에는 기존면적 대신 기초공제면적을 적용한다.

나) 기존면적과 증축면적 중 주차장면적의 합계면적이 기준면적을 초과하는 경우

부담금＝(전체면적－기존면적－증축면적 중 주차장면적)×단위면적당 건축비×0.1

* 기존면적이 기초공제면적보다 작은 경우에는 기존면적 대신 기초공제면적을 적용한다.

2) 기존면적이 기준면적을 초과하는 경우

부담금＝(전체면적－기존면적－증축면적 중 주차장면적)×단위면적당 건축비×0.1

다. 용도변경하는 경우의 부담금 산정은 증축의 경우를 준용한다. 이 경우 “기존면적” 대신 “전체면적－용도변경면적”을 적용하며, “증축면적 중 주차장면적” 대신 “용도변경면적 중 주차장면적”을 적용한다.

라. 대통령령 제14234호 수도권정비계획법 시행령 개정령의 시행일인 1994년 4월 30일 이후 신축하여 증축 또는 용도변경하는 것으로서 업무용 건축물, 판매용 건축물 또는 복합 건축물이 되는 건물의 경우에는 증축 또는 용도변경을 건축물 전체를 신축하는 것에 준하는 것으로 보아 가목의 산정방식에 따라 부담금을 산정하며, 이 중 이미 부담금이 부과된 면적이 있는 경우에는 부과된 면적을 제외한 면적에 대하여 산정한다.

마. 주상복합건축물, 국가나 지방자치단체에 기부채납하는 시설 및 제17조 제5호 또는 제6호에 따른 연구소 또는 금융업소가 포함된 건축물에 대한 부담금은 주택면적, 기부채납시설면적이나 연구소 또는 금융업소의 면적을 제외한 면적(이하 “산정대상면적”이라 한다)에 대하여 산정한다.

이 경우 산정대상면적이 가목1)의 기준면적보다 작은 경우에는 기준면적 대신 산정대상면적을 적용하여 산정한다.

2. 업무용시설 등이 주용도가 아닌 업무용 건축물, 판매용 건축물 또는 복합 건축물을 신축, 증축 또는 용도변경하는 경우의 부담금은 업무용시설 등의 면적(업무용시설 등에 딸린 주차장면적을 포함한 면적을 말한다)만을 건축물의 면적으로 보고 제1호 가목부터 마목까지의 식을 준용하여 산정한다.
3. 제3조제3호의 공공 청사의 경우
   가. 신축의 경우
      부담금＝(신축면적－주차장면적－기초공제면적)×단위면적당 건축비×0.1
      * 기초공제면적은 1천m²로 한다. 이하 이 호에서 같다.
   나. 증축의 경우
      부담금＝(전체면적－기존면적－증축면적 중 주차장면적)×단위면적당 건축비 ×0.1
      * 기존면적이 기초공제면적보다 작은 경우에는 기존면적 대신 기초공제면적을 적용한다.
   다. 용도변경하는 경우의 부담금 산정은 증축의 경우를 준용한다. 이 경우 "기존면적" 대신 "전체면적－용도변경면적"을 적용하며, "증축면적 중 주차장면적" 대신 "용도변경면적 중 주차장면적"을 적용한다.
   라. 대통령령 제14234호 수도권정비계획법 시행령 개정령의 시행일인 1994년 4월 30일 이후 신축하여 증축 또는 용도변경하는 것으로서 공공 청사가 되는 건물의 경우에는 증축 또는 용도변경을 건축물 전체를 신축하는 것에 준하는 것으로 보아 가목의 산정방식에 따라 부담금을 산정하며, 이 중 이미 부담금이 부과된 면적이 있는 경우에는 부과된 면적을 제외한 면적에 대하여 산정한다.
   마. 공공 청사와 공공 청사가 아닌 시설이 포함된 건축물에 대한 부담금은 공공 청사에 해당하는 면적에 대하여 산정한다.
4. 제1호부터 제3호까지의 규정에서 단위면적당 건축비는 m²당 표준건축비로서 국토교통부장관이 매년 고시하는 것을 말한다.

바. 부담금의 부과·징수 및 납부 기한 등

1) 부담금의 부과 주체 등

부담금은 부과 대상 건축물이 속한 지역을 관할하는 시·도지사가 부과·징수하되, 건축물의 건축 허가일, 건축 신고일 또는 용도변경일을 기준으로 산정하여 부과한다(수도권정비계획법 제15조제1항).

2) 납부기한

부담금의 납부 기한은 건축물의 사용승인일(임시 사용승인을 받은 경우에는 임시 사용승인일을 말한다)로 하되, 사용승인이 필요 없는 경우에는 부과일부터 6개월로 한며(같은 조 제2항), 시·도지사는 납부 의무자가 부담금을 납부 기한까지 내지 아니하면 납부 기한이 지난 후 10일 이내에 독촉장을 발부하여야 하며, 이 경우의 납부 기한은 독촉장 발부일부터 10일로 한다(같은 조 제3항).

3) 가산금부과 등

납부 의무자가 납부 기한까지 부담금을 내지 아니하면 시·도지사는 부담금의 100분의 5에 해당하는 가산금을 부과할 수 있으며(같은 조 제4항), 납부 의무자가 독촉장을 받고도 지정된 기한까지 부담금과 가산금을 내지 아니하면 「지방세외수입금의 징수 등에 관한 법률」에 따라 징수할 수 있다(같은 조 제5항). 이때 과오납(過誤納)된 부담금·가산금 및 체납처분비의 처리에 관하여는 「지방세기본법」을 준용하며, 그 밖에 부담금의 부과·징수의 방법·절차 등에 관하여 필요한 사항은 대통령령으로 정한다(같은 조 제6항).

사. 부담금의 배분

징수된 부담금의 100분의 50은 「국가균형발전 특별법」에 따른 지역발전특별회계에 귀속하고, 100분의 50은 부담금을 징수한 건축물이 있는 시·도에 귀속한다(수도권정비계획법 제16조).

아. 이의신청

부담금의 부과·징수에 이의가 있는 자는 「공익사업을 위한 토지 등의 취득 및 보상에 관한 법률」에 따른 중앙토지수용위원회에 행정심판을 청구할 수 있으며(수도권정비계획법 제17조제1항), 이에 대하여는 「행정심판법」 제6조에도 불구하고 중앙토지수용위원회가 심리·의결하여 재결(裁決)한다(같은 조 제2항).

6. 공장총량규제

공장총량제도의 운영지침
[제9999호, 건설교통부, 2006.9.29]

인기행정규칙 2013/09/03 00:52, 공장총량제도의 운영지침, [시행 2006.9.29] [국토해양부지침, 2006.9.29, 폐지제정], 국토해양부, 02-2110-6176

1. 지침의 목적

이 지침은 수도권정비계획법 제18조의 규정에 의한 공장건축의 총허용량(이하 "공장총량"이라 한다)의 배정, 집행 등 운영에 관한 사항을 정하여 공장총량제도의 원활한 운영을 도모함을 목적으로 한다.

2. 공장총량제도의 의의

2-1. 공장총량제도는 수도권의 과도한 제조업 집중을 억제하기 위하여 수도권(서울인천경기)에 허용되는 공장총량을 설정하고 이를 초과하는 공장의 신축증축용도변경을 제한하는 제도(1994년 도입)

※ 법적근거(법 제18조) : 공장학교 기타 대통령령이 정하는 인구집중유발시설이 수도권에 과도하게 집중되지 아니하도록 하기 위하여 그 신설증설의 총허용량을 정하여 이를 초과하는 신설증설을 제한할 수 있다.

2-2. 공장총량제도는 2003년까지는 매년마다 연간총량을 설정하여 운영하였으나, 2004년부터는 3년마다 3년간 총량을 설정하여 운영한다.

2-3. 제3차 수도권정비계획 계획기간(2006~2020)과 일치하도록 2006년부터 새로이 3년마다 3년간 총량을 설정하여 운영한다.

※「2004~2006년 공장총량운영계획」은 2006.9.29.자로 종료한다. 다만,「2004~2006년 공장총량 운영계획」에 따라 2006.1.1부터 2006.9.29까지 기집행된 공장총량(산업단지 이외 공업지역 건축허가량 포함)은「2006~2008년 공장총량 운영계획」에 따라 집행된 것으로 본다.

3. 공장총량제의 적용대상

3－1. 공장총량제는 공장건축물의 건축법에 의한 신축증축 또는 용도변경 면적으로서 동법에 의한 건축허가건축신고용도변경신고 또는 용도변경을 위한 건축물대장의 기재내용 변경신청 면적을 기준으로 적용한다.(시행령 제21조)

3－2 공장총량의 적용대상과 범위

3－2－1. 공장총량의 적용대상은「산업집적활성화 및 공장설립에 관한 법률」(이하 "산집법"이라 한다) 제2조의 규정에 의한 공장으로서 건축물의 연면적(제조시설로 사용되는 기계장치를 설치하기 위한 건축물 및 사업장의 각층의 바닥면적과 사무실 및 창고의 각층의 바닥면적의 합계를 말한다)이 200m² 이상인 공장건축을 말한다.

이 경우 공장총량의 적용면적은 산집법 제2조에서 규정하고 있는 "공장"에 해당하는 모든 건축물의 연면적임.

3－2－2. 공장의 신축, 증축, 용도변경의 범위

1) 공장의 "신축"이라 함은 건축물이 없는 대지에서 새로이 건축물을 축조(개축 및 재축의 경우는 제외한다)하는 행위를 말한다.
2) 공장의 "증축"이라 함은 건축물 연면적을 증가시키는 것으로서, 공장총량의 적용대상(3－2－1에 해당하는 공장건축)이 아닌 건축물이 "증축"으로 인하여 공장총량의 규제대상이 되는 경우에는 당해 공장전체의 건축물 연면적에 대하여 공장총량을 적용한다.
3) "용도변경"이라 함은 "공장"용도가 아닌 건축물을 산집법에 의한 "공장"으로 용도변경을 하는 경우를 말한다(건축법상 용도변경과 다르므로 유의하여야 한다).

3－2－3. 다음에 해당하는 경우에는 공장총량 적용대상에서 제외한다.

1) 아파트형 공장의 건축
2) 가설건축물 및 건축법상 허가나 사전신고대상이 아닌 건축

3) 공공사업시행으로 인하여 수용된 공장을 이전하는 경우로서, 종전의 건축물 연면적이내의 공장건축
4) 다음에 해당되는 지역 안에서의 공장건축
가) 「산업입지 및 개발에 관한 법률」에 의한 산업단지
나) 기타 관계법령에 의하여 수도권정비계획법 제18조의 규정에 의한 공장건축 총량규제를 배제하도록 규정된 지역

4. 공장총량의 연도별지역별입지유형별 배정

4-1. 연도별 배정계획 수립

4-1-1. 서울특별시장·인천광역시장·경기도지사(이하 "시도지사"라 한다)는 건설교통부장관이 설정한 시도별 총량의 범위 안에서 연도별 배정계획을 수립하여 건설교통부장관의 승인을 얻어야 한다(시행령 제22조제4항).

4-1-2. 시도지사가 연도별 배정계획을 수립하는 경우, 연간 공장총량은 총허용량의 40%를 초과할 수 없다.

4-1-3. 시도지사는 시군구별 배정계획 수립시 시군구간 물량 과부족 발생시 조정이 용이하도록 입지유형별로 각각 20%의 범위 내에서 배정을 유보할 수 있다.

4-2. 지역별 배정계획 수립

4-2-1. 시도지사는 관할 시군구(자치구를 말한다)의 지역별 여건을 감안하여 공장건축을 계획적으로 관리할 필요성이 있다고 인정하는 경우에는 연도별 배정계획의 범위 안에서 지역별로 공장총량을 할당할 수 있다(시행령 제22조제5항).

4-2-2. 시도지사가 지역별로 공장총량을 할당하는 경우에는 과거의 집행실적공장건축허가 유보량 기타 향후 공장수요 등을 감안하여 지역별로 적정하게 배정하여야 한다.

4-3. 입지유형별 배정계획 수립

4-3-1. 시도지사는 시군별로 "산업단지이외 공업지역"과 "개별입지"로 구분하여 공장총량을 배정하되, 개별입지의 총량을 감하여 "산업단지이외 공업지역"의 총량을 증가시킬 수 있다.

4-3-2. "개별입지"총량을 초과하여 건축허가가 불가피한 경우, 시도지사는

"산업단지이외 공업지역총량"의 20% 범위 내에서 이를 "개별입지 총량"으로 전용하여 집행할 수 있다

5. 공장총량의 집행

5-1. 공장총량의 집행시점 및 건축제한

공장총량은 건축허가 또는 신고 등의 시점에서 집행하되, 배정된 공장총량의 범위 내에서 공장건축 허가 등을 하여야 하며, 총량규제의 내용과 다르게 허가 등을 하여서는 아니 된다(법 제18조제4항).

5-2. 공장총량은 가급적 월별·분기별 등으로 적절히 배분하여 조기에 소진되는 사례가 없도록 하고, 다음에 해당하는 경우에는 공장 총량을 우선적으로 집행할 수 있다

○ 과밀억제권역에서 이전하는 공장 등 수도권의 정비방향에 부합하는 경우

○ 기존 공장을 증축하는 경우

○ 외국인투자기업, 첨단업종, 벤처기업 등 지역전략산업 육성 등을 위하여 필요한 경우

○ 실수요자

- 토지소유자가 공장건축을 하는 경우
- 공장설립승인과 동시에 건축허가가 의제되는 경우
- 최초공장설립승인 신청인과 건축주가 동일한 경우
- 기타 실수요자라고 판단되는 경우 등

○ 유사한 업종인 경우에는 규모가 작은 공장

○ 건축허가 신청 후 장기간 대기한 경우(허가대기기간이 가급적 1년을 경과하지 않도록 한다)

○ 기타 시도지사 또는 시장군수구청장이 특히 필요하다고 인정하는 경우

5-3. 건축허가 취소

5-3-1. 시장군수구청장은 공장건축허가 후 1년 이상 미착공한 경우와 미착공기간이 1년 이내라도 사실상 건축이 곤란할 것으로 판단되는 경우(부도, 사업계획 변경 등)에는 동 공장건축허가를 취소하여 배정된 공장총량이 사장되지 아니하도록 노력하여야 한다.

5-3-2. 공장총량설정기간중에 건축허가를 취소한 경우에는 동 공장총량을 집행하지 아니한 것으로 본다.

5-4. 공장총량 집행잔량의 처리

연도별로 배정된 공장총량 중 당해연도에 집행 못한 잔량은 공장총량 설정기간중에 한해 다음년도로 이월(단, 설정기간 마지막년도에는 이월 불가)된다.

5-5. 공장총량 운영계획이 수립되지 아니한 경우의 건축허가

5-5-1. 공장총량 운영계획기간(매 3년)의 초년도 1월 1일 이후부터 공장총량운영계획이 확정고시될 때까지 공장건축허가는 전년도 공장총량 집행실적의 50% 범위 내에서 집행이 가능하다.

5-5-2. 이 경우 집행된 공장건축허가 물량은 공장총량운영계획에 따라 고시된 공장총량물량에서 집행된 것으로 간주한다.

5-6. 시장군수구청장은 일반인이 당해지역에 배정된 공장총량 및 집행실적을 알 수 있도록 공보게시판 홈페이지 등에 그 내용을 공지하고, 건축허가에 장기간이 소요될 것으로 예상되는 경우에는 공장설립승인신청시 공장총량제도의 취지, 개략적인 건축허가소요 기간 등을 신청인에게 안내하여야 한다.

6. 행정사항

6-1. 이 지침은 2006년부터 2008년까지의 「공장총량 운영계획」에 대해 적용한다. 수도권계획과-585(2004.5.28)호로 통보한 종전의 「공장총량제도의 운영지침」은 이를 폐지한다.

6-2. 시장군수구청장은 공장총량관리대장을 작성(서식 12 참조)관리하고, 월별 공장총량집행실적을 다음 달 5일까지 시도지사에게 보고하여야 한다.

6-3. 시도지사는 시군구별 공장총량집행실적을 정리하여 다음 달 10일까지 건설교통부장관에게 보고한다(서식 345 참조).

6-4. 시도시사는 3년간의 공장총량 운영이 완료된 경우에는 다음 연도의 15일까지 3년간의 운영실적을 총괄 정리하여 건설교통부장관에게 보고하여야 한다.

가. 개 념

국토교통부장관은 공장, 학교, 기타 인구집중유발시설이 수도권에 과도하게 집중하지 않도록 그 신설 및 증설의 총허용량을 정하여 이를 초과하는 신증설을 규제할 수 있다. 이것을 총량규제라고 하고 대표적인 것이 공장총량제이다.

수도권정비계획법 제18조 위헌소원
(2001.11.29. 2000헌바78 전원재판부)

【판시사항】

1. 수도권지역에서 공장 신설 등의 총허용량을 정한 뒤 이를 초과하는 부분의 신설 등을 제한하는 공장총량제가 직업수행의 자유나 재산권을 침해하는지 여부(소극)
2. 공장총량제를 규정한 수도권정비계획법 제18조가 지방자치의 본질적 내용을 침해하는지 여부(소극)
3. 공장총량제를 규정한 수도권정비계획법 제18조가 포괄위임입법금지에 위반되는지 여부(소극)

【결정요지】

1. 수도권정비계획법 제18조는 수도권지역에서 공장 신설 등의 총허용량을 정한 뒤 이를 초과하는 부분의 신설 등을 제한하는 공장총량제틀 규정한 것인바, 공장총량제로 인하여 수도권지역에서의 공장 신설 등이 일률적으로 금지되는 것이 아니라 총허용량 범위 내에서는 그 신설 등이 허용되는 것이고, 한편 공장총량제는 헌법 제120조, 제122조, 제123조에 근거를 두고 수도권에 과도하게 집중된 인구 및 산업의 적정배치를 유도하여 질서 있는 수도권정비와 국토의 균형 발전이라는 중대한 공익을 추구하는 것이며, 수도권 지역에서 공장의 신설 등을 하려는 국민도 총허용량의 범위 안에서는 자유롭게 공장의 신설 등을 할 수 있을 뿐 아니라 언제라도 공장총량의 설정량 및 집행량을 확인할 수 있으므로 기업활동의 예측성이나 안정성이 보장되고 있고, 가사 총량이 모두 소진되어 당해 연도에는 공장의 신설 등이 제한된다 하더라도 그 다음 해에 새로이 배정되는 총허용량의 범위 내에서 공장 신설 등을 할 수 있어 그 시기가 일시 연기되는 것일 뿐 궁극적으로는 그 공장

의 신설 등을 할 수는 있는 것이므로, 공장총량제가 직업수행의 자유나 재산권을 침해한다고 할 수 없다.

2. 지방자치단체의 존재 자체를 부인하거나 각종 권한을 말살하는 것과 같이 그 본질적 내용을 침해하지 않는 한 법률에 의한 통제는 가능한 것인바, 이 사건 법률조항에 의하여 지방자치단체는 총량을 초과하는 경우의 허가권 행사가 제한될 뿐 그밖에는 여전히 주민의 복리에 관한 사무를 처리할 수 있는 것이므로, 이 사건 법률조항이 지방자치의 본질적 내용을 침해하여 지방자치에 관한 헌법 제117조제1항에 위반된다고 할 수 없다.
3. 수도권정비계획법 제2조제1호에서의 수도권이란 용어의 통상적인 의미에 의하여 시행령에서 규정할 수도권의 범위를 충분히 예측할 수 있고, 수도권정비계획법 제18조제2항은 공장에 대한 총량규제에 관하여 대통령령에 위임할 내용을 "공장에 대한 총량규제의 내용과 방법"으로 규정하고 있는바, 총량규제의 대상이 되는 공장의 종류, 총량규제의 내용과 방법 등을 사회적·경제적 상황에 따라 탄력적으로 규제할 필요성이 있고, 수도권정비계획법 제18조제2항의 입법 취지와 제6조 내지 제9조, 제18조제1항과의 관련성 등 이 사건 법률의 전반적인 체계와 관련 조항에 비추어 수도권에서의 공장의 신설 등에 대하여 매년 시·도 등 지방자치단체별로 그 총량이 정하여지고 그 범위 내에서 공장의 신설 등이 허용될 것이라는 점을 충분히 예측할 수 있으므로, 이 사건 법률조항이 포괄위임입법금지에 관한 헌법 제75조에 위반된다고 볼 수 없다.

나. 공장총량규제

1) 총량규제의 내용과 방법

공장에 대한 총량규제의 내용과 방법은 대통령령으로 정하는 바에 따라 수도권정비위원회의 심의를 거쳐 결정하며, 국토교통부장관은 이를 고시하여야 하며(수도권정비계획법 제18조제2항), 그 것이 결정·고시가 되면 관계 행정기관의 장은 인구집중유발시설의 신설 또는 증설에 대하여 총량규제의 내용과 다르게 허가 등을 하여서는 아니 된다(같은 조 제4항).

2) 총량규제의 대상

총량규제는 공장 건축물을 「건축법」에 따라 신축, 증축 또는 용도변경하는 면적으로서 법에 따라 건축허가, 건축신고, 용도변경신고 또는 용도변경을 하기 위하여 건축물대장 기재 내용의 변경신청을 한 면적을 기준으로 적용한다(수도권정비계획법 시행령 제21조).

3) 총허용량의 산출

국토교통부장관은 3년마다 수도권정비위원회의 심의를 거쳐 공장건축의 총허용량을 산출하고 이를 시·도에 배정한다(수도권정비계획법 시행령 제22조제1항, 제5항).[21] 시·도는 총허용량의 범위 내에서 연도별 배정계획을 작성하며, 공장건축을 계획적으로 관리할 필요가 있는 경우에는 시·군·구 지역별로 할당할 수 있다. 지역별·연도별 총허용량을 배정하는 경우에는 그 내용을 시·도에서 발행하는 공보에 고시하여야 한다. 배정된 지역별·연도별 총허용량을 변경하는 경우에도 또한 같다.

4) 공장 총허용량의 집행

국토교통부장관은 시·도의 연도별 공장건축량이 연도별 배정계획을 지나치게 많이 초과할 우려가 있는 경우에는 수도권정비위원회의 심의를 거쳐 업종, 규모 및 기간 등을 정하여 해당 시·도의 공장건축을 제한할 수 있으며, 해당 시·도의 공장건축을 제한한 경우에는 그 제한 내용을 관보에 고시하여야 한다(수도권정비계획법 시행령 제23조제1항). 시·도지사 또한 지역별·연도별 총허용량을 배정한 경우 해당 지역의 연도별 공장건축량이 지역별·연도별 총허용량을 지나치게 많이 초과할 우려가 있는 경우에는 업종, 규모 및 기간 등을 정하여 해당 지역의 공장건축을 제한할 수 있으며, 해당 지역의 공장건축을

---

21) 이때 시·도지사는 과거 3년간의 공장건축량, 공업용지 중 공장 설립 가능지역 및 향후 3년간의 공장건축 예상량 등 시·도별 총허용량 설정에 관계되는 기초자료를 시·도별 총허용량을 결정하는 해의 1월 31일까지 국토교통부장관에게 제출하여야 한다(수도권정비계획법 시행령 제22조제3항).

제한한 경우에는 그 제한 내용을 시·도에서 발행하는 공보에 고시하여야 한다(법 시행령 제2항).

이를 위해 시장·군수 또는 구청장은 공장 총량관리대장을 작성·관리하고, 공장건축량을 월별로 다음 달 10일까지 시·도지사를 거쳐 국토교통부장관에게 보고하여야 한다(법 시행령 제3조).

국토해양부 고시 제2009－93호

「수도권정비계획법」 제18조 및 「주한미군 기지 이전에 따른 평택시 등의 지원 등에 관한특별법」 제25조의 규정에 의하여 2009년부터 2011년까지 서울특별시·인천광역시·경기도 및 평택시(별도배정분)의 공장건축 총허용량을 다음과 같이 결정하여 고시합니다.

2009년 3월 일
국토해양부장관

1. 공장건축 총허용량(2009년부터 2011년까지)

1) 시·도별 공장건축 총허용량

(단위 : 천m^2)

구 분	수 도 권	서울특별시	인천광역시	경 기 도
총허용량	9,564	229	949	8,386
산업단지이외 공업지역	2,470	198	595	1,677
개별입지	7,094	31	354	6,709

2) 공장건축 총허용량 산출방식

2009년부터 2011년까지의 수도권 공장건축 총허용량은 최근 3년간(2006~2008) 집행실적을 바탕으로 향후 경제성장률 예측을 반영하고 규제합리화 등으로 인한 추가 신증설 수요를 더하여 산정

3) 적용기간 : 2009년 1월 1일부터 2011년 12월 31일까지

※ 건설교통부 고시 제2006－405호(2006.9.29)는 폐지

※ 건설교통부 고시 제2006-405호(2006.9.29)에 의거 2009.1.1.부터 고시일 현재까지 기집행된 공장건축물량(제조시설 500m² 이상)은 이번 고시에 의한 공장건축총량에서 집행된 것으로 간주

4) 집행조건

(1) 공장총량은 「산업집적활성화 및 공장설립에 관한 법률」 제2조의 규정에 의한 공장으로서 건축물의 연면적(제조시설로 사용되는 기계·장치를 설치하기 위한 건축물 및 사업장 각층의 바닥면적 합계를 말함)이 500m² 이상인 공장 건축물을 대상으로 하며, 공장총량의 적용은 「건축법」에 의한 신축·증축 또는 용도변경에 대하여 동법에 의한 건축허가·건축신고·용도변경신고 또는 용도변경을 위한 건축물대장의 기재내용 변경신청 면적을 기준으로 함.

(2) 시·도에 배정된 공장총량이 소진되는 경우에는 공장의 건축허가 등을 하여서는 아니 됨.

(3) 다음에 해당되는 경우에는 공장총량 적용대상에서 제외함

가) 아파트형 공장의 건축

나) 가설건축물 및 건축법상 허가나 사전신고대상이 아닌 건축

다) 공공사업시행에 따라 공장을 이전하는 경우에는 종전의 건축물 연면적 이내의 공장 건축. 다만, 기존 공장 면적을 초과하는 면적은 공장총량을 적용한다.

라) 다음에 해당하는 지역 안에서의 공장건축

① 「산업입지 및 개발에 관한 법률」에 의한 산업단지

② 그 밖의 관계 법률에서 「수도권정비계획법」 제18조에 따른 공장건축 총량규제를 배제하도록 규정한 지역

2. 평택시 별도배정 공장건축총량(「주한미군기지 이전에 따른 평택시 등의 지원 등에 관한 특별법」 제25조)

1) 공장건축 허용량

(단위 : 천m²)

구 분	계	산업단지 이외 공업지역	개별입지
평택시	500	320	180

2) 적용기간 : 2009년 1월 1일부터 2011년 12월 31일까지

3) 집행조건

(1) 공장총량은 「산업집적활성화 및 공장설립에 관한 법률」 제2조의 규정에 의한 공장으로서 건축물의 연면적(제조시설로 사용되는 기계·장치를 설치하기 위한 건축물 및 사업장의 각층의 바닥면적의 합계를 말함)이 500m² 이상인 공장 건축물을 대상으로 하며, 공장총량의 적용은 「건축법」에 의한 신축·증축 또는 용도변경에 대하여 동법에 의한 건축허가·건축신고·용도변경신고 또는 용도변경을 위한 건축물대장의 기재내용 변경신청 면적을 기준으로 하되, 「주한미군기지 이전에 따른 평택시 등의 지원 등에 관한 특별법」 제25조 및 동법시행령 제13조의 규정에 의거 평택시에서 특별히 신·증설이 가능한 공장건축에 한하여 집행

(2) 평택시장은 배정된 공장총량이 소진되는 경우에는 공장의 건축허가 등을 하여서는 아니 됨.

(3) 기타 집행조건은 「수도권정비계획법」 제18조의 규정에 의한 시·도별 공장총량의 집행조건과 동일

[서식 1]

공장총량관리대장

(행정기관명)

(단위 : m²)

<table>
<tr><th rowspan="2">연번</th><th>허 가
번 호</th><th>회사명</th><th>부지
면적</th><th colspan="4">건축허가 연면적</th><th rowspan="2">건 축
유형별
(신축, 증축,
용도변경)</th><th rowspan="2">업종별</th><th rowspan="2">공 장
설 립
승인일</th></tr>
<tr><th>건 축
허가일</th><th>공 장
소재지</th><th>용도
지역</th><th>소계</th><th>제조
시설</th><th>창고,
사무실</th><th>기타</th></tr>
<tr><td rowspan="2"></td><td></td><td></td><td></td><td rowspan="2"></td><td rowspan="2"></td><td rowspan="2"></td><td rowspan="2"></td><td rowspan="2"></td><td rowspan="2"></td><td rowspan="2"></td></tr>
<tr><td></td><td></td><td></td></tr>
<tr><td rowspan="2"></td><td></td><td></td><td></td><td rowspan="2"></td><td rowspan="2"></td><td rowspan="2"></td><td rowspan="2"></td><td rowspan="2"></td><td rowspan="2"></td><td rowspan="2"></td></tr>
<tr><td></td><td></td><td></td></tr>
<tr><td rowspan="2"></td><td></td><td></td><td></td><td rowspan="2"></td><td rowspan="2"></td><td rowspan="2"></td><td rowspan="2"></td><td rowspan="2"></td><td rowspan="2"></td><td rowspan="2"></td></tr>
<tr><td></td><td></td><td></td></tr>
<tr><td rowspan="2"></td><td></td><td></td><td></td><td rowspan="2"></td><td rowspan="2"></td><td rowspan="2"></td><td rowspan="2"></td><td rowspan="2"></td><td rowspan="2"></td><td rowspan="2"></td></tr>
<tr><td></td><td></td><td></td></tr>
</table>

7. 대규모 개발사업에 대한 규제

가. 대규모 개발사업에 대한 허가절차 등

관계 행정기관의 장은 수도권에서 대규모 개발사업을 시행하거나 그 허가 등을 하려면 그 개발 계획을 수도권정비위원회의 심의를 거쳐 국토교통부장관과 협의하거나 승인을 받아야 한다. 국토교통부장관이 대규모 개발사업을 시행하거나 그 허가 등을 하려는 경우에도 또한 같다(수도권정비계획법 제19조제1항).

나. 광역적 기반서실의 설치 계획 수립

관계 행정기관의 장이 수도권정비위원회의 심의를 요청하는 경우에 교통 문제, 환경오염 문제 및 인구집중 문제 등을 방지하기 위한 방안과 대통령령으로 정하는 광역적 기반 시설의 설치계획을 각각 수립하여 함께 제출하여야 한다(수도권정비계획법 제19조제2항). 이에 따른 교통 문제 및 환경오염 문제를 방지하기 위한 방안은 각각 「도시교통정비촉진법」과 「환경영향평가법」에서 정하는 바에 따르고, 인구집중 문제를 방지하기 위한 인구유발효과 분석, 저감방안 수립 등에 필요한 사항은 대통령령으로 정하는 바에 따른다(같은 조 제3항).

[광역적 기반 시설의 내용]

수도권정비계획법 시행령 제25조 (광역적 기반 시설의 설치계획)

① 법 제19조제2항에 따른 광역적 기반 시설은 대규모 개발사업지구와 그 사업지구 밖의 지역을 연계하여 설치하는 다음 각 호의 기반 시설을 말한다.

1. 대규모 개발사업지구와 주변 도시 간의 교통시설
2. 환경오염 방지시설 및 폐기물 처리시설
3. 용수공급계획에 의한 용수공급시설
4. 그 밖에 광역적 정비가 필요한 시설

② 법 제19조제2항에 따른 광역적 기반 시설의 설치계획에는 재원조달계획을 포함하여야 한다.

다. 광역적 기반 시설의 설치비용 부담

광역적 기반 시설의 설치비용은 수도권정비위원회의 심의를 거쳐 대규모 개발사업을 시행하는 자에게 부담시킬 수 있다(수도권정비계획법 제20조).

8. 수도권정비계획의 수립

가. 입안권자

국토교통부장관은 수도권의 인구 및 산업의 집중을 억제하고 적정하게 배치하기 위하여 중앙행정기관의 장과 서울특별시장·광역시장 또는 도지사의 의견을 들어 i) 수도권 정비의 목표와 기본 방향에 관한 사항, ii) 인구와 산업 등의 배치에 관한 사항, iii) 권역(圈域)의 구분과 권역별 정비에 관한 사항, iv) 인구집중유발시설 및 개발사업의 관리에 관한 사항, v) 광역적 교통 시설과 상하수도 시설 등의 정비에 관한 사항, vi) 환경 보전에 관한 사항, vii) 수도권 정비를 위한 지원 등에 관한 사항, viii) 제 i)부터 제 vii)까지의 사항에 대한 계획의 집행 및 관리에 관한 사항, ix) 그 밖에 대통령령으로 정하는 수도권 정비에 관한 사항이 포함된 수도권정비계획안을 입안한다(수도권정비계획법 제4조제1항).

〈수도권 산업단지 배치 계획〉

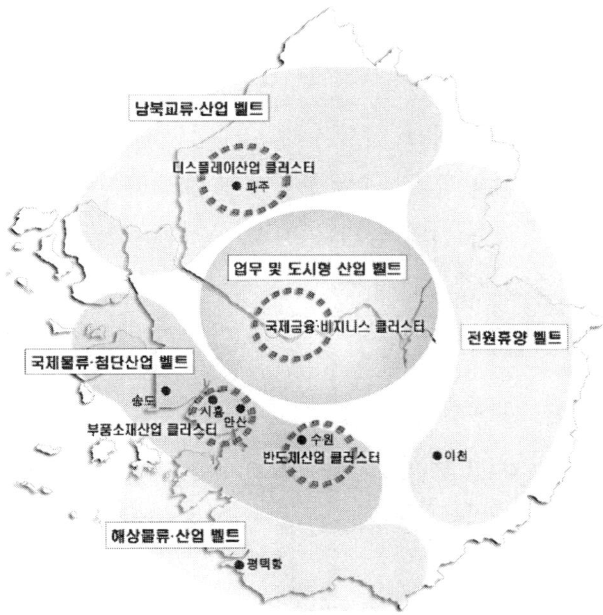

나. 기초조사

국토교통부장관은 수도권정비계획을 수립을 위하여 필요할 경우 인구, 산업, 토지 이용, 주요 시설 및 기반 시설 등에 관한 기초조사를 실시하거나 관계 행정기관의 장에게 필요한 자료를 제출하거나 지원하도록 요청할 수 있다(수도권정비계획법 제25조).

다. 수도권정비위원회의 심의, 고시 등

국토교통부장관은 수도권정비계획안을 수도권정비위원회의 심의를 거친 후 국무회의의 심의와 대통령의 승인을 받아 결정한다. 결정된 수도권정비계획을 변경할 때에도 또한 같다. 다만, 대통령령으로 정하는 경미한 사항은 수도권정비위원회의 심의를 거쳐 변경할 수 있다. 국토교통부장관은 이에 따라 결정된 수도권정비계획을 대통령령으로 정하는 바에 따라 고시하고, 중앙행정기관의 장 및 시·도지사에게 통보하여야 한다(수도권정비계획법 제4조제2항).

라. 추진계획

1) 추진계획 수립 등

중앙행정기관의 장 및 시·도지사는 수도권정비계획을 실행하기 위한 소관별 추진계획을 수립하여 국토교통부장관에게 제출하여야 하며, 이에 따른 추진계획은 수도권정비위원회의 심의를 거쳐 확정되며, 국토교통부장관은 추진계획이 확정되면 중앙행정기관의 장 및 시·도지사에게 통보하여야 한다. 이때, 시·도지사는 확정된 추진 계획을 통보받으면 지체 없이 고시하여야 한다.

2) 추진계획 집행실적 제출

중앙행정기관의 장 및 시·도지사는 추진계획을 집행한 실적을 대통령령으로 정하는 바에 따라 국토교통부장관에게 제출하여야 한다.

제 3 장 광역도시계획

1. 광역도시계획의 의의

1970년대 이후 도시의 연담화, 광역화가 급속히 진행됨에 따라 광역도시 전체를 기준으로 한 장기적, 체계적인 관리의 중요성이 대두되었다. 이에 따라 인접한 둘 이상의 특별시, 광역시, 시 또는 군의 공간구조 및 기능을 상호 연계시키고 환경을 보전하며 광역시설을 체계적으로 정비하기 위한 장기적인 발전방향을 제시하거나 시, 군 기능을 상호연계함으로써 적정한 성장관리를 도모하기 위하여 2000년 1월 도시계획제도체계의 개편으로 도입된 제도가 광역도시계획이다.

2. 광역도시계획의 위상 등

가. 광역도시계획의 위상

광역도시계획은 20년 단위의 지침적인 장기계획으로 도시계획체계상 도시·군기본계획, 도시·군관리계획 등 하위계획에 대한 지침이 된다. 따라서 시·군에서 수립하는 도시기본계획은 당해 광역도시계획에 부합하여야 하며, 도시기본계획의 내용이 광역도시계획의 내용과 다른 때에는 광역도시계획의 내용이 우선하도록 되어 있고, 도시관리계획은 도시기본계획 및 광역도시계획에 부합하도록 하고 있어, 광역도시계획은 도시계획의 최상위 계획에 해당한다. 광역도시계획이 수립되어 있는 경우 도시기본계획을 수립하지 아니할 수 있으며, 광역도시계획이 수립된 경우 도시기본계획의 수립 필요성 여부는 도시기본계획 수립권자가 된다.

나. 광역도시계획의 성격

광역도시계획은 전략계획, 정책계획, 지침계획의 성격을 지니는 계획으로 청사진적 계획과 구분된다. 전략계획으로서 광역도시계획은 장기 미래상 제시보다는 광역도시권 차원의 주요 정책과제를 발굴하여 이를 해결하기 위한 전략적 목표를 설정하며 실천계획을 제시하는 역할을 수행하며, 정책계획으로서 광역도시계획은 전략적 목표를 달성하기 위한 실천계획과 추진시책을 체계적으로 제시하는 역할을 수행하고, 지침적계획으로서 광역도시계획은 광역적 차원에서 도시기본계획, 도시관리계획 등 하위계획 수립과 개별 개발사업 인·허가시에 고려할 지침사항을 제시하는 역할을 수행한다.

3. 광역도시계획의 수립

가. 광역계획권의 지정

국토교통부장관 또는 도지사는 둘 이상의 특별시·광역시·특별자치시·특별자치도·시 또는 군의 공간구조 및 기능을 상호 연계시키고 환경을 보전하며 광역시설을 체계적으로 정비하기 위하여 필요한 경우에는 i) 광역계획권이 둘 이상의 특별시·광역시·특별자치시·도 또는 특별자치도의 관할 구역에 걸쳐 있는 경우－국토교통부장관이 지정, ii) 광역계획권이 도의 관할 구역에 속하여 있는 경우－도지사가 지정의 구분에 따라 인접한 둘 이상의 특별시·광역시·특별자치시·특별자치도·시 또는 군의 관할 구역 전부 또는 일부를 대통령령으로 정하는 바에 따라 광역계획권으로 지정할 수 있다(법 제10조제1항).

다만, 인접한 둘 이상의 특별시·광역시·특별자치시·특별자치도·시 또는 군의 관할구역의 일부를 광역계획권에 포함시키고자 하는 때에는 구·군(광역시의 관할구역 안에 있는 군을 말한다)·읍 또는 면의 관할구역 단위로 하여야 한다(법 시행령 제7조제2항).

[광역도시계획의 내용]

> **법 시행령 제9조 (광역도시계획의 내용)**
> 법 제12조제1항제5호에서 "대통령령이 정하는 사항"이라 함은 다음 각 호의 사항을 말한다.
> 1. 광역계획권의 교통 및 물류유통체계에 관한 사항
> 2. 광역계획권의 문화·여가공간 및 방재에 관한 사항

나. 광역계획권의 지정·변경

중앙행정기관의 장, 시·도지사, 시장 또는 군수는 국토교통부장관이나 도지사에게 광역계획권의 지정 또는 변경을 요청할 수 있다(법 제10조제2항). 이때, 국토교통부장관은 광역계획권을 지정하거나 변경하려면 관계 시·도지사, 시장 또는 군수의 의견을 들은 후 중앙도시계획위원회의 심의를 거쳐야 하고(같은 조 제3항), 도지사가 광역계획권을 지정하거나 변경하려는 때에도 관계 중앙행정기관의 장, 관계 시·도지사, 시장 또는 군수의 의견을 들은 후 지방도시계획위원회의 심의를 거쳐야 한다(같은 조 제4항). 위 과정을 거쳐 광역계획권을 지정하거나 변경하면 국토교통부장관 또는 도지사는 지체 없이 관계 시·도지사, 시장 또는 군수에게 그 사실을 통보하여야 한다(같은 조 제5항).

다. 광역도시계획의 수립권자 등

1) 수립권자

국토교통부장관, 시·도지사, 시장 또는 군수는 ⅰ) 광역계획권이 같은 도의 관할 구역에 속하여 있는 경우 : 관할 시장 또는 군수가 공동으로 수립, ii) 광역계획권이 둘 이상의 시·도의 관할 구역에 걸쳐 있는 경우 : 관할 시·도지사가 공동으로 수립, iii) 광역계획권을 지정한 날부터 3년이 지날 때까지 관할 시장 또는 군수로부터 제16조제1항에 따른 광역도시계획의 승인 신청이 없는 경우 : 관할 도지사가 수립, iv) 국가계획과 관련된 광역도시계획의 수립이 필

요한 경우나 광역계획권을 지정한 날부터 3년이 지날 때까지 관할 시·도지사로부터 제16조제1항에 따른 광역도시계획의 승인 신청이 없는 경우 : 국토교통부장관이 수립한다는 구분에 따라 광역도시계획을 수립하여야 한다(법 제11조제1항).

> ■ **광역계획권이 둘 이상의 광역시·도의 관할 구역에 걸쳐 있는 경우**
> 광역계획권 지정(국토교통부장관) → 광역도시계획수립(관할 시·도지사 공동) 입안 → 승인신청(입안권자 → 국토교통부장관) → 중앙도시계획위원회 심의 → 확정 및 승인
>
> ■ **광역계획권이 도의 관할 구역에 속해 있는 경우**
> 광역계획권 지정(도지사관) → 광역도시계획수립(관할 시장·군수 공동) 입안 → 승인신청(입안권자 → 도지사) → 도·지방도시계획위원회 심의 → 확정 및 승인

2) 공동수립

국토교통부장관은 시·도지사가 요청하는 경우와 그 밖에 필요하다고 인정되는 경우에는 관할 시·도지사와 공동으로 광역도시계획을 수립할 수 있으며(법 제11조제2항), 도지사 또한 시장 또는 군수가 요청하는 경우와 그 밖에 필요하다고 인정하는 경우에는 관할 시장 또는 군수와 공동으로 광역도시계획을 수립할 수 있으며, 시장 또는 군수가 협의를 거쳐 요청하는 경우에는 단독으로 광역도시계획을 수립할 수 있다(같은 조 제3항).

3) 광역도시계획협의회의 구성 및 운영

국토교통부장관, 시·도지사, 시장 또는 군수는 광역도시계획을 공동으로 수립할 때에는 광역도시계획의 수립에 관한 협의 및 조정이나 자문 등을 위하여 광역도시계획협의회를 구성하여 운영할 수 있으며, 이에 따라 광역도시계획협의회에서 광역도시계획의 수립에 관하여 협의·조정을 한 경우에는 그 조정 내용을 광역도시계획에 반영하여야 하며, 해당 시·도지사, 시장 또는 군수는

이에 따라야 한다(법 제17조의2).

라. 광역도시계획의 내용

광역도시계획에는 다음의 사항 중 그 광역계획권의 지정목적을 이루는 데 필요한 사항에 대한 정책 방향이 포함되어야 하며, 광역도시계획의 수립기준 등은 대통령령으로 정하는 바에 따라 국토교통부장관이 정한다(법 제12조).

1) 광역계획권의 공간 구조와 기능 분담에 관한 사항
2) 광역계획권의 녹지관리체계와 환경 보전에 관한 사항
3) 광역시설의 배치·규모·설치에 관한 사항
4) 경관계획에 관한 사항
5) 그 밖에 광역계획권에 속하는 특별시·광역시·특별자치시·특별자치도·시 또는 군 상호 간의 기능 연계에 관한 사항으로서 대통령령으로 정하는 사항

[광역도시계획의 수립기준]

법 시행령 제10조 (광역도시계획의 수립기준)

국토교통부장관은 법 제12조제2항에 따라 광역도시계획의 수립기준을 정할 때에는 다음 각 호의 사항을 종합적으로 고려하여야 한다.

1. 광역계획권의 미래상과 이를 실현할 수 있는 체계화된 전략을 제시하고 국토종합계획 등과 서로 연계되도록 할 것
2. 특별시·광역시·특별자치시·특별자치도·시 또는 군간의 기능분담, 도시의 무질서한 확산방지, 환경보전, 광역시설의 합리적 배치 그 밖에 광역계획권안에서 현안사항이 되고 있는 특정부문 위주로 수립할 수 있도록 할 것
3. 여건변화에 탄력적으로 대응할 수 있도록 포괄적이고 개략적으로 수립하도록 하되, 특정부문 위주로 수립하는 경우에는 도시·군기본계획이나 도시·군관리계획에 명확한 지침을 제시할 수 있도록 구체적으로 수립하도록 할 것
4. 녹지축·생태계·산림·경관 등 양호한 자연환경과 우량농지, 보전목적의 용도지역 등을 충분히 고려하여 수립하도록 할 것

5. 부문별 계획은 서로 연계되도록 할 것
6. 「재난 및 안전관리 기본법」 제24조제1항에 따른 시·도안전관리계획 및 법 제25조제1항에 따른 시·군·구안전관리계획과 「자연재해대책법」 제16조제1항에 따른 시·군·구풍수해저감종합계획을 충분히 고려하여 수립하도록 할 것

마. 수립절차

1) 기초조사

국토교통부장관, 시·도지사, 시장 또는 군수는 광역도시계획을 수립하거나 변경하려면 미리 인구, 경제, 사회, 문화, 토지 이용, 환경, 교통, 주택, 그 밖에 대통령령으로 정하는 사항 중 그 광역도시계획의 수립 또는 변경에 필요한 사항을 대통령령으로 정하는 바에 따라 조사하거나 측량하여야 하며, 이때 관계 행정기관의 장에게 제1항에 따른 조사 또는 측량에 필요한 자료를 제출하도록 요청할 수 있으며, 효율적인 조사 또는 측량을 위하여 필요하면 조사 또는 측량을 전문기관에 의뢰할 수 있다(법 제13조).

[광역도시계획의 수립을 위한 기초조사]

법 시행령 제11조 (광역도시계획의 수립을 위한 기초조사)

① 법 제13조제1항에서 "그 밖에 대통령령이 정하는 사항"이라 함은 다음 각 호의 사항을 말한다.
1. 기후·지형·자원·생태 등 자연적 여건
2. 기반시설 및 주거수준의 현황과 전망
3. 풍수해·지진 그 밖의 재해의 발생현황 및 추이
4. 광역도시계획과 관련된 다른 계획 및 사업의 내용
5. 그 밖에 광역도시계획의 수립에 필요한 사항

② 법 제13조제1항의 규정에 의한 기초조사를 함에 있어서 조사할 사항에 관하여 다른 법령의 규정에 의하여 조사·측량한 자료가 있는 경우에는 이를 활용할 수 있다.

③ 국토교통부장관, 시·도지사, 시장 또는 군수는 수립된 광역도시계획을 변경하려면 법 제13조제1항에 따른 기초조사사항 중 해당 광역도시계획의 변경에 관하여 필요한 사항을 조사·측량하여야 한다. [개정 2008.2.29 제20722호(국토해양부와 그 소속기관 직제), 2009.8.5, 2012.4.10, 2013.3.23 제24443호(국토교통부와 그 소속기관 직제), 2014.1.14]

2) 의견청취

가) 공청회개최

국토교통부장관, 시·도지사, 시장 또는 군수는 광역도시계획을 수립하거나 변경하려면 미리 공청회를 열어 주민과 관계 전문가 등으로부터 의견을 들어야 하고(법 제14조제1항) 공청회는 광역계획권 단위로 개최하되, 필요한 경우에는 광역계획권을 수개의 지역으로 구분하여 개최할 수 있는데(같은 조 제2항), 이에 따라 공청회를 개최하려면 ⅰ) 공청회의 개최목적, ⅱ) 공청회의 개최예정일시 및 장소, ⅲ) 수립 또는 변경하고자 하는 광역도시계획의 개요, ⅳ) 그 밖에 필요한 사항을 해당 광역계획권에 속하는 특별시·광역시·특별자치시·특별자치도·시 또는 군의 지역을 주된 보급지역으로 하는 일간신문에 공청회 개최예정일 14일 전까지 1회 이상 공고하여야 한다(법 시행령 제12조제1항). 이때 공청회는 국토교통부장관, 시·도지사, 시장 또는 군수가 지명하는 사람이 주재하고(법 시행령 제1항), 공청회에서 제시된 의견이 타당하다고 인정하면 광역도시계획에 반영하여야 한다(법 제14조제1항).

나) 지방자치단체의 의견 청취

시·도지사, 시장 또는 군수는 광역도시계획을 수립하거나 변경하려면 미리 관계 시·도, 시 또는 군의 의회와 관계 시장 또는 군수의 의견을 들어야 하고(법 제15조제1항), 국토교통부장관 또한 광역도시계획을 수립하거나 변경하려면 관계 시·도지사에게 광역도시계획안을 송부하여야 하며, 관계 시·도지사는 그 광역도시계획안에 대하여 그 시·도의 의회와 관계 시장 또는 군수의 의견을 들은 후 그 결과를 국토교통부장관에게 제출하여야 한다(같은 조 제2항).

이에 따른 시·도, 시 또는 군의 의회와 관계 시장 또는 군수는 특별한 사유가 없으면 30일 이내에 시·도지사, 시장 또는 군수에게 의견을 제시하여야 한다(같은 조 제3항).

3) 광역도시계획의 승인

가) 승인신청

시·도지사는 광역도시계획을 수립하거나 변경하려면 국토교통부장관의 승인을 받아야 하고(법 제16조제1항), 승인을 얻고자 하는 때에는 광역도시계획안에 i) 기초조사 결과, ii) 공청회개최 결과, iii) 법 제15조제1항에 따른 관계 시·도의 의회와 관계 시장 또는 군수(광역시의 관할구역 안에 있는 군의 군수를 제외한다. 이하 같다. 다만, 제110조·제112조·제117조·제122조 내지 제124조의3·제127조·제128조 및 제130조에서는 광역시의 관할구역 안에 있는 군의 군수를 포함한다)의 의견청취 결과, iv) 시·도도시계획위원회의 자문을 거친 경우에는 그 결과, v) 법 제16조제2항의 규정에 의한 관계 중앙행정기관의 장과의 협의 및 중앙도시계획위원회의 심의에 필요한 서류를 첨부하여 국토교통부장관에게 제출하여야 한다(법 시행령 제13조제1항).

이때 국토교통부장관은 제출된 광역도시계획안이 법 제12조제2항의 규정에 의한 수립기준 등에 적합하지 아니한 때에는 시·도지사에게 광역도시계획안의 보완을 요청할 수 있다(법 시행령 제13조제2항).

나) 국토교통부장관의 승인 등

국토교통부장관은 이에 따라 광역도시계획을 승인하거나 직접 광역도시계획을 수립 또는 변경(시·도지사와 공동으로 수립하거나 변경하는 경우를 포함한다)하려면 관계 중앙행정기관과 협의한 후 중앙도시계획위원회의 심의를 거쳐야 한다(법 제16조제2항). 위 협의 요청을 받은 관계 중앙행정기관의 장은 특별한 사유가 없는 한 그 요청을 받은 날부터 30일 이내에 국토교통부장관에게 의견을 제시하여야 한다(같은 조 제3항).

만일, 국토교통부장관이 직접 광역도시계획을 수립 또는 변경하거나 승인하였을 때에는 관계 중앙행정기관의 장과 시·도지사에게 관계 서류를 송부하여야 하며, 관계 서류를 받은 시·도지사는 대통령령으로 정하는 바에 따라 그 내용을 공고하고 일반이 열람할 수 있도록 하여야 한다(법 제16조제4항). 이때 공고는 해당 시·군의 공보에 게재하는 방법에 의하며, 관계 서류의 열람기간은 30일 이상으로 하여야 한다(법 시행령 제13조제3항). 그 외 시장· 군수 또한 광역도시계획을 수립하거나 변경하려면 도지사의 승인을 받아야 하며(법 제16조제5항), 도지사가 광역도시계획을 승인하거나 직접 광역도시계획을 수립 또는 변경(시장·군수와 공동으로 수립하거나 변경하는 경우를 포함한다)하려면 제2항부터 제4항까지의 규정을 준용한다. 이 경우 "국토교통부장관"은 "도지사"로, "중앙행정기관의 장"은 "행정기관의 장(국토교통부장관을 포함한다)"으로, "중앙도시계획위원회"는 "지방도시계획위원회"로 "시·도지사"는 "시장 또는 군수"로 본다(같은 조 제6항).

4) 광역도시계획의 조정

가) 조정신청

광역도시계획을 공동으로 수립하는 시·도지사 또는 시장 또는 군수는 그 내용에 관하여 서로 협의가 되지 아니하면 공동이나 단독으로 국토교통부장관에게 조정(調停)을 신청할 수 있다(법 제17조제1항). 국토교통부장관이 단독으로 조정신청을 받은 경우에는 기한을 정하여 당사자 간에 다시 협의를 하도록 권고할 수 있으며, 기한 내에 협의가 이루어지지 아니하는 경우에는 직접 조정할 수 있다(같은 조 제2항).

나) 중앙도시계획위원회의 심의

국토교통부장관은 조정의 신청을 받거나 직접 조정하려는 경우에는 중앙도시계획위원회의 심의를 거쳐 광역도시계획의 내용을 조정하여야 한다. 이 경우 이해관계를 가진 지방자치단체의 장은 중앙도시계획위원회의 회의에 출석하여 의견을 진술할 수 있다(법 제17조제3항).

다) 조정의 효력

광역도시계획을 수립하는 자는 조정 결과를 광역도시계획에 반영하여야 하고(법 제17조제4항), 이에 따라 도지사가 광역도시계획을 조정하는 경우에는 제2항부터 제4항까지의 규정을 준용한다(같은 조 제5항). 이 경우 "국토교통부장관"은 "도지사"로, "중앙도시계획위원회"는 "도의 지방도시계획위원회"로 본다(같은 조 제6항).

5) 비용 부담

가) 비용부담의 원칙

광역도시계획 및 도시·군계획의 수립과 도시·군계획시설사업에 관한 비용은 이 법 또는 다른 법률에 특별한 규정이 있는 경우 외에는 국가가 하는 경우에는 국가예산에서, 지방자치단체가 하는 경우에는 해당 지방자치단체가, 행정청이 아닌 자가 하는 경우에는 그 자가 부담함을 원칙으로 한다(법 제101조).

나) 보조, 융자

시·도지사, 시장 또는 군수가 수립하는 광역도시계획에 관한 기초조사 등에 소용되는 비용은 그 전부 또는 일부를 국가예산으로 보조할 수 있는데(법 제104조제1항), 보조할 수 있는 예산규모는 그 비용의 80% 이하의 범위 내에서 할 수 있다(법 시행령 제106조제1항).

4. 광역도시계획의 효력

광역도시계획은 행정청이 도시계획을 수립·작성할 때 이를 반영하여야 하는 내부적인 구속력을 가진다. 즉, 광역도시계획은 도시계획체계상 도시·군기본계획, 도시·군관리계획 등 하위계획에 대한 지침이 된다. 따라서 광역도시계획이 수립되어 있는 지역에 대하여 수립하는 도시기본계획은 당해 광역도시계획에 부합되어야 하며, 도시기본계획의 내용이 광역도시계획의 내용과 다른 때에는 광역도시계획의 내용이 우선한다.

〈광역계획권 지정현황(2013.3월 현재)〉

권역별	면적(㎢)	인구(명)	해당도시	비 고
수도권	6,852.1	18,317,664	서울, 인천, 수원, 성남, 의정부, 안양, 부천, 광명, 평택, 동두천, 안산, 고양, 과천, 구리, 남양주, 오산, 시흥, 군포, 의왕, 하남, 용인, 파주, 이천, 안성, 김포, 화성, 광주, 양주, 포천, 여주, 연천, 가평, 양평(29시 4군)	
부산권	1,700.7	4,342,437	부산, 양산, 김해(3시)	
대구권	4,978.2	3,110,945	대구, 경산, 영천, 칠곡, 고령, 성주, 군위, 청도(3시 5군)	
광주권	3,259.0	1,716,038	광주, 나주, 장성, 담양, 화순, 함평(2시 4군)	
대전권	4,638.0	2,524,369	대전, 공주, 논산, 연기, 금산, 옥천, 청원, 청주(4시 4군)	
마창진권	1,613.5	1,429,557	마산, 창원, 김해, 함안(3시 1군)	
광양만권	5,279.2	728,000	여수, 순천, 광양(3개시)	
전주권	2,457.0	1,428,000	전주, 군산, 익산, 김제, 완주(4시 1군)	
청주권	3,403.1	966,192	청주, 청원, 보은, 진천, 괴산, 음성, 증평(1시 6군)	
전남서남권	3,711	1,076,000	목포시, 해남군, 영암군, 무안군, 완도군, 진도군, 신안군 전역(1시 6군)	
제주권	1,847.8	553,864	제주, 서귀포, 남제주, 북제주(2시 2군)	제주특별자치도 수립

〈광역도시계획수립현황(2013. 3월 현재)〉

구 분	수 립	변 경	목표년도	계획구역	계획인구
청주권	2001.12	2010.12	2020	3,403.14km²	137만
광주권	2003.10	2010. 1	2020	2,994.91km²	220만
부산권	2004. 2	2010. 2	2020	950.82km²	410만
대구권	2004.12	2010. 1	2020	4,978.7km²	420만
대전권	2004.12	2010. 1	2020	4,633.87km²	252만
창원권 (舊 마창진권)	2005.12	2012.10	2020	1,623.6km²	220만
광양만권	2006. 5	–	2025	5,279.17km²	115만
수도권	2007. 7	2009. 9	2020	6,851.1km²	1,831만
전주권	2009. 9	–	2025	2,457.5km²	183만
전남 서남권	2009. 3	–	2025	3,711km²	90만
제주권	2007. 6	–	2025	1,848.2km²	80만

제 4 장 도시기본계획

1. 도시기본계획의 의의 및 성격

도시기본계획은 국토의 한정된 자원을 효율적이고 합리적으로 활용하여 주민의 삶의 질을 향상시키기 위한 종합·정책적 계획이다. 국토종합계획, 광역도시계획 등 상위계획의 내용을 수용하여 시·군이 지향하여야 할 바람직한 미래상과 장기적인 발전방향을 제시하는 정책계획이며, 시·군의 물적·공간적 측면뿐만 아니라 환경·사회·경제적 측면을 포괄하여 주민 생활환경의 변화를 예측하고 대비하는 종합계획이기도 하다. 또한 도시의 미래상에 따른 주요 목표의 달성을 위해 효율적인 방안을 마련하고 전략적 이유와 우선순위를 정하여 추진하는 전략계획으로서의 성격을 지닌다.

〈2020 이슈별 공간구조 구상도〉

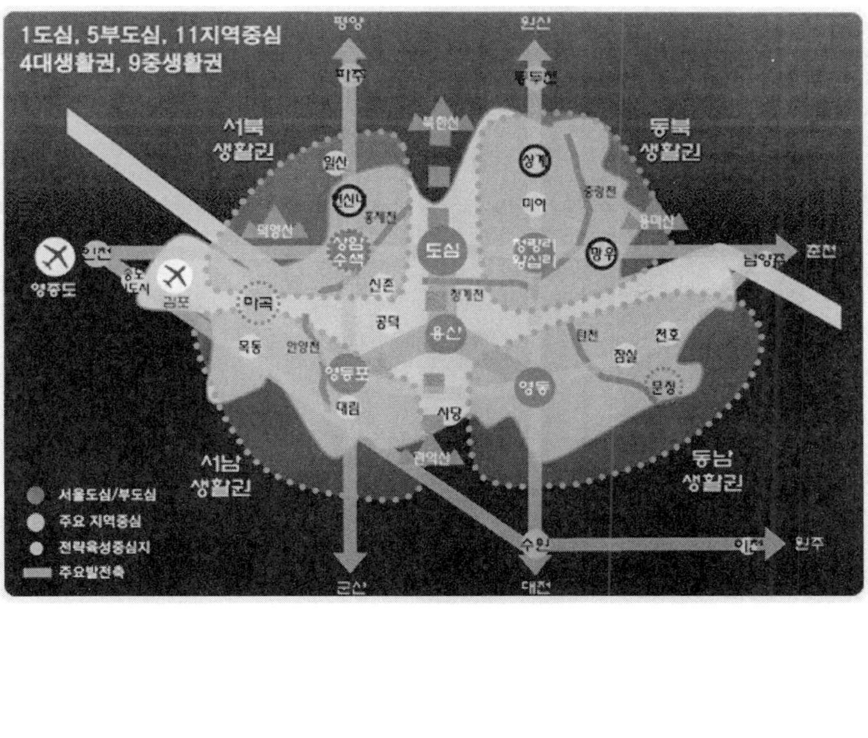

〈서울시 2011년과 2020년 도시 기본계획과 차이점〉

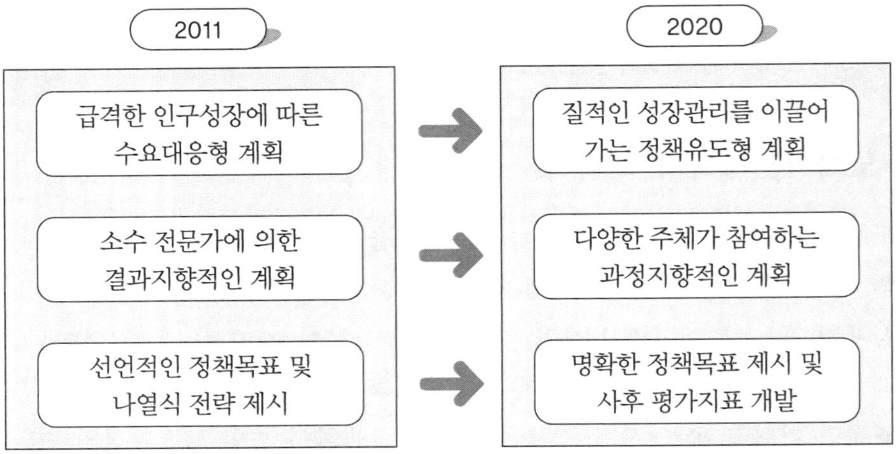

【판시사항】

구 도시계획법 제19조제1항 및 지방자치단체의 도시계획조례에서 말하는 도시기본계획이 행정청에 대한 직접적 구속력을 가지는지 여부(소극) (대법원 2007.4.12. 선고 2005두1893 판결)

【판결요지】

구 도시계획법(2002.2.4. 법률 제6655호「국토의 계획 및 이용에 관한 법률 부칙」제2조로 폐지) 제19조제1항 및 도시계획시설결정 당시의 지방자치단체의 도시계획조례에서는, 도시계획이 도시기본계획에 부합되어야 한다고 규정하고 있으나, 도시기본계획은 도시의 장기적 개발방향과 미래상을 제시하는 도시계획 입안의 지침이 되는 장기적·종합적인 개발계획으로서 행정청에 대한 직접적인 구속력은 없다.

【판시사항】

도시계획법 제10조의2 소정의 도시기본계획의 직접적 구속력 유무(소극) 및 도시계획시설결정 대상면적이 도시기본계획의 예정면적보다 증가한 경우의 위법 여부(소

극) (대법원 1998.11.27. 선고 96누13927 판결)

【판결요지】

도시계획법 제11조제1항에는, 시장 또는 군수는 그 관할 도시계획구역 안에서 시행할 도시계획을 도시기본계획의 내용에 적합하도록 입안하여야 한다고 규정하고 있으나, 도시기본계획이라는 것은 도시의 장기적 개발방향과 미래상을 제시하는 도시계획 입안의 지침이 되는 장기적·종합적인 개발계획으로서 직접적인 구속력은 없는 것이므로, 도시계획시설결정 대상면적이 도시기본계획에서 예정했던 것보다 증가하였다 하여 그것이 도시기본계획의 범위를 벗어나 위법한 것은 아니다.

【판시사항】

구 도시계획법에 의한 토지형질변경허가에 있어 '당해 토지의 합리적인 이용이나 도시계획사업에 지장이 될 우려가 있는지' 여부의 판단이 행정청의 재량에 속하는지 여부(적극) 및 도시기본계획상 개발이 유보된 지역이라는 사유만으로 일체의 토지형질변경허가의 금지를 정하고 있는 서울특별시 예규 제634호(1997.5.31.) 토지의 형질변경 등 행위허가사무취급요령의 기준이 객관적으로 합리적이거나 타당한 것인지 여부(소극) (대법원 2001.1.16. 선고 99두8886 판결)

【판결요지】

구 도시계획법(2000.1.28. 법률 제6243호로 전문 개정되기 전의 것) 제4조제1항제1호, 같은 법 시행령(2000.7.1. 대통령령 제16891호로 전문 개정되기 전의 것) 제5조의2, 「구 토지의 형질변경 등 행위허가기준 등에 관한 규칙」(2000.7.4. 건설교통부령 제245호 도시계획법시행규칙 부칙 제2조로 폐지) 제4조의 규정의 형식이나 문언 등을 종합하면, 같은 도시계획법에 의한 토지형질변경허가에 있어서 허가 신청된 당해 토지의 합리적인 이용이나 도시계획사업에 지장이 될 우려가 있는지 여부 등의 판단에 관하여는 일단 행정청에게 재량권이 부여되어 있다고 하겠으나, 행정청 내부의 사무처리준칙인 서울특별시 예규 제634호(1997.5.31.) 토지의 형질변경 등 행위허가사무취급요령 제5조제1항제7호가 '녹지지역 내 대규모 미개발 토지로 서울특별시 도시기본계획상 개발이 유보된 지역'에 대하여는 일체 형질변경행위허가를 불허한다고 제한하고 있는 것은, 위 시행령 제5조의2 소정의 불허가사유인 당해 '토지의 합리적인 이용이나 도시계획사업에 지장이 될 우려'가 있는지 여부에 관계없이 도시기본계획상 개발이 유보된 지역이라는 사유만으로 일률적인 금지를 정하고 있는 것이어서 그 기준이 객관적으로 합리적이라거나 타당하다고 할 수 없다.

2. 도시기본계획의 변천

가. 개 요

도시기본계획의 의미는 역사적으로 상당한 변화를 거쳤고 점점 진화해가고 있다. 1981년에 도시기본계획의 기본적인 역할은 토지이용계획을 위한 방향 제시였으며, 1995년에는 사회·경제적 측면을 포괄하는 종합계획으로서 도시행정에 대한 정책지침 제시역할이 강조되었다. 그리고 1999년에는 도시기반시설 확충 및 효율적인 도시관리를 위한 도시기본계획의 전략계획적 역할이 부각되었고, 2003년에는 계획권역이 모든 행정구역에 포함하면서 국토전반에 걸쳐 '선계획－후개발' 체계를 갖추게 되었고, 이에 따라 도시성장관리수단에 대한 종합적 운영전략을 제시하는 역할을 부여받았다.

이와 함께 환경적인 측면에서도 2000년 이후 진전이 있었다. 2002년 도시기본계획수립지침에는 계획 수립의 기본원칙에서 환경친화적 계획 수립을 명문화하였고 각 부문별 계획 수립시 환경성을 고려할 것을 명시하였다. 도시기본계획에 반영하여야 할 환경부문에 대한 기본원칙과 방향은 녹지축, 생태축 보전을 통한 도시녹지체계 구축, 생태계·환경적·경관적 우수지역에 대한 보전, 도시와 비도시지역 특성을 고려한 환경과 경관 보전, 도시의 쾌적성 확보와 자연성 회복을 위한 환경계획, 매체별 오염부하 최소화와 처리방안 등 5가지로 분류할 수 있다. 또한 환경계획 관련 기초조사 항목을 추가하여 도시의 자연과 생활환경 등을 조사하고, 개발축과 보전축 등의 도시공간구조를 설정하고 보전지역과 개발지역을 선정하도록 지침화하였다.

나. 주요 항목별 개정내용

연 혁	개정사유	개정내용
2005.3.31.	도시기본계획 수립절차 간소화 및 자율성 제고	도시기본계획 승인사무 도지사 이양
2007.1.19.	국가의 주용정책사업의 신속한 추진	도시기본계획 국가기본계획은 도시기본계획에 우선하고 향후 반영
2009.2. 6.	지역특성을 고려한 광역권도시계획 활성화	도시기반계획 특별시, 광력시 도시기본계획에 대한 국토부 승인권한 폐지

3. 도시기본계획의 수립지역 및 내용 등

가. 도시기본계획의 수립권자

특별시장·광역시장·특별자치시장·특별자치도지사·시장 또는 군수는 관할 구역에 대하여 도시·군기본계획을 수립하여야 한다(법 제18조제1항).

나. 대상지역

1) 대상지역

가) 원칙 : 특별시·광역시·특별자치시·특별자치도·시 또는 군

도시기본계획의 수립 대상지역은 원칙적으로 특별시·광역시·특별자치시·특별자치도·시 또는 군의 관할 구역이다. 다만, 시 또는 군의 위치, 인구의 규모, 인구감소율 등을 고려하여 대통령령으로 정하는 시 또는 군은 도시·군기본계획을 수립하지 아니할 수 있다(법 제18조제1항).

나) 예외 : 인근 특별시·광역시·특별자치시·특별자치도·시 또는 군

지역여건상 필요하다고 인정되면 인접한 특별시·광역시·특별자치시·특별자치도·시 또는 군의 관할 구역 전부 또는 일부를 포함하여 도시·군기본계획을 수립할 수 있다(같은 조 제2항). 이러한 경우에는 미리 인접한 그 특별시장·

광역시장·특별자치시장·특별자치도지사·시장 또는 군수와 협의하여야 한다(같은 조 제3항).

2) 도시기본계획을 수립하지 아니할 수 있는 지역

다음에 해당하는 시 또는 군은 도시·군기본계획을 수립하지 아니할 수 있다(법 시행령 제14조).

가) 「수도권정비계획법」 제2조제1호의 규정에 의한 수도권(이하 "수도권"이라 한다)에 속하지 아니하고 광역시와 경계를 같이하지 아니한 시 또는 군으로서 인구 10만 명 이하인 시 또는 군

나) 관할구역 전부에 대하여 광역도시계획이 수립되어 있는 시 또는 군으로서 당해 광역도시계획에 법 제19조제1항 각 호의 사항이 모두 포함되어 있는 시 또는 군

다. 도시기본계획의 내용

1) 도시기본계획의 내용

도시기본계획에는 ⅰ) 지역적 특성 및 계획의 방향·목표에 관한 사항, ⅱ) 공간구조, 생활권의 설정 및 인구의 배분에 관한 사항, ⅲ) 토지의 이용 및 개발에 관한 사항, ⅳ) 토지의 용도별 수요 및 공급에 관한 사항, ⅴ) 환경의 보전 및 관리에 관한 사항, ⅵ) 기반시설에 관한 사항, ⅶ) 공원·녹지에 관한 사항, ⅷ) 경관에 관한 사항, ⅸ) 기후변화 대응 및 에너지절약에 관한 사항, ⅹ) 방재 및 안전에 관한 사항, ⅺ) 제ⅱ)부터 제ⅷ)까지, 제ⅷ) 및 제ⅸ)에 규정된 사항의 단계별 추진에 관한 사항, ⅻ) 그 밖에 대통령령으로 정하는 사항에 대한 정책 방향이 포함되어야 한다(법 제19조).

[도시·군기본계획의 내용]

법 시행령 제15조 (도시·군기본계획의 내용)

법 제19조제1항제10호에서 "그 밖에 대통령령으로 정하는 사항"이란 다음

각 호의 사항으로서 도시·군기본계획의 방향 및 목표 달성과 관련된 사항을 말한다.
1. 도심 및 주거환경의 정비·보전에 관한 사항
2. 경제·산업·사회·문화의 개발 및 진흥에 관한 사항
3. 교통·물류체계의 개선과 정보통신의 발전에 관한 사항
4. 미관의 관리에 관한 사항
5. 범죄예방에 관한 사항
6. 재정확충 및 도시·군기본계획의 시행을 위하여 필요한 재원조달에 관한 사항
7. 제1호 내지 제6호에 규정된 사항의 단계별 추진에 관한 사항

2) 수립기준

국토교통부장관은 법 제19조제3항에 따라 도시·군기본계획의 수립기준을 정할 때에는 다음 각 호의 사항을 종합적으로 고려하여야 한다(법 시행령 제16조).

가) 특별시·광역시·특별자치시·특별자치도·시 또는 군의 기본적인 공간구조와 장기발전방향을 제시하는 토지이용·교통·환경 등에 관한 종합계획이 되도록 할 것

나) 여건변화에 탄력적으로 대응할 수 있도록 포괄적이고 개략적으로 수립하도록 할 것

다) 법 제23조의 규정에 의하여 도시·군기본계획을 정비할 때에는 종전의 도시·군기본계획의 내용 중 수정이 필요한 부분만을 발췌하여 보완함으로써 계획의 연속성이 유지되도록 할 것

라) 도시와 농어촌 및 산촌지역의 인구밀도, 토지이용의 특성 및 주변환경 등을 종합적으로 고려하여 지역별로 계획의 상세정도를 다르게 하되, 기반시설의 배치계획, 토지용도 등은 도시와 농어촌 및 산촌지역이 서로 연계되도록 할 것

마) 부문별 계획은 법 제19조제1항제1호의 규정에 의한 도시·군기본계획의 방향에 부합하고 도시·군기본계획의 목표를 달성할 수 있는 방안을 제시

함으로써 도시·군기본계획의 통일성과 일관성을 유지하도록 할 것

바) 도시지역 등에 위치한 개발가능토지는 단계별로 시차를 두어 개발되도록 할 것

사) 녹지축·생태계·산림·경관 등 양호한 자연환경과 우량농지, 보전목적의 용도지역 등을 충분히 고려하여 수립하도록 할 것

아) 법 제19조제1항제8호의 경관에 관한 사항에 대하여는 필요한 경우에는 도시·군기본계획도서의 별책으로 작성할 수 있도록 할 것

자) 「재난 및 안전관리 기본법」 제24조제1항에 따른 시·도안전관리계획 및 법 제25조제1항에 따른 시·군·구안전관리계획과 「자연재해대책법」 제16조제1항에 따른 시·군·구풍수해저감종합계획을 충분히 고려하여 도시·군기본계획의 수립기준 등은 대통령령으로 정하는 바에 따라 국토교통부장관이 정한다.

4. 수립절차

〈계획수립절차〉

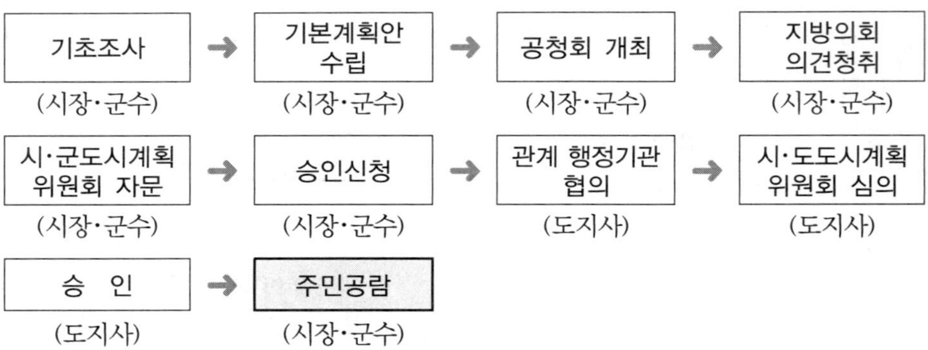

가. 기초조사

특별시장, 광역시장, 시장 또는 군수는 도시기본계획을 수립(변경)하는 경우에는 미리 인구, 경제, 사회, 문화, 토지 이용, 환경, 교통, 주택, 그 밖에

ⅰ) 기후·지형·자원·생태 등 자연적 여건, ⅱ) 기반시설 및 주거수준의 현황과 전망, ⅲ) 풍수해·지진 그 밖의 재해의 발생현황 및 추이, ⅳ) 광역도시계획과 관련된 다른 계획 및 사업의 내용, ⅴ) 그 밖에 광역도시계획의 수립에 필요한 사항 중 당해 도시계획의 수립 또는 변경에 필요한 사항을 조사하거나 측량하여야 한다(법 제13조제1항). 이때 관계 행정기관의 장에게 따른 조사 또는 측량에 필요한 자료를 제출하도록 요청할 수 있고(같은 조 제2항), 또한 효율적인 조사 또는 측량을 위하여 필요하면 조사 또는 측량을 전문기관에 의뢰할 수 있다(같은 조 제3항).

나. 의견청취

1) 공 청 회

특별시장, 광역시장, 시장 또는 군수는 도시기본계획을 수립(변경)하고자 하는 경우에는 미리 공청회를 열어 주민과 관계 전문가 등으로부터 의견을 들어야 하며, 공청회에서 제시된 의견이 타당하다고 인정하면 광역도시계획에 반영하여야 한다. 이 경우 공청회를 개최하려면 ⅰ) 공청회의 개최목적, ⅱ) 공청회의 개최예정일시 및 장소, ⅲ) 수립 또는 변경하고자 하는 광역도시계획의 개요, ⅳ) 그 밖에 필요한 사항을 해당 광역계획권에 속하는 특별시·광역시·특별자치시·특별자치도·시 또는 군의 지역을 주된 보급지역으로 하는 일간신문에 공청회 개최예정일 14일 전까지 1회 이상 공고하여야 한다.

2) 지방의회의 의견 청취

특별시장·광역시장·특별자치시장·특별자치도지사·시장 또는 군수는 도시·군기본계획을 수립하거나 변경하려면 미리 그 특별시·광역시·특별자치시·특별자치도·시 또는 군 의회의 의견을 들어야 하며(법 제21조제1항), 이때 특별시·광역시·특별자치시·특별자치도·시 또는 군의 의회는 특별한 사유가 없으면 30일 이내에 특별시장·광역시장·특별자치시장·특별자치도지사·시장 또는 군수에게 의견을 제시하여야 한다(같은 조 제2항).

다. 도시기본계획의 승인

1) 지방도시계획위원회의 심의

특별시장·광역시장·특별자치시장 또는 특별자치도지사는 도시·군기본계획을 수립(변경)하려면 관계 행정기관의 장(국토교통부장관을 포함한다)과 협의한 후 지방도시계획위원회의 심의를 거쳐야 한다(법 제22조제1항). 이에 따라 협의 요청을 받은 관계 행정기관의 장은 특별한 사유가 없으면 그 요청을 받은 날부터 30일 이내에 특별시장·광역시장·특별자치시장 또는 특별자치도지사에게 의견을 제시하여야 한다(같은 조 제2항).

2) 공고, 열람

특별시장·광역시장·특별자치시장 또는 특별자치도지사는 도시·군기본계획을 수립하거나 변경한 경우에는 관계 행정기관의 장에게 관계 서류를 송부하여야 한다. 이때 관계 서류의 송달은 해당 특별시·광역시·특별자치시·특별자치도의 공보에 게재하는 방법으로 하며, 관계 서류를 일반인이 열람할 수 있도록 하여야 하는데, 열람기간은 30일 이상으로 하여야 한다(법 시행령 제16조의2).

3) 승 인

수립(변경)된 도시기본계획은 도지사의 승인을 받아야 한다. 도지사가 도시기본계획을 승인하려면 관계 행정기관의 장과 협의한 후 지방도시계획위원회의 심의를 거쳐야 하며,[22] 도지사가 도시기본계획을 승인을 할 경우 관계 행정기관의 장과 시장 또는 군수에게 관계 서류를 송부하여야 하고 이를 송부받은 시장 또는 군수는 그 계획을 공고하고 일반인이 열람할 수 있도록 하여야 한다(법 제22조).

---

22) 이 경우 "특별시장·광역시장·특별자치시장 또는 특별자치도지사"는 "도지사"로 본다(법 제22조제3항).

5. 도시기본계획의 정비 등

가. 도시기본계획의 정비

특별시장·광역시장·특별자치시장·특별자치도지사·시장 또는 군수는 5년마다 관할 구역의 도시·군기본계획에 대하여 그 타당성 여부를 전반적으로 재검토하여 정비하여야 한다. 이때 특별시장 등은 제4조제2항 및 제3항에 따라 도시·군기본계획의 내용에 우선하는 광역도시계획의 내용 및 도시·군기본계획에 우선하는 국가계획의 내용을 도시·군기본계획에 반영하여야 한다(법 제23조).

나. 도시기본계획의 수립에 대한 감독 및 조정

국토교통부장관은 도시기본계획이 국가계획 및 광역도시계획의 취지에 부합하지 아니하다고 판단하는 경우에는 특별시장·광역시장·특별자치시장·특별자치도지사·시장 또는 군수에게 기한을 정하여 도시·군기본계획과 도시·군관리계획의 조정을 요구할 수 있으며, 이 경우 특별시장·광역시장·특별자치시장·특별자치도지사·시장 또는 군수는 도시·군기본계획과 도시·군관리계획을 재검토하여 정비하여야 한다(법 제138조제2항).

6. 비용 부담

가. 비용부담의 원칙

도시기본계획의 수립에 관한 비용은 이 법 또는 다른 법률에 특별한 규정이 있는 경우 외에는 국가가 하는 경우에는 국가예산에서, 지방자치단체가 하는 경우에는 해당 지방자치단체가, 행정청이 아닌 자가 하는 경우에는 그 자가 부담함을 원칙으로 한다(법 제101조).

나. 보조, 융자

시·도지사, 시장 또는 군수가 수립하는 도시계획에 관한 기초조사 등에 소용되는 비용은 그 전부 또는 일부를 국가예산으로 보조할 수 있는데(법 제104조제1항), 보조할 수 있는 예산규모는 그 비용의 80% 이하의 범위 내에서 할 수 있다(법 시행령 제106조제1항).

7. 도시기본계획의 효력

도시기본계획은 계획을 수립·결정하는 행정관청만을 구속할 뿐 일반국민에게는 직접적인 구속력은 없다. 따라서 도시기본계획이 확정되면 관계 행정청은 향후 도시계획을 수립함에 있어 이를 반영하여야 하며, 관계 행정청이 관할구역에 대하여 다른 법률에 의한 환경, 교통, 수도, 하수도, 주택 등에 관한 부분별 계획을 수립하는 경우에도 이에 부합하도록 하여야 한다.

제 5 장 도시관리계획

1. 도시관리계획의 의의 및 성격

가. 의 의

도시관리계획이란 특별시, 광역시, 시 또는 군의 개발·정비 및 보전을 위하여 수립하는 토지이용, 교통, 환경, 경관, 안전, 산업, 정보통신, 보건, 후생, 안보, 문화 등에 관한 i) 용도지역·용도지구의 지정 또는 변경에 관한 계획, ii) 개발제한구역, 도시자연공원구역, 시가화조정구역(市街化調整區域), 수산자원보호구역의 지정 또는 변경에 관한 계획, iii) 기반시설의 설치·정비 또는 개량에 관한 계획, iv) 도시개발사업이나 정비사업에 관한 계획, v) 지구단위계획구역의 지정 또는 변경에 관한 계획과 지구단위계획을 말한다(법 제2조). 이 중에서 가장 전형적인 것은 용도지역을 지정·변경하는 도시관리계획이다.

나. 성격 및 주요 항목별 개정내용

1) 성 격

도시관리계획은 용도지역·지구, 지구단위계획, 도시계획시설 등의 계획내용에 의해 주민들의 사적 토지이용 즉, 건축행위 시 건폐율·용적률, 층수 등과 도시계획시설의 저촉여부에 직접적인 적용을 받게 되는 법정계획으로서 상위계획인 광역도시계획, 도시기본계획에서 제시된 장기적인 발전방향을 공간에 구체화하고 실현시키는 중기계획으로서의 성격 및 용도지역·지구·구역, 기반시설, 도시개발사업 또는 정비사업, 지구단위계획 등을 단계적으로 집행할 수 있도록 물적으로 표현하는 계획으로서의 성격을 아울러 갖는다. 행정주체는 위와 같은 행정계획을 입안·결정함에 있어서 비교적 광범위한 형성의 자유를 가진다.

【판시사항】

행정계획의 의미 및 행정주체의 행정계획결정에 관한 재량의 범위(대법원 2000.3.23. 선고 98두2768 판결)

【판결요지】

행정계획이라 함은 행정에 관한 전문적·기술적 판단을 기초로 하여 도시의 건설·정비·개량 등과 같은 특정한 행정목표를 달성하기 위하여 서로 관련되는 행정수단을 종합·조정함으로써 장래의 일정한 시점에 있어서 일정한 질서를 실현하기 위한 활동기준으로 설정된 것으로서, 도시계획법 등 관계 법령에는 추상적인 행정목표와 절차만이 규정되어 있을 뿐 행정계획의 내용에 대하여는 별다른 규정을 두고 있지 아니하므로 행정주체는 구체적인 행정계획을 입안·결정함에 있어서 비교적 광범위한 형성의 자유를 가지는 한편, 행정주체가 가지는 이와 같은 형성의 자유는 무제한적인 것이 아니라 그 행정계획에 관련되는 자들의 이익을 공익과 사익 사이에서는 물론이고 공익 상호간과 사익 상호간에도 정당하게 비교교량하여야 한다는 제한이 있는 것이고, 따라서 행정주체가 행정계획을 입안·결정함에 있어서 이익형량을 전혀 행하지 아니하거나 이익형량의 고려 대상에 마땅히 포함시켜야 할 사항을 누락한 경우 또는 이익형량을 하였으나 정당성·객관성이 결여된 경우에는 그 행정계획결정은 재량권을 일탈·남용한 것으로서 위법하게 된다.

2) 주요항목별 개정내용

연 혁	개정사유	개정내용
2008. 3.28.	도시관리계획 수립절차 간소화 및 대도시의 자율성 제고	도시관리계획 50만 이상 대도시시장 도시관리계획결정
2009.12.29.	대도시의 자율성 부여	도시관리계획 대도시시장에 대한 자격 완화

2. 도시관리계획의 수립기준

국토교통부장관은 도시관리계획의 수립기준을 정할 때에는 다음의 사항을 종합적으로 고려하여야 한다.

가. 광역도시계획 및 도시기본계획 등에서 제시한 내용을 수용하고 개별 사업계획과의 관계 및 도시의 성장추세를 고려하여 수립하도록 할 것

나. 도시기본계획을 수립하지 아니하는 시·군의 경우 당해 시·군의 장기발전구상 및 법 제19조제1항의 규정에 의한 도시기본계획에 포함될 사항 중 도시관리계획의 원활한 수립을 위하여 필요한 사항이 포함되도록 할 것

다. 도시관리계획의 효율적인 운영 등을 위하여 필요한 경우에는 특정지역 또는 특정부문에 한정하여 정비할 수 있도록 할 것

라. 공간구조는 생활권단위로 적정하게 구분하고 생활권별로 생활·편익시설이 고루 갖추어지도록 할 것

마. 도시와 농어촌 및 산촌지역의 인구밀도, 토지이용의 특성 및 주변환경 등을 종합적으로 고려하여 지역별로 계획의 상세정도를 다르게 하되, 기반시설의 배치계획, 토지용도 등은 도시와 농어촌 및 산촌지역이 서로 연계되도록 할 것

바. 토지이용계획을 수립할 때에는 주간 및 야간활동인구 등의 인구규모, 도시의 성장추이를 고려하여 그에 적합한 개발밀도가 되도록 할 것

사. 녹지축·생태계·산림·경관 등 양호한 자연환경과 우량농지 등을 고려하여 토지이용계획을 수립하도록 할 것

아. 수도권안의 인구집중유발시설이 수도권외의 지역으로 이전하는 경우 종전의 대지에 대하여는 그 시설의 지방이전이 촉진될 수 있도록 토지이용계획을 수립하도록 할 것

자. 도시·군계획시설은 집행능력을 고려하여 적정한 수준으로 결정하고, 기존 도시·군계획시설은 시설의 설치현황과 관리·운영상태를 점검하여 규모 등이 불합리하게 결정되었거나 실현가능성이 없는 시설 또는 존치 필요성이 없는 시설은 재검토하여 해제하거나 조정함으로써 토지이용의 활성화

를 도모할 것

차. 도시의 개발 또는 기반시설의 설치 등이 환경에 미치는 영향을 미리 검토하는 등 계획과 환경의 유기적 연관성을 높여 건전하고 지속가능한 도시 발전을 도모하도록 할 것

카. 「재난 및 안전관리 기본법」 제24조제1항에 따른 시·도안전관리계획 및 법 제25조제1항에 따른 시·군·구안전관리계획과 「자연재해대책법」 제16조제1항에 따른 시·군·구풍수해저감종합계획을 고려하여 재해로 인한 피해가 최소화되도록 할 것

〈도시·군기본계획수립 현황〉

(2012.12월말 현재)

구 분	市 급(82개)	郡 급(49개)	미수립(32개)
특별시 광역시 (7)	서울, 부산**, 대구, 인천*, 광주, 대전, 울산*(7)	–	–
경기 (31)	수원시, 성남시, 의정부시, 안양시, 부천시, 광명시, 평택시, 동두천시, 안산시, 고양시, 과천시, 구리시, 남양주시, 오산시, 포천시, 시흥시, 군포시, 의왕시, 하남시, 용인시, 파주시, 이천시, 안성시, 김포시, 화성시, 광주시, 양주시(27)	여주군, 연천군, 가평군, 양평군(4)	–
강원 (18)	춘천시, 원주시, 강릉시, 동해시, 태백시, 속초시, 삼척시(7)	홍청군, 횡성군, 영월군, 평창군, 정선군, 철원군, 화천군, 양구군, 인제군, 고성군, 양양군(11)	–
충북 (12)	청주시*, 충주시, 제천시(3)	청원군*, 보은군, 옥천군, 영동군*, 괴산군*, 음성군*, 단양군, 증평군, 진천군*(9)	–

충남 (13)	천안시, 공주시, 보령시, 아산시*, 서산시, 논산시, 계룡시(7)	금산군, 연기군, 서천군, 홍성군, 예산군, 당진군*(6)	부여군, 청양군, 태안군(3)
전북 (8)	전주시, 군산시, 익산시*, 정읍시*, 남원시*, 김제시*(6)	무주군*, 고창군(2)	완주군, 임실군, 순창군, 부안군, 진안군, 장수군(6)
전남 (12)	목포시, 여수시*, 순천시*, 나주시, 광양시*(5)	담양군, 화순군, 해남군*, 영암군, 무안군*, 함평군, 장성군(7)	곡성군, 구례군, 고흥군, 보성군, 장흥군, 강진군, 영광군, 완도군, 진도군, 신안군(10)
경북 (16)	포항시, 경주시, 김천시, 안동시, 구미시, 영주시, 영천시, 상주시, 문경시*, 경산시(10)	군위군, 청도군, 고령군, 성주군, 칠곡군, 울릉군*(6)	의성군, 청송군, 영양군, 영덕군, 예천군, 봉화군, 울진군(7)
경남 (12)	창원시, 진주시*, 통영시*, 사천시, 김해시, 밀양시, 거제시, 양산시(8)	창녕군*, 남해군*, 거창군, 하동군*(4)	합천군, 함양군, 산청군, 고성군, 함안군, 의령군(6)
제주 (2)	제주시, 서귀포시(2) ※ 제주특별법 적용	–	–

* 기본계획 수립 지자체 중 의무대상은 총 81개이며, 임의대상(밑줄표시)은 50개임.

** 목표연도별 : 2020년 98개, 2025년 27개, 2030년 1개(* : 2025, ** : 2030)
전주시(2021), 고창군(2011), 거창군(2016), 제주시(2021), 서귀포시(2016)

3. 도시관리계획의 입안

도시관리계획의 수립은 입안권과 결정권으로 나뉘어진다. 입안권과 결정권의 권안이 분리되고, 입안절차와 결정절차가 각각 존재한다.

〈계획수립 절차〉

■ 시장·군수 또는 구청장이 입안한 경우(시·도지사, 50만 이상 시장 결정)

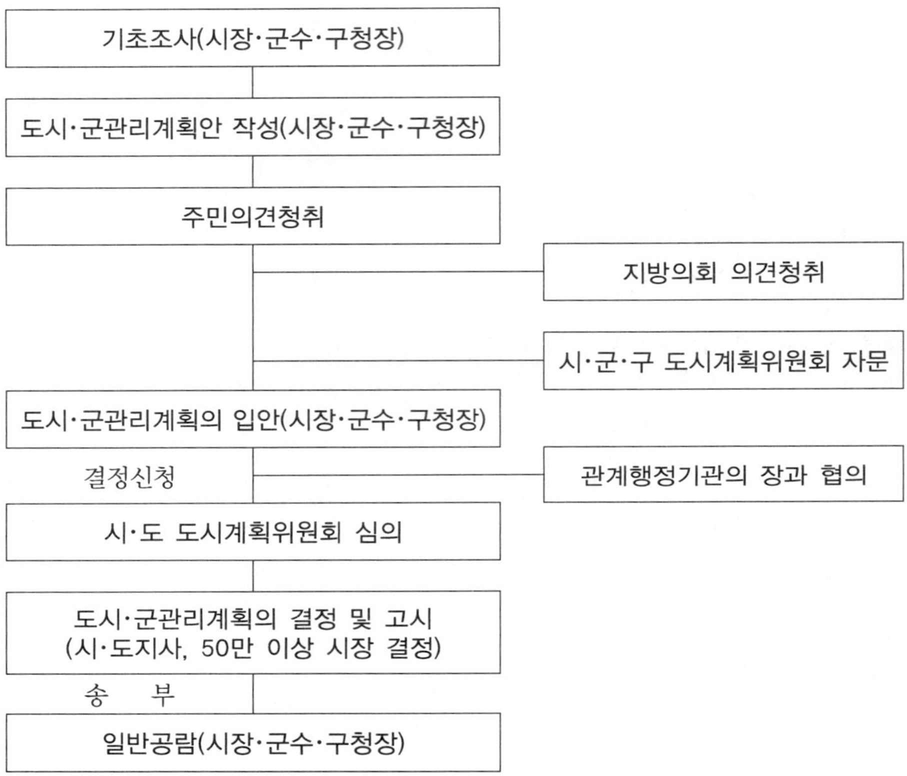

가. 입안권자

1) 원칙적 입안권자

도시계획의 입안권자는 특별시장·광역시장·특별자치시장·특별자치도지사·시장 또는 군수이며, 이들은 ⅰ) 지역여건상 필요하다고 인정하여 미리 인접한 특별시장·광역시장·특별자치시장·특별자치도지사·시장 또는 군수와 협의한 경우, ⅱ) 제18조제2항에 따라 인접한 특별시·광역시·특별자치시·특별자치도·시 또는 군의 관할 구역을 포함하여 도시기본계획을 수립한 경우 중 어느 하나에 해당하면 인접한 특별시·광역시·특별자치시·특별자치도·시 또는 군의 관할 구역 전부 또는 일부를 포함하여 도시관리계획을 입안할 수 있다. 인접한 특별시·광역시·특별자치시·특별자치도·시 또는 군의 관할 구역에 대한 도시관리계획은 관계 특별시장·광역시장·특별자치시장·특별자치도지사·시장 또는 군수가 협의하여 공동으로 입안하거나 입안할 자를 정하며, 만일 협의가 성립되지 아니하는 경우 도시관리계획을 입안하려는 구역이 같은 도의 관할 구역에 속할 때에는 관할 도지사가, 둘 이상의 시·도의 관할 구역에 걸쳐 있을 때에는 국토교통부장관이 입안할 자를 지정하고 그 사실을 고시하여야 한다(법 제24조).

【판시사항】

의료기관에서 배출되는 감염성폐기물을 수거하여 소각처리하는 폐기물처리시설을 도시관리계획시설로 입안해 줄 것을 제안하는 신청에 대하여 시장이 거부처분을 한 사안에서, 그 처분이 적법하다고 한 사례(대구고등법원 2009.9.4. 선고 2008누2126 판결).

【판결요지】

의료기관에서 배출되는 감염성폐기물을 수거하여 소각처리하는 폐기물처리시설을 도시관리계획시설로 입안해 줄 것을 제안하는 신청에 대하여 시장이 거부처분을 한 사안에서, 시장이 관련 법령에 따라 지역주민들의 의사와 지방의회의 의견을 청취하고 시도시계획위원회의 자문을 거쳤으나 모두가 반대하고, 지역 주민들의 환경상·생활상 이익 및 재산상의 손해가 발생할 수 있으며,위 신청이 상위계획인 도시기본계획에 반한다는 이유로 거부처분을 한 것으로, 그 처분이 이익형량을 전혀 하지 않았다거나 정당성·객관성이 결여된 이익형량을 하였다고 볼 수 없어 적법하다고 한 사례

2) 예외적 입안권자

국토교통부장관은 예외적으로 i) 국가계획과 관련된 경우, ii) 둘 이상의 시·도에 걸쳐 지정되는 용도지역·용도지구 또는 용도구역과 둘 이상의 시·도에 걸쳐 이루어지는 사업의 계획 중 도시·군관리계획으로 결정하여야 할 사

항이 있는 경우, iii) 특별시장·광역시장·특별자치시장·특별자치도지사·시장 또는 군수가 제138조에 따른 기한까지 국토교통부장관의 도시·군관리계획 조정 요구에 따라 도시·군관리계획을 정비하지 아니하는 경우에는 직접 또는 관계 중앙행정기관의 장의 요청에 의하여 도시·군관리계획을 입안할 수 있으며, 이 경우 국토교통부장관은 관할 시·도지사 및 시장·군수의 의견을 들어야 한다(법 제24조제5항).

도지사 또한 i) 둘 이상의 시·군에 걸쳐 지정되는 용도지역·용도지구 또는 용도구역과 둘 이상의 시·군에 걸쳐 이루어지는 사업의 계획 중 도시·군관리계획으로 결정하여야 할 사항이 포함되어 있는 경우, ii) 도지사가 직접 수립하는 사업의 계획으로서 도시·군관리계획으로 결정하여야 할 사항이 포함되어 있는 경우에는 직접 또는 시장이나 군수의 요청에 의하여 도시·군관리계획을 입안할 수 있으며, 이 경우 도지사는 관계 시장 또는 군수의 의견을 들어야 한다(같은 조 제6항).

〈시·도지사가 입안하는 경우〉

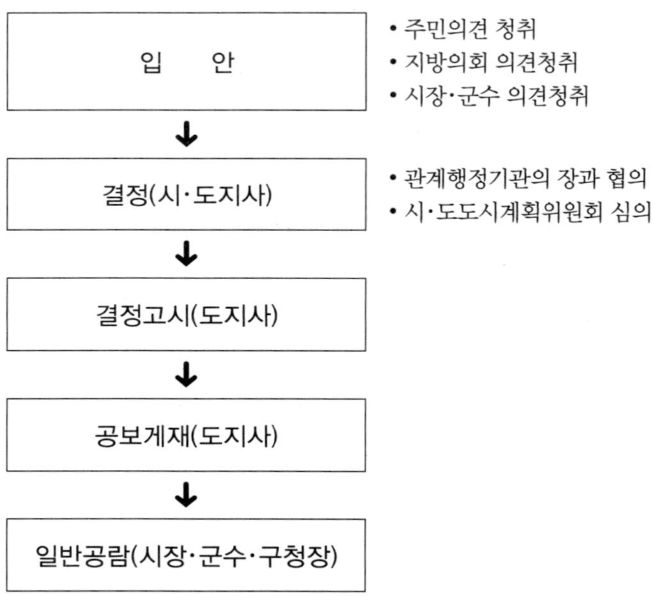

〈국토교통부장관이 입안하는 경우〉

입 안
- 주민의견 청취
- 지방의회 의견청취
- 관할 시·도지사, 시장·군수 의견청취

↓

결정(장관)
- 중앙행정기관의 장과 협의
- 중앙도시계획위원회 심의

↓

결정고시(장관)

↓

관보게재(장관)

↓

일반공람(시장·군수·구청장)

3) 입안의 제한

가) 입안제안의 주체

도시계획법상 주민이 행정청에 대하여 도시계획 및 그 변경에 대하여 어떤 신청을 할 수 있다는 규정은 없고, 도시계획과 같이 장기성, 종합성이 요구되는 행정계획에 있어서 그 계획이 일단 확정된 후 어떤 변동사항이 있다하여 지역주민들에게 일일이 그 계획의 변경을 청구할 권리를 인정해 줄 수도 없다. 즉, 도시관리계획의 입안권은 행정청에만 있는 것이다. 그러나 현행법에서는 도시계획을 입안함에 있어 해당 주민 및 이해관계자의 의사를 반영하고자 ⅰ) 기반시설의 설치·정비 또는 개량에 관한 사항, ⅱ) 지구단위계획구역의 지정 및 변경과 지구단위계획의 수립 및 변경에 관한 사항 등에 대하여는 도시관리계획을 입안할 수 있는 자에게 도시관리계획의 입안을 제안할 수 있도록 하고 있다.

이에 따라 도시관리계획의 입안을 제안받은 자는 그 처리 결과를 제안자에게 알려야 하며, 이때 도시관리계획의 입안을 제안받은 자는 제안자와 협의하여 제안된 도시·군관리계획의 입안 및 결정에 필요한 비용의 전부 또는 일부를 제안자에게 부담시킬 수 있다(법 제15조).

이렇듯 도시계획구역내 토지를 소유하고 있는 소유자 또는 이해관계인은 입안권자에게 도시계획입안을 요구할 수 있는 법규상 또는 조리상 신청권이 있다. 따라서 이러한 신청에 대한 행정청의 거부행위는 항고소송의 대상이 되는 행정처분에 해당한다.[23]

유권해석 ❙ 01

① **질의요지**

도시관리계획의 입안을 제안할 수 있는 주민의 범위에 국가, 교육청, 공사 등도 포함되는지 여부와 도시계획시설의 설치제안시 시설결정 대상토지의 80% 이상을 확보하지 않아도 되는 사유인 "재원의 부족이 아닌 다른 사유로 부득이 하다고 인정되는 경우"의 의미는

② **회신내용**

○ 「국토의 계획 및 이용에 관한 법률」 제26조 규정에 의하여 도시관리계획의 입안을 제안할 수 있는 주민은 행정청(국가, 지방자치단체)이 아닌 법인체(공사 등) 또는 개인(이해관계자를 포함한다)을 말하는 것으로 교육청은 국가기관에 해당되므로 학교용지 확보 관련 법률에 의하거나 입안자에게 건의 또는 협의에 의하여 도시관리계획에 반영하여야 합니다.

○ "주민"이 도시계획시설의 설치를 제안하는 경우에 대상토지의 80% 이상을 확보(동의 포함)하도록 하는 것은 제안자의 필요에 의하여 시설을 설치하는 점을 감안하여 도시계획시설결정으로 따른 타인의 재산권 행사제한을 최소화하기 위한 것이므로

○ "재원의 부족이 아닌 다른 사유로 부득이 하다고 인정되는 경우"는 토지소유자의 사망·실종 등으로 인하여 소유자확인이 불가하여 대상 토지를 미리 확보할 수 가 없는 경우로 보아야 할 것입니다.

[도시정책팀-3651, 2004.7.5]

23) 대법원 2004.4.28. 선고 2003두1806 판결.

유권해석 ▌02

① **질의요지**

민간에서 도시기본계획상 생산녹지지역을 주거지역으로 변경하는 관리계획을 수립하여 입안제안하는 것이 가능한지 여부

② **회신내용**

「국토의 계획 및 이용에 관한 법률」 제26조제1항의 규정에 의하여 주민이 제안할 수 있는 도시관리계획은 기반시설의 설치, 정비 또는 지구단위계획구역의 지정 및 변경 등에 관한 사항이며, 용도지역변경에 관한 도시관리계획은 민간제안이 없습니다.

[도시정책팀-151, 2005.9.9]

나) 제안서의 처리절차

도시관리계획입안의 제안을 받은 국토교통부장관, 시·도지사, 시장 또는 군수는 제안일부터 45일 이내에 도시·군관리계획입안에의 반영여부를 제안자에게 통보하여야 한다. 다만, 부득이한 사정이 있는 경우에는 1회에 한하여 30일을 연장할 수 있다. 이때 국토교통부장관, 시·도지사, 시장 또는 군수는 소유자 등의 제안을 도시·군관리계획입안에 반영할 것인지 여부를 결정함에 있어서 필요한 경우에는 중앙도시계획위원회 또는 당해 지방자치단체에 설치된 지방도시계획위원회의 자문을 거칠 수 있으며, 이를 시·군관리계획입안에 반영하는 경우에는 제안서에 첨부된 도시·군관리계획도서와 계획설명서를 도시·군관리계획의 입안에 활용할 수 있다(법 시행령 제20조).

【판시사항】

도시계획구역 내 토지 소유자의 도시계획입안 신청에 대한 도시계획 입안권자의 거부행위가 항고소송의 대상이 되는 행정처분에 해당하는지 여부(적극) (대법원 2004. 4.28. 선고 2003두1806 판결)

【판결요지】

구 도시계획법(2002.2.4. 법률 제6655호「국토의 계획 및 이용에 관한 법률 부칙」제2조로 폐지)은 도시계획의 수립 및 집행에 관하여 필요한 사항을 규정함으로써 공공의 안녕질서를 보장하고 공공복리를 증진하며 주민의 삶의 질을 향상하게 함을 목적으로 하면서도 도시계획시설결정으로 인한 개인의 재산권행사의 제한을 줄이기 위하여, 도시계획시설부지의 매수청구권, 도시계획시설결정의 실효에 관한 규정과 아울러 도시계획 입안권자인 특별시장·광역시장·시장 또는 군수로 하여금 5년마다 관할 도시계획구역 안의 도시계획에 대하여 그 타당성 여부를 전반적으로 재검토하여 정비하여야 할 의무를 지우고, 도시계획입안제안과 관련하여서는 주민이 입안권자에게 '1. 도시계획시설의 설치·정비 또는 개량에 관한 사항 2. 지구단위계획구역의 지정 및 변경과 지구단위계획의 수립 및 변경에 관한 사항'에 관하여 '도시계획도서와 계획설명서를 첨부'하여 도시계획의 입안을 제안할 수 있고, 위 입안제안을 받은 입안권자는 그 처리결과를 제안자에게 통보하도록 규정하고 있는 점 등과 헌법상 개인의 재산권 보장의 취지에 비추어 보면, 도시계획구역내 토지 등을 소유하고 있는 주민으로서는 입안권자에게 도시계획입안을 요구할 수 있는 법규상 또는 조리상의 신청권이 있다고 할 것이고, 이러한 신청에 대한 거부행위는 항고소송의 대상이 되는 행정처분에 해당한다.

유권해석

① 질의요지

가. 연결도로를 도시관리계획으로 결정시 관할시장이 입안하는 것인지 사업시행자가 입안 제안을 하는 것인지?

나. 사업시행자가 입안제안시 토지소유자의 80% 이상의 동의가 필요한지?

다. 연결도로가 시도인 경우 관할 시장과 사업자의 업무절차 및 업무범위는?

② 회신내용

가. 질의 "가"에 대하여

「국토의 계획 및 이용에 관한 법률」제24조 및 제26조에 따라 도시계획도로의 개설 또는 확장을 위한 도시관리계획의 입안은 관할 시장이 직접 입안하거나, 주민제안(이해관계자도 주민에 포함됨)을 받아서 입안 할 수 있습니다. 이 경우 직접 입안의 필요성 여부는 당해 입안권자가 판단할 사항입니다.

나. 질의 “나”에 대하여

이해관계자인 사업시행자가 입안제안을 하는 경우에는 도시관리계획수립 지침(8－1－2－3)에 따라 대상토지(국공유지 제외)면적의 80% 이상의 동의를 받아야 합니다.

다. 질의“다”에 대하여

주민제안으로 입안하는 경우 관할 시장은 주민제안의 타당성 여부를 검토하여 타당하면 위 법률에 따라 입안절차를 거쳐 도시계획시설을 결정하고 집행은 위 법률에 따라 관할시장이 실시계획을 작성하여 직접 토지 등 취득 및 공사를 하거나 입안제안자가 시행자지정 및 실시계획인가를 받아 토지 등 취득 및 공사를 시행할 수 있는 것임을 알려드리니 자세한 사항은 당해 지방자치단체 담당자와 상의하시기 바랍니다.

[도시정책과－4220, 2009.8.3]

나. 도시관리계획의 입안절차

1) 기초조사

가) 기초조사 실시

특별시장, 광역시장, 시장 또는 군수는 도시기본계획을 수립(변경)하는 경우에는 미리 인구, 경제, 사회, 문화, 토지 이용, 환경, 교통, 주택, 그 밖에 i) 기후·지형·자원·생태 등 자연적 여건, ii) 기반시설 및 주거수준의 현황과 전망, iii) 풍수해·지진 그 밖의 재해의 발생현황 및 추이, iv) 광역도시계획과 관련된 다른 계획 및 사업의 내용, v) 그 밖에 광역도시계획의 수립에 필요한 사항 중 당해 도시계획의 수립 또는 변경에 필요한 사항을 조사하거나 측량하여야 한다(법 제13조). 기초조사의 내용에는 토지의 토양, 입지, 활용가능성 등 토지의 적성에 대한 평가 등도 포함하여야 한다(법 제27조제3항). 만일, 관계 행정청이 도시계획결정을 함에 있어 위와 같은 기초조사절차를 적법하게 거치지 아니할

경우 그러한 절차상 하자는 도시계획결정의 취소사유가 된다.[24)]

【판시사항】

도시계획법 제15조제1항 소정의 기초조사를 거치지 않고서 한 도시계획결정의 효력 유무(=취소사유) (대법원 1990.6.12. 선고 90누2178 판결)

【판결요지】

도시계획결정을 함에 있어서 도시계획법 제15조제1항 소정의 기초조사절차를 적법하게 거치지 아니한 하자가 있었더라도 그러한 절차상의 하자는 그 도시계획결정의 취소사유는 될지언정 당연무효의 사유라고는 보여지지 않는다.

나) 기초조사의 생략

(1) 다음의 어느 하나에 해당하는 경우에는 관계 행정기관의 장과의 협의, 국토해양부장관과의 협의 및 중앙도시계획위원회 또는 지방도시계획위원회의 심의를 거치지 아니하고 도시관리계획(지구단위계획은 제외한다)을 변경할 수 있다(법 시행령 제21조제1항, 법 제25조제3항 각 호).

(가) 도시계획시설부지 면적의 5% 미만의 변경인 경우. 다만, 다음 각 목의 어느 하나에 해당하는 시설은 해당 각 목의 요건을 충족하는 경우만 해당한다.

① 도로 : 시점 및 종점이 변경되지 아니하고 중심선이 종전에 결정된 도로의 범위를 벗어나지 아니하는 경우

② 공원 및 녹지 : 다음의 어느 하나에 해당하는 경우

i) 면적이 증가되는 경우

ii) 최초 도시계획시설 결정 후 변경되는 면적의 합계가 1만m² 미만이고, 최초 도시계획시설 결정 당시 부지 면적의 5% 미만의 범위에서 면적이 감소되는 경우. 다만, 「도시공원 및 녹지 등

24) 대법원 1990.6.12. 선고 90누2178 판결.

에 관한 법률」 제35조제1호의 완충녹지(도시지역 외의 지역에서 법을 준용하여 설치하는 경우를 포함한다)인 경우는 제외한다.

(나) 지형사정으로 인한 도시계획시설의 근소한 위치변경 또는 비탈면 등으로 인한 시설부지의 불가피한 변경인 경우

(다) 이미 결정된 도시계획시설의 세부시설의 결정 또는 변경인 경우

(라) 도시지역의 축소에 따른 용도지역·용도지구·용도구역 또는 지구단위계획구역의 변경인 경우

(마) 도시지역외의 지역에서 「농지법」에 의한 농업진흥지역 또는 「산지관리법」에 의한 보전산지를 농림지역으로 결정하는 경우

(바) 「자연공원법」에 따른 공원구역, 「수도법」에 의한 상수원보호구역, 「문화재보호법」에 의하여 지정된 지정문화재 또는 천연기념물과 그 보호구역을 자연환경보전지역으로 결정하는 경우

(사) 그 밖에 국토해양부령(법 제40조에 따른 수산자원보호구역의 경우 농림수산식품부령을 말한다)이 정하는 경미한 사항의 변경인 경우

(2) 지구단위계획 중 다음의 어느 하나에 해당하는 경우에는 관계 행정기관의 장과의 협의, 국토해양부장관과의 협의 및 중앙도시계획위원회 또는 지방도시계획위원회의 심의를 거치지 아니하고 지구단위계획을 변경할 수 있다. 이 경우 특별시·광역시·시 또는 군의 도시계획조례가 정하는 사항에 대하여는 건축위원회와 도시계획위원회의 공동심의를 거치지 아니하고 변경할 수 있다(법 시행령 제21조제1항, 법 제25조제4항 각 호).

(가) 지구단위계획으로 결정한 용도지역·용도지구 또는 도시계획시설에 대한 변경결정으로서 제3항 각 호의1에 해당하는 변경인 경우

(나) 가구(제48조제4호의 규정에 의한 별도의 구역을 포함한다. 이하 이 항에서 같다)면적의 10% 이내의 변경인 경우

(다) 획지면적의 30% 이내의 변경인 경우

(라) 건축물높이의 20% 이내의 변경인 경우(층수변경이 수반되는 경우를 포함한다)

(마) 제46조제7항제2호 각 목의 1에 해당하는 획지의 규모 및 조성계획의 변경인 경우

(바) 건축선의 1m 이내의 변경인 경우

(사) 건축물의 배치·형태 또는 색채의 변경인 경우

(아) 지구단위계획에서 경미한 사항으로 결정된 사항의 변경인 경우. 다만, 용도지역·용도지구·도시계획시설·가구면적·획지면적·건축물높이 또는 건축선의 변경에 해당하는 사항을 제외한다.

(자) 법률 제6655호「국토의 계획 및 이용에 관한 법률」부칙 제17조제2항의 규정에 의하여 제2종지구단위계획으로 보는 개발계획에서 정한 건폐율 또는 용적률을 감소시키거나 10% 이내에서 증가시키는 경우(증가시키는 경우에는 제47조제1항의 규정에 의한 건폐율·용적률의 한도를 초과하는 경우를 제외한다)

(차) 지구단위계획구역 면적의 5% 이내의 변경 및 동 변경지역 안에서의 지구단위계획의 변경

(카) 그 밖에 국토해양부령이 정하는 경미한 사항의 변경인 경우

(3) 도시관리계획으로 입안하려는 지역이 도심지에 위치하거나 개발이 끝나 나대지가 없는 등 다음의 경우에 해당하면 기초조사, 환경성 검토 또는 토지의 적성에 대한 평가를 생략할 수 있다(같은 조 제2항).

(가) 당해 지구단위계획구역이 도심지(상업지역과 상업지역에 연접한 지역을 말한다)에 위치하는 경우

(나) 당해 지구단위계획구역안의 나대지 면적이 구역면적의 2%에 미달하는 경우

(다) 당해 지구단위계획구역 또는 도시계획시설부지가 다른 법률에 의하여 지역·지구·구역·단지 등으로 지정되거나 개발계획이 수립된 경우

(라) 당해 지구단위계획구역의 지정목적이 당해 구역을 정비 또는 관리하고자 하는 경우로서 지구단위계획의 내용에 너비 12m 이상 도로의 설치계획이 없는 경우

(마) 주거지역·상업지역 또는 공업지역에 도시관리계획을 입안하는 경우

(바) 법 또는 다른 법령에 의하여 조성된 지역에 도시관리계획을 입안하는 경우

(사) 도시관리계획 입안일 5년전 이내에 토지적성평가를 실시한 지역에 대하여 도시·군관리계획을 입안하는 경우. 다단, 기반시설 등의 여건이 크게 변화한 경우에는 그러하지 아니하다.

(아)「개발제한구역의 지정 및 관리에 관한 특별조치법 시행령」제2조제3항제1호 또는 제2호의 사유로 개발제한구역에서 조정 또는 해제된 지역에 대하여 도시관리계획을 입안하는 경우

(자)「도시개발법」에 의한 도시개발사업의 경우

(차) 지구단위계획구역 또는 도시계획시설부지에서 도시관리계획을 입안하는 경우

(카) 다음 각 목의 어느 하나의 도시관리계획을 입안하는 경우

① 개발용도의 용도지역(주거지역·상업지역·공업지역 및 계획관리지역을 말한다. 이하 이 호에서 같다)의 보전용도의 용도지역(개발용도의 용도지역외의 용도지역을 말한다. 이하 이 호에서 같다)으로의 변경. 다만, 계획관리지역을 자연녹지지역으로 변경하는 경우를 제외한다.

② 보전용도의 용도지역 상호간의 변경. 다만, 자연녹지지역으로 변경하는 경우를 제외한다.

③ 용도지구·용도구역의 지정 또는 변경. 다만, 개발진흥지구의 지정 또는 확대지정을 제외한다.

④ 다음의 기반시설의 설치

i) 제55조제1항 각 호의 규정에 의한 용도지역별 개발행위규모에 해당하는 기반시설

ii) 도로·철도·궤도·수도·가스 등 선형(線型)으로 된 교통시설 및 공급시설

iii) 공간시설(체육공원·묘지공원 및 유원지를 제외한다)

iv) 방재시설 및 환경기초시설(폐차장을 제외한다)

v) 개발제한구역 안에 설치하는 기반시설

(타) 「환경영향평가법」 제9조에 따른 전략환경영향평가 대상인 도시·군관리계획을 입안하는 경우

(파) 그 밖에 국토교통부령이 정하는 요건에 해당하는 경우

유권해석 ▌01

① 질의요지

○ 「국토의 계획 및 이용에 관한 법률」(이하 법 제27조제4항 도시·군관리계획입안시 기초조사 등 예외조항이 지구단위계획과 관련된 것인지 여부

○ 「도시·군관리계획수립지침」 2-2-2(3) 19 「환경정책기본법」 제25조에 따른 사전환경성검토 대상인 도시·군관리계획을 입안하는 경우가 지구단위계획에 한해 적용되는 예외조항인지 여부

② 회신내용

○ 「법」 제27조제4항 및 「법 시행령」 제21조제2항은 도시·군관리계획 입안시 기초조사, 환경성검토 또는 토지의 적성에 대한 평가를 하지 아니 할 수 있는 예외사항을 규정하고 있으며 이는 지구단위계획을 포함한 도시·군관리계획 일반에 적용되는 사항임을 알려드립니다.

○ 마찬가지로 「도시·군관리계획수립지침」 2-2-2(3) 19항도 도시·군관리계획 일반에 적용되는 사항입니다. 다만, 「환경정책기본법」이 개정되어 현재는 「환경영향평가법」 제9조에 따른 전략환경영향평가 대상인 도시·군관리계획을 입안하는 경우에 환경성검토를 실시하지 아니할 수 있습니다.

[도시정책과-4630, 2013.9.12]

유권해석 ▌02

① 질의요지

「국토의 계획 및 이용에 관한 법률」(이하 법 제27조제2항 및 「도시·군관리계

획수립지침」(2편 7편에 규정된 '환경성검토' 관련 미세분 관리지역을 대상으로 한 최초의 관리지역 세분화 도시관리계획시 '환경성검토'를 반드시 실시해야 하는 것인지

② **회신내용**

○ 우선「법 시행령」 제21조제2항제12호에 따르면「환경영향평가법」 제9조에 따른 전략환경영향평가 대상인 도시·군관리계획을 입안하는 경우에 환경성검토를 실시하지 아니할 수 있습니다.

○ 또한「환경영향평가법 시행령」 별표 2에 따라「법」 제2조제4호에 의한 도시·군관리계획은 '전략환경영향평가' 대상으로 하고 있으나「환경영향평가법 시행령」 별표 2 비고 제4호 라목에 의하면 '관리지역을 최초로 계획관리지역·생산관리지역·보전관리지역으로 세분하는 경우'는 도시·군관리계획이라도 전략환경영향평가 대상에서 제외하고 있으므로,

* 다만「법」 제27조제2항에 따른 환경성검토의 결과 등을 첨부하여 법 제30조에 따라 환경부장관 또는 지방환경관서의 장과 협의한 경우로 한정

○ 관리지역을 최초로 세분화하는 도시·군관리계획 수립 시에는「법」 및「도시·군관리계획수립지침」상의 환경성 검토를 실시해야 될 것으로 판단됩니다.

[도시정책과-5040, 2013.10.2]

2) 의견청취

가) 주민의 의견청취

(1) 주민의 의견청취

국토교통부장관, 시·도지사, 시장 또는 군수는 도시관리계획을 입안할 때 주민의 의견을 들어야 하고, 그 의견이 타당하다고 인정되면 도시관리계획안에 반영하여야 한다(법 제27조제1항). 이러한 의견청취제도는 도시관리계획의 수립에 이해관계인인 주민을 참여시킴으로써 이해관계인의 이익에 대한 정보를 수집·반영하게 하고, 아울러 민주적 정당성을 갖는 것을 도출함으로서 그 집행이 원활하게 이루어지도록 하는 기능을 하기 때문에 매우 중요한 절차이다.[25] 한편, 국토교통부장관 또는 도지사사 도시관리계획을 입안하려면 주민

의 의견 청취 기한을 밝혀 도시관리계획안을 관계 특별시장·광역시장·특별자치시장·특별자치도지사·시장 또는 군수에게 송부하여야 하며(같은 조 제2항), 이에 따라 도시관리계획안을 받은 특별시장·광역시장·특별자치시장·특별자치도지사·시장 또는 군수는 명시된 기한까지 그 도시관리계획안에 대한 주민의 의견을 들어 그 결과를 국토교통부장관이나 도지사에게 제출하여야 한다(같은 조 제3항).

【판시사항】

도시계획입안절차에 하자가 있는 행정처분의 효력(대법원 1988.5.24. 선고 87누388 판결)

【판결요지】

도시계획법 제11조제1항, 제15조제1항, 제16조의2제2항, 동법 시행령 제11조제1항, 제14조의2제6항 및 동법 시행규칙 제4조제2항 등의 취지는 도시계획의 입안에 있어 다수 이해관계자의 이익을 합리적으로 조정하여 국민의 자유권리에 대한 부당한 침해를 방지하고 행정의 민주화와 신뢰를 확보하기 위하여 국민의 의사를 그 과정에 반영시키는데 있다 할 것이므로 위와 같은 절차에 하자가 있는 행정처분은 위법하다.

【판시사항】

행정주체의 행정계획결정에 관한 재량의 범위(대법원 2000.3.23. 선고 98두2768 판결)

【판결요지】

행정계획이라 함은 행정에 관한 전문적·기술적 판단을 기초로 하여 도시의 건설·정비·개량 등과 같은 특정한 행정목표를 달성하기 위하여 서로 관련되는 행정수단을 종합·조정함으로써 장래의 일정한 시점에 있어서 일정한 질서를 실현하기 위한 활동기준으로 설정된 것으로서, 도시계획법 등 관계 법령에는 추상적인 행정목표와 절차만

25) 민택욱, 앞의 책, 106면.

이 규정되어 있을 뿐 행정계획의 내용에 대하여는 별다른 규정을 두고 있지 아니하므로 행정주체는 구체적인 행정계획을 입안·결정함에 있어서 비교적 광범위한 형성의 자유를 가지는 한편, 행정주체가 가지는 이와 같은 형성의 자유는 무제한적인 것이 아니라 그 행정계획에 관련되는 자들의 이익을 공익과 사익 사이에서는 물론이고 공익 상호간과 사익 상호간에도 정당하게 비교교량하여야 한다는 제한이 있는 것이고, 따라서 행정주체가 행정계획을 입안·결정함에 있어서 이익형량을 전혀 행하지 아니하거나 이익형량의 고려 대상에 마땅히 포함시켜야 할 사항을 누락한 경우 또는 이익형량을 하였으나 정당성·객관성이 결여된 경우에는 그 행정계획결정은 재량권을 일탈·남용한 것으로서 위법하게 된다.

【판시사항】

도시계획입안절차에 하자가 있는 행정처분의 효력(대법원 1988.5.24. 선고 87누388 판결)

【판결요지】

도시계획법 제11조제1항, 제15조제1항, 제16조의2제2항, 동법 시행령 제11조제1항, 제14조의2제6항 및 동법 시행규칙 제4조제2항 등의 취지는 도시계획의 입안에 있어 다수 이해관계자의 이익을 합리적으로 조정하여 국민의 자유권리에 대한 부당한 침해를 방지하고 행정의 민주화와 신뢰를 확보하기 위하여 국민의 의사를 그 과정에 반영시키는 데 있다 할 것이므로 위와 같은 절차에 하자가 있는 행정처분은 위법하다.

(2) 의견청취 생략

국방상 또는 국가안전보장상 기밀을 지켜야 할 필요가 있는 사항(관계 중앙행정기관의 장이 요청하는 것만 해당한다)이거나 대통령령으로 정하는 경미한 사항(법 시행령 제25조제3항 각 호, 동조 제4항 각 호의 사항을 말한다. 위 '나.'의 '나)'항 참조)인 경우에는 의견청취를 생략할 수 있다(법 제27조제1항 단서).

(3) 의견청취 방법

특별시장·광역시장·특별자치시장·특별자치도지사·시장 또는 군수는 도시관리계획의 입안에 관하여 주민의 의견을 청취하고자 하는 때[26]에는 도시관리계획안의 주요내용을 전국 또는 해당 특별시·광역시·특별자치시·특별자치도·시 또는 군의 지역을 주된 보급지역으로 하는 2 이상의 일간신문과 해당 특별시·광역시·특별자치시·특별자치도·시 또는 군의 인터넷 홈페이지 등에 공고하고 도시관리계획안을 14일 이상 일반이 열람할 수 있도록 하여야 한다(법 시행령 제22조제2항). 이때 일간신문의 공고에서는 기본적인 것을 알리고 공람절차에서 이를 보충하여 구체적인 것을 알리게 된다.[27] 이 때문에 공람하는 내용은 단순한 구상이 아니라 도시관리계획도서 및 계획설명서가 포함되어야 하고, 이러한 중요성 때문에 공고 및 공람절차에 하자가 있는 도시계획결정은 위법한 것이 된다.[28]

(4) 의견서의 제출 등

공고된 도시관리계획안의 내용에 대하여 의견이 있는 자는 열람기간 내에 특별시장·광역시장·특별자치시장·특별자치도지사·시장 또는 군수에게 의견서를 제출할 수 있고(법 시행령 제22조제3항), 이를 받은 특별시장·광역시장·특별자치시장·특별자치도지사·시장 또는 군수는 명시된 기한까지 그 도시관리계획안에 대한 주민의 의견을 들어 그 결과를 국토교통부장관이나 도지사에게 제출하여야 하며(법 제28조제3항), 이를 반영할 것인지 여부를 검토하여 그 결과를 열람기간이 종료된 날부터 60일 이내에 당해 의견을 제출한 자에게 통보하여야 한다(같은 조 제4항).

(5) 재공고·열람

주민의견청취절차에서 제출된 의견을 도시관리계획안에 반영하고자 하는 경우 그 내용이 해당 특별시·광역시·특별자치시·특별자치도·시 또는 군의 도시계획조례가 정하는 중요한 사항인 때에는 그 내용을 다시 공고·열람하게

26) 국토교통부장관 또는 도지사로부터 송부 받은 도시관리계획안에 대하여 주민의 의견을 청취하고자 하는 때를 포함한다.
27) 대법원 1990.4.13. 선고 88누11247 판결.
28) 대법원 2000.3.23. 선고 98두2768 판결.

하여 주민의 의견을 들어야 한다(법 시행령 제22조제5항). 이는 이미 결정된 계획안을 변경하는 경우 기존의 도시관리계획안을 보고 믿은 자가 예측하지 못한 손해를 입을 수 있다는 점을 감안하여 도입된 제도이다. 따라서 재공람의 절차 없이 수정의결을 하는 것은 중대한 절차의 위반이 된다.[29)]

【판시사항】

도시계획안 내용의 공고·공람 절차의 시행 방법(대법원 1996.11.29. 선고 96누8567 판결)

【판결요지】

「도시계획법」 제16조의2제2항, 같은 법 시행령 제14조의2제6항 각 규정의 내용과 취지에 비추어 보면, 도시계획안의 내용을 일간신문에 공고함에 있어서는 도시계획의 기본적인 사항만을 밝히고 구체적인 사항은 공람절차에서 이를 보충하면 족하다.

【판시사항】

서울특별시장이 건설부장관의 도시계획변경결정에 따라 도시계획안을 입안함에 있어서 이해관계인에게 개별적으로 서면통지를 하여야 하는지 여부(소극) (대법원 1991. 1.11. 선고 90누1717 판결)

【판결요지】

나. 서울특별시장이 건설부장관의 도시계획변경결정에 따라 도시계획안을 입안함에 있어서 행정절차 운영지침에 따라 주민의 의견청취를 하여야 하고 그 도시계획변경결정을 관보에 게재하는 외에 이해관계인 등에게 개별적으로 서면통지를 하여 공람을 시켜야 한다는 주장은 독자적인 견해에 불과하다.

29) 대법원 1999.8.20. 선고 97누6889 판결.

【판시사항】

도시계획 입안시에 행할 공고, 공람절차의 시행방법(대법원 1990.4.13. 선고 88누11247 판결)

【판결요지】

시장, 군수가 그 관할구역 안에서 시행할 도시계획을 입안하고자 할 때에 주민의 의견을 청취하기 위하여 도시계획안의 내용을 당해 지방에서 발간되는 일간신문에 공고하고 일반에게 공람시켜야 한다고 규정한 「도시계획법 시행령」 제14조의2제6항(1988. 2.16.령 제12397호로 개정되기 전의 것)은 일간신문에 공고함에 있어서는 도시계획의 기본적인 것만을 내용으로 하고, 공람절차에서 이를 보충하여 구체적인 것을 공람토록 한 것으로 보아야 할 것이다.

유권해석

① **질의요지**

- ○ 도시계획시설결정을 위하여 이미 공람공고 및 주민의견 청취시 이의신청이 없었다면 도시계획시설의 설치 제안요건인 토지확보(동의 포함)를 하였다고 볼 수 있는지 여부
- ○ 주민제안에 의하여 도시관리계획의 입안을 위한 공람공고 절차까지 마쳤다면 도시계획시설의 설치제안시 갖추어야 하는 결정 대상토지의 80% 이상 확보요건을 지금이라도 갖추어야 하는지 여부

② **회신내용**

- ○ 도시계획시설의 설치 제안시 대상 토지에 대한 확보(동의 포함)와 도시관리계획에 대한 주민(이해관계인 포함)의 이의신청에 대하여는 「국토의 계획 및 이용에 관한 법률」 제26조와 제28조에서 각각 규정하고 있으므로 도시관리계획의 입안에 대한 공람공고 및 주민의견청취시 이의신청이 없었다고 하여 도시계획시설의 설치 제안요건을 갖추었다고 볼 수 없습니다.
- ○ 따라서 시설결정 대상 토지면적의 확보요건은 중요한 사항으로 이를 결여

한 행위는 하자 있는 행정행위 이므로 토지확보 후 절차를 재 이행하여야 할 것으로 생각되며 이 에 관한 구체적인 판단은 도시계획결정권자인 당해 시·도지사가 하여야 할 것입니다.

[도시정책팀-1188, 2004.3.11]

나) 지방의회의 의견청취

국토교통부장관이나 도지사는 i) 용도지역·용도지구 또는 용도구역의 지정 또는 변경지정, ii) 광역도시계획에 포함된 광역시설의 설치·정비 또는 개량에 관한 도시·군관리계획의 결정 또는 변경결정, iii) 기반시설[30]의 설치·정비 또는 개량에 관한 도시·군관리계획의 결정 또는 변경결정 지방의회의 의견을 들어야 한다(법 제28조제5항, 법 시행령 제22조제7항). 이때 지방의회의 의견을 들으려면 의견 제시 기한을 밝혀 도시·군관리계획안을 송부하여야 한다. 이 경우 해당 지방의회는 명시된 기한까지 특별시장·광역시장·특별자치시장·특별자치도지사·시장 또는 군수에게 의견을 제시하여야 한다(법 제28조제7항). 다만, 법 시행령 제25조제3항 각 호의 사항 및 지구단위계획으로 결정 또는 변경 결정하는 사항은 제외한다.

법 시행령 제25조제3항

다음 각 호의 어느 하나에 해당하는 경우에는 법 제30조제5항 단서에 따라

30) 가. 도로중 주간선도로(시·군내 주요지역을 연결하거나 시·군 상호간이나 주요지방 상호간을 연결하여 대량통과교통을 처리하는 도로로서 시·군의 골격을 형성하는 도로를 말한다. 이하 같다)
나. 철도 중 도시철도
다. 자동차정류장 중 여객자동차터미널(시외버스운송사업용에 한한다)
라. 공원(「도시공원 및 녹지 등에 관한 법률」에 따른 소공원 및 어린이공원은 제외한다)
마. 유통업무설비
바. 학교 중 대학
사. 운동장
아. 공공청사 중 지방자치단체의 청사
자. 화장장
차. 공동묘지
카. 납골시설
타. 하수도(하수종말처리시설에 한한다)
파. 폐기물처리시설
하. 수질오염방지시설

관계 행정기관의 장과의 협의, 국토교통부장관과의 협의 및 중앙도시계획위원회 또는 지방도시계획위원회의 심의를 거치지 아니하고 도시·군관리계획(지구단위계획은 제외한다)을 변경할 수 있다.

1. 단위 도시·군계획시설부지 면적의 5% 미만의 변경인 경우. 다만, 다음 각 목의 어느 하나에 해당하는 시설은 해당 각 목의 요건을 충족하는 경우만 해당한다.
   가. 도로 : 시점 및 종점이 변경되지 아니하고 중심선이 종전에 결정된 도로의 범위를 벗어나지 아니하는 경우
   나. 공원 및 녹지 : 다음의 어느 하나에 해당하는 경우
      1) 면적이 증가되는 경우
      2) 최초 도시·군계획시설 결정 후 변경되는 면적의 합계가 1만m² 미만이고, 최초 도시·군계획시설 결정 당시 부지 면적의 5% 미만의 범위에서 면적이 감소되는 경우. 다만, 「도시공원 및 녹지 등에 관한 법률」 제35조제1호의 완충녹지(도시지역 외의 지역에서 법을 준용하여 설치하는 경우를 포함한다)인 경우는 제외한다.
2. 지형사정으로 인한 도시·군계획시설의 근소한 위치변경 또는 비탈면 등으로 인한 시설부지의 불가피한 변경인 경우
3. 이미 결정된 도시·군계획시설의 세부시설의 결정 또는 변경인 경우
4. 도시지역의 축소에 따른 용도지역·용도지구·용도구역 또는 지구단위계획구역의 변경인 경우
5. 도시지역외의 지역에서 「농지법」에 의한 농업진흥지역 또는 「산지관리법」에 의한 보전산지를 농림지역으로 결정하는 경우
6. 「자연공원법」에 따른 공원구역, 「수도법」에 의한 상수원보호구역, 「문화재보호법」에 의하여 지정된 지정문화재 또는 천연기념물과 그 보호구역을 자연환경보전지역으로 결정하는 경우
7. 그 밖에 국토교통부령(법 제40조에 따른 수산자원보호구역의 경우 해양수산부령을 말한다.)이 정하는 경미한 사항의 변경인 경우

【판시사항】

원래 도시계획 변경계획안에는 포함되어 있지 아니하다가 그 뒤 의회의 의견청취과

정과 도시계획위원회의 의결과정에서 당해 토지가 포함되는 것으로 그 계획안이 일부 변경된 경우, 다시 관계법령상의 절차를 거쳐야 하는지 여부(소극) (대구고등법원 1997.7.25. 선고 96구4863 판결)

【판결요지】

지방자치단체장이 당해 도시계획변경결정을 하기에 앞서 기술공사에 의뢰하여 위 변경계획안의 타당성에 대한 기초조사를 하였고, 일간신문에 공람 및 주민의견청취절차를 거쳐 광역시의회의 의견청취와 광역시 도시계획위원회의 의결을 거치는 등 관계법령에 정한 절차를 모두 거쳤다 할 것이고, 관계 법령의 규정이 원래의 도시계획안이 의회의 의견청취나 도시계획위원회의 의결과정에서 일부 변경될 경우 그에 따라 다시 기초조사, 공람절차, 주민의견청취절차를 거칠 것을 요구한다거나 반드시 이해관계가 있는 주민이나 토지 소유자에게 개별적으로 통보하여 의견진술의 기회를 보장하여야 하는 것은 아니라 할 것이므로, 원래의 변경계획안에는 당해 토지가 포함되어 있지 아니하다가 그 뒤 의회의 의견청취과정과 도시계획위원회의 의결과정에서 포함되어 결국 지방자치단체장이 이를 포함하기로 하면서 다시 기초조사, 공람절차, 주민의견청취절차를 거치지 아니하더라도 절차상의 하자가 있다고 할 수 없다.

3) 도시관리계획의 입안

가) 입안의 원칙

도시관리계획은 광역도시계획과 도시기본계획에 부합되게 입안되어야 한다. 국토교통부장관, 시·도지사, 시장 또는 군수는 도시관리계획을 입안할 때에는 도시관리계획도서와 이를 보조하는 계획설명서(기초조사결과·재원조달방안 및 경관계획 등을 포함한다)를 작성하여야 하는데, 이는 일반주민의 이해를 도모하기 위한 것이다. 이때 도시관리계획은 계획의 상세 정도, 도시·군관리계획으로 결정하여야 하는 기반시설의 종류 등에 대하여 도시 및 농·산·어촌 지역의 인구밀도, 토지 이용의 특성 및 주변 환경 등을 종합적으로 고려하여 차등을 두어 입안하여야 한다(법 제25조).

【판시사항】

군수가 도시관리계획 구역 내 토지 등을 소유하고 있는 주민의 납골시설에 관한 도시관리계획의 입안제안을 반려한 처분이, 항고소송의 대상이 되는 행정처분에 해당한다고 본 원심판단을 수긍한 사례(대법원 2010.7.22. 선고 2010두5745 판결)

【판결요지】

「구 국토의 계획 및 이용에 관한 법률」(2009.2.6. 법률 제9442호로 개정되기 전의 것) 제139조제2항 및 이에 근거하여 제정된 지방자치단체 조례에 따라 광역시장으로부터 납골시설 등에 대한 도시관리계획 입안권을 위임받은 군수는 관할구역 도시관리계획의 입안권자이므로, 도시관리계획 구역 내 토지 등을 소유하고 있는 주민의 납골시설에 관한 도시관리계획의 입안제안을 반려한 군수의 처분은 항고소송의 대상이 되는 행정처분에 해당한다고 한 사례

유권해석

① **질의요지**

주거환경개선사업이 시행되는 경우 용도지역이 일반주거지역으로 변경되어야하나 주거환경개선계획 내용 중 용도지역 변경계획(자연녹지지역 → 일반주거지역)이 도시기본계획의 내용과 부합되지 않으므로 도시기본계획의 변경을 선행한 후 주거환경 개선계획을 수립하여야 하는지 여부

② **회신내용**

「국토의 계획 및 이용에 관한 법률」 제25조 규정에 의하여 “도시관리계획은 도시기본계획에 부합되어야 한다”라고 규정하고 있으므로 도시관리계획은 도시기본계획이 제시하는 정책방향을 실현할 수 있도록 수립되어야 할 것임을 알려드립니다.

[도시정책팀-1171, 2005.3.16]

나) 특 례

국토교통부장관, 시·도지사, 시장 또는 군수는 도시관리계획을 조속히 입안하여야 할 필요가 있다고 인정되면 광역도시계획이나 도시기본계획을 수립할 때에 도시관리계획을 함께 입안할 수 있으며, 이를 위해 관계 중앙행정기관의 장이나 관계 행정기관의 장과 협의할 수 있다. 이 경우 시장이나 군수는 도지사에게 그 도시관리계획(지구단위계획구역의 지정·변경과 지구단위계획의 수립·변경에 관한 도시관리계획은 제외한다)의 결정을 신청할 때에 관계 행정기관의 장과의 협의 결과를 첨부하여야 한다(법 제35조).

□ 도시·군관리계획과 상위계획과의 관계

○ 도시·군관리계획은 상위계획(광역도시계획 및 도시·군기본계획)에서 제시된 시·군의장기적인 발전방향을 공간에 구체화하는 것으로 상위계획에 부합하여야 함.

□ 입안시 작성해야 할 서류

① 도시·군관리계획도서(계획도, 계획조서)

② 계획설명서(기초조사결과, 재원조달방안, 경관계획 등)

* 계획설명서에는 기초조사결과서, 토지적성평가검토서, 교통성검토서, 환경성검토서 경 관검토서, 도시계획시설 재검토서가 첨부되어야 함. 다만, 교통성검토서는 「도시교통정비촉진법」에 따른 교통영향분석 및 개선대책으로 대체 가능(시·군관리계획수립지침 1-6-2-1)

※ 도시·군관리계획은 「국토의 계획 및 이용에 관한 법률」 제2조제4호에서 규정하고 있는 법정계획으로 이에 대한 수립기준, 도시·군관리계획도서 및 계획설명서의 작성기준·작성방법 등은 법 제25조제4항 및 동법 시행령 제19조에 따라 「도시·군관리계획수립지침」에서 정하여 운영하고 있음.

다. 도시관리계획의 결정

가) 도시관리계획의 결정권자

(1) 원 칙

도시관리계획의 결정권자는 시·도지사이다. 다만, 서울특별시와 광역시 및 특별자치시를 제외한 인구 50만 이상의 대도시의 경우에는 해당 시장이 직접 결정하고, 시장 또는 군수가 입안한 지구단위계획구역의 지정·변경과 지구단위계획의 수립·변경에 관한 도시·군관리계획은 해당 시장 또는 군수가 직접 결정한다(법 제29조제1항).

(2) 예 외

다음의 도시·군관리계획은 국토교통부장관이 결정한다. 다만, (라)의 도시·군관리계획은 해양수산부장관이 결정한다(같은 조 제2항).

(가) 제24조제5항에 따라 국토교통부장관이 입안한 도시·군관리계획

(나) 제38조에 따른 개발제한구역의 지정 및 변경에 관한 도시·군관리계획

(다) 제39조제1항 단서에 따른 시가화조정구역의 지정 및 변경에 관한 도시·군관리계획

(라) 제40조에 따른 수산자원보호구역의 지정 및 변경에 관한 도시·군관리계획

유권해석 ▌01

① 질의요지

지구단위계획수립을 위해 시에서 도로 결정신청하여 시·도도시계획위원회 심의를 마친 후 해당 시가 대도시로 승격한 경우 지구단위계획결정권자는 누구인지여부 및 해당 시를 결정권자로 보는 경우 도에서 실시한 도시계획위원회 심의를 인정할 수 있는지 여부

② 회신내용

○ 2009.12.29 개정된 「국토의 계획 및 이용에 관한 법률」(이하 '법') 제29조제1항 단서 규정에 따르면 「지방자치법」 제175조에 따른 서울특별시와 광역시를 제외한 인구 50만 이상의 대도시(이하 '대도시'라 한다)의 경우에는 해당 시장이 도시관리계획을 직접 결정하도록 하고 있으며,

○ 부칙 제3조에 따르면 이법 시행 전에 신청한 도시관리계획 결정은 제29조제1항의 개정규정에도 불구하고 종전의 규정에 따르도록 하고 있음.

○ 다만 동 부칙에 대도시 승격시점을 기준으로 도시관리계획의 결정권한에

대한 경과규정을 별도로 두고 있지 않으므로 2009.12.29 이후 대도시로 승격한 경우에는 대도시에서 직접 도시관리계획을 결정하여야 함(법제처 법령해석 총괄과-2388, 2012.6.1).

○ 이 경우 대도시승격 이전 신청을 받은 도에서 도시계획위원회 심의절차를 이행 한 경우라도 법 제30조제3항 및 제7항에 따르면 대도시 시장이 도시관리계획을 결정하려면 대도시에 두는 도시계획위원회 심의를 거치도록 하고 있으므로 도시관리계획의 결정권한이 있는 대도시도시계획위원회 심의를 거쳐 결정·고시하는 것이 타당함.

[법제처법령해석총괄과-2388, 2012.6.1 참조]

유권해석 ▮02

① **질의요지**

지구단위계획수립을 위해 시에서 도로 결정신청하여 시·도도시계획위원회 심의를 마친 후 해당 시가 대도시로 승격한 경우 지구단위계획결정권자는 누구인지여부 및 해당 시를 결정권자로 보는 경우 도에서 실시한 도시계획위원회 심의를 인정할 수 있는지 여부

② **회신내용**

○ 2009.12.29 개정된「국토의 계획 및 이용에 관한 법률」(이하 '법') 제29조 제1항 단서 규정에 따르면「지방자치법」제175조에 따른 서울특별시와 광역시를 제외한 인구 50만 이상의 대도시(이하 '대도시'라 한다)의 경우에는 해당 시장이 도시관리계획을 직접 결정하도록 하고 있으며,

○ 부칙 제3조에 따르면 이법 시행 전에 신청한 도시관리계획 결정은 제29조 제1항의 개정규정에도 불구하고 종전의 규정에 따르도록 하고 있음.

○ 다만 동 부칙에 대도시 승격시점을 기준으로 도시관리계획의 결정권한에 대한 경과규정을 별도로 두고 있지 않으므로 2009.12.29 이후 대도시로 승격한 경우에는 대도시에서 직접 도시관리계획을 결정하여야 함(법제처 법령해석 총괄과-2388, 2012.6.1).

○ 이 경우 대도시승격 이전 신청을 받은 도에서 도시계획위원회 심의절차를 이행 한 경우라도 법 제30조제3항 및 제7항에 따르면 대도시 시장이 도시

관리계획을 결정하려면 대도시에 두는 도시계획위원회 심의를 거치도록 하고 있으므로 도시관리계획의 결정권한이 있는 대도시도시계획위원회 심의를 거쳐 결정·고시하는 것이 타당.

[법제처법령해석총괄과-2388, 2012.6.1 참조]

나) 결정절차

(1) 도시관리계획결정의 신청

시장 또는 군수가 도시관리계획결정을 신청하려면 도시관리계획도서 및 계획설명서에 i) 주민의 의견청취 결과, ii) 지방의회의 의견청취 결과, iii) 지방도시계획위원회의 자문을 거친 경우에는 그 결과, iv) 미리 관계 행정기관의 장과 협의한 경우에는 그 결과, v) 중앙도시계획위원회 또는 시·도 도시계획위원회의 심의에 필요한 서류를 첨부하여 도지사에게 제출하여야 한다. 다만, 시장 또는 군수가 국토교통부장관 또는 해양수산부장관에게 도시관리계획의 결정을 신청하는 경우에는 도지사를 거쳐야 한다(법 시행령 제23조).

(2) 협의 및 심의

(가) 협의 : 시·도지사는 도시관리계획을 결정하려면 관계 행정기관의 장과 미리 협의하여야 하며, 국토교통부장관이 도시관리계획을 결정하려면 관계 중앙행정기관의 장과 미리 협의하여야 한다. 이 경우 협의 요청을 받은 기관의 장은 특별한 사유가 없으면 그 요청을 받은 날부터 30일 이내에 의견을 제시하여야 한다. 또한, 시·도지사는 국토교통부장관이 입안하여 결정한 도시관리계획을 변경하거나 그 밖에 대통령령으로 정하는 중요한 사항에 관한 도시관리계획을 결정하려면 미리 국토교통부장관과 협의하여야 한다(법 제30조제1,2항).

[법 제30조제2항에서 "대통령령으로 정하는 중요한 사항에 관한 도시·군관리계획"]

법 시행령 제25조제1항

법 제30조제2항에서 "대통령령으로 정하는 중요한 사항에 관한 도시·군관리계획”이란 다음 각 호의 어느 하나에 해당하는 도시·군관리계획을 말한다. 다만, 제3항 각 호 및 제4항 각 호의 사항과 관계 법령에 따라 국토교통부장관(법 제40조에 따른 수산자원보호구역의 경우 해양수산부장관을 말한다. 이하 이 조에서 같다)과 미리 협의한 사항을 제외한다.

1. 광역도시계획과 관련하여 시·도지사가 입안한 도시·군관리계획
2. 개발제한구역이 해제되는 지역에 대하여 해제 이후 최초로 결정되는 도시·군관리계획
3. 2 이상의 시·도에 걸치는 기반시설의 설치·정비 또는 개량에 관한 도시·군관리계획 중 국토교통부령이 정하는 도시·군관리계획

(나) 심의 : 국토교통부장관이 도시관리계획을 결정하려면 중앙도시계획위원회의 심의를 거쳐야 하고, 시·도지사가 도시관리계획을 결정하려면 시·도 도시계획위원회의 심의를 거쳐야 한다. 다만, 시·도지사가 지구단위계획(지구단위계획과 지구단위계획구역을 동시에 결정할 때에는 지구단위계획구역의 지정 또는 변경에 관한 사항을 포함할 수 있다)을 결정하려면 시·도에 두는 건축위원회와 도시계획위원회가 공동으로 하는 심의를 거쳐야 한다(같은 조 제3항).

[공동위원회 구성]

법 시행령 제25조제2항

제30조제3항 단서 또는 제7항에 따라 건축위원회와 도시계획위원회가 공동으로 지구단위계획을 심의하고자 하는 경우에는 다음 각 호의 기준에 따라 공동위원회를 구성한다.

1. 공동위원회의 위원은 건축위원회 및 도시계획위원회의 위원 중에서 시·도지사 또는 시장·군수가 임명 또는 위촉할 것. 이 경우 법 제113조제3항에 따라 지방도시계획위원회에 지구단위계획을 심의하기 위한 분과위원회가 설치되어 있는 경우에는 당해 분과위원회의 위원 전원을 공동위원회의 위원으로 임명 또는 위촉하여야 한다.
2. 공동위원회의 위원 수는 25인 이내로 할 것
3. 공동위원회의 위원 중 건축위원회의 위원이 3분의 1 이상이 되도록 할 것

4. 공동위원회의 위원장은 특별시·광역시·특별자치시의 경우에는 부시장, 도·특별자치도의 경우에는 부지사, 시의 경우에는 부시장, 군의 경우에는 부군수로 할 것

【판시사항】

중앙도시계획위원회의 표결과정에서 표결권이 없는 광역교통실장이 참석하여 표결한 경우, 그 효력(대법원 2007.4.12. 선고 2005두2544 판결)

【판결요지】

화장장 및 묘지공원 부지에 대한 개발제한구역 해제 여부의 결정을 위하여 개최된 중앙도시계획위원회의 표결과정에서 표결권이 없는 광역교통실장이 참석하여 다른 표결권자 대신 표결한 경우, 이러한 잘못이 있다 하여 건설교통부장관의 개발제한구역 해제결정까지 위법하다고 할 수 없다고 한 사례

유권해석

① **질의요지**

「국토의 계획 및 이용에 관한 법률」(이하 '법')에 따른 도시·군관리계획 결정과 관련하여, 입안권자가 법 제35조 규정에 의거 법 제30조제1항에 따른 관계 행정기관협의 후, 협의의견을 도시·군관리계획안에 반영하고자 하는 경우 주민의견청취를 위한 재공고를 해야 하는지 여부

② **회신내용**

○ 법 제28조 및 법 시행령 제22조제5항에 따르면 도시·군관리계획수립을 위한 주민의견 청취결과 제출 된 의견을 도시·군관리계획안에 반영하고자 하는 경우 그 내용이 해당 시·군의 도시·군계획조례가 정하는 중요한 사항인 때에는 그 내용을 다시 공고·열람하도록 하고 있으나 관계 기관협의 의견을 도시·군관리계획안에 반영하고자 할 경우 주민재공고 사항에 대하여는 법령에 별도로 규정하고 있지 않습니다.

○ 다만, 동 변경되는 사항이 중요한 사항으로 해당지역의 주민에게 알려 줄 필요가 있는 경우 주민의 알권리 충족 및 원활한 드시·군관리계획의 추진을 위하여 주민재공람에 대한 검토는 필요할 것으로 판단되는바,

○ 이에 대한 적용여부는 동 변경사항의 중요성 당해 지역 및 주변에 미치는 영향, 관련 이해관계인과의 관계 등을 면밀히 검토하여 도시·군관리계획의 입안권자인 해당 지자체에서 결정할 사항임을 알려드립니다.

[도시정책과-5092, 2013.10.4]

(다) 협의나 심의의 생략 : 국방상 또는 국가안전보장상 기밀을 지켜야 할 필요가 있다고 인정되면(관계 중앙행정기관의 장이 요청할 때만 해당된다) 그 도시관리계획의 전부 또는 일부에 대하여 절차를 생략할 수 있다(같은 조 제4항).

(라) 도시관리계획의 변경 : 결정된 도시관리계획을 변경하려는 경우에는 법 제30조제1항부터 제4항까지의 규정을 준용한다. 다만, 대통령령으로 정하는 경미한 사항을 변경하는 경우에는 그러하지 아니하다(같은 조 제5항).

[법 제30조제5항 단서상의 경미한 사항]

법 시행령 제25조제3항

다음 각 호의 어느 하나에 해당하는 경우에는 법 제30조제5항 단서에 따라 관계 행정기관의 장과의 협의, 국토교통부장관과의 협의 및 중앙도시계획위원회 또는 지방도시계획위원회의 심의를 거치지 아니하고 도시·군관리계획(지구단위계획은 제외한다)을 변경할 수 있다.

1. 단위 도시·군계획시설부지 면적의 5% 미만의 변경인 경우. 다만, 다음 각 목의 어느 하나에 해당하는 시설은 해당 각 목의 요건을 충족하는 경우만 해당한다.
   가. 도로 : 시점 및 종점이 변경되지 아니하고 중심선이 종전에 결정된 도로의 범위를 벗어나지 아니하는 경우
   나. 공원 및 녹지 : 다음의 어느 하나에 해당하는 경우
      1) 면적이 증가되는 경우
      2) 최초 도시·군계획시설 결정 후 변경되는 면적의 합계가 1만m^2 미만이고, 최초 도시·군계획시설 결정 당시 부지 면적의 5% 미만의

범위에서 면적이 감소되는 경우. 다만, 「도시공원 및 녹지 등에 관한 법률」 제35조제1호의 완충녹지(도시지역 외의 지역에서 법을 준용하여 설치하는 경우를 포함한다)인 경우는 제외한다.

2. 지형사정으로 인한 도시·군계획시설의 근소한 위치변경 또는 비탈면 등으로 인한 시설부지의 불가피한 변경인 경우
3. 이미 결정된 도시·군계획시설의 세부시설의 결정 또는 변경인 경우
4. 도시지역의 축소에 따른 용도지역·용도지구·용도구역 또는 지구단위계획구역의 변경인 경우
5. 도시지역외의 지역에서 「농지법」에 의한 농업진흥지역 또는 「산지관리법」에 의한 보전산지를 농림지역으로 결정하는 경우
6. 「자연공원법」에 따른 공원구역, 「수도법」에 의한 상수원보호구역, 「문화재보호법」에 의하여 지정된 지정문화재 또는 천연기념물과 그 보호구역을 자연환경보전지역으로 결정하는 경우
7. 그 밖에 국토교통부령(법 제40조에 따른 수산자원보호구역의 경우 해양수산부령을 말한다.)이 정하는 경미한 사항의 변경인 경우

법 시행령 제25조제4항

지구단위계획 중 다음 각 호의 어느 하나에 해당하는 경우에는 법 제30조제5항 단서에 따라 관계 행정기관의 장과의 협의, 국토교통부장관과의 협의 및 중앙도시계획위원회 또는 지방도시계획위원회의 심의를 거치지 아니하고 지구단위계획을 변경할 수 있다. 이 경우 특별시·광역시·특별자치시·특별자치도·시 또는 군의 도시·군계획조례가 정하는 사항에 대하여는 제2항에 따른 공동위원회의 심의를 거치지 아니하고 지구단위계획을 변경할 수 있다.

1. 지구단위계획으로 결정한 용도지역·용도지구 또는 도시·군계획시설에 대한 변경결정으로서 제3항 각 호의 1에 해당하는 변경인 경우
2. 가구(제42조의2제2항제4호에 따른 별도의 구역을 포함한다. 이하 이 항에서 같다)면적의 10% 이내의 변경인 경우
3. 획지면적의 30% 이내의 변경인 경우
4. 건축물높이의 20% 이내의 변경인 경우(층수변경이 수반되는 경우를 포함한다)
5. 제46조제7항제2호 각 목의 1에 해당하는 획지의 규모 및 조성계획의 변경인 경우

6. 건축선의 1m 이내의 변경인 경우
7. 건축물의 배치·형태 또는 색채의 변경인 경우
8. 지구단위계획에서 경미한 사항으로 결정된 사항의 변경인 경우. 다만, 용도지역·용도지구·도시·군계획시설·가구면적·획지면적·건축물높이 또는 건축선의 변경에 해당하는 사항을 제외한다.
9. 법률 제6655호 「국토의 계획 및 이용에 관한 법률 부칙」 제17조제2항의 규정에 의하여 제2종지구단위계획으로 보는 개발계획에서 정한 건폐율 또는 용적률을 감소시키거나 10% 이내에서 증가시키는 경우(증가시키는 경우에는 제47조제1항의 규정에 의한 건폐율·용적률의 한도를 초과하는 경우를 제외한다)
10. 지구단위계획구역 면적의 10%(용도지역 변경을 포함하는 경우에는 5%를 말한다) 이내의 변경 및 동 변경지역 안에서의 지구단위계획의 변경
11. 그 밖에 국토교통부령이 정하는 경미한 사항의 변경인 경우

유권해석 ▌01

① 질의요지

건축물의 높이가 20% 이내에서 변경되면서 지구단위계획으로 정한 건축물의 최고높이가 변경되는 경우에도 경미한 사항의 변경절차를 따르면 되는 것인지 여부

② 회신내용

「국토의 계획 및 이용에 관한 법률」 제52조제1항제4호에 따라 지구단위계획의 내용에는 건축물의 용도제한·건축물의 건폐율 또는 용적률·건축물의 높이의 최고한도 또는 최저한도를 정할 수 있도록 하고 있으며 법 시행령 제25조제4항에 따라 지구단위계획으로 결정된 건축물 높이의 20% 이내의 변경(법령에서 정한 상한을 초과하지 않은 경우에 한함)인 경우에는 경미한 사항으로 지구단위계획의 변경절차를 간소화 할 수 있도록 하고 있는바 지구단위계획으로 건축물의 최고 높이를 정하고 이를 변경하고자 하는 경우라면 경미한 사항으로 처리할 수 있을 것입니다.

[도시정책팀-382, 2008.6.24]

유권해석 ▎02

① 질의요지

하나의 획지로 계획된 여러 개 필지 중 일부를 획지 전체면적의 30% 이내에서 제척하는 변경인 경우 「국토의 계획 및 이용에 관한 법률」 시행령 제25조제4항제3호의 규정에 따른 경미한 사항 변경에 해당되는지 여부

② 회신내용

○ 「국토의 계획 및 이용에 관한 법률」 시행령 제25조제4항제3호의 규정에 의하면 '획지면적의 30% 이내의 변경'을 경미한사항의 변경으로 규정하고 있습니다.

○ 여기에서 획지면적의 30% 이내의 변경이란 각각의 획지를 기준으로 판단해야 하며 따라서 새로운 획지를 나누거나 병합하는 획지계획의 변경은 동법 제30조제5항에 따른 경미한사항의 변경으로 볼 수 없을 것으로 판단됩니다.

[도시정책과 -2020, 2009.4.17]

유권해석 ▎03

① 질의요지

제1종지구단위계획상 1번필지와 2번필지 3번필지와 4번필지가 공동건축으로 지정되어 있는 경우 이를 1번필지와 3번필지 2번필지와 4번필지로 공동건축을 변경하고자 하는 경우 「국토의 계획 및 이용에 관한 법률 시행령」 제25조제4항제5호에 따른 경미한 변경으로 볼 수 있는지 여부

② 회신내용

○ 「국토의 계획 및 이용에 관한 법률 시행령」 제25조제4항제5호에 따르면 제46조제7항제2호 각 목의1(제1종지구단위계획에 2필지 이상의 토지에 하나의 건축물을 건축하도록 되어 있는 경우 등)에 해당하는 획지의 규모 및 조성계획의 변경인 경우 지구단위계획의 경미한 변경으로 보고 있으며,

○ 제종지구단위계획수립지침 3－12－1에 따르면 공동개발은 면적이 지나치게 작아 토지이용이 비효율적인 부정형필지나 도로의 확보가 어려운 맹지형필지 등 그자 체로 단독개발이 어려운 경우 이를 해소하기 위해 운영하고 있습니다.

○ 따라서 귀 질의의 경우가 법시행령 제46조제7항제2호에 의한 제1종지구단위계획에서 결정된 공동개발의 규모 및 조성계획의 변경인 경우에는 경미한 변경으로 볼 수 있습니다. 다만, 이는 공동개발의 운영취지 등을 고려하여 불필요한 획지조성이 발생하지 않도록 일정기준을 마련하여 운영하는 것이 타당 할 것으로 판단됩니다.

[도시정책과－791, 2011.12.13]

유권해석 ❙ 04

① **질의요지**

제1종지구단위계획구역 내 도시계획시설(도로) 바깥쪽에 건축선이 지정되어 있는 상태에서 도시계획시설(도로)의 계획선 변경이 「국토의 계획 및 이용에 관한 법률 시행령」 제25조제3항에 따른 경미한사항의 변경일 경우 이와 연계되는 건축선의 변경이 법 시행령 제25조제4항에 따른 지구단위계획의 경미한 변경으로 처리가 가능한지 여부

② **회신내용**

「국토의 계획 및 이용에 관한 법률 시행령」 제25조에 따르면 '지형사정으로 인한 도시계획시설의 근소한 위치변경 또는 비탈면 등으로 인한 시설부지의 불가피한 변경인 경우' 및 '건축선의 1m 이내의 변경인 경우' 등을 「국토의 계획 및 이용에 관한 법률」 제30조제5항 단서의 경미한사항의 변경으로 규정하고 있으며, 질의내용과 같은 경우 각각의 규정에 적합해야 합니다.

[도시정책과－3171, 2009.6.11]

(마) 고시 및 열람 : 국토교통부장관이나 시·도지사는 도시관리계획을 결정하면 그 결정을 고시[31]하고, 국토교통부장관이나 도지사는 관계 서류를 관

계 특별시장·광역시장·특별자치시장·특별자치도지사·시장 또는 군수에게 송부하여 일반이 열람할 수 있도록 하여야 한다. 이때 특별시장·광역시장·특별자치시장·특별자치도지사는 관계 서류를 일반이 열람할 수 있도록 하여야 하고(같은 조 제6항),[32] 당해 특별시장·광역시장·특별자치시장·특별자치도지사·시장 또는 군수에게 관계 서류를 송부하여야 한다(법 시행령 제25조제6항).

[도시관리계획결정 고시방법]

법 시행령 제5조

법 제30조제6항 및 제7항에 따른 도시·군관리계획결정의 고시는 국토교통부장관이 하는 경우에는 관보에, 시·도지사 또는 시장·군수가 하는 경우에는 해당 시·도 또는 시·군의 공보에 다음 각 호의 사항을 게재하는 방법에 의한다.

1. 법 제2조제4호 각 목의 어느 하나에 해당하는 계획이라는 취지
2. 위치
3. 면적 또는 규모
4. 그 밖에 국토교통부령이 정하는 사항

【판시사항】

고시된 도시계획결정이 행정소송이 대상이 되는가(적극) (대법원 1982.3.9. 선고 80누105 판결)

---

31) 이때 고시된 도시관리계획결정은 특정개인의 권리 내지 법률상의 이익을 구체적으로 규제하는 효과를 발생케 하는 행정처분으로서 행정소송의 대상이 된다(대법원 1982.3.9. 선고 80누105 판결).

32) 시장 또는 군수가 도시·군관리계획을 결정하는 경우에는 법 제30조제1항부터 제6항까지의 규정을 준용한다. 이 경우 "시·도지사"는 "시장 또는 군수"로, "시·도도시계획위원회"는 "제113조제2항에 따른 시·군·구도시계획위원회"로, "「건축법」 제4조에 따라 시·도에 두는 건축위원회"는 "「건축법」 제4조에 따라 시 또는 군에 두는 건축위원회"로, "특별시장·광역시장·특별자치시장·특별자치도지사"는 "시장 또는 군수"로 본다.

【판결요지】

「도시계획법」 제12조 소정의 고시된 도시계획결정은 특정 개인의 권리 내지 법률상의 이익을 개별적이고 구체적으로 규제하는 효과를 가져오게 하는 행정청의 처분이라 할 것이고, 이는 행정소송의 대상이 된다.

【판시사항】

(대법원 1990.1.25. 선고 89누2936 판결)

가. 도시계획구역 안에 포함될 토지의 지번이나 면적 등을 표시하지 않거나 "리"의 기재를 누락한 도시계획결정고시의 하자와 수용재결 단계에서 그 하자를 주장함의 가부(소극)

나. 도면을 누락한 지적승인고시의 효력

【판결요지】

가. 도시계획구역안에 포함될 토지의 지번이나 지번별 면적 등을 표시하지 않았다고 하여 도시계획결정의 고시에 하자가 있는 것이라고는 볼 수 없고, 고시에서 위치를 표시하는데 "리"의 기재를 누락한 하자는 고시 자체를 무효라고 볼 정도로 중대하고 명백한 하자라고 볼 수 없음은 물론, 가사 그와 같은 하자가 취소사유가 되는 위법이더라도, 이는 선행처분인 도시 계획결정 단계에서 다투었어야 할 것이고 그 쟁송기간이 이미 도과된 후인 수용재결단계에 있어서는 그 처분의 불가쟁력에 의하여 이를 주장할 수 없는 것이다.

나. 도지사가 도시계획결정에 따르는 지적승인을 고시함에 있어서 승인된 도면을 누락한 위법은 절차상의 하자로서 그 고시의 취소사유가 되는 것은 별론으로 하고, 그와 같은 하자가 그 고시를 당연무효라고 보아야 할 만큼 중대하고 명백한 하자라고 볼 수는 없다.

【판시사항】

관보에 게재하여 고시하지 아니한 도시계획결정 등 처분의 효력 (대법원 1985.12.10.

선고 85누186 판결)

【판결요지】

구 도시계획법(1971.1.19. 법률 제2291호로 개정되기 전의 것) 제7조가 도시계획결정 등 처분의 고시를 도시계획구역, 도시계획결정 등의 효력발생요건으로 규정하였다고 볼 것이어서 건설부장관 또는 그의 권한의 일부를 위임받은 서울특별시장, 도지사 등 지방장관이 기안, 결재 등의 과정을 거쳐 정당하게 도시계획결정 등의 처분을 하였다고 하더라도 이를 관보에 게재하여 고시하지 아니한 이상 대외적으로는 아무런 효력도 발생하지 아니한다.

유권해석 ▌01

① 질의요지

도시관리계획(재정비) 관련 주민의견청취 이후 시·도시계획위원회 자문결과 도시관리계획안에 변동이 생긴 경우 도시관리계획의 결정권자도에게 결정신청을 하기 전에 주민재공람절차를 거쳐야 하는지 여부

② 회신내용

○ 「국토의 계획 및 이용에 관한 법률 시행령」 제22조제5항에 따르면 도시관리계획에 따른 주민의견 청취결과 제출된 의견을 도시관리계획안에 반영하고자 하는 경우 동 사항이 해당 지자체의 도시계획 조례가 정하는 중요한 사항일 때에 그 내용을 주민에게 재공고 하도록 정하고 있으나 지방도시계획위원회의 자문시 제출된 의견을 도시관리계획안에 반영 할 경우에 대해서는 주민 재공고사항을 법령에서 별도로 규정하고 있지 않습니다.

○ 다만 지방도시계획위원회 자문결과를 도시관리계획안에 반영할 때 그 내용이 중요한 사항으로 해당지역의 주민에게 알려 줄 필요가 있는 경우 원활한 도시관리계획의 추진을 위하여 주민재공람에 대한 검토는 필요할 것으로 판단되는바, 이에 대한 적용여부는 도시계획위원회의 의견반영에 따른 변경사항이 주변에 미치는 영향 등을 면밀히 검토하여 도시관리계획의

입안권자인 귀 시에서 결정 할 사항입니다.

[도시정책과-5014, 2010.7.28]

유권해석 ❚ 02

① **질의요지**

「국토의 계획 및 이용에 관한 법률 시행령」 제22조제2항의 규정에 의하면 시장 등은 도시관리계획 입안에 관하여 주민의 의견을 청취하고자 하는 경우에는 도시관리계획안을 14일 이상 일반이 열람할 수 있도록 되어있는바 열람기간 중의 국·공휴일은 제외하여야 하는지

② **회신내용**

○ 「국토의 계획 및 이용에 관한 법령」상 도시관리계획안에 대한 주민열람기간 중 국·공휴일의 제외 여부에 대해 별도로 정하고 있지 않아 민법 제155조에서 "기간의 계산은 법령, 재판상의 처분 또는 법률행위에 따른 다른 정한바가 없으면 본장(제155조 내지 제161조)의 규정에 의한다"라고 정하고 있어,

○ 민법 제157조는 "기간을 일, 주, 월 또는 년으로 정한 때 에는 기간의 초일은 산입하지 아니하나, 그 기간이 오전 영시로부터 시작하는 때에는 그러하지 아니하다"라고 규정되어있으며, 동법 제159조 및 제161조6의 규정에 의하면 "기간을 일, 주, 월 또는 년으로 정한 때에는 기간말일의 종료로 기간이 만료하되, 기간의 말일이 공휴일에 해당한 때에는 기간은 그 익일로 만료한다"라고 정하고 있습니다.

○ 따라서 기간을 일로 정한 때에는 기간말일의 종료로 기간이 만료되고 동기간 내 국·공휴일이 포함된 경우 그 기간도 산입되고 다만, 기간의 말일이 공휴일에 해당한 때만 그 익일로 만료되는 것임을 알려드립니다.

[도시정책팀-596, 2004.2.10]

라. 후속절차 – 지형도면의 작성

1) 지형도면 고시의 의의

지적고시는 도시관리계획결정 사항을 지형도면에 명시하여 고시로써 토지 소유자 등에게 토지이용행위에 대한 규제내용을 알리는 절차로서, 일반적으로 도시관리계획의 결정에 의하여 생기나, 문제는 도시관리계획결정의 고시만으로는 구체적인 범위나 개별토지의 도시계획선을 특정할 수 없다는 것이다. 따라서 도시관리계획결정 효력의 구체적, 개별적인 범위는 지형도면에 의하여 확정될 수밖에 없다.[33] 결국 개별토지의 대한 도시관리계획사항을 명확히 하기 위하여 지형도면을 고시가 필요한 것이다.

2) 지형도면의 작성·승인

특별시장·광역시장·특별자치시장·특별자치도지사·시장 또는 군수는 도시관리계획 결정이 고시되면 지적(地籍)이 표시된 지형도에 도시관리계획에 관한 사항을 자세히 밝힌 도면을 작성하여야 하고(법 제32조제1항), 지형도에 도시관리계획에 관한 사항을 자세히 밝힌 도면을 작성하면 도지사의 승인을 받아야 한다. 이 경우 지형도면의 승인 신청을 받은 도지사는 그 지형도면과 결정·고시된 도시관리계획을 대조하여 착오가 없다고 인정되면 그 지형도면을 30일 이내에 승인하여야 한다(같은 조 제2항). 한편, 국토교통부장관이나 도지사가 도시관리계획을 직접 입안한 경우에는 관계 특별시장·광역시장·특별자치시장·특별자치도지사·시장 또는 군수의 의견을 들어 직접 지형도면을 작성할 수 있다(같은 조 제3항).

【판시사항】

지적도면의 작성이 실제 지적측량을 하는 것인지의 여부(대법원 2000.9.5. 선고 99두9889 판결)

---

33) 대법원 2000.3.23. 선고 99두11851 판결.

【판결이유】

도시계획법 제13조제1항에 의하면, 시장 또는 군수는 도시계획의 결정고시가 있을 때에는 당해 도시계획구역 안의 토지에 관하여 지적이 표시된 지형도상에 도시계획사항을 명시하여 건설부장관으로부터 당해 도면의 승인을 받아 도시계획에 관한 지적고시를 하도록 되어 있는바, 지적승인도면에 명시된 도시계획선은 실제 측량결과를 토대로 하여 당해 도면에 표시하는 것이 아니라 실제 측량을 하지 않은 채 단지 도면상으로만 도시계획선을 구획하여 이를 표시하는 것이므로 상고이유의 주장과 같이 이 사건 처분 당시 이를 위법하다고 할 수 없으니,

3) 지형도면의 고시

국토교통부장관, 시·도지사, 시장 또는 군수는 직접 지형도면을 작성하거나 지형도면을 승인한 경우에는 이를 고시하여야 하며(같은 조 제4항), 고시에는 가능한 해당지역을 명확히 인식할 수 있도록 도면 등이 첨부되어야 하지만 고시 그 자체에 지번이나 그 지번의 면적까지 표시할 필요는 없다.[34] 한편, 이러한 고시는 결정된 도시관리계획을 보충·확인하는 성격을 가지는 것으로 독립된 행정쟁송의 대상은 되지는 않으며,[35] 도면을 누락한 지적승인고시의 경우에는 절차상의 하자로서 그 고시의 취소사유가 되지만, 그 고시를 당연무효라고 할 만큼 중대하고 명백한 하자는 아니다.

【판시사항】

도면을 누락한 지적승인고시의 효력(대법원 1990.1.25. 선고 89누2936 판결)

【판결요지】

도지사가 도시계획결정에 따르는 지적승인을 고시함에 있어서 승인된 도면을 누락한 위법은 절차상의 하자로서 그 고시의 취소사유가 되는 것은 별론으로 하고, 그와 같

34) 대법원 1978.12.26. 선고 78누281 판결.
35) 대법원 1978.12.26. 선고 78누281 판결.

은 하자가 그 고시를 당연무효라고 보아야 할 만큼 중대하고 명백한 하자라고 볼 수는 없다.

4) 효　력

지적고시는 도시관리계획결정 사항을 지형도면에 명시하여 고시로써 토지 소유자 등에게 도지용행위에 대한 규제내용을 알리는 절차로서, 일반적으로 도시관리계획의 결정에 의하여 구체적, 개별적인 범위확정의 효력이 생긴다.

【판시사항】

도시계획결정 효력의 구체적·개별적 범위의 확정 수단(=지적고시도면) (대법원 2000. 3.23. 선고 99두11851 판결)

【판결요지】

도시계획결정의 효력은 도시계획결정고시로 인하여 생기고 지적고시도면의 승인고시로 인하여 생기는 것은 아니라고 할 것이나, 일반적으로 도시계획결정고시의 도면만으로는 구체적인 범위나 개별토지의 도시계획선을 특정할 수 없으므로 결국 도시계획결정 효력의 구체적, 개별적인 범위는 지적고시도면에 의하여 확정된다.

【판시사항】

도시계획결정의 지적고시도면에 의한 지적고시에 잘못이 있는 경우의 경정절차(대법원 1993.2.9. 선고 92누5607 판결)

【판결요지】

건설부장관의 도시계획결정에 따라 서울특별시장의 지적고시가 있었다면, 개별토지에 관한 도시계획선은 특별한 사정이 없는 한 지적고시도면에 의하여 판단하여야 할 것이고, 지적고시도면에 의한 지적고시에 잘못이 있다면 이를 경정하거나 변경하는 절차를 취할 것이지, 승인고시된 도면은 그대로 놓아두고 그와 다른 내용의 도시계획

열람도를 별도로 만들어 이로써 지적고시도면에 우선하거나 갈음할 수는 없다.

【판시사항】

특정 토지가 도시계획결정 및 공고에 도시계획대상지로 표시되어 있어도 구청에서 비치한 임야열람도상 도시계획대상지에서 벗어나 있다면 도시계획구역에서 제외되는지 여부(소극) (대법원 1992.12.24. 선고 92누3809 판결)

【판결요지】

도시계획결정의 대상은 건설부장관의 결정 및 공고의 내용과 그에 첨부된 도면에 의하여 결정되는 것이고, 구청에서 일반인에게 열람시키기 위하여 작성, 비치하고 있는 임야열람도에 의하여 결정되는 것이 아니므로, 어떤 토지가 도시계획결정 및 그 공고에 도시계획의 대상지로서 표시되어 있다면 구청에서 비치한 임야열람도상 도시계획의 대상지에 벗어나 있다고 하여 도시계획구역에서 제외되는 것이 아니다.

【판시사항】

지적고시 없이 토지를 수용할 수 있는지 여부(대법원 1979.10.10. 선고 78누476 판결)

【판결요지】

처음부터 지적고시가 없었거나, 있었다 하더라도 그 계획이 실효된 경우에는 그 토지는 도시계획사업과 아무런 관계가 없으므로 그 계획의 실시를 위한 수용을 할 수 없다.

유권해석

① 질의요지

도시계획시설(체육시설 : 골프장)을 주민제안으로 시·군·구청장이 입안하여 시·도지사에게 도시계획시설 결정을 요청하였으나 결정권자가 관계기관과 협의한 결과 산지관리법 등 개별법에 부합하지 않은 사항이 있어 반려한 경우 반려사유에 해당하는 내용을 보완하여 재신청이 가능한지 아니면 다시 입안절차를 거쳐 신청하여야 하는지 여부

② **회신내용**

주민제안에 의하여 시장·군수·구청장이 입안하여 신청한 도시관리계획을 결정권자가 반려하고 이를 시장·군수·구청장이 제안자에게 반려한 경우라면 제안자가 제안한 도시관리계획은 폐지된 것으로 보아야 할 것이므로 질의와 같이 반려사유에 해당하는 사항을 보완하여 재신청하는 경우라 하더라도 「국토의 계획 및 이용에 관한 법률」에 의한 절차를 다시 거쳐야 할 것으로 생각됩니다.

[도시정책팀-3503, 2004.6.29]

4. 도시관리계획 결정의 효력

가. 효력발생 시기 등

도시관리계획 결정의 효력은 지형도면을 고시한 날부터 발생한다(법 제31조제1항). 위에서 규정한 사항 외에 도시관리계획 결정의 효력 발생 및 실효 등에 관하여는 「토지이용규제 기본법」 제8조제3항부터 제5항까지의 규정에 따른다. 도시관리계획결정의 주된 효력은 행위제한이다. 따라서 도시관리계획결정에 의하여 용도지역, 지구, 구역이 지정되면, 그 지정목적에 따라 건축행위 등 각종 토지이용행위가 구체적으로 제한되어, 용도지역별로 건축물의 용도·종류 및 규모가 제한되고, 용도지구별로 건축물의 용도·종류 및 규모가 제한되며, 용도구역별로 각종 토지이용행위가 제한된다.

[토지이용규제 기본법에 따른 도시관리계획 결정의 효력 발생 및 실효 사유]

토지이용규제 기본법 제8조

③ 제2항에 따라 지형도면 또는 지적도 등에 지역·지구 등을 명시한 도면(이하 "지형도면 등"이라 한다)을 고시하여야 하는 지역·지구 등의 지정의

효력은 지형도면 등의 고시를 함으로써 발생한다. 다만, 지역·지구 등을 지정할 때에 지형도면 등의 고시가 곤란한 경우로서 대통령령으로 정하는 경우에는 그러하지 아니하다.
④ 제3항 단서에 해당되는 경우에는 지역·지구 등의 지정일부터 2년이 되는 날까지 지형도면 등을 고시하여야 하며, 지형도면 등의 고시가 없는 경우에는 그 2년이 되는 날의 다음 날부터 그 지정의 효력을 잃는다.
⑤ 제4항에 따라 지역·지구 등의 지정이 효력을 잃은 때에는 그 지역·지구 등의 지정권자는 대통령령으로 정하는 바에 따라 지체 없이 그 사실을 관보 또는 공보에 고시하고, 이를 관계 특별자치도지사·시장·군수(광역시의 관할 구역에 있는 군의 군수를 포함한다. 이하 같다) 또는 구청장(구청장은 자치구의 구청장을 말하며, 이하 "시장·군수 또는 구청장"이라 한다)에게 통보하여야 한다. 이 경우 시장·군수 또는 구청장은 그 내용을 제12조에 따른 국토이용정보체계(이하 "국토이용정보체계"라 한다)에 등재(登載)하여 일반 국민이 볼 수 있도록 하여야 한다.
⑥ 중앙행정기관의 장이나 지방자치단체의 장은 지역·지구 등의 지정을 입안하거나 신청하는 자가 따로 있는 경우에는 그 자에게 제2항에 따른 고시에 필요한 지형도면 등을 작성하여 제출하도록 요청할 수 있다.

【판시사항】

관보에 게재하여 고시하지 아니한 도시계획결정 등 처분의 효력(대법원 1985.12.10. 선고 85누186 판결)

【판결요지】

구 도시계획법(1971.1.19. 법률 제2291호로 개정되기 전의 것) 제7조가 도시계획결정 등 처분의 고시를 도시계획구역, 도시계획결정 등의 효력발생요건으로 규정하였다고 볼 것이어서 건설부장관 또는 그의 권한의 일부를 위임받은 서울특별시장, 도지사 등 지방장관이 기안, 결재 등의 과정을 거쳐 정당하게 도시계획결정 등의 처분을 하였다고 하더라도 이를 관보에 게재하여 고시하지 아니한 이상 대외적으로는 아무런 효력도 발생하지 아니한다.

나. 특례규정

다만, 결정 당시 이미 사업이나 공사에 착수한 자(이 법 또는 다른 법률에 따라 허가·인가·승인 등을 받아야 하는 경우에는 그 허가·인가·승인 등을 받아 사업이나 공사에 착수한 자를 말한다)는 그 도시관리계획 결정에 관계없이 그 사업이나 공사를 계속할 수 있다(법 제31조제2항). 다만, 시가화조정구역이나 수산자원보호구역의 지정에 관한 도시관리계획 결정이 있는 경우에는 특별시장·광역시장·특별자치시장·특별자치도지사·시장 또는 군수에게 신고하고 그 사업이나 공사를 계속할 수 있다(법 제2조).

유권해석 ❙ 01

① 질의요지

지구단위계획 수립시 도시기본계획과 부합되지 않는 부분이 발생하는 경우 반드시 도시기본계획 변경을 선행해야 하는지

② 회신내용

○ 「국토의 계획 및 이용에 관한 법률」 제25조제1항에 따르면 도시·군관리계획은 광역도시계획과 도시·군기본계획에 부합하도록 하고 있으니 이를 준수하여야 함.

○ 다만, 법 제35조제1항에 따르면 도시·군관리계획을 조속히 입안해야 할 필요가 있는 경우 광역도시계획이나 도시·군기본계획을 수립할 때에 도시·군관리계획을 함께 입안할 수 있도록 하고 있음.

[국민신문고 질의 및 답변 재구성]

유권해석 ❙ 02

① 질의요지

도시관리계획의 입안권자가 도시관리계획의 입안을 제안받고 제안일로부터 60일 이내(연장하지 않음, 舊법령상기간)에 반영여부를 통보하지 않은 경우

도시관리계획을 입안한 것으로 보는지 여부

② **회신내용**

○ 「국토의 계획 및 이용에 관한 법률」 제26조 및 동법 시행령 제20조제1항의 규정에서 도시관리계획입안의 제안을 받은 입안권자는 제안일로부터 60일 이내에 도시관리계획에의 반영여부를 제안자에게 통보하도록 하고 부득이한 사정으로 기한내 통보가 불가능한 경우에는 그 통보기한을 연장(30일) 조치를 하도록 하고 있습니다. 이는 도시관리계획에 대한 입안권을 갖고 있는 시장·군수로 하여금 제안자가 제안한 내용에 대하여 도시관리계획에 반영할 것인지 여부를 조속히 처리토록 하기 위한 것입니다.

○ 따라서 질의의 경우와 같이 도시관리계획입안의 제안을 받고도 시장·군수가 도시관리계획에의 반영여부를 제안자에게 기한내 통보하지 않았다하여 제안된 내용이 자동적으로 도시관리계획에 반영된 것으로 볼 수는 없습니다.

[도시정책팀-4898, 2004.8.27]

유권해석 ▌03

① **질의요지**

관리지역(건폐율 40%) 세분 전 산지전용허가를 받아 건축신고 및 착공신고를 하여 건축물을 건축하던 중 관리지역이 보전관리지역(건폐율 20%)으로 세분된 상태에서 설계변경을 할 수 있는지 여부

② **회신내용**

○ 「국토의 계획 및 이용에 관한 법률」 제31조제2항에 따르면 도시·군관리계획 결정 당시 이미 사업이나 공사에 착수한 자 이 법 또는 다른 법률에 따라 허가 등을 받아야하는 경우 그 허가 등을 받아 사업이나 공사에 착수한 자는 그 도시·군관리계획 결정에 관계없이 사업이나 공사를 계속할 수 있도록 정하고 있습니다.

○ 동규정의 취지는 도시·군관리계획결정으로 당초보다 행위제한이 강화되어 이미 추진하고 있는 사업이나 공사를 계속할 수 없는 경우 현행 기준에 맞지 않아도 이를 인정해 주는 것으로서 사업이나 공사를 진행하던 중 일

부변경사항이 있는 경우 기 허가받은 범위 내에서 부득이하게 발생하는 설계변경 등에 대해서는 동규정을 적용할 수 있을 것으로 판단됩니다.

○ 다만, 이는 건축법 등 관련법령에도 적합하여야 할 것이니 이에 대한 구체적인 사항은 당해 지역의 도시·군관리계획 입안·결정권자 및 건축허가권자의 의견을 들으시기 바랍니다.

[도시정책과-346, 2012.5.31]

5. 도시관리계획의 정비

특별시장·광역시장·특별자치시장·특별자치도지사·시장 또는 군수는 5년마다 관할 구역의 도시관리계획에 대하여 대통령령으로 정하는 바에 따라 그 타당성 여부를 전반적으로 재검토하여 정비하여야 하며(법 제34조), 이를 정비하는 경우에는 ⅰ) 도시·군계획시설에 대한 도시관리계획결정(이하 "도시계획시설결정"이라 한다)의 고시일부터 10년 이내에 해당 도시계획시설의 설치에 관한 도시계획시설사업의 일부 또는 전부가 시행되지 아니한 경우 해당 도시계획시설결정의 타당성, ⅱ) 도시계획시설결정에 따라 설치된 시설 중 여건 변화 등으로 존치 필요성이 없는 시설에 대한 해제 여부에 대한 사항을 검토하여 그 결과를 도시관리계획입안에 반영하여야 한다(법 시행령 제29조제1항).

다만, 시 또는 군의 위치, 인구의 규모, 인구감소율 등을 고려하여 도시·군기본계획을 수립하지 아니하는 시·군의 시장·군수는 도시군관리계획을 정비하는 때에는 계획설명서에 당해 시·군의 장기발전구상을 포함시켜야 하며, 공청회를 개최(법 시행령 제12조제1항)하여 이에 관한 주민의 의견을 들어야 한다(법 시행령 제29조제2항).

유권해석 ▌01

① 질의요지

「국토의 계획 및 이용에 관한 법률」 제34조 규정에 따라 도시관리계획의 정

비는 5년마다 반드시 결정·고시변경 되어야 하는지 여부

② 회신내용

○ 「국토의 계획 및 이용에 관한 법률」 제34조에 따르면 특별시장·광역시장·시장 또는 군수는 5년마다 관할 구역의 도시관리계획에 대하여 그 타당성 여부를 전반적으로 재검토하여 정비하도록 되어 있습니다.

○ 이는 상위 도시계획의 발전방향 및 지역여건의 변화 등이 반영될 수 있도록 관할구역의 도시관리계획에 대한 타당성을 5년마다 검토하고 정비할 사항이 있다면 정비토록 하는 것으로 도시관리계획 결정·고시 후 5년이 되는 시점에 정비를 완료해야 한다는 의미와는 다름을 알려드립니다.

[도시정책과-8299, 2011.12.28]

유권해석 ▮02

① 질의요지

가. 도시·군관리계획을 재정비할 경우 5년 이내에 도시·군관리계획을 변경 정비할 수 있는지 여부

나. 도시·군관리계획을 재정비할 경우 일부지역에 한하여 변경 정비할 수 있는지 여부

② 회신내용

○ 질의 '가'에 대하여 「도시·군관리계획수립지침」 1－7－1－2에 따르면 도시·군관리계획은 원칙적으로 결정된 날부터 5년 이내에는 이를 변경할 수 없도록 하고 있으나 동지침 1－7－2－1(5)에 따르면 도시·군관리계획의 재정비에 의한 조정인 경우 용도지역·용도지구·용도구역에 대한 도시·군관리계획은 5년 이내에 변경할 수 있도록 하고 있으니 이를 참고 하시기 바랍니다.

○ 질의 '나'에 대하여 「국토의 계획 및 이용에 관한 법률」 제34조에 따르면 특별시장·광역시장·특별자치시장·특별자치도지사·시장 또는 군수는 5년마다 관할구역의 도시·군관리계획에 대하여 그 타당성여부를 전반적으로 재검토하여 정비하도록 되어있으므로 동규정에 따른 정비는 관할구역 전체를 대상으로 검토되는 것이 타당할 것입니다.

○ 다만, 동법 시행령 제19조제3호에 따르면 도시·군관리계획의 효율적인 운영 등을 위하여 필요한 경우에는 특정지역 또는 특정부문에 한정하여 정비할 수 있도록 하고 있으며 이는 추가로 검토되는 도시·군관리계획의 정비를 의미함을 알려드립니다.

[도시정책과－2270, 2013.6.19]

유권해석 ❙03

① **질의요지**

○ 「도시·군관리계획수립지침」에 따르면 도시·군관리계획은 원칙적으로 결정 된 날부터 5년 이내에는 변경할 수 없으나 중앙정부가 추진하는 주요 정책사업으로 인하여 도시·군관리계획의 변경결정이 불가피하다고 인정되어 중앙행정기관의 장이 당해 도시·군관리계획결정권자와 협의한 경우는 예외적으로 허용하고 있는바,

○ 중앙정부가 결정권자인 도지사와 용도지역 변경 등의 협의 없이 해당 공모사업보조사업자로 ○○군을 선정하고 국고보조금을 내시·지원하였는데 이 경우 중앙정부가 도지사·○○군수와 협의하여 보조사업 대상자를 선정하고 국비를 내시·지원하였다면 이때 중앙행정기관의 장이 도시·군관리계획 결정권자(도지사)와 협의절차를 거친 것으로 볼 수 있는지 여부

② **회신내용**

○ 「도시·군관리계획수립지침」 1－7－1－2에 따르면 도시·군관리계획은 원칙적으로 결정된 날부터 5년 이내에는 이를 변경할 수 없습니다. 다만, 이 규정을 둔 취지는 도시·군관리계획의 잦은 변경에 따른 민원발생을 방지하고 도시의 건전한 발전을 도모하기 위한 것으로 도시·군관리계획의 수립에 신중을 기하고 도시계획의 안정성을 확보하기 위한 것입니다.

○ 또한, 위 규정에도 불구하고 5년 이내 변경할 수 있는 예외적인 경우를 「도시·군관리계획수립지침」 1－7－2－1(1～11호)에서 규정하고 있으며, 특히 (2)호는 '중앙정부가 추진하는 주요 정책사업으로 인하여 도시·군관리계획의 변경결정이 불가피하다고 인정되어 관계 중앙행정기관의 장이

당해 도시·군관리계획의 결정권자와 협의한 경우'를 상정하고 있습니다.

○ 귀 질의의 경우 국가공모사업을 추진하면서 중앙정부와 도지사가 협의한 것은 당해 사업에 관한 것(사업내용에 용도지역 변경에 관한 사항 미포함)으로 도시·군관리계획의 변경에 관한 사항은 협의하지 않았으므로 위 예외 규정을 적용할 수는 없을 것입니다.

○ 다만, 도시·군관리계획을 변경하고자 하는 사유가 중앙정부 공모사업과 관련된 유원지 사업추진을 위한 것이고 유원지는 반드시 도시·군계획시설로 결정해야 하는 의무시설로 공익성이 인정되는 점, 동사업추진을 위한 기본계획 및 실시계획을 완료한 점, 용도지역변경 불허 시 국비 150억 원이 불용된다는 점 등을 종합적으로 고려했을 때 위 지침규정을 그대로 적용하는 것은 불합리하므로 동지침 1－1－2을 적용하여 법령의 범위 안에서 그 사유를 명백히 밝히고 당해 도시·군관리계획을 변경하면 될 것으로 판단됩니다.

[도시정책과－7288, 2013.12.10]

6. 비용 부담

가. 비용부담의 원칙

도시기본계획의 수립에 관한 비용은 이 법 또는 다른 법률에 특별한 규정이 있는 경우 외에는 국가가 하는 경우에는 국가예산에서, 지방자치단체가 하는 경우에는 해당 지방자치단체가, 행정청이 아닌 자가 하는 경우에는 그 자가 부담함을 원칙으로 한다(법 제101조).

나. 보조, 융자

시·도지사, 시장 또는 군수가 수립하는 도시계획에 관한 기초조사 등에 소용되는 비용은 그 전부 또는 일부를 국가예산으로 보조할 수 있는데(법 제104조제1항), 보조할 수 있는 예산규모는 그 비용의 80% 이하의 범위 내에서 할 수 있다(법 시행령 제106조제1항).

제 6 장 용도지역·용도지구·용도구역

용도지역·지구제란 토지를 용도지역, 용도지구 또는 용도구역으로 구분하고 용도가 지정된 용도범위에서 합치되는 건축물, 시설, 공간만을 허용하고 그 외의 용도의 이용은 배제함으로써 바람직한 토지이용을 실현하는 방법이다.[36] 다시 말해 하나의 도시를 몇 개의 용도지역으로 분할한 후, 용도지역의 종류에 따라 특정 용도 건축물의 입지 또는 건축밀도를 제한하는 제도로서 외부불경제를 만들어 내는 행위를 아예 못하게 하거나 그 피해자의 곁에서 떼어놓는 방법이다. 용도지역·지구제는 전형적인 규제정책이다. 이 제도는 토지이용의 효과성을 도모하고 공공의 건강과 복지를 증진시키며 국토이용을 합리적인 방향으로 유도하기 위하여 일정한 공간 안에 있는 토지의 소유자에게 그 지역에 지정된 공간구획의 지정목적에 따라 이용·개발행위를 허용하거나 제한하는 제도적 장치이기 때문이다. 따라서 용도지역·지구제가 보다 합리적으로 운용되기 위해서는 조직과 사회의 의사결정이나 방향설정에 있어서 균형추의 역할을 하는 원칙에 따라 규제가 이루어져야 한다.

현행법에 의한 지역지구제는 전 국토에 대하여 토지용도를 제한하는 용도지역과 특정의 목적에 따라 지역의 용도나 건축물의 형태에 제한을 가함으로써 용도지역제를 보완하는 성격을 갖는 용도지구제로 구분된다. 따라서 용도지역은 상호 중복 지정될 수 없으나, 지역과 지구, 지구와 지역간은 상호 모순되지 않는 한 중복 지정이 가능하다. 지역·지구와는 지정규모나 설정 배경이 다르지만 토지이용규제의 방법으로 사용되는 것으로 구역이 있다. 원래 구역은 인구 및 산업의 도시집중과 그에 따른 무질서한 시가화를 방지하고 계획적, 단계적으로 시가화를 조성하기 위하여 지정한다. 따라서 구역은 시가지의 규모와 범위 및 개발·정비방침을 정함으로써 각종 계획·규제·사업을 연동시켜 개발

---

36) 대한국토·도시계획학회, 앞의 책, 338면.

행위나 토지이용을 총체적으로 제어할 수 있는 수단이라고 볼 수 있다.[37]

대분류(4개)	중분류(9개)	소분류(21개)
도시지역	주거지역	제1·2종 전용, 제1·2·3종일반, 준주거
	상업지역	중심, 일반, 근린, 유통
	공업지역	전용, 일반, 준
	녹지지역	보전, 생산, 자연
관리지역	보전관리지역	보전관리
	생산관리지역	생산관리
	계획관리지역	계획관리
농림지역	농림지역	농 림
자연환경보전지역	자연환경보전지역	자연환경보전

〈용도지역, 용도지구, 용도구역 비교〉

구 분	용도지역	용도지구	용도구역
목 적	전국의 토지 전부에 대하여 최소한의 생활권을 구분하고 이에 적합지 않은 건축물의 용도, 건폐율, 용적률의 규제목적으로 지정 ► 건축규제 목적	용도지역만으로 달성할 수 없는 2차적 목적의 수행을 위하여 건축물의 용도, 형태, 구조 등의 규제목적으로 지정 ► 지역건축규제 완화 또는 가화를 통해 지역토지의 효율적 활용을 목적	도시화의 급진전에 따른 도시의 무질서한 평면적 확대 및 인구의 과도한 집중을 방지하기 위해 설정한 구역(시가화조정구역 등)
지정절차	국토의 계획 및 이용에 관한 법률에 의하여 국토교통부장관 또는 시·도지사가 지정	국토의 계획 및 이용에 관한 법률과 시행령에 의하여 국토교통부장관 또는 시·도지사가 지정	국토의 계획 및 이용에 관한 법률 및 기타 법률에 의하여 국토교통부장관이 지정
지정범위	전국의 토지	특정의 토지의 일부(국지적)	필요성 있는 토지만(국지적)

37) 대한국토·도시계획학회, 앞의 책, 225면.

규제방법	일반적, 1차적, 수평적	국가적, 2차적, 수직적, 입체적	특정지역, 특정목적을 위하여 독자적
건축물규제	대통령령	대통령령 기준한 조례	법률과 대통령령
중복여부	불가능	가능	불가능

제1절 용도지역

1. 용도지역의 의의 등

가. 용도지역제의 의의

용도지역은 토지이용규제 중 대표적이고 가장 오래된 제도로써, 토지의 경제적이고 효율적인 이용과 공공복지의 증진을 도모하기 위하여 토지의 이용 및 건축물의 용도, 건폐율, 용적률, 높이 등을 제한하여 무질서한 토지이용으로 인한 혼란을 방지하고 합리적이고 효율적인 토지이용을 유도하기 위한 용도중심의 토지이용제한이다(법 제2조제15호).

이러한 용도지역의 지정 또는 변경 자체가 도시관리계획인데, 이는 전국토를 대상을 지정되며, 원칙적으로 하나의 토지에 하나의 용도지역이 지정되고, 둘 이상의 용도지역이 중복되어 지정될 수 없다. 다만 지역의 지정이 없는 토지도 있을 수 있고, 하나의 토지에 대하여 지역과 지구 또는 지역과 구역 상호간에는 서로 중복 지정될 수 있다.

나. 지정목적 및 주요 항목별 개정내용

1) 지정목적

토지의 이용실태 및 특성, 장래의 토지 이용 방향, 지역 간 균형발전 등을 고려하여 용도지역으로 구분하고, 그 지역이 체계적이고 효율적으로 개발·정비·이용과 보전이 될 수 있는 개발을 도모하여 무질서한 토지이용으로 인한 혼란을 방지하고 합리적이고 효율적인 토지이용을 유도하기 위한 목적에서 지정된다. 이를 위해 모든 국토를 도시지역, 관리지역, 농림지역, 자연환경보전지역 등 4개의 용도지역으로 구분하며, 국가 또는 지방자치단체는 토지의 효율적인 이용 및 관리를 위하여 각 용도지역에 관한 개발·정비 및 보전에 필요한 조치를 강구하여야 한다.

2) 주요 항목별 개정내용

연 혁	개정사유	개정내용
2004. 1.20.	• 토지적성평가 및 개발행위허가 등의 대상과 기준을 조정 • 관리지역, 수자원보호구역 등에 대한 행위제한의 정도완화	• 용도지역 : 계획관리지역 내 기존공장의 증축, 개축 허용 및 농업용 창고 허용 • 용도구역 : 수자원보호구역 내 주민편의시설 허용, 관광(단)지와 관광농원에 음식점, 숙박시설 허용
2005. 1.15.	관리지역의 중소기업 공장 입지기준 완화	용도지역 : 관리지역 내 소규모 공장건축제한 규정(증축, 개축) 완화
2005. 3.31.	도시민에게 건전한 여가와 휴식공간 제공	용도지역 : 도시자연공원구역 지정, 관리
2005. 9. 8.	• 중소기업의 공장 신설 완화 • 장기임대주택의 활성화	• 용도지역 : 10년 이상 장기임대주택의 용적률 완화 • 관리지역 내 소규모 공장신설 제한적 허용
2005.11.11.	자연공원의 사업추진 활성화	용도지구 : 자연공원 공원집단시설지구 용적률 완화
2006. 3.23.	노인복지주택 건축제한 강화	용도지역 : 준공업지역 내 노인복지주택 건축제한 강화
2006.12.28.	자연공원법과의 법률간 해석논란 해소	용도지역 : 자연공원 내 용적률은 공원계획에 따름
2007. 4.19.	생산녹지지역의 첨단업종 공장 신설, 증설 완화	용도지역 : 생산녹지지역의 첨단업종공장 신설, 증설 완화

2007.10.17.	개발제한구역 해제지역 주민의 권익보호와 계획적 개발유도	용도지역 : 개발제한구역 해제 집단취락지구 내 도시계획시설의 국가 우선지원 및 이행강제금 제납처분의 근거규정 마련
2008. 1. 8.	관리지역의 조속한 세분	• 용도지역 : 미세분관리지역의 건축제한 강화 • 계획관리지역 내 소규모 공장설립 규제 완화
2008. 9.25.	농공단지 활성화	• 용도지역 : 농공단지 및 자연녹지지역 건폐율, 입지규제 완화 • 제2종일반주거지역 층수제한 완화
2009. 5.13.	쾌적하고 저렴한 소형주택 공급	• 용도지역 : 제1종일반주거지역 도시형생활주택 층수 완화
2009. 7. 7.	토지의 효율적 이용을 촉진하고 기업투자를 활성화	용도지역 : 보전목적의 용도지역 내 기존공장 한시적 증축 허용
2011. 4.14.	개별법률의 지역, 지구 해제 간소화	용도지역 : 농업진흥지역, 보전산지 해제시 용도지역 변경절차 간소화
2011. 7. 1.	주택공급 및 기업의 투자 활성화	• 용도지역 : 제2종일반주거지역의 층수제한 폐지 • 기존공장에 대한 한시적 건폐율 완화 연장
2011. 9.16.	농업관련시설 부족문제 해결	용도지역 : 녹지지역 내 농업관련 건축물의 건폐율 완화
2012. 1.16.	용도지역에서 건축제하 탄력성 제고	용도지역 : 복합용도지역 부지의 경우 가중평균 건폐율 및 용적률 적용
2012. 2. 1.	복합용도지역 토지의 비정상적 합필, 분필 해결	용도지역 : 복합용도지역 부지의 경우 가중평균 건폐율 및 용적률 적용
2013. 5.22.	지역간 균형발전 기여	용도지역 : 용도지역 구분시 지역간 균형발전 고려
2013. 6.11.	건축제한 완화	용도지역 : 계획관리지역 내 숙박시설에 대한 건축제한 완화

2. 용도지역의 구분 등

가. 용도지역의 구분

국토는 토지의 이용실태 및 특성, 장래의 토지 이용 방향, 지역 간 균형발전 등을 고려하여 다음과 같은 용도지역으로 구분한다.

1) 도시지역 : 인구와 산업이 밀집되어 있거나 밀집이 예상되어 그 지역에 대하여 체계적인 개발·정비·관리·보전 등이 필요한 지역
2) 관리지역 : 도시지역의 인구와 산업을 수용하기 위하여 도시지역에 준하여 체계적으로 관리하거나 농림업의 진흥, 자연환경 또는 산림의 보전을 위하여 농림지역 또는 자연환경보전지역에 준하여 관리할 필요가 있는 지역
3) 농림지역 : 도시지역에 속하지 아니하는 「농지법」에 따른 농업진흥지역 또는 「산지관리법」에 따른 보전산지 등으로서 농림업을 진흥시키고 산림을 보전하기 위하여 필요한 지역
4) 자연환경보전지역 : 자연환경·수자원·해안·생태계·상수원 및 문화재의 보전과 수산자원의 보호·육성 등을 위하여 필요한 지역

나. 용도지역별 관리 의무

국가나 지방자치단체는 용도지역의 효율적인 이용 및 관리를 위하여 다음에서 정하는 바에 따라 그 용도지역에 관한 개발·정비 및 보전에 필요한 조치를 마련하여야 한다.

1) 도시지역 : 이 법 또는 관계 법률에서 정하는 바에 따라 그 지역이 체계적이고 효율적으로 개발·정비·보전될 수 있도록 미리 계획을 수립하고 그 계획을 시행하여야 한다.
2) 관리지역 : 이 법 또는 관계 법률에서 정하는 바에 따라 필요한 보전조치를 취하고 개발이 필요한 지역에 대하여는 계획적인 이용과 개발을 도모하여야 한다.
3) 농림지역 : 이 법 또는 관계 법률에서 정하는 바에 따라 농림업의 진흥과

산림의 보전·육성에 필요한 조사와 대책을 마련하여야 한다.

4) 자연환경보전지역 : 이 법 또는 관계 법률에서 정하는 바에 따라 환경오염 방지, 자연환경·수질·수자원·해안·생태계 및 문화재의 보전과 수산자원의 보호·육성을 위하여 필요한 조사와 대책을 마련하여야 한다.

3. 용도지역의 지정 등

가. 용도지역의 지정

국토교통부장관, 시·도지사 또는 대도시 시장은 다음의 어느 하나에 해당하는 용도지역의 지정 또는 변경을 도시관리계획으로 결정한다(법 제36조제1항).

【판시사항】

도시계획법령상 용도지역지정·변경행위의 법적 성질(=행정계획으로서 재량행위) 및 그에 대한 사법심사(대법원 2005.3.10. 선고 2002두5474 판결)

【판결요지】

도시계획변경결정 당시 도시계획법령에 의하면, 도시계획구역 안에서의 녹지지역은 보건위생·공해방지, 보안과 도시의 무질서한 확산을 방지하기 위하여 녹지의 보전이 필요한 때에 지정되고, 그 중 보전녹지지역은 도시의 자연환경·경관·수림 및 녹지를 보전할 필요가 있을 때에, 자연녹지지역은 녹지공간의 보전을 해하지 아니하는 범위 안에서 제한적 개발이 불가피할 때 각 지정되는 것으로서 위와 같은 용도지역지정행위나 용도지역변경행위는 전문적·기술적 판단에 기초하여 행하여지는 일종의 행정계획으로서 재량행위라 할 것이지만, 행정주체가 가지는 이와 같은 계획재량은 그 행정계획에 관련되는 자들의 이익을 공익과 사익 사이에서는 물론이고 공익 상호간과 사익 상호간에도 정당하게 비교·교량하여야 하고 그 비교·교량은 비례의 원칙에 적합하도록 하여야 하는 것이므로, 만약 행정주체가 행정계획을 입안·결정함에 있어서 이익형량을 전혀 행하지 아니하였거나 이익형량의 고려대상에 마땅히 포함시켜야 할 중요한 사항을 누락한 경우 또는 이익형량을 하였으나 그것이 비례의 원칙에 어긋나게 된 경우에는 그 행정계획결정은 재량권을 일탈·남용한 것으로 위법하다.

【판시사항】

도시계획 용도지역을 일반주거지역에서 전용주거지역으로 변경한 처분에 재량권 남용의 위법이 없다고 한 사례(대법원 1995.12.22. 선고 95누3831 판결)

【판결요지】

토지가 북한산국립공원과 인접하여 있고, 그 후면의 자연경관이 비교적 잘 보존되어 있어 북한산의 경관이 더 이상 훼손되는 것을 막기 위하여는 토지에 대한 이용상의 제한을 강화할 필요가 인정되고, 도시계획 용도지역을 일반주거지역에서 전용주거지역으로 변경한 처분은 도시계획법 등 관계 법률에 근거하여 환경의 보전이라는 공공의 필요 내지는 공익목적을 위하여 이루어진 것으로서 그 내용이 건축상의 제한을 강화하는 것이기는 하나 건축을 전면적으로 금지하거나 하는 것은 아니고 그 목적 달성에 필요한 합리적인 정도에 그치고 있는 점, 원고가 토지형질변경허가를 받았다고 하나 그 허가는 토지상에 연립주택을 건축하는 것을 전제로 하는 것은 아니어서 원고에게 연립주택의 건축에 관하여 보호하여야 할 신뢰가 형성되었다고 보기도 어렵고, 가사 연립주택을 건축할 의도에서 진입로 확장공사를 하였는데 위 처분으로 2층 이하의 일반주택을 건축할 수밖에 없게 되어 위 확장공사가 불필요한 것이 되었다 하더라도 그로 인하여 원고가 입은 손실은 환경보전이라는 공공의 필요에 비하여 크다고 할 수 없는 점 등을 고려하면, 원심이 앞에서 본 바와 같은 사정을 들어 위 처분에 재량권을 남용한 위법이 있다고 단정한 것은 결국 행정처분에 하자가 있음을 이유로 이를 취소하는 경우에 있어서의 처분청의 재량권에 관한 법리를 오해한 것이라고 한 사례

1) 도시지역 : 다음 각 목의 어느 하나로 구분하여 지정한다.
   가) 주거지역 : 거주의 안녕과 건전한 생활환경의 보호를 위하여 필요한 지역
   나) 상업지역 : 상업이나 그 밖의 업무의 편익을 증진하기 위하여 필요한 지역
   다) 공업지역 : 공업의 편익을 증진하기 위하여 필요한 지역

라) 녹지지역 : 자연환경·농지 및 산림의 보호, 보건위생, 보안과 도시의 무질서한 확산을 방지하기 위하여 녹지의 보전이 필요한 지역

2) 관리지역 : 다음 각 목의 어느 하나로 구분하여 지정한다.

가) 보전관리지역 : 자연환경 보호, 산림 보호, 수질오염 방지, 녹지공간 확보 및 생태계 보전 등을 위하여 보전이 필요하나, 주변 용도지역과의 관계 등을 고려할 때 자연환경보전지역으로 지정하여 관리하기가 곤란한 지역

나) 생산관리지역 : 농업·임업·어업 생산 등을 위하여 관리가 필요하나, 주변 용도지역과의 관계 등을 고려할 때 농림지역으로 지정하여 관리하기가 곤란한 지역

다) 계획관리지역 : 도시지역으로의 편입이 예상되는 지역이나 자연환경을 고려하여 제한적인 이용·개발을 하려는 지역으로서 계획적·체계적인 관리가 필요한 지역

3) 농림지역

4) 자연환경보전지역

나. 용도지역의 세분

국토교통부장관, 시·도지사 또는 대도시 시장은 용도지역을 도시·군관리계획결정으로 주거지역·상업지역·공업지역 및 녹지지역을 다음 각 호와 같이 세분하여 지정할 수 있다(법 시행령 제30조).

1) 주거지역

주거지역은 전용주거지역, 일반주거지역, 준주거지역으로 세분되며, 당해 지역은 다시 다음과 같이 세분된다.

가) 전용주거지역 : 양호한 주거환경을 보호하기 위하여 필요한 지역

(1) 제1종전용주거지역 : 단독주택 중심의 양호한 주거환경을 보호하기 위하여 필요한 지역

(2) 제2종전용주거지역 : 공동주택 중심의 양호한 주거환경을 보호하기 위하여 필요한 지역

나) 일반주거지역 : 편리한 주거환경을 조성하기 위하여 필요한 지역

(1) 제1종일반주거지역 : 저층주택을 중심으로 편리한 주거환경을 조성하기 위하여 필요한 지역

(2) 제2종일반주거지역 : 중층주택을 중심으로 편리한 주거환경을 조성하기 위하여 필요한 지역

(3) 제3종일반주거지역 : 중고층주택을 중심으로 편리한 주거환경을 조성하기 위하여 필요한 지역

다) 준주거지역 : 주거기능을 위주로 이를 지원하는 일부 상업기능 및 업무기능을 보완하기 위하여 필요한 지역

2) 상업지역

가) 중심상업지역 : 도심·부도심의 상업기능 및 업무기능의 확충을 위하여 필요한 지역

나) 일반상업지역 : 일반적인 상업기능 및 업무기능을 담당하게 하기 위하여 필요한 지역

다) 근린상업지역 : 근린지역에서의 일용품 및 서비스의 공급을 위하여 필요한 지역

라) 유통상업지역 : 도시내 및 지역간 유통기능의 증진을 위하여 필요한 지역

3) 공업지역

가) 전용공업지역 : 주로 중화학공업, 공해성 공업 등을 수용하기 위하여 필요한 지역

나) 일반공업지역 : 환경을 저해하지 아니하는 공업의 배치를 위하여 필요한 지역

다) 준공업지역 : 경공업 그 밖의 공업을 수용하되, 주거기능·상업기능 및 업무기능의 보완이 필요한 지역

4) 녹지지역

가) 보전녹지지역 : 도시의 자연환경·경관·산림 및 녹지공간을 보전할 필요가 있는 지역

나) 생산녹지지역 : 주로 농업적 생산을 위하여 개발을 유보할 필요가 있는 지역

다) 자연녹지지역 : 도시의 녹지공간의 확보, 도시확산의 방지, 장래 도시용지의 공급 등을 위하여 보전할 필요가 있는 지역으로서 불가피한 경우에 한하여 제한적인 개발이 허용되는 지역

유권해석

① 질의요지

경찰대학 지방이전에 따른 이주단지 조성사업(「주택법」 제6조 규정에 따라 대지조성사업으로 주택단지 조성)시 용도지역이 자연녹지지역(건폐율 20% 이하 적용)으로 지정되어 있어 이주민의 농가주택 및 창고 신축에 어려움이 있으므로 자연취락지구(건폐율 50% 이하 적용) 지정 또는 확장이 가능한지 여부

② 회신내용

가. 자연취락지구는 「국토의 계획 및 이용에 관한 법률 시행령」 제31조제2항 제6호 가목 및 「도시·관리계획수립지침」 3-2-9-1 규정에 따라 녹지지역·관리지역·농림지역 또는 자연환경보전지역안의 취락을 정비하기 위하여 지정하며,

나. 용도지역의 취지 및 도시·군기본계획의 각 용지에 대한 정비·개발 및 보전의 방향과 적절히 조화될 수 있도록 지정하고, 지구내 주민의 생활상의 불편을 해소 할 수 있는 규모로 지정하여야 합니다.

다. 따라서 질의의 경우처럼 기존취락을 계획적으로 정비하기 위함이 아니라 새로 조성하는 이주단지에서 건폐율을 완화할 목적으로 자연취락지구를 지정할 경우 기반시설부족 등 물리적 문제, 토지이용계획체계훼손 및 용도지구지정 취지와 배치 등의 문제가 있어 바람직하지 않으며 필요하다면 부지확장 등을 통한 검토가 필요할 것으로 판단됩니다.

[도시정책과-1460, 2013.5.16.]

〈용도지역의 구분〉

지 역(법)		세분(시행령)	지 정 목 적
도시지역	주거지역	제1종전용주거	• 단독주택 중심의 양호한 주거환경 보호
		제2종전용주거	• 공동주택 중심의 양호한 주거환경 보호
		제1종일반주거	• 저층주택 중심의 주거환경 조성
		제2종일반주거	• 중층주택 중심의 주거환경 조성
		제3종일반주거	• 중 고층주택 중심의 주거환경 조성
		준주거	• 주거기능에 상업 및 업무기능 보완
	상업지역	중심상업	• 도심·부도심의 상업·업무기능 확충
		일반상업	• 일반적인 상업 및 업무기능 담당
		근린상업	• 근린지역의 일용품 및 서비스 공급
		유통상업	• 도시 내 및 지역간 유통기능의 증진
	공업지역	전용공업	• 중화학공업, 공해성 공업 등을 수용
		일반공업	• 환경을 저해하지 아니하는 공업의 배치
		준공업	• 경공업 수용 및 주·상·업무기능의 보완
	녹지지역	보전녹지	• 도시의 자연환경·경관·산림 및 녹지공간 보전
		생산녹지	• 농업적 생산을 위하여 개발을 유보
		자연녹지	• 보전할 필요가 있는 지역으로 제한적 개발허용
관리지역	보전관리	–	• 보전이 필요하나 자연환경보전지역으로 지정이 곤란한 경우
	생산관리	–	• 농·임·어업생산을 위해 필요, 농림지역으로 지정이 곤란한 경우
	계획관리	–	• 도시지역 편입이 예상, 계획·체계적 관리 필요
농림지역		–	• 농립업의 진흥과 산림의 보전을 위하여 필요
자연환경보전지역		–	• 자연환경 등의 보전과 수산자원의 보호·육성

4. 다른 법률에 의한 지정·변경

가. 다른 법률에 의한 지정

1) 국토교통부장관과의 협의·승인

가) 중앙행정기관의 장이나 지방자치단체의 장은 다른 법률에 따라 토지 이용에 관한 지역·지구·구역 또는 구획 등을 지정하려면 그 구역 등의 지정목적이 이 법에 따른 용도지역·용도지구 및 용도구역의 지정목적에 부합되도록 하여야 하며, 다른 법률에 따라 지정되는 구역 등 중 1km²(「도시개발법」에 의한 도시개발구역의 경우에는 5km²) 이상의 구역 등을 지정하거나 변경하려면 중앙행정기관의 장은 국토교통부장관과 협의하여야 하며 지방자치단체의 장은 국토교통부장관의 승인을 받아야 한다(법 제8조).

나) 다만, 승인을 받아야 하는 구역 등 중 1km²(「도시개발법」에 의한 도시개발구역의 경우에는 5km²) 미만의 구역 등을 지정하거나 변경하려는 경우 특별시장·광역시장·특별자치시장·도지사·특별자치도지사는 국토교통부장관의 승인을 받지 아니하되, 시장·군수 또는 구청장(자치구의 구청장을 말한다)은 시·도지사의 승인을 받아야 한다. 그 승인을 요청하는 때에는 i) 구역 등의 지정 또는 변경의 목적·필요성·배경·추진절차 등에 관한 설명서(관계 법령의 규정에 의하여 당해 구역 등을 지정 또는 변경할 때 포함되어야 하는 내용을 포함한다), ii) 대상지역과 주변지역의 용도지역·기반시설 등을 표시한 축척 2만5천분의 1의 토지이용현황도, iii) 대상지역 안에 지정하고자 하는 구역 등을 표시한 축척 5천분의 1 내지 2만5천분의 1의 도면, iv) 그 밖에 국토교통부령이 정하는 서류 등을 국토교통부장관에게 제출하여야 한다(법 제6조, 법 시행령 제5조제3항).

다) 그러나 i) 다른 법률에 따라 지정하거나 변경하려는 구역 등이 도시·군기본계획에 반영된 경우, ii) 제36조에 따른 보전관리지역·생산관리지역·농림지역 또는 자연환경보전지역에서 농업진흥지역, 수변구역, 상수원보호구역, 생태·경관보전지역, 야생생물 특별보호구역, 해양보호구역을 지

정하려는 경우, iii) 군사상 기밀을 지켜야 할 필요가 있는 구역 등을 지정하려는 경우, iv) 협의 또는 승인을 받은 구역 등의 면적이 협의 또는 승인을 얻은 지역·지구·구역 또는 구획 등(이하 "구역 등"이라 한다)의 면적의 10%의 범위 안에서 면적을 증감시키는 경우 및 협의 또는 승인을 얻은 구역 등의 면적산정의 착오를 정정하기 위한 경우에는 국토교통부장관과의 협의를 거치지 아니하거나 국토교통부장관 또는 시·도지사의 승인을 받지 아니한다(법 시행령 제5조).

2) 중앙도시계획심의회 등의 심의 등

국토교통부장관 또는 시·도지사는 협의 또는 승인을 하려면 중앙도시계획위원회 또는 시·도도시계획위원회의 심의를 거쳐야 한다. 그러나 다음의 경우에는 그러하지 아니하다(법 제8조제5조).

가) 보전관리지역이나 생산관리지역에서 다음 각 목의 구역 등을 지정하는 경우
 1) 「산지관리법」 제4조제1항제1호에 따른 보전산지
 2) 「야생생물 보호 및 관리에 관한 법률」 제33조에 따른 야생생물 보호구역
 3) 「습지보전법」 제8조에 따른 습지보호지역
 4) 「토양환경보전법」 제17조에 따른 토양보전대책지역

나) 농림지역이나 자연환경보전지역에서 다음 각 목의 구역 등을 지정하는 경우
 1) 위 각의 각 목의 어느 하나에 해당하는 구역 등
 2) 「자연공원법」 제4조에 따른 자연공원
 3) 「자연환경보전법」 제34조제1항제1호에 따른 생태·자연도 1등급 권역
 4) 「독도 등 도서지역의 생태계보전에 관한 특별법」 제4조에 따른 특정도서
 5) 「문화재보호법」 제25조 및 제27조에 따른 명승 및 천연기념물과 그 보호구역
 6) 「해양생태계의 보전 및 관리에 관한 법률」 제12조제1항제1호에 따른 해양생태도 1등급 권역

나. 다른 법률에 의한 변경

중앙행정기관의 장 또는 지방자치단체의 장은 용도지역·용도지구·용도구역의 지정 또는 변경에 대한 도시·군관리계획의 결정을 의제하는 계획을 허가·인가·승인 또는 결정하고자 하는 경우에는 중앙도시계획위원회 또는 지방도시계획위원회의 심의를 받아야 한다. 다만, 법 제8조제4항제1호에 해당하거나 도시·군관리계획의 결정을 의제하는 계획에서 그 계획면적의 5% 미만을 변경하는 경우에는 그러하지 아니하다(법 시행령 제6조제1항).

1) 중앙도시계획위원회의 심의를 받아야 하는 경우

가) 중앙행정기관의 장이 30만m^2 이상의 용도지역·용도지구 또는 용도구역의 지정 또는 변경에 대한 도시·군관리계획의 결정을 의제하는 계획을 허가·인가·승인 또는 결정하고자 하는 경우

나) 지방자치단체의 장이 5km^2 이상의 용도지역·용도지구 또는 용도구역의 지정 또는 변경에 대한 도시·군관리계획의 결정을 의제하는 계획을 허가·인가·승인 또는 결정하고자 하는 경우

2) 지방도시계획위원회의 심의를 받아야 하는 경우

지방자치단체의 장이 30만m^2 이상 5km^2 미만의 용도지역·용도지구 또는 용도구역의 지정 또는 변경에 대한 도시·군관리계획의 결정을 의제하는 계획을 허가·인가·승인 또는 결정하고자 하는 경우

3) 중앙·지방도시계획위원회의 심의를 받아야 하는 경우

중앙행정기관의 장 또는 지방자치단체의 장이 중앙도시계획위원회 또는 지방도시계획위원회의 심의를 받는 때에는 ⅰ) 계획의 목적·필요성·배경·내용·추진절차 등을 포함한 계획서(관계 법령의 규정에 의하여 당해 계획에 포함되어야 하는 내용을 포함한다), ⅱ) 대상지역과 주변지역의 용도지역·기반시설 등을 표시한 축척 2만5천분의 1의 토지이용현황도, ⅲ) 용도지역·용도지구 또는 용도구역의 지정 또는 변경에 대한 내용을 표시한 축척 1천분의 1(도시지역 외

의 지역은 5천분의 1 이상으로 할 수 있다)의 도면, iv) 그 밖에 국토교통부령이 정하는 서류를 국토교통부장관 또는 당해 지방도시계획위원회가 설치된 지방자치단체의 장에게 제출하여야 한다(같은 조 제2항).

5. 용도지역지정의 의제(법 제42조)

가. 공유수면매립지 제41조

공유수면(바다만 해당한다)의 매립 목적이 그 매립구역과 이웃하고 있는 용도지역의 내용과 같으면 도시·군관리계획의 입안 및 결정 절차 없이 그 매립준공구역은 그 매립의 준공인가일부터 이와 이웃하고 있는 용도지역으로 지정된 것으로 본다. 이 경우 관계 특별시장·광역시장·특별자치시장·특별자치도지사·시장 또는 군수는 그 사실을 지체 없이 고시하여야 한다(법 제41조제1항). 이때 공유수면의 매립 목적이 그 매립구역과 이웃하고 있는 용도지역의 내용과 다른 경우 및 그 매립구역이 둘 이상의 용도지역에 걸쳐 있거나 이웃하고 있는 경우 그 매립구역이 속할 용도지역은 도시관리계획결정으로 지정하여야 하며(같은 조 제2항), 관계 행정기관의 장은 「공유수면 관리 및 매립에 관한 법률」에 따른 공유수면 매립의 준공검사를 하면 국토교통부령으로 정하는 바에 따라 지체 없이 관계 특별시장·광역시장·특별자치시장·특별자치도지사·시장 또는 군수에게 통보하여야 한다(같은 조 제3항).

나. 도시지역지정의 의제

i) 「항만법」 제2조제4호에 따른 항만구역으로서 도시지역에 연접한 공유수면, ii) 「어촌·어항법」 제17조제1항에 따른 어항구역으로서 도시지역에 연접한 공유수면, iii) 「산업입지 및 개발에 관한 법률」 제2조제8호 가목부터 다목까지의 규정에 따른 국가산업단지, 일반산업단지 및 도시첨단산업단지, iv) 「택지개발촉진법」 제3조에 따른 택지개발지구, v) 「전원개발촉진법」 제5조 및 법 제11조에 따른 전원개발사업구역 및 예정구역(수력발전소 또는 송·변전설비만을 설치하기

위한 전원개발사업구역 및 예정구역은 제외한다. 이하 이 조에서 같다) 등으로 지정·고시된 지역은 도시지역으로 결정·고시된 것으로 본다(도시계획법 제42조제1항).

다. 농림지역 또는 자연환경보전지역지정의 의제

관리지역에서 「농지법」에 따른 농업진흥지역으로 지정·고시된 지역은 이 법에 따른 농림지역으로, 관리지역의 산림 중 「산지관리법」에 따라 보전산지로 지정·고시된 지역은 그 고시에서 구분하는 바에 따라 이 법에 따른 농림지역 또는 자연환경보전지역으로 결정·고시된 것으로 본다.

라. 지형도면 등에의 표시 및 지정사실 통보

관계 행정기관의 장은 다와 라에 해당하는 항만구역, 어항구역, 산업단지, 택지개발지구, 전원개발사업구역 및 예정구역, 농업진흥지역 또는 보전산지를 지정한 경우에는 고시된 지형도면 또는 지형도에 그 지정 사실을 표시하여 그 지역을 관할하는 특별시장·광역시장·특별자치시장·특별자치도지사·시장 또는 군수에게 통보하여야 한다(같은 조 제3항).

마. 용도지역의 환원의제

구역·단지·지구 등이 해제되는 경우(개발사업의 완료로 해제되는 경우는 제외한다) 그 구역 등이 어떤 용도지역에 해당되는지를 따로 정하고 있지 아니한 경우에는 이를 지정하기 이전의 용도지역으로 환원된 것으로 보며, 이 경우 지정권자는 용도지역이 환원된 사실을 대통령령으로 정하는 바에 따라 고시하고, 그 지역을 관할하는 특별시장·광역시장·특별자치시장·특별자치도지사·시장 또는 군수에게 통보하여야 한다(같은 조 제4항). 다만, 환원되는 당시 이미 사업이나 공사에 착수한 자(이 법 또는 다른 법률에 따라 허가·인가·승인 등을 받아야 하는 경우에는 그 허가·인가·승인 등을 받아 사업이나 공사에 착수한 자를 말한다)는 그 용도지역의 환원에 관계없이 그 사업이나 공사를 계속할 수 있다.

6. 지역지정의 효과

지역으로 지정되면 건축물의 이용용도와 건폐율·용적률에 의한 이용규모의 제한을 받는다.

가. 용도지역·지구별 건축제한

1) 건축제한의 원칙

용도지역에서의 건축물이나 그 밖의 시설의 용도·종류 및 규모 등의 제한에 관한 사항은 대통령령으로 정하고(법 제76조제1항), 그 제한에 관한 사항은 이 법 또는 다른 법률에 특별한 규정이 있는 경우 외에는 대통령령으로 정하는 기준에 따라 특별시·광역시·특별자치시·특별자치도·시 또는 군의 조례로 정할 수 있으며(같은 조 제2항), 그 제한은 해당 용도지역과 용도지구의 지정목적에 적합하여야 한다(같은 조 제3항). 또한 변경 후의 건축물이나 그 밖의 시설의 용도·종류 및 규모 등은 제1항과 제2항에 맞아야 한다.

【판시사항】

건축법 제32조 및 도시계획법 제17조의 규정취지와 건축법 시행령 제66조제1항제1호, 제2항제1호의 적법여부(적극) (대법원 1989.3.14. 선고 87누1076 판결)

【판결요지】

건축법 제32조나 도시계획법 제17조의 취지는 주거지역에서의 근린생활시설의 건축을 전면적으로 금지하는 것을 예정하고 있는 것이 아니고 거주의 안녕과 건전한 생활환경보호에 지장을 주지 아니하는 범위 안에서는 주택 이외의 건물의 건축을 허용할 수 있음을 대통령령에 위임한 것이며 근린생활시설의 건축을 허용하는 구 건축법 시행령(1988.2.24. 대통령령 제12403호로 개정되기 전의 것) 제66조제1항제1호 별표 1 제2항, 제2항제1호 별표 5의 규정들이 건축법 제32조의 위임의 한계를 벗어난 것이라고 볼 수 없다.

유권해석

① **질의요지**

계획관리지역에 「건축법 시행령」 별표1 제4호 제2종근린생활시설 중 제조업소(이하 "제조업소"라 함)를 신청할 때 보전관리지역에 진입도로 개설이 가능한지 여부

② **회신내용**

가. 「국토의 계획 및 이용에 관한 법률」(이하 "법"이라 함) 제76조 내지 제78조 및 도시·군계획조례에 따라 용도지역·용도지구 안에서의 건축제한규정(허용건축물의 종류, 규 모, 건폐율 및 용적률 등)에 적합하여야 입지가 가능하며,

나. 법 시행령 제83조제4항에 따라 용도지역·용도지구 또는 용도구역 안에서의 건축물이 아닌 시설의 용도·종류 및 규모 등의 제한에 관하여는 별표2 내지 별표 27, 제72조 내지 제77조 및 제79조 내지 제82조의 규정에 의한 건축물에 관한 사항을 적용합니다.

다. 다만, 질의의 경우처럼 용도지역에서 건축제한 중 진입도로에 대하여는 법령에서 별도로 규정하고 있지 않으므로 해당 개발행위 허가권자가 개발행위 규모, 기반시설설치, 기반시설 용지확보계획 등의 적절여부 및 주변지역과의 관계 등을 종합적으로 검토하여 판단하여야 할 것으로 사료됩니다.

[도시정책과－5816, 2013.10.31.]

2) 건축제한의 예외

그러나 다음의 어느 하나에 해당하는 경우의 건축물이나 그 밖의 시설의 용도·종류 및 규모 등의 제한에 관하여는 위 규정에도 불구하고 다음 각 내용에서 바에 따른다(같은 조 제4항).

가) 취락지구 등

(1) 제37조제1항제8호에 따른 취락지구에서는 취락지구의 지정목적 범위에서 대통령령으로 따로 정한다.

(2) 「산업입지 및 개발에 관한 법률」 제2조제8호 라목에 따른 농공단지에서는 법에서 정하는 바에 따른다.
(3) 농림지역 중 농업진흥지역, 보전산지 또는 초지인 경우에는 각각 「농지법」, 「산지관리법」 또는 「초지법」에서 정하는 바에 따른다.
(4) 자연환경보전지역 중 「자연공원법」에 따른 공원구역, 「수도법」에 따른 상수원보호구역, 「문화재보호법」에 따라 지정된 지정문화재 또는 천연기념물과 그 보호구역, 「해양생태계의 보전 및 관리에 관한 법률」에 따른 해양보호구역인 경우에는 각각 「자연공원법」, 「수도법」 또는 「문화재보호법」 또는 「해양생태계의 보전 및 관리에 관한 법률」에서 정하는 바에 따른다.
(5) 자연환경보전지역 중 수산자원보호구역인 경우에는 「수산자원관리법」에서 정하는 바에 따른다.

나) 보전지역 등

보전관리지역이나 생산관리지역에 대하여 농림축산식품부장관·해양수산부장관·환경부장관 또는 산림청장이 농지 보전, 자연환경 보전, 해양환경 보전 또는 산림 보전에 필요하다고 인정하는 경우에는 「농지법」, 「자연환경보전법」, 「야생생물 보호 및 관리에 관한 법률」, 「해양생태계의 보전 및 관리에 관한 법률」 또는 「산림자원의 조성 및 관리에 관한 법률」에 따라 건축물이나 그 밖의 시설의 용도·종류 및 규모 등을 제한할 수 있다. 이 경우 이 법에 따른 제한의 취지와 형평을 이루도록 하여야 한다(같은 조 제6항).

나. 용도지역별 건축제한(건축물의 용도·종류 및 규모 제한)

1) 건축물의 용도

가) 개념정의

건축물의 용도란 건축물의 종류를 유사한 구조, 이용 목적 및 형태별로 묶어 분류한 것을 말한다(건축법 제2조제1항제3호).

나) 건축물의 용도구분

건축물의 용도는 다음과 같이 건축물의 종류에 따라 28가지로 구분하되, 각 용도에 속하는 건축물의 세부 용도는 대통령령으로 정한다(건축법 제2조제2항)

(1) 단독주택
(2) 공동주택
(3) 제1종 근린생활시설
(4) 제2종 근린생활시설
(5) 문화 및 집회시설
(6) 종교시설
(7) 판매시설
(8) 운수시설
(9) 의료시설
(10) 교육연구시설
(11) 노유자(노유자 : 노인 및 어린이)시설
(12) 수련시설
(13) 운동시설
(14) 업무시설
(15) 숙박시설
(16) 위락(慰樂)시설
(17) 공장
(18) 창고시설
(19) 위험물 저장 및 처리 시설
(20) 자동차 관련 시설
(21) 동물 및 식물 관련 시설
(22) 자원순환 관련 시설
(23) 교정(矯正) 및 군사 시설
(24) 방송통신시설
(25) 발전시설
(26) 묘지 관련 시설
(27) 관광 휴게시설
(28) 그 밖에 대통령령으로 정하는 시설

다) 건축물의 세부용도

건축물의 각 용도에 속하는 세부용도와 종류는 다음의 표와 같다(건축법 시행령 제3조의4 별표 1).

[별표 1]

용도별 건축물의 종류

(제3조의4 관련) 〈개정 2014.3.24〉

1. 단독주택[단독주택의 형태를 갖춘 가정어린이집·공동생활가정·지역아동센터 및 노인복지시설(노인복지주택은 제외한다)을 포함한다]
   가. 단독주택
   나. 다중주택 : 다음의 요건을 모두 갖춘 주택을 말한다.
      1) 학생 또는 직장인 등 여러 사람이 장기간 거주할 수 있는 구조로 되어 있는 것
      2) 독립된 주거의 형태를 갖추지 아니한 것(각 실별로 욕실은 설치할 수 있으나, 취사시설은 설치하지 아니한 것을 말한다. 이하 같다)
      3) 연면적이 330m² 이하이고 층수가 3층 이하인 것
   다. 다가구주택 : 다음의 요건을 모두 갖춘 주택으로서 공동주택에 해당하지 아니하는 것을 말한다.
      1) 주택으로 쓰는 층수(지하층은 제외한다)가 3개 층 이하일 것. 다만, 1층의 바닥면적 2분의 1 이상을 필로티 구조로 하여 주차장으로 사용하고 나머지 부분을 주택 외의 용도로 쓰는 경우에는 해당 층을 주택의 층수에서 제외한다.
      2) 1개 동의 주택으로 쓰이는 바닥면적(부설 주차장 면적은 제외한다. 이하 같다)의 합계가 660m² 이하일 것
      3) 19세대 이하가 거주할 수 있을 것
   라. 공관(公館)
2. 공동주택[공동주택의 형태를 갖춘 가정어린이집·공동생활가정·지역아동센터·노인복지시설(노인복지주택은 제외한다) 및 「주택법 시행령」 제3조제1항에 따른 원룸형 주택을 포함한다]. 다만, 가목이나 나목에서 층수를 산정할 때 1층 전부를 필로티 구조로 하여 주차장으로 사용하는 경우에는 필로티 부분을 층수에서 제외하고, 다목에서 층수를 산정할 때 1층의 바닥면적 2분의 1 이상을 필로티 구조로 하여 주차장으로 사용하고 나머지 부분을 주택

외의 용도로 쓰는 경우에는 해당 층을 주택의 층수에서 제외하며, 가목부터 라목까지의 규정에서 층수를 산정할 때 지하층을 주택의 층수에서 제외한다.

가. 아파트 : 주택으로 쓰는 층수가 5개 층 이상인 주택

나. 연립주택 : 주택으로 쓰는 1개 동의 바닥면적(2개 이상의 동을 지하주차장으로 연결하는 경우에는 각각의 동으로 본다) 합계가 660m²를 초과하고, 층수가 4개 층 이하인 주택

다. 다세대주택 : 주택으로 쓰는 1개 동의 바닥면적 합계가 660m² 이하이고, 층수가 4개 층 이하인 주택(2개 이상의 동을 지하주차장으로 연결하는 경우에는 각각의 동으로 본다)

라. 기숙사 : 학교 또는 공장 등의 학생 또는 종업원 등을 위하여 쓰는 것으로서 공동취사 등을 할 수 있는 구조를 갖추되, 독립된 주거의 형태를 갖추지 아니한 것(「교육기본법」 제27조제2항에 따른 학생복지주택을 포함한다)

3. 제1종 근린생활시설

가. 식품·잡화·의류·완구·서적·건축자재·의약품·의료기기 등 일용품을 판매하는 소매점으로서 같은 건축물(하나의 대지에 두 동 이상의 건축물이 있는 경우에는 이를 같은 건축물로 본다. 이하 같다)에 해당 용도로 쓰는 바닥면적의 합계가 1천m² 미만인 것

나. 휴게음식점, 제과점 등 음료·차(茶)·음식·빵·떡·과자 등을 조리하거나 제조하여 판매하는 시설(제4호 너목 또는 제17호에 해당하는 것은 제외한다)로서 같은 건축물에 해당 용도로 쓰는 바닥면적의 합계가 300m² 미만인 것

다. 이용원, 미용원, 목욕장, 세탁소 등 사람의 위생관리나 의류 등을 세탁·수선하는 시설(세탁소의 경우 공장에 부설되는 것과 「대기환경보전법」, 「수질 및 수생태계 보전에 관한 법률」 또는 「소음·진동관리법」에 따른 배출시설의 설치 허가 또는 신고의 대상인 것은 제외한다)

라. 의원, 치과의원, 한의원, 침술원, 접골원(接骨院), 조산원, 안마원, 산후조리원 등 주민의 진료·치료 등을 위한 시설

마. 탁구장, 체육도장으로서 같은 건축물에 해당 용도로 쓰는 바닥면적의 합계가 500m² 미만인 것

바. 지역자치센터, 파출소, 지구대, 소방서, 우체국, 방송국, 보건소, 공공도서관, 건강보험공단 사무소 등 공공업무시설로서 같은 건축물에 해당 용도로 쓰는 바닥면적의 합계가 1천m² 미만인 것

사. 마을회관, 마을공동작업소, 마을공동구판장, 공중화장실, 대피소, 지역아동센터(단독주택과 공동주택에 해당하는 것은 제외한다) 등 주민이 공동으로 이용하는 시설

아. 변전소, 도시가스배관시설, 정수장, 양수장 등 주민의 생활에 필요한 에너지공급이나 급수·배수와 관련된 시설

4. 제2종 근린생활시설

가. 공연장(극장, 영화관, 연예장, 음악당, 서커스장, 비디오물감상실, 비디오물소극장, 그 밖에 이와 비슷한 것을 말한다. 이하 같다)으로서 같은 건축물에 해당 용도로 쓰는 바닥면적의 합계가 500m² 미만인 것

나. 종교집회장[교회, 성당, 사찰, 기도원, 수도원, 수녀원, 제실(祭室), 사당, 그 밖에 이와 비슷한 것을 말한다. 이하 같다]으로서 같은 건축물에 해당 용도로 쓰는 바닥면적의 합계가 500m² 미만인 것

다. 자동차영업소로서 같은 건축물에 해당 용도로 쓰는 바닥면적의 합계가 1천m² 미만인 것

라. 서점(제1종 근린생활시설에 해당하지 않는 것)

마. 총포판매소

바. 사진관, 표구점

사. 청소년게임제공업소, 복합유통게임제공업소, 인터넷컴퓨터게임시설제공업소, 그 밖에 이와 비슷한 게임 관련 시설로서 같은 건축물에 해당 용도로 쓰는 바닥면적의 합계가 500m² 미만인 것

아. 휴게음식점, 제과점 등 음료·차(茶)·음식·빵·떡·과자 등을 조리하거나 제조하여 판매하는 시설(너목 또는 제17호에 해당하는 것은 제외한다)로서 같은 건축물에 해당 용도로 쓰는 바닥면적의 합계가 300m² 이상인 것

자. 일반음식점

차. 장의사, 동물병원, 동물미용실, 그 밖에 이와 유사한 것

카. 학원(자동차학원 및 무도학원은 제외한다), 교습소(자동차 교습 및 무도교습을 위한 시설은 제외한다), 직업훈련소(운전·정비 관련 직업훈련소

는 제외한다)로서 같은 건축물에 해당 용도로 쓰는 바닥면적의 합계가 500m² 미만인 것

타. 독서실, 기원

파. 테니스장, 체력단련장, 에어로빅장, 볼링장, 당구장, 실내낚시터, 골프연습장, 놀이형시설(「관광진흥법」에 따른 기타유원시설업의 시설을 말한다. 이하 같다) 등 주민의 체육 활동을 위한 시설(제3호 마목의 시설은 제외한다)로서 같은 건축물에 해당 용도로 쓰는 바닥면적의 합계가 500m² 미만인 것

하. 금융업소, 사무소, 부동산중개사무소, 결혼상담소 등 소개업소, 출판사 등 일반업무시설로서 같은 건축물에 해당 용도로 쓰는 바닥면적의 합계가 500m² 미만인 것

거. 다중생활시설(「다중이용업소의 안전관리에 관한 특별법」에 따른 다중이용업 중 고시원업의 시설로서 독립된 주거의 형태를 갖추지 않은 것을 말한다. 이하 같다)로서 같은 건축물에 해당 용도로 쓰는 바닥면적의 합계가 500m² 미만인 것

너. 제조업소, 수리점 등 물품의 제조·가공·수리 등을 위한 시설로서 같은 건축물에 해당 용도로 쓰는 바닥면적의 합계가 500m² 미만이고, 다음 요건 중 어느 하나에 해당하는 것

1) 「대기환경보전법」, 「수질 및 수생태계 보전에 관한 법률」 또는 「소음·진동관리법」에 따른 배출시설의 설치 허가 또는 신고의 대상이 아닌 것

2) 「대기환경보전법」, 「수질 및 수생태계 보전에 관한 법률」 또는 「소음·진동관리법」에 따른 배출시설의 설치 허가 또는 신고의 대상 시설이나 귀금속·장신구 및 관련 제품 제조시설로서 발생되는 폐수를 전량 위탁처리하는 것

더. 단란주점으로서 같은 건축물에 해당 용도로 쓰는 바닥면적의 합계가 150m² 미만인 것

러. 안마시술소, 노래연습장

5. 문화 및 집회시설

가. 공연장으로서 제2종 근린생활시설에 해당하지 아니하는 것

나. 집회장[예식장, 공회당, 회의장, 마권(馬券) 장외 발매소, 마권 전화투표소, 그 밖에 이와 비슷한 것을 말한다]으로서 제2종 근린생활시설에 해당하지 아니하는 것

다. 관람장(경마장, 경륜장, 경정장, 자동차 경기장, 그 밖에 이와 비슷한 것과 체육관 및 운동장으로서 관람석의 바닥면적의 합계가 1천m² 이상인 것을 말한다)

라. 전시장(박물관, 미술관, 과학관, 문화관, 체험관, 기념관, 산업전시장, 박람회장, 그 밖에 이와 비슷한 것을 말한다)

마. 동·식물원(동물원, 식물원, 수족관, 그 밖에 이와 비슷한 것을 말한다)

6. 종교시설

가. 종교집회장으로서 제2종 근린생활시설에 해당하지 아니하는 것

나. 종교집회장(제2종 근린생활시설에 해당하지 아니하는 것을 말한다)에 설치하는 봉안당(奉安堂)

7. 판매시설

가. 도매시장(「농수산물유통 및 가격안정에 관한 법률」에 따른 농수산물도매시장, 농수산물공판장, 그 밖에 이와 비슷한 것을 말하며, 그 안에 있는 근린생활시설을 포함한다)

나. 소매시장(「유통산업발전법」 제2조제3호에 따른 대규모 점포, 그 밖에 이와 비슷한 것을 말하며, 그 안에 있는 근린생활시설을 포함한다)

다. 상점(그 안에 있는 근린생활시설을 포함한다)으로서 다음의 요건 중 어느 하나에 해당하는 것

1) 제3호 가목에 해당하는 용도(서점은 제외한다)로서 제1종 근린생활시설에 해당하지 아니하는 것

2) 「게임산업진흥에 관한 법률」 제2조제6호의2가목에 따른 청소년게임제공업의 시설, 같은 호 나목에 따른 일반게임제공업의 시설, 같은 조 제7호에 따른 인터넷컴퓨터게임시설제공업의 시설 및 같은 조 제8호에 따른 복합유통게임제공업의 시설로서 제2종 근린생활시설에 해당하지 아니하는 것

8. 운수시설

가. 여객자동차터미널

나. 철도시설

다. 공항시설 라. 항만시설

9. 의료시설
   가. 병원(종합병원, 병원, 치과병원, 한방병원, 정신병원 및 요양병원을 말한다)
   나. 격리병원(전염병원, 마약진료소, 그 밖에 이와 비슷한 것을 말한다)
10. 교육연구시설(제2종 근린생활시설에 해당하는 것은 제외한다)
   가. 학교(유치원, 초등학교, 중학교, 고등학교, 전문대학, 대학, 대학교, 그 밖에 이에 준하는 각종 학교를 말한다)
   나. 교육원(연수원, 그 밖에 이와 비슷한 것을 포함한다)
   다. 직업훈련소(운전 및 정비 관련 직업훈련소는 제외한다)
   라. 학원(자동차학원 및 무도학원은 제외한다)
   마. 연구소(연구소에 준하는 시험소와 계측계량소를 포함한다)
   바. 도서관
11. 노유자시설
   가. 아동 관련 시설(어린이집, 아동복지시설, 그 밖에 이와 비슷한 것으로서 단독주택, 공동주택 및 제1종 근린생활시설에 해당하지 아니하는 것을 말한다)
   나. 노인복지시설(단독주택과 공동주택에 해당하지 아니하는 것을 말한다)
   다. 그 밖에 다른 용도로 분류되지 아니한 사회복지시설 및 근로복지시설
12. 수련시설
   가. 생활권 수련시설(「청소년활동진흥법」에 따른 청소년수련관, 청소년문화의집, 청소년특화시설, 그 밖에 이와 비슷한 것을 말한다)
   나. 자연권 수련시설(「청소년활동진흥법」에 따른 청소년수련원, 청소년야영장, 그 밖에 이와 비슷한 것을 말한다)
   다. 「청소년활동진흥법」에 따른 유스호스텔
13. 운동시설
   가. 탁구장, 체육도장, 테니스장, 체력단련장, 에어로빅장, 볼링장, 당구장, 실내낚시터, 골프연습장, 놀이형시설, 그 밖에 이와 비슷한 것으로서 제1종 근린생활시설 및 제2종 근린생활시설에 해당하지 아니하는 것
   나. 체육관으로서 관람석이 없거나 관람석의 바닥면적이 1천m^2 미만인 것
   다. 운동장(육상장, 구기장, 볼링장, 수영장, 스케이트장, 롤러스케이트장,

승마장, 사격장, 궁도장, 골프장 등과 이에 딸린 건축물을 말한다)으로서 관람석이 없거나 관람석의 바닥면적이 1천m² 미만인 것

14. 업무시설
   가. 공공업무시설 : 국가 또는 지방자치단체의 청사와 외국공관의 건축물로서 제1종 근린생활시설에 해당하지 아니하는 것
   나. 일반업무시설 : 다음 요건을 갖춘 업무시설을 말한다.
      1) 금융업소, 사무소, 결혼상담소 등 소개업소, 출판사, 신문사, 그 밖에 이와 비슷한 것으로서 제2종 근린생활시설에 해당하지 않는 것
      2) 오피스텔(업무를 주로 하며, 분양하거나 임대하는 구획 중 일부 구획에서 숙식을 할 수 있도록 한 건축물로서 국토교통부장관이 고시하는 기준에 적합한 것을 말한다)

15. 숙박시설
   가. 일반숙박시설 및 생활숙박시설
   나. 관광숙박시설(관광호텔, 수상관광호텔, 한국전통호텔, 가족호텔, 호스텔, 소형호텔, 의료관광호텔 및 휴양 콘도미니엄)
   다. 다중생활시설(제2종 근린생활시설에 해당하지 아니하는 것을 말한다)
   라. 그 밖에 가목부터 다목까지의 시설과 비슷한 것

16. 위락시설
   가. 단란주점으로서 제2종 근린생활시설에 해당하지 아니하는 것
   나. 유흥주점이나 그 밖에 이와 비슷한 것
   다. 「관광진흥법」에 따른 유원시설업의 시설, 그 밖에 이와 비슷한 시설(제2종 근린생활시설과 운동시설에 해당하는 것은 제외한다)
   라. 삭제 <2010.2.18>
   마. 무도장, 무도학원
   바. 카지노영업소

17. 공장

물품의 제조·가공[염색·도장(塗裝)·표백·재봉·건조·인쇄 등을 포함한다] 또는 수리에 계속적으로 이용되는 건축물로서 제1종 근린생활시설, 제2종 근린생활시설, 위험물저장 및 처리시설, 자동차 관련 시설, 분뇨 및 쓰레기 처리시설 등으로 따로 분류되지 아니한 것

18. 창고시설(위험물 저장 및 처리 시설 또는 그 부속용도에 해당하는 것은 제외한다)
    가. 창고(물품저장시설로서 「물류정책기본법」에 따른 일반창고와 냉장 및 냉동 창고를 포함한다)
    나. 하역장
    다. 「물류시설의 개발 및 운영에 관한 법률」에 따른 물류터미널
    라. 집배송 시설
19. 위험물 저장 및 처리 시설
    「위험물안전관리법」, 「석유 및 석유대체연료 사업법」, 「도시가스사업법」, 「고압가스 안전관리법」, 「액화석유가스의 안전관리 및 사업법」, 「총포·도검·화약류 등 단속법」, 「유해화학물질 관리법」 등에 따라 설치 또는 영업의 허가를 받아야 하는 건축물로서 다음 각 목의 어느 하나에 해당하는 것. 다만, 자가난방, 자가발전, 그 밖에 이와 비슷한 목적으로 쓰는 저장시설은 제외한다.
    가. 주유소(기계식 세차설비를 포함한다) 및 석유 판매소
    나. 액화석유가스 충전소·판매소·저장소(기계식 세차설비를 포함한다)
    다. 위험물 제조소·저장소·취급소
    라. 액화가스 취급소·판매소
    마. 유독물 보관·저장·판매시설
    바. 고압가스 충전소·판매소·저장소
    사. 도료류 판매소
    아. 도시가스 제조시설
    자. 화약류 저장소
    차. 그 밖에 가목부터 자목까지의 시설과 비슷한 것
20. 자동차 관련 시설(건설기계 관련 시설을 포함한다)
    가. 주차장
    나. 세차장
    다. 폐차장
    라. 검사장
    마. 매매장
    바. 정비공장
    사. 운전학원 및 정비학원(운전 및 정비 관련 직업훈련시설을 포함한다)
    아. 「여객자동차 운수사업법」, 「화물자동차 운수사업법」 및 「건설기계관리법」에 따른 차고 및 주기장(駐機場)

21. 동물 및 식물 관련 시설
    가. 축사(양잠·양봉·양어시설 및 부화장 등을 포함한다)
    나. 가축시설[가축용 운동시설, 인공수정센터, 관리사(管理舍), 가축용 창고, 가축시장, 동물검역소, 실험동물 사육시설, 그 밖에 이와 비슷한 것을 말한다]
    다. 도축장
    라. 도계장
    마. 작물 재배사
    바. 종묘배양시설
    사. 화초 및 분재 등의 온실
    아. 식물과 관련된 마목부터 사목까지의 시설과 비슷한 것(동·식물원은 제외한다)
22. 자원순환 관련 시설
    가. 하수 등 처리시설
    나. 고물상
    다. 폐기물재활용시설
    라. 폐기물 처분시설
    마. 폐기물감량화시설
23. 교정 및 군사 시설(제1종 근린생활시설에 해당하는 것은 제외한다)
    가. 교정시설(보호감호소, 구치소 및 교도소를 말한다)
    나. 갱생보호시설, 그 밖에 범죄자의 갱생·보육·교육·보건 등의 용도로 쓰는 시설
    다. 소년원 및 소년분류심사원
    라. 국방·군사시설
24. 방송통신시설(제1종 근린생활시설에 해당하는 것은 제외한다)
    가. 방송국(방송프로그램 제작시설 및 송신·수신·중계시설을 포함한다)
    나. 전신전화국
    다. 촬영소
    라. 통신용 시설
    마. 그 밖에 가목부터 라목까지의 시설과 비슷한 것

25. 발전시설
   발전소(집단에너지 공급시설을 포함한다)로 사용되는 건축물로서 제1종 근린생활시설에 해당하지 아니하는 것
26. 묘지 관련 시설
   가. 화장시설,
   나. 봉안당(종교시설에 해당하는 것은 제외한다)
   다. 묘지와 자연장지에 부수되는 건축물
27. 관광 휴게시설
   가. 야외음악당
   나. 야외극장
   다. 어린이회관
   라. 관망탑
   마. 휴게소
   바. 공원·유원지 또는 관광지에 부수되는 시설
28. 장례식장[의료시설의 부수시설(「의료법」 제36조제1호에 따른 의료기관의 종류에 따른 시설을 말한다)에 해당하는 것은 제외한다]

2) 용도지역 안에서의 건축제한(건축물의 용도·종류의 제한)

용도지역에 있어서는 건축할 수 있는 건축물의 용도·종류가 용도지역별로 제한을 받으며, 위 규정에 의한 용도지역 안에서의 건축물의 용도·종류 및 규모 등의 제한은 법 시행령 제71조제1항의 규정에 따른다.

가) 제1종전용주거지역 안에서 건축할 수 있는 건축물 : 별표 2에 규정된 건축물

제1종전용주거지역 안에서 건축할 수 있는 건축물
(제71조제1항제1호 관련)

1. 건축할 수 있는 건축물
   가. 「건축법 시행령」 별표 1 제1호의 단독주택(다가구주택을 제외한다)
   나. 「건축법 시행령」 별표 1 제3호 가목부터 바목까지 및 사목(공중화장실·대

피소, 그 밖에 이와 비슷한 것 및 지역아동센터는 제외한다)의 제1종 근린생활시설로서 해당 용도에 쓰이는 바닥면적의 합계가 1천m^2 미만인 것

2. 도시·군계획조례가 정하는 바에 의하여 건축할 수 있는 건축물
   가. 「건축법 시행령」 별표 1 제1호의 단독주택 중 다가구주택
   나. 「건축법 시행령」 별표 1 제2호의 공동주택 중 연립주택 및 다세대주택
   다. 「건축법 시행령」 별표 1 제3호 사목(공중화장실·대피소, 그 밖에 이와 비슷한 것 및 지역아동센터만 해당한다) 및 아목에 따른 제1종 근린생활시설로서 해당 용도에 쓰이는 바닥면적의 합계가 1천m^2 미만인 것
   라. 「건축법 시행령」 별표 1 제4호의 제2종 근린생활시설 중 종교집회장
   마. 「건축법 시행령」 별표 1 제5호의 문화 및 집회시설 중 같은 호 라목[박물관, 미술관, 체험관(「건축법 시행령」 제2조제16호에 따른 한옥으로 건축하는 것만 해당한다) 및 기념관에 한정한다]에 해당하는 것으로서 그 용도에 쓰이는 바닥면적의 합계가 1천m^2 미만인 것
   바. 「건축법 시행령」 별표 1 제6호의 종교시설에 해당하는 것으로서 그 용도에 쓰이는 바닥면적의 합계가 1천m^2 미만인 것
   사. 「건축법 시행령」 별표 1 제10호의 교육연구시설 중 유치원·초등학교·중학교 및 고등학교
   아. 「건축법 시행령」 별표 1 제11호의 노유자시설
   자. 「건축법 시행령」 별표 1 제20호의 자동차관련시설 중 주차장

나) 제2종전용주거지역안에서 건축할 수 있는 건축물 : 별표 3에 규정된 건축물

제2종전용주거지역안에서 건축할 수 있는 건축물

(제71조제1항제2호 관련)

1. 건축할 수 있는 건축물
   가. 「건축법 시행령」 별표 1 제1호의 단독주택
   나. 「건축법 시행령」 별표 1 제2호의 공동주택
   다. 「건축법 시행령」 별표 1 제3호의 제1종 근린생활시설로서 당해 용도에

쓰이는 바닥면적의 합계가 1천m² 미만인 것

2. 도시·군계획조례가 정하는 바에 의하여 건축할 수 있는 건축물
   가. 「건축법 시행령」 별표 1 제4호의 제2종 근린생활시설 중 종교집회장
   나. 「건축법 시행령」 별표 1 제5호의 문화 및 집회시설 중 동호 라목(박물관·미술관 및 기념관에 한한다)에 해당하는 것으로서 그 용도에 쓰이는 바닥면적의 합계가 1천m² 미만인 것
   다. 「건축법 시행령」 별표 1 제6호의 종교시설에 해당하는 것으로서 그 용도에 쓰이는 바닥면적의 합계가 1천m² 미만인 것
   라. 「건축법 시행령」 별표 1 제10호의 교육연구시설 중 유치원·초등학교·중학교 및 고등학교
   마. 「건축법 시행령」 별표 1 제11호의 노유자시설
   바. 「건축법 시행령」 별표 1 제20호의 자동차관련시설 중 주차장

다) 제1종일반주거지역안에서 건축할 수 있는 건축물 : 별표 4에 규정된 건축물

제1종일반주거지역안에서 건축할 수 있는 건축물

(제71조제1항제3호 관련)

1. 건축할 수 있는 건축물[4층 이하(「주택법 시행령」 제3조제1항제1호에 따른 단지형 연립주택 및 같은 항 제1호의2에 따른 단지형 다세대주택인 경우에는 5층 이하를 말하며, 단지형 연립주택의 1층 전부를 필로티 구조로 하여 주차장으로 사용하는 경우에는 필로티 부분을 층수에서 제외하고, 단지형 다세대주택의 1층 바닥면적의 2분의 1 이상을 필로티 구조로 하여 주차장으로 사용하고 나머지 부분을 주택 외의 용도로 쓰는 경우에는 해당 층을 층수에서 제외한다. 이하 이 호에서 같다)의 건축물만 해당한다. 다만, 4층 이하의 범위에서 도시·군계획조례로 따로 층수를 정하는 경우에는 그 층수 이하의 건축물만 해당한다]
   가. 「건축법 시행령」 별표 1 제1호의 단독주택
   나. 「건축법 시행령」 별표 1 제2호의 공동주택(아파트를 제외한다)

다. 「건축법 시행령」 별표 1 제3호의 제1종 근린생활시설

라. 「건축법 시행령」 별표 1 제10호의 교육연구시설 중 유치원·초등학교·중학교 및 고등학교

마. 「건축법 시행령」 별표 1 제11호의 노유자시설

2. 도시·군계획조례가 정하는 바에 의하여 건축할 수 있는 건축물(4층 이하의 건축물에 한한다. 다만, 4층 이하의 범위 안에서 도시·군계획조례로 따로 층수를 정하는 경우에는 그 층수 이하의 건축물에 한한다)

가. 「건축법 시행령」 별표 1 제4호의 제2종 근린생활시설(단란주점 및 안마시술소를 제외한다)

나. 「건축법 시행령」 별표 1 제5호의 문화 및 집회시설(공연장 및 관람장을 제외한다)

다. 「건축법 시행령」 별표 1 제6호의 종교시설

라. 「건축법 시행령」 별표 1 제7호의 판매시설 중 동호 나목 및 다목에 해당하는 것으로서 해당용도에 쓰이는 바닥면적의 합계가 2천m² 미만인 것(너비 15m 이상의 도로로서 도시·군계획조례가 정하는 너비 이상의 도로에 접한 대지에 건축하는 것에 한한다)과 기존의 도매시장 또는 소매시장을 재건축하는 경우로서 인근의 주거환경에 미치는 영향, 시장의 기능회복 등을 감안하여 도시·군계획조례가 정하는 경우에는 해당용도에 쓰이는 바닥면적의 합계의 4배 이하 또는 대지면적의 2배 이하인 것

마. 「건축법 시행령」 별표 1 제9호의 의료시설(격리병원을 제외한다)

바. 「건축법 시행령」 별표 1 제10호의 교육연구시설 중 제1호 라목에 해당하지 아니하는 것

사. 「건축법 시행령」 별표 1 제12호의 수련시설(유스호스텔의 경우 특별시 및 광역시 지역에서는 너비 15m 이상의 도로에 20m 이상 접한 대지에 건축하는 것에 한하며, 그 밖의 지역에서는 너비 12m 이상의 도로에 접한 대지에 건축하는 것에 한한다)

아. 「건축법 시행령」 별표 1 제13호의 운동시설(옥외 철탑이 설치된 골프연습장을 제외한다)

자. 「건축법 시행령」 별표 1 제14호의 업무시설 중 오피스텔로서 그 용도에 쓰이는 바닥면적의 합계가 3천m² 미만인 것

차. 「건축법 시행령」 별표 1 제17호의 공장 중 인쇄업, 기록매체복제업, 봉제업(의류편조업을 포함한다), 컴퓨터 및 주변기기제조업, 컴퓨터 관련 전자제품조립업, 두부제조업, 세탁업의 공장 및 지식산업센터로서 다음의 어느 하나에 해당하지 아니하는 것

(1) 「대기환경보전법」 제2조제9호에 따른 특정대기유해물질을 배출하는 것

(2) 「대기환경보전법」 제2조제11호에 따른 대기오염물질배출시설에 해당하는 시설로서 법 시행령 별표 1에 따른 1종사업장 내지 4종사업장에 해당하는 것

(3) 「수질 및 수생태계 보전에 관한 법률」 제2조제8호에 따른 특정수질유해물질을 배출하는 것. 다만, 동법 제34조에 따라 폐수무방류배출시설의 설치허가를 받아 운영하는 경우를 제외한다.

(4) 「수질 및 수생태계 보전에 관한 법률」 제2조제10호에 따른 폐수배출시설에 해당하는 시설로서 법 시행령 별표 13에 따른 제1종사업장부터 제4종사업장까지에 해당하는 것

(5) 「폐기물관리법」 제2조제4호에 따른 지정폐기물을 배출하는 것

(6) 「소음·진동관리법」 제7조에 따른 배출허용기준의 2배 이상인 것

카. 「건축법 시행령」 별표 1 제18호의 창고시설

타. 「건축법 시행령」 별표 1 제19호의 위험물저장 및 처리시설 중 주유소, 석유판매소, 액화가스 취급소·판매소, 도료류 판매소, 「대기환경보전법」에 따른 저공해자동차의 연료공급시설, 시내버스차고지에 설치하는 액화석유가스충전소 및 고압가스충전·저장소

파. 「건축법 시행령」 별표 1 제20호의 자동차관련시설 중 주차장 및 세차장

하. 「건축법 시행령」 별표 1 제21호의 동물 및 식물관련시설 중 화초 및 분재 등의 온실

거. 「건축법 시행령」 별표 1 제23호의 교정 및 국방·군사시설

너. 「건축법 시행령」 별표 1 제24호의 방송통신시설

더. 「건축법 시행령」 별표 1 제25호의 발전시설

라) 제2종일반주거지역안에서 건축할 수 있는 건축물 : 별표 5에 규정된 건축물

제2종일반주거지역안에서 건축할 수 있는 건축물

(제71조제1항제4호 관련)

1. 건축할 수 있는 건축물(경관관리 등을 위하여 도시·군계획조례로 건축물의 층수를 제한하는 경우에는 그 층수 이하의 건축물로 한정한다)
   가. 「건축법 시행령」 별표 1 제1호의 단독주택
   나. 「건축법 시행령」 별표 1 제2호의 공동주택
   다. 「건축법 시행령」 별표 1 제3호의 제1종 근린생활시설
   라. 「건축법 시행령」 별표 1 제6호의 종교시설
   마. 「건축법 시행령」 별표 1 제10호의 교육연구시설 중 유치원·초등학교·중학교 및 고등학교
   바. 「건축법 시행령」 별표 1 제11호의 노유자시설
2. 도시·군계획조례가 정하는 바에 따라 건축할 수 있는 건축물(경관관리 등을 위하여 도시·군계획조례로 건축물의 층수를 제한하는 경우에는 그 층수 이하의 건축물로 한정한다)
   가. 「건축법 시행령」 별표 1 제4호의 제2종 근린생활시설(단란주점 및 안마시술소를 제외한다)
   나. 「건축법 시행령」 별표 1 제5호의 문화 및 집회시설(관람장을 제외한다)
   다. 「건축법 시행령」 별표 제7호의 판매시설 중 동호 나목 및 다목에 해당하는 것으로서 당해 용도에 쓰이는 바닥면적의 합계가 2천m² 미만인 것(너비 15m 이상의 도로로서 도시·군계획조례가 정하는 너비 이상의 도로에 접한 대지에 건축하는 것에 한한다)과 기존의 도매시장 또는 소매시장을 재건축하는 경우로서 인근의 주거환경에 미치는 영향, 시장의 기능회복 등을 감안하여 도시계획조례가 정하는 경우에는 당해 용도에 쓰이는 바닥면적의 합계의 4배 이하 또는 대지면적의 2배 이하인 것
   라. 「건축법 시행령」 별표 1 제9호의 의료시설(격리병원을 제외한다)
   마. 「건축법 시행령」 별표 1 제10호의 교육연구시설 중 제1호 마목에 해당하지 아니하는 것

바.「건축법 시행령」 별표 1 제12호의 수련시설(유스호스텔의 경우 특별시 및 광역시 지역에서는 너비 15m 이상의 도로에 20m 이상 접한 대지에 건축하는 것에 한하며, 그 밖의 지역에서는 너비 12m 이상의 도로에 접한 대지에 건축하는 것에 한한다)
사.「건축법 시행령」 별표 1 제13호의 운동시설
아.「건축법 시행령」 별표 1 제14호의 업무시설 중 오피스텔·금융업소·사무소 및 동호 가목에 해당하는 것으로서 해당용도에 쓰이는 바닥면적의 합계가 3천m^2 미만인 것
자. 별표 4 제2호 차목의 공장
차.「건축법 시행령」 별표 1 제18호의 창고시설
카.「건축법 시행령」 별표 1 제19호의 위험물저장 및 처리시설 중 주유소, 석유판매소, 액화가스 취급소·판매소, 도료류 판대소,「대기환경보전법」에 따른 저공해자동차의 연료공급시설, 시내버스차고지에 설치하는 액화석유가스충전소 및 고압가스충전·저장소
타.「건축법 시행령」 별표 1 제20호의 자동차관련시설 중 동호 아목에 해당하는 것과 주차장 및 세차장
파.「건축법 시행령」 별표 1 제21호의 동물 및 식물관련시설 중 동호 마목 내지 아목에 해당하는 것
하.「건축법 시행령」 별표 1 제23호의 교정 및 국방·군사시설
거.「건축법 시행령」 별표 1 제24호의 방송통신시설
너.「건축법 시행령」 별표 1 제25호의 발전시설

마) 제3종일반주거지역안에서 건축할 수 있는 건축물 : 별표 6에 규정된 건축물

제3종일반주거지역안에서 건축할 수 있는 건축물
(제71조제1항제5호 관련)

1. 건축할 수 있는 건축물
가.「건축법 시행령」 별표 1 제1호의 단독주택

나. 「건축법 시행령」 별표 1 제2호의 공동주택
다. 「건축법 시행령」 별표 1 제3호의 제1종 근린생활시설
라. 「건축법 시행령」 별표 1 제6호의 종교시설
마. 「건축법 시행령」 별표 1 제10호의 교육연구시설 중 유치원·초등학교·중학교 및 고등학교
바. 「건축법 시행령」 별표 1 제11호의 노유자시설

2. 도시·군계획조례가 정하는 바에 의하여 건축할 수 있는 건축물
가. 「건축법 시행령」 별표 1 제4호의 제2종 근린생활시설(단란주점 및 안마시술소를 제외한다)
나. 「건축법 시행령」 별표 1 제5호의 문화 및 집회시설(관람장을 제외한다)
다. 「건축법 시행령」 별표 1 제7호의 판매시설 중 동호 나목 및 다목에 해당하는 것으로서 당해 용도에 쓰이는 바닥면적의 합계가 2천m² 미만인 것(너비 15m 이상의 도로로서 도시·군계획조례가 정하는 너비 이상의 도로에 접한 대지에 건축하는 것에 한한다)과 기존의 도매시장 또는 소매시장을 재건축하는 경우로서 인근의 주거환경에 미치는 영향, 시장의 기능회복 등을 감안하여 도시·군계획조례가 정하는 경우에는 당해 용도에 쓰이는 바닥면적의 합계의 4배 이하 또는 대지면적의 2배 이하인 것
라. 「건축법 시행령」 별표 1 제9호의 의료시설(격리병원을 제외한다)
마. 「건축법 시행령」 별표 1 제10호의 교육연구시설 중 제1호 마목에 해당하지 아니하는 것
바. 「건축법 시행령」 별표 1 제12호의 수련시설(유스호스텔의 경우 특별시 및 광역시 지역에서는 너비 15m 이상의 도로에 20m 이상 접한 대지에 건축하는 것에 한하며, 그 밖의 지역에서는 너비 12m 이상의 도로에 접한 대지에 건축 하는 것에 한한다)
사. 「건축법 시행령」 별표 1 제13호의 운동시설
아. 「건축법 시행령」 별표 1 제14호의 업무시설로서 그 용도에 쓰이는 바닥면적의 합계가 3천m² 이하인 것
자. 별표 4 제2호 차목의 공장
차. 「건축법 시행령」 별표 1 제18호의 창고시설
카. 「건축법 시행령」 별표 1 제19호의 위험물저장 및 처리시설 중 주유소,

석유판매소, 액화가스 취급소·판매소, 도료류 판매소, 「대기환경보전법」에 따른 저공해자동차의 연료공급시설, 시내버스차고지에 설치하는 액화석유가스충전소 및 고압가스충전·저장소

타. 「건축법 시행령」 별표 1 제20호의 자동차관련시설 중 동호 아목에 해당하는 것과 주차장 및 세차장

파. 「건축법 시행령」 별표 1 제21호의 동물 및 식물관련시설 중 동호 마목 내지 아목에 해당하는 것

하. 「건축법 시행령」 별표 1 제23호의 교정 및 국방·군사시설

거. 「건축법 시행령」 별표 1 제24호의 방송통신시설

너. 「건축법 시행령」 별표 1 제25호의 발전시설

바) 준주거지역안에서 건축할 수 없는 건축물 : 별표 7에 규정된 건축물

준주거지역안에서 건축할 수 없는 건축물

(제71조제1항제6호 관련)

1. 건축할 수 없는 건축물

가. 「건축법 시행령」 별표 1 제4호의 제2종 근린생활시설 중 단란주점

나. 「건축법 시행령」 별표 1 제9호의 의료시설 중 격리병원

다. 「건축법 시행령」 별표 1 제15호의 숙박시설(생활숙박시설로서 공원·녹지 또는 지형지물에 의하여 주택 밀집지역과 차단되거나 주택 밀집지역으로부터 도시·군계획조례로 정하는 거리 밖에 있는 대지에 건축하는 것은 제외한다)

라. 「건축법 시행령」 별표 1 제16호의 위락시설

마. 「건축법 시행령」 별표 1 제17호의 공장으로서 별표 4 제2호 차목(1)부터 (6)까지의 어느 하나에 해당하는 것

바. 「건축법 시행령」 별표 1 제19호의 위험물 저장 및 처리 시설 중 시내버스차고지 외의 지역에 설치하는 액화석유가스 충전소 및 고압가스 충전소·저장소

사. 「건축법 시행령」 별표 1 제20호의 자동차 관련 시설 중 폐차장
아. 「건축법 시행령」 별표 1 제21호의 동물 및 식물 관련 시설 중 축사·도축장·도계장
자. 「건축법 시행령」 별표 1 제22호의 자원순환 관련 시설
차. 「건축법 시행령」 별표 1 제26호의 묘지 관련 시설

2. 지역 여건 등을 고려하여 도시·군계획조례로 정하는 바에 따라 건축할 수 없는 건축물
가. 「건축법 시행령」 별표 1 제4호의 제2종 근린생활시설 중 안마시술소
나. 「건축법 시행령」 별표 1 제5호의 문화 및 집회시설(공연장 및 전시장은 제외한다)
다. 「건축법 시행령」 별표 1 제7호의 판매시설
라. 「건축법 시행령」 별표 1 제8호의 운수시설
마. 「건축법 시행령」 별표 1 제15호의 숙박시설 중 생활숙박시설로서 공원·녹지 또는 지형지물에 의하여 주택 밀집지역과 차단되거나 주택 밀집지역으로부터 도시·군계획조례로 정하는 거리 밖에 있는 대지에 건축하는 것
바. 「건축법 시행령」 별표 1 제17호의 공장(제1호 마목에 해당하는 것은 제외한다.)
사. 「건축법 시행령」 별표 1 제18호의 창고시설
아. 「건축법 시행령」 별표 1 제19호의 위험물 저장 및 처리 시설(제1호 바목에 해당하는 것은 제외한다)
자. 「건축법 시행령」 별표 1 제20호의 자동차 관련 시설(제1호 사목에 해당하는 것은 제외한다)
차. 「건축법 시행령」 별표 1 제21호의 동물 및 식물 관련 시설(제1호 아목에 해당하는 것은 제외한다)
카. 「건축법 시행령」 별표 1 제23호의 교정 및 군사 시설
타. 「건축법 시행령」 별표 1 제25호의 발전시설
파. 「건축법 시행령」 별표 1 제27호의 관광 휴게시설
하. 「건축법 시행령」 별표 1 제28호의 장례식장

사) 중심상업지역안에서 건축할 수 없는 건축물 : 별표 8에 규정된 건축물

중심상업지역안에서 건축할 수 없는 건축물
(제71조제1항제7호 관련)

1. 건축할 수 없는 건축물
   가. 「건축법 시행령」 별표 1 제1호의 단독주택(다른 용도와 복합된 것은 제외한다)
   나. 「건축법 시행령」 별표 1 제2호의 공동주택[공동주택과 주거용 외의 용도가 복합된 건축물(다수의 건축물이 일체적으로 연결된 하나의 건축물을 포함한다)로서 공동주택 부분의 면적이 연면적의 합계의 90%(도시·군계획조례로 90% 미만의 범위에서 별도로 비율을 정한 경우에는 그 비율) 미만인 것은 제외한다]
   다. 「건축법 시행령」 별표 1 제15호의 숙박시설 중 일반숙박시설 및 생활숙박시설(공원·녹지 또는 지형지물에 따라 주거지역과 차단되거나 주거지역으로부터 도시·군계획조례로 정하는 거리 밖에 있는 대지에 건축하는 것은 제외한다)
   라. 「건축법 시행령」 별표 1 제16호의 위락시설(공원·녹지 또는 지형지물에 따라 주거지역과 차단되거나 주거지역으로부터 도시·군계획조례로 정하는 거리 밖에 있는 대지에 건축하는 것은 제외한다)
   마. 「건축법 시행령」 별표 1 제17호의 공장(제2호 바목에 해당하는 것은 제외한다)
   바. 「건축법 시행령」 별표 1 제19호의 위험물 저장 및 처리 시설 중 시내버스차고지 외의 지역에 설치하는 액화석유가스 충전소 및 고압가스충전소·저장소
   사. 「건축법 시행령」 별표 1 제20호의 자동차 관련 시설 중 폐차장
   아. 「건축법 시행령」 별표 1 제21호의 동물 및 식물 관련 시설
   자. 「건축법 시행령」 별표 1 제22호의 자원순환 관련 시설
   차. 「건축법 시행령」 별표 1 제26호의 묘지 관련 시설
2. 지역 여건 등을 고려하여 도시·군계획조례로 정하는 바에 따라 건축할 수

없는 건축물
가. 「건축법 시행령」 별표 1 제1호의 단독주택 중 다른 용도와 복합된 것
나. 「건축법 시행령」 별표 1 제2호의 공동주택(제1호 나목에 해당하는 것은 제외한다)
다. 「건축법 시행령」 별표 1 제9호의 의료시설 중 격리병원
라. 「건축법 시행령」 별표 1 제10호의 교육연구시설 중 학교
마. 「건축법 시행령」 별표 1 제12호의 수련시설
바. 「건축법 시행령」 별표 1 제17호의 공장 중 출판업·인쇄업·금은세공업 및 기록매체복제업의 공장으로서 별표 4 제2호 차목(1)부터 (6)까지의 어느 하나에 해당하지 않는 것
사. 「건축법 시행령」 별표 1 제18호의 창고시설
아. 「건축법 시행령」 별표 1 제19호의 위험물 저장 및 처리시설(제1호 바목에 해당하는 것은 제외한다)
자. 「건축법 시행령」 별표 1 제20호의 자동차 관련 시설 중 같은 호 나목 및 라목부터 아목까지에 해당하는 것
차. 「건축법 시행령」 별표 1 제23호의 교정 및 군사 시설(국방·군사시설은 제외한다)
카. 「건축법 시행령」 별표 1 제27호의 관광 휴게시설
타. 「건축법 시행령」 별표 1 제28호의 장례식장

아) 일반상업지역안에서 건축할 수 없는 건축물 : 별표 9에 규정된 건축물

일반상업지역안에서 건축할 수 없는 건축물

(제71조제1항제8호 관련)

1. 건축할 수 없는 건축물
가. 「건축법 시행령」 별표 1 제15호의 숙박시설 중 일반숙박시설 및 생활숙박시설(공원·녹지 또는 지형지물에 따라 주거지역과 차단되거나 주거지역으로부터 도시·군계획조례로 정하는 거리 밖에 있는 대지에 건축하는 것은 제외한다)

나. 「건축법 시행령」 별표 1 제16호의 위락시설(공원·녹지 또는 지형지물에 따라 주거지역과 차단되거나 주거지역으로부터 도시·군계획조례로 정하는 거리 밖에 있는 대지에 건축하는 것은 제외한다)

다. 「건축법 시행령」 별표 1 제17호의 공장으로서 별표 4 제2호 차목(1)부터 (6)까지의 어느 하나에 해당하는 것

라. 「건축법 시행령」 별표 1 제19호의 위험물 저장 및 처리 시설 중 시내버스차고지 외의 지역에 설치하는 액화석유가스 충전소 및 고압가스 충전소·저장소

마. 「건축법 시행령」 별표 1 제20호의 자동차 관련 시설 중 폐차장

바. 「건축법 시행령」 별표 1 제21호의 동물 및 식물 관련 시설 중 같은 호 가목부터 라목까지에 해당하는 것

사. 「건축법 시행령」 별표 1 제22호의 자원순환 관련 시설

아. 「건축법 시행령」 별표 1 제26호의 묘지 관련 시설

2. 지역 여건 등을 고려하여 도시·군계획조례로 정하는 바에 따라 건축할 수 없는 건축물

가. 「건축법 시행령」 별표 1 제1호의 단독주택

나. 「건축법 시행령」 별표 1 제2호의 공동주택[공동주택과 주거용 외의 용도가 복합된 건축물(다수의 건축물이 일체적으로 연결된 하나의 건축물을 포함한다)로서 공동주택 부분의 면적이 연면적의 합계의 90%(도시·군계획조례로 90% 미만의 비율을 정한 경우에는 그 비율) 미만인 것은 제외한다]

다. 「건축법 시행령」 별표 1 제12호의 수련시설

라. 「건축법 시행령」 별표 1 제17호의 공장(제1호 다목에 해당하는 것은 제외한다)

마. 「건축법 시행령」 별표 1 제19호의 위험물 저장 및 처리 시설(제1호 라목에 해당하는 것은 제외한다)

바. 「건축법 시행령」 별표 1 제20호의 자동차 관련 시설 중 같은 호 라목부터 아목까지에 해당하는 것

사. 「건축법 시행령」 별표 1 제21호의 동물 및 식물 관련 시설(제1호 바목에 해당하는 것은 제외한다)

> 아. 「건축법 시행령」 별표 1 제23호의 교정 및 군사 시설(국방·군사시설은 제외한다)

자) 근린상업지역안에서 건축할 수 없는 건축물 : 별표 10에 규정된 건축물

근린상업지역안에서 건축할 수 없는 건축물

(제71조제1항제9호 관련)

1. 건축할 수 없는 건축물
   가. 「건축법 시행령」 별표 1 제9호의 의료시설 중 격리병원
   나. 「건축법 시행령」 별표 1 제15호의 숙박시설 중 일반숙박시설 및 생활숙박시설(공원·녹지 또는 지형지물에 따라 주거지역과 차단되거나 주거지역으로부터 도시·군계획조례로 정하는 거리 밖에 있는 대지에 건축하는 것은 제외한다)
   다. 「건축법 시행령」 별표 1 제16호의 위락시설(공원·녹지 또는 지형지물에 따라 주거지역과 차단되거나 주거지역으로부터 도시·군계획조례로 정하는 거리 밖에 있는 대지에 건축하는 것은 제외한다)
   라. 「건축법 시행령」 별표 1 제17호의 공장으로서 별표 4 제2호 차목(1)부터 (6)까지의 어느 하나에 해당하는 것
   마. 「건축법 시행령」 별표 1 제19호의 위험물 저장 및 처리 시설 중 시내버스차고지 외의 지역에 설치하는 액화석유가스 충전소 및 고압가스 충전소·저장소
   바. 「건축법 시행령」 별표 1 제20호의 자동차 관련 시설 중 같은 호 다목부터 사목까지에 해당하는 것
   사. 「건축법 시행령」 별표 1 제21호의 동물 및 식물 관련 시설 중 같은 호 가목부터 라목까지에 해당하는 것
   아. 「건축법 시행령」 별표 1 제22호의 자원순환 관련 시설
   자. 「건축법 시행령」 별표 1 제26호의 묘지 관련 시설
2. 지역 여건 등을 고려하여 도시·군계획조례로 정하는 바에 따라 건축할 수 없는 건축물

가. 「건축법 시행령」 별표 1 제2호의 공동주택[공동주택과 주거용 외의 용도가 복합된 건축물(다수의 건축물이 일체적으로 연결된 하나의 건축물을 포함한다)로서 공동주택 부분의 면적이 연면적의 합계의 90%(도시·군계획조례로 90% 미만의 범위에서 별도로 비율을 정한 경우에는 그 비율) 미만인 것은 제외한다]
나. 「건축법 시행령」 별표 1 제5호의 문화 및 집회시설(공연장 및 전시장은 제외한다)
다. 「건축법 시행령」 별표 1 제7호의 판매시설로서 그 용도에 쓰이는 바닥면적의 합계가 3천m^2 이상인 것
라. 「건축법 시행령」 별표 1 제8호의 운수시설로서 그 용도에 쓰이는 바닥면적의 합계가 3천m^2 이상인 것
마. 「건축법 시행령」 별표 1 제16호의 위락시설(제1호 다목에 해당하는 것은 제외한다)
바. 「건축법 시행령」 별표 1 제17호의 공장(제1호 라목에 해당하는 것은 제외한다)
사. 「건축법 시행령」 별표 1 제18호의 창고시설
아. 「건축법 시행령」 별표 1 제19호의 위험물 저장 및 처리 시설(제1호 마목에 해당하는 것은 제외한다)
자. 「건축법 시행령」 별표 1 제20호의 자동차 관련 시설 중 같은 호 아목에 해당하는 것
차. 「건축법 시행령」 별표 1 제21호의 동물 및 식물 관련 시설(제1호 사목에 해당하는 것은 제외한다)
카. 「건축법 시행령」 별표 1 제23호의 교정 및 군사 시설
타. 「건축법 시행령」 별표 1 제25호의 발전시설
파. 「건축법 시행령」 별표 1 제27호의 관광 휴게시설

차) 유통상업지역안에서 건축할 수 없는 건축물 : 별표 11에 규정된 건축물

유통상업지역안에서 건축할 수 없는 건축물
(제71조제1항제10호 관련)

1. 건축할 수 없는 건축물
   가. 「건축법 시행령」 별표 1 제1호의 단독주택
   나. 「건축법 시행령」 별표 1 제2호의 공동주택
   다. 「건축법 시행령」 별표 1 제9호의 의료시설
   라. 「건축법 시행령」 별표 1 제15호의 숙박시설 중 일반숙박시설 및 생활숙박시설(공원·녹지 또는 지형지물에 따라 주거지역과 차단되거나 주거지역으로부터 도시·군계획조례로 정하는 거리 밖에 있는 대지에 건축하는 것은 제외한다)
   마. 「건축법 시행령」 별표 1 제16호의 위락시설(공원·녹지 또는 지형지물에 따라 주거지역과 차단되거나 주거지역으로부터 도시·군계획조례로 정하는 거리 밖에 있는 대지에 건축하는 것은 제외한다)
   바. 「건축법 시행령」 별표 1 제17호의 공장
   사. 「건축법 시행령」 별표 1 제19호의 위험물 저장 및 처리 시설 중 시내버스차고지 외의 지역에 설치하는 액화석유가스 충전소 및 고압가스 충전소·저장소
   아. 「건축법 시행령」 별표 1 제21호의 동물 및 식물 관련 시설
   자. 「건축법 시행령」 별표 1 제22호의 자원순환 관련 시설
   차. 「건축법 시행령」 별표 1 제26호의 묘지 관련 시설
2. 지역 여건 등을 고려하여 도시·군계획조례로 정하는 바에 따라 건축할 수 없는 건축물
   가. 「건축법 시행령」 별표 1 제4호의 제2종 근린생활시설
   나. 「건축법 시행령」 별표 1 제5호의 문화 및 집회시설(공연장 및 전시장은 제외한다)
   다. 「건축법 시행령」 별표 1 제6호의 종교시설
   라. 「건축법 시행령」 별표 1 제10호의 교육연구시설

마. 「건축법 시행령」 별표 1 제11호의 노유자시설
바. 「건축법 시행령」 별표 1 제12호의 수련시설
사. 「건축법 시행령」 별표 1 제13호의 운동시설
아. 「건축법 시행령」 별표 1 제15호의 숙박시설(제1호 라목에 해당하는 것은 제외한다)
자. 「건축법 시행령」 별표 1 제16호의 위락시설(제1호 마목에 해당하는 것은 제외한다)
차. 「건축법 시행령」 별표 1 제19호의 위험물 저장 및 처리시설(제1호 사목에 해당하는 것은 제외한다)
카. 「건축법 시행령」 별표 1 제20호의 자동차 관련 시설(주차장 및 세차장은 제외한다)
타. 「건축법 시행령」 별표 1 제23호의 교정 및 군사 시설
파. 「건축법 시행령」 별표 1 제24호의 방송통신시설
하. 「건축법 시행령」 별표 1 제25호의 발전시설
거. 「건축법 시행령」 별표 1 제27호의 관광 휴게시설
너. 「건축법 시행령」 별표 1 제28호의 장례식장

카) 전용공업지역안에서 건축할 수 있는 건축물 : 별표 12에 규정된 건축물

전용공업지역안에서 건축할 수 있는 건축물
(제71조제1항제11호 관련)

1. 건축할 수 있는 건축물
가. 「건축법 시행령」 별표 1 제3호의 제1종 근린생활시설
나. 「건축법 시행령」 별표 1 제4호의 제2종 근린생활시설[같은 호 아목·자목·타목(기원만 해당한다)·더목 및 러목은 제외한다]
다. 「건축법 시행령」 별표 1 제17호의 공장
라. 「건축법 시행령」 별표 1 제18호의 창고시설
마. 「건축법 시행령」 별표 1 제19호의 위험물저장 및 처리시설
바. 「건축법 시행령」 별표 1 제20호의 자동차관련시설

사. 「건축법 시행령」 별표 1 제22호의 자원순환 관련 시설
아. 「건축법 시행령」 별표 1 제25호의 발전시설
2. 도시·군계획조례가 정하는 바에 의하여 건축할 수 있는 건축물
가. 「건축법 시행령」 별표 1 제2호의 공동주택 중 기숙사
나. 「건축법 시행령」 별표 1 제4호의 제2종 근린생활시설 중 같은 호 아목·자목·타목(기원만 해당한다) 및 러목에 해당하는 것
다. 「건축법 시행령」 별표 1 제5호의 문화 및 집회시설 중 산업전시장 및 박람회장
라. 「건축법 시행령」 별표 1 제7호의 판매시설(해당전용공업지역에 소재하는 공장에서 생산되는 제품을 판매하는 경우에 한한다)
마. 「건축법 시행령」 별표 1 제8호의 운수시설
바. 「건축법 시행령」 별표 1 제9호의 의료시설
사. 「건축법 시행령」 별표 1 제10호의 교육연구시설 중 직업훈련소(「근로자직업능력 개발법」 제2조제3호에 따른 직업능력개발훈련시설과 그 밖에 동법 제32조에 따른 직업능력개발훈련법인이 직업능력개발훈련을 실시하기 위하여 설치한 시설에 한한다)·학원(기술계학원에 한한다) 및 연구소(공업에 관련된 연구소, 「고등교육법」에 따른 기술대학에 부설되는 것과 공장대지 안에 부설되는 것에 한한다)
아. 「건축법 시행령」 별표 1 제11호의 노유자시설
자. 「건축법 시행령」 별표 1 제23호의 교정 및 국방·군사시설
차. 「건축법 시행령」 별표 1 제24호의 방송통신시설

타) 일반공업지역안에서 건축할 수 있는 건축물 : 별표 13에 규정된 건축물

일반공업지역안에서 건축할 수 있는 건축물
(제71조제1항제12호 관련)

1. 건축할 수 있는 건축물
가. 「건축법 시행령」 별표 1 제3호의 제1종 근린생활시설

나. 「건축법 시행령」 별표 1 제4호의 제2종 근린생활시설(단란주점 및 안마시술소를 제외한다)
다. 「건축법 시행령」 별표 1 제7호의 판매시설(해당일반공업지역에 소재하는 공장에서 생산되는 제품을 판매하는 시설에 한한다)
라. 「건축법 시행령」 별표 1 제8호의 운수시설
마. 「건축법 시행령」 별표 1 제17호의 공장
바. 「건축법 시행령」 별표 1 제18호의 창고시설
사. 「건축법 시행령」 별표 1 제19호의 위험물저장 및 처리시설
아. 「건축법 시행령」 별표 1 제20호의 자동차관련시설
자. 「건축법 시행령」 별표 1 제22호의 자원순환 관련 시설
차. 「건축법 시행령」 별표 1 제25호의 발전시설

2. 도시·군계획조례가 정하는 바에 의하여 건축할 수 있는 건축물
가. 「건축법 시행령」 별표 1 제1호의 단독주택
나. 「건축법 시행령」 별표 1 제2호의 공동주택 중 기숙사
다. 「건축법 시행령」 별표 1 제4호의 제2종 근린생활시설 중 안마시술소
라. 「건축법 시행령」 별표 1 제5호의 문화 및 집회시설 중 동호 라목에 해당하는 것
마. 「건축법 시행령」 별표 1 제6호의 종교시설
바. 「건축법 시행령」 별표 1 제9호의 의료시설
사. 「건축법 시행령」 별표 1 제10호의 교육연구시설
아. 「건축법 시행령」 별표 1 제11호의 노유자시설
자. 「건축법 시행령」 별표 1 제12호의 수련시설
차. 「건축법 시행령」 별표 1 제14호의 업무시설(일반업무시설로서 「산업집적활성화 및 공장설립에 관한 법률」 제2조제13호에 따른 지식산업센터에 입주하는 지원시설에 한정한다)
카. 「건축법 시행령」 별표 1 제21호의 동물 및 식물관련시설
타. 「건축법 시행령」 별표 1 제23호의 교정 및 국방·군사시설
파. 「건축법 시행령」 별표 1 제24호의 방송통신시설
하. 「건축법 시행령」 별표 1 제28호의 장례식장

파) 준공업지역안에서 건축할 수 없는 건축물 : 별표 14에 규정된 건축물

준공업지역 안에서 건축할 수 없는 건축물
(제71조제1항제13호 관련)

1. 건축할 수 없는 건축물
   가. 「건축법 시행령」 별표 1 제16호의 위락시설
   나. 「건축법 시행령」 별표 1 제26호의 묘지 관련 시설
2. 지역 여건 등을 고려하여 도시·군계획조례로 정하는 바에 따라 건축할 수 없는 건축물
   가. 「건축법 시행령」 별표 1 제1호의 단독주택
   나. 「건축법 시행령」 별표 1 제2호의 공동주택(기숙사는 제외한다)
   다. 「건축법 시행령」 별표 1 제4호의 제2종 근린생활시설 중 단란주점 및 안마시술소
   라. 「건축법 시행령」 별표 1 제5호의 문화 및 집회시설(공연장 및 전시장은 제외한다)
   마. 「건축법 시행령」 별표 1 제6호의 종교시설
   바. 「건축법 시행령」 별표 1 제7호의 판매시설(해당 준공업지역에 소재하는 공장에서 생산되는 제품을 판매하는 시설은 제외한다)
   사. 「건축법 시행령」 별표 1 제13호의 운동시설
   아. 「건축법 시행령」 별표 1 제15호의 숙박시설
   자. 「건축법 시행령」 별표 1 제17호의 공장으로서 해당 용도에 쓰이는 바닥면적의 합계가 5천m^2 이상인 것
   차. 「건축법 시행령」 별표 1 제21호의 동물 및 식물 관련 시설
   카. 「건축법 시행령」 별표 1 제23호의 교정 및 군사 시설
   타. 「건축법 시행령」 별표 1 제27호의 관광 휴게시설

하) 보전녹지지역안에서 건축할 수 있는 건축물 : 별표 15에 규정된 건축물

보전녹지지역안에서 건축할 수 있는 건축물
(제71조제1항제14호 관련)

1. 건축할 수 있는 건축물(4층 이하의 건축물에 한한다. 다만, 4층 이하의 범위 안에서 도시·군계획조례로 따로 층수를 정하는 경우에는 그 층수 이하의 건축물에 한한다)
   가. 「건축법 시행령」 별표 1 제10호의 교육연구시설 중 초등학교
   나. 「건축법 시행령」 별표 1 제18호 가목의 창고(농업·임업·축산업·수산업용만 해당한다)
   다. 「건축법 시행령」 별표 1 제23호의 교정 및 국방·군사시설
2. 도시·군계획조례가 정하는 바에 의하여 건축할 수 있는 건축물(4층 이하의 건축물에 한한다. 다만, 4층 이하의 범위 안에서 도시·군계획조례로 따로 층수를 정하는 경우에는 그 층수 이하의 건축물에 한한다)
   가. 「건축법 시행령」 별표 1 제1호의 단독주택(다가구주택을 제외한다)
   나. 「건축법 시행령」 별표 1 제3호의 제1종 근린생활시설로서 해당용도에 쓰이는 바닥면적의 합계가 500m² 미만인 것
   다. 「건축법 시행령」 별표 1 제4호의 제2종 근린생활시설 중 종교집회장
   라. 「건축법 시행령」 별표 1 제5호의 문화 및 집회시설 중 동호 라목에 해당하는 것
   마. 「건축법 시행령」 별표 1 제6호의 종교시설
   바. 「건축법 시행령」 별표 1 제9호의 의료시설
   사. 「건축법 시행령」 별표 1 제10호의 교육연구시설 중 유치원·중학교·고등학교
   아. 「건축법 시행령」 별표 1 제11호의 노유자시설
   자. 「건축법 시행령」 별표 1 제19호의 위험물저장 및 처리시설 중 액화석유가스충전소 및 고압가스충전·저장소
   차. 「건축법 시행령」 별표 1 제21호의 동물 및 식물관련시설(동호 다목 및 라목에 해당하는 것을 제외한다)

카. 「건축법 시행령」 별표 1 제26호의 묘지관련시설
타. 「건축법 시행령」 별표 1 제28호의 장례식장

거) 생산녹지지역안에서 건축할 수 있는 건축물 : 별표 16에 규정된 건축물

생산녹지지역안에서 건축할 수 있는 건축물
(제71조제1항제15호 관련)

1. 건축할 수 있는 건축물(4층 이하의 건축물에 한한다. 다만, 4층 이하의 범위 안에서 도시·군계획조례로 따로 층수를 정하는 경우에는 그 층수 이하의 건축물에 한한다)
   가. 「건축법 시행령」 별표 1 제1호의 단독주택
   나. 「건축법 시행령」 별표 1 제3호의 제1종 근린생활시설
   다. 「건축법 시행령」 별표 1 제10호의 교육연구시설 중 유치원·초등학교
   라. 「건축법 시행령」 별표 1 제11호의 노유자시설
   마. 「건축법 시행령」 별표 1 제12호의 수련시설
   바. 「건축법 시행령」 별표 1 제13호의 운동시설 중 운동장
   사. 「건축법 시행령」 별표 1 제18호 가목의 창고(농업·임업·축산업·수산업용만 해당한다)
   아. 「건축법 시행령」 별표 1 제19호의 위험물저장 및 처리시설 중 액화석유가스충전소 및 고압가스충전·저장소
   자. 「건축법 시행령」 별표 1 제21호의 동물 및 식물관련시설(동호 다목 및 라목에 해당하는 것을 제외한다)
   차. 「건축법 시행령」 별표 1 제23호의 교정 및 국방·군사시설
   카. 「건축법 시행령」 별표 1 제24호의 방송통신시설
   타. 「건축법 시행령」 별표 1 제25호의 발전시설
2. 도시·군계획조례가 정하는 바에 의하여 건축할 수 있는 건축물(4층 이하의 건축물에 한한다. 다만, 4층 이하의 범위 안에서 도시·군계획조례로 따로 층수를 정하는 경우에는 그 층수 이하의 건축물에 한한다)
   가. 「건축법 시행령」 별표 1 제2호의 공동주택(아파트를 제외한다)

나. 「건축법 시행령」 별표 1 제4호의 제2종 근린생활시설로서 해당용도에 쓰이는 바닥면적의 합계가 1천m² 미만인 것(단란주점을 제외한다)
다. 「건축법 시행령」 별표 1 제5호의 문화 및 집회시설 중 동호 나목 및 라목에 해당하는 것
라. 「건축법 시행령」 별표 1 제7호의 판매시설(농업·임업·축산업·수산업용에 한한다)
마. 「건축법 시행령」 별표 1 제9호의 의료시설
바. 「건축법 시행령」 별표 1 제10호의 교육연구시설 중 중학교·고등학교·교육원(농업·임업·축산업·수산업과 관련된 교육시설로 한정한다)·직업훈련소 및 연구소(농업·임업·축산업·수산업과 관련된 연구소로 한정한다)
사. 「건축법 시행령」 별표 1 제13호의 운동시설(운동장을 제외한다)
아. 「건축법 시행령」 별표 1 제17호의 공장 중 도정공장·식품공장(「농어업·농어촌 및 식품산업 기본법」 제3조제6호에 따른 농수산물을 직접 가공하여 음식물을 생산하는 것으로 한정한다)·제1차산업생산품 가공공장 및 「산업집적활성화 및 공장설립에 관한 법률 시행령」 별표 1 제2호 마목의 첨단업종의 공장(이하 "첨단업종의 공장"이라 한다)으로서 다음의 어느 하나에 해당하지 아니하는 것
  (1) 「대기환경보전법」 제2조제9호에 따른 특정대기유해물질을 배출하는 것
  (2) 「대기환경보전법」 제2조제11호에 따른 대기오염물질배출시설에 해당하는 시설로서 법 시행령 별표 1에 따른 1종사업장 내지 3종사업장에 해당하는 것
  (3) 「수질 및 수생태계 보전에 관한 법률」 제2조제8호에 따른 특정수질유해물질을 배출하는 것. 다만, 동법 제34조에 따라 폐수무방류배출시설의 설치허가를 받아 운영하는 경우를 제외한다.
  (4) 「수질 및 수생태계 보전에 관한 법률」 제2조제10호에 따른 폐수배출시설에 해당하는 시설로서 법 시행령 별표 13에 따른 제1종사업장부터 제4종사업장까지 해당하는 것
  (5) 「폐기물관리법」 제2조제4호에 따른 지정폐기물을 배출하는 것
자. 「건축법 시행령」 별표 1 제18호 가목의 창고(농업·임업·축산업·수산업

용으로 쓰는 것은 제외한다)

차. 「건축법 시행령」 별표 1 제19호의 위험물저장 및 처리시설(액화석유가스충전소 및 고압가스충전·저장소를 제외한다)

카. 「건축법 시행령」 별표 1 제20호의 자동차관련시설 중 동호 사목 및 아목에 해당하는 것

타. 「건축법 시행령」 별표 1 제21호의 동물 및 식물관련시설 중 동호 다목 및 라목에 해당하는 것

파. 「건축법 시행령」 별표 1 제22호의 자원순환 관련 시설

하. 「건축법 시행령」 별표 1 제26호의 묘지관련시설

거. 「건축법 시행령」 별표 1 제28호의 장례식장

너) 자연녹지지역안에서 건축할 수 있는 건축물 : 별표 17에 규정된 건축물

자연녹지지역안에서 건축할 수 있는 건축물

(제71조제1항제16호 관련)

1. 건축할 수 있는 건축물(4층 이하의 건축물에 한한다. 다만, 4층 이하의 범위안에서 도시·군계획조례로 따로 층수를 정하는 경우에는 그 층수 이하의 건축물에 한한다)

가. 「건축법 시행령」 별표 1 제1호의 단독주택

나. 「건축법 시행령」 별표 1 제3호의 제1종 근린생활시설

다. 「건축법 시행령」 별표 1 제4호의 제2종 근린생활시설[같은 호 아목, 자목, 더목 및 러목(안마시술소만 해당한다)은 제외한다]

라. 「건축법 시행령」 별표 1 제9호의 의료시설(종합병원·병원·치과병원 및 한방병원을 제외한다)

마. 「건축법 시행령」 별표 1 제10호의 교육연구시설(직업훈련소 및 학원을 제외한다)

바. 「건축법 시행령」 별표 1 제11호의 노유자시설

사. 「건축법 시행령」 별표 1 제12호의 수련시설

아. 「건축법 시행령」 별표 1 제13호의 운동시설

자. 「건축법 시행령」 별표 1 제18호 가목의 창고(농업·임업·축산업·수산업 용만 해당한다)

차. 「건축법 시행령」 별표 1 제21호의 동물 및 식물관련시설

카. 「건축법 시행령」 별표 1 제22호의 자원순환 관련 시설

타. 「건축법 시행령」 별표 1 제23호의 교정 및 국방·군사시설

파. 「건축법 시행령」 별표 1 제24호의 방송통신시설

하. 「건축법 시행령」 별표 1 제25호의 발전시설

거. 「건축법 시행령」 별표 1 제26호의 묘지관련시설

너. 「건축법 시행령」 별표 1 제27호의 관광휴게시설

더. 「건축법 시행령」 별표 1 제28호의 장례식장

2. 도시·군계획조례가 정하는 바에 의하여 건축할 수 있는 건축물(4층 이하의 건축물에 한한다. 다만, 4층 이하의 범위 안에서 도시·군계획조례로 따로 층수를 정하는 경우에는 그 층수 이하의 건축물에 한한다)

가. 「건축법 시행령」 별표 1 제2호의 공동주택(아파트를 제외한다)

나. 「건축법 시행령」 별표 1 제4호 아목·자목 및 러목(안마시술소만 해당한다)에 따른 제2종 근린생활시설

다. 「건축법 시행령」 별표 1 제5호의 문화 및 집회시설

라. 「건축법 시행령」 별표 1 제6호의 종교시설

마. 「건축법 시행령」 별표 1 제7호의 판매시설 중 다음의 어느 하나에 해당하는 것

(1) 「농수산물유통 및 가격안정에 관한 법률」 제2조에 따른 농수산물공판장

(2) 「농수산물유통 및 가격안정에 관한 법률」 제68조제2항에 따른 농수산물직판장으로서 해당용도에 쓰이는 바닥면적의 합계가 1만m^2 미만인 것(「농어업·농어촌 및 식품산업 기본법」 제3조제2호 및 제4호에 따른 농업인·어업인 및 생산자단체, 법 제25조에 따른 후계농어업경영인, 법 제26조에 따른 전업농어업인 또는 지방자치단체가 설치·운영하는 것에 한한다)

(3) 지식경제부장관이 관계중앙행정기관의 장과 협의하여 고시하는 대형할인점 및 중소기업공동판매시설

바. 「건축법 시행령」 별표 1 제8호의 운수시설
사. 「건축법 시행령」 별표 1 제9호의 의료시설 중 종합병원·병원·치과병원 및 한방병원
아. 「건축법 시행령」 별표 1 제10호의 교육연구시설 중 직업훈련소 및 학원
자. 「건축법 시행령」 별표 1 제15호의 숙박시설로서 「관광진흥법」에 따라 지정된 관광지 및 관광단지에 건축하는 것
차. 「건축법 시행령」 별표 1 제17호의 공장 중 다음의 어느 하나에 해당하는 것
  (1) 첨단업종의 공장, 지식산업센터, 도정공장 및 식품공장(「농어업·농어촌 및 식품산업 기본법」 제3조제6호에 따른 농수산물을 직접 가공하여 음식물을 생산하는 것으로 한정한다)과 읍·면지역에 건축하는 제재업의 공장으로서 별표 16 제2호 아목(1) 내지 (5)의 어느 하나에 해당하지 아니하는 것
  (2) 「공익사업을 위한 토지 등의 취득 및 보상에 관한 법률」에 따른 공익사업 및 「도시개발법」에 따른 도시개발사업으로 해당 특별시·광역시·시 및 군 지역으로 이전하는 레미콘 또는 아스콘공장
카. 「건축법 시행령」 별표 1 제18호 가목의 창고(농업·임업·축산업·수산업용으로 쓰는 것은 제외한다) 및 같은 호 라목의 집배송시설
타. 「건축법 시행령」 별표 1 제19호의 위험물저장 및 처리시설
파. 「건축법 시행령」 별표 1 제20호의 자동차관련시설

더) 보전관리지역안에서 건축할 수 있는 건축물 : 별표 18에 규정된 건축물

보전관리지역안에서 건축할 수 있는 건축물
(제71조제1항제17호 및 대통령령 제17816호 국토의 계획 및 이용에 관한 법률 시행령 부칙 제13조제1항 관련)

1. 건축할 수 있는 건축물(4층 이하의 건축물에 한한다. 다만, 4층 이하의 범위안에서 도시·군계획조례로 따로 층수를 정하는 경우에는 그 층수 이하의 건축물에 한한다)

가. 「건축법 시행령」 별표 1 제1호의 단독주택
나. 「건축법 시행령」 별표 1 제10호의 교육연구시설 중 초등학교
다. 「건축법 시행령」 별표 1 제23호의 교정 및 국방·군사시설

2. 도시·군계획조례가 정하는 바에 의하여 건축할 수 있는 건축물(4층 이하의 건축물에 한한다. 다만, 4층 이하의 범위 안에서 도시·군계획조례로 따로 층수를 정하는 경우에는 그 층수 이하의 건축물에 한한다)
가. 「건축법 시행령」 별표 1 제3호의 제1종 근린생활시설(휴게음식점 및 제과점을 제외한다)
나. 「건축법 시행령」 별표 1 제4호의 제2종 근린생활시설(같은 호 아목, 자목, 너목 및 더목은 제외한다)
다. 「건축법 시행령」 별표 1 제6호의 종교시설 중 종교집회장
라. 「건축법 시행령」 별표 1 제9호의 의료시설
마. 「건축법 시행령」 별표 1 제10호의 교육연구시설 중 유치원·중학교·고등학교
바. 「건축법 시행령」 별표 1 제11호의 노유자시설
사. 「건축법 시행령」 별표 1 제18호 가목의 창고(농업·임업·축산업·수산업용만 해당한다)
아. 「건축법 시행령」 별표 1 제19호의 위험물저장 및 처리시설
자. 「건축법 시행령」 별표 1 제21호의 동물 및 식물관련시설 중 동호 가목 및 마목 내지 아목에 해당하는 것
차. 「건축법 시행령」 별표 1 제24호의 방송통신시설
카. 「건축법 시행령」 별표 1 제25호의 발전시설
타. 「건축법 시행령」 별표 1 제26호의 묘지관련시설
파. 「건축법 시행령」 별표 1 제28호의 장례식장

러) 생산관리지역안에서 건축할 수 있는 건축물 : 별표 19에 규정된 건축물

생산관리지역안에서 건축할 수 있는 건축물

(제71조제1항제18호 관련)

1. 건축할 수 있는 건축물(4층 이하의 건축물에 한한다. 다만, 4층 이하의 범위 안에서 도시·군계획조례로 따로 층수를 정하는 경우에는 그 층수 이하의 건축물에 한한다)
   가. 「건축법 시행령」 별표 1 제1호의 단독주택
   나. 「건축법 시행령」 별표 1 제3호 가목, 사목(공중화장실, 대피소, 그 밖에 이와 비슷한 것만 해당한다) 및 아목에 따른 제1종 근린생활시설
   다. 「건축법 시행령」 별표 1 제10호의 교육연구시설 중 초등학교
   라. 「건축법 시행령」 별표 1 제13호의 운동시설 중 운동장
   마. 「건축법 시행령」 별표 1 제18호 가목의 창고(농업·임업·축산업·수산업용만 해당한다)
   바. 「건축법 시행령」 별표 1 제21호의 동물 및 식물관련시설 중 동호 마목 내지 아목에 해당하는 것
   사. 「건축법 시행령」 별표 1 제23호의 교정 및 국방·군사시설
   아. 「건축법 시행령」 별표 1 제25호의 발전시설
2. 도시·군계획조례가 정하는 바에 의하여 건축할 수 있는 건축물(4층 이하의 건축물에 한한다. 다만, 4층 이하의 범위 안에서 도시·군계획조례로 따로 층수를 정하는 경우에는 그 층수 이하의 건축물에 한한다)
   가. 「건축법 시행령」 별표 1 제2호의 공동주택(아파트를 제외한다)
   나. 「건축법 시행령」 별표 1 제3호의 제1종 근린생활시설[같은 호 가목, 나목, 사목(공중화장실, 대피소, 그 밖에 이와 비슷한 것만 해당한다) 및 아목은 제외한다]
   다. 「건축법 시행령」 별표 1 제4호의 제2종 근린생활시설(같은 호 아목, 자목, 너목 및 더목은 제외한다)
   라. 「건축법 시행령」 별표 1 제7호의 판매시설(농업·임업·축산업·수산업용에 한한다)

마. 「건축법 시행령」 별표 1 제9호의 의료시설
바. 「건축법 시행령」 별표 1 제10호의 교육연구시설 중 유치원·중학교·고등학교 및 교육원(농업·임업·축산업·수산업과 관련된 교육시설에 한한다)
사. 「건축법 시행령」 별표 1 제11호의 노유자시설
아. 「건축법 시행령」 별표 1 제12호의 수련시설
자. 「건축법 시행령」 별표 1 제17호의 공장(동시행령 별표 1 제4호의 제2종 근린생활시설 중 제조업소를 포함한다) 중 도정공장 및 식품공장(「농어업·농어촌 및 식품산업 기본법」 제3조제6호에 따른 농수산물을 직접 가공하여 음식물을 생산하는 것으로 한정한다)과 읍·면지역에 건축하는 제재업의 공장으로서 다음의 어느 하나에 해당하지 아니하는 것
  (1) 「대기환경보전법」 제2조제9호에 따른 특정대기유해물질을 배출하는 것
  (2) 「대기환경보전법」 제2조제11호에 따른 대기오염물질배출시설에 해당하는 시설로서 법 시행령 별표 1에 따른 1종사업장 내지 3종사업장에 해당하는 것
  (3) 「수질 및 수생태계 보전에 관한 법률」 제2조제8호에 따른 특정수질유해물질을 배출하는 것. 다만, 동법 제34조에 따라 폐수무방류배출시설의 설치허가를 받아 운영하는 경우를 제외한다.
  (4) 「수질 및 수생태계 보전에 관한 법률」 제2조제10호에 따른 폐수배출시설에 해당하는 시설로서 법 시행령 별표 13에 따른 제1종사업장부터 제4종사업장까지 해당하는 것
차. 「건축법 시행령」 별표 1 제19호의 위험물저장 및 처리시설
카. 「건축법 시행령」 별표 1 제20호의 자동차관련시설 중 동호 사목 및 아목에 해당하는 것
타. 「건축법 시행령」 별표 1 제21호의 동물 및 식물관련시설 중 동호 가목 내지 라목에 해당하는 것
파. 「건축법 시행령」 별표 1 제22호의 자원순환 관련 시설
하. 「건축법 시행령」 별표 1 제24호의 방송통신시설
거. 「건축법 시행령」 별표 1 제26호의 묘지관련시설
너. 「건축법 시행령」 별표 1 제28호의 장례식장

마) 계획관리지역안에서 건축할 수 없는 건축물 : 별표 20에 규정된 건축물

계획관리지역안에서 건축할 수 없는 건축물
(제71조제1항제19호 관련)

1. 건축할 수 없는 건축물
   가. 4층을 초과하는 모든 건축물
   나. 「건축법 시행령」 별표 1 제2호의 공동주택 중 아파트
   다. 「건축법 시행령」 별표 1 제3호의 제1종 근린생활시설 중 휴게음식점 및 제과점으로서 국토교통부령으로 정하는 기준에 해당하는 지역에 설치하는 것
   라. 「건축법 시행령」 별표 1 제4호의 제2종 근린생활시설 중 일반음식점·휴게음식점·제과점으로서 국토교통부령으로 정하는 기준에 해당하는 지역에 설치하는 것과 단란주점
   마. 「건축법 시행령」 별표 1 제7호의 판매시설(성장관리방안이 수립된 지역에 설치하는 판매시설로서 그 용도에 쓰이는 바닥면적의 합계가 3천m^2 미만인 경우는 제외한다)
   바. 「건축법 시행령」 별표 1 제14호의 업무시설
   사. 「건축법 시행령」 별표 1 제15호의 숙박시설로서 국토교통부령으로 정하는 기준에 해당하는 지역에 설치하는 것
   아. 「건축법 시행령」 별표 1 제16호의 위락시설
   자. 「건축법 시행령」 별표 1 제17호의 공장 중 다음의 어느 하나에 해당하는 것(「공익사업을 위한 토지 등의 취득 및 보상에 관한 법률」에 따른 공익사업 및 「도시개발법」에 따른 도시개발사업으로 해당 특별시·광역시·특별자치시·특별자치도·시 또는 군의 관할구역으로 이전하는 레미콘 또는 아스콘 공장은 제외한다)
      (1) 별표 19 제2호 자목(1)부터 (4)까지에 해당하는 것. 다만, 인쇄·출판시설이나 사진처리시설로서 「수질 및 수생태계 보전에 관한 법률」 제2조제8호에 따라 배출되는 특정수질유해물질을 모두 위탁처리하는 경우는 제외한다.

(2) 화학제품제조시설(석유정제시설을 포함한다). 다만, 물·용제류 등 액체성 물질을 사용하지 않고 제품의 성분이 용해·용출되지 않는 고체성 화학제품제조시설은 제외한다.

(3) 제1차금속·가공금속제품 및 기계장비제조시설 중 「폐기물관리법 시행령」 별표 1 제4호에 따른 폐유기용제류를 발생시키는 것

(4) 가죽 및 모피를 물 또는 화학약품을 사용하여 저장하거나 가공하는 것

(5) 섬유제조시설 중 감량·정련·표백 및 염색시설

(6) 「수도권정비계획법」 제6조제1항제3호에 따른 자연보전권역 외의 지역 및 「환경정책기본법」 제38조에 따른 특별대책지역 외의 지역의 사업장 중 「폐기물관리법」 제25조에 따른 폐기물처리업 허가를 받은 사업장. 다만, 「폐기물관리법」 제25조제5항제5호부터 제7호까지의 규정에 따른 폐기물 중간·최종·종합재활용업으로서 특정수질유해물질이 배출되지 않는 경우는 제외한다.

(7) 「수도권정비계획법」 제6조제1항제3호에 따른 자연보전권역 및 「환경정책기본법」 제38조에 따른 특별대책지역에 설치되는 부지면적(둘 이상의 공장을 함께 건축하거나 기존 공장부지에 접하여 건축하는 경우와 둘 이상의 부지가 너비 8m 미만의 도로에 서로 접하는 경우에는 그 면적의 합계를 말한다) 1만m^2 미만의 것. 다만, 특별시장·광역시장·특별자치시장·특별자치도지사·시장 또는 군수가 1만5천m^2 이상의 면적을 정하여 공장의 건축이 가능한 지역으로 고시한 지역 안에 입지하는 경우는 제외한다.

2. 지역 여건 등을 고려하여 도시·군계획조례로 정하는 바에 따라 건축할 수 없는 건축물

가. 4층 이하의 범위에서 도시·군계획조례로 따로 정한 층수를 초과하는 모든 건축물

나. 「건축법 시행령」 별표 1 제2호의 공동주택(제1호 나목에 해당하는 것은 제외한다)

다. 「건축법 시행령」 별표 1 제4호 아목, 자목, 너목 및 러목(안마시술소만 해당한다)에 따른 제2종 근린생활시설

라. 「건축법 시행령」 별표 1 제4호의 제2종 근린생활시설 중 일반음식점·휴

게음식점·제과점으로서 도시·군계획조례로 정하는 지역에 설치하는 것과 안마시술소 및 같은 호 너목에 해당하는 것

마. 「건축법 시행령」 별표 1 제5호의 문화 및 집회시설

바. 「건축법 시행령」 별표 1 제6호의 종교시설

사. 「건축법 시행령」 별표 1 제8호의 운수시설

아. 「건축법 시행령」 별표 1 제9호의 의료시설 중 종합병원·병원·치과병원 및 한방병원

자. 「건축법 시행령」 별표 1 제10호의 교육연구시설 중 같은 호 다목부터 마목까지에 해당하는 것

차. 「건축법 시행령」 별표 1 제13호의 운동시설(운동장은 제외한다)

카. 「건축법 시행령」 별표 1 제15호의 숙박시설로서 도시·군계획조례로 정하는 지역에 설치하는 것

타. 「건축법 시행령」 별표 1 제17호의 공장 중 다음의 어느 하나에 해당하는 것

(1) 「수도권정비계획법」 제6조제1항제3호에 따른 자연보전권역 외의 지역 및 「환경정책기본법」 제38조에 따른 특별대책지역 외의 지역에 설치되는 경우(제1호 자목에 해당하는 것은 제외한다)

(2) 「수도권정비계획법」 제6조제1항제3호에 따른 자연보전권역 및 「환경정책기본법」 제38조에 따른 특별대책지역에 설치되는 것으로서 부지면적(둘 이상의 공장을 함께 건축하거나 기존 공장부지에 접하여 건축하는 경우와 둘 이상의 부지가 너비 8m 미만의 도로에 서로 접하는 경우에는 그 면적의 합계를 말한다)이 1만m^2 이상인 경우

(3) 「공익사업을 위한 토지 등의 취득 및 보상에 관한 법률」에 따른 공익사업 및 「도시개발법」에 따른 도시개발사업으로 해당 특별시·광역시·특별자치시·특별자치도·시 또는 군의 관할구역으로 이전하는 레미콘 또는 아스콘 공장

파. 「건축법 시행령」 별표 1 제18호의 창고시설(창고 중 농업·임업·축산업·수산업용으로 쓰는 것은 제외한다)

하. 「건축법 시행령」 별표 1 제19호의 위험물 저장 및 처리 시설

거. 「건축법 시행령」 별표 1 제20호의 자동차 관련 시설

너. 「건축법 시행령」 별표 1 제27호의 관광 휴게시설

버) 농림지역안에서 건축할 수 있는 건축물 : 별표 21에 규정된 건축물

농림지역안에서 건축할 수 있는 건축물
(제71조제1항제20호 관련)

1. 건축할 수 있는 건축물
   가. 「건축법 시행령」 별표 1 제1호의 단독주택으로서 현저한 자연훼손을 가져오지 아니하는 범위 안에서 건축하는 농어가주택
   나. 「건축법 시행령」 별표 1 제3호 사목(공중화장실, 대피소, 그 밖에 이와 비슷한 것만 해당한다) 및 아목에 따른 제1종 근린생활시설
   다. 「건축법 시행령」 별표 1 제10호의 교육연구시설 중 초등학교
   라. 「건축법 시행령」 별표 1 제18호 가목의 창고(농업·임업·축산업·수산업용만 해당한다)
   마. 「건축법 시행령」 별표 1 제21호의 동물 및 식물관련시설 중 동호 마목 내지 아목에 해당하는 것
   바. 「건축법 시행령」 별표 1 제25호의 발전시설
2. 도시·군계획조례가 정하는 바에 의하여 건축할 수 있는 건축물
   가. 「건축법 시행령」 별표 1 제3호의 제1종 근린생활시설[같은 호 나목, 사목(공중화장실, 대피소, 그 밖에 이와 비슷한 것만 해당한다) 및 아목은 제외한다]
   나. 「건축법 시행령」 별표 1 제4호의 제2종 근린생활시설[같은 호 아목, 자목, 너목, 더목 및 러목(안마시술소만 해당한다)은 제외한다]
   다. 「건축법 시행령」 별표 1 제5호의 문화 및 집회시설 중 동호 마목에 해당하는 것
   라. 「건축법 시행령」 별표 1 제6호의 종교시설
   마. 「건축법 시행령」 별표 1 제9호의 의료시설
   바. 「건축법 시행령」 별표 1 제12호의 수련시설
   사. 「건축법 시행령」 별표 1 제19호의 위험물저장 및 처리시설 중 액화석유

가스충전소 및 고압가스충전·저장소
아.「건축법 시행령」 별표 1 제21호의 동물 및 식물관련시설(동호 마목 내지 아목에 해당하는 것을 제외한다)
자.「건축법 시행령」 별표 1 제22호의 자원순환 관련 시설
차.「건축법 시행령」 별표 1 제23호의 교정 및 국방·군사시설
카.「건축법 시행령」 별표 1 제24호의 방송통신시설
타.「건축법 시행령」 별표 1 제26호의 묘지관련시설
파.「건축법 시행령」 별표 1 제28호의 장례식장

서) 자연환경보전지역안에서 건축할 수 있는 건축물 : 별표 22에 규정된 건축물

자연환경보전지역안에서 건축할 수 있는 건축물
(제71조제1항제21호 관련)

1. 건축할 수 있는 건축물
가.「건축법 시행령」 별표 1 제1호의 단독주택으로서 현저한 자연훼손을 가져오지 아니하는 범위 안에서 건축하는 농어가주택
나.「건축법 시행령」 별표 1 제10호의 교육연구시설 중 초등학교
2. 도시·군계획조례가 정하는 바에 의하여 건축할 수 있는 건축물(수질오염 및 경관 훼손의 우려가 없다고 인정하여 도시·군계획조례가 정하는 지역 내에서 건축하는 것에 한한다)
가.「건축법 시행령」 별표 1 제3호의 제1종 근린생활시설 중 같은 호 가목, 바목, 사목(지역아동센터는 제외한다) 및 아목에 해당하는 것
나.「건축법 시행령」 별표 1 제4호의 제2종 근린생활시설 중 종교집회장으로서 지목이 종교용지인 토지에 건축하는 것
다.「건축법 시행령」 별표 1 제6호의 종교시설로서 지목이 종교용지인 토지에 건축하는 것
라.「건축법 시행령」 별표 1 제21호의 동물 및 식물관련시설 중 동호 마목 내지 아목에 해당하는 것과 양어시설(양식장을 포함한다)

마. 「건축법 시행령」 별표 1 제23호 라목의 국방·군사시설 중 관할 시장·군수 또는 구청장이 입지의 불가피성을 인정한 범위에서 건축하는 시설
바. 「건축법 시행령」 별표 1 제25호의 발전시설
사. 「건축법 시행령」 별표 1 제26호의 묘지관련시설

도시계획법시행령 제51조 제1항 제3호 등 위헌확인
(2002. 8. 29. 2000헌마556 전원재판부)

【판시사항】

제1종·제2종·제3종 일반주거지역(이하 다만, '일반주거지역'이라고만 한다), 준주거지역, 준공업지역 안에서 단란주점을 건축할 수 없도록 규정하고 있는 구 도시계획법 시행령(2001.1.27. 대통령령 제17111호로 개정되기 전의 것) 제51조제1항제3호 내지 제6호 및 제13호 중 각 '단란주점'에 관한 부분이 과잉금지의 원칙에 위배되어 청구인들의 직업선택의 자유, 재산권 등을 침해하는지 여부(소극)

【결정요지】

단란주점은 유흥주점에 비하여 법상 유흥종사자를 둘 수 없다는 점 등에서 다소 차이가 있으나, 본질적으로 주점이라는 점에서 영업형태가 유흥주점과 유사하고, 단란주점영업 자체로도 미성년인 청소년의 건전한 육성에 부정적인 영향을 미치고 있고, 실제적인 영업형태는 유흥주점과 달리 볼 수 없게 이루어지고 있으므로, 행정청이 거주의 안녕과 건전한 생활환경을 보호하고 토지의 경제적·효율적 이용과 공공의 복리를 위하는 도시계획하에 주거지역, 상업지역, 공업지역, 녹지지역으로 나누어 지역을 지정하는 취지를 무색하게 하고, 주거의 안녕과 건전한 생활환경을 저해함이 분명하다. 그래서 위 시행령 제51조제1항제3호 내지 제6호 및 제13호 중 각 '단란주점'에 관한 부분은 일반주거지역·준공업지역 안에서 단란주점의 건축을 금지하고, 나아가 준주거지역 안에서 기존의 단란주점은 그대로 인정하되, 더 이상의 단란주점을 그 지역 안에서 건축하여 영업하지 못하도록 하여 주거의 안녕과 건전한 생활환경을 보호하고자 한 것으로, 그 입법목적이 타당하고 선택된 수단 또한 적절하다. 그리고 단란주점영업을 하고자 하는 자는 위 시행령 부칙에 의하여 준주거지역 안에서 기존에 설치된 단

란주점을 양수하여 그 영업행위를 할 수 있으며, 상업지역에서는 얼마든지 새로 단란주점을 설치하여 영업을 할 수 있고, 단란주점 영업을 하고자 하는 자의 이익과 그 관련 지역 주민의 주거의 안녕과 생활환경상 이익 등 공공복리를 비교형량하여 볼 때, 그 제한이 과도하다고도 볼 수는 없다. 따라서 위 시행령규정은 청구인들의 직업수행의 자유나 재산권 등을 침해한 것이라고 할 수 없다.

3) 부속건축물에 대한 건축제한

위 규정에 의한 건축제한을 적용함에 있어서 부속건축물에 대하여는 주된 건축물에 대한 건축제한에 의한다(법 시행령 제71조제2항).

다. 건폐율에 의한 면적제한

1) 건폐율의 의의

건폐율이란 대지면적에 대한 건축면적(대지에 건축물이 둘 이상 있는 경우에는 이들 건축면적의 합계로 한다)의 비율{이하 "건폐율"이라 한다－(건축면적/대지면적)×100}을 말하며, 그 최대한도는 법 제77조에 따른 건폐율의 기준에 따른다. 다만, 건축법에서 기준을 완화하거나 강화하여 적용하도록 규정한 경우에는 그에 따른다(건축법 제55조).

2) 용도지역별 건폐율

용도지역에서 건폐율의 최대한도는 관할 구역의 면적과 인구 규모, 용도지역의 특성 등을 고려하여 다음의 범위에서 대통령령으로 정하는 기준에 따라 특별시·광역시·특별자치시·특별자치도·시 또는 군의 조례로 정한다(법 제77조제1항).

가) 도시지역

(1) 주거지역 : 70% 이하
(2) 상업지역 : 90% 이하
(3) 공업지역 : 70% 이하
(4) 녹지지역 : 20% 이하

나) 관리지역

(1) 보전관리지역 : 20% 이하

(2) 생산관리지역 : 20% 이하

(3) 계획관리지역 : 40% 이하(다만, 성장관리방안을 수립한 지역의 경우 해당 지방자치단체의 조례로 125% 이내에서 완화하여 적용할 수 있다)

(4) 농림지역 : 20% 이하

(5) 자연환경보전지역 : 20% 이하

3) 세분된 지역별 건폐율(최대한도)

위 규정에 따라 세분된 용도지역에서의 건폐율은 다음의 범위 안에서 특별시·광역시·특별자치시·특별자치도·시 또는 군의 도시·군계획조례가 정하는 비율을 초과하여서는 아니 된다(건축법 시행령 제84조제1항).

가) 제1종전용주거지역 : 50% 이하
나) 제2종전용주거지역 : 50% 이하
다) 제1종일반주거지역 : 60% 이하
라) 제2종일반주거지역 : 60% 이하
마) 제3종일반주거지역 : 50% 이하
바) 준주거지역 : 70% 이하
사) 중심상업지역 : 90% 이하
아) 일반상업지역 : 80% 이하
자) 근린상업지역 : 70% 이하
차) 유통상업지역 : 80% 이하
카) 전용공업지역 : 70% 이하
타) 일반공업지역 : 70% 이하
파) 준공업지역 : 70% 이하
하) 보전녹지지역 : 20% 이하
거) 생산녹지지역 : 20% 이하
너) 자연녹지지역 : 20% 이하
더) 보전관리지역 : 20% 이하
러) 생산관리지역 : 20% 이하
머) 계획관리지역 : 40% 이하
버) 농림지역 : 20% 이하
서) 자연환경보전지역 : 20% 이하

4) 건폐율의 완화 및 강화

가) 취락지구에 대한 특례

다음의 어느 하나에 해당하는 지역에서의 건폐율에 관한 기준은 위의 규정에도 불구하고 80% 이하의 범위에서 특별시·광역시·특별자치시·특별자치도·

시 또는 군의 도시·군계획조례로 정하는 비율을 초과하여서는 아니 된다(법 제77조제3항, 법 시행령 제84조제3항).

1. 취락지구 : 60% 이하(집단취락지구에 대하여는 「개발제한구역의 지정 및 관리에 관한 특별조치법령」이 정하는 바에 의한다)
2. 도시지역외의 지역에 지정된 개발진흥지구 : 40% 이하
3. 수산자원보호구역 : 40% 이하
4. 「자연공원법」에 따른 자연공원 : 60% 이하
5. 「산업입지 및 개발에 관한 법률」 제2조제8호 라목에 따른 농공단지 : 70% 이하
6. 공업지역에 있는 「산업입지 및 개발에 관한 법률」 제2조제8호 가목부터 다목까지의 규정에 따른 국가산업단지·일반산업단지·도시첨단산업단지 및 같은 조 제12호에 따른 준산업단지 : 80% 이하

나) 토지이용의 과밀화 방지를 위한 건폐율 강화

i) 토지이용의 과밀화를 방지하기 위하여 건폐율을 강화할 필요가 있는 경우, ii) 주변 여건을 고려하여 토지의 이용도를 높이기 위하여 건폐율을 완화할 필요가 있는 경우, iii) 녹지지역, 보전관리지역, 생산관리지역, 농림지역 또는 자연환경보전지역에서 농업용·임업용·어업용 건축물을 건축하려는 경우, iv) 보전관리지역, 생산관리지역, 농림지역 또는 자연환경보전지역에서 주민생활의 편익을 증진시키기 위한 건축물을 건축하려는 경우의 어느 하나에 해당하는 특별시·광역시·특별자치시·특별자치도·시 또는 군의 조례로 건폐율을 따로 정할 수 있다(법 제77조제4항).

이때, 건폐율은 다음에서 정하는 비율을 초과하여서는 아니 된다.

① 준주거지역·일반상업지역·근린상업지역 중 방화지구의 건축물로서 주요구조부와 외벽이 내화구조인 건축물 중 도시·군계획조례로 정하는 건축물 : 80% 이상 90% 이하의 범위에서 특별시·광역시·특별자치시·특별자치도·시 또는 군의 도시·군계획조례로 정하는 비율

② 녹지지역·관리지역·농림지역 및 자연환경보전지역의 건축물로서 법 제37

조제4항 후단에 따른 방재지구의 재해저감대책에 부합하게 재해예방시설을 설치한 건축물 : 제1항 각 호에 따른 해당 용도지역별 건폐율의 150% 이하의 범위에서 도시·군계획조례로 정하는 비율

③ 자연녹지지역의 기존 공장, 창고시설 또는 연구소(자연녹지지역으로 지정될 당시 이미 준공된 것으로서 기존 부지에서 증축하는 경우만 해당한다) : 40%의 범위에서 최초 건축허가시 그 건축물에 허용된 건폐율

④ 계획관리지역의 기존 공장·창고시설 또는 연구소(2003년 1월 1일 전에 준공되고 기존 부지에 증축하는 경우로서 해당 지방도시계획위원회의 심의를 거쳐 도로·상수도·하수도 등의 기반시설이 충분히 확보되었다고 인정되거나, 도시·군계획조례로 정하는 기반시설 확보 요건을 충족하는 경우만 해당한다) : 50%의 범위에서 도시·군계획조례로 정하는 비율

⑤ 녹지지역·보전관리지역·생산관리지역·농림지역 또는 자연환경보전지역의 건축물로서 다음 각 목의 어느 하나에 해당하는 건축물 : 30%의 범위에서 도시·군계획조례로 정하는 비율

i) 「전통사찰의 보존 및 지원에 관한 법률」 제2조제1호에 따른 전통사찰

ii) 「문화재보호법」 제2조제2항에 따른 지정문화재 또는 같은 조 제3항에 따른 등록문화재

iii) 「건축법 시행령」 제2조제16호에 따른 한옥

라. 용적률의 제한

1) 용적률의 개념

대지면적에 대한 연면적{대지에 건축물이 둘 이상 있는 경우에는 이들 연면적의 합계로 한다－(건축물연면적/대지면적)×100}의 비율을 말한다.

2) 용도지역별 용적률(법률에 의한 최대한도)

법 제36조에 의하여 지정된 용도지역에서 용적률의 최대한도는 관할구역의 면적, 인구규모, 용도지역의 특성 등을 고려하여 법 제78조에 따른 용적률의

기준에 따른다(국토계획법 제78조제1항). 다만, 건축법에서 기준을 완화하거나 강화하여 적용하도록 규정한 경우에는 그에 따른다(건축법 56조).

가) 도시지역

(1) 주거지역 : 500% 이하
(2) 상업지역 : 1천500% 이하
(3) 공업지역 : 400% 이하
(4) 녹지지역 : 100% 이하

나) 관리지역

(1) 보전관리지역 : 80% 이하
(2) 생산관리지역 : 80% 이하
(3) 계획관리지역 : 100% 이하(다만, 성장관리방안을 수립한 지역의 경우 해당 지방자치단체의 조례로 125% 이내에서 완화하여 적용할 수 있다)

다) 농림지역 : 80% 이하

라) 자연환경보전지역 : 80% 이하

3) 세분화된 지역별 용적률(대통령령에 의한 최대한도)

가) 법 제78조제1항 및 제2항의 규정에 의한 용적률은 다음의 범위 안에서 관할구역의 면적, 인구규모 및 용도지역의 특성 등을 감안하여 특별시·광역시·특별자치시·특별자치도·시 또는 군의 도시·군계획조례가 정하는 비율을 초과하여서는 아니 된다(법 시행령 제85조제1항). 위 규정에 의하여 도시·군계획조례로 용도지역별 용적률을 정함에 있어서 필요한 경우에는 당해 지방자치단체의 관할구역을 세분하여 용적률을 달리 정할 수 있다(법 시행령 제85조제2항).

(1) 제1종전용주거지역 : 50% 이상 100% 이하
(2) 제2종전용주거지역 : 100% 이상 150% 이하
(3) 제1종일반주거지역 : 100% 이상 200% 이하
(4) 제2종일반주거지역 : 150% 이상 250% 이하
(5) 제3종일반주거지역 : 200% 이상 300% 이하
(6) 준주거지역 : 200% 이상 500% 이하

(7) 중심상업지역 : 400% 이상 1천500% 이하

(8) 일반상업지역 : 300% 이상 1천300% 이하

(9) 근린상업지역 : 200% 이상 900% 이하

(10) 유통상업지역 : 200% 이상 1천100% 이하

(11) 전용공업지역 : 150% 이상 300% 이하

(12) 일반공업지역 : 200% 이상 350% 이하

(13) 준공업지역 : 200% 이상 400% 이하

(14) 보전녹지지역 : 50% 이상 80% 이하

(15) 생산녹지지역 : 50% 이상 100% 이하

(16) 자연녹지지역 : 50% 이상 100% 이하

(17) 보전관리지역 : 50% 이상 80% 이하

(18) 생산관리지역 : 50% 이상 80% 이하

(19) 계획관리지역 : 50% 이상 100% 이하

(20) 농림지역 : 50% 이상 80% 이하

(21) 자연환경보전지역 : 50% 이상 80% 이하

나) 위 규정에도 불구하고 (1)부터 (6)까지의 지역에서는 도시·군계획조례로 위 규정에 따른 용적률의 20% 이하의 범위 안에서 임대주택(「임대주택법」 제16조제1항에 따라 임대의무기간이 10년 이상인 경우에 한한다)의 추가건설을 허용할 수 있다(법 시행령 제85조제3항). 그러나 제3항의 규정은 ⅰ) 지구단위계획구역이 법 제26조의 규정에 의한 주민의 제안에 의하여 지정된 경우에는 그 제안자, ⅱ) 지구단위계획구역이 법 제51조제1항제2호부터 제7호까지의 지역에 대하여 지정된 경우에는 그 지정근거가 되는 개별법률에 의한 개발사업의 시행자(제46조제9항 각 호)에 해당되는 경우에는 이를 적용하지 아니한다(법 시행령 제85조제4항). 다만, 방재지구의 재해저감대책에 부합하게 재해예방시설을 설치하는 건축물의 경우 위 (1)부터 (13)까지의 용도지역에서는 해당 용적률의 120% 이하의 범위에서 도시·군계획조례로 정하는 비율로 할 수 있다(법 시행령 제85조제5항).

〈용도지역별 건폐율·용적률〉

종 전					현 재				
용도지역		세분	건폐율	용적률	용도지역		세분	건폐율	용적률
도시지역	주거지역	제1종전용	50	50～100	도시지역	주거지역	제1종전용	좌동	좌동
		제2종전용	50	100～150			제2종전용	〃	〃
		제1종일반	60	100～200			제1종일반	〃	〃
		제2종일반	60	150～250			제2종일반	〃	〃
		제3종일반	50	200～300			제3종일반	〃	〃
		준주거	70	200～700			준주거	〃	200～500
	상업지역	중심상업	90	400～1,500		상업지역	중심상업	좌동	좌동
		일반상업	80	300～1,300			일반상업	〃	〃
		근린상업	70	200～900			근린상업	〃	〃
		유통상업	80	200～1,100			유통상업	〃	〃
	공업지역	전용공업	70	150～300		공업지역	전용공업	〃	〃
		일반공업	70	200～350			일반공업	〃	〃
		준공업	70	200～400			준공업	〃	〃
	녹지지역	보전녹지	20	50～80		녹지지역	보전녹지	〃	〃
		생산녹지	20	50～100			생산녹지	〃	〃
		자연녹지	20	50～100			자연녹지	〃	〃
준도시지역			60	200 이하	관리지역		계획관리	40	50～100
준농림지역			40	80 이하			생산관리	20	50～80
							보전관리	20	50～80
농림지역			60	400 이하	농림지역			20	50～80
자연환경보전지역			40	80 이하	자연환경보전지역			20	50～80

※ 세부범위는 도시계획조례로 정함.

4) 용적률의 완화 및 배제

가) 개발진흥구역 등에 대한 특례

개발진흥구역, 수자원보호구역, 자연공원 및 공원보호구역, 농공단지 등에서의 용적률의 기준은 200%의 범위 안에서 특별시·광역시·특별자치시·특별자치도·시 또는 군의 도시·군계획조례가 정하는 비율을 초과하여서는 아니된다(법 시행령 제85조제5항).

(1) 도시지역외의 지역에 지정된 개발진흥지구 : 100% 이하

(2) 수산자원보호구역 : 80% 이하

(3) 「자연공원법」에 따른 자연공원 : 100% 이하

(4) 「산업입지 및 개발에 관한 법률」 제2조제8호 라목에 따른 농공단지(도시지역외의 지역에 지정된 농공단지에 한한다) : 150% 이하

나) 공원·광장 등의 공지확보 및 공공시설제공에 따른 용적률 완화

(1) 공원·광장 등의 공지확보

건축물의 주위에 공원·광장·도로·하천 등의 공지가 있거나 이를 설치하는 경우에는 대통령령으로 정하는 바에 따라 특별시·광역시·특별자치시·특별자치도·시 또는 군의 조례로 용적률을 따로 정할 수 있다(법 제78조제4항). 위 규정에 의하여 준주거지역·중심상업지역·일반상업지역·근린상업지역·전용공업지역·일반공업지역 또는 준공업지역 안의 건축물로서 다음에 해당하는 건축물에 대한 용적률은 경관·교통·방화 및 위생상 지장이 없다고 인정되는 경우에는 해당 용적률의 120% 이하의 범위 안에서 특별시·광역시·특별자치시·특별자치도·시 또는 군의 도시·군계획조례가 정하는 비율로 할 수 있다(법 시행령 제85조제6항).

(가) 공원·광장(교통광장을 제외한다. 이하 이 조에서 같다)·하천 그 밖에 건축이 금지된 공지에 접한 도로를 전면도로로 하는 대지안의 건축물이나 공원·광장·하천 그 밖에 건축이 금지된 공지에 20m 이상 접한 대지안의 건축물

(나) 너비 25m 이상인 도로에 20m 이상 접한 대지안의 건축면적이 1천m^2 이상인 건축물

(2) 공공시설제공

다음의 지역·지구 또는 구역 안에서 건축물을 건축하고자 하는 자가 그 대지의 일부를 공공시설부지로 제공하는 경우에는 당해 건축물에 대한 용적률은 해당 용적률의 200% 이하의 범위 안에서 대지면적의 제공비율에 따라 특별시·광역시·특별자치시·특별자치도·시 또는 군의 도시·군계획조례가 정하는 비율로 할 수 있다(법 시행령 제85조제7항).

(1) 상업지역

(2) 「도시 및 주거환경정비법」에 의한 주택재개발사업, 도시환경정비사업 및 주택재건축사업을 시행하기 위한 정비구역

다) 사회복지시설의 기부

건축물을 건축하려는 자가 그 대지의 일부에 사회복지시설을 설치하여 기부하는 경우에는 기부하는 시설의 연면적의 2배 이하의 범위에서 도시·군계획조례로 정하는 바에 따라 추가 건축을 허용할 수 있다. 다만, 해당 용적률은 다음 각 호의 기준을 초과할 수 없다(법 시행령 제85조제11항).

(1) 제1항에 따라 도시·군계획조례로 정하는 용적률의 120%

(2) 제1항 각 호의 구분에 따른 용도지역별 용적률의 최대한도

라) 도시지역, 관리지역에서의 창고

도시지역(녹지지역만 해당한다), 관리지역에서는 창고 등 대통령령으로 정하는 용도의 건축물 또는 시설물은 특별시·광역시·특별자치시·특별자치도·시 또는 군의 조례로 정하는 높이로 규모 등을 제한할 수 있다(법 제75조).

마) 사회복지시설의 기부채납

건축물을 건축하려는 자가 그 대지의 일부에 「사회복지사업법」 제2조제4호에 따른 사회복지시설을 설치하여 국가 또는 지방자치단체에 기부채납하는 경우에는 특별시·광역시·특별자치시·특별자치도·시 또는 군의 조례로 해당 용도지역에 적용되는 용적률을 완화할 수 있다. 이 경우 용적률 완화의 허용범위, 기부채납의 기준 및 절차 등에 필요한 사항은 대통령령으로 정한다(법 제76조).

5) 미지정지역에 대한 건축제한

가) 용도지역 미지정지역에서의 행위제한

도시지역, 관리지역, 농림지역 또는 자연환경보전지역으로 용도가 지정되지 아니한 지역에 대하여는 용도지역·지구별 건축물의 용도·종류 및 규모, 건폐율, 용적률의 제한을 적용할 때에 자연환경보전지역에 관한 규정을 적용한다(법 제79조제1항).

나) 용도지역 미세분지역에서의 행위제한

도시지역 또는 관리지역으로 지정되지 아니한 경우에는 용도지역·지구별 건축물의 용도·종류 및 규모, 건폐율, 용적률의 제한의 규정을 적용할 때에 해당 용도지역이 도시지역인 경우에는 녹지지역 중 보전녹지지역으로 지역에 관한 규정을 적용하고, 관리지역인 경우에는 보전관리지역에 관한 규정을 적용한다(법 제79조제2항).

제2절 용도지구

1. 용도지구의 지정과 건축제한

가. 용도지구의 의의

용도지구란 토지의 이용 및 건축물의 용도·건폐율·용적률·높이 등에 대한 용도지역의 제한을 강화하거나 완화하여 적용함으로써 용도지역의 기능을 증진시키고 미관·경관·안전 등을 도모하기 위하여 도시관리계획으로 결정하는 지역을 말한다(법 제2조제16호). 모든 토지가 용도지구로 지정되는 것은 아니고 원칙적으로 하나의 토지는 하지의 지역으로 지정되나 어떤 토지는 하나의 용도지구로 지정될 수도 있고 아무런 지구도 지정되지 아니할 수도 있으며, 용도지역과의 중복지정도 가능하다.

나. 용도지구의 지정

1) 국토교통부장관 등의 용도지구지정, 변경

국토교통부장관, 시·도지사 또는 대도시 시장은 다음의 어느 하나에 해당하는 용도지구의 지정 또는 변경을 도시관리계획으로 결정한다(법 제37조제1항).

가) 경관지구 : 경관을 보호·형성하기 위하여 필요한 지구

나) 미관지구 : 미관을 유지하기 위하여 필요한 지구

다) 고도지구 : 쾌적한 환경 조성 및 토지의 효율적 이용을 위하여 건축물 높이의 최저한도 또는 최고한도를 규제할 필요가 있는 지구

라) 방화지구 : 화재의 위험을 예방하기 위하여 필요한 지구

마) 방재지구 : 풍수해, 산사태, 지반의 붕괴, 그 밖의 재해를 예방하기 위하여 필요한 지구

바) 보존지구 : 문화재, 중요 시설물 및 문화적·생태적으로 보존가치가 큰 지역의 보호와 보존을 위하여 필요한 지구

사) 시설보호지구 : 학교시설·공용시설·항만 또는 공항의 보호, 업무기능의 효율화, 항공기의 안전운항 등을 위하여 필요한 지구

아) 취락지구 : 녹지지역·관리지역·농림지역·자연환경보전지역·개발제한구역 또는 도시자연공원구역의 취락을 정비하기 위한 지구

자) 개발진흥지구 : 주거기능·상업기능·공업기능·유통물류기능·관광기능·휴양기능 등을 집중적으로 개발·정비할 필요가 있는 지구

차) 특정용도제한지구 : 주거기능 보호나 청소년 보호 등의 목적으로 청소년 유해시설 등 특정시설의 입지를 제한할 필요가 있는 지구

카) 그 밖에 대통령령으로 정하는 지구

〈지구지정 목적〉

	지 구 명	지정목적
법률	(1) 경관지구 ① 자연경관지구 ② 수변경관지구 ③ 시가지경관지구 (2) 미관지구 ① 중심미관지구 ② 역사문화미관지구 ③ 일반미관지구 (3) 고도지구 ① 최고고도지구 ② 최저고도지구 (4) 방화지구 (5) 방재지구 (6) 보존지구 ① 역사문화환경보존지구 ② 중요시설물보존지구 ③ 생태계보존지구 (7) 시설보호지구 ① 학교시설보호지구 ② 공용시설보호지구 ③ 항만시설보호지구 ④ 공항시설보호지구 (8) 취락지구 ① 자연취락지구 ② 집단취락지구 (9) 개발진흥지구 ① 주거개발진흥지구 ② 산업유통개발진흥지구 ③ 관광휴양개발진흥지구 ④ 복합개발진흥지구 ⑤ 특정개발진흥지구 (10) 특정용도제한	(1) 경관을 보호·형성하기 위하여 ① 자연경관의 보호 또는 도시의 자연풍치 유지 ② 주요 수계의 수변 자연경관을 보호·유지 ③ 주거지역의 양호한 환경조성과 시가지의 경관보호 (2) 도시미관조성을 위하여 건축물의 높이규모 등을 제한 ① 토지이용도가 높은 지역의 미관을 유지·관리 ② 문화재와 보존가치가 큰 건축물 등의 미관을 유지·관리 ③ 중심미관 및 역사문화미관 이외의 곳의 미관을 유지 (3) 도시토지의 고도이용을 위하여 건축물의 높이를 제한 ① 도시환경과 경관보호, 과밀방지 위해 최고한도 정함. ② 토지이용 고도화, 도시경관 보호 위해 최저한도 정함. (4) 화재의 위험을 예방 (5) 풍수해, 산사태, 지반의 붕괴 기타 재해의 예방 (6) 문화재, 중요시설물 및 보존가치가 큰 지역의 보호·보존 ① 문화재와 문화적으로 보존가치 큰 지역의 보호·보존 ② 국방상 또는 안보상의 중요한 시설물의 보호와 보존 ③ 동식물서식처 등 생태적 보존가치 큰 지역의 보호·보존 (7) 학교, 항만, 공용시설, 공항시설의 보호 ① 학교의 교육환경을 보호·유지 ② 공용시설을 보호하고 공공업무기능을 효율화 ③ 항만기능을 효율화하고 항만시설의 관리·운영 ④ 공항시설의 보호와 항공기의 안전운항 (8) 녹지지역 등과 개발제한구역안의 취락을 정비 ① 녹지지역 등의 취락을 정비하기 위한 지구

		② 개발제한구역안의 취락을 정비하기 위한 지구 (9) 주·상·공·유통물류·관광·휴양기능의 개발·정비 ① 주거기능을 중심으로 개발·정비 ② 공업 및 유통·물류기능을 중심으로 개발·정비 ③ 관광·휴양기능을 중심으로 개발·정비 ④ 위의 2가지 이상의 기능을 중심으로 개발·정비 ⑤ 위의 기능 외의 기능을 중심으로 특정목적을 개발·정비 (10) 주거기능, 청소년 보호 등을 목적으로 특정시설입지를 제한
시행령	(11) 위락지구(폐지) (12) 리모델링지구(폐지)	(11) 위락시설의 집단화로 다른 지역의 환경을 보호 (12) 노후 밀집지역에서 현재의 환경을 유지하면서 정비

2) 시·도지사 또는 대도시 시장 등의 용도지구지정·변경

시·도지사 또는 대도시 시장은 지역여건상 필요하면 대통령령으로 정하는 기준에 따라 그 시·도 또는 대도시의 조례로 용도지구의 명칭 및 지정목적, 건축이나 그 밖의 행위의 금지 및 제한에 관한 사항 등을 정하여 위 1)의 용도지구 외의 용도지구의 지정 또는 변경을 도시·군관리계획으로 결정할 수 있다(법 제37조제3항).

다만, 시·도 또는 대도시의 도시·군계획조례로 용도지구외의 용도지구를 정할 때에는 i) 용도지구의 신설은 법에서 정하고 있는 용도지역·용도지구 또는 용도구역만으로는 효율적인 토지이용을 달성할 수 없는 부득이한 사유가 있는 경우에 한할 것, ii) 용도지구 안에서의 행위제한은 그 용도지구의 지정목적 달성에 필요한 최소한도에 그치도록 할 것, iii) 당해 용도지역 또는 용도구역의 행위제한을 완화하는 용도지구를 신설하지 아니할 것 등의 기준을 따라야 한다(법 시행령 제31조제4항).

다. 용도지구의 세분

1) 국토부장관 등의 세분지정

국토교통부장관, 시·도지사 또는 대도시 시장은 필요하다고 인정되면 도시관리계획결정으로 경관지구·미관지구·고도지구·방재지구·보존지구·시설보호지구·취락지구 및 개발진흥지구를 다음과 같이 세분하여 지정할 수 있다(법 시행령 제31조제2항).

가) 경관지구

(1) 자연경관지구 : 산지·구릉지 등 자연경관의 보호 또는 도시의 자연풍치를 유지하기 위하여 필요한 지구
(2) 수변경관지구 : 지역내 주요 수계의 수변 자연경관을 보호·유지하기 위하여 필요한 지구
(3) 시가지경관지구 : 주거지역의 양호한 환경조성과 시가지의 도시경관을 보호하기 위하여 필요한 지구

나) 미관지구

(1) 중심지미관지구 : 토지의 이용도가 높은 지역의 미관을 유지·관리하기 위하여 필요한 지구
(2) 역사문화미관지구 : 문화재와 문화적으로 보존가치가 큰 건축물 등의 미관을 유지·관리하기 위하여 필요한 지구
(3) 일반미관지구 : 중심지미관지구 및 역사문화미관지구외의 지역으로서 미관을 유지·관리하기 위하여 필요한 지구

다) 고도지구

(1) 최고고도지구 : 환경과 경관을 보호하고 과밀을 방지하기 위하여 건축물높이의 최고한도를 정할 필요가 있는 지구
(2) 최저고도지구 : 토지이용을 고도화하고 경관을 보호하기 위하여 건축물높이의 최저한도를 정할 필요가 있는 지구

라) 방재지구

(1) 시가지방재지구 : 건축물·인구가 밀집되어 있는 지역으로서 시설 개선 등을 통하여 재해 예방이 필요한 지구
(2) 자연방재지구 : 토지의 이용도가 낮은 해안변, 하천변, 급경사지 주변 등의 지역으로서 건축 제한 등을 통하여 재해 예방이 필요한 지구

마) 보존지구

(1) 역사문화환경보존지구 : 문화재·전통사찰 등 역사·문화적으로 보존가치가 큰 시설 및 지역의 보호와 보존을 위하여 필요한 지구
(2) 중요시설물보존지구 : 국방상 또는 안보상 중요한 시설물의 보호와 보존을 위하여 필요한 지구
(3) 생태계보존지구 : 야생동식물서식처 등 생태적으로 보존가치가 큰 지역의 보호와 보존을 위하여 필요한 지구

바)시설보호지구

(1) 학교시설보호지구 : 학교의 교육환경을 보호·유지하기 위하여 필요한 지구
(2) 공용시설보호지구 : 공용시설을 보호하고 공공업무기능을 효율화하기 위하여 필요한 지구
(3) 항만시설보호지구 : 항만기능을 효율화하고 항만시설을 관리·운영하기 위하여 필요한 지구
(4) 공항시설보호지구 : 공항시설의 보호와 항공기의 안전운항을 위하여 필요한 지구

사) 취락지구

(1) 자연취락지구 : 녹지지역·관리지역·농림지역 또는 자연환경보전지역안의 취락을 정비하기 위하여 필요한 지구
(2) 집단취락지구 : 개발제한구역안의 취락을 정비하기 위하여 필요한 지구

아) 개발진흥지구

(1) 주거개발진흥지구 : 주거기능을 중심으로 개발·정비할 필요가 있는 지구
(2) 산업·유통개발진흥지구 : 공업기능 및 유통·물류기능을 중심으로 개발·정비할 필요가 있는 지구
(3) 관광·휴양개발진흥지구 : 관광·휴양기능을 중심으로 개발·정비할 필요가 있는 지구
(4) 복합개발진흥지구 : 주거기능, 공업기능, 유통·물류기능 및 관광·휴양기능 중 2 이상의 기능을 중심으로 개발·정비할 필요가 있는 지구
(5) 특정개발진흥지구 : 주거기능, 공업기능, 유통·물류기능 및 관광·휴양기능 외의 기능을 중심으로 특정한 목적을 위하여 개발·정비할 필요가 있는 지구

2) 시·도지사 또는 대도시 시장 등의 세분지정

시·도지사 또는 대도시 시장은 지역여건상 필요한 때에는 해당 시·도 또는 대도시의 도시계획조례로 정하는 바에 따라 경관지구 및 미관지구를 추가적으로 세분하거나 특정용도제한지구를 세분하여 지정할 수 있고(법 시행령 제31조제3항), 이에 따라 시·도 또는 대도시의 도시계획조례로 용도지구외의 용도지구를 정할 때에는 i) 용도지구의 신설은 법에서 정하고 있는 용도지역·용도지구 또는 용도구역만으로는 효율적인 토지이용을 달성할 수 없는 부득이한 사유가 있는 경우에 한할 것, ii) 용도지구 안에서의 행위제한은 그 용도지구의 지정목적 달성에 필요한 최소한도에 그치도록 할 것, iii) 당해 용도지역 또는 용도구역의 행위제한을 완화하는 용도지구를 신설하지 아니할 것 등의 준을 따라야 한다(법 시행령 제31조제4항).

〈용도지구의 구분〉

종전		개편	
1. 경관지구		1. 경관지구	자연경관지구
			수변경관지구
			시가지경관지구
2. 미관지구	중심지미관지구	2. 미관지구	중심지미관지구
	역사문화미관지구		역사문화미관지구
	일반미관지구		일반미관지구
3. 고도지구	최고고도지구	3. 고도지구	최고고도지구
	최저고도지구		최저고도지구
4. 방화지구		4. 방화지구	
5. 방재지구		5. 방재지구	
6. 보존지구	문화자원보존지구	6. 보존지구	역사문화환경보존지구
	중요시설보존지구		중요시설물보존지구
	생태계보존지구		생태계보존지구
7. 시설보호기구	학교시설보호지구	7. 시설보호기구	학교시설보호지구
	공용시설보호지구		공용시설보호지구
	항만시설보호지구		항만시설보호지구
	공항시설보호지구		공항시설보호지구
8. 취락지구	자연취락지구	8. 취락지구	자연취락지구
	집단취락지구		집단취락지구
9. 개발촉진지구		9. 개발진흥지구	주거개발진흥지구
			산업·유통개발진흥지구
			관광·휴양개발진흥지구
			복합개발진흥지구
			특정개발진흥지구
10. 아파트지구		10. 특정용도제한 지구	
11. 위락지구			

2. 용도지구별 건축제한

용도지구에서의 건축물이나 그 밖의 시설의 용도·종류 및 규모 등의 제한에 관한 사항은 이 법 또는 다른 법률에 특별한 규정이 있는 경우 외에는 대통령령으로 정하는 기준에 따라 특별시·광역시·특별자치시·특별자치도·시 또는 군의 조례로 정할 수 있다(법 제76조제2항).

가. 경관지구 안에서의 건축제한

경관지구 안에서는 그 지구의 경관의 보호·형성에 장애가 된다고 인정하여 도시계획조례가 정하는 건축물을 건축할 수 없다. 다만, 특별시장·광역시장·특별자치시장·특별자치도지사·시장 또는 군수가 지구의 지정목적에 위배되지 아니하는 범위 안에서 도시계획조례가 정하는 기준에 적합하다고 인정하여 당해 지방자치단체에 설치된 도시계획위원회의 심의를 거친 경우에는 그러하지 아니하다(법 시행령 제72조제1항). 이때 경관지구 안에서의 건축물의 건폐율·용적률·높이·최대너비·색채 및 대지안의 조경 등에 관하여는 그 지구의 경관의 보호·형성에 필요한 범위 안에서 도시·군계획조례로 정한다(같은 조 제2항).

나. 미관지구 안에서의 건축제한

미관지구 안에서는 그 지구의 위치·환경 그 밖의 특성에 따른 미관의 유지에 장애가 된다고 인정하여 도시계획조례가 정하는 건축물을 건축할 수 없다. 다만, 특별시장·광역시장·특별자치시장·특별자치도지사·시장 또는 군수가 지구의 지정목적에 위배되지 아니하는 범위 안에서 도시계획조례가 정하는 기준에 적합하다고 인정하여 당해 지방자치단체에 설치된 도시계획위원회의 심의를 거친 경우에는 그러하지 아니하다(법 시행령 제73조제1항). 이때 미관지구 안에서의 건축물의 높이 및 규모(건축물의 앞면길이에 대한 옆면길이 또는 높이의 비율을 포함한다), 부속건축물의 규모, 건축물·담장 및 대문의 형태·색채, 건축물의 바깥쪽으로 돌출하는 건축설비 그 밖의 유사한 것의 형태·색채 또는 그 설치의 제한 및 금지 등에 관하여는 그 지구의 위치·환경 그 밖의 특성에 따른 미관의 유지에 필요한 범위 안에서 도시계획조례로 정한다(같은 조 제2항).

다. 고도지구 안에서의 건축제한

고도지구 안에서는 도시·군관리계획으로 정하는 높이를 초과하거나 미달하는 건축물을 건축할 수 없다(법 시행령 제74조).

라. 방재지구 안에서의 건축제한

방재지구 안에서는 풍수해·산사태·지반붕괴·지진 그 밖에 재해예방에 장애가 된다고 인정하여 도시계획조례가 정하는 건축물을 건축할 수 없다. 다만, 특별시장·광역시장·특별자치시장·특별자치도지사·시장 또는 군수가 지구의 지정목적에 위배되지 아니하는 범위 안에서 도시계획조례가 정하는 기준에 적합하다고 인정하여 당해 지방자치단체에 설치된 도시계획위원회의 심의를 거친 경우에는 그러하지 아니하다(법 시행령 제75조).

마. 보존지구 안에서의 건축제한

보존지구 안에서는 다음의 구분에 따른 건축물에 한하여 건축할 수 있다. 다만, 특별시장·광역시장·특별자치시장·특별자치도지사·시장 또는 군수가 지구의 지정목적에 위배되지 아니하는 범위 안에서 도시계획조례가 정하는 기준에 적합하다고 인정하여 관계 행정기관의 장과의 협의 및 당해 지방자치단체에 설치된 도시계획위원회의 심의를 거친 경우에는 그러하지 아니하다(법 시행령 제76조).

1) 역사문화환경보존지구 : 「문화재보호법」의 적용을 받는 문화재를 직접 관리·보호하기 위한 건축물과 문화적으로 보존가치가 큰 지역의 보호 및 보존을 저해하지 아니하는 건축물로서 도시·군계획조례가 정하는 것

2) 중요시설물보존지구 : 국방상 또는 안보상 중요한 시설물의 보호 및 보존을 저해하지 아니하는 건축물로서 도시·군계획조례가 정하는 것
3) 생태계보존지구 : 생태적으로 보존가치가 큰 지역의 보호 및 보존을 저해하지 아니하는 건축물로서 도시·군계획조례가 정하는 것

바. 시설보호지구 안에서의 건축제한

1) 학교·공용·항만시설보호지구

학교시설보호지구·공용시설보호지구 및 항만시설보호지구 안에서는 학교·공용시설 또는 항만의 기능수행에 장애가 된다고 인정하여 도시·군계획조례가 정하는 건축물을 건축할 수 없다. 다만, 특별시장·광역시장·특별자치시장·특별자치도지사·시장 또는 군수가 지구의 지정목적에 위배되지 아니하는 범위 안에서 도시·군계획조례가 정하는 기준에 적합하다고 인정하여 관계 행정기관의 장과의 협의 및 당해 지방자치단체에 설치된 도시계획위원회의 심의를 거친 경우에는 그러하지 아니하다(법 시행령 제77조제1항).

2) 공항시설보호지구

공항시설보호지구 안에서의 건축제한에 관하여는 「항공법」이 정하는 바에 의하되, 건축물의 용도 및 형태 등에 관한 그 밖의 제한에 관하여는 공항시설의 보호와 항공기의 이·착륙에 장애가 되지 아니하는 범위 안에서 도시·군계획조례로 정한다(같은 조 제2항).

사. 취락지구 안에서의 건축제한

1) 자연취락지구

자연취락지구 안에서 건축할 수 있는 건축물은 별표 23과 같다(법 시행령 제78조제1항).

자연취락지구 안에서 건축할 수 있는 건축물

(제78조 관련)

1. 건축할 수 있는 건축물(4층 이하의 건축물에 한한다. 다만, 4층 이하의 범위 안에서 도시·군계획조례로 따로 층수를 정하는 경우에는 그 층수 이하의 건축물에 한한다)
   가. 「건축법 시행령」 별표 1 제1호의 단독주택
   나. 「건축법 시행령」 별표 1 제3호의 제1종 근린생활시설
   다. 「건축법 시행령」 별표 1 제4호의 제2종 근린생활시설[같은 호 아목, 자목, 더목 및 러목(안마시술소만 해당한다)은 제외한다]
   라. 「건축법 시행령」 별표 1 제13호의 운동시설
   마. 「건축법 시행령」 별표 1 제18호 가목의 창고(농업·임업·축산업·수산업용만 해당한다)
   바. 「건축법 시행령」 별표 1 제21호의 동물 및 식물관련시설
   사. 「건축법 시행령」 별표 1 제23호의 교정 및 국방·군사시설
   아. 「건축법 시행령」 별표 1 제24호의 방송통신시설
   자. 「건축법 시행령」 별표 1 제25호의 발전시설
2. 도시·군계획조례가 정하는 바에 의하여 건축할 수 있는 건축물(4층 이하의 건축물에 한한다. 다만, 4층 이하의 범위 안에서 도시·군계획조례로 따로 층수를 정하는 경우에는 그 층수 이하의 건축물에 한한다)
   가. 「건축법 시행령」 별표 1 제2호의 공동주택(아파트를 제외한다)
   나. 「건축법 시행령」 별표 1 제4호 아목·자목 및 러목(안마시술소만 해당한다)에 따른 제2종 근린생활시설
   다. 「건축법 시행령」 별표 1 제5호의 문화 및 집회시설
   라. 「건축법 시행령」 별표 1 제6호의 종교시설
   마. 「건축법 시행령」 별표 1 제7호의 판매시설 중 다음의 어느 하나에 해당하는 것
      (1) 「농수산물유통 및 가격안정에 관한 법률」 제2조에 따른 농수산물공판장
      (2) 「농수산물유통 및 가격안정에 관한 법률」 제68조제2항에 따른 농수

산물직판장으로서 해당용도에 쓰이는 바닥면적의 합계가 1만m² 미만인 것(「농어업·농어촌 및 식품산업 기본법」 제3조제2호에 따른 농업인·어업인, 법 제25조에 따른 후계농어업경영인, 법 제26조에 따른 전업농어업인 또는 지방자치단체가 설치·운영하는 것에 한한다)

바. 「건축법 시행령」 별표 1 제9호의 의료시설 중 종합병원·병원·치과병원 및 한방병원

사. 「건축법 시행령」 별표 1 제10호의 교육연구시설

아. 「건축법 시행령」 별표 1 제11호의 노유자시설

자. 「건축법 시행령」 별표 1 제12호의 수련시설

차. 「건축법 시행령」 별표 1 제15호의 숙박시설로서 「관광진흥법」에 따라 지정된 관광지 및 관광단지에 건축하는 것

카. 「건축법 시행령」 별표 1 제17호의 공장 중 도정공장 및 식품공장(「농어업·농어촌 및 식품산업 기본법」 제3조제6호에 따른 농수산물을 직접 가공하여 음식물을 생산하는 것으로 한정한다)과 읍·면지역에 건축하는 제재업의 공장 및 첨단업종의 공장으로서 별표 19 제2호 자목(1) 내지 (4)의 어느 하나에 해당하지 아니하는 것

타. 「건축법 시행령」 별표 1 제19호의 위험물저장 및 처리시설

파. 「건축법 시행령」 별표 1 제22호의 자원순환 관련 시설

2) 집단취락지구

집단취락지구 안에서의 건축제한에 관하여는 「개발제한구역의 지정 및 관리에 관한 특별조치법령」이 정하는 바에 의한다(같은 조 제2항).

아. 개발진흥지구

개발진흥지구 안에서는 지구단위계획 또는 관계 법률에 의한 개발계획에 위반하여 건축물을 건축할 수 없으며, 지구단위계획 또는 개발계획이 수립되기 전에는 개발진흥지구의 계획적 개발에 위배되지 아니하는 범위 안에서 도시계획조례가 정하는 건축물을 건축할 수 있다(국토계획법 시행령 제79조).

자. 특정용도제한지구

특정용도제한지구 안에서는 주거기능을 훼손하거나 청소년 정서에 유해하다고 인정하여 도시·군계획조례가 정하는 건축물을 건축할 수 없다(국토계획법 시행령 제80조).

차. 그 밖의 용도지구 안에서의 건축제한

법 시행령 제72조 내지 제81조에 규정된 용도지구외의 용도지구 안에서의 건축제한에 관하여는 그 용도지구지정의 목적달성에 필요한 범위 안에서 특별시·광역시·특별자치시·특별자치도·시 또는 군의 도시·군계획조례로 정한다(법 시행령 제82조).

〈기타 건폐율 및 용적률의 세분〉

지구·구역·단지	건 폐 율		용 적 률	
	법 정 건폐율	시행령상 건 폐 율	법 정 용적률	시행령상 용 적 률
취락지구	80% 이하	60% 이하 (자연취락 지구에 한함)		
개발진흥지구 (도시지역 외의 지역)	〃	40% 이하	200% 이하	100% 이하
수산자원보호구역	〃	40% 이하		80% 이하
자연공원	〃	60% 이하		100% 이하
농공단지	〃	70% 이하		150% 이하 (도시지역 외의 지역)
국가·일반·도시첨단·준산업단지 (공업지역 내)	〃	80% 이하		

3. 용도지역·지구별 건축제한의 예외

가. 도시계획시설

용도지역·용도지구 안에서의 도시계획시설에 대하여는 법 제71조 내지 제82조의 규정을 적용하지 아니한다(법 시행령 제83조제1항).

나. 경관지구, 미관지구, 고두지구 안에서의 리모델링

경관지구·미관지구 또는 고도지구 안에서의「건축법 시행령」제6조제1항제6호의 규정에 의한 리모델링이 필요한 건축물에 대하여는 법 시행령 제72조 내지 제74조의 규정에 불구하고 동시행령 제6조제1항제5호의 규정에 의하여 건축물의 높이·규모 등의 제한을 완화하여 제한할 수 있다(법 시행령 제2조).

다. 시가화조정구역

시가화조정구역 안에서의 건축제한에 관하여는 법 시행령 제87조 내지 제89조의 규정에 의하고, 수산자원보호구역 안에서의 건축제한에 관하여는「수산자원관리법」에서 정하는 바에 의한다. 또한 개발제한구역 안에서의 건축제한에 관하여는「개발제한구역의 지정 및 관리에 관한 특별조치법」이 정하는 바에 의한다(법 시행령 제3조).

【판시사항】

개발제한구역 내의 건축물 중 증축, 이축이 허용되는 주택의 의미 및 판단 기준 (대법원 2000.1.14. 선고 98두953 판결)

【판결요지】

도시계획법 제21조와 구 같은 법 시행령(1998.5.19. 대통령령 제15799호로 개정되기 전의 것) 제20조 및 구 같은 법 시행규칙(1998.5.19. 건설교통부령 제133호로 개정되기 전의 것) 제7조제1항제2호 (가)목, (나)목 및 제3호 (사)목의 (3)의 규정에 의하면,

개발제한구역 내의 건축물 중 주택에 대하여는 일반적으로 100m²의 범위 내에서 증축이 허용되고 또 토지소유자와의 관계에서 소정 요건을 갖춘 경우에는 인근 토지와 인근 부락으로의 이축도 허용되지만, 이는 모두 당해 주택이 개발제한구역 지정 당시부터 독립한 주택 건물로 존재하고 있음을 전제로 하여 허용되고, 어떤 건물이 독립한 주택 건물에 해당하는지 여부는 언제나 등기부 등 관련 공부의 기재에 따라 결정되는 것이 아니라, 그 물리적 구조와 주위 건물에 대한 근접의 정도 및 상호 통행을 위한 설비의 유무와 형태, 당해 건물의 용도·기능과 주변의 상황, 소유자의 의사 등의 사정을 개발제한구역의 제도 목적에 비추어 종합적으로 고려하여 볼 때, 당해 건물이 주택으로서 독립한 경제적 효용을 가지고 있는 것으로 거래상 별개의 소유권의 객체로 볼 수 있는지, 그 거주관계를 별도로 보장할 필요가 있는지 여부에 따라 결정되는 것이다.

【판시사항】

개발제한구역 안에서의 이축을 허용하고 있는 도시계획법 시행규칙 제7조제1항제3호 사목 (1) 소정의 "인근 토지 또는 인근 부락 안"의 개념 (대법원 1996.6.14. 선고 95누10471 판결)

【판결요지】

개발제한구역의 지정목적과 관계 규정의 취지 및 내용에 비추어 보면 도시계획법 시행규칙 제7조제1항제3호 사목 (1)에서 개발제한구역 안에서 공익사업 등으로 철거된 건축물의 이축을 허가받을 수 있는 지점인 "인근 토지 또는 인근 부락 안"이라 함은 원칙적으로 철거된 기존 건축물이 있던 읍·면·동과 같은 읍·면·동에 위치하고 있어야 하는 것이지만, 생활연고지를 상실한 경우에는 기존 건축물이 위치하고 있던 읍·면·동과 경계를 접하고 있는 다른 읍·면·동에 위치한 토지 또는 부락까지를 포함하여 말하는 것으로 해석함이 상당하다.

라. 건축물이 아닌 시설

용도지역·용도지구 또는 용도구역 안에서의 건축물이 아닌 시설의 용도·종류 및 규모 등의 제한에 관하여는 지역별 건축제한(별표 2 내지 별표 27)과 지구별 건축제한(제72조 내지 제77조 및 제79조 내지 제82조)의 규정에 의한 건축물에 관한 사항을 적용한다(법 시행령 제4조).

제3절 용도구역

1. 용도구역제

가. 용도구역제의 의의

용도구역이란 토지의 이용 및 건축물의 용도·건폐율·용적률·높이 등에 대한 용도지역의 제한을 강화하거나 완화하여 적용함으르써 용도지역의 기능을 증진시키고 미관·경관·안전 등을 도모하기 위하여 도시관리계획으로 결정하는 지역을 말한다(법 제2조제17호). 이는 지역·지구제와는 달리 도시의 균형 있는 발전을 도모하기 위한 독자적인 규제로서 통상 시가화가 진행되지 않는 도시주변지역을 대상으로 하여 도시의 무질서한 확산이나 무계획한 개발을 저지하여 도시주변 자연환경의 보전 및 도시민의 건전한 생활환경을 확보하기 위한 목적으로 시행된다.

〈용도구역의 구분〉

구 역 명	지정목적
개발제한구역	• 도시의 무질서한 확산방지와 도시주변 자연환경 보전
시가화 조정구역	• 무질서한 시가화를 방지하고 계획적, 단계적 도시개발 도모
수산자원보호구역	• 수산자원의 보호·육성
도시자연공원구역	• 도시의 자연환경 및 경관을 보호하고 도시민에게 건전한 여가·휴식공간을 제공

〈용도구역 지정현황〉

(단위 : km^2, 2012.12.31 기준)

구분	개발제한 구 역			시 가 화 조정구역			수산자원 보호구역		도시자연 공원구역	
	도시수	도시수	면 적	도시수	구역수	면 적	개소수	면 적	개소수	면 적
지정 현황	13시도	7	3,868.28	–	1	0.984	59	2,668.05	166	265.27
구역 명칭	수도권, 부산권, 대구권, 광주권, 대전권, 울산권, 마창진권									

※ 출처 : 국토교통부, 2012 도시계획현황

나. 개발제한구역

1) 개발제한구역의 의의

도시의 평면적이고 무질서한 확산을 방지하고 난개발로 인한 환경의 파괴 등을 방지하여 자연환경을 보전하고 도시민의 건전한 생활환경을 확보하기 위해서, 또는 안보상의 필요에 따라 도시주변의 일지지역에 대한 개발을 제한할 필요가 있다고 인정되는 경우에 그 개발을 제한하는 구역을 말한다. 흔히 개발제한구역을 '그린벨트(green belt)'라고도 한다.

【판시사항】

개발제한구역 내에 도시계획시설결정을 하기 위하여 「구 개발제한구역의 지정 및 관리에 관한 특별조치법」에 따른 개발제한구역 관리계획을 수립하여야 하는지 여부(소극) (대법원 2007.4.12. 선고 2005두1893 판결)

【판결요지】

「구 개발제한구역의 지정 및 관리에 관한 특별조치법」(2002.2.4. 법률 제6655호로 개정되기 전의 것) 제10조는 개발제한구역의 관할 시·도지사로 하여금 개발제한구역

관리의 기본 목표와 방향을 제시하고, 도시계획시설의 입지 여부 등을 검토하여 개발제한구역의 종합적인 관리에 지장이 없도록 5년 단위로 관리계획을 수립하도록 하는 규정이라 할 것이므로, 그 규정만을 근거로 개발제한구역 내에 도시계획시설결정을 하기 위하여 반드시 사전에 개발제한구역 관리계획을 수립하여야 한다고 할 수 없다.

2) 용도구역의 지정

가) 국토의 계획 및 이용에 관한 법률

국토교통부장관은 도시의 무질서한 확산을 방지하고 도시주변의 자연환경을 보전하여 도시민의 건전한 생활환경을 확보하기 위하여 도시의 개발을 제한할 필요가 있거나 국방부장관의 요청이 있어 보안상 도시의 개발을 제한할 필요가 있다고 인정되면 개발제한구역의 지정 또는 변경을 도시관리계획으로 결정할 수 있다(법 제38조).

나) 개발제한구역의 지정 및 관리에 관한 특별조치법

(1) 국토교통부장관은 도시의 무질서한 확산을 방지하고 도시 주변의 자연환경을 보전하여 도시민의 건전한 생활환경을 확보하기 위하여 도시의 개발을 제한할 필요가 있거나 국방부장관의 요청으로 보안상 도시의 개발을 제한할 필요가 있다고 인정되면 개발제한구역의 지정 및 해제를 도시·군관리계획으로 결정할 수 있으며(「개발제한구역의 지정 및 관리에 관한 특별조치법」 제3조－이하 '개발제한법'이라 한다), 그 지정 및 해제의 기준은 대상 도시의 인구·산업·교통 및 토지이용 등 경제적·사회적 여건과 도시 확산 추세, 그 밖의 지형 등 자연환경 여건을 종합적으로 고려하여 대통령령으로 정한다(같은 조 제2항). 이때 개발제한구역은 그 지정 목적을 달성하기 위하여 공간적으로 연속성을 갖도록 지정하되, 도시의 자족성 확보, 합리적인 토지이용 및 적정한 성장 관리 등을 고려하여야 한다. 다만, 중앙행정기관의 장, 특별시장, 광역시장, 특별자치시장, 특별자치도지사, 시장, 군수 또는 구청장은 개발제한구역에 도시계획시설을 설치하는 계획을 수

립하거나 이를 설치하려는 경우에는 소규모 단절 토지가 발생되지 않도록 하여야 하며, 부득이 소규모 단절 토지의 발생을 피할 수 없는 경우에는 그 사유·규모와 발생시기 등에 관하여 국토교통부장관 및 해당 지역을 관할하는 시장, 군수 또는 구청장(자치구의 구청장을 말한다)과 미리 협의하여야 한다(법 시행령 제2조제6항).

(2) 개발제한구역의 지정 기준 : 국토교통부장관이 개발제한법에 따라 개발제한구역을 지정할 때에는 다음 각 호의 어느 하나에 해당하는 지역을 대상으로 한다(개발제한법 시행령 제2조제1항).

(가) 도시가 무질서하게 확산되는 것 또는 서로 인접한 도시가 시가지로 연결되는 것을 방지하기 위하여 개발을 제한할 필요가 있는 지역

(나) 도시주변의 자연환경 및 생태계를 보전하고 도시민의 건전한 생활환경을 확보하기 위하여 개발을 제한할 필요가 있는 지역

(다) 국가보안상 개발을 제한할 필요가 있는 지역

(라) 도시의 정체성 확보 및 적정한 성장 관리를 위하여 개발을 제한할 필요가 있는 지역

(3) 개발제한구역의 해제 기준 : 법 제3조제2항에 따라 개발제한구역이 다음 각 호의 어느 하나에 해당하는 경우에는 국토교통부장관이 정하는 바에 따라 개발제한구역을 조정하거나 해제할 수 있고(법 시행령 제2조제3항), 이를 해제하려는 경우에는 법 제51조에 따라 지구단위계획구역으로 지정하고 지구단위계획을 수립하여야 한다(법 시행령 제2조제4항).

(가) 개발제한구역에 대한 환경평가 결과 보존가치가 낮게 나타나는 곳으로서 도시용지의 적절한 공급을 위하여 필요한 지역. 이 경우 도시의 기능이 쇠퇴하여 활성화할 필요가 있는 지역과 연계하여 개발할 수 있는 지역을 우선적으로 고려하여야 한다.

(나) 주민이 집단적으로 거주하는 취락으로서 주거환경 개선 및 취락 정비가 필요한 지역

(다) 도시의 균형적 성장을 위하여 기반시설의 설치 및 시가화(市街化) 면

적의 조정 등 토지이용의 합리화를 위하여 필요한 지역

(라) 지정 목적이 달성되어 개발제한구역으로 유지할 필요가 없게 된 지역

(마) 도로(국토교통부장관이 정하는 규모의 도로만 해당한다)·철도 또는 하천 개수로(開水路)를 설치함에 따라 생겨난 1만m² 미만의 소규모 단절 토지. 다만, 개발제한구역의 조정 또는 해제로 인하여 그 지역과 주변지역에 무질서한 개발 또는 부동산 투기행위가 발생하거나 그 밖에 도시의 적정한 관리에 지장을 줄 우려가 큰 때에는 그러하지 아니하다.

(바) 개발제한구역 경계선이 관통하는 대지(대지 : 「측량·수로조사 및 지적에 관한 법률」에 따라 각 필지로 구획된 토지를 말한다)로서 다음 각 목의 요건을 모두 갖춘 지역

(1) 개발제한구역의 지정 당시 또는 해제 당시부터 대지의 면적이 1천m² 이하로서 개발제한구역 경계선이 그 대지를 관통하도록 설정되었을 것

(2) 대지 중 개발제한구역인 부분의 면적이 기준 면적 이하일 것. 이 경우 기준 면적은 특별시·광역시·특별자치시·도 또는 특별자치도(이하 "시·도"라 한다)의 관할구역 중 개발제한구역 경계선이 관통하는 대지의 수, 그 대지 중 개발제한구역인 부분의 규모와 그 분포 상황, 토지이용 실태 및 지형·지세 등 지역 특성을 고려하여 시·도의 조례로 정한다.

(4) 개발제한구역 해제시 용도지역 지정 기준 : 개발제한구역에서 해제하는 토지에 대하여 「국토의 계획 및 이용에 관한 법률」 제36조에 따라 용도지역을 지정할 경우에는 녹지지역으로 지정하여야 한다. 다만, 다음의 요건을 모두 갖춘 경우에는 다른 용도지역으로 지정할 수 있다(법 시행령 제2조제5항).

(가) 도시발전을 위하여 다른 용도지역으로 지정할 필요가 있고 「국토의 계획 및 이용에 관한 법률」 제2조제1호에 따른 광역도시계획 및 같은 조 제3호에 따른 도시·군기본계획에 부합할 것

(나) 개발제한구역에서 해제된 인근의 집단 취락 또는 인근의 개발제한구역이 아닌 지역의 용도지역과 조화되게 정할 필요가 있을 것

(다) 다른 용도지역으로 지정되더라도 기반시설을 추가적으로 설치할 필요가 없을 것

3) 결정 및 결정절차

가) 입 안

(1) 입안권자

개발제한구역의 지정 및 해제에 관한 도시관리계획은 해당 도시지역을 관할하는 특별시장·광역시장·특별자치시장·특별자치도지사·시장 또는 군수가 입안(立案)한다. 다만, 국가계획과 관련된 경우에는 국토교통부장관이 직접 도시관리계획을 입안하거나 관계 중앙행정기관의 장의 요청에 따라 관할 특별시장·광역시장·특별자치시장·도지사·특별자치도지사, 시장 및 군수의 의견을 들은 후 도시관리계획을 입안할 수 있으며, 광역도시계획과 관련된 경우에는 도지사가 직접 도시관리계획을 입안하거나 관계 시장 또는 군수의 요청에 따라 관할 시장이나 군수의 의견을 들은 후 도시관리계획을 입안할 수 있다(개발제한법 제4조제1항). 이때 도시관리계획은 광역도시계획이나 도시기본계획에 부합되도록 입안하여야 하며(같은 조 제2항), 이에 관하여 작성되는 도시관리계획도서와 계획설명서의 작성 기준 및 작성 방법에 관하여는 법 제25조제2항부터 제4항까지의 규정을 준용한다(같은 조 제3항).

(2) 개발제한구역의 해제에 관한 도시·군관리계획을 입안하는 경우

입안권자는 개발제한구역의 해제에 관한 도시·군관리계획을 입안하는 경우에는 개발제한구역 중 해제하고자 하는 지역에 대한 개발계획 등 구체적인 활용방안과 해제지역이 아닌 지역으로서 개발제한구역 안의 훼손된 지역의 복구계획 등 주변 개발제한구역에 대한 관리방안을 포함하여야 한다. 이 경우 복구하고자 하는 훼손지의 범위는 해제대상지역 면적의 100분의 10부터 100분의 20까지에 상당하는 범위 안에서 중앙도시계획위원회의 심의를 거쳐 국

토교통부장관이 입안권자와 협의하여 결정한다(같은 조 제4항). 이때 복구하기로 한 훼손지는 해제대상지역의 개발사업에 관한 계획의 결정을 받은 개발사업자가 복구하여야 한다. 이 경우 훼손지 복구에 소요되는 비용은 개발사업자가 부담한다(같은 조 제5항).

나) 입안의 절차

(1) 기초조사

(가) 조사권자 : 특별시장·광역시장·특별자치시장·특별자치도지사·시장 또는 군수는 도시관리계획을 수립하려고 할 때에는 인구·경제·사회·문화·교통·환경·토지이용, 그 밖에 도시관리계획의 수립에 필요한 사항을 미리 조사하거나 측량하여야 한다(개발제한법 제6조제1항). 또한, 국토교통부장관은 개발제한구역에 관한 정책의 수립, 개발제한구역의 효율적인 관리 등을 위하여 건축물, 토지의 소유 및 이용 등에 관한 실태를 조사할 수 있으며, 실태조사를 위하여 필요한 경우 관계 중앙행정기관의 장 또는 지방자치단체의 장에게 자료의 제출을 요청할 수 있고, 실태조사를 공공기관[38]에 위탁할 수 있다(같은 조 제2,3,4항).

(나) 조사할 내용 : 도시·군관리계획의 수립을 위하여는 다음의 사항에 대한 기초조사가 이루어져야 한다(법 시행령 제3조).

① 기후·지형·자원 및 생태 등 자연적 여건

② 「국토의 계획 및 이용에 관한 법률」 제2조제6호에 따른 기반시설(이하 "기반시설"이라 한다) 및 주거 수준의 현황과 전망

③ 풍수해, 지진, 그 밖의 재해의 발생 현황 및 추이

④ 도시·군관리계획과 관련된 다른 계획 및 사업의 내용

⑤ 그 밖에 도시·군관리계획의 수립에 필요한 사항.

---

38) 개발제한법 시행령 제3조 ② 법 제6조제4항에서 "대통령령으로 정하는 공공기관"이란 다음 각 호의 기관을 말한다.

1. 「한국토지주택공사법」에 따른 한국토지주택공사
2. 「측량·수로조사 및 지적에 관한 법률」에 따른 대한지적공사

(2) 주민 및 지방의회의 의견청취

(가) 의견청취 : 국토교통부장관, 시·도지사, 시장 또는 군수는 도시관리계획을 입안할 때 주민의 의견을 들어야 하며, 그 의견이 타당하다고 인정되면 그 도시관리계획안에 반영하여야 한다. 다만, 국방상 기밀을 요하는 사항(국방부장관의 요청이 있는 것만 해당한다)이거나 경미한 사항은 그러하지 아니하다(개발제한법 제7조제1항). 또한, 국토교통부장관이나 도지사가 도시관리계획을 입안하려면 주민의 의견청취 기한을 표시한 도시관리계획안을 관계 특별시장·광역시장·특별자치시장·특별자치도지사·시장 또는 군수에게 보내야 한다(같은 조 제2항). 이에 따라 도시관리계획안을 송부받은 특별시장·광역시장·특별자치시장·특별자치도지사·시장 또는 군수는 표시된 기한까지 그 도시관리계획안에 대하여 주민의 의견을 들은 후 그 결과를 국토교통부장관이나 도지사에게 제출하여야 하고(같은 조 제3항), 이를 기초로 국토교통부장관, 시·도지사, 시장 또는 군수가 도시·군관리계획을 입안하려는 때에는 해당 지방의회의 의견을 들어야 한다(같은 조 제5항).

(나) 의견청취방법 : 국토교통부장관·특별시장·광역시장·특별자치시장·특별자치도지사·시장 또는 군수는 도시·군관리계획의 입안에 관하여 주민의 의견을 들으려는 경우에는 도시관리계획안의 주요 내용을 해당 특별시·광역시·특별자치시·특별자치도·시 또는 군의 지역을 주된 보급지역으로 하는 둘 이상의 일간신문에 공고하고 도시·군관리계획안을 14일 이상 일반인이 공람할 수 있게 하여야 한다(개발제한법 시행령 제4조제1항). 이때 위 내용에 대하여 의견이 있는 자는 공람 기간에 특별시장·광역시장·특별자치시장·특별자치도지사·시장 또는 군수에게 의견서를 제출할 수 있다(같은 조 제2항). 그 후 국토교통부장관 등은 공람 기일이 끝난 날부터 60일 이내에 제출된 의견을 도시·군관리계획안에 반영할 것인지 검토하여 그 결과를 그 의견을 제출한 자에게 알려야 하며, 이를 도시관리계획안에 반영할 때 그 내용이 해당 지방자치단체의 도시·군관리계획에 관한 조례로 정하는 중요한 사항인 경우에는 그 내용을 다시 공고·공람하여

주민의 의견을 들어야 한다(같은 조 제3,4항).

(3) 결 정

도시관리계획은 국토교통부장관이 결정한다(개발제한법 제8조제1항). 이를 결정하려는 때에는 관계 중앙행정기관의 장과 미리 협의하여야 하며,[39] 중앙도시계획위원회의 심의를 거쳐야 한다(같은 조 제2,3항). 다만, 국토교통부장관은 국방상 기밀을 요한다고 인정되는 경우(국방부장관의 요청이 있는 때에만 해당한다)에는 그 도시·군관리계획의 전부 또는 일부에 대하여 제2항과 제3항에 따른 절차를 생략할 수 있다(같은 조 제4항).

(4) 고시 및 공고 등

(가) 고시 및 공고 : 국토교통부장관은 도시관리계획을 결정하면 대통령령으로 정하는 바에 따라 고시하고 관계 서류를 일반인에게 공람시켜야 한다. 이 경우 국토교통부장관은 자신이 결정한 도시관리계획에 대하여 관계 특별시장·광역시장·특별자치시장·특별자치도지사·시장 또는 군수에게 관계 서류를 보내어 이를 일반인이 공람할 수 있도록 하여야 한다. 도시관리계획 결정은 고시를 한 날부터 그 효력이 발생하며(개발제한법 제8조 제6,7항), 국토교통부장관이 이를 고시하는 경우에는 해당 도시지역의 토지에 관하여 지적(地籍)이 표시된 지형도에 도시관리계획 사항을 명시한 도면을 작성하여 함께 고시하여야 한다(법 제9조).

(나) 고시방법 : 도시관리계획 결정의 고시는 i) 개발제한구역의 지정 또는 해제, ii) 위치, iii) 면적 또는 규모, iv) 그 밖에 국토교통부령으로 정하는 사항 등을 관보에 게재하는 방법으로 한다(법 시행령 제7조).

4) 개발제한구역관리계획의 수립 등

가) 관리계획의 수립

개발제한구역을 관할하는 시·도지사는 개발제한구역을 종합적으로 관리하

39) 이 경우 협의를 요청받은 기관의 장은 그 요청을 받은 날부터 30일 이내에 의견을 제시하여야 한다.

기 위하여 5년 단위로 다음의 사항이 포함된 개발제한구역관리계획을 수립 또는 변경하려는 경우 국토교통부장관의 승인을 받아야 하며, 이에 대한 수립 또는 변경에 대한 승인을 받으면 대통령령으로 정하는 바에 따라 그 내용을 공고한 후 일반인이 열람할 수 있도록 하여야 한다(개발제한법 제11조).

(1) 개발제한구역 관리의 목표와 기본방향
(2) 개발제한구역의 현황 및 실태에 대한 조사
(3) 개발제한구역의 토지이용 및 보전
(4) 개발제한구역에서 「국토의 계획 및 이용에 관한 법률」 제2조제7호에 따른 도시·군계획시설(이하 "도시·군계획시설"이라 한다)의 설치. 다만, 제12조제1항제1호 가목 및 나목의 시설 등으로서 국토교통부장관이 정하는 도시·군계획시설은 관리계획을 수립하지 아니할 수 있다.
(5) 개발제한구역에서 대통령령으로 정하는 규모 이상인 건축물의 건축 및 토지의 형질변경. 다만, 다음의 어느 하나에 해당하는 경우에는 제외한다.
  ① 제12조제1항제1호 라목의 건축물로서 국토교통부장관이 정하는 건축물을 건축하는 경우
  ② 제13조에 따른 건축물의 건축으로서 개발제한구역 지정 이전에 조성된 기존 부지 안에서의 증축인 경우
(6) 제15조에 따른 취락지구의 지정 및 정비
(7) 제16조에 따른 주민지원사업(이하 "주민지원사업"이라 한다)
(8) 개발제한구역의 관리와 주민지원사업에 필요한 재원의 조달 및 운용
(9) 그 밖에 개발제한구역의 합리적인 관리를 위하여 대통령령으로 정하는 사항

나) 공동수립

개발제한구역이 둘 이상의 특별시·광역시·특별자치시·도에 걸쳐 있으면 관계 시·도지사가 공동으로 관리계획을 수립하거나 협의하여 관리계획을 수립할 자를 정하며, 관계 시·도지사가 협의를 하였으나 협의가 성립되지 아니하면 국토교통부장관이 관리계획을 수립할 자를 지정한다(같은 조 제3항). 다만, 그 사항이 국가계획에 해당하는 경우에는 국토교통부장관이 직접 관할 시·도

지사 및 시장·군수·구청장(자치구의 구청장을 말한다)의 의견을 들[어] 관리계획을 수립 또는 변경할 수 있다(같은 조 제4항). 이때, 국토교통부장관이 관리계획의 수립 또는 변경에 대한 승인을 하거나 직접 관리계획을 수립 또는 변경하려면 관계 중앙행정기관의 장과 협의한 후 중앙도시계획위원회의 심의를 거쳐야 하며, 이를 확정한 경우에는 그 내용을 관보에 고시하고, 관계 서류의 사본을 관할 시·도지사에게 송부하여야 하며, 관계 서류의 사본을 받은 시·도지사는 그 내용을 일반인이 열람할 수 있도록 하여야 한다(같은 조 제9항).

다) 지방의회의 심의

시·도지사가 관리계획을 수립 또는 변경하려면 미리 관계 시장·군수 또는 구청장의 의견을 듣고 지방도시계획위원회의 심의를 거쳐야 하며(같은 조 제5항), 또한 특별자치시장·특별자치도지사나 관리계획에 대한 의견을 제시하려는 관계 시·도지사, 시장·군수 또는 구청장은 미리 주민의 의견을 들어야 한다. 다만, 국방상 기밀을 요하는 경우에는 주민의 의견을 듣지 아니하여도 된다.

5) 개발제한구역관리계획의 내용 등

가) 개발제한법 제11조제1항제5호 본문에서 “대통령령으로 정하는 규모 이상인 건축물의 건축 또는 토지의 형질변경”

개발제한법 제11조제1항제5호 본문에서 “대통령령으로 정하는 규모 이상인 건축물의 건축 또는 토지의 형질변경”이란 다음의 건축물의 건축 또는 토지의 형질변경(토석의 채취를 포함한다. 이하 같다)을 말한다.

(1) 연면적 3천m² 이상(같은 목적으로 여러 번에 걸쳐 부분적으로 건축하거나 연접하여 건축하는 경우에는 그 전체 면적을 말한다)인 건축물의 건축

(2) 1만 m² 이상(같은 목적으로 여러 번에 걸쳐 부분적으로 형질변경을 하거나 연접하여 형질변경을 하는 경우에는 그 전체면적을 말한다)의 토지의 형질변경

나) 개발제한법 제11조제1항제9호에서 “대통령령으로 정하는 사항”

개발제한법 제11조제1항제9호에서 “대통령령으로 정하는 사항”이란 다음의 사항을 말한다.

(1) 「국토[illegible] 계획 및 이용에 관한 법률」에 따른 도시·군기본계획 또는 광역도시[illegible]에 따라 개발제한구역 해제 대상으로 설정된 지역의 관리

(2) [illegible]된 폐기물의 수거, 훼손된 환경의 복구 등 환경 정비

(2)의2. 훼손지 복구가 필요한 지역의 현황 및 그 복구계획

(3) 개발제한구역 관리의 전산화

(4) 개발제한구역의 경계선을 표시하기 위하여 국토교통부령으로 정하는 표석(標石)의 설치 및 관리

(5) 그 밖에 개발제한구역을 합리적으로 관리하기 위하여 국토교통부장관이 정하는 사항

다) 개발제한법 제11조제2항 단서 및 같은 조 제5항 단서에서 "대통령령으로 정하는 경미한 사항"

개발제한법 제11조제2항 단서 및 같은 조 제5항 단서에서 "대통령령으로 정하는 경미한 사항"이란 다음 각 호의 사항을 말한다.

(1) 개발제한구역의 현황 및 실태에 관한 조사계획의 변경

(2) 법 제11조제1항제4호에 따른 도시·군계획시설(이하 "도시·군계획시설"이라 한다) 또는 같은 항 제5호 본문에 따른 사항 중 다음 각 목의 어느 하나에 해당하는 경우

(가) 건축물의 건축 연면적 또는 토지의 형질변경 면적의 감소

(나) 건축물의 건축 연면적 또는 토지의 형질변경 면적의 최초 대비 10분의 1 이하의 증가(같은 목적으로 여러 번에 걸쳐 증가하는 경우에는 그 누적된 면적을 말한다). 다만, 증가되는 면적이 제1항 각 호의 어느 하나의 규모에 해당하는 경우는 제외한다.

(3) 도시·군계획시설 중 도로·철도·궤도·공동구(共同溝)·급배수관로(給排水管路)·송전선로·가스관로 등 선형(線形) 시설의 경과지 및 폭의 변경

(4) 그 밖에 제(1)부터 제(3)까지의 사항과 비슷한 것으로서 국토교통부장관이 정하는 사항

6) 지정의 효과 – 행위제한

가) 원 칙

개발제한구역에서는 건축물의 건축 및 용도변경, 공작물의 설치, 토지의 형질변경, 죽목(竹木)의 벌채, 토지의 분할, 물건을 쌓아놓는 행위 또는 「국토의 계획 및 이용에 관한 법률」 제2조제11호에 따른 도시계획사업의 시행을 할 수 없다(개발제한법 제12조제1항 본문).

【판시사항】

도시계획법 제4조제1항제1호 등에서 규정하는 "토지의 형질변경"에 해당하는 행위 (대법원 1995.3.10. 선고 94도3209 판결)

【판결요지】

도시계획법 제4조제1항제1호 등에서 규정하는 "토지의 형질변경"이라 함은 절토·성토 또는 정지 등으로 토지의 형상을 변경하는 행위(조성이 완료된 기존 대지 안에서의 건축물 기타 공작물의 설치를 위한 토지의 굴착행위를 제외한다)와 공유수면의 매립을 뜻하는 것으로서 토지의 형질을 외형적으로 사실상 변경시킬 것과 그 변경으로 말미암아 원상회복이 어려운 상태에 있을 것을 요하고, 여기에서 절토라 함은 기존 토지의 토석의 양을 줄이는 행위를, 성토라 함은 반대로 기존 토지의 토석의 양을 늘리는 행위를 의미한다.

【판시사항】

개발제한구역지정 당시의 상태로 환원시키는 토석채취와 허가 요부(적극) (대법원 1989.9.12. 선고 88누6856 판결)

【판결요지】

개발제한구역을 지정하는 목적에 관한 도시계획법 제21조제1항의 규정취지는 도시민의 건전한 생활환경의 개선, 확보에 있고 단순히 구역지정 당시의 상태 유지에 있다고 볼 수는 없으니, 구역지정 당시의 상태대로 환원시키는 토석 등의 채취행위라고 하여 지정목적에 위배되는 형질변경에 해당하지 아니하는 행위로서 당연히 허용된다고 일률적으로 단정할 수는 없다.

나) 예 외

(1) 허가로서 가능한 행위

다음의 어느 하나에 해당하는 행위를 하려는 자는 특별자치시장·특별자치도지사·시장·군수 또는 구청장의 허가를 받아 그 행위를 할 수 있다(같은 조 제1항 단서, 법 시행령 제13~18조). 이 경우 허가의 법적 성질은 재량행위이다.[40] 이에 따라 허가를 하는 경우에는 「국토의 계획 및 이용에 관한 법률」 제60조, 제64조제3항 및 제4항의 이행보증금·원상회복에 관한 규정과 법 제62조의 준공검사에 관한 규정을 준용한다.

【판시사항】

구 도시계획법상의 개발제한구역 내의 건축물의 용도변경허가의 법적 성질(=재량행위 내지 자유재량행위) 및 그 위법 여부에 대한 사법심사 대상(=재량권 일탈·남용의 유무) (대법원 2001.2.9. 선고 98두17593 판결)

【판결요지】

구 도시계획법(2000.1.18. 법률 제6243호로 전문 개정되기 전의 것) 제21조와 같은 법 시행령(1998.5.19. 대통령령 제15799호로 개정되기 전의 것) 제20조제1,2항 및 같은 법 시행규칙(1998.5.19. 건설교통부령 제133호로 개정되기 전의 것) 제7조제1항제6호 다목 등의 규정을 살펴보면, 도시의 무질서한 확산을 방지하고 도시주변의 자연환경을 보전하여 도시민의 건전한 생활환경을 확보하기 위하여 지정되는 개발제한구역 내에서는 구역 지정의 목적상 건축물의 건축이나 그 용도변경은 원칙적으로 금지되고, 다만 구체적인 경우에 위와 같은 구역 지정의 목적에 위배되지 아니할 경우 예

40) 대법원 2003.3.28. 선고 2002두11905 판결.

외적으로 허가에 의하여 그러한 행위를 할 수 있게 되어 있음이 위와 같은 관련 규정의 체재와 문언상 분명한 한편, 이러한 건축물의 용도변경에 대한 예외적인 허가는 그 상대방에게 수익적인 것에 틀림이 없으므로, 이는 그 법률적 성질이 재량행위 내지 자유재량행위에 속하는 것이라고 할 것이고, 따라서 그 위법 여부에 대한 심사는 재량권 일탈·남용의 유무를 그 대상으로 한다.

(가) 다음 각 목의 어느 하나에 해당하는 건축물이나 공작물로서 대통령령으로 정하는 건축물의 건축 또는 공작물의 설치와 이에 따르는 토지의 형질변경

가. 공원, 녹지, 실외체육시설, 시장·군수·구청장이 설치하는 노인의 여가활용을 위한 소규모 실내 생활체육시설 등 개발제한구역의 존치 및 보전관리에 도움이 될 수 있는 시설

나. 도로, 철도 등 개발제한구역을 통과하는 선형(線形)시설과 이에 필수적으로 수반되는 시설

다. 개발제한구역이 아닌 지역에 입지가 곤란하여 개발제한구역 내에 입지하여야만 그 기능과 목적이 달성되는 시설

라. 국방·군사에 관한 시설 및 교정시설

마. 개발제한구역 주민의 주거·생활편익·생업을 위한 시설

(나) 개발제한구역의 건축물로서 제15조에 따라 지정된 취락지구로의 이축(移築)

【판시사항】

개발제한구역 내의 이축행위허가를 위하여는 이축대상 건축물의 적법요건 외에도 이축지에 건축될 건축물의 적법요건도 갖추어야 하는지 여부(적극) (대법원 2002. 10.11. 선고 2000두987 판결)

【판결요지】

개발제한구역 내의 이축행위허가를 위하여는 철거되는 건축물이 이축허가 대상이 되

는 건축물이어야 할 뿐만 아니라 이축지에 건축되는 건축물 역시 건축법에 의한 요건을 갖추어야 한다.

【판시사항】

개발제한구역 내의 건축물 중 증축, 이축이 허용되는 주택의 의미 및 판단 기준(대법원 2000.1.14. 선고 98두953 판결)

【판결요지】

도시계획법 제21조와 구 같은 법 시행령(1998.5.19. 대통령령 제15799호로 개정되기 전의 것) 제20조 및 구 같은 법 시행규칙(1998.5.19. 건설교통부령 제133호로 개정되기 전의 것) 제7조제1항제2호 가목, 나목 및 제3호 사목의 (3)의 규정에 의하면, 개발제한구역 내의 건축물 중 주택에 대하여는 일반적으로 100m²의 범위 내에서 증축이 허용되고 또 토지소유자와의 관계에서 소정 요건을 갖춘 경우에는 인근 토지와 인근 부락으로의 이축도 허용되지만, 이는 모두 당해 주택이 개발제한구역 지정 당시부터 독립한 주택 건물로 존재하고 있음을 전제로 하여 허용되고, 어떤 건물이 독립한 주택 건물에 해당하는지 여부는 언제나 등기부 등 관련 공부의 기재에 따라 결정되는 것이 아니라, 그 물리적 구조와 주위 건물에 대한 근접의 정도 및 상호 통행을 위한 설비의 유무와 형태, 당해 건물의 용도·기능과 주변의 상황, 소유자의 의사 등의 사정을 개발제한구역의 제도 목적에 비추어 종합적으로 고려하여 볼 때, 당해 건물이 주택으로서 독립한 경제적 효용을 가지고 있는 것으로 거래상 별개의 소유권의 객체로 볼 수 있는지, 그 거주관계를 별도로 보장할 필요가 있는지 여부에 따라 결정되는 것이다.

(다) 「공익사업을 위한 토지 등의 취득 및 보상에 관한 법률」 제4조에 따른 공익사업(개발제한구역에서 시행하는 공익사업만 해당한다. 이하 이 항에서 같다)의 시행에 따라 철거된 건축물을 이축하기 위한 이주단지의 조성

(라) 「공익사업을 위한 토지 등의 취득 및 보상에 관한 법률」 제4조에 따른 공익사업의 시행에 따라 철거되는 건축물 중 취락지구로 이축이 곤란한 건축물로서 개발제한구역 지정 당시부터 있던 주택, 공장 또는 종교시설

을 취락지구가 아닌 지역으로 이축하는 행위 [시행일 2012.3.17]

(마) 건축물의 건축을 수반하지 아니하는 토지의 형질변경으로서 영농을 위한 경우 등 대통령령으로 정하는 토지의 형질변경

(바) 벌채 면적 및 수량(樹量), 그 밖에 대통령령으로 정하는 규모 이상의 죽목(竹木) 벌채

(사) 대통령령으로 정하는 범위의 토지 분할

(아) 모래·자갈·토석 등 대통령령으로 정하는 물건을 대통령령으로 정하는 기간까지 쌓아 놓는 행위

(자) (가) 또는 제13조에 따른 건축물 중 대통령령으로 정하는 건축물을 근린생활시설 등 대통령령으로 정하는 용도로 용도변경하는 행위

(차) 개발제한구역 지정 당시 지목(地目)이 대(垈)인 토지가 개발제한구역 지정 이후 지목이 변경된 경우로서 제1호 마목의 시설 중 대통령령으로 정하는 건축물의 건축과 이에 따르는 토지의 형질변경

[별표 1] 〈개정 2014.4.28〉

건축물 또는 공작물의 종류, 건축 또는 설치의 범위 (제13조제1항 관련)

시설의 종류	건축 또는 설치의 범위
1. 개발제한구역의 보전 및 관리에 도움이 될 수 있는 시설	
가. 공공공지 및 녹지	
나. 하천 및 운하	하천부지에 설치하는 환경개선을 위한 자연생태시설, 수질개선시설, 홍보시설을 포함한다.
다. 등산로, 산책로, 어린이놀이터, 간이휴게소 및 철봉, 평행봉, 그 밖에 이와 비슷한 체력단련시설	가) 국가·지방자치단체 또는 서울올림픽기념국민체육진흥공단이 설치하는 경우만 해당한다. 나) 간이휴게소는 33m² 이하로 설치하여야 한다.
라. 실외체육시설	가) 「체육시설의 설치·이용에 관한 법률」 제6조에 따른 생활체육시설 중 배구장, 테니스장, 배드민턴장, 게이트볼장, 롤러스케이트장, 잔디(인조잔디를 포함한다. 이하 같다)축구장, 잔디야구장, 농구장, 야외수영장, 궁도장, 사격장, 승마장, 씨름장, 양궁장 및 그 밖에 이와 유사한 체육시설로서 건축물의 건축을 수반하지 아니하는 운동시설(골프연습장은 제외한다) 및 그 부대시설을 말한다. 나) 부대시설은 탈의실, 세면장, 화장실, 운동기구 보관창고와 간이휴게소를 말하며, 그 건축 연면적은 200m² 이하로 하되, 시설 부지면적이 2천m² 이상인 경우에는 그 초과하는 면적의 1천분의 10에 해당하는 면적만큼 추가로 부대시설을 설치할 수 있다. 다) 승마장의 경우 실내마장, 마사 등의 시설을 2,000m² 이하의 규모로 설치할 수 있다.
마. 시장·군수·구청장이 설치하는 소규모 실내 생활체육	가) 게이트볼장, 배드민턴장과 그 부대시설(관리실, 탈의실, 세면장, 화장실, 운동기구 보관창고와 간이휴게소를 말한다)을 설치할 수 있다.

시설	나) 건축연면적은 부대시설을 포함하여 각각 6백m^2 이하의 규모로 설치하여야 한다. 다) 임야인 토지에는 설치할 수 없다.
바. 실내체육관	가) 개발제한구역 면적이 전체 행정구역의 50% 이상인 시·군·구에만 설치하되, 설치할 수 있는 부지는 복구사업지역과 제2조의2제4항에 따라 개발제한구역 관리계획에 반영된 개수 이내에서만 설치할 수 있다. 나) 시설의 규모는 2층 이하(높이 22m 미만), 건축 연면적 5,000m^2 이하로 한다.
사. 골프장	가) 「체육시설의 설치·이용에 관한 법률 시행령」 별표 1의 골프장과 그 골프장에 설치하는 골프연습장을 포함한다. 나) 숙박시설은 설치할 수 없다. 다) 훼손된 지역이나 보전가치가 낮은 토지를 활용하는 등 자연환경을 보전할 수 있도록 국토해양부령으로 정하는 입지기준에 적합하게 설치하여야 한다.
아. 휴양림, 산림욕장, 치유의 숲 및 수목원	가) 「산림문화·휴양에 관한 법률」에 따른 자연휴양림, 산림욕장 및 치유의 숲과 그 안에 설치하는 시설(산림욕장의 경우 체육시설은 제외한다)을 말한다. 나) 「수목원 조성 및 진흥에 관한 법률」에 따른 수목원과 그 안에 설치하는 시설을 말한다.
자. 청소년수련시설	가) 국가 또는 지방자치단체가 설치하는 것으로서 「청소년활동진흥법」 제2조제2호에 따른 청소년활동시설 중 청소년수련관, 청소년수련원 및 청소년야영장만 해당한다. 나) 설치할 수 있는 지역 및 그 개수는 마목 가)를 준용한다.
차. 자연공원	「자연공원법」 제2조제1호에 따른 자연공원과 법 제2조제10호에 따른 공원시설(이 영에서 설치가 허용되는 시설에 한정한다)
카. 도시공원	「도시공원 및 녹지 등에 관한 법률」 제2조제3호에 따른 도시공원과 그 안에 설치하는 같은 조 제4호에 따른 공원시설(스키장 및 골프연습장은 제외한다)을 말한다.
타. 잔디광장, 피크닉장 및 야영장	국가 또는 지방자치단체가 설치하는 경우로서 그 부대시설·보조시설(간이시설만 해당한다)을 설치할 수 있다.
파. 탑 또는 기념비	가) 국가 또는 지방자치단체가 녹지조성과 병행하여 설치하는 것으로서 전적비와 충화탑 등을 포함한다.

	나) 설치할 수 있는 높이는 5m 이하로 한다.
하. 개발제한구역 관리·전시·홍보관련시설	개발제한구역을 합리적으로 보전·관리하고 관련 자료의 전시·홍보를 위한 시설을 말하며, 설치할 수 있는 지역은 「국토의 계획 및 이용에 관한 법률」 제10조에 따라 지정된 광역계획권별로 1개 시설(수도권은 2개)을 초과할 수 없다.
거. 수목장림	「장사 등에 관한 법률」에 따른 수목장림을 말하며, 다음의 요건을 모두 갖춘 경우에만 설치할 수 있다. 가) 「장사 등에 관한 법률 시행령」 제21조제2항, 별표 5 제1호부터 제4호까지의 규정에 따른 수목장림에 한정할 것 나) 해당 시장·군수·구청장이 설치하려는 지역 주민의 의견을 청취하여 수립하는 배치계획에 따를 것 다) 수목장림 구역에는 보행로와 안내표지판을 설치할 수 있도록 하되, 수목장림 관리·운용에 필요한 사무실, 유족편의시설, 공동분향단, 주차장 등 필수시설은 최소한의 규모로 설치할 것
너. 방재시설	방풍설비, 방수설비, 방화설비, 사방(砂防)설비 및 방조설비를 말한다.
더. 저수지 및 유수지	
러. 서바이벌게임 관련 시설	주민의 여가선용과 심신단련을 위하여 모의총기 등의 장비를 갖추고 모의전투를 체험하게 하는 모의전투체험장을 관리·운영하는 데 필요한 시설을 말하며, 관리사무실, 장비보관실, 탈의실, 세면장 및 화장실 등을 합하여 건축 연면적 300m² 이하로 설치할 수 있고, 이용자의 안전을 위하여 감시탑 및 그물망 등의 공작물을 설치할 수 있다.
머. 자전거이용시설	「자전거이용 활성화에 관한 법률」 제2조제2호에 따른 자전거이용시설 중 자전거도로(법 제3조제1호에 따른 자전거전용도로는 제외한다) 및 자전거주차장과 법 시행령 제2조제4호에 따른 자전거이용자의 편익을 위한 시설 중 야영장, 벤치, 휴식소(가설건축물로 한정한다)를 설치할 수 있다.
2. 개발제한구역을 통과하는 선형시설과 필수시설	가) 각 시설의 용도에 직접적으로 이용되는 시설과 이에 필수적으로 수반되어야만 기능이 발휘되는 시설로 한정한다. 나) 기반시설의 경우에는 다음 각 목에서 별도 로 정하는 경우를 제외하고는 도시·군계획시설로만 설치할 수 있다.
가. 철 도	
나. 궤 도	차목 및 제4호의 국방·군사시설로 설치·운영하기 위한 경우로 한

	정한다.
다. 도로 및 광장	고속국도에 설치하는 휴게소를 포함하며, 광장에는 교통광장, 경관광장만 해당한다.
라. 삭제 〈2012.11.12〉	
마. 관개 및 발전용수로	도시·군계획시설로 설치하지 아니할 수 있다.
바. 삭제 〈2012.11.12〉	
사. 수도 및 하수도	
아. 공동구	
자. 전기공급설비	가) 「국토의 계획 및 이용에 관한 법률」 제2조제6호 다목에 따른 전기공급설비(「신에너지 및 재생에너지 개발·이용·보급 촉진법」 제2조에 따른 신·재생에너지 설비 중 태양에너지 설비와 연료전지 설비를 포함한다)를 말한다. 나) 전기공급설비 중 변전시설을 옥내에 설치하는 경우에는 도시·군계획시설로 설치하지 아니할 수 있다. 다) 태양에너지 설비를 건축물이나 도시·군계획시설부지에 설치하는 경우에는 도시·군계획시설로 설치하지 아니할 수 있다. 라) 연료전지 설비는 도시·군계획시설부지에 설치하는 경우로 한정한다. 이 경우에는 도시·군계획시설로 설치하지 아니할 수 있다.
차. 전기통신시설·방송시설 및 중계탑 시설	도시·군계획시설만 해당한다. 다만, 중계탑 시설 및 바닥면적이 50m^2 이하인 이동통신용 중계탑은 설치되는 시설의 수, 주변의 경관 등을 고려하여 시장·군수·구청장이 개발제한구역이 훼손되지 아니한다고 인정하는 경우에는 도시·군계획시설로 설치하지 아니할 수 있다.
카. 송유관	「송유관 안전관리법」에 따른 송유관을 말한다.
타. 집단에너지공급시설	「집단에너지사업법」에 따른 공급시설 중 열수송관(열원시설 및 법 제2조제7호의 사용시설 안의 배관은 제외한다)을 말한다.
파. 버스 차고지 및 그 부대시설	가) 「여객자동차 운수사업법 시행령」 제3조제1호에 따른 노선 여객자동차운송사업용 버스차고지 및 그 부대시설(자동차 천연가스 공급시설을 포함한다)에만 한정하며, 시외버스 운송사업용 버스 차고지 및 그 부대시설은 개발제한구역 밖의 기존 버스터미널이나 인근 지역에 버스차고지 등을 확보할 수 없는 경우에 만 설치할 수 있다. 나) 노선 여객자동차운송사업용 버스차고지는 지방자치단체가

	설치하여 임대하거나 「여객자동차 운수사업법」 제53조에 따른 조합 또는 법 제59조에 따른 연합회가 도시·군계획시설로 설치하거나 그 밖의 자가 도시·군계획시설로 설치하여 지방자치단체에 기부채납하는 경우만 해당한다. 다) 부대시설은 사무실 및 영업소, 정류소 및 기종점지, 차고설비, 차고부대시설, 휴게실 및 대기실만 해당하며, 기종점지에는 화장실, 휴게실 및 대기실 등 별도의 편의시설을 66m² 이하의 가설건축물로 설치할 수 있다. 라) 시설을 폐지하는 경우에는 지체 없이 철거하고 원상복구하여야 한다.
하. 가스공급시설	「도시가스사업법」에 따른 가스공급시설로서 가스배관시설만 설치할 수 있다.
3. 개발제한구역에 입지하여야만 기능과 목적이 달성되는 시설	해당 시·군·구 관할구역 내 개발제한구역 밖에 입지할 수 있는 토지가 없는 경우로서 이미 훼손된 지역에 우선 설치하여야 한다.
가. 공 항	도시·군계획시설에만 한정하며, 항공표지시설을 포함한다.
나. 항 만	도시·군계획시설에만 한정하며, 항로표지시설을 포함한다.
다. 환승센터	「국가통합교통체계효율화법」 제2조제13호의 시설로서 「대도시권 광역교통 관리에 관한 특별법」에 따른 대도시권 광역교통 시행계획에 반영된 사업에만 해당되며, 이 영에서 허용되는 시설을 부대시설로 설치할 수 있다.
라. 주차장	
마. 학 교	가) 신축할 수 있는 경우는 다음과 같다. 다만, 개발제한구역 밖의 학교를 개발제한구역으로 이전하기 위하여 신축하는 경우는 제외한다. ① 「유아교육법」 제2조제2호에 따른 유치원 : 개발제한구역의 주민(제2조제3항제2호에 따라 개발제한구역이 해제된 취락주민을 포함한다)을 위한 경우로서 그 시설의 수는 시장·군수 또는 구청장이 개발제한구역 및 해제된 취락의 아동 수를 고려하여 수립하는 배치계획에 따른다. ② 「초·중등교육법」 제2조에 따른 초등학교(분교를 포함한다)·중학교·고등학교·특수학교 (가) 개발제한구역에 거주하는 세대의 학생을 수용하는 경우와 같은 시·군·구(2km 이내의 다른 시·군·구를

	포함한다)에 거주하는 세대의 학생을 주로 수용하는 경우로 한정한다. (나) 사립학교는 국립·공립학교의 설립계획이 없는 경우에만 설치할 수 있다. (다) 임야인 토지에 설치할 수 없다. (라) 특수학교의 경우는 (가) 및 (나)를 적용하지 아니한다. (마) 복구사업지역과 제2조의2제4항에 따라 개발제한구역 관리계획에 제2조의3제1항제8호의 관리방안이 반영된 지역에 설치하는 경우에는 4층 이하로 설치하고, 옥상녹화 등 친환경적 대책을 마련하여야 한다. 나) 개발제한구역 또는 2000년 7월 1일 이전에 개발제한구역의 인접지에 이미 설치된 학교로서 개발제한구역의 인접지에 증축의 여지가 없는 경우에만 증축할 수 있다. 다) 농업계열 학교의 교육에 직접 필요한 실습농장 및 그 부대시설을 설치할 수 있다.
바. 지역공공시설	가) 국가 또는 지방자치단체가 설치하는 보건소(「노인복지법」 제34조제1항제1호에 따른 노인요양시설을 병설하는 경우 이를 포함한다), 보건진료소 나) 노인요양시설[「노인복지법」 제34조제1항제1호 및 제2호의 시설을 말하며, 설치할 수 있는 지역 및 그 개수는 제1호 바목 가)를 준용한다] 다) 경찰파출소, 119안전신고센터, 초소 라) 「영유아보육법」 제2조제3호에 따른 어린이집로서 개발제한구역의 주민(제2조제3항제2호에 해당하여 개발제한구역에서 해제된 지역을 포함한다)을 위한 경우만 해당하며, 그 시설의 수는 시장·군수 또는 구청장이 개발제한구역의 아동수를 고려하여 수립하는 배치계획에 따른다. 마) 도서관 : 건축 연면적 1,000m² 이하의 규모로 한정한다.
사. 국가의 안전·보안 업무의 수행을 위한 시설	
아. 폐기물처리시설	가) 「폐기물관리법」 제2조제8호에 따른 시설을 말하며, 도시·군계획시설로 설치하는 경우에 한정한다. 나) 「건설폐기물의 재활용촉진에 관한 법률」에 따른 폐기물 중간처리시설은 다음의 기준에 따라 설치하여야 한다.

	① 토사, 콘크리트덩이와 아스팔트콘크리트 등의 건설폐기물을 선별·파쇄·소각처리 및 일시 보관하는 시설일 것 ② 시장·군수·구청장이 설치·운영하여야 한다. 다만, 「건설폐기물의 재활용촉진에 관한 법률」 제21조에 따른 건설폐기물 중간처리업 허가를 받은 자 또는 허가를 받으려는 자가 대지화 되어 있는 토지 또는 폐천부지에 설치하는 경우에는 시·군·구당 3개소 이내로 해당 토지를 소유하고 도시·군계획시설로 설치하여야 한다. ③ 시설부지의 면적은 1만m^2 이상, 관리실 및 부대시설은 건축 연면적 66m^2 이하일 것. 다만, 경비실은 조립식 공작물로 필요 최소한 규모로 별도로 설치할 수 있다. ④ 시설을 폐지하는 경우에는 지체 없이 이를 철거하고 원상복구할 것
자. 자동차 천연가스 공급시설	가) 「대기환경보전법」에 따른 자동차 천연가스 공급시설로서 그 부지면적은 3천300m^2 이하로 하며, 부대시설로 세차시설을 설치할 수 있다 나) 「국토의 계획 및 이용에 관한 법률」에 따른 계획관리지역과 공업지역이 없는 시·군·구에만 설치할 수 있으며, 시설을 폐지하는 경우에는 지체 없이 이를 철거하고 원상복구하여야 한다.
차. 유류저장 설비	「국토의 계획 및 이용에 관한 법률」에 따른 계획관리지역과 공업지역이 없는 시·군·구에만 설치할 수 있으며, 시설을 폐지하는 경우에는 지체 없이 이를 철거하고 원상복구하여야 한다.
카. 기상시설	「기상법」 제2조제13호에 따른 기상시설을 말한다.
타. 장사 관련 시설	가) 공동묘지 및 화장시설을 신설하는 경우는 국가, 지방자치단체에 한정하며, 그 안에 봉안시설 및 장례식장을 포함하여 설치할 수 있다. 나) 가)에도 불구하고 봉안시설 또는 수목장림은 다음 중 어느 하나에 해당하는 경우, 국가 또는 지방자치단체가 신설하는 공동묘지 및 화장시설이 아닌 곳에 설치할 수 있다. ① 기존의 공동묘지 안에 있는 기존의 분묘만을 봉안시설로 전환·설치하는 경우 ② 봉안시설을 사찰의 경내에 설치하는 경우 ③ 가족·종중 또는 문중의 분묘를 정비(개발제한구역밖에 있던 분묘를 포함한다)하는 부지 안에서 봉안시설 또는 수목장림으로 전환·설치하는 경우

	④ 수목장림을 사찰의 경내지에 설치하는 경우 다) 나)에 따라 봉안시설이나 수목장림으로 전환·설치하는 경우 정비된 분묘가 있던 기존의 잔여부지는 임야·녹지 등 자연친화적으로 원상복구하여야 한다.
파. 환경오염방지시설	
하. 공사용 임시 가설건축물 및 임시시설	가) 공사용 임시 가설건축물은 법 제12조제1항 각 호 또는 법 제13조에 따라 허용되는 건축물 또는 공작물을 설치하기 위한 경우로서 2층 이하의 목조, 시멘트블록, 그 밖에 이와 비슷한 구조로 설치하여야 한다. 나) 임시시설은 공사를 위하여 임시로 도로를 설치하는 경우와 해당 공사의 사업시행자가가 그 공사에 직접 소요되는 물량을 충당하기 위한 목적으로 해당 시·군·구에 설치하는 것으로 한정하며, 블록·시멘트벽돌·쇄석(해당 공사에서 발생하는 토석의 처리를 위한 경우를 포함한다), 레미콘 및 아스콘 등을 생산할 경우에 설치할 수 있다. 다) 공사용 임시 가설건축물 및 임시시설은 사용기간을 명시하여야 하고, 해당 공사가 완료된 경우에는 다른 공사를 목적으로 연장허가를 할 수 없으며, 사용 후에는 지체 없이 철거하고 원상복구하여야 한다.
거. 동물보호시설	가) 「동물보호법」 제10조에 따른 시설을 말하며, 기존 동식물시설을 용도변경하거나 기존 동식물시설을 철거한 후 신축할 수 있다. 나) 가)에 따라 신축할 경우에는 철거한 기존 시설의 부지 전체면적을 초과할 수 없다.
너. 문화재의 복원과 문화재관리용 건축물	「문화재보호법」 제2조제1항제1호, 제3호 및 제4호에 따른 문화재에 한정한다.
더. 경찰훈련시설	경찰기동대·전투경찰대 및 경찰특공대의 훈련시설로서 사격장, 헬기장 및 탐지견 등의 훈련시설과 부대시설에 한정한다.
러. 택배화물 분류 관련 시설	가) 택배화물의 분류를 위한 것으로서 고가도로의 노면 밑의 부지를 활용(토지 형질변경을 포함한다)하는 경우만 해당한다. 나) 경계 울타리, 컨베이어벨트 및 비가림시설의 공작물과 100m² 이하의 관리용 가설건축물을 설치할 수 있다.
머. 택시공영차고지 및 그 부대시설	가) 「택시운송사업의 발전에 관한 법률」 제2조제5호에 따른 택시공영차고지만 해당한다. 나) 부대시설은 사무실 및 영업소, 차고설비, 차고부대시설, 충전

	소, 휴게실 및 대기실만 해당한다. 다) 해당 시설의 용도가 폐지되는 경우에는 지체 없이 철거하고 원상복구를 하여야 한다.
4. 국방·군사시설 및 교정시설	가) 대통령 경호훈련장의 이전·신축을 포함한다. 나) 해당 시설의 용도가 폐지된 경우에는 지체 없이 이를 철거하고 원상복구하여야 한다. 다만, 국토교통부장관과 협의한 경우에는 그러하지 아니하다.
5. 개발제한구역 주민의 주거·생활편익 및 생업을 위한 시설	가) 가목 및 나목의 경우에는 개발제한구역에서 농림업 또는 수산업에 종사하는 자가 설치하는 경우만 해당한다. 나) 이 영에서 정하는 사항 외에 축사, 콩나물 재배사, 버섯 재배사의 구조와 입지기준에 대하여는 시·군·구의 조례로 정할 수 있다. 다) 축사, 사육장, 콩나물 재배사, 버섯 재배사는 1가구[개발제한구역(제2조제3항제2호에 따라 개발제한구역에서 해제된 집단취락지역을 포함한다)에서 주택을 소유하면서 거주하는 1세대를 말한다. 이하 같다]당 1개 시설만 건축할 수 있다. 다만, 개발제한구역에서 2년 이상 계속 농업에 종사하고 있는 자가 이미 허가를 받아 설치한 축사, 사육장, 콩나물 재배사, 버섯 재배사를 허가받은 용도대로 사용하고 있는 경우에는 시·군·구의 조례로 정하는 바에 따라 영농계획에 부합하는 추가적인 건축을 허가할 수 있다.
가. 동식물 관련 시설 1) 축 사	가) 축사(소·돼지·말·닭·젖소·오리·양·사슴·개 의 사육을 위한 건축물을 말한다)는 1가구당 기존 면적을 포함하여 1천m^2 이하로 설치하여야 한다. 이 경우 축사에는 33m^2 이하의 관리실을 설치할 수 있고, 축사를 다른 시설로 용도변경하는 경우에는 관리실을 철거하여야 한다. 다만, 수도권과 부산권의 개발제한구역에 설치하는 축사의 규모는 상수원, 환경 등의 보호를 위하여 1천m^2 이하의 범위에서 국토교통부장관이 농림축산식품부장관 및 환경부장관과 협의하여 국토교통부령으로 정하는 바에 따른다. 나) 과수원 및 초지의 축사는 1가구당 100m^2 이하로 설치하여야 한다. 다) 초지와 사료작물재배지에 설치하는 우마사(牛馬舍)는 초지

	조성면적 또는 사료작물 재배면적의 1천분의 5 이하로 설치하여야 한다. 라) 다음 어느 하나의 경우에 해당하는 지역에서는 축사의 설치를 허가 할 수 없다. ① 「가축분뇨의 관리 및 이용에 관한 법률」에 따라 가축의 사육이 제한된 지역 ② 복구사업지역과 제2조의2제4항에 따라 개발제한구역 관리계획에 제2조의3제1항제8호의 관리방안이 반영된 지역 ③ 법 제30조제2항에 따라 국토교통부장관으로부터 시정명령에 관한 업무의 집행 명령을 받은 시·군·구
2) 잠실(蠶室)	뽕나무밭 조성면적 2천m²당 또는 뽕나무 1천800주당 50m² 이하로 설치하여야 한다.
3) 저장창고	소·말 등의 사육과 낙농을 위하여 설치하는 경우만 해당한다.
4) 양어장	유지(溜池)·하천·저습지 등 농업생산성이 극히 낮은 토지에 설치하여야 한다.
5) 사육장	꿩, 우렁이, 달팽이, 지렁이, 그 밖에 이와 비슷한 새·곤충 등의 사육을 위하여 임야 외의 토지에 설치하는 경우로서 1가구당 기존면적을 포함하여 300m² 이하로 설치하여야 한다.
6) 콩나물 재배사	가) 1가구당 기존면적으로 포함하여 300m² 이하로 설치하여야 한다. 나) 콩나물재배사에는 10m² 이하의 관리실을 설치할 수 있으며, 콩나물재배사를 다른 시설로 용도변경하는 경우에는 관리실을 철거하여야 한다. 다) 1)라)② 및 ③의 지역에서는 설치할 수 없다.
7) 버섯 재배사	가) 1가구당 기존 면적을 포함하여 500m² 이하로 설치하여야 한다. 나) 1)라)② 및 ③의 지역에서는 설치할 수 없다.
8) 퇴비사 및 발효퇴비장	기존 면적을 포함하여 300m²(퇴비사 및 발효퇴비장의 합산면적을 말한다) 이하로 설치하되, 발효퇴비장은 유기농업을 위한 경우에만 설치할 수 있다.
9) 육묘 및 종묘배양장	
10) 온 실	수경재배·시설원예 등 작물재배를 위한 경우로서 재료는 유리, 플라스틱, 그 밖에 이와 비슷한 것을 사용하여야 하며, 그 안에 온실의 가동에 직접 필요한 기계실 및 관리실을 66m² 이하로 설치할 수 있다.

나. 농수산물 보관 및 관리 관련 시설	
1) 창 고	가) 개발제한구역의 토지를 소유하면서 영농에 종사하는 자가 개발제한구역의 토지 또는 그 토지와 일체가 되는 토지에서 생산되는 생산물 또는 수산물을 저장하기 위한 경우에는 기존 면적을 포함하여 150m² 이하로 설치하여야 한다. 이 경우 해당 토지면적이 1만m²를 초과하는 경우에는 그 초과하는 면적의 1천분의 10에 해당하는 면적만큼 창고를 추가로 설치할 수 있다. 나) 「농어업경영체 육성 및 지원에 관한 법률」 제16조에 따른 영농조합법인 및 법 제19조에 따른 농업회사법인이 개발제한구역의 농작업의 대행을 위하여 사용하는 농기계를 보관하기 위한 경우에는 기존 면적을 포함하여 200m² 이하로 설치하여야 한다.
2) 담배 건조실	잎담배 재배면적의 1천분의 5 이하로 설치하여야 한다.
3) 임시 가설건축물	농림수산업용 기자재의 보관이나 농림수산물의 건조 또는 단순가공을 위한 경우로서 1가구당 기존 면적을 포함하여 100m² 이하로 설치하여야 한다. 다만, 해태건조처리장 용도의 경우에는 200m² 이하로 설치하여야 한다.
4) 지역특산물가공작업장	「수질 및 수생태계 보전에 관한 법률」, 「대기환경보전법」 및 「소음·진동관리법」에 따라 배출시설의 설치허가를 받거나 신고를 하여야 하는 것이 아닌 경우로서 지역특산물(해당 지역에서 지속적으로 생산되는 농산물·수산물·축산물·임산물로서 시장·군수가 인정하여 공고한 것을 말한다)을 가공하기 위하여 1가구당 기존 면적을 포함하여 100m² 이하로 설치하여야 한다. 이 경우 지역특산물가공작업장을 설치할 수 있는 자는 다음과 같다. 가) 지정 당시 거주자 나) 5년 이상 거주자로서 해당 지역에서 5년 이상 지역 특산물을 생산하는 자
5) 관리용 건축물	가) 관리용 건축물을 설치할 수 있는 경우와 그 규모는 다음과 같다. 다만, ①·②·④에 따라 관리용 건축물을 설치하는 경우에는 생산에 직접 이용되는 토지 또는 양어장의 면적이 2천m² 이상이어야 한다. ① 과수원, 초지, 유실수·원예·분재 재배지역에 설치하는 경우에는 생산에 직접 이용되는 토지면적의 1천분의 10 이하로서 기존 면적을 포함하여 66m² 이하로 설치하여야 한다.

	② 양어장에 설치하는 경우에는 양어장 부지면적의 1천분의 10 이하로서 기존 면적을 포함하여 66m² 이하로 설치하여야 한다. ③ 「농어촌정비법」 제2조제16호 다목에 따른 주말농원에 설치하는 경우에는 임대농지면적의 1천분의 10 이하로서 기존 면적을 포함하여 66m² 이하로 설치하여야 한다. ④ 「농어업경영체 육성 및 지원에 관한 법률」 제16조에 따른 영농조합법인 및 법 제19조에 따른 농업회사법인이 개발제한구역의 농작업의 대행을 위하여 설치하는 경우에는 기존 면적을 포함하여 66m² 이하로 설치하여야 한다. ⑤ 어업을 위한 경우에는 정치망어업면허 또는 기선선인망어업허가를 받은 1가구당 기존 면적을 포함하여 66m² 이하로 설치하여야 한다. 나) 농기구와 비료 등의 보관과 관리인의 숙식 등의 용도로 쓰기 위하여 조립식 가설건축물로 설치하여야 하며, 주된 용도가 주거용이 아니어야 한다. 다) 관리용 건축물의 건축허가 신청 대상 토지가 신청인이 소유하거나 거주하는 주택을 이용하여 관리가 가능한 곳인 경우에는 건축허가를 하지 아니하여야 한다. 다만, 가)③·④의 경우에는 그러하지 아니하다. 라) 관리의 대상이 되는 시설이 폐지된 경우에는 1개월 이내에 관리용 건축물을 철거하고 원상복구하여야 한다. 마) 관리용 건축물의 부지는 당초의 지목을 변경할 수 없다.
다. 주택(「건축법 시행령」 별표 1 제1호 가목에 따른 단독주택을 말한다. 이하 이 호에서 같다)	신축할 수 있는 경우는 다음과 같다. 가) 개발제한구역 지정 당시부터 지목이 대인 토지(이축된 건축물이 있었던 토지의 경우에는 개발제한구역 지정 당시부터 그 토지의 소유자와 건축물의 소유자가 다른 경우만 해당한다)와 개발제한구역 지정 당시부터 있던 기존의 주택[제24조에 따른 개발제한구역 건축물관리대장에 등재된 주택을 말한다. 이하 나) 및 다)에서 같다]이 있는 토지에만 주택을 신축할 수 있다. 나) 가)에도 불구하고 「농어업·농어촌 및 식품산업 기본법」 제3조제2호 가목에 따른 농업인에 해당하는 자로서 개발제한구역에 기존 주택을 소유하고 거주하는 자는 영농의 편의를 위하여 자기 소유의 기존 주택을 철거하고 자기 소유의 농장 또

	는 과수원에 주택을 신축할 수 있다. 이 경우 생산에 직접 이용되는 토지의 면적이 1만㎡ 이상으로서 진입로를 설치하기 위한 토지의 형질변경이 수반되지 아니하는 지역에만 주택을 신축할 수 있으며, 건축 후 농림수산업을 위한 시설 외로는 용도변경을 할 수 없다. 다) 가)에도 불구하고 다음의 어느 하나에 해당하는 경우에는 국토교통부령으로 정하는 입지기준에 적합한 곳에 주택을 신축할 수 있다. ① 기존 주택이 「공익사업을 위한 토지 등의 취득 및 보상에 관한 법률」에 따라 공익사업의 시행으로 인하여 더 이상 거주할 수 없게 된 경우로서 그 기존 주택의 소유자(법에 따라 보상금을 모두 지급받은 자를 말한다)가 자기 소유의 토지(철거일 당시 소유권을 확보한 토지를 말한다)에 신축하는 경우 ② 기존 주택이 재해로 인하여 더 이상 거주할 수 없게 된 경우로서 그 기존 주택의 소유자가 자기 소유의 토지(재해를 입은 날부터 6개월 이내에 소유권을 확보한 토지를 말한다)에 신축하는 경우 ③ 개발제한구역 지정 이전부터 건축되어 있는 주택 또는 개발제한구역 지정 이전부터 다른 사람 소유의 토지에 건축되어 있는 주택으로서 토지소유자의 동의를 받지 못하여 증축 또는 개축할 수 없는 주택을 법 제12조제1항제2호에 따른 취락지구에 신축하는 경우
라. 근린생활시설	증축 및 신축할 수 있는 시설은 다음과 같다. 가) 주택을 용도변경한 근린생활시설 또는 1999년 6월 24일 이후에 신축된 근린생활시설만 증축할 수 있다. 나) 개발제한구역 지정 당시부터 지목이 대인 토지(이축된 건축물이 있었던 토지의 경우에는 개발제한구역 지정 당시부터 그 토지의 소유자와 건축물의 소유자가 다른 경우만 해당한다)와 개발제한구역 지정 당시부터 있던 기존의 주택(제24조에 따른 개발제한구역건축물관리대장에 등재된 주택을 말한다)이 있는 토지에만 근린생활시설을 신축할 수 있다. 다만, 「수도법」 제3조제2호에 따른 상수원의 상류 하천(「하천법」에 따른 국가하천 및 지방하천을 말한다)의 양안 중 그 하천의 경계로부터 직선거리 1km 이내의 지역(「하수도법」 제2조제15호

	에 따른 하수처리구역은 제외한다)에서는 「한강수계 상수원수질개선 및 주민지원 등에 관한 법률」 제5조에 따라 설치할 수 없는 시설을 신축할 수 없다.
1) 슈퍼마켓 및 일용품소매점	
2) 휴게음식점·제과점 및 일반음식점	휴게음식점·제과점 또는 일반음식점을 건축할 수 있는 자는 5년 이상 거주자 또는 지정 당시 거주자이어야 한다. 이 경우 건축물의 연면적은 300m² 이하이어야 하며, 인접한 토지를 이용하여 300m² 이하의 주차장을 설치할 수 있되, 휴게음식점 또는 일반음식점을 다른 용도로 변경하는 경우에는 주차장 부지를 원래의 지목으로 환원하여야 한다.
3) 이용원·미용원 및 세탁소	세탁소는 공장이 부설된 것은 제외한다.
4) 의원·치과의원·한의원·침술원·접골원 및 조산소	
5) 탁구장 및 체육도장	
6) 기 원	
7) 당구장	
8) 금융업소·사무소 및 부동산중개업소	
9) 수리점	자동차부분정비업소, 자동차경정비업소(자동차부품의 판매 또는 간이수리를 위한 시설로서 「자동차관리법 시행령」 제12조제1항에 따른 자동차정비업시설의 종류에 해당되지 아니하는 시설을 말한다)를 포함한다.
10) 사진관·표구점·학원·장의사 및 동물병원	
11) 목공소·방앗간 및 독서실	
마. 주민 공동이용시설	
1) 마을 진입로, 농로, 제방	개발제한구역(제2조제3항제2호에 따라 집단취락으로 해제된 지역을 포함한다)의 주민이 마을 공동으로 축조(築造)하는 경우만 해당한다.

2) 마을공동주차장, 마을공동작업장, 경로당, 노인복지관, 마을 공동회관 및 읍·면·동 복지회관	가) 지방자치단체가 설치하거나 마을 공동으로 설치하는 경우만 해당한다. 나) 읍·면·동 복지회관은 예식장 등 집회장, 독서실, 상담실, 그 밖에 읍·면·동 또는 마을단위 회의장 등으로 사용하는 다용도시설을 말한다.
3) 공동구판장, 하치장, 창고, 농기계보관창고, 농기계수리소, 농기계용유류판매소, 선착장 및 물양장	가) 지방자치단체 또는 「농업협동조합법」에 따른 조합, 「산림조합법」에 따른 조합, 「수산업협동조합법」에 따른 수산업협동조합(어촌계를 포함한다)이 설치하거나 마을 공동으로 설치하는 경우만 해당한다. 나) 농기계수리소는 가설건축물 구조로서 수리용 작업장 외의 관리실·대기실과 화장실은 건축 연면적 30m² 이하로 설치할 수 있다. 다) 공동구판장은 지역생산물의 저장·처리·단순가공·포장과 직접 판매를 위한 경우로서 건축 연면적 1천m² 이하로 설치하여야 한다.
4) 공판장 및 화훼전시판매시설	가) 공판장은 해당 지역에서 생산되는 농산물의 판매를 위하여 「농업협동조합법」에 따른 지역조합(수도권과 광역시의 행정구역이 아닌 지역의 경우만 해당한다)이 설치하는 경우에만 해당한다. 나) 화훼전시판매시설은 시장·군수·구청장이 화훼의 저장·전시·판매를 위하여 설치하는 것을 말한다.
5) 상여보관소, 간이휴게소, 간이쓰레기소각장, 어린이놀이터 및 유아원	
6) 간이 급수용 양수장	
7) 낚시터시설 및 그 관리용 건축물	가) 기존의 저수지 또는 유지를 이용하여 지방자치단체 또는 마을 공동으로 설치·운영하거나 기존의 양어장을 이용하여 5년 이상 거주자가 설치하는 경우만 해당한다. 나) 이 경우 낚시용 좌대, 비가림막 및 차양막을 설치할 수 있고, 50m² 이하의 관리실을 임시가설건축물로 설치할 수 있다.
8) 미곡종합처리장	「농업협동조합법」에 따른 지역농업협동조합이 개발제한구역에 1천 헥타르 이상의 미작 생산에 제공되는 농지가 있는 시·군·구에 설치(시·군·구당 1개소로 한정한다)하는 경우로서 건축 연면적은 부대시설 면적을 포함하여 2천m² 이하로 설치하여야 한다.

9) 목욕장	마을 공동으로 설치·이용하는 경우에만 해당한다.
10) 휴게소(고속국도에 설치하는 휴게소는 제외한다), 주유소 및 자동차용 액화석유가스 충전소	가) 시장·군수·구청장이 수립하는 배치계획에 따라 시장·군수·구청장 또는 지정 당시 거주자가 국도·지방도 등 간선도로변에 설치하는 경우만 해당한다. 다만, 도심의 자동차용 액화석유가스 충전소(자동차용 액화석유가스 충전소 외의 액화석유가스 충전소를 겸업하는 경우를 포함한다. 이하 같다)를 이전하여 설치하는 경우에는 해당 사업자만 설치할 수 있다. 나) 지정 당시 거주자가 설치하는 경우에는 각각의 시설에 대하여 1회만 설치할 수 있다. 다만, 공공사업에 따라 철거되거나 기존 시설을 철거한 경우에는 그러하지 아니하다. 라) 휴게소 및 자동차용 액화석유가스 충전소의 부지면적은 3천300m² 이하로, 주유소의 부지면적은 1천500m² 이하로 한다. 이 경우 시장·군수·구청장 또는 지정 당시 거주자만이 주유소 및 자동차용 액화석유가스 충전소에는 세차시설을 설치할 수 있다. 마) 휴게소는 개발제한구역의 해당 도로노선 연장이 10km 이내인 경우에는 설치되지 아니하도록 하여야 하며, 주유소 및 자동차용 액화석유가스 충전소의 시설 간 간격 등 배치계획의 수립기준은 국토교통부령으로 정한다.
11) 버스 간이승강장	도로변에 설치하는 경우만 해당한다.
12) 효열비, 유래비, 사당, 동상, 그 밖에 이와 비슷한 시설	마을 공동으로 설치하는 경우에 한한다.
바. 공중화장실	

(2) 신고로서 가능한 행위

주택 및 근린생활시설의 대수선 등 대통령령으로 정하는 행위는 시장·군수·구청장에게 신고하고 할 수 있다(같은 조 제2항).

신고의 대상은 다음과 같다(법 시행령 제19조).

(가) 주택 및 근린생활시설로서 다음 각 목의 어느 하나에 해당하는 증축·개축 및 대수선(大修繕)

① 기존 면적을 포함한 연면적의 합계가 100m² 이하인 경우

② 증축·개축 및 대수선되는 연면적의 합계가 85m² 이하인 경우

(나) 농림수산업용 건축물(관리용 건축물은 제외한다) 또는 공작물로서 다음 각 목의 어느 하나에 해당하는 경우의 증축·개축 및 대수선

① 증축·개축 및 대수선되는 건축면적 또는 바닥면적의 합계가 50m² 이하인 경우

② 축사, 동물 사육장, 콩나물 재배사(栽培舍), 버섯 재배사, 퇴비사(발효퇴비장을 포함한다) 및 온실의 기존 면적을 포함한 연면적의 합계가 200m² 미만인 경우

③ 창고의 기존 면적을 포함한 연면적의 합계가 100m² 미만인 경우

(다) 「농어촌정비법」 제2조제16호 다목에 따른 주말농원사업 중 주말영농을 위하여 토지를 임대하는 이용객이 50명 이상인 주말농원사업에 이용되는 10m² 초과 20m² 이하의 농업용 원두막(벽이 없고 지붕과 기둥으로 설치한 것을 말한다)을 설치하는 행위. 다만, 주말농원을 운영하지 아니하는 경우에는 지체 없이 철거하고 원상복구하여야 한다.

(라) 근린생활시설 상호 간의 용도변경. 다만, 휴게음식점·제과점 또는 일반음식점으로 용도변경하는 경우는 제외한다.

(마) 벌채 면적이 500m² 미만이거나 벌채 수량이 5m³ 미만인 죽목의 벌채

(바) 다음 각 목의 어느 하나에 해당하는 물건을 쌓아두는 행위

① 제17조제1항에 따른 물건을 1개월 미만 동안 쌓아두는 행위

② 중량이 50톤 이하이거나 부피가 50m³ 이하로서 제17조제1항에 따른

물건을 15일 이상 쌓아두는 행위

(사) 「매장문화재 보호 및 조사에 관한 법률」에 따른 문화재의 조사·발굴을 위한 토지의 형질변경

(아) 생산품의 보관을 위한 임시 가설 천막(벽 또는 지붕이 합성수지 재질로 된 것을 포함한다)의 설치(기존의 공장 및 제조업소의 부지에 설치하는 경우만 해당한다)

(자) 지반의 붕괴 또는 그 밖의 재해를 예방하거나 복구하기 위한 축대·옹벽·사방시설 등의 설치

(차) 영농을 위한 지하수의 개발·이용시설의 설치

(카) 논을 밭으로 변경하기 위한 토지의 형질변경

(타) 논이나 밭을 과수원으로 변경하기 위한 토지의 형질변경

(파) 대지화되어 있는 토지를 논·밭·과수원 또는 초지로 변경하기 위한 토지의 형질변경

다) 행위허가의 절차

시장·군수·구청장이 건축물을 건축하거나 토지의 형질을 변경하는 행위 등을 허가하려면 대통령령으로 정하는 바에 따라 주민의 의견을 듣고 관계 행정기관의 장과 협의한 후 특별자치시·특별자치도·시·군·구 도시계획위원회의 심의를 거쳐야 한다. 다만, 도시계획시설 또는 국방·군사에 관한 시설의 설치와 그 시설의 설치를 위하여 토지의 형질을 변경하는 경우에는 그러하지 아니하다(같은 조 제4항).

라) 행위허가의 기준

허가 또는 신고의 대상이 되는 건축물이나 공작물의 규모·높이·입지기준, 대지 안의 조경, 건폐율, 용적률, 토지의 분할, 토지의 형질변경의 범위 등 허가나 신고의 세부 기준은 대통령령으로 정한다(같은 조 제7항).

[별표 2] 〈개정 2014.1.28〉

허가 또는 신고의 세부기준
(개발제한법 시행령 제22조 관련)

1. 일반적 기준

가. 개발제한구역의 훼손을 최소화할 수 있도록 필요한 최소 규모로 설치하여야 한다.

나. 해당 지역과 그 주변지역에 대기오염, 수질오염, 토질오염, 소음·진동·분진 등에 따른 환경오염, 생태계 파괴, 위해 발생 등이 예상되지 아니하여야 한다. 다만, 환경오염의 방지, 위해의 방지, 조경, 녹지의 조성, 완충지대의 설치 등의 조건을 붙이는 경우에는 그러하지 아니하다.

다. 해당 지역과 그 주변지역에 있는 역사적·문화적·향토적 가치가 있는 지역을 훼손하지 아니하여야 한다.

라. 토지의 형질을 변경하거나 죽목을 벌채하는 경우에는 표고, 경사도, 숲의 상태, 인근 도로의 높이와 배수 등을 고려하여야 한다.

마. 도시계획시설의 설치, 법 제11조제1항제5호 본문에 따른 건축물의 건축 및 토지의 형질변경에 대하여는 관리계획이 수립되지 아니하였거나 수립된 관리계획의 내용에 위반되는 경우에는 그 설치 등을 허가하여서는 아니 된다.

바. 임야 또는 경지정리된 농지는 건축물의 건축 또는 공작물의 설치를 위한 부지에서 가능하면 제외하여야 한다.

사. 건축물을 건축하기 위한 대지면적이 60m² 미만인 경우에는 건축물의 건축을 허가하지 아니하여야 한다. 다만, 기존의 건축물을 개축하거나 재축하는 경우에는 그러하지 아니하다.

아. 빗물이 땅에 쉽게 스며들 수 있도록 가능하면 투수성 포장을 하여야 한다.

자. 「국토의 계획 및 이용에 관한 법률」에 따른 방재지구, 「자연재해대책법」에 따른 자연재해위험개선지구 및 「급경사지재해예방에 관한 법률」에 따른 붕괴위험지역에는 건축물의 건축을 허가하여서는 아니 된다. 다만, 안전·침수대책을 수립한 경우에는 그러하지 아니하다.

2. 건축물의 건축 또는 공작물의 설치

가. 건폐율 100분의 60 이하로 건축하되 높이 5층 이하, 용적률 300% 이하로 한다.

나. 가목에도 불구하고 주택 또는 근린생활시설을 건축하는 경우에는 다음의 어느 하나에 따른다.

1) 건폐율 100분의 60 이하로 건축하는 경우 : 높이 3층 이하, 용적률 300% 이하로서 기존 면적을 포함하여 연면적 200m²(5년 이상 거주자는 232m², 지정 당시 거주자는 300m²) 이하. 이 경우 5년 이상 거주자 또는 지정 당시 거주자가 연면적 200m²를 초과하여 연면적 232m² 또는 연면적 300m²까지 건축할 수 있는 경우는 1회로 한정한다.

2) 건폐율 100분의 20 이하로 건축하는 경우 : 높이 3층 이하, 용적률 100% 이하

다. 둘 이상의 필지에 같은 용도의 건축물이 각각 있는 경우 그 필지를 하나의 필지로 합칠 수 있다. 이 경우 주택 및 근린생활시설은 나목2)(취락지구의 경우에는 제26조제1항제2호 나목)의 기준에 적합하여야 하며, 주택을 다세대주택으로 건축하는 경우에는 기존의 주택호수를 초과하지 아니하여야 한다.

라. 건축물 또는 공작물 중 기반시설로서 건축 연면적이 1천500m² 이상이거나 토지의 형질변경 면적이 5천m² 이상인 시설은 「국토의 계획 및 이용에 관한 법률 시행령」 제35조에도 불구하고 도시계획시설로 설치하여야 한다. 다만, 별표 1에서 별도로 규정하고 있는 경우에는 그에 따른다.

마. 도로·상수도 및 하수도가 설치되지 아니한 지역에 대하여는 원칙적으로 건축물의 건축(건축물의 건축을 목적으로 하는 토지형질변경을 포함한다)을 허가하여서는 아니 된다. 다만, 무질서한 개발을 초래하지 아니하는 경우 등 시장·군수·구청장이 인정하는 경우에는 그러하지 아니하다.

바. 법 또는 이 영에서 건축이 허용되는 건축물 또는 공작물에 대해서는 「옥외광고물 등 관리법」에 적합하게 간판 등을 설치할 수 있다.

3. 토지의 형질변경 및 물건의 적치

가. 토지의 형질변경면적은 건축물의 건축면적 및 공작물의 바닥면적의 2배

이하로 한다. 다만, 다음의 어느 하나의 경우에는 그 해당 면적으로 한다.

1) 축사 및 미곡종합처리장은 바닥면적의 3배 이하
2) 주택 또는 근린생활시설의 건축을 위하여 대지를 조성하는 경우에는 기존면적을 포함하여 330m² 이하
3) 별표 1의 건축물 및 공작물과 관련하여 이 영 및 다른 법령에서 토지의 형질변경을 수반하는 시설을 설치할 것을 따로 규정한 경우에는 그 규정에서 허용하는 범위

나. 가목에 따른 토지의 형질변경을 할 때 해당 필지의 나머지 토지의 면적이 60m² 미만이 되는 경우에는 그 나머지 토지를 포함하여 토지의 형질변경을 할 수 있다. 다만, 토지의 형질변경 전에 미리 토지분할을 한 경우로서 가목에 따른 토지의 형질변경 면적에 적합하게 분할할 수 있었음에도 해당 면적을 초과하여 분할한 경우에는 그러하지 아니하다.

다. 법 제12조제1항제1호 각 목의 건축물(축사, 공사용 임시가설건축물 및 임시시설은 제외한다)의 건축 또는 공작물의 설치를 위한 토지의 형질변경 면적이 200m²를 초과하는 경우에는 토지의 형질변경 면적의 100분의 5 이상에 해당하는 면적에 대하여 식수 등 조경을 하여야 한다.

라. 개발제한구역에서 시행되는 공공사업에 대지(건축물 또는 공작물이 있는 토지를 말한다)의 일부가 편입된 경우에는 그 편입된 면적만큼 새로 대지를 조성하는 데 따르는 토지의 형질변경을 할 수 있다. 이 경우 편입되지 아니한 대지와 연접하여 새로 조성한 면적만으로는 관계 법령에 따른 시설의 최소 기준면적에 미달하는 경우에는 그 최소 기준면적까지 대지를 확장할 수 있다.

마. 토지의 형질변경의 대상인 토지가 연약한 지반인 경우에는 그 두께·넓이·지하수위 등의 조사와 지반의 지지력·내려앉음·솟아오름에 대한 시험을 하여 환토·다지기·배수 등의 방법으로 그 토지를 개량하여야 한다.

바. 토지의 형질변경에 수반되는 성토 및 절토(切土)에 따른 비탈면 또는 절개면에 대하여는 옹벽 또는 석축의 설치 등 안전조치를 하여야 한다.

사. 토석의 채취는 다음의 기준에 따른다.

1) 주변의 상황·교통 및 자연경관 등을 종합적으로 고려하여야 한다.
2) 철도, 고속도로, 국도 및 시가지와 연결되는 간선도로의 가시권(可視

圈)에서는 재해에 따른 응급조치가 아니면 토석의 채취를 허가하여서는 아니 된다. 이 경우 철도·고속도로의 가시권은 철도·고속도로로부터 2km 이내의 지역을, 국도·간선도로의 가시권은 국도·간선도로로부터 1km 이내의 지역을 말한다.

아. 물건의 적치는 대지화되어 있는 토지에만 할 수 있으며, 물건의 적치장에는 물건의 단순관리를 위한 가설건축물을 연면적 $20m^2$ 이하의 범위에서 설치할 수 있다.

4. 취락지구로의 이축 및 이주단지의 조성

가. 법 제12조제1항제3호에 따른 이주단지의 규모는 주택 20호 이상으로 한다. 다만, 이축 또는 이주대상인 건축물로부터 2km 이내의 지역에 취락지구가 없거나 인근 취락지구의 지형이나 그 밖의 여건상 이축을 수용할 수 없는 경우로서 시장·군수·구청장이 이주단지의 위치를 지정하는 경우에는 10호 이상으로 할 수 있다.

나. 이축 및 이주단지는 철거지를 관할하는 시·군·구의 지역에만 조성할 수 있다. 다만, 철거지를 관할하는 시·군·구의 개발제한구역에 취락지구가 없거나 관할 지역의 취락지구에 이축수요를 수용할 수 없는 경우 또는 이주단지의 조성을 위한 적정한 부지가 없는 경우에는 인접 시장·군수·구청장과 협의하여 그 시·군·구의 지역에 이축 또는 이주단지의 조성을 허가할 수 있다.

다. 공익사업에 따른 이주대책의 일환으로 「공익사업을 위한 토지 등의 취득 및 보상에 관한 법률」 제78조에 따른 개발제한구역 밖으로의 이주대책이 수립된 경우에는 공익사업과 관련하여 따로 이축을 허가하여서는 아니 된다.

라. 철거 등으로 멸실되어 현존하지 아니하는 건축물을 근거로 이축 또는 이주단지의 조성을 허가하여서는 아니 된다. 다만, 공익사업의 시행으로 철거된 건축물은 그러하지 아니하다.

마. 이주단지를 조성한 후 또는 건축물을 이축한 후의 종전 토지는 다른 사람의 소유인 경우와 공익사업에 편입된 경우를 제외하고는 그 지목을 전·답·과수원, 그 밖에 건축물의 건축을 위한 용도가 아닌 지목으로 변경하여야 한다.

5. 취락지구가 아닌 지역으로의 이축

가. 종교시설은 「건축법 시행령」 별표 1 제6호에 해당하는 것이어야 한다.

나. 공장 또는 종교시설을 이축하려는 경우에는 다음의 기준에 따라야 한다.

1) 기존의 공장 또는 종교시설이 위치하고 있는 시·군·구의 지역으로 이축하여야 한다. 다만, 공장의 경우 인접 시장·군수·구청장과 협의하여 그 시·군·구의 지역(인접한 읍·면·동으로 한정한다)에 이축을 허가할 수 있다.

2) 우량농지(경지정리·수리시설 등 농업생산기반이 정비되어 있는 농지) 및 임야가 아닌 지역이어야 한다.

3) 「하천법」 제7조에 따른 국가하천의 경계로부터 5백m 이상 떨어져 있는 지역이어야 한다.

4) 새로운 진입로를 설치할 필요가 없는 지역이어야 한다.

5) 전기·수도·가스 등 새로운 간선공급설비를 설치할 필요가 없는 지역이어야 한다.

마) 허가 또는 신고 없이 할 수 있는 행위

국토교통부령으로 정하는 다음 별표 4와 같은 경미한 행위는 허가를 받지 아니하거나 신고를 하지 아니하고 할 수 있다(개발제한법 제12제제3항).

[별표 4] 〈개정 2013.10.30〉

허가 또는 신고 없이 할 수 있는 행위

(제12조 관련)

1. 농림수산업을 하기 위한 다음 각 목의 어느 하나에 해당하는 행위

가. 농사를 짓기 위하여 논·밭을 갈거나 50cm 이하로 파는 행위

나. 홍수 등으로 논·밭에 쌓인 흙·모래를 제거하는 행위

다. 경작 중인 논·밭의 지력(地力)을 높이기 위하여 환토(換土)·객토(客土)를 하는 행위(영리 목적의 토사 채취는 제외한다)

라. 밭을 논으로 변경하기 위한 토지의 형질변경(머목의 행위와 병행할 수 있다)

마. 과수원을 논이나 밭으로 변경하기 위한 토지의 형질변경

바. 농경지를 농업생산성 증대를 목적으로 정지, 수로 등을 정비하는 행위(휴경지의 죽목을 벌채하는 경우에는 영 제15조 및 제19조제4호의 규정에 따른다)

사. 채소·연초(건조용을 포함한다)·버섯의 재배와 원예를 위하여 비닐하우스를 설치(가설 및 건축을 포함한다. 이하 이 표에서 같다)하는 행위. 이 경우 허용되는 비닐하우스(이하 "농업용 비닐하우스"라 한다)의 구조 등은 다음의 요건을 모두 갖춘 것이어야 한다.

1) 구조상 골조 부분만 목제·철제·폴리염화비닐(PVC) 등의 재료를 사용하고, 그 밖의 부분은 비닐로 설치하여야 하며, 유리 또는 강화플라스틱(FRP)이 아니어야 한다. 다만, 출입문의 경우는 투명한 유리 또는 강화플라스틱(FRP) 등 이와 유사한 재료를 사용할 수 있다.

2) 화훼직판장 등 판매전용시설은 제외하며, 비닐하우스를 설치하여도 녹지가 훼손되지 아니하는 농지에 설치하여야 한다.

3) 기초는 가로, 세로 및 높이가 각각 40cm 이하인 규모에 한하여 콘크리트 타설을 할 수 있으며, 바닥은 콘크리트 타설을 하지 아니한 비영구적인 임시가설물(보도블록이나 부직포 등 이와 유사한 것을 말한다)이어야 한다.

아. 농업용 분뇨장(탱크 설치를 포함한다)을 설치하는 행위

자. 과수원이나 경제작물을 보호하기 위하여 철조망(녹색이나 연두색 등의 펜스를 포함한다)을 설치하는 행위

차. 10m² 이하의 농업용 원두막을 설치하는 행위

카. 밭 안에 야채 등을 저장하기 위하여 토굴 등을 파는 행위

타. 나무를 베지 아니하고 나무를 심는 행위

파. 축사에 사료를 배합하기 위한 기계시설을 설치하는 행위(일반인에게 배합사료를 판매하기 위한 경우는 제외한다)

하. 기존의 대지(담장으로 둘러싸인 내부를 말한다)에 15m² 이하의 간이축사를 설치하는 행위

거. 가축의 분뇨를 이용한 분뇨장에 취사·난방용 메탄가스 발생시설을 설치하는 행위

너. 농업용 비닐하우스 및 온실에서 생산되는 화훼 등을 판매하기 위하여 벽체(壁體) 없이 33m² 이하의 화분진열시설을 설치하는 행위

더. 농업용 비닐하우스에 탈의실 또는 농기구보관실, 난방용 기계실, 농작물의 신선도 유지를 위한 냉장시설 등의 용도로 30m² 이하의 임시시설을 설치하는 행위

러. 토지의 형질변경이나 대지 등으로의 지목변경을 하지 아니하는 범위에서 축사에 딸린 가축방목장을 설치하는 행위

머. 영농을 위하여 높이 50cm 미만(최근 1년간 성토한 높이를 합산한 것을 말한다)으로 성토하는 행위

버. 생산지에서 50m² 이하의 곡식건조기 또는 비가림시설을 설치하는 행위

서. 축사운동장에 개방형 비닐하우스(축산분뇨용 또는 톱밥발효용을 말한다)를 설치하는 행위(축사용도로 사용하는 것을 제외한다)

어. 토지의 형질변경 없이 논에 참게·우렁이·지렁이 등을 사육하거나 사육을 위한 울타리 및 비닐하우스를 설치하는 행위

저. 농산물수확기에 농지에 설치하는 30m² 이하의 판매용 야외 좌판(그늘막 등을 포함한다)을 설치하는 행위

처. 화훼 재배와 병행하여 화분·원예용 비료 등을 판매(화분만을 판매하는 경우는 제외한다)하는 원예용 비닐하우스를 설치하는 행위

커. 저수지를 관리하기 위한 단순한 준설 행위(골재를 채취하기 위한 경우는 제외한다)

2. 주택을 관리하는 다음 각 목의 어느 하나에 해당하는 행위

가. 사용 중인 방을 나누거나 합치거나 부엌이나 목욕탕으로 바꾸는 경우 등 가옥 내부를 개조하거나 수리하는 행위

나. 지붕을 개량하거나 기둥벽을 수선하는 행위

다. 외장을 변경하거나 칠하거나 꾸미는 행위

라. 내벽 또는 외벽에 창문을 설치하는 행위

마. 외벽 기둥에 차양을 달거나 수리하는 행위

바. 외벽과 담장 사이에 차양을 달아 헛간으로 사용하는 행위
사. 높이 2m 미만의 담장·축대(옹벽을 포함한다)를 설치하는 행위(택지 조성을 위한 경우는 제외한다)
아. 우물을 파거나 장독대(광을 함께 설치하는 경우는 제외한다)를 설치하는 행위
자. 재래식 변소를 수세식 변소로 개량하는 행위

3. 마을공동사업인 다음 각 목의 어느 하나에 해당하는 행위
가. 공동우물(「지하수법」에 따른 음용수용 지하수를 포함한다)을 파거나 빨래터를 설치하는 행위
나. 마을도로(진입로를 포함한다) 및 구거(溝渠)를 정비하거나 석축(石築)을 개수·보수하는 행위
다. 농로를 개수·보수하는 행위
라. 나지(裸地)에 녹화사업을 하는 행위
마. 토관을 매설하는 행위

4. 비주택용 건축물에 관련된 다음 각 목의 어느 하나에 해당하는 행위
가. 주택의 경우와 같이 지붕 개량, 벽 수선, 미화작업 또는 창문 설치를 하는 행위
나. 기존의 종교시설 경내(공지)에 종각·불상 또는 석탑을 설치하는 행위
다. 기존의 묘역에 분묘를 설치하는 행위
라. 종교시설의 경내에 일주문(一柱門)을 설치하는 행위
마. 임업시험장에 육림연구·시험을 위하여 임목을 심거나 벌채하는 행위

5. 건축물의 용도변경으로서 다음 각 목의 어느 하나에 해당하는 경우
가. 축사·잠실(蠶室) 등의 기존 건축물을 일상 생업에 필요한 물품·생산물의 저장소나, 새끼·가마니를 짜는 등의 농가부업용 작업장으로 일시적으로 사용하는 경우
나. 주택의 일부를 이용하여 부업의 범위에서 상점 등으로 사용하는 경우(관계 법령에 따른 허가 또는 신고 대상이 아닌 것만 해당한다)
다. 주택의 일부(종전의 부속건축물을 말한다)를 다용도시설 및 농산물건조

실(건조를 위한 공작물의 설치를 포함한다)로 사용하는 경우
라. 새마을회관의 일부를 경로당으로 사용하는 경우

6. 기존 골프장을 통상적으로 운영·관리할 목적으로 골프장을 유지·보수하는 다음 각 목의 어느 하나에 해당하는 행위

가. 차량정비고나 부품보관창고 부지의 바닥 포장
나. 잔디의 배토(培土)작업에 소요되는 부엽토 및 토사를 일시적으로 쌓아 놓는 행위
다. 골프장 배수로 정비
라. 잔디를 심고 가꾸는 행위
마. 티 그라운드의 모양 및 크기를 변경하는 행위
바. 벙커의 위치·모양 및 크기를 변경하는 행위
사. 코스 내 배수 향상을 위하여 부분적으로 절토·성토하는 행위
아. 염해(鹽害)를 입은 잔디의 생육이 가능하도록 하기 위한 통상적인 성토
자. 작업도로 변경 및 포장

7. 재해의 긴급한 복구를 위한 다음 각 목의 어느 하나에 해당하는 행위

가. 벌채 면적 500m² 미만의 죽목(竹木) 베기(연간 1천m²를 초과할 수 없다)
나. 벌채 수량 5m³ 미만의 죽목(竹木) 베기(연간 10m³를 초과할 수 없다)

바) 행위허가의 특례

(1) 기존 공사 등

개발제한구역 지정 당시 이미 관계 법령에 따라 허가 등(관계 법령에 따라 허가 등을 받을 필요가 없는 경우를 포함한다)을 받아 공사나 사업에 착수한 자는 이를 계속 시행할 수 있고(같은 조 제6항), 이에 따라 공사 또는 사업을 계속 시행하려는 자는 그 공사 또는 사업의 설계 내용을 관할 시장·군수·구청장에게 제출하여야 하며, 그 내용이 토지의 형질변경으로서 건축물의 건축을 목적으로 하는 경우에는 해당 공사에 대한 준공검사가 끝난 후 건축허가를 신청하여야 한다. 다만, 시장·군수 등이 설계 내용을 받거나 허가신청을 받은 경우로서 공사의 추진 상황, 주변토지의 이용 상황, 환경, 그 밖의 사정을 종합적으

로 고려하여 개발제한구역의 지정 목적 달성에 필요하다고 인정하는 경우에는 사업규모의 축소 및 사업계획의 변경 등의 조정을 할 수 있다(법 시행령 제21조제1,2,3항).

(2) 존속 중인 건축물

시장·군수·구청장은 법령의 개정·폐지나 ⅰ) 도시·군관리계획을 결정 또는 변경하거나 행정구역을 변경하는 경우, ⅱ) 도시·군계획시설을 설치하거나 「도시개발법」에 따른 도시개발사업을 시행하는 경우, ⅲ) 「특정건축물 정리에 관한 특별조치법」[41]에 따라 준공검사필증을 받았거나 사용승인서를 받은 경우, ⅳ) 「도시저소득주민의 주거환경개선을 위한 임시조치법」[42]에 따라 준공검사필증·사용검사필증 또는 사용승인서를 발급받은 경우, ⅴ) 종전의 「공유토지분할에 관한 특례법」[43]에 따라 대지가 분할된 경우 등의 사유(개발제한법 시행령 제23조제1항)로 인하여 그 사유가 발생할 당시에 이미 존재하고 있던 대지·건축물 또는 공작물이 이 법에 적합하지 아니하게 된 경우에는 대통령령으로 정하는 바에 따라 건축물의 건축이나 공작물의 설치를 허가할 수 있다(법 제13조). 다만, 시장·군수·구청장은 전설한 사유로 법 또는 이 영의 규정에 부적합하더라도 ⅰ) 건축물의 재축·개축 또는 대수선, ⅱ) 증축하려는 부분이 건폐율·용적률 등 법 또는 이 영의 규정에 적합한 경우의 증축(이 경우 토지의 형질변경을 수반하는 증축은 별표 3에 따른 시설만 해당한다)의 어느 하나에 해당하는 건축을 허가할 수 있다(개발제한법 시행령 제23조제2항).

41) 법률 제3719호 및 법률 제6253호를 말한다.
42) 법률 제4115호로 제정되어 2004.12.31.까지 시행되던 것을 말한다.
43) 법률 제3811호로 제정되어 1991.12.31.까지 시행되던 것, 법률 제4875호로 제정되어 2000.12.31.까지 시행되던 것 및 법률 제7037호로 제정되어 2006.12.31.까지 시행되던 것을 말한다.

[별표 3] 〈개정 2014.4.28〉

증축시 토지의 형질변경 허용시설
(제23조제2항제2호 관련)

1. 서울특별시 강남구 내곡동에 설치한 시립아동병원시설 및 그 부대시설
2. 행정안전부가 과천지구 정부청사단지에 설치한 정부과천청사, 공공기관의 청사 및 그 부대시설
3. 전라남도교육위원회가 전라남도 담양군에 설치한 충의교육원 및 그 부대시설
4. 부산광역시 기장군 기장읍 시랑리 일원에 설치한 국립수산과학원의 청사·시험연구시설·교육훈련시설 및 한국해양수산연수원의 사무실·교육훈련시설과 각각의 그 부대시설
5. 환경부가 경기도 양평군 양서면 양수리에 설치한 국립환경과학원부설팔당임호연구소 및 그 부대시설
6. 개발제한구역의 지정 전에 개발제한구역에 설치한 공공청사
7. 부산광역시가 부산광역시 해운대구 석대동에 설치한 농수산물도매시장
8. 산업통상자원부장관이 부산광역시 강서구 대저동에 설치한 우편집중국
9. 담양군수가 전라남도 담양군 남면 지곡리에 설치한 가사문학회관 및 그 부대시설
10. 안전행정부장관이 경기도 남양주시 별내면 덕송리에 설치한 중앙119구조대의 청사·헬기계류장 및 훈련시설과 그 부대시설
11. 인천광역시 문학경기장의 부대시설
12. 한국보훈복지의료공단이 설치한 보훈병원시설 및 그 부대시설
13. 한국항공대학시설 및 그 부대시설
14. 국토교통부의 내륙화물기지조성계획에 따라 경기도 의왕시(군포시의 일부지역을 포함한다) 및 경상남도 양산시 일원에 설치한 「물류시설의 개발 및 운영에 관한 법률」 제2조제2호에 따른 물류터미널 및 그 부대시설
15. 한국교육개발원의 교육연구시설과 한국교육방송공사의 방송시설 및 그 부대시설
16. 대한체육회가 경상남도 진해시 자은동에 설치한 국가대표급 선수(우수선수

를 포함한다)의 전지훈련장 및 그 부대시설

17. 「농업협동조합법」에 따른 농업협동조합중앙회가 경기도 고양시의 가축개량사업소 부지에 설치한 젖소개량사업시설 및 한국마사회가 그 부지에 설치한 종마의 보급·사육을 위한 시설과 그 부대시설
18. 한국원자력연구원이 대전광역시 유성구 덕진동 대덕연구개발특구에 설치한 시험연구시설 및 그 부대시설
19. 한전원자력연료주식회사가 대전광역시 유성구 덕진동 대덕연구개발특구에 설치한 핵연료주기시설·원자력폐기물시설 및 그 부대시설
20. 한국산업인력공단이 경상남도 창원시 대방동에 설치한 한국직업훈련대학의 교육시설 및 그 부대시설
21. 국토교통부의 경인운하건설사업계획에 따라 경기도 김포시 일원에 설치한 「물류시설의 개발 및 운영에 관한 법률」 제2조제2호에 따른 물류터미널 및 그 부대시설
22. 부산교통공사가 경상남도 양산시 호포차량기지에 설치한 교육훈련시설
23. 「과학기술분야 정부출연연구기관 등의 설립·운영 및 육성에 관한 법률」에 따른 한국기계연구원 및 한국전기연구원의 연구·시험시설
24. 부산광역시 금정구 지하철차량기지에 설치한 여객자동차터미널 및 그 부대시설
25. 중소기업진흥공단이 광주광역시 북구 일원에 설치한 중소기업연수원
26. 경기도 양주시 유양동의 양주별산대 놀이마당 공연장 및 그 부대시설
27. 개발제한구역 지정 전에 설치(법 제12조제6항에 따라 공사 또는 사업이 계속 시행되고 있는 경우를 포함한다)된 공장의 증축과 그 부대시설의 설치[공장의 증축면적과 그 부대시설의 설치면적은 개발제한구역 지정 당시 기존 시설의 연면적 이하(종전의 도시계획법령에 따라 수출품의 생산 가공공장이나 그 밖에 수출진흥 등 경제발전에 기여할 수 있는 시설로 승인을 받아 증축한 공장의 경우에는 개발제한구역 지정 당시 기존 시설의 연면적과 종전의 도시계획법령에 따라 증축한 시설의 연면적을 합한 면적의 2분의 1 이하)로 하되, 공장의 증축 및 부대시설의 설치를 위하여 새로운 대지를 조성하는 것은 허용되지 아니한다. 다만, 관계 법령에 따라 직장어린이집을 의무적으로 설치하여야 하는 공장의 경우에는 그 시설 설치에 필요한 면적

만큼 새로운 대지를 조성할 수 있다]

28. 개발제한구역 지정 이전에 설치한 주유소의 증축(시장·군수·구청장이 수립하는 배치계획에 포함되어 그 계획에 따라 증축하는 경우만 해당한다)
29. 도축장(증축되는 면적은 개발제한구역 지정 당시의 연면적의 범위로 한다. 다만, 증축하더라도 축산물가공처리법령에서 정하는 최소기준면적에 미달하는 경우에는 그 최소기준면적까지 증축할 수 있다.)
30. 「골재채취법」(법률 제5966호로 개정되기 전의 것을 말한다) 제8조에 따라 국토교통부장관으로부터 골재의 집중개발 또는 비축에 관한 명령을 받은 골재채취업자가 하천구역에서 바다모래의 염분을 제거하기 위하여 설치한 공작물과 그 시설의 운영에 필요한 부대시설
31. 개발제한구역에 그 노선의 시점과 종점을 이미 두고 있는 「여객자동차 운수사업법 시행령」 제3조제1호 가목에 따른 시내버스운송사업을 위하여 기존 정류장에 설치한 운수종사원의 후생복지시설, 자가연료공급시설(「대기환경보전법」에 따른 무공해·저공해자동차에 천연가스를 공급하기 위한 시설을 포함한다) 및 간이정비시설
32. 사회복지시설(양로시설 및 고아원 등)의 운영·관리를 위하여 설치한 부대시설
33. 종교시설 또는 문화재(「문화재보호법」 제2조제2항에 따른 지정문화재 또는 같은 조 제3항에 따른 등록문화재에 해당하는 건축물 또는 공작물을 말한다. 이하 이 호에서 같다). 다만, 다음 각 목의 어느 하나에 해당하는 증축으로 한정한다.
    가. 증축되는 부분을 포함한 전체 연면적이 개발제한구역 지정 당시 연면적(제24조에 따른 개발제한구역 건축물관리대장에 등재된 연면적을 말한다)의 2배 이내(개발제한구역 지정 당시 연면적이 225m² 미만인 경우에는 450m² 이내)이고, 증축되는 부분을 포함한 전체 대지면적이 건축면적의 2배 이내인 증축
    나. 문화재 및 「전통사찰의 보존 및 지원에 관한 법률」에 따른 전통사찰의 증축으로서 가목에 따른 연면적 또는 대지면적을 초과하여 문화체육관광부장관(문화재의 경우에는 문화재청장을 말한다)이 국토교통부장관과 협의하는 규모 이내의 증축. 다만, 전통사찰의 증축을 위하여 새로운

대지를 조성할 수 있는 면적은 건축물의 수평투영면적의 2배 이내로 하며, 1만m²를 초과하는 새로운 대지조성이 수반되는 때에는 「전통사찰의 보존 및 지원에 관한 법률」에 따른 전통사찰보존위원회 심의를 거쳐야 한다.

34. 사회복지시설(새로운 대지조성은 허용되지 아니하며, 증축되는 면적은 개발제한구역 지정 당시 연면적의 범위로 한다)
35. 나환자촌으로서 보건복지가족부장관이 일정한 구역을 설정하여 국토교통부장관과의 협의를 거쳐 정비계획을 수립하는 경우 그에 따라 건축한 주거시설, 농산·축산시설 등 소득증대시설, 진료시설 및 종교시설
36. 다음 각 목의 어느 하나에 해당하는 청소년수련시설 및 그 부대시설
    가. 개발제한구역 지정 전에 설치된 청소년수련시설 및 그 부대시설(청소년수련시설 및 그 부대시설을 증축할 수 있는 면적은 개발제한구역 지정 당시 연면적의 범위로 하되, 증축되는 부분을 포함한 전체 대지면적은 건축면적의 2배 이내로 한다)
    나. 천주교서울대교구장이 경기도 양주시 어둔동에 설치한 청소년심신수련장 시설 및 그 부대시설
37. 한국마사회가 경기도 과천시 주암동 일원에 있는 경마장의 기존 부지에 설치한 경마장의 운영에 직접 필요한 시설 및 그 부대시설
38. 서울올림픽기념국민체육진흥공단이 경기도 하남시 미사동에 설치한 조정경기장(그 안에 설치하는 경정장을 포함한다) 및 그 부대시설
39. 대한체육회 또는 대한사격연맹이 태릉선수촌 또는 태릉사격장에 설치한 선수훈련용 시설
40. 「농업협동조합법」에 따른 농업협동조합중앙회가 경기도 고양시 덕양구 일원에 설치한 농협대학 안의 교육시설
41. 한국마사회가 부산광역시 강서구 및 경상남도 김허시 일원에 설치한 경마장 및 그 부대시설
42. 서울올림픽기념국민체육진흥공단이 경기도 광명시 일원에 설치한 경륜장 및 그 부대시설
43. 「문화예술진흥법 시행령」 별표 1 제1호 가목의 공연장 중 시·도 종합문화예술회관 및 시·군·구 문화예술회관

44. 「박물관 및 미술관 진흥법」 제2조제1호 및 제2호의 박물관 및 미술관으로서 국가 또는 지방자치단체가 설치하였거나 「자연공원법」 제2조제10호에 따라 공원시설로 설치한 박물관
45. 「과학관의 설립·운영 및 육성에 관한 법률」 제3조제1호 및 제2호에 따른 국립과학관 및 공립과학관
46. 「집단에너지사업법」에 따라 설치한 집단에너지공급시설
47. 농업기술센터 및 수산기술관리소
48. 「도서관법」 제2조제4호에 따라 설치한 공공도서관
49. 시청, 군청, 구청, 경찰서, 경찰청, 교육청(각각의 출장소를 포함한다)과 그 부대시설
50. 농림축산업 및 수산업 시험·연구시설
51. 「체육시설의 설치·이용에 관한 법률 시행령」 제3조에 따른 전문체육시설과 그 부대시설
52. 국제행사 관련 체육시설 및 편익시설
53. 「문화재보호법」에 따라 국가나 지방자치단체가 설치한 무형문화재의 관리용 건축물
54. 제18조제1항제11호에 따라 용도변경된 일반업무시설[「공공기관의 운영에 관한 법률」에 따른 공공기관(「민법」 제32조 또는 다른 법률에 따라 설립한 비영리법인으로서 「수도권정비계획법」 제21조에 따른 수도권정비위원회의 심의를 거쳐 기존의 공공업무시설 대지의 이용이 허용된 법인을 포함한다)]의 업무용 시설 및 그 부대시설

(3) 취락지구에 대한 특례

(가) 취락지구의 지정 : 시·도지사는 개발제한구역에서 주민이 집단으로 저주하는 취락을 「국토의 계획 및 이용에 관한 법률」 제37조에 따른 취락지구로 지정할 수 있다(개발제한법 제15조제1항). 이때 취락을 구성하는 주택의 수, 단위면적당 주거의 수, 취락지구의 경계설정기준 등 취락지구의 지정기준 및 정비에 관한 사항은 대통령령으로 정한다(같은 조 제2항). 취락지구의 지정기준은 다음과 같다(같은 법 시행령 제25조).

(1) 취락을 구성하는 주택의 수가 10호 이상일 것

(2) 취락지구 1만 m²당 주택의 수(이하 "호수밀도"라 한다)가 10호 이상일 것. 다만, 시·도지사는 해당 지역이 상수원보호구역에 해당하거나 이축(移築) 수요를 수용할 필요가 있는 등 지역의 특성상 필요한 경우에는 취락지구의 지정 면적, 취락지구의 경계선 설정 및 제4항에 따른 취락지구정비계획의 내용에 대하여 국토교통부장관과 협의한 후, 해당 시·도의 도시·군계획에 관한 조례로 정하는 바에 따라 호수밀도를 5호 이상으로 할 수 있다.

(3) 취락지구의 경계 설정은 도시·군관리계획 경계선, 다른 법률에 따른 지역·지구 및 구역의 경계선, 도로, 하천, 임야, 지적 경계선, 그 밖의 자연적 또는 인공적 지형지물을 이용하여 설정하되, 지목이 대인 경우에는 가능한 한 필지가 분할되지 아니하도록 할 것

(나) 취락지주 안에서의 행위허가의 기준 : 취락지구 건축물의 용도·높이·연면적 및 건폐율은 다음의 경우를 제외하고는 취락지구 밖의 개발제한구역에 적용되는 기준에 따른다(법 시행령 제26조제1항).

(1) 주택 또는 공장 등 신축이 금지된 건축물을 「건축법 시행령」 별표 1의 제1종 및 제2종 근린생활시설(단란주점, 안마시술소 및 안마원은 제외한다), 액화가스 판매소, 세차장, 병원, 치과병원 또는 한방병원으로 용도변경하는 경우

(2) 별표 1 제5호 다목에 따른 주택 또는 같은 표 제5호 라목에 따른 근린생활시설을 다음 각 목의 기준에 따라 건축하는 경우

① 건폐율 100분의 60 이내로 건축하는 경우 : 높이 3층 이하, 용적률 300% 이하로서 기존 면적을 포함하여 연면적 300m² 이하

② 건폐율 100분의 40 이내로 건축하는 경우 : 높이 3층 이하, 용적률 100% 이하

사) 토지매수

(1) 매수대상

개발제한구역의 지정에 따라 개발제한구역의 토지를 종래의 용도로 사용할 수 없어 그 효용이 현저히 감소된 토지나 그 토지의 사용 및 수익이 사실상 불가능하게 된 토지(이하 "매수대상토지"라 한다)의 소유자로서 ⅰ) 개발제한구역으로 지정될 당시부터 계속하여 해당 토지를 소유한 자, ⅱ) 토지의 사용·수익이 사실상 불가능하게 되기 전에 해당 토지를 취득하여 계속 소유한 자, ⅲ) ⅰ)나 ⅱ)에 해당하는 자로부터 해당 토지를 상속받아 계속하여 소유한 자의 어느 하나에 해당하는 자는 국토교통부장관에게 그 토지의 매수를 청구할 수 있다(개발제한법 제17조제1항). 이에 따라 매수청구를 받은 토지가 아래 (2)에 따른 기준에 해당되면 국토교통부장관은 이를 매수하여야 한다.

(2) 매수대상 토지의 판정기준

매수대상토지의 판정기준은 다음과 같다. 이 경우 토지의 효용 감소, 사용·수익의 불가능 등에 대하여 본인의 귀책사유가 없어야 한다(개발제한법 시행령 제28조).

(가) 종래의 용도대로 사용할 수 없어 그 효용이 현저히 감소된 토지 : 매수를 청구할 당시 매수대상토지를 개발제한구역 지정 이전의 지목(매수청구인이 개발제한구역 지정 이전에 적법하게 지적공부상의 지목과 다르게 이용하고 있었음을 공적자료로서 증명하는 경우에는 개발제한구역 지정 이전의 실제 용도를 지목으로 본다)대로 사용할 수 없어 매수청구일 현재 해당 토지의 개별공시지가(「부동산 가격공시 및 감정평가에 관한 법률」 제11조에 따른 개별공시지가를 말한다. 이하 같다)가 그 토지가 있는 읍·면·동에 지정된 개발제한구역의 같은 지목의 개별공시지가 평균치의 50% 미만일 것

(나) 사용 또는 수익이 사실상 불가능한 토지 : 법 제12조 및 제13조에 따른 행위제한으로 해당 토지의 사용 또는 수익이 불가능할 것

(3) 매수청구의 절차

국토교통부장관은 토지의 매수를 청구받은 날부터 2개월 이내에 매수대상

여부와 매수예상가격 등을 매수청구인에게 알려주어야 하며(개발제한법 제18조제1항), 이에 따라 매수대상토지임을 알린 경우에는 5년의 범위에서 매수청구인에게 매수대상토지로 알린 날부터 3년 이내에 매수계획을 수립하여 그 매수대상토지를 매수하여야 한다(개발제한법 제18조제2항, 법 시행령 제29조). 위 규정에 따라 매수한 토지는 「국가균형발전 특별법」에 따른 지역발전특별회계의 재산으로 귀속된다(같은 조 제4항).

(4) 매수가격

(가) 매수가격 : 매수대상토지를 매수하는 가격은 「부동산 가격공시 및 감정평가에 관한 법률」에 따른 공시지가를 기준으로 해당 토지의 위치·형상·환경 및 이용 상황 등을 고려하여 평가한 금액으로 한다.

(나) 산정방법 : 매수가격은 매수청구 당시의 표준지공시지가(「부동산 가격공시 및 감정평가에 관한 법률」 제2조제5호에 따른 표준지공시지가를 말한다)를 기준으로 그 공시기준일부터 매수청구인에게 매수금액을 지급하려는 날까지의 기간 동안 다음 각 호의 변동사항을 고려하여 산정한 가격으로 하며, 이에 따른 매수가격은 표준지공시지가를 기준으로 「부동산 가격공시 및 감정평가에 관한 법률」 제2조제9호에 따른 감정평가업자2명 이상이 평가한 금액의 산술평균치로 한다(개발제한법 시행령 제30조).

① 해당 토지의 위치·형상·환경 및 이용 상황

② 「국토의 계획 및 이용에 관한 법률 시행령」 제125조제1항에 따라 국토교통부장관이 조사한 지가변동률과 생산자물가상승률

(5) 이의신청

통보받은 매수 여부에 관한 결정 또는 매수가격에 이의가 있는 자 또는 부담금의 부과·징수에 대하여 이의가 있는 자의 어느 하나에 해당하는 자는 「공익사업을 위한 토지 등의 취득 및 보상에 관한 법률」에 따른 중앙토지수용위원회에 이의신청을 할 수 있으며, 이에 따른 이의신청에 대하여는 「행정심판법」 제6조에도 불구하고 중앙토지수용위원회가 심리·의결하여 재결한다(개발제한법 제27조).

[참고]

2014년 하반기 개발제한구역 규제 완화 계획 발표
개발제한구역 내 기존 건축물의 용도변경 확대(국토교통부)

- 개발제한구역 내 기존건축물(약 12만동) 중 신축이 금지된 용도의 건축물(7만동, 60%)들을 대상으로 **용도변경 허용 범위를 30여종에서 90여종으로 확대**한다. 다만, **개발제한구역의 훼손이 없도록** 추가적인 건축물의 면적 증가가 없는 **범위 내**에서 **허용**할 계획이다.

<table>
<tr><th>구 분</th><th>현행 용도변경 허용</th><th>추가 용도변경 허용(안)</th></tr>
<tr><td>신축 금지된 건축물
(종교시설, 공장, 물류창고, 공공청사, 박물관, 미술관, 사회복지시설 등)</td><td>슈퍼마켓, 일용품소매점, 휴게음식점, 제과점, 일반음식점, 이용원, 미용원, 세탁소, 의원, 치과의원, 한의원, 침술원, 접골원, 조산소, 탁구장, 체육도장, 기원, 당구장, 금융업소, 사무소, 부동산중개업소, 수리점, 사진관, 표구점, 학원, 장의사, 동물병원, 목공소, 방앗간, 독서실(근린생활시설 30종), 어린이집, 양로원, 종교시설(총 33종)</td><td rowspan="3">〈제1종 근린생활시설〉
1. 목욕장 등 세탁·수선시설
2. 지역자치센터, 파출소, 지구대, 소방서, 우체국, 방송국, 보건소, 공공도서관, 건강보험공단 사무소 등 공공업무시설(1천m^2 미만)
3. 마을회관, 마을공동작업소, 마을공동구판장, 공중화장실, 대피소, 지역아동센터 등 주민공동이용시설
4. 변전소, 도시가스배관시설, 정수장, 양수장 등 에너지공급이나 급수·배수 시설

〈제2종 근린생활시설〉
5. 공연장(극장, 영화관, 연예장, 음악당, 서커스장, 비디오물감상실, 비디오물소극장 등으로 500m^2 미만)
6. 자동차영업소(1천m^2 미만)
7. 청소년게임제공업소, 복합유통게임제공업소, 인터넷컴퓨터게임시설제공업소(500m^2 미만)
8. 학원, 교습소(자동차 및 무도 교습시설은 제외), 직업훈련소(500m^2 미만)
9. 테니스장, 체력단련장, 에어로빅장, 볼링장, 당구장, 실내낚시터, 골프연습장, 놀이형시</td></tr>
<tr><td>주 택</td><td>근린생활시설(30종), 어린이집, 양로원, 종교시설, 고아원, 장애인복지시설(총 35종)</td></tr>
<tr><td>공 장</td><td>근린생활시설(30종), 어린이집, 양로원, 종교시설, 연구소, 교육원, 연수원, 물류창고, 도시형공장(총 38종)</td></tr>
</table>

		설 등 주민의 체육 활동을 위한 시설(500m² 미만) 10. 결혼상담소 등 소개업소, 출판사 등 일반업무시설(500m² 미만) 〈기 타〉 11. 사회복지시설(노인복지, 아동복지, 근로복지 등) 12. 미술관, 박물관

〈규제완화에 따라 「규제총점관리제」에 반영된 등급 및 점수〉

규제완화 내용	규제명	규제개선 등급(점수)	근 거
용도변경 확대	용도변경	-(유형) 적용범위 축소(등급변경) -(개선) B1(225점) → B3(114점)	네거티브 수준(일반적 허용)으로 완화
권한 위임	개발제한구역 행위제한	-(유형) 행위강도 완화 및 적용범위 축소(차감률 적용) -(개선) A1(300점)×0.957 → A1(287.1점) * 차감률 4.3% 적용	차감률 0.1% 경미한 사항
수소충전소 허용			차감률 4% 1개 시설 추가 허용시 차감률 기본 2% 수소충전소 : 2%×1.5(파급력 고려)+석유대체연료 : 2%×0.5=4%
임시가설물 설치자격 완화			차감률 0.1% 경미한 사항
노외주차장 가설건축물 허용			차감률 0.1% 경미한 사항
절차 간소화	관리계획 수립	-(유형) 적용범위 축소(차감률) -(개선점수) A2(150점)×0.944 → A2(141.6점) * 차감률 5.6% 적용	차감률 5.6% 제도개선으로 관리계획 대상 중 5.6%가 제외

〈입지규제 등급표〉

적용 범위 (규제의 내용) / 행위강도 (규제의 형식)		규제가 적용되는 요건 또는 내용			
		Positive (대부분 금지)	Positive (일반적 금지)	Negative (일반적 허용)	Negative (대부분 허용)
		해당 규제가 적용되는 시설물·지역·기업 등의 비율			
		75% 초과	75% 이하	50% 이하	25% 이하
		1	2	3	4
특허, 독점, 허가심의/ 전면적 작위, 부작위의무	A	A1 (100점)	A2 (75점)	A3 (50점)	A4 (25점)
인 허 가	B	B1 (75점)	B2 (56점)	B3 (38점)	B4 (19점)
신고, 등록	C	C1 (50점)	C2 (38점)	C3 (25점)	C4 (13점)
사후보고	D	D1 (25점)	D2 (19점)	D3 (13점)	D4 (6점)

2. 도시자연공원구역

가. 구역의 지정

1) 국토의 계획 및 이용에 관한 법률

시·도지사 또는 대도시 시장은 도시의 자연환경 및 경관을 보호하고 도시민에게 건전한 여가·휴식공간을 제공하기 위하여 도시지역 안에서 식생(植生)이 양호한 산지(山地)의 개발을 제한할 필요가 있다고 인정하면 도시자연공원구역의 지정 또는 변경을 도시관리계획으로 결정할 수 있으며, 그 지정 또는 변경에 필요한 사항은 따로 법률로 정한다(법 제37조).

〈도시자연공원구역의 지정 및 변경(해제)기준〉

항 목	기 준
양호한 자연환경의 보전	① 동식물의 서식처 또는 생육지로서 생태적으로 보전가치가 높은 지역 ② 자연의 보호 상태가 양호하여 훼손 또는 오염이 적으며, 양호한 소생태계(비오톱)가 형성되어 있는 지역

	③ ① 또는 ②의 조건을 가진 지역의 주변지역으로 양호한 생태계 또는 식생을 보호하기 위한 완충지역
양호한 경관의 보호	① 지형의 경관미가 수려한(지형 등이 뛰어난 풍치 또는 경관을 형성하고 있는) 지역 ② 해당 도시 또는 지역에서 주요한 조망대상 또는 상징적 경관이 되는 지역 ③ 지역의 역사 등과 깊은 관계를 갖고 있는 문화재 또는 유적 및 유물이 인지한 지역으로, 주변의 자연경관과 조화되어 보전할 만한 가치가 있는 경관적 특성을 형성하고 있는 지역
도시민의 여가·휴식공간의 확보	도시민의 여가공간으로 효율성을 높이기 위하여 필요한 지역 ① 주민이 일상적으로 접촉하는 빈도가 높은 산 또는 도시민이 자연과의 접촉의 장이 되는 녹지 ② 지역주민의 건전한 심신의 유지 및 증진에 관계되는 녹지로서 지역주민의 건전한 생활환경 확보를 위하여 적정하게 보전할 필요가 있는 지역 ③ 도시기본계획, 공원녹지기본계획에서 도시민의 여가·휴식공간, 보전할 만한 녹지측이나 거절 등으로 계획된 지역

2) 도시공원 및 녹지 등에 관한 법률

도시자연공원구역의 지정 및 변경의 기준은 대상 도시의 인구·산업·교통 및 토지이용 등 사회경제적 여건과 지형·경관 등 자연환경적 여건 등을 종합적으로 고려하여 대통령령으로 정한다(도시공원 및 녹지 등에 관한 법률 제26조).

나. 행위제한

1) 금지되는 행위

도시자연공원구역에서는 건축물의 건축 및 용도변경, 공작물의 설치, 토지의 형질변경, 흙과 돌의 채취, 토지의 분할, 죽목의 벌채, 물건의 적치 또는 「국토의 계획 및 이용에 관한 법률」 제2조제11호에 따른 도시계획사업의 시행을 할 수 없다(도시공원 및 녹지 등에 관한 법률 제27조제1항 본문).

2) 허가를 받아서 할 수 있는 행위

다음의 어느 하나에 해당하는 행위는 특별시장·광역시장·특별자치시장·특별자치도지사·시장 또는 군수의 허가를 받아 할 수 있다(도시공원 및 녹지 등에 관한 법률 제27조제1항 단서). 그러나 산림의 솎아베기 등 대통령령으로 정하는 i) 산림의 경영을 목적으로 간벌을 하는 행위, ii) 나무를 베는 행위 없이 나무를 심는 행위, iii) 농사를 짓기 위하여 자기 소유의 논·밭을 갈거나 파는 행위, iv) 자기 소유 토지의 이용 용도가 과수원인 경우로서 과수목을 베거나 보충하여 심는 행위 등은 허가 없이 할 수 있다.

가) 다음 각 목의 어느 하나에 해당하는 건축물 또는 공작물로서 대통령령으로 정하는 건축물의 건축 또는 공작물의 설치와 이에 따르는 토지의 형질변경

(1) 도로, 철도 등 공공용 시설

(2) 임시 건축물 또는 임시 공작물

(3) 휴양림, 수목원 등 도시민의 여가활용시설

(4) 등산로, 철봉 등 체력단련시설

(5) 전기·가스 관련 시설 등 공익시설

(6) 「노인복지법」 제31조에 따른 노인복지시설 중 도시자연공원구역에 입지할 필요성이 큰 시설로서 자연환경을 훼손하지 아니하는 시설

(7) 「영유아보육법」 제10조에 따른 어린이집 중 도시자연공원구역에 입지할 필요성이 큰 시설로서 자연환경을 훼손하지 아니하는 시설

나) 기존 건축물 또는 공작물의 개축·재축·증축 또는 대수선(大修繕)

다) 건축물의 건축을 수반하지 아니하는 토지의 형질변경

라) 흙과 돌을 채취하거나 죽목을 베거나 물건을 쌓아놓는 행위로서 대통령령으로 정하는 행위

3) 행위허가 대상 건축물 또는 공작물의 종류

법 제27조제1항제1호의 규정에 의하여 특별시장·광역시장·특별자치시장·

특별자치도지사·시장 또는 군수의 허가를 받아 건축 드는 설치할 수 있는 건축물 또는 공작물의 종류 및 범위는 별표 2와 같다.

[별표 2] 〈개정 2013.11.22〉

도시자연공원구역 안의 허가대상 건축물 또는 공작물의 종류와 범위(제26조 관련)

건축물 또는 공작물	건축물의 건축 또는 공작물의 설치의 범위
1. 공공용 시설	도시계획시설에 한한다. 다만, 다목은 그러하지 아니하다.
가. 도로 및 교량	
나. 철도 및 궤도	철도 및 궤도는 지하 또는 고가로 설치하여야 하고, 지하에 설치하는 시설은 그 시설의 최상단부와 지면과의 거리가 1.5m 이상이어야 하며, 도로 위에 고가로 설치하는 시설은 그 시설의 최하단부와 도로노면과의 거리가 4.8m 이상이 되도록 할 것
다. 공중화장실	
라. 선착장	
마. 수도관 및 하수도관	시설은 지하에 설치하여야 하며 본선은 그 시설의 최상단부와 지면과의 거리가 1.5m 이상이 되도록 할 것. 다만, 노폭 5m 이상의 도로 또는 중량물의 압력을 받을 위험이 많은 장소의 지하에 설치하는 하수도관의 본선은 그 시설의 최상단부와 지면과의 거리가 3m 이상이 되도록 하여야 한다.
바. 공동구(관리사무소를 포함한다)	(1) 시설은 지하에 설치하여야 하며 본선은 그 시설의 최상단부와 지면과의 거리가 1.5m 이상이 되도록 할 것 (2) 관리사무소는 도시자연공원구역의 미관을 해치지 아니하는 범위 안에서 도시자연공원구역의 입지가 불가피한 경우에 한하여 설치할 것
2. 임시건축물 또는 임시공작물	
가. 임시건축물	「건축법」 제20조에 따른 가설건축물을 말한다.
(1) 농업·임업·수산업 또는 광업을 위한 관리용 가설건	농업·임업·수산업 또는 광업에 종사하는 자가 생산에 직접 공여할 목적으로 자기 소유의 토지에 설치하는 관리용 가설건축물의 경우로서 건축면적(연면적을 말한다)이 200m² 이하가 되도록 할

축물	것. 다만, 「측량·수로조사 및 지적에 관한 법률」에 의한 지목이 전·답인 토지의 경우에는 농업용수의 고갈, 토양의 오염 등으로 인하여 경작이 불가능하다고 특별시장·광역시장·특별자치시장·특별자치도지사·시장 또는 군수가 인정한 때에 한하여 건축면적(연면적을 말한다)이 66m² 이하인 가설건축물을 설치할 수 있다.
(2) 사무소 등의 용도별 가설건축물	「건축법 시행령」 별표 1의 규정에 의한 제2종근린생활시설 중 사무소, 창고시설, 동물 및 식물관련시설 중 축사, 작물 재배사, 종묘배양시설, 화초 및 분재 등의 온실 목적의 시설로서 자기 소유의 토지에 설치하는 가설건축물이어야 하고, 「측량·수로조사 및 지적에 관한 법률」에 의한 지목이 대, 공장용지, 철도용지, 학교용지 또는 잡종지인 토지로서 건축물이 건축되어 있지 아니하거나 공작물이 설치되어 있지 아니한 토지이어야 하며, 건축면적(연면적을 말한다)은 200m² 이하가 되도록 할 것. 다만, 「측량·수로조사 및 지적에 관한 법률」에 의한 지목이 전·답인 토지의 경우에는 농업용수의 고갈, 토양의 오염 등으로 인하여 경작이 불가능하다고 특별시장·광역시장·특별자치시장·특별자치도지사·시장 또는 군수가 인정한 때에 한하여 건축면적(연면적을 말한다)이 66m² 이하인 가설건축물을 설치할 수 있다.
(3) 도시자연공원구역 관리용 가설건축물	도시자연공원구역을 관리하는 공원관리청이 도시자연공원구역의 관리 및 운영을 위하여 필요로 하는 가설건축물의 경우로 다음의 요건에 적합할 것 (가) 건축연면적이 200m² 이하일 것 (나) 존속기간이 6개월 이하일 것
(4) 관람·전시용 단기 가설건축물	경기·집회·전시회·박람회 및 공연을 위하여 설치하는 단기의 가설건축물로 다음의 요건에 적합할 것 (가) 존속기간은 1월 이하이며, 연중 6월을 넘지 아니할 것 (나) 허가목적이 교육·종교·예술·과학 및 산업 등의 발전을 위한 것이어야 하며, 일체의 판매행위나 입장료 등의 징수행위를 하지 아니할 것
나. 임시공작물 (1) 관람·전시용 단기 가설공작물	경기·집회·전시회·박람회 및 공연을 위하여 설치하는 단기의 가설공작물로 다음의 요건에 적합할 것 (가) 존속기간은 1월 이하이며, 연중 6월을 넘지 아니할 것 (나) 허가목적이 교육·종교·예술·과학 및 산업 등의 발전을 위한 것이어야 하며, 일체의 판매행위나 입장료 등의 징수행위를 하지 아니할 것

(2) 비상재해용 가설 공작물	비상재해로 인한 이재민을 수용하기 위한 임시공작물의 설치에 한할 것
(3) 도시자연공원구역을 관리하는 공원관리청이 인정하는 공작물	도시자연공원구역을 관리하는 공원관리청이 재해의 예방 또는 복구를 위하여 필요하다고 인정하는 공작물의 설치에 한할 것
3. 도시민의 여가활용시설	도시기반시설에 해당하는 경우로서 건축물의 연면적이 1,500m^2 이상, 토지의 형질변경면적이 5천m^2 이상인 경우에는 도시계획시설로 설치하여야 한다.
가. 휴양림 및 수목원	「산림문화·휴양에 관한 법률」 제13조에 따른 자연휴양림 및 「수목원조성 및 진흥에 관한 법률」 제7조의 규정에 의한 수목원(국립수목원을 포함한다)과 그 안에 설치하는 시설일 것
나. 골프장	(가) 6홀 이하의 규모에 한할 것 (나) 100만m^2 이상의 도시자연공원구역에 한할 것
4. 체력단련시설	등산로·산책로·어린이놀이터·간이휴게소 및 철봉·평행봉 그 밖의 이와 유사한 시설로 다음의 요건에 적합하여야 한다. (가) 국가·지방자치단체 또는 서울올림픽기념국민체육진흥공단이 설치하는 경우에 한할 것 (나) 간이휴게소는 33m^2 이하로 설치할 것
5. 공익시설 가. 전기관련시설	(가) 전주·전신·변전소·지중변압기 및 개폐기의 설치에 한할 것 (나) 전선은 불가피한 경우를 제외하고는 지하에 설치할 것 (다) 변전소는 지하에 설치하여야 하며, 그 시설의 최상단부와 지면과의 거리가 3m 이상이 되도록 할 것
나. 가스관련시설	(가) 가스관 및 가스정압시설에 한할 것 (나) 가스관은 지하에 설치하여야 하며, 본선은 그 시설의 최상단부와 지면과의 거리가 1.5m 이상이 되도록 할 것 (다) 가스정압시설은 안전을 고려하여 가능한 지하구조물로 설치하며 다음의 요건 모두에 적합하게 설치할 것 1) 도시자연공원구역 내 가스정압시설은 도시자연공원구역의 규모가 최소 3만m^2 이상일 것 2) 1)의 경우라도 주변환경을 고려하여 특별히 안전에 이상이 없을 것 3) 행위허가를 받아 설치하는 가스정압시설은 주위에 철망 혹은 산울타리 등을 설치하고 외부사람이 허가 없이 출입하는 것을 금하는 내용의 경계표지를 보기 쉬운 장소에 부

	착할 것 4) 그 밖의 도시자연공원구역 내 설치하거나 설치된 가스관 및 가스정압시설 등 가스공급시설의 안전에 관한 사항은 「도시가스사업법」에서 정하는 바에 의할 것
다. 취수 및 배수시설	농업을 목적으로 하는 용수의 취수시설, 관개용수로(위험방지시설을 설치하는 경우에 한한다), 생활용수의 공급을 위하여 고지대에 설치하는 배수시설(자연유하방식으로 공급하는 경우에 한한다), 비상급수시설과 그 부대시설의 설치에 한할 것
라. 경찰관파출소·초소·표지·등대	경찰관파출소의 건축면적(연면적을 말한다)은 116㎡ 이하가 되도록 할 것
마. 방화용 저수조, 지하대피시설	방화용 저수조 및 지하대피시설은 지하에 설치하여야 하며, 그 시설의 최상단부와 지면과의 거리가 1.5m 이상이 되도록 할 것
바. 전기통신설비·축성시설 등	
(1) 군용전기통신설비, 축성시설 등	군용전기통신설비, 축성시설, 그 밖에 국방부장관이 군사작전상 필요하다고 인정하는 최소한의 시설을 설치할 것
(2) 전기통신설비(군용설비는 제외한다)	불가피한 경우를 제외하고는 지하에 설치할 것
사. 공사의 비품 및 재료의 적치장	가목 내지 바목의 시설의 설치에 필요한 공사용 비품 및 재료의 적치장의 설치에 한할 것
6. 주택·근린생활시설	취락지구에 한하여 다음의 어느 하나에 해당되는 토지인 경우 주택(「건축법 시행령」 별표 1 제1호 가목에 따른 단독주택을 말한다), 「건축법 시행령」 별표 1 제3호에 따른 제1종 근린생활시설(슈퍼마켓·일용품소매점·휴게음식점·제과점·이용원·미용원·세탁소·의원·치과의원·한의원·침술원·접골원(接骨院)·조산원·탁구장 및 체육도장만 해당한다) 및 「건축법 시행령」 별표 1 제4호에 따른 제2종 근린생활시설[일반음식점(건축물 연면적이 300㎡ 미만인 경우로 한정한다)·기원·당구장·금융업소·사무소·부동산중개사무소·사진관·표구점·학원·장의사·동물병원·목공소·방앗간 및 독서실만 해당한다]의 신축이 가능하다. 이 경우 휴게음식점·제과점 또는 일반음식점을 건축할 수 있는 자는 도시자연공원구역(법률 제7476호 도시공원법개정법률에 따라 개정되기 전의 도시자연공원을 포함한다. 이하 이 호에서 같다)으로 결정 당시부터 거주한 자 또는 5년 이상 해당 도시자연공원구역에 거주한 자로 한정하며, 해당 시설을 설치하는 경우에는 인

	접한 토지를 이용하여 200m² 미만의 주차장을 설치할 수 있되, 다른 용도로 변경하는 경우에는 주차장 부지를 원래의 상태로 환원하여야 한다. (가) 도시자연공원구역으로 결정 당시부터 지목이 대인 토지 (나) 도시자연공원구역으로 결정 당시부터 주택(「건축법」 등 관계 법령의 규정에 의한 허가를 받아 설치되었거나 「특정건축물 정리에 관한 특별조치법」에 의하여 준공검사필증이 교부된 건축물로서 건축물대장에 등재된 적법한 건축물을 말한다)이 있는 토지
7. 노인복지시설	「노인복지법」 제31조에 따른 노인복지시설 중 법 제36조제1항제1호 및 제2호에 따른 노인복지관 및 경로당으로서 국가 또는 지방자치단체가 설치하는 시설
8. 어린이집시설	「영유아보육법」 제10조제1호에 따른 국공립어린이집

다. 행위허가 기준

허가대상 건축물 또는 공작물의 규모·높이·건폐율·용적률과 허가대상 행위에 대한 허가기준은 아래 별표 3과 같다(도시공원 및 녹지 등에 관한 법률 시행령 제30조).

[별표 3] 〈개정 2013.3.23〉

도시자연공원구역 안의 행위허가의 세부기준

(제30조 관련)

1. 일반적 기준

가. 행위허가 목적물은 도시자연공원구역의 풍치 및 미관과 공원으로서의 기능을 저해하지 아니하도록 배치되어야 한다.

나. 지상에 설치하는 행위허가 목적물의 구조는 넘어지거나 무너지는 것 등을 예방할 수 있도록 하여야 하며 도시자연공원구역의 보전과 이용에 지장이 없도록 하여야 한다.

다. 지하에 설치하는 행위허가 목적물의 구조는 견고하고 오래 견딜 수 있도록 하여야 하며, 도시자연공원구역 및 다른 행위허가 목적물의 보전과 이용에 지장이 없도록 하여야 한다.

라. 당해 지역 및 그 주변지역에 있는 역사적·문화적·향토적 가치가 있는 지역을 훼손하지 아니하여야 한다.

마. 토지의 형질변경 및 나무를 베는 행위를 하는 경우에는 표고, 경사도, 임상, 인근 도로의 높이 및 물의 배수 등을 현지 여건에 맞게 참작하여야 한다.

바. 임야 또는 경지정리된 농지는 건축물의 건축 또는 공작물의 설치를 위한 부지에서 가능한 제외하여야 한다.

사. 건축물을 건축하기 위한 대지면적이 60m² 미만인 경우에는 건축물의 건축을 허가하지 아니하여야 한다. 다만, 기존의 건축물을 개축하거나 재축하는 경우에는 이를 적용하지 아니한다.

2. 건축물의 건축 또는 공작물의 설치

가. 도시자연공원구역 안에 행위허가된 시설의 부지면적은 전체 도시자연공원구역면적[취락지구와 공공용시설(도시계획시설에 한한다)을 제외한 면적을 말한다]의 5%를 초과할 수 없다.

나. 건폐율은 100분의 20 이내로 하고, 용적률은 100% 이내로 한다.

다. 높이는 최대 12m, 3층 이하로 하고, 주변 미관과 조화를 이루어야 한다.

라. 건축물 또는 공작물 중 기반시설로서 건축 연면적이 1천500m² 이상이거나, 토지의 형질변경면적이 5천m² 이상인 시설은 「국토의 계획 및 이용에 관한 법률 시행령」 제35조의 규정에 불구하고 도시계획시설로 설치하도록 하여야 한다.

마. 도로·상수도 및 하수도가 설치되지 아니한 지역에 대하여는 원칙적으로 건축물의 건축(건축물의 건축을 목적으로 하는 토지의 형질변경을 포함한다)

라. 행위제한의 효과

1) 토지매수의 청구

도시자연공원구역의 지정으로 인하여 도시자연공원구역의 토지를 종래의 용도로 사용할 수 없어 그 효용이 현저하게 감소된 토지 또는 해당 토지의 사용 및 수익이 사실상 불가능한 토지(이하 "매수대상토지"라 한다)의 소유자로서 i) 도시자연공원구역의 지정 당시부터 해당 토지를 계속 소유한 자, ii) 토지의 사용·수익이 사실상 불가능하게 되기 전에 그 토지를 취득하여 계속 소유한 자, iii) i) 또는 ii)의 자로부터 해당 토지를 상속받아 계속 소유한 자의 어느 하나에 해당하는 자는 그 도시자연공원구역을 관할하는 특별시장·광역시장·특별자치시장·특별자치도지사·시장 또는 군수에게 해당 토지의 매수를 청구할 수 있으며, 특별시장 등은 매수 청구를 받은 토지가 대통령령으로 정하는 기준에 해당되는 경우에는 이를 매수하여야 한다(법 제29조).

2) 매수 청구의 절차 등

특별시장·광역시장·특별자치시장·특별자치도지사·시장 또는 군수는 제29조제1항에 따라 토지의 매수 청구를 받은 날부터 1년 이내에 매수 대상 여부 및 매수 예상가격 등을 매수 청구인에게 통보하여야 하며, 이에 따라 매수대상토지로 통보를 한 토지에 대하여는 3년의 범위에서 대통령령으로 정하는 기간 이내에 매수계획을 수립하여 그 매수대상토지를 매수하여야 한다. 이 경우 매수대상토지의 매수가격은 「부동산 가격공시 및 감정평가에 관한 법률」에 따른 공시지가를 기준으로 그 토지의 위치·형상·환경 및 이용 상황 등을 고려하여 평가한 금액으로 한다(법 제30조).

3) 도시자연공원구역의 출입 제한 등

특별시장 등은 도시자연공원구역의 보호, 훼손된 도시자연의 회복, 도시자연공원구역을 이용하는 사람의 안전과 그 밖에 공익상 필요하다고 인정하는 경우에는 도시자연공원구역 중 일정한 지역을 지정하여 일정한 기간 그 지역에 사람의 출입 또는 차량의 통행을 제한하거나 금지할 수 있고, 이에 따른 제한 또는 금지를 하려는 경우에는 안내표지 설치 등의 방법으로 이를 공고하여야 한다(법 제33조).

마. 행위제한의 특례

도시자연공원구역안의 취락지구 안에서 건축물의 용도·높이·연면적·건폐율 및 용적률은 다음의 경우를 제외하고는 취락지구 밖의 도시자연공원구역에 적용되는 기준에 의한다.

1) 신축이 금지된 기존 건축물을 제1종근린생활시설(「건축법 시행령」 별표 1 제3호의 규정에 의한 제1종근린생활시설을 말하며, 동호 아목을 제외한다)로 용도변경하는 경우(표 2-5). 다만, 휴게음식점으로 용도변경하고자 하는 자는 다음의 기준에 적합한 경우에 한한다.
   가) 도시자연공원구역 내 5년 이상 거주자 또는 지정 당시 거주자일 것
   나) 건축물의 연면적은 300m² 이하 이어야 하며 인접한 토지를 이용하여 200m² 이내의 주차장을 설치할 수 있되, 휴게음식점을 다른 용도로 변경하는 경우에는 주차장 부지를 원래의 지목으로 환원할 수 있을 것
2) 영 제33조 별표2 제6호의 규정에 의한 주택을 다음 기준에 따라 건축하는 경우
   가) 건폐율은 100분의 40 이하로 건축하는 경우
   나) 용적률은 100% 이하로 건축하는 경우
   다) 건축물의 높이는 12m 이하, 층수는 3층 이하로 건축하는 경우

구 분	허 가 조 건
허용가능용도	○ 슈퍼마켓과 일용품(식품·잡화·의류·완구·서적·건축자재·의약품류 등) 등의 소매점으로서 동일한 건축물(하나의 대지 안에 2동 이상의 건축물이 있는 경우에는 이를 동일한 건축물로 본다. 이하 같다) 안에서 당해 용도에 쓰이는 바닥면적의 합계가 1천m² 미만인 것 ○ 휴게음식점·제과점으로서 동일한 건축물 안에서 당해 용도에 쓰이는 바닥면적의 합계가 300m² 미만일 것. 다만, 휴게음식점의 경우에는 다음의 요건을 갖추어야 함. – 도시자연공원구역 내 5년 이상 거주자 또는 지정 당시 거주자 – 인접토지를 이용하여 200m² 이내 주차장설치가 가능하며, 휴게음식점을 다른 용도변경시 주차장 부지는 원래 지목으로 환원

	○ 이용원, 미용원, 일반목욕장 및 세탁소(공장이 부설된 것을 제외) ○ 의원·치과의원·한의원·침술원·접골원 및 조산소 ○ 탁구장 및 체육도장으로서 동일한 건축물 안에서 당해 용도에 쓰이는 바닥면적의 합계가 500m² 미만일 것 ○ 동사무소·경찰관파출소·소방서·우체국·전신전화국·방송국·보건소·공공도서관·지역건강보험조합, 그 밖에 이와 유사한 것으로서 동일한 건축물 안에서 당해 용도에 쓰이는 바닥면적의 합계가 1,000m² 미만인 것 ○ 마을회관·마을공동작업소·마을공동구판장, 그 밖에 유사한 것 ○ 지역아동센터

3. 시가화조정구역

가. 의 의

시가화조정구역이란 도시지역과 그 주변지역의 무질서한 시가화를 방지하고 계획적·단계적인 개발을 도모하기 위하여 일정 기간 동안 시가화를 유보하는 구역을 말한다(법 제39조제1항).

〈시가화조정구역과 개발제한구역 행위제한 등 비교〉

구 분	시가화조정구역	개발제한구역
지정목적	도시의 무질서한 시가화방지와 도시의 계획적·단계적 개발을 도모	도시의 무질서환 확산방지와 도시주변의 자연환경을 보전하여 도시민의 건전한 생활환경을 확보
지정근거(법)	도시계획법 제35조	도시계획법 제34조 및 개발제한구역의 지정 및 관리에 관한 특별조치법 제3조
구역 내 주요 가능행위	1. 농업·임업 또는 어업용의 건축물중 축사, 퇴비사, 잠실, 창고, 생산시설, 관리용건축물, 양어장 2. 주택의 증축(100m² 이하), 부속건축물의 건축(33m² 이하에 해당되는 면적의 신축·증축·재축 또는 대수선)	1. 철도, 도로, 하천, 주차장, 항만, 하수도, 공항, 공동묘지 등 공공용시설 2. 축사, 잠실, 양어장, 콩나물재배사, 버섯재배사, 퇴비사, 온실, 창고, 담배건조실 등 농림수산용, 보관관련 시설 및 관리용 건축물

	3. 새마을회관, 간이휴게소, 농기계수리소, 선착장, 농로, 사방시설의 설치 등 마을공동시설의 설치	3. 지정당시 지목이 "대"인 토지에 단독주택의 신축 및 기존주택의 증축(원거주자 90평, 5년 이상 거주자 70평, 기타 60평)
	4. 공공도서관, 전신전화국, 사회복지시설, 교정시설의 설치 등 공익시설·공공시설의 일부	4. 슈퍼마켓, 음식점, 이용원, 의원, 부동산중개업소 등 근린생활시설의 증축 및 신축
	5. 지정당시 이미 설정된 광업권의 대상이 되는 광물의 개발에 필요한 가설건축물 또는 공작물의 설치	5. 마을진입로, 마을공동주차장, 공판장, 마을공동회관 등 마을공동 이용시설
	6. 기존건축물의 동일한 용도 및 동일 규모 안에서의 개축·재축 및 대수선	6. 등산로, 배구장, 테니스장, 야외수영장, 골프장 및 골프장 안에 설치하는 골프연습장 등 실외체육시설
	7. 공장상호간의 업종변경, 신축이 금지된 시설의 일정 용도변경행위	7. 휴양림, 청소년수련시설, 도시공원, 문화예술회관 등 여가활용시설 및 국방·군사에 관한 시설
	8. 입목의 벌채, 조림, 육림, 토석채취와 기타 가능한 건축물 건축 등을 위한 토지형질변경 등 경미한 행위	8. 학교(대학은 제외), 폐기물처리시설, 집단에너지공급시설 등 공익시설
	9. 도시계획사업 중 국방상 또는 공익상 불가피한 사업	9. 건축물의 건축을 수반하지 않는 영농목적의 토지형질변경 등 대통령령이 정하는 토지형질변경

나. 구역의 지정

1) 지정·변경

시·도지사는 직접 또는 관계 행정기관의 장의 요청을 받아 도시지역과 그 주변지역의 무질서한 시가화를 방지하고 계획적·단계적인 개발을 도모하기 위하여 대통령령으로 정하는 기간 동안 시가화를 유보할 필요가 있다고 인정되면 시가화조정구역의 지정 또는 변경을 도시관리계획으로 결정할 수 있다. 다만, 국가계획과 연계하여 시가화조정구역의 지정 또는 변경이 필요한 경우에는 국토교통부장관이 직접 시가화조정구역의 지정 또는 변경을 도시관리계획으로 결정할 수 있다(도시계획법 제39조). 이에 따라 국토교통부장관 또는 시·도지사가 시가화조정구역을 지정 또는 변경하고자 하는 때에는 당해 도시지역과 그 주변지역의 인구의 동태, 토지의 이용상황, 산업발전상황 등을 고려하여 도시·군관리계획으로 시가화유보기간을 정하여야 한다(법 시행령 제32조제2항).

보 도 자 료

주관부서	주택도시국 도시정책과	담 당 자	과 장 ○○○ 서기관 ○○○	전화번호	

제 목 : 인천 영종도 일원(347만 평) 시가화조정구역 지정
- 공항 배후지역 난개발 방지와 단계적, 계획적 개발목적

고양도시기본계획 일부변경
- 식사동·덕이동일원 주거환경불량지역 64만평 주거용지로 변경, 계획적인 정비

□ 건설교통부는 10.15(화) 중앙도시계획위원회를 개최하여 인천 영종도 시가화조정구역 지정(안), 고양도시기본계획일부 변경(안) 및 경기도 개발제한구역관리계획변경(안)을 심의·의결하였는바, 그 주요내용은 다음과 같다.

□ 인천 영종도 시가화조정구역 지정

- 인천시 중구 중산동, 운남동, 운서동 일원 11.48km²(347만 평)에 대해 시가화조정구역으로 지정한 것으로,
- 앞으로 공항배후지원단지 역할을 하게 될 지역의 난개발을 방지하고 인천공항 2단계 개발 등과 연계하여 단계적, 계획적으로 개발하려는 데 주목적이 있으며 시가화유보기간은 영종지역의 개발목표년도를 고려하여 15년으로 정함.
- 인천시는 동지역에 대한 마스터플랜에 따라 국제업무, 첨단산업, 물류·유통, 관광·위락, 주거 등 복합적 기능을 갖춘 배후단지로 육성하되 2~30만

평 이상 규모로 계획적 개발을 허용할 예정임.

※ 시가화조정구역 제도(도시계획법 제35조, 시행령 제31조)
도시의 무질서한 시가화 방지와 계획적, 단계적 개발을 위하여 일정기간 동안(5~20년 이내) 시가화유보가 필요한 경우에 건설 교통부장관이 도시계획으로 결정함.

□ 2011년 고양도시기본계획 일부변경

- 고양시 일산구 덕이동과 식사동 일원 보전용지 2.07km²(64만 평)를 주거용지로 변경한 것으로,
- 금번 주거용지로 변경된 지역은 나환자정착촌에서 운영 중에 있는 무허가 가구공장이 난립되어 화재발생의 위험이 높고, 분진과 폐수 등이 빈번하게 발생되는 등 주거환경이 극히 열악한 지역으로 이를 계획적으로 정비할 목적으로 도시기본계획을 변경한 것임.

□ 경기도 개발제한구역관리계획 변경

- 경기도내 초·중·고의 과밀학급 해소 등을 위하여 개발제한구역 내에 65개교(신축39, 증축 26)의 설치계획을 반영한 것임.

붙임 : 1. 영종도 시가화조정구역 지정도면 1부
2. 시가화조정구역과 개발제한구역내의 행위제한 비교
3. 고양도시기본계획 변경도면 1부. 끝

2) 유보기간

법 제39조제1항 본문에서 "대통령령으로 정하는 기간"이란 5년 이상 20년 이내의 기간을 말한다(법 시행령 제32조제1항).

3) 효력상실

시가화조정구역의 지정에 관한 도시·군관리계획의 결정은 시가화 유보기간이 끝난 날의 다음날부터 그 효력을 잃는다. 이 경우 국토교통부장관 또는 시·도지사는 대통령령으로 정하는 바에 따라 그 사실을 고시하여야 한다(법 제39조제2항). 이에 따른 시가화조정구역지정의 실효고시는 실효일자 및 실효사유

와 실효된 도시·군관리계획의 내용을 국토교통부장관이 하는 경우에는 관보에, 시·도지사가 하는 경우에는 해당 시·도의 공보에 게재하는 방법에 의한다(법 시행령 제32조제2항).

다. 지정의 효과

1) 도시계획사업시행의 제한

시가화조정구역으로 지정·고시되면 그 구역 안에서 시행되는 도시계획사업은 국방상 또는 공익상 시가화조정구역안에서의 사업시행이 불가피한 것으로서 관계 중앙행정기관의 장의 요청에 의하여 국토교통부장관이 시가화조정구역의 지정목적달성에 지장이 없다고 인정하는 것에 한하여 시행할 수 있다(법 시행령 제87조).

2) 행위의 제한

시가화조정구역에서는 도시계획사업에 의하는 경우를 제외하고는 다음의 행위에 한하여 특별시장·광역시장·특별자치시장·특별자치도지사·시장 또는 군수의 허가를 받아 그 행위를 할 수 있다(법 제81조제2항).

가) 허가대상행위

(1) 농업·임업 또는 어업용의 건축물 중 대통령령으로 정하는 종류와 규모의 건축물이나 그 밖의 시설을 건축하는 행위

(2) 마을공동시설, 공익시설·공공시설, 광공업 등 주민의 생활을 영위하는 데에 필요한 행위로서 대통령령으로 정하는 행위

(3) 입목의 벌채, 조림, 육림, 토석의 채취, 그 밖에 대통령령으로 정하는 경미한 행위

시가화조정구역 안에서 할 수 있는 행위
(법 시행령 제88조 관련)

1. 법 제81조제2항제1호의 규정에 의하여 할 수 있는 행위 : 농업·임업 또는 어업을 영위하는 자가 행하는 다음 각 목의 1에 해당하는 건축물 그 밖의 시설의 건축
   가. 축　사
   나. 퇴비사
   다. 잠　실
   라. 창고(저장 및 보관시설을 포함한다)
   마. 생산시설(단순가공시설을 포함한다)
   바. 관리용건축물로서 기존 관리용건축물의 면적을 포함하여 33m² 이하인 것
   사. 양어장
2. 법 제81조제2항제2호의 규정에 의하여 할 수 있는 행위
   가. 주택 및 그 부속건축물의 건축으로서 다음의 1에 해당하는 행위
      (1) 주택의 증축(기존주택의 면적을 포함하여 100m² 이하에 해당하는 면적의 증축을 말한다)
      (2) 부속건축물의 건축(주택 또는 이에 준하는 건축물에 부속되는 것에 한하되, 기존건축물의 면적을 포함하여 33m² 이하에 해당하는 면적의 신축·증축·재축 또는 대수선을 말한다)
   나. 마을공동시설의 설치로서 다음의 1에 해당하는 행위
      (1) 농로·제방 및 사방시설의 설치
      (2) 새마을회관의 설치
      (3) 기존정미소(개인소유의 것을 포함한다)의 증축 및 이축(시가화조정구역의 인접지에서 시행하는 공공사업으로 인하여 시가화조정구역 안으로 이전하는 경우를 포함한다)
      (4) 정자 등 간이휴게소의 설치
      (5) 농기계수리소 및 농기계용 유류판매소(개인소유의 것을 포함한다)의 설치
      (6) 선착장 및 물양장의 설치

다. 공익시설·공용시설 및 공공시설 등의 설치로서 다음의 1에 해당하는 행위
(1) 「공익사업을 위한 토지 등의 취득 및 보상에 관한 법률」 제4조에 해당하는 공익사업을 위한 시설의 설치
(2) 문화재의 복원과 문화재관리용 건축물의 설치
(3) 보건소·경찰파출소·119안전센터·우체국 및 읍·면·동사무소의 설치
(4) 공공도서관·전신전화국·직업훈련소·연구소·양수장·초소·대피소 및 공중화장실과 예비군운영에 필요한 시설의 설치
(5) 농업협동조합법에 의한 조합, 산림조합 및 수산업협동조합(어촌계를 포함한다)의 공동구판장·하치장 및 창고의 설치
(6) 사회복지시설의 설치
(7) 환경오염방지시설의 설치
(8) 교정시설의 설치
(9) 야외음악당 및 야외극장의 설치
라. 광공업 등을 위한 건축물 및 공작물의 설치로서 다음의 1에 해당하는 행위
(1) 시가화조정구역 지정당시 이미 외국인투자기업이 경영하는 공장, 수출품의 생산 및 가공공장, 「중소기업진흥에 관한 법률」 제29조에 따라 중소기업협동화실천계획의 승인을 얻어 설립된 공장 그 밖에 수출진흥과 경제발전에 현저히 기여할 수 있는 공장의 증축(증축면적은 기존시설 연면적의 100%에 해당하는 면적 이하로 하되, 증축을 위한 토지의 형질변경은 증축할 건축물의 바닥면적의 200%를 초과할 수 없다)과 부대시설의 설치
(2) 시가화조정구역 지정당시 이미 관계법령의 규정에 의하여 설치된 공장의 부대시설의 설치(새로운 대지조성은 허용되지 아니하며, 기존공장 부지안에서의 건축에 한한다)
(3) 시가화조정구역 지정당시 이미 광업법에 의하여 설정된 광업권의 대상이 되는 광물의 개발에 필요한 가설건축물 또는 공작물의 설치
(4) 토석의 채취에 필요한 가설건축물 또는 공작물의 설치
마. 기존 건축물의 동일한 용도 및 규모 안에서의 개축·재축 및 대수선
바. 시가화조정구역안에서 허용되는 건축물의 건축 또는 공작물의 설치를 위한 공사용 가설건축물과 그 공사에 소요되는 블록·시멘트벽돌·쇄석·

레미콘 및 아스콘 등을 생산하는 가설공작물의 설치

사. 다음의 1에 해당하는 용도변경행위

(1) 관계법령에 의하여 적법하게 건축된 건축물의 용도를 시가화조정구역안에서의 신축이 허용되는 건축물로 변경하는 행위

(2) 공장의 업종변경(오염물질 등의 배출이나 공해의 정도가 변경전의 수준을 초과하지 아니하는 경우에 한한다)

(3) 공장·주택 등 시가화조정구역안에서의 신축이 금지된 시설의 용도를 근린생활시설(슈퍼마켓·일용품소매점·취사용 가스판매점·일반음식점·다과점·다방·이용원·미용원·세탁소·목욕탕·사진관·목공소·의원·약국·접골시술소·안마시술소·침구시술소·조산소·동물병원·기원·당구장·장의사·탁구장 등 간이운동시설 및 간이수리점에 한한다) 또는 종교시설로 변경하는 행위

아. 종교시설의 증축(새로운 대지조성은 허용되지 아니하며, 증축면적은 시가화조정구역 지정당시의 종교시설 연면적의 200%를 초과할 수 없다)

3. 법 제81조제2항제3호의 규정에 의하여 할 수 있는 행위

가. 입목의 벌채, 조림, 육림, 토석의 채취

나. 다음의 1에 해당하는 토지의 형질변경

(1) 제1호 및 제2호의 규정에 의한 건축물의 건축 또는 공작물의 설치를 위한 토지의 형질변경

(2) 「공익사업을 위한 토지 등의 취득 및 보상에 관한 법률」 제4조에 해당하는 공익사업을 수행하기 위한 토지의 형질변경

(3) 농업·임업 및 어업을 위한 개간과 축산을 위한 초지조성을 목적으로 하는 토지의 형질변경

(4) 시가화조정구역 지정당시 이미 광업법에 의하여 설정된 광업권의 대상이 되는 광물의 개발을 위한 토지의 형질변경

다. 토지의 합병 및 분할

나) 허가절차

특별시장 등은 허가를 하려면 미리 ⅰ) 「산지관리법」 제14조·제15조에 따른 산지전용허가 및 산지전용신고, 법 제15조의2에 따른 산지일시사용허가·

신고, 그리고 「산림자원의 조성 및 관리에 관한 법률」 제36조제1항·제4항에 따른 입목벌채 등의 허가·신고 등의 허가에 관한 권한이 있는 자, ii) 허가대상행위와 관련이 있는 공공시설의 관리자, iii) 허가대상행위에 따라 설치되는 공공시설을 관리하게 될 자의 어느 하나에 해당하는 자와 협의하여야 한다(같은 조 제3항).

이때 허가를 받지 아니하고 건축물의 건축, 토지의 형질 변경 등의 행위를 하는 자에 관하여는 원상회복을 명할 수 있고, 원상회복 명령을 받은 자가 그에 따르지 아니할 경우 행정대집행법에 따른 대집행으로 원상회복할 수 있다(같은 조 제4항). 또한, 제2항에 따른 허가가 있는 경우에는 다음의 허가 또는 신고가 있는 것으로 본다(같은 조 제5항).

(1) 「산지관리법」 제14조·제15조에 따른 산지전용허가 및 산지전용신고, 법 제15조의2에 따른 산지일시사용허가·신고

(2) 「산림자원의 조성 및 관리에 관한 법률」 제36조제1항·제4항에 따른 입목벌채 등의 허가·신고

다) 허가기준

특별시장 등은 시가화조정구역의 지정목적달성에 지장이 있거나 당해 토지 또는 주변토지의 합리적인 이용에 지장이 있다고 인정되는 경우에는 허가를 하여서는 아니 되며(법 시행령 제89조제1항), 시가화조정구역 안에 있는 산림 안에서의 입목의 벌채, 조림 및 육림의 허가기준에 관하여는 「산림자원의 조성 및 관리에 관한 법률」의 규정에 의한다(같은 조 제2항). 다만, 특별시장 등은 아래 별표 25에 규정된 행위에 대하여는 특별한 사유가 없는 한 허가를 거부하여서는 아니 된다(같은 조 제3항). 이때 특별시장 등은 허가를 함에 있어서 당해 행위가 도시·군계획사업의 시행에 지장을 주는지의 여부에 관하여 당해 시가화조정구역안에서 시행되는 도시·군계획사업의 시행자의 의견을 들어야 하며(같은 조 제5항), 시가화조정구역의 지정목적상 필요하다고 인정되는 경우에는 조경 등 필요한 조치를 할 것을 조건으로 허가할 수 있다(같은 조 제4항).

[별표 25]

시가화조정구역안에서 허가를 거부할 수 없는 행위
(제89조 관련)

1. 제52조제1항 각 호 및 제53조 각 호의 경미한 행위
2. 다음 각목의 1에 해당하는 행위
   가. 축사의 설치 : 1가구(시가화조정구역안에서 주택을 소유하면서 거주하는 경우로서 농업 또는 어업에 종사하는 1세대를 말한다. 이하 이 호에서 같다)당 기존축사의 면적을 포함하여 300m² 이하(나환자촌의 경우에는 500m² 이하). 다만, 과수원·초지 등의 관리사 인근에는 100m² 이하의 축사를 별도로 설치할 수 있다.
   나. 퇴비사의 설치 : 1가구당 기존퇴비사의 면적을 포함하여 100m² 이하
   다. 잠실의 설치 : 뽕나무밭 조성면적 2천m²당 또는 뽕나무 1천800주당 50m² 이하
   라. 창고의 설치 : 시가화조정구역 안의 토지 또는 그 토지와 일체가 되는 토지에서 생산되는 생산물의 저장에 필요한 것으로서 기존창고면적을 포함하여 그 토지면적의 0.5% 이하. 다만, 감귤을 저장하기 위한 경우에는 1% 이하로 한다.
   마. 관리용 건축물의 설치 : 과수원·초지·유실수단지 또는 원예단지 안에 설치하되, 생산에 직접 공여되는 토지면적의 0.5% 이하로서 기존관리용 건축물의 면적을 포함하여 33m² 이하
3. 「건축법」 제14조제1항 각 호의 건축신고로서 건축허가를 갈음하는 행위

라) 허가신청시 제출서류

시가화조정구역에서 허가를 받고자 하는 자는 행위허가신청서(「건축법」에 의한 건축허가·신고대상인 건축물 또는 축조신고 대상인 공작물인 경우에는 「건축법 시행규칙」이 정하는 해당 신청서 또는 신고서)에 다음호의 서류를 첨부하여 특별시장·광역시장·특별자치시장·특별자치도지사·시장 또는 군수에게 제출하여야 한다(법 시행규칙 제13조).

(1) 사업계획서

(2) 공사설계도서(영 별표 24 제3호 및 영 별표 26 제3호의 규정에 의한 경미한 행위인 경우를 제외한다)

(3) 당해 행위에 따른 기반시설의 설치 또는 그에 필요한 용지확보·위해방지·환경오염방지·경관 또는 조경 등에 관한 계획서

4. 수자원보호구역

가. 구역의 지정

해양수산부장관은 직접 또는 관계 행정기관의 장의 요청을 받아 수산자원을 보호·육성하기 위하여 필요한 공유수면이나 그에 인접한 토지에 대한 수산자원보호구역의 지정 또는 변경을 도시관리계획으로 결정할 수 있다(법 제40조).

〈한산, 진동만 수자원보호구역 70% 해제〉

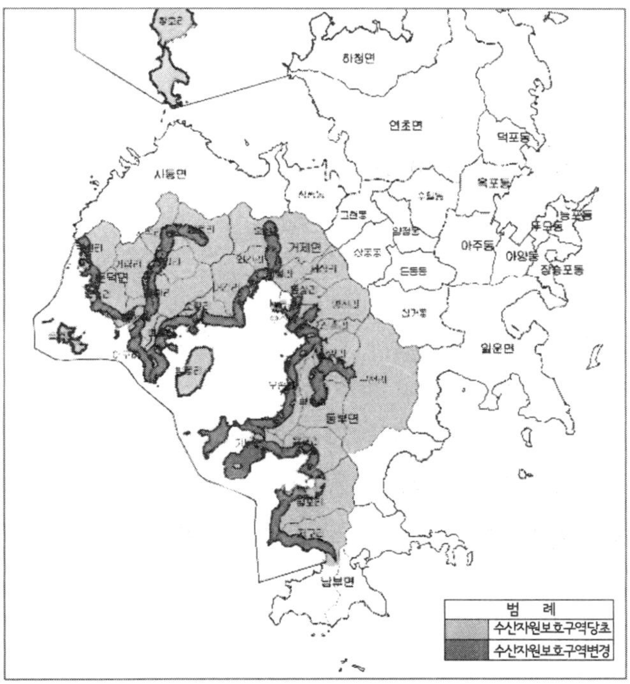

나. 구역안에서의 행위제한

수산자원보호구역에서의 「국토의 계획 및 이용에 관한 법률」 제2조제11호에 따른 도시·계획사업은 대통령령으로 정하는 사업에 한하여 시행할 수 있다. 다만, 도시계획사업에 따른 경우를 제외하고는 다음의 어느 하나에 해당하는 행위에 한하여 그 구역을 관할하는 관리관청의 허가를 받아 할 수 있다. 이때 관리관청은 i) 허가대상행위와 관련된 사업계획, 해당 행위에 따른 기반시설 설치계획, 환경오염방지계획, 경관 또는 조경 등에 관한 계획이 대통령령으로 정하는 허가기준에 적합하지 아니한 경우, ii) 수산자원보호구역의 지정목적 달성에 지장이 있는 경우, iii) 해당 토지 또는 주변 토지의 합리적인 이용에 지장이 있는 경우, iv) 그 밖에 이 법 또는 다른 법령에 따른 제한에 위반되는 경우를 제외하고는 허가를 하여야 한다(수산자원관리법 제52조제1,2항).

1) 수산자원의 보호 또는 조성 등을 위하여 필요한 건축물, 그 밖의 시설 중 대통령령으로 정하는 종류와 규모의 건축물 그 밖의 시설을 건축하는 행위
2) 주민의 생활을 영위하는 데 필요한 건축물, 그 밖의 시설을 설치하는 행위로서 대통령령으로 정하는 행위
3) 「산림자원의 조성 및 관리에 관한 법률」 또는 「산지관리법」에 따른 조림, 육림, 임도의 설치, 그 밖에 대통령령으로 정하는 행위

다. 허가의 효력

관리관청은 수산자원보호구역에서 허가를 받지 아니하고 허가대상행위를 하거나 허가받은 내용과 다르게 행위를 하는 자 및 그 건축물이나 토지 등을 양수한 자에 대하여는 그 행위의 중지 및 원상회복을 명할 수 있다(법 제5항). 이때 그 명령을 받은 자가 원상회복을 하지 아니하는 때에는 「행정대집행법」에 따른 행정대집행에 따라 원상회복을 할 수 있다(법 제6조).

5. 용도지역·지구 안에서 행위제한의 특례

가. 기존건축물에 대한 특례

다음의 어느 하나에 해당하는 사유로 인하여 기존의 건축물이 제71조부터 제89조까지, 「수산자원관리법 시행령」 제40조에 따른 건축제한 규정에 부적합하게 된 경우에도 재축(「건축법」 제2조제1항제8호에 따른 재축을 말한다) 또는 대수선(「건축법」 제2조제1항제9호에 따른 대수선을 말하며, 건폐율·용적률이 증가되지 아니하는 범위로 한정한다)은 할 수 있으며, 증축 또는 개축(「건축법」 제2조제1항제8호에 따른 증축 또는 개축을 말한다. 이하 이 조에서 같다)은 증축 또는 개축하고자 하는 부분이 제71조부터 제89조까지, 「수산자원관리법 시행령」 제40조에 따른 용도 및 용적률 기준에 적합한 경우에는 이를 할 수 있다(법 시행령 제93조).

(1) 법령 또는 도시·군계획조례의 제정·개정

(2) 도시·군관리계획의 결정·변경 또는 행정구역의 변경

(3) 도시·군계획시설의 설치, 도시·군계획사업의 시행 또는 「도로법」에 의한 도로의 설치

유권해석 ▌01

① 질의요지

가. 준농림지역 당시 준공된 기존 건축물(제조업소, 건폐율·용적률 30%)이 현재 보전관리지역으로 변경되었을 경우(법 시행령 제93조 관련)

1) 건축면적 증감 없이 옆 대지를 포함하여 합병이 가능한지 여부

2) 일부 건축물을 멸실하여 기존 건축물의 건폐율·용적률 이내로 변경할 경우 분할이 가능한지 여부

3) 기존 건축물의 노후화로 개축을 하고자 할 경우 가능한지 여부

나. 관리지역 당시 건축허가 및 착공(제조업소, 건폐율·용적률 30%)한 건축물이 현재 보전관리지역으로 변경되었을 경우(법 제31조 관련)

1) 현 재보전관리지역에서 건축물 입지를 제한하고 있는 제조업소라도 건축착공을 하였을 경우에는 당초 허가받은 범위(건폐율·용적률, 건축면적) 내에서 둘 이상의 건축물이 계획된 하나의 허가지를 둘 이상의 허가지로 분할이 가능한지 여부
2) 둘 이상의 허가지를 하나의 허가지로 합병이 가능한지 여부

② **회신내용**

○ 질의 "가"와 관련하여
해당 건축물이 기존 현황 및 관련 규정 등을 적용하여 적법하게 건축허가 등을 받았더라도 기존 건축물부지를 지적분할 및 합병할 경우 「국토의 계획 및 이용에 관한 법률」(이하, 법) 제93조 기존의 건축물에 대한 특례의 적용대상이 되지 않고 지적분할 및 합병 후 종전의 용도로 계속 사용하기 위해서는 해당 건축물이 현행 용도지역에서의 건축 제한 규정(허용 건축물의 종류, 규모, 건폐율 및 용적률 등)에 적합하여야 할 것입니다.

○ 질의 "나"와 관련하여
법 제31조제2항의 규정은 도시·군관리계획결정으로 당초보다 행위제한이 강화되어 이미 추진하고 있는 사업이나 공사를 계속할 수 없는 경우 현행 기준에 맞지 않아도 이를 인정해 주는 것으로서, 사업이나 공사 중 발생한 부득이한 변경에 대해서도 기 허가받은 범위 내에서 동 규정을 적용할 수 있을 것으로 판단되오나, 기 허가받은 기존부지를 분할하거나 인근부지와 합병하는 것까지 포함하는 것은 타당하지 않으며, 이는 「건축법」 등 관련 법령에도 적합하여야 함을 알려드립니다.

[도시정책과-4665, 2012.7.20.]

유권해석 ❙ 02

① **질의요지**

○ 기존 용도에 따라 1998년에 공장을 설치하고 이에 필요한 벙커C유 보일러 시설한 것을 비용절감 및 대기오염 저감을 위해 목재펠릿 보일러를 대체 설치하고자 하는 경우 기존건축물 특례적용 대상인지 여부

○ 「국토의 계획 및 이용에 관한 법률 시행령」(이하 "법시행령"이라 함) 제93조제2항의 단서에 따르면 기존용도의 범위에서 업종을 변경하는 경우에 기존업종보다 오염배출 수준이 같거나 낮은 경우에는 변경하도록 규정하고 있으므로 시설설치가 가능한지 여부

- '98년에 공장을 신축하였으며 당시에는 공장을 신축할 수 있는 지역이었으나 최근 용도구분이 제2종일반주거지역으로 변경됨.

② 회신내용

○ 법 시행령 제93조제2항에 따라 기존 건축물이 법령 또는 도시·군계획조례의 제정·개정, 도시·군관리계획의 결정·변경, 행정구역의 변경을 사유로 건축제한 규정에 적합하지 않게 된 경우 해당 건축물의 기존 용도가 국토해양부령으로 정하는 바에 따라 확인되는 경우 종전의 용도로 계속 사용할 수 있고 공장이나 제조업소가 기존용도 의 범위에서 업종을 변경하는 경우에는 해당 도시·군계획조례가 정하는 바에 따라 기존업종보다 오염배출수준이 같거나 낮은 경우에 이를 변경할 수 있도록 하고 있으나 시설증설은 이에 해당하지 않으므로 법 제76조 내지 제78조에 따라 용도지역에서의 건축제한 규정(허용 건축물의 종류, 규모, 건폐율 및 용적률 등)에 적합하여야 할 것입니다.

○ 이때 법 시행령 제93조제2항의 규정에 따라 용도지역·용도지구 또는 용도구역 안에서의 건축물이 아닌 시설의 용도·종류 및 규모 등의 제한에 관하여는 별표 2 내지 별표27, 제72조 내지 제77조 및 제79조 내지 제82조의 규정에 의한 건축물에 관한 사항을 적용하여야 함을 알려드립니다.

[도시정책과-1964, 2013.3.19.]

나. 둘 이상의 용도지역·용도지구·용도구역에 걸치는 토지에 대한 적용기준

1) 하나의 대지가 둘 이상의 용도지역 등에 걸치는 경우

하나의 대지가 둘 이상의 용도지역·용도지구 또는 용도구역(이하 이 항에서 "용도지역 등"이라 한다)에 걸치는 경우로서 각 용도지역 등에 걸치는 부분 중 가장 작은 부분의 규모가 330m²(단, 도로변에 띠 모양으로 지정된 상업지역에 걸

쳐 있는 필지의 경우에는 660m²) 이하인 경우에는 전체 대지의 건폐율 및 용적률은 각 부분이 전체 대지 면적에서 차지하는 비율을 고려하여 다음 각 호의 구분에 따라 각 용도지역 등별 건폐율 및 용적률을 가중평균한 값을 적용하고, 그 밖의 건축 제한 등에 관한 사항은 그 대지 중 가장 넓은 면적이 속하는 용도지역 등에 관한 규정을 적용한다. 다만, 건축물이 미관지구나 고도지구에 걸쳐 있는 경우에는 그 건축물 및 대지의 전부에 대하여 미관지구나 고도지구의 건축물 및 대지에 관한 규정을 적용한다(법 제84조 제1항, 법 시행령 제94조).

가) 가중평균한 건폐율 $=(f_1x_1+f_2x_2+\cdots+f_nx_n)$/전체 대지 면적.
  이 경우 f_1부터 f_n까지는 각 용도지역 등에 속하는 토지 부분의 면적을 말하고, x_1부터 x_n까지는 해당 토지 부분이 속하는 각 용도지역 등의 건폐율을 말하며, n은 용도지역 등에 걸치는 각 토지 부분의 총 개수를 말한다.

나) 가중평균한 용적률 $=(f_1x_1+f_2x_2+\cdots+f_nx_n)$/전체 대지 면적.
  이 경우 f_1부터 f_n까지는 각 용도지역 등에 속하는 토지 부분의 면적을 말하고, x_1부터 x_n까지는 해당 토지 부분이 속하는 각 용도지역 등의 용적률을 말하며, n은 용도지역 등에 걸치는 각 토지 부분의 총 개수를 말한다.

[하나의 대지가 3조 일반주거지역과 일반상업지역에 걸쳐 있는 경우에 용적률 산정방법]

3종일반주거지역(650m²) 용적률 250%(서울시 기준)	일반상업지역(670m²) 용적률 800%(서울시 기준)	➜	일반상업지역 건축 연면적 6,983m² (가중평균 용적률 529%)

☞ {650×(250/100)+670×(800/100)}/1,320=529%　　☞1,320×(529/100)=6,983

3종일반주거지역(670m²)	일반상업지역(650m²)	➜	3종일반주거지역 건축 연면적 6,877m² (가중평균 용적률 521%)

☞ {670×(250/100)+650×(800/100)}/1,320=521%　　☞1,320×(529/100)=6,983

※ 건폐율, 용적률을 제외한 건축제한 규정(허용건축물, 높이, 층수 등)에 대해서는 같은 대지 내 가장 넓은 면적이 속하는 용도지역 등의 규정을 적용

○ 건축물이 미관지구나 고도지구에 걸쳐 있는 경우에는 그 건축물 및 대지의 전부에 대하여 미관지구나 고도지구의 건축물 및 대지에 관한 규정을 적용

미관지구(고도지구)			
3종일반주거지역 (650m^2)	일반상업지역 (670m^2)	➜	1,320m^2 행위제한 : 미관지구(고도지구) 건폐율, 용적률 : 가중평균값

※ 미관지구나 고도지구에서 건축물의 층수, 높이, 허용건축물 등을 제한하고 있는 경우에는 대지 전체에 대해 해당 규정을 적용하고 건폐율, 용적률에 대해서는 용도지역별 가중평균값을 적용

※ 녹지지역(자연·생산·보전녹지지역)간 걸쳐있을 경우에는 같은 조 제1항을 적용

2) 하나의 건축물이 방화지구와 그 밖의 용도지역 등에 걸치는 경우

하나의 건축물이 방화지구와 그 밖의 용도지역·용도지구 또는 용도구역에 걸쳐 있는 경우에는 그 전부에 대하여 방화지구의 건축물에 관한 규정을 적용한다. 다만, 그 건축물이 있는 방화지구와 그 밖의 용도지역·용도지구 또는 용도구역의 경계가 「건축법」 제50조제2항에 따른 방화벽으로 구획되는 경우 그 밖의 용도지역·용도지구 또는 용도구역에 있는 부분에 대하여는 그러하지 아니하다(같은 조 제2항).

3) 하나의 대지가 녹지지역과 그 밖의 용도지역 등에 걸쳐 있는 경우

하나의 대지가 녹지지역과 그 밖의 용도지역·용도지구 또는 용도구역에 걸쳐 있는 경우에는 각각의 용도지역·용도지구 또는 용도구역의 건축물 및 토지에 관한 규정을 적용한다. 다만, 녹지지역의 건축물이 미관지구·고도지구 또는 방화지구에 걸쳐 있는 경우에는 제1항 단서나 제2항에 따른다(같은 조 제3항).

유권해석 ▌01

① **질의요지**

하나의 대지가 일반상업지역(2,252.6m²), 준주거지역(11,107.1m²)에 걸쳐 있고 일반상업지역에 걸치는 일반미관지구 면적은 247m², 준주거지역에 걸치는 일반미관지구 면적은 1,712m²이며, 건축물이 일반미관지구에 걸쳐 있는 경우

가. 「국토의 계획 및 이용에 관한 법률」(이하 "법"이라 함) 제84조 제1항에 따라 용도구역, 미관지구, 방화지구도 이에 해당하는지 여부

나. 건폐율·용적률 산정시 일반상업지역 과 준주거지역 기준에 맞게 각각 적용하여야 하는지 각 용도지역 등에 걸치는 부분 중 가장 작은 부분을 일반상업지역에 걸치는 일반미관지구로 봐서 가중평균 해야 하는지 여부

② **회신내용**

질의 "가", "나"에 대하여,

○ 법 제84조제1항에 따라 하나의 대지가 둘 이상의 용도지역·용도지구 또는 용도구역(이하 "용도지역 등"이라 함)에 걸치는 경우 그 대지 중 용도지역 등에 있는 부분의 규모가 대통령령으로 정하는 규모(법 시행령 제94조 규정에 의거 330m²) 도로변에 띠 모양으로 지정된 상업지역에 걸쳐 있는 토지의 경우 660m²) 이하이면 건폐율·용적률은 가중 평균한 값을 적용하고 그 밖의 건축제한 등에 관한 사항은 그 대지 중 가장 넓은 면적이 속하는 용도지역 등의 규정을 적용하여야 하나, 건축물이 미관지구에 걸쳐있는 경우에는 그 건축물 및 대지의 전부에 대하여 미관지구의 건축물 및 대지에 관한 규정을 적용하여야 합니다.

○ 이때 미관지구에서는 건폐율·용적률에 대해서 별도로 규정하고 있지 않아 용도지역에 서 규정한 건폐율·용적률을 적용하여야 할 것으로 판단되며, 질의의 경우처럼 건축물이 미관지구에 걸쳐있다면 대지전부에 대하여는 미관지구의 건축물 및 대지에 관한 규정을 적용하고 각각의 용도지역 면적이 대통령령이 정하는 규모 이상이므로 건폐율·용적률은 각각의 용도지역 규정에 적합하여야 할 것으로 판단됩니다.

[도시정책과-1062, 2013.2.12]

유권해석 ▌02

① **질의요지**

둘 이상의 용도지역(일반상업지역, 제3종 일반주거지역)에 걸쳐 있는 A, B 대지를 각각 용적률 800%를 적용받아 건축허가를 득하였으나 A, B 대지를 합병(일반상업지역 465m², 제3종 일반주거지역 409m²)시 A대지와 B대지 기존 부지는 변동 없이 A대지와 B대지 양지상에 한 동의 건물을 건축하는 것으로 건축허가 사항을 변경 설계변경 할 경우 종전의 규정을 적용받을 수 있는지 여부

② **회신내용**

가. 「국토의 계획 및 이용에 관한 법률」(이하 '법') 제84조제1항에 따라 하나의 대지가 둘 이상의 용도지역·용도지구 또는 용도구역(이하 "용도지역 등")에 걸치는 경우 그대지 중 용도지역 등에 있는 부분의 규모가 대통령령으로 정하는 규모(법 시행령 제94조에 의거 330m², 도로변에 띠 모양으로 지정된 상업지역의 경우 660m²) 이하이면 건폐율·용적률은 가중평균한 값을 적용하고 그 밖의 건축제한 등에 관한 사항은 그 대지 중 가장 넓은 면적이 속하는 용도지역 등의 규정을 적용하여야 하며, 대통령령으로 정하는 규모 이상일 경우에는 각각의 용도지역 등의 건축물 및 토지에 관한 규정을 적용하여야 합니다.

나. 아울러 법 부칙 <법률 제1292호, 2012.2.1.> 제6조(둘 이상의 용도지역 등에 걸치는 대지에 대한 적용기준에 관한 경과조치)에는 이 법 시행(2012.8.2.) 당시 「건축법」에 따라 건축허가를 받은 경우와 건축허가를 신청하거나 건축신고를 한 경우에 있어서 둘 이상의 용도지역·용도지구 또는 용도구역에 걸치는 토지에 대한 적용기준은 제84조제1항의 개정규정에도 불구하고 종전의 규정을 적용하나, 이 법 시행 이후 건축허가사항 변경(설계변경)할 경우 현재 법률을 적용하여야 할 것으로 자세한 사항은 관련 자료를 갖추어 종합행정업무를 하고 있는 해당 지자체 담당자와 상의하시기 바랍니다.

[도시정책과-635, 2013.1.25]

유권해석 ❙ 03

① **질의요지**

하나의 대지가 자연녹지지역(A지역)과 제2종일반주거지역(B지역)으로 걸쳐 있으며 한 개의 건축물이 A지역은 자연녹지지역에 가능한 용도로 B지역은 제2종 일반주거지역에 가능한 용도로 계획할 경우 가능한지 여부

② **회신내용**

○ 「국토의 계획 및 이용에 관한 법률」(이하 "법") 제84조제1항에 따라 하나의 대지가 둘 이상의 용도지역·용도지구 또는 용도구역(이하 "용도지역 등")에 걸치는 경우 그대지 중 용도지역 등에 있는 부분의 규모가 대통령령으로 정하는 규모(법 시행령 제94조에 의거 330m², 도로변에 띠 모양으로 지정된 상업지역의 경우 660m²) 이하 이면 건폐율·용적률은 가중 평균한 값을 적용하고 그 밖의 건축제한 등에 관한 사항은 그 대지 중 가 장 넓은 면적이 속하는 용도지역 등의 규정을 적용하나,

○ 질의의 경우처럼 법 제84조제3항에 따라 하나의 대지가 녹지지역과 그 밖의 용도지역·용도지구 또는 용도구역(이하 "용도지역 등")에 걸쳐있는 경우에는 같은 조 제1항에도 불구하고 각각의 용도지역 등의 건축물 및 토지에 관한 규정을 적용하여야 할 것으로 자세한 사항은 관련 자료를 갖추어 종합행정업무를 하고 있는 해당 지자체 담당자와 상의하시기 바랍니다.

[도시정책과-653, 2013.1.25]

유권해석 ❙ 04

① **질의요지**

가. 1필지 상에 둘 이상의 용도지역(일반상업지역, 자연녹지지역)에 걸쳐 있는 사업대상지에 대하여 근린생활시설(주용도)과 판매용시설 및 업무시설 등 복합용도 건축물을 계획 할 때 자연녹지지역은 건축물 건축 없이 지상부는 조경식재, 지하부는 지하주차장 통로 일부를 계획할 때 입지가 제한되는지 여부

나. 위와 같은 여건에서 자연녹지 지역을 순수하게 조경식재로만 조성하는 것도 입지가 제한되는지 여부

다. 「국토의 계획 및 이용에 관한 법률」(이하 "법"이라 함) 제84조제3항 중 '각각의 용도지역의 건축물 및 토지에 관한 규정을 적용한다'에서 토지에 관한 규정의 의미와 적용기준은 무엇인지

② 회신내용

질의 '가', '나'에 대하여,

○ 법 제84조제3항에 따라 하나의 대지가 녹지지역과 그 밖의 용도지역·용도지구·용도구역(이하 "용도지역 등"이라 함)에 걸쳐있는 경우에는 같은 조 제1항에도 불구하고 각각의 용도지역 등의 건축물 및 토지에 관한 규정을 적용합니다.

○ 이때, 법 시행령 제71조제2항에 따라 같은 조 제1항의 규정에 의한 건축제한을 적용함에 있어서 부속건축물에 대하여는 주된 건축물에 대한 건축제한에 의하며 법 시행령 제83조제4항의 규정에 따라 용도지역·용도지구 또는 용도구역 안에서의 건축물이 아닌 시설의 용도·종류 및 규모 등의 제한에 관하여는 별표2 내지 별표27, 제72조 내지 제77조 및 제79조 내지 제82조의 규정에 의한 건축물에 관한 사항을 적용하여야 하므로,

○ 질의 '가'의 경우처럼 건축물의 지하주차장 통로 일부가 계획되어 있다면 입지를 제한함이 타당할 것이며, 질의 '나'의 경우처럼 건축물과 관계없이 순수하게 조경식재만 조성하는 것은 가능할 것으로 판단되나 구체적인 사항은 사실관계 등을 확인할 수 있는 해당지자체 담당자와 상의하시기 바랍니다.

질의 '다'에 대하여,

○ 법 제84조제3항 규정은 녹지지역의 훼손을 최소화하기 위하여 녹지지역과 그 밖의 용도지역 등에 걸쳐있는 경우에는 각각의 용도지역 등의 건축물 및 토지에 관한 규정을 적용하는 사항으로,

○ 이때 '토지'라 함은 건축물의 건축이 수반되지 않는다 하더라도 설비나 시설의 설치를 위하여 부지 등 토지의 이용이 필요할 경우를 말하는 것입니다.

[도시정책과-2346, 2013.6.24]

제 7 장 지구단위계획

1. 지구단위계획의 의의 및 주요 항목별 개정내용

가. 지구단위계획의 의의

지구단위계획은 도시계획과 건축계획의 중간적 계획으로 현행 제도상 도시계획을 기존 시가지의 특정지역에 적용하여 구체화할 수 있는 제도로서, 도시계획 수립 대상지역의 일부에 대하여 토지 이용을 합리화하고 그 기능을 증진시키며 미관을 개선하고 양호한 환경을 확보하며, 그 지역을 체계적·계획적으로 관리하기 위하여 수립하는 도시관리계획을 말한다(법 제2조제5호). 이는 도시관리계획에 의하여 용도지역제가 시행되고 있으나 용도지역 내에서의 건축행위는 제한의 범위를 준수하는 한 자유롭게 인정되지만 기존의 용도지역만으로 전체적인 도시의 체계적인 형성이 미흡하여 이를 보완하고자 토지에 대한 상세한 도시계획을 하고 여기에 따라 개발을 하도록 도입된 제도이다.[44] 결국 지구단위계획은 용도지역제의 평면적·일률적인 계획 및 규제에 대하여 각 필지를 대상으로 입체적이고 구체적인 지침이 된다. 따라서 지구단위계획은 하위의 도시관리계획으로 도시관리관리계획에 의한 지역·지구 안에서의 행위제한을 세분화하고 구체화 또는 완화하는 역할을 하게 되는 것이다.

---

44) 민태욱, 앞의 책, 151면.

〈지구단위계획구역 지정현황〉

○ 제1종 지구단위계획(2012.4.15. 현재 도시지역 내 지구단위계획)

(단위 : 천m², 2012.12.31)

구분	계		기존시가지 정비		기존시가지 관리		기존시가지 보전		신시가지 개발		복합구역	
	개소	면적	개소	면적	개소	면적	개소	면적	개소	면적	개소	면적
전국	5,094	1,421,672	2,691	396,810	836	148,936	235	27,993	1,160	800,540	172	47,393
서울	258	80,420	185	43,426	55	19,449	11	11,064	7	6,482	0	0

※ 출처 : 국토교통부, 2012 도시계획현황

나. 주요 항목별 개정 내용

연 혁	개정사유	개정내용
2005. 1.15.	관리지역의 원활한 택지공급 기준 완화	지구단위계획 : 제2종 지구단위계획구역 면적기준 완화
2005. 9. 8.	공공시설부지 제공에 따른 용적률 완화 확대	지구단위계획 : 제1종 지구단위계획구역의 공공시설부지 제공에 따른 용적률 완화 확대
2005. 3.23.	공공시설부지의 확보	지구단위계획 : 제1종 지구단위계획구역의 건폐율 완화적 대상의 확대
2007. 4.19.	계획관리지역 내 주택공급 확대	지구단위계획 : 제2종 지구단위계획구역의 용적률 상향
2011. 3. 9.	공공시설 부지 확보	지구단위계획 : 제1종 지구단위계획구역 인센티브 부여 대상 확대
2011. 4.14.	복잡하고 경직적인 국토이용체계를 통합단순화 및 유연하게 개편	지구단위계획 : 지구단위계획의 통합 및 지정확대
2012. 1. 6.	기반시설(방재) 설치에 따른 인센티브 제공법위 확대	지구단위계획 : 기반시설(방재) 설치에 따른 인센티브 제공범위 확대
2012. 4.10.	유휴토지의 효율적 개발	지구단위계획 : 지구단위계획을 통한 용도지역 변경 일부 허용
2013. 6.11.	용적률 또는 건축제한의 완화	지구단위계획 : 용적률 및 건축제한 완화 적용 고려사항 확대

2. 지구단위계획구역의 지정 등

가. 지구단위계획구역 등의 결정

지구단위계획구역 및 지구단위계획은 도시관리계획으로 결정한다(법 제50조).

나. 지구단위계획의 내용

지구단위계획구역의 지정목적을 이루기 위하여 지구단위계획에는 다음의 사항 중 3)과 제5)의 사항을 포함한 둘 이상의 사항이 포함되어야 한다. 다만, 2) 내용으로 하는 지구단위계획의 경우에는 그러하지 아니하다. 이때, 지구단위계획은 도로, 상하수도 등 도시계획시설의 처리·공급 및 수용능력이 지구단위계획구역에 있는 건축물의 연면적, 수용인구 등 개발밀도와 적절한 조화를 이룰 수 있도록 하여야 하며, 지구단위계획구역에서는 제76조부터 제78조까지의 규정과 「건축법」 제42조·제43조·제44조·제60조 및 제61조, 「주차장법」 제19조 및 제19조의2를 지구단위계획으로 정하는 바에 따라 완화하여 적용할 수 있다(법 제52조).

1) 용도지역이나 용도지구를 대통령령으로 정하는 범위에서 세분하거나 변경하는 사항
2) 기존의 용도지구를 폐지하고 그 용도지구에서의 건축물이나 그 밖의 시설의 용도·종류 및 규모 등의 제한을 대체하는 사항
3) 대통령령으로 정하는 기반시설의 배치와 규모
4) 도로로 둘러싸인 일단의 지역 또는 계획적인 개발·정비를 위하여 구획된 일단의 토지의 규모와 조성계획
5) 건축물의 용도제한, 건축물의 건폐율 또는 용적률, 건축물 높이의 최고한도 또는 최저한도
6) 건축물의 배치·형태·색채 또는 건축선에 관한 계획
7) 환경관리계획 또는 경관계획
8) 교통처리계획

9) 그 밖에 토지 이용의 합리화, 도시나 농·산·어촌의 기능 증진 등에 필요한 사항으로서 대통령령으로 정하는 사항

법 시행령 제45조 (지구단위계획의 내용)

① 삭제 <2012.4.10> <시행일 2012.4.15>

② 법 제52조제1항제1호의 규정에 의한 용도지역 또는 용도지구의 세분 또는 변경은 제30조 각 호의 용도지역 또는 제31조제2항 각 호의 용도지구(고도지구를 제외한다)를 그 각 호의 범위(제31조제3항의 규정에 의하여 도시·군계획조례로 세분되는 용도지구를 포함한다)안에서 세분 또는 변경하는 것으로 한다. 이 경우 법 제51조제1항제8호의2 및 제8호의3에 따라 지정된 지구단위계획구역에서는 제30조 각 호에 따른 용도지역 간의 변경을 포함한다.

③ 법 제52조제1항제2호에서 "대통령령으로 정하는 기반시설"이란 다음 각 호의 시설로서 당해 지구단위계획구역의 지정목적 달성을 위하여 필요한 시설을 말한다.

1. 법 제51조제1항제2호부터제7호까지의 규정에 따른 지역인 경우에는 당해 법률에 의한 개발사업으로 설치하는 기반시설
2. 도로·자동차정류장·주차장·자동차 및 건설기계검사시설·자동차 및 건설기계운전학원·광장·공원(「도시공원 및 녹지 등에 관한 법률」에 따른 묘지공원은 제외한다)·녹지·공공공지·유통업무설비·수도공급설비·전기공급설비·가스공급설비·열공급설비·공동구·시장·학교(「고등교육법」 제2조에 따른 학교는 제외한다)·공공청사·문화시설·공공필요성이 인정되는 체육시설·도서관·연구시설·사회복지시설·공공직업훈련시설·청소년수련시설·하천·유수지·방화설비·방풍설비·방수설비·사방설비·방조설비·장례식장·종합의료시설·하수도·폐기물처리시설·수질오염방지시설·폐차장
3. 삭제 <2006.8.17>

④ 법 제52조제1항제8호에서 "대통령령이 정하는 사항"이라 함은 다음 각 호의 사항을 말한다.

1. 지하 또는 공중공간에 설치할 시설물의 높이·깊이·배치 또는 규모
2. 대문·담 또는 울타리의 형태 또는 색채

3. 간판의 크기·형태·색채 또는 재질
4. 장애인·노약자 등을 위한 편의시설계획
5. 에너지 및 자원의 절약과 재활용에 관한 계획
6. 생물서식공간의 보호·조성·연결 및 물과 공기의 순환 등에 관한 계획

⑤ 법 제52조제2항에서 "대통령령이 정하는 도시·군계획시설"이라 함은 도로·주차장·공원·녹지·공공공지, 수도·전기·가스·열공급설비, 학교(초등학교 및 중학교에 한한다)·하수도 및 폐기물처리시설을 말한다.

유권해석 ▌01

① 질의요지

제1종지구단위계획구역에서 대지의 소유권자가 대지의 일부를 '도로'로 제공할 경우「국토의 계획 및 이용에 관한 법률」제46조제1항에 따라 용적률을 완화적용할 수 있도록 되어 있는데 이는 별도의 지구단위계획으로 결정해야 하는지 아니면 인허가 사업승인권자가 도로의 연속성 등 지역여건 등을 검토하여 결정할 수 있는지 여부

② 회신내용

○「국토의 계획 및 이용에 관한 법률 시행령」제46조제1항에 따르면 제1종지구단위계획구역 안에서 건축물을 건축하려는 자가 그 대지의 일부를 공공시설 등의 부지로 제공하거나 공공시설 등을 설치하여 제공하는 경우에는 용적률 등을 완화하여 적용할 수 있으며,

○ 용적률 등의 완화사항은 법 시행령 제48조제7호에 따라 제1종지구단위계획에 포함하여 결정토록 하고 있습니다.

○ 따라서 제1종지구단위계획구역에서 건축물을 건축하려는 자가 그 대지의 일부를 공공시설인 도로부지로 제공하여 용적률 등의 인센티브를 받고자 한다면 지구단위계획수립시 반영되어야 함을 알려드립니다.

[도시정책과-5650, 2011.9.5]

유권해석 ▌02

① **질의요지**

「국토의 계획 및 이용에 관한 법률 시행령」 제46조제1항제1호에 따라 공공시설 등의 부지를 제공할 때 건폐율, 용적률, 높이를 모두 완화받을 수 있는지 여부

② **회신내용**

○ 「국토의 계획 및 이용에 관한 법률 시행령」 제46조제1항제1호 및 「지구단위계획수립지침」 3－2－2에 따르면 도시지역에 지정된 지구단위계획구역에서 건축물을 건축하려는 자가 그 대지의 일부를 공공시설 등의 부지로 제공하는 경우에는 건폐율, 용적률, 높이를 각각 완화하여 적용할 수 있도록 하고 있으나,

○ 이는 지구단위계획의 입안·결정권자인 귀 시구에서 관련법령, 지역여건, 개발여건, 도 시·군기본계획 및 다른 도시·군관리계획과의 관계 등을 종합적으로 검토하여 결정할 사항임을 알려드립니다.

[도시정책과－7797, 2012.11.29]

유권해석 ▌03

① **질의요지**

법 시행령 제46조제1항제2호에서 '공공시설 등을 설치하는 데에 드는 비용' 이란 공사비뿐만 아니라 공공시설 등의 설치를 위해 토지를 사용함에 따른 보상비와 관련 법령 등에 의해 부담하는 각종 비용 등 공공시설 등의 설치에 소요되는 모든 비용을 포함하는 것인지 여부

② **회신내용**

○ 「국토의 계획 및 이용에 관한 법률 시행령」 제46조제1항에 따르면 제1종 지구단위계획구역 안에서 건축물을 건축하려는 자가 그 대지의 일부를 공공시설 등의 부지로 제공하거나 공공시설 등을 설치하여 제공하는 경우

용적률 등을 완화하여 적용할 수 있도록 정하고 있습니다.

○ 따라서 같은 항 제2호에서 정하고 있는 '공공시설 등을 설치하는 데 드는 비용'이란 같은 항 제1호에서 정하고 있는 공공시설 등의 부지제공에 따른 비용을 제외 한 공공시설 등을 설치하는 데 드는 공사비와 그 외 부수되는 비용을 포함하는 것이 타당할 것으로 판단되니,

○ 공공시설 등의 설치비용 산정 등에 대한 구체적인 사항은 귀 시의 도시계획 조례에서정하여 운영할 사항임을 알려드립니다.

[도시정책과-2335, 2011.4.13]

유권해석 ❙ 04

① 질의요지

법상 지구단위계획구역에서 공공시설 등의 부지로 제공하거나 설치하여 제공하는 경우 완화적용을 받을 수 있다고 되어있는데 지구단위계획구역 외에 학교를 설치하는 경우에도 완화적용을 받을 수 있는지?

② 회신내용

○ 「국토의 계획 및 이용에 관한 법률(이하 "법") 시행령(이하 "영")」 제46조제1항에 따르면 지구단위계획구역에서 건축물을 건축하려는 자가 그 대지의 일부를 공공시설 등의 부지로제공하거나 공공시설 등을 설치하여 제공하는 경우 건폐율·용적률 및 높이제한을 완화하여 적용할 수 있도록 하고 있으며 예외적으로 지구단위계획구역 밖의 「하수도법」 제2조제14호에 따른 배수구역에 '공공하수처리시설'을 설치하여 제공하는 경우를 포함하고 있습니다.

○ 또한, 영 제42조2의제2항제3호에 따르면 복합용도개발이나 이전적지 개발을 위해 지정한 지구단위계획구역의 경우(법 제51조제1항, 제8조의2 및 제8조의3), 해당 구역 안의 기반시설이 충분할 때에는 해당 지구단위계획구역 밖의 관할시·군·구에 지정 된 고도지구역, 사문화환경보전지구, 방재지구 또는 기반시설이 취약한 지역으로서 시·도 또는 대도시의 도시·군계획 조례로 정하는 지역에 기반시설을 설치하거나 기반시설의 설치비용을

부담하는 것으로 갈음할 수 있도록 규정하고 있습니다.

○ 따라서 귀 질의의 대상 지구단위계획구역이 복합용도개발이나 이전적지 개발을 위해 지정한 곳인지 또 고도지구, 역사문화환경보전지구, 방재지구, 또는 기반시설이 취약한 지역으로서 시·도 또는 대도시의 도시·군계획조례로 정하는 지역에 기반시설을 설치하는지 여부 등에 따라 인센티브를 부여 할 수 있을 것으로 판단되는바, 이와 관련 구체적인내용은 해당 지구단위계획 입안·결정권자인 지자체에 문의하시기 바랍니다.

[국민신문고 2013.12.18]

유권해석 ❙ 05

① **질의요지**

최고고도지구(7층) 이하로 지정된 제2종일반주거지역에서 아파트를 건설하고자 할 때사업승인시 의제되는 제1종지구단위계획으로 층수제한 변경(7층→15층) 또는 최고고도지구의 폐지가 가능한지 여부

② **회신내용**

「국토의 계획 및 이용에 관한 법률」 제52조제1항제2호 및 동법률 시행령 제45조제1항에 의하면 지구단위계획 내용에 영 제30조 각 호의 용도지역 또는 제31조제2항 각 호의 용도지구를 그 각 호의 범위 안에서 세분 또는 변경하는 사항을 포함 할 수 있도록 하고 있으나 도시관리계획으로 정한 고도지구의 높이제한을 지구단위계획으로 변경할 수 있도록 하고 있지는 아니함을 알려드립니다.

[도시정책팀-1979, 2004.4.14]

유권해석 ❙ 06

① **질의요지**

「행복도시도시계획기준」(지자체 조례에 해당)에서 근린상업지역 내에서는 용적률 500% 이하로 건축하도록 규정하고 있으나 해당 지구단위계획에서

공개공지를 법정의무(면적 234m²)보다 초과하여 제공(예 : 302m²)할 경우 일정산식에 따라 용적률을 완화하여 적용할 수 있도록 하고 있는바, 이에 따라 동 도시계획기준에서 정하고 있는 용적률 500% 이하의 비율보다 완화(예 : 505%)하여 적용할 수 있는지 여부

* 산식 : {1+(제공면적법정의무면적)/대지면적}×당해 필지의 지정용적률 1.2×당해필지의 지정용적률

② 회신내용

○ 「국토의 계획 및 이용에 관한 법률」(이하 "법") 제52조제3항에 따르면 법 제78조(용도지역에서의 용적률)의 규정을 대통령령으로 정하는 범위에서 지구단위계획으로 정하는 바에 따라 완화하여 적용할 수 있고 법 시행령 제46조제3항은 지구단위계획구역에서 건축물을 건축하고자 하는 자가 「건축법」 제43조제1항에 따른 공개공지 또는 공개공간을 같은 항에 따른 의무면적으로 초과하여 설치한 경우에는 당해 건축물에 대하여 지구단위계획으로 용적률을 완화(해당 용도지역 용적률의 200% 범위)하여 적용할 수 있도록 규정하고 있습니다.

○ 따라서 귀 질의의 대상 부지가 지구단위계획구역 안에 있고 해당 지구단위계획 상 공개공지 등을 법정 의무면적 보다 초과하여 제공할 경우 당해 필지지정용적률(500% 이하)의 120% 범위 내에서 용적률을 완화할 수 있다는 내용이 있다면 당해 필지의 용적률은 위 도시계획기준에서 정하고 있는 해당 용도지역용적률(500% 이하)보다 완화하여 적용할 수 있을 것으로 판단됩니다.

[도시정책과-6791, 2013.11.27]

다. 지구단위계획의 수립

1) 지구단위계획의 수립

지구단위계획은 ⅰ) 도시의 정비·관리·보전·개발 등 지구단위계획구역의 지정 목적, ii) 주거·산업·유통·관광휴양·복합 등 지구단위계획구역의 중심기능, iii) 해당 용도지역의 특성, iv) 그 밖에 대통령령으로 정하는 사항 등을 고려하여 수립하여야 한다(법 제49조제1항). 이때 ⅰ) 지구단위계획구역이 법 제26조의

규정에 의한 주민의 제안에 의하여 지정된 경우에는 그 제안자, ii) 지구단위계획구역이 법 제51조제1항제2호부터 제7호까지의 지역에 대하여 지정된 경우에는 그 지정근거가 되는 개별법률에 의한 개발사업의 시행자는 지구단위계획안에 포함시키고자 하는 사항을 특별시장·광역시장·특별자치시장·특별자치도지사·시장 또는 군수에게 제출할 수 있으며, 특별시장·광역시장·특별자치시장·특별자치도지사·시장 또는 군수는 제출된 사항이 타당하다고 인정되는 때에는 이를 지구단위계획안에 반영하여야 한다(법 시행령 제49조).

[법 제49조제1항제4호 상 대통령령으로 정하는 사항]

> **법 시행령 제42조의2** ① 법 제49조제1항제4호에서 "대통령령으로 정하는 사항"이란 다음 각 호의 사항을 말한다.
> 1. 지역 공동체의 활성화
> 2. 안전하고 지속가능한 생활권의 조성
> 3. 해당 지역 및 인근 지역의 토지 이용을 고려한 토지이용계획과 건축계획의 조화

2) 수립기준

지구단위계획 수립기준은 국토교통부장관이 정하며(법 제49조제2항), 이를 수립할 때에는 다음의 사항을 종합적으로 고려하여 정한다(같은 법 시행령 제42조의2제2항).

가) 개발제한구역에 지구단위계획을 수립할 때에는 개발제한구역의 지정 목적이나 주변환경이 훼손되지 아니하도록 하고, 「개발제한구역의 지정 및 관리에 관한 특별조치법」을 우선하여 적용할 것

나) 보전관리지역에 지구단위계획을 수립할 때에는 녹지 또는 공원으로 계획하는 등 환경 훼손을 최소화할 것

다) 지구단위계획구역에서 원활한 교통소통을 위하여 필요한 경우에는 지구단위계획으로 건축물부설주차장을 해당 건축물의 대지가 속하여 있는 가구에서 해당 건축물의 대지 바깥에 단독 또는 공동으로 설치하게 할 수

있도록 할 것. 이 경우 대지 바깥에 공동으로 설치하는 건축물부설주차장의 위치 및 규모 등은 지구단위계획으로 정한다.

라) 제2호에 따라 대지 바깥에 설치하는 건축물부설주차장의 출입구는 간선도로변에 두지 아니하도록 할 것. 다만, 특별시장·광역시장·특별자치시장·특별자치도지사·시장 또는 군수가 해당 지구단위계획구역의 교통소통에 관한 계획 등을 고려하여 교통소통에 지장이 없다고 인정하는 경우에는 그러하지 아니하다.

마) 지구단위계획구역에서 공공사업의 시행, 대형건축물의 건축 또는 2필지 이상의 토지소유자의 공동개발 등을 위하여 필요한 경우에는 특정 부분을 별도의 구역으로 지정하여 계획의 상세 정도 등을 따로 정할 수 있도록 할 것

바) 지구단위계획구역의 지정 목적, 향후 예상되는 여건변화, 지구단위계획구역의 관리 방안 등을 고려하여 제25조제4항제8호에 따른 경미한 사항을 정하는 것이 필요한지를 검토하여 지구단위계획에 반영하도록 할 것

사) 지구단위계획의 내용 중 기존의 용도지역 또는 용도지구를 용적률이 높은 용도지역 또는 용도지구로 변경하는 사항이 포함되어 있는 경우 변경되는 구역의 용적률은 기존의 용도지역 또는 용도지구의 용적률을 적용하되, 공공시설부지의 제공현황 등을 고려하여 용적률을 완화할 수 있도록 계획할 것

아) 제46조 및 제47조에 따른 건폐율·용적률 등의 완화 범위를 포함하여 지구단위계획을 수립하도록 할 것

자) 법 제51조제1항제8호의2에 해당하는 도시지역 내 주거·상업·업무 등의 기능을 결합하는 복합적 토지 이용의 증진이 필요한 지역은 지정 목적을 복합용도개발형으로 구분하되, 3개 이상의 중심기능을 포함하여야 하고 중심기능 중 어느 하나에 집중되지 아니하도록 계획할 것

차) 법 제51조제2항제1호의 지역에 수립하는 지구단위계획의 내용 중 법 제52조제1항제1호 및 같은 항 제4호(건축물의 용도제한은 제외한다)의 사항은 해

당 지역에 시행된 사업이 끝난 때의 내용을 유지함을 원칙으로 할 것

카) 도시지역 외의 지역에 지정하는 지구단위계획구역은 해당 구역의 중심기능에 따라 주거형, 산업·유통형, 관광·휴양형 또는 복합형 등으로 지정 목적을 구분할 것

타) 도시지역 외의 지구단위계획구역에서 건축할 수 있는 건축물의 용도·종류 및 규모 등은 해당 구역의 중심기능과 유사한 도시지역의 용도지역별 건축제한 등을 고려하여 지구단위계획으로 정할 것

파) 제45조제2항 후단에 따라 용적률이 높아지거나 건축제한이 완화되는 용도지역으로 변경되는 경우 또는 법 제43조에 따른 도시·군계획시설 결정의 변경 등으로 행위제한이 완화되는 사항이 포함되어 있는 경우에는 해당 지구단위계획구역 내 기반시설의 부지를 제공하거나 기반시설을 설치하여 제공하는 것을 고려하여 용적률 또는 건축제한을 완화할 수 있도록 계획할 것. 이 경우 기반시설의 부지를 제공하거나 기반시설을 설치하는 비용은 용도지역의 변경으로 인한 용적률의 증가 및 건축제한의 변경에 따른 토지가치 상승분(「부동산 가격공시 및 감정평가에 관한 법률」에 따른 감정평가업자가 평가한 금액을 말한다)의 범위로 한다.

하) '파'는 해당 지구단위계획구역 안의 기반시설이 충분할 때에는 해당 지구단위계획구역 밖의 관할 시·군·구에 지정된 고도지구, 역사문화환경보전지구, 방재지구 또는 기반시설이 취약한 지역으로서 시·도 또는 대도시의 도시·군계획조례로 정하는 지역에 기반시설을 설치하거나 기반시설의 설치비용을 부담하는 것으로 갈음할 수 있다.

거) '하'호에 따른 기반시설의 설치비용은 해당 지구단위계획구역 밖의 관할 시·군·구에 지정된 고도지구, 역사문화환경보전지구, 방재지구 또는 기반시설이 취약한 지역으로서 시·도 또는 대도시의 도시·군계획조례로 정하는 지역 내 기반시설의 확보에 사용할 것

너) '파' 및 '하'에 따른 기반시설 설치내용, 기반시설 설치비용에 대한 산정방법 및 구체적인 운영기준 등은 시·도 또는 대도시의 도시·군계획조례로 정할 것

유권해석 ▌01

① **질의요지**

해당지역(○○도)은 우수한 자연관광자원으로 인해 자연적으로 형성된 관광지(도시기본계획상 관광휴양형 지구단위계획으로 물량이 반영된 지역)로 현재 주거·숙박민박·펜션 등·음식점이 혼재되어 있어 향후 난개발에 따른 환경악화를 막고 체계적·계획적으로 관리하기 위해 관광휴양형 지구단위계획을 수립하고자 하오나 현행 지구단위계획수립지침상 허용시설에 해당되지 않아 문제가 발생하는바 이를 동지침 1-1-3 또는 2-3-15 규정에 따라 도시계획위원회의 심의를 통해 다르게 적용할 수 있는지 여부

② **회신내용**

○ 「지구단위계획수립지침」 1-1-3에 따르면 지역실정 또는 당해 구역여건 등으로 인하여 지침의 세부내용 중 일부에 대하여 이를 그대로 적용하는 것이 불합리한 경우 법령의 범위 안에서 다르게 적용할 수 있도록 하고 있으며,

○ 동지침 2-3-15에 따르면 제3장부터 제8장(지구단위계획수립기준, 각 유형별 수립기준)에서 정하고 있는 계획기준 중 구역의 여건 및 계획의 특성상 적용하기 곤란하다고 해당 도시·군관리계획 입안권자 및 결정권자가 판단하는 경우에는 관할 도시계획위원회심의를 거쳐 이를 변경하여 적용할 수 있도록 하고 있습니다.

○ 이는 지역마다 지형여건과 개발여건 등이 다름에도 규정을 획일적으로 적용하는 폐단을 방지하고 이를 탄력적으로 운영하기 위한 것으로 여기서 '불합리한 경우 등'에 대한 판단은 당해 지구단위계획의 입안·결정권자가 지구단위계획의취지, 관련법령, 지역여건, 개발여건, 도시·군기본계획 및 다른 도시·군관리계획과의 관계 등을 종합적으로 검토하여 결정할 사항임을 알려드립니다.

[도시정책과-2636, 2013.7.4]

유권해석 ▌02

① **질의요지**

계획관리지역에 지정된 산업·유통형 지구단위계획구역에서 「대기환경보전법」 제2조제9호에 따른 특정대기유해물질을 배출하는 시설 및 법 제2조제11호에 따른 대기오염 물질배출시설에 해당하는 시설로서 법 시행령 별표 1에 따른 1종사업장 내지 3종사업장의 입지가 가능한지

② **회신내용**

○ 「국토의 계획 및 이용에 관한 법률」(이하 "법") 제52조제3항에 따르면 법 제76조 용도지역 및 용도지구에서의 건축물의 건축제한 등의 규정을 대통령령으로 정하는 범위에서 지구단위계획으로 정하는 바에 따라 완화하여 적용할 수 있고 법 시행령 제42조2의제2항제11호에 따르면 도시지역 외의 지구단위계획구역에서 건축할 수 있는 건축물의 용도·종류 및 규모 등은 해당구역의 중심기능과 유사한 도시지역의 용도지역별 건축제한 등을 고려하여 지구단위계획으로 정하도록 하고 있으며 「지구단위계획수립지침」 3-2-9(2)는 산업·유통형 지구단위계획구역에서는 법 제76조에 따른 건축물의 행위제한기준을 공업지역 및 상업지역에 허용되는 행위의 범위 안에서 완화할 수 있도록 규정하고 있습니다.

○ 또한 법 시행령 별표 2, 13에 의거 전용·일반공업지역에서는 「건축법 시행령」 별표 1 제17호의 공장이 제한 없이 입지할 수 있으므로,

○ 대상지역이 계획관리지역이라 하더라도 산업·유통형 지구단위계획구역이 결정되어 있다면, 건축물의 건축제한을 공업지역(전용·일반·준)에 허용되는 행위의 범위 안에서 완화할 수 있으므로, 귀 질의의 업종은 입지가능할 것으로 판단됩니다.

[도시정책과-6771, 2013.11.26]

【판시사항】

지구단위계획 내에서 기존 건물을 증축할 때 적용되는 건축물의 용도제한 규정과 관련된 지구단위계획 민간부분 시행지침의 적용 범위(대법원 2006.10.26. 선고 2004

두10944 판결)

【판결이유】

원심이 적법하게 확정한 사실관계에 의하면, 원고가 서울 용산구(상세 지번 생략) 외 2필지(이하 '이 사건 건축허가신청지'라 한다) 지상의 이 사건 기존 건축물에다 업무시설 용도로 연면적 2,004.64m²를 증축하기 위하여 이 사건 건축허가신청을 한 사실, 이에 대하여 피고는 이 사건 건축허가신청지가 용산지구단위계획구역 내에 위치하고 있고, 증축 연면적이 300m²를 초과하므로 용산지구단위계획 민간부분 시행지침(이하 '시행지침'이라 한다) 제56조제1항제1호의 규정에 따라 원고의 증축신청을 신축신청과 동일하다고 보고 용산지구단위계획 및 운영지침을 적용하여야 하는데, 이 사건 건축허가신청지가 일반주거인접지 간선도로변에 위치하고 있어 시행지침 제21조에 의하여 위락시설은 입지할 수 없는 곳임에 반하여 원고가 이 사건 기존건축물 지하 1층을 위락시설로 사용하고 있다는 이유로 원고에 대하여 위 건축허가신청서를 반려하는 이 사건 처분을 한 사실을 알 수 있다.

그런데 시행지침 제56조제1항제1호는 "기존 건축물을 증축하는 경우 기존 건축물의 철거범위나 증가되는 연면적이 기존 건축물 연면적의 50% 이내로서 300m² 이내인 경우에는 구 도시계획위원회의 심의에서 완화 여부를 결정하고, 기존 건축물의 철거범위나 증가되는 연면적이 기존 건축물 연면적의 50%를 초과하거나 증축연면적이 300m²를 초과하는 경우에는 이를 신축과 동일하다고 보고, 본 지구계획 및 운영지침을 적용하여야 한다."고 규정하고 있는바, ① 시행지침의 적용범위를 정하고 있는 시행지침 제2조는 증축의 경우 그 적용범위를 '증축시 해당부분'이라고 규정하고 있는 점, ② 시행지침 제56조제1항제1호 전단은 기존 건축물의 철거범위나 증가되는 연면적이 일정 규모 이내인 증축의 경우 증축 부분에 대하여 지구단위계획상 건축물의 용도 등 제한규정의 적용을 완화할 수 있도록 하고, 이에 대해 그 후단은 일정 규모를 초과하는 증축의 경우 그와 같은 적용 완화 없이 제한규정을 그대로 적용하는 취지로 보이는 점, ③ 일정 규모를 초과하는 증축의 경우 기존 건축물까지 포함하여 제한규정이 적용된다고 보면 제한규정 적용 없이 건축된 기존 건축물 소유자의 권리를 지나치게 제한하게 되는 결과를 초래하는 점, 관련 규정의 취지와 목적 등을 고려하여 보면, 지구단위계획상 건축물의 용도제한 규정과 관련하여 시행지침 제56조제1항제1호를 적용함에 있어서 기존 건축물의 철거범위나 증가되는 연면적이 기존 건축물 연면적의 50%를 초과하거나 증축연면적이 300m²를 초과하는 증축의 경우 기존 건축물까지 포함하여 그 제한규정을 적용할 것이 아니라 증축 부분에 한하여 이를 신축의 경우와 동일하게 보고 그 제한규정을 적용하여야 한다고 봄이 상당하다.

따라서 원고가 건축허가신청에 따라 증축하려는 건물부분의 용도가 용산지구단위계획상 불허용도인 위락시설이 아닌 업무시설인 이 사건에 있어서, 피고로서는 특별한 사정이 없는 한 위와 같은 건축물의 용도제한을 이유로 원고의 건축허가신청을 거부할 수 없다고 할 것이므로, 이와 반대의 전제에서 한 피고의 이 사건 처분은 위법하다 할 것이다.

〈지구단위계획의 입안 및 결정절차〉

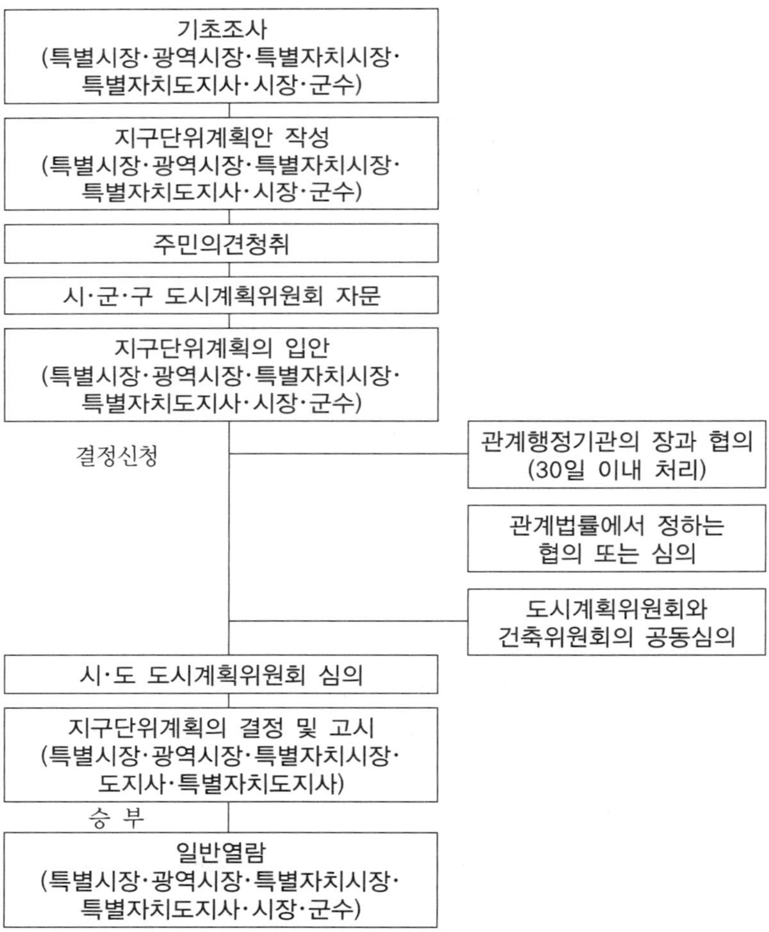

라. 지구단위계획구역의 지정

〈구역지정 절차〉

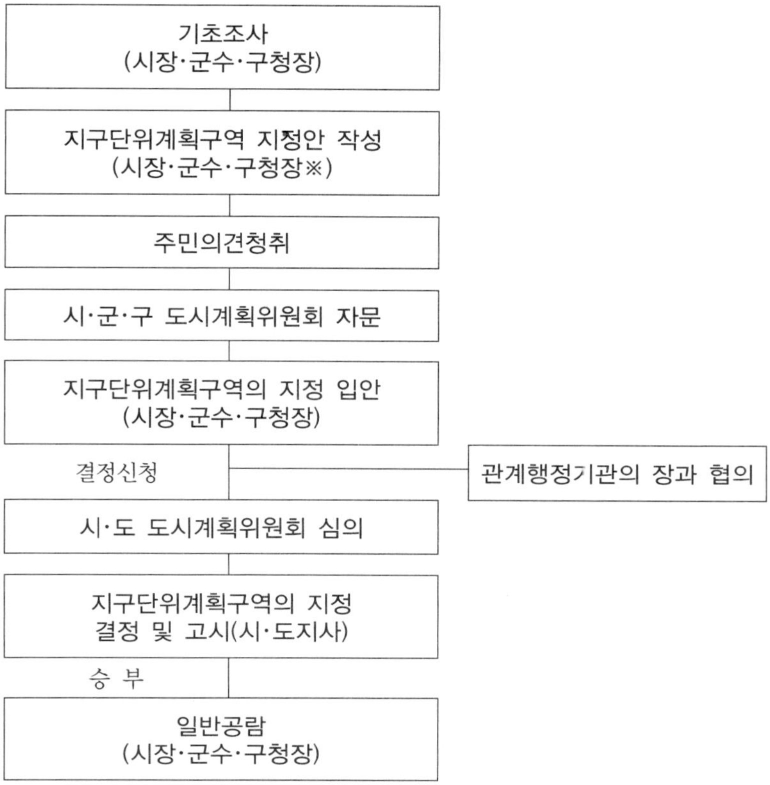

※ 특별시·광역시에서 입안권을 구청장에 위임한 경우를 전제함.

1) 제1종 지구단위계획구역

국토교통부장관, 시·도지사, 시장 또는 군수는 다음의 하나에 해당하는 지역의 전부 또는 일부에 대하여 제1종 지구단위계획구역을 지정할 수 있다(법 제51조제1항).

가) 제37조에 따라 지정된 용도지구

나) 「도시개발법」 제3조에 따라 지정된 도시개발구역

다) 「도시 및 주거환경정비법」 제4조에 따라 지정된 정비구역

라) 「택지개발촉진법」 제3조에 따라 지정된 택지개발지구
마) 「주택법」 제16조에 따른 대지조성사업지구
마) 「산업입지 및 개발에 관한 법률」 제2조제8호의 산업단지와 같은 조 제12호의 준산업단지
바) 「관광진흥법」 제52조에 따라 지정된 관광단지와 법 제70조에 따라 지정된 관광특구
사) 개발제한구역·도시자연공원구역·시가화조정구역 또는 공원에서 해제되는 구역, 녹지지역에서 주거·상업·공업지역으로 변경되는 구역과 새로 도시지역으로 편입되는 구역 중 계획적인 개발 또는 관리가 필요한 지역
아) 도시지역 내 주거·상업·업무 등의 기능을 결합하는 등 복합적인 토지 이용을 증진시킬 필요가 있는 지역으로서 대통령령으로 정하는 요건에 해당하는 지역
자) 도시지역 내 유휴토지를 효율적으로 개발하거나 교정시설, 군사시설, 그 밖에 대통령령으로 정하는 시설을 이전 또는 재배치하여 토지 이용을 합리화하고, 그 기능을 증진시키기 위하여 집중적으로 정비가 필요한 지역으로서 대통령령으로 정하는 요건에 해당하는 지역
차) 도시지역의 체계적·계획적인 관리 또는 개발이 필요한 지역
카) 그 밖에 양호한 환경의 확보나 기능 및 미관의 증진 등을 위하여 필요한 지역으로서 대통령령으로 정하는 지역

또한, 국토교통부장관, 시·도지사, 시장 또는 군수는 다음의 어느 하나에 해당하는 지역은 제1종지구단위계획구역으로 지정하여야 한다. 다만, 관계 법률에 따라 그 지역에 토지 이용과 건축에 관한 계획이 수립되어 있는 경우에는 그러하지 아니하다(같은 조 제2항).

가) 제1항 다, 라의 지역에서 시행되는 사업이 끝난 후 10년이 지난 지역
나) 제1항 각 호 중 체계적·계획적인 개발 또는 관리가 필요한 지역으로서 대통령령으로 정하는 지역

2) 제2종 지구단위계획구역

국토교통부장관 등은 다음에 해당하는 지역에 대하여 제2종지구단위계획구역을 지정할 수 있다(같은 조 제3항).

가) 지정하려는 구역 면적의 100분의 50 이상이 제36조에 따라 지정된 계획관리지역으로서 대통령령으로 정하는 요건에 해당하는 지역

법 제51조제3항제1호에서 "대통령령으로 정하는 요건"이란 다음 각 호의 요건을 말한다.

(1) 계획관리지역 외 지구단위계획구역으로 포함할 수 있는 나머지 용도지역은 생산관리지역 또는 보전관리지역일 것. 다만, 지구단위계획구역에 포함되는 보전관리지역의 면적은 다음 각 목의 구분에 따른 면적 요건을 충족하여야 한다.

(가) 전체 지구단위계획구역 면적이 10만m^2 이하인 경우 : 전체 지구단위계획구역 면적의 20% 이내

(나) 전체 지구단위계획구역 면적이 10만m^2를 초과하는 경우 : 전체 지구단위계획구역 면적의 10% 이내

(2) 지구단위계획구역으로 지정하고자 하는 토지의 면적이 다음 각 목의 어느 하나에 규정된 면적 요건에 해당할 것

(가) 지정하고자 하는 지역에 「건축법 시행령」 별표 1 제2호의 공동주택 중 아파트 또는 연립주택의 건설계획이 포함되는 경우에는 30만m^2 이상일 것. 이 경우 다음 요건에 해당하는 대에는 일단의 토지를 통합하여 하나의 지구단위계획구역으로 지정할 수 있다.

① 아파트 또는 연립주택의 건설계획이 포함되는 각각의 토지의 면적이 10만m^2 이상이고, 그 총면적이 30만m^2 이상일 것

② ①의 각 토지는 국토교통부장관이 정하는 범위 안에 위치하고, 국토교통부장관이 정하는 규모 이상의 도로로 서로 연결되어 있거나 연결도로의 설치가 가능할 것

(나) 지정하고자 하는 지역에 「건축법 시행령」 별표 1 제2호의 공동주택 중 아파트 또는 연립주택의 건설계획이 포함되는 경우로서 다음의 어느 하나에 해당하는 경우에는 10만m² 이상일 것

① 지구단위계획구역이 「수도권정비계획법」 제6조제1항제3호의 규정에 의한 자연보전권역인 경우

② 지구단위계획구역 안에 초등학교 용지를 확보하여 관할 교육청의 동의를 얻거나 지구단위계획구역 안 또는 지구단위계획구역으로부터 통학이 가능한 거리에 초등학교가 위치하고 학생수용이 가능한 경우로서 관할 교육청의 동의를 얻은 경우

(다) 가목 및 나목의 경우를 제외하고는 3만m² 이상일 것

(3) 당해 지역에 도로·수도공급설비·하수도 등 기반시설을 공급할 수 있을 것

(4) 자연환경·경관·미관 등을 해치지 아니하고 문화재의 훼손우려가 없을 것

나) 제37조에 따라 지정된 개발진흥지구로서 대통령령으로 정하는 요건에 해당하는 지역

법 제51조제3항제2호에서 "대통령령이 정하는 요건"이라 함은 다음 각 호의 요건을 말한다.

(1) 제1항 제(2)부터 제(4)까지의 요건에 해당할 것

(2) 당해 개발진흥지구가 다음 각 목의 지역에 위치할 것

① 주거개발진흥지구, 복합개발진흥지구(주거기능이 포함된 경우에 한한다) 및 특정개발진흥지구 : 계획관리지역

② 산업·유통개발진흥지구 및 복합개발진흥지구(주거기능이 포함되지 아니한 경우에 한한다) : 계획관리지역·생산관리지역 또는 농림지역

③ 관광·휴양개발진흥지구 : 도시지역외의 지역

다) 제37조에 따라 지정된 용도지구를 폐지하고 그 용도지구에서의 행위제한 등을 지구단위계획으로 대체하려는 지역

유권해석 ▌01

① 질의요지

가. 해당지역은 생산관리지역과 농림지역이 혼재된 지역으로 3만m² 미만의 소규모 면적에 대해 지구단위계획을 수립하여 용적률 등을 완화해 줄 수 있는지 여부

나. 지구단위계획수립 이전에 토지조성을 할 수 있는지 여부

② 회신내용

○ 질의 '가'에 대하여 「국토의 계획 및 이용에 관한 법률」(이하 '법') 제51조제3항에 따르면 도시지역 외의 지역에서 지구단위계획을 수립하고자 하는 경우에는 해당지역이 구역면적의 50% 이상이 계획관리지역이고 나머지 지역이 생산관리지역이거나 개발진흥지구로 지정되어 있어야 하며 법 시행령 제44조제1항제2호 다목에 따라 그 면적은 3만m² 이상이 되도록 하고 있습니다.

○ 아울러 지구단위계획은 해당 지역을 체계적·계획적으로 개발 및 관리하기 위해 용적률 등을 완화하여 적용할 수는 있으나 용적률 등을 완화해주기 위해 지구단위계획을 수립하는 것은 타당치 않음을 알려드립니다.

○ 질의 '나'에 대하여 법 제54조에 따르면 지구단위계획은 법정계획으로 지구단위계획이 수립된 지역에서 건축물을 건축하거나 건축물의 용도를 변경하려면 그 지구단위 계획에 맞게 하도록 하고 있습니다.

○ 따라서 지구단위계획에 따른 건축 등의 계획이 수립되지 않은 상태에서 건축 등을 위한 토지조성을 미리 하는 것은 타당치 않을 것으로 판단됩니다.

[도시정책과-1568, 2013.3.5]

유권해석 ▌02

① 질의요지

택지개발촉진법에 의하여 1989.12 택지개발예정지구로 지정되어 1992.12 실시계획승인 1996.12.31 사업이 준공되어 10년 이상 경과한 제1종지구단위계획

이 수립된 지구인데 당초 지구단위계획구역의 변경(일부필지제척) 가능 여부

② **회신내용**

○ 「택지개발촉진법」에 의해 개발·공급된 택지를 공급받은 자는 법 제19조에 따라 승인된 용도에 따라 주택 등을 건설하여야 하며 「택지개발업무처리지침」 제29조에 따라 준공된 택지개발사업지구는 계속하여 도시의 기능을 극대화하고 도시의 건전한 발전을 도모할 수 있도록 지구단위계획으로 관리하여야 하며 준공일로부터 10년(330만m² 이상 택지개발사업지구로서 자족기능 등을 확보하기 위해 국토해양부장관이 추진하는 신도시는 20년)간은 준공당시 수립된 지구단위계획을 유지하도록 규정하고 있습니다.

○ 질의의 경우 택지개발사업준공 후 10년이 경과한 지역에 대하여 주변의 여건변동 등으로 인하여 부득이 택지개발계획의 변경사유가 발생하였을 경우에는 「국토의 계획 및 이용에 관한 법률」에 따라 지구단위계획구역을 변경할 수 있을 것이나 구체적인 사항은 지구단위계획 입안 및 결정권자가 주변여건 등을 종합적으로 검토하여 판단할 사항임을 알려드립니다.

[도시정책과-982, 2008.11.3]

유권해석 ▌03

① **질의요지**

○ 도시지역 외 농림지역에 산업·유통형개발진흥지구 지정 및 산업유통형지구단위계획구역결정을 동시에 이행할 수 있는지

○ 가능하다면 동 구역에서 행위가능한 제조업 업종은 무엇인지? 해당 지역이 대부분 산지관리법에 따른 보전산지 및 준보전산지임으로 "임업을 위한 것"으로 한정하는 것이 타당한지 여부

② **회신내용**

○ 질의 1에 대한 답변

– 「국토의 계획 및 이용에 관한 법률」(이하 "법")에 제51조제3항제2호 및 법 시행령 제44조제2항제2호에 따르면 농림지역에 지정된 산업·유통개발진흥지구에 지구단위계획구역을 지정할 수 있습니다.

- 다만, 해당 용도지역·지구가 부합하지 않을 경우에는 용도지역 변경이나 지구지정이 선행되어야 하나 법에 용도지역지구 변경지정과 지구단위계획결정의 동시입안 및 절차이행을 제한하지 않고 있고,
- 산업·유통개발지구지정과 산업·유통형지구 단위계획결정은 개발의 규모·종류·위치·내용 등과 밀접한 연계성을 갖고 있으며 산업·유통 개발진흥지구지정 시 관계 기관협의 및 심의 과정에서 지정사유·개발내용·구역경계 등이 필요한 점 등을 고려할 때 절차간소화 및 효율적인 업무처리를 위하여 도시관리계획 입안권자가 필요하다고 인정하는 경우 동시에 입안절차를 진행할 수 있다고 판단됩니다.
- 아울러 법 제26조에 따라 주민이 용도지구지정을 위한 도시관리계획의 입안 제안은 허용되지 않고 있으므로 주민은 산업유통형 지구단위계획 수립에 대한 입안만을 제안 할 수 있으며 산업·유통개발진흥지구 지정 이행여부는 귀 시에서 주민이 신청한 사항을 참고하되 도시기본계획 관련 도시관리계획 지역여건 등을 종합적으로 고려하여 판단하면 될 것입니다.

○ 질의 2에 대한 답변

- 「지구단위계획수립지침」 2-1-2-1에 따르면 산업·유통형 지구단위계획구역에서는 「산업입지 및 개발에 관한 법률」에 따른 농공단지 「산업집적활성화 및 공장설립에 관한 법률」상의 공장과 근로자주택 「물류정책기본법」에 따른 물류시설 「물류시설의 개발 및 운영에 관한 법률」에 따른 물류단지 「유통산업발전법」에 따른 집배송시설과 공동집배송센터·대규모 점포 기타 농어촌 관련시설을 설치할 수 있습니다.
- 또한 「지구단위계획수립지침」 2-2-10(5)에 따르면 생산관리지역·농림지역 안에 입안하는 산업·유통형 지구단위계획은 농업·임업·축산업 또는 수산업을 위한 것으로 제한하고 있습니다.
- 따라서 귀시의 해당 부지가 농림지역임을 고려하면 농업·임업·축산업 또는 수산업을 위한시설이 허용될 것이며 질의처럼 임업을 위한 시설로 제한할지 여부는 귀시에서 지구단위계획구역 지정목적, 도시기본계획관련 도시관리계획지역 여건 등을 종합적으로 고려하여 판단하면 될 것입니다.

[도시정책과-6770, 2013.11.26]

3. 지구단위구역안에서의 행위제한

가. 건축제한

지구단위계획구역에서 건축물을 건축 또는 용도변경하거나 공작물을 설치하려면 그 지구단위계획에 맞게 하여야 한다. 다만, 지구단위계획이 수립되어 있지 아니한 경우에는 그러하지 아니하다(법 제54조).

유권해석 ▌01

① **질의요지**

법 제54조의 '지구단위계획구역에서 건축물을 건축하거나 건축물의 용도를 변경하려면 그 지구단위계획에 맞게 건축하거나 용도를 변경하여야 한다'에서 '건축물'의 적용범위

② **회신내용**

「국토의 계획 및 이용에 관한 법률」 제54조에 따르면 지구단위계획구역에서 건축물을 건축하거나 건축물의 용도를 변경하려면 그 지구단위계획에 맞게 하도록 되어있으며 여기서'건축물'이란 「건축법」에 따른 건축물로 보아야 할 것입니다.

[도시정책과-2305, 2011.4.12]

유권해석 ▌02

① **질의요지**

지구단위계획구역 내의 토지와 구역 밖의 토지를 하나의 대지로 하여 건축허가가 가능한지 여부

② **회신내용**

○ 지구단위계획은 해당 지역을 체계적·계획적으로 개발 및 관리하기 위해 수립하는 법정계획으로,

○ 지구단위계획의 내용에는 가구 및 획지에 대한 사항과 건축물의 용도제한·건폐율·용적률·높이에 대한 사항을 포함토록 하고 있으며「국토의 계획 및 이용에 관한 법률」제54조에 따르면 지구단위계획구역 안에서 건축물을 건축하는 행위는 그 지구단위계획에 맞게 하도록 하고 있습니다.

○ 따라서 지구단위계획구역 안의 지역과 구역 밖의 지역을 하나의 대지로 합병하여 건축물을 건축하는 행위는 지구단위계획구역의 지정목적과 지구단위계획에 맞는 건축행위로 볼 수 없을 것으로 판단됩니다.

[도시정책과-4589, 2012.7.18]

유권해석 ▌03

① **질의요지**

지구단위계획이 수립된 지역에서 임시적으로 사용코자 가설건축물을 설치하는 경우에도 법 제54조의 규정을 적용하여 지구단위계획의 내용(건축용도 등)에 적합하여야 하는지 여부

② **회신내용**

○ 지구단위계획은 해당 지역을 체계적·계획적으로 관리하기 위해 수립하는 법정계획으로「국토의 계획 및 이용에 관한 법률」제54조에 따르면 지구단위계획구역 안에서 건축물을 건축하거나 건축물의 용도를 변경하고자 하는 경우에는 그 지구단위계획에 적합하게 건축하거나 용도를 변경하도록 정하고 있습니다.

○ 다만, 귀 질의의 가설건축물을 한시적으로 설치할 수 있는지 여부는 당해 지구단위계획에 따른 개발사업에 차질이 없는 범위 내에서 지구단위계획의 입안취지 및 내용 인근주변의 여건 및 민원상황, 관계법령 등을 종합적으로 고려하여 당해 지구단위계획의 입안·결정권자가 결정할 사항임을 알려드립니다.

[도시정책과-2783, 2011.5.4]

【판시사항】

(대법원 2008.3.27. 선고 2006두3742 판결)

[1] 법령의 규정이 특정 행정기관에 그 법령 내용의 구체적 사항을 정할 수 있는 권한을 부여하면서 권한 행사의 절차나 방법을 특정하고 있지 않아 수임행정기관이 행정규칙의 형식으로 법령의 내용이 될 사항을 구체적으로 정한 경우 그 효력

[2] 구 택지개발촉진법 제3조제4항, 제31조, 같은 법 시행령 제7조제1항 및 제5항에 따라 건설교통부장관이 정한 '택지개발업무처리지침' 제11조가 법규명령으로서의 효력을 갖는지 여부(적극)

[3] 이미 고시된 실시계획에 포함된 상세계획으로 관리되는 토지 위의 건물의 용도를 상세계획 승인권자의 변경승인 없이 임의로 판매시설에서 상세계획에 반하는 일반목욕장으로 변경한 사안에서, 그 영업신고를 수리하지 않고 영업소를 폐쇄한 처분은 적법하다고 한 사례

【판결요지】

[1] 상급행정기관이 하급행정기관에 대하여 업무처리지침이나 법령의 해석적용에 관한 기준을 정하여 발하는 이른바 행정규칙은 일반적으로 행정조직 내부에서만 효력을 가질 뿐 대외적인 구속력을 갖지 않지만, 법령의 규정이 특정 행정기관에게 그 법령 내용의 구체적 사항을 정할 수 있는 권한을 부여하면서 그 권한 행사의 절차나 방법을 특정하고 있지 않아 수임행정기관이 행정규칙의 형식으로 그 법령의 내용이 될 사항을 구체적으로 정하고 있다면, 그와 같은 행정규칙은 위에서 본 행정규칙이 갖는 일반적 효력으로서가 아니라 행정기관에 법령의 구체적 내용을 보충할 권한을 부여한 법령 규정의 효력에 의하여 그 내용을 보충하는 기능을 갖게 되고, 따라서 이와 같은 행정규칙은 당해 법령의 위임 한계를 벗어나지 않는 한 그것들과 결합하여 대외적인 구속력이 있는 법규명령으로서의 효력을 가진다.

[2] 관계 법령의 내용, 형식 및 취지 등을 종합하여 볼 때, 구 택지개발촉진법(2007.4.20. 법률 제8384호로 개정되기 전의 것) 제3조제4항, 제31조, 같은 법 시행령 제7조제1항 및 제5항에 따라 건설교통부장관이 정한 '택지개발업무처리지침'(택지 58540－647, 1995.8.10. 제정) 제11조가 비록 건설교통부장관의 지침 형식으로 되어 있다 하더라도, 이에 의한 토지이용에 관한 계획은 택지개발촉진법령의 위임에 따라 그 규

정의 내용을 보충하면서 그와 결합하여 대외적인 구속력이 있는 법규명령으로서의 효력을 가진다.
[3] 이미 고시된 실시계획에 포함된 상세계획으로 관리되는 토지 위의 건물의 용도를 상세계획 승인권자의 변경승인 없이 임의로 판매시설에서 상세계획에 반하는 일반목욕장으로 변경한 사안에서, 그 영업신고를 수리하지 않고 영업소를 폐쇄한 처분은 적법하다고 한 사례

나. 제한의 완화

1) 제1종 지구단위계획구역 안에서의 완화

제1종 지구단위계획구역에서는 지구단위계획이 정하는 바에 따라 용도지역·지구 안에서 건축물의 용도·종류 및 규모의 제한, 용도지역 안에서의 건폐율, 용적률(법 제76조 및 제77조, 제78조의 규정) 및 건축법상의 대지 안의 조경, 대지와 도로와의 관계, 건축물의 높이제한, 공개공지 등의 확보(「건축법」 제42조·제43조·제44조·제60조 및 제61조), 그리고 부설주자창의 설치 및 부설주차장 설치계획서 등의 규정(「주차장법」 제19조 및 제19조의2)을 완화하여 적용할 수 있다(법 제52조제3항). 이때 위 규정에 의하여 완화하여 적용되는 건폐율 및 용적률은 당해 용도지역 또는 용도지구에 적용되는 건폐율의 150% 및 용적률의 200%를 각각 초과할 수 없다(같은 조 제10항).

가) 공공시설부지의 제공시

지구단위계획구역(도시지역 내에 지정하는 경우로 한정한다)에서 건축물을 건축하려는 자가 그 대지의 일부를 공공시설 또는 기반시설 중학교와 해당 시·도 또는 대도시의 도시계획조례로 정하는 기반시설의 부지로 제공하거나 공공시설 등을 설치하여 제공하는 경우[지구단위계획구역 밖의 「하수도법」 제2조제14호에 따른 배수구역에 공공하수처리시설을 설치하여 제공하는 경우(지구단위계획구역에 다른 기반시설이 충분히 설치되어 있는 경우로 한정한다)를 포함한다]에는 그 건축물에 대하여 지구단위계획으로 다음의 구분에 따라 건폐율·용적률 및 높

이제한을 완화하여 적용할 수 있다(법 시행령 제46조제1항).

(1) 공공시설 등의 부지를 제공하는 경우에는 다음 각 목의 비율까지 건폐율·용적률 및 높이제한을 완화하여 적용할 수 있다. 다만, 지구단위계획구역 안의 일부 토지를 공공시설 등의 부지로 제공하는 자가 해당 지구단위계획구역 안의 다른 대지에서 건축물을 건축하는 경우에는 나목의 비율까지 그 용적률을 완화하여 적용할 수 있다.

(가) 완화할 수 있는 건폐율 = 해당 용도지역에 적용되는 건폐율×[1 + 공공시설 등의 부지로 제공하는 면적(공공시설 등의 부지를 제공하는 자가 법 제65조제2항에 따라 용도가 폐지되는 공공시설을 무상으로 양수받은 경우에는 그 양수받은 부지면적을 빼고 산정한다. 이하 이 조에서 같다)÷원래의 대지면적] 이내

(나) 완화할 수 있는 용적률 = 해당 용도지역에 적용되는 용적률 + [1.5×(공공시설 등의 부지로 제공하는 면적×공공시설 등 제공 부지의 용적률)÷공공시설 등의 부지 제공 후의 대지면적] 이내

(다) 완화할 수 있는 높이 = 「건축법」 제60조에 따라 제한된 높이×(1 + 공공시설 등의 부지로 제공하는 면적÷원래의 대지면적) 이내

(2) 공공시설 등을 설치하여 제공(그 부지의 제공은 제외한다)하는 경우에는 공공시설 등을 설치하는 데에 드는 비용에 상응하는 가액(價額)의 부지를 제공한 것으로 보아 제1호에 따른 비율까지 건폐율·용적률 및 높이제한을 완화하여 적용할 수 있다. 이 경우 공공시설 등 설치비용 및 이에 상응하는 부지가액의 산정 방법 등은 시·도 또는 대도시의 도시·군계획조례로 정한다.

(3) 공공시설 등을 설치하여 그 부지와 함께 제공하는 경우에는 제1호 및 제2호에 따라 완화할 수 있는 건폐율·용적률 및 높이를 합산한 비율까지 완화하여 적용할 수 있다.

나) 보상금액반환에 따른 건폐율 등의 완화

특별시장·광역시장·특별자치시장·특별자치도지사·시장 또는 군수는 지구단위계획구역에 있는 토지를 공공시설부지로 제공하고 보상을 받은 자 또는

그 포괄승계인이 그 보상금액에 국토교통부령이 정하는 이자를 더한 금액(이하 이 항에서 "반환금"이라 한다)을 반환하는 경우에는 당해 지방자치단체의 도시·군계획조례가 정하는 바에 따라 가)의 각 목을 적용하여 당해 건축물에 대한 건폐율·용적률 및 높이제한을 완화할 수 있다. 이 경우 그 반환금은 기반시설의 확보에 사용하여야 한다(같은 조 제3항). 이때 위 규정에 의하여 완화하여 적용되는 건폐율 및 용적률은 당해 용도지역 또는 용도지구에 적용되는 건폐율의 150% 및 용적률의 200%를 각각 초과할 수 없다(같은 조 제10항).

다) 공개공지, 공개공간을 초과설치시

지구단위계획구역에서 건축물을 건축하고자 하는 자가 「건축법」 제43조제1항에 따른 공개공지 또는 공개공간을 같은 항에 따른 의무면적을 초과하여 설치한 경우에는 당해 건축물에 대하여 지구단위계획으로 다음 각 호의 비율까지 용적률 및 높이제한을 완화하여 적용할 수 있다(같은 조 제3항). 또한 지구단위계획구역에서는 위 규정에 의하여 도시계획조례의 규정에 불구하고 지구단위계획으로 제84조에 규정된 범위 안에서 건폐율을 완화하여 적용할 수 있으며(같은 조 제4항), 또한 지구단위계획으로 법 제76조의 규정에 의하여 제30조 각 호의 용도지역 안에서 건축할 수 있는 건축물(도시·군계획조례가 정하는 바에 의하여 건축할 수 있는 건축물의 경우 도시·군계획조례에서 허용되는 건축물에 한한다)의 용도·종류 및 규모 등의 범위 안에서 이를 완화하여 적용할 수 있다(같은 조 제5항). 다만, 위 규정에 의하여 완화하여 적용되는 건폐율 및 용적률은 당해 용도지역 또는 용도지구에 적용되는 건폐율의 150% 및 용적률의 200%를 각각 초과할 수 없다(같은 조 제10항).

(1) 완화할 수 있는 용적률 = 「건축법」 제43조제2항에 따라 완화된 용적률 + (당해 용도지역에 적용되는 용적률×의무면적을 초과하는 공개공지 또는 공개공간의 면적의 절반÷대지면적) 이내

(2) 완화할 수 있는 높이 = 「건축법」 제43조제2항에 따라 완화된 높이 + (「건축법」 제60조에 따른 높이×의무면적을 초과하는 공개공지 또는 공개공간의 면적의 절반÷대지면적) 이내

라) 주차장 설치

지구단위계획구역의 지정목적이 다음에 해당하는 경우에는 지구단위계획으로 「주차장법」 제19조제3항의 규정에 의한 주차장 설치기준을 100%까지 완화하여 적용할 수 있다(같은 조 제6항).

(1) 한옥마을을 보존하고자 하는 경우
(2) 차 없는 거리를 조성하고자 하는 경우(지구단위계획으로 보행자전용도로를 지정하거나 차량의 출입을 금지한 경우를 포함한다)
(3) 그 밖에 국토교통부령이 정하는 경우

마) 용도지역

다음에 해당하는 경우에는 지구단위계획으로 당해 용도지역에 적용되는 용적률의 120% 이내에서 용적률을 완화하여 적용할 수 있다(같은 조 제7항).

(1) 도시지역에 개발진흥지구를 지정하고 당해 지구를 지구단위계획구역으로 지정한 경우
(2) 다음 각 목의 1에 해당하는 경우로서 특별시장·광역시장·특별자치시장·특별자치도지사·시장 또는 군수의 권고에 따라 공동개발을 하는 경우
  (가) 지구단위계획에 2필지 이상의 토지에 하나의 건축물을 건축하도록 되어 있는 경우
  (나) 지구단위계획에 합벽건축을 하도록 되어 있는 경우
  (다) 지구단위계획에 주차장·보행자통로 등을 공동으로 사용하도록 되어 있어 2필지 이상의 토지에 건축물을 동시에 건축할 필요가 있는 경우

바) 개발진흥구역

도시지역에 개발진흥지구를 지정하고 당해 지구를 지구단위계획구역으로 지정한 경우에는 지구단위계획으로 「건축법」 제60조에 따라 제한된 건축물높이의 120% 이내에서 높이제한을 완화하여 적용할 수 있다(같은 조 제8항).

2) 제2종 지구단위계획구역 안에서의 완화

지구단위계획구역(도시지역 외에 지정하는 경우로 한정한다)에서는 지구단위계획으로 당해 용도지역 또는 개발진흥지구에 적용되는 건폐율의 150% 및 용적률의 200% 이내에서 건폐율 및 용적률을 완화하여 적용할 수 있으며(법 시행령 제47조제1항). 또한 지구단위계획으로 법 제76조의 규정에 의한 건축물의 용도·종류 및 규모 등을 완화하여 적용할 수 있다. 다만, 개발진흥지구(계획관리지역에 지정된 개발진흥지구를 제외한다)에 지정된 지구단위계획구역에 대하여는 「건축법 시행령」 별표 1 제2호의 공동주택 중 아파트 및 연립주택은 허용되지 아니한다(같은 조 제2항).

4. 구역지정의 실효

지구단위계획구역의 지정에 관한 도시관리계획결정의 고시일부터 3년 이내에 그 지구단위계획구역에 관한 지구단위계획이 결정·고시되지 아니하면 그 3년이 되는 날의 다음날에 그 지구단위계획구역의 지정에 관한 도시관리계획결정은 효력을 잃으며, 이에 따라 지구단위계획구역 지정이 효력을 잃으면 국토교통부장관, 시·도지사, 시장 또는 군수는 지체 없이 그 사실을 고시하여야 한다. 다만, 다른 법률에서 지구단위계획의 결정(결정된 것으로 보는 경우를 포함한다)에 관하여 따로 정한 경우에는 그 법률에 따라 지구단위계획을 결정할 때까지 지구단위계획구역의 지정은 그 효력을 유지한다(법 제53조).

유권해석

① 질의요지

지구단위계획구역을 지정한 후 지구단위계획을 입안 중 지구단위계획구역 지정이 3년이 경과되어 지구단위계획구역이 실효되는 경우 현재 입안중인 지구단위계획도 실효되는지

② **회신내용**

○ 「국토의 계획 및 이용에 관한 법률」 제53조 제1항에 따르면 지구단위계획구역의 결정·고시일부터 3년 이내에 그 지구단위계획구역에 관한 지구단위계획이 결정·고시되지 않으면 그 3년이 되는 날의 다음 날에 그 지구단위계획구역의 결정은 효력을 잃도록 하고 있음.

○ 따라서 당해 지구단위계획구역에 관한 지구단위계획이 결정·고시 되지 않아 당해 지구단위계획구역결정이 실효된다면 당해 지구단위계획구역에 대해 입안중인 지구단위계획도 실효되는 것으로 보는 것이 타당함.

[도시정책과-5602, 2012.8.31]

제 8 장 도시계획시설

1. 도시계획시설

도시계획시설이란 도로·공원·항만·철도 등 도시주민의 생활이나 도시기능의 유지를 위하여 필요한 법상의 기반시설 중 도시관리계획으로 결정된 시설을 말하며(법 제2조7호), 기반시설이 단순한 시설 자체를 의미한다면 도시계획시설은 도시계획시설은 그 기반시설의 설치가 도시관리계획의 규정된 절차를 통해 계획으로 결정되어 법적인 의미를 지니게 되었다는 것을 의미한다. 세부적인 도시계획시설의 결정은 도시계획시설의 결정·구조 및 설치기준에 관한 규칙을 반드시 준수하여야 한다. 지구단위계획은 도시관리계획으로 결정되며 그 내용 중에 기반시설에 대한 내용이 반드시 포함되어야 되므로 지구단위계획을 통해 설치되는 기반시설도 도시계획시설이 된다.

2. 기반시설

도로·철도 등 교통시설, 광장 등 공간시설, 수도·전기 등 공급시설, 문화체육시설, 하천·유수지 등 방재시설, 화장시설 등 보건위생시설, 하수도·폐기물시설 등 환경기초시설 등과 같이 도시에 필요한 기본적인 시설들을 기반시설이라 한다. 도시계획시설은 이러한 기반시설 중 도시관리계획으로 그 설치가 결정된 시설을 말한다. 이것은 도시계획이라는 구속력을 이용하여 필요한 시설을 확보하고자 하는 것이므로, 필요한 기반시설 중 부족한 것을 확보하고자 할 때 사용하는 수단이 된다.[45)]

45) 민태욱, 앞의 책, 159면.

가. 기반시설의 종류

기반시설이란 당해 시설 그 자체의 기능발휘와 이용을 위하여 필요한 부대시설 및 편익시설을 포함한 다음의 시설을 말하며(법 제2조제6호, 법 시행령 제2조제1항), 위 규정에 의한 기반시설의 추가적인 세분 및 구체적인 범위는 국토교통부령으로 정한다(같은 조 제3항).

1) 교통시설 : 도로·철도·항만·공항·주차장·자동차정류장·궤도·운하, 자동차 및 건설기계검사시설, 자동차 및 건설기계운전학원
2) 공간시설 : 광장·공원·녹지·유원지·공공공지
3) 유통·공급시설 : 유통업무설비, 수도·전기·가스·열공급설비, 방송·통신시설, 공동구·시장, 유류저장 및 송유설비
4) 공공·문화체육시설 : 학교·운동장·공공청사·문화시설·공공필요성이 인정되는 체육시설·도서관·연구시설·사회복지시설·공공직업훈련시설·청소년수련시설
5) 방재시설 : 하천·유수지·저수지·방화설비·방풍설비·방수설비·사방설비·방조설비
6) 보건위생시설 : 화장시설·공동묘지·봉안시설·자연장지·장례식장·도축장·종합의료시설
7) 환경기초시설 : 하수도·폐기물처리시설·수질오염방지시설·폐차장

나. 기반시설의 세분

위 '가.'항에 따른 기반시설중 도로·자동차정류장 및 광장은 다음 각 호와 같이 세분할 수 있다(법 시행령 제2조제2항).

【판시사항】

구 도시계획법하에서의 도시계획결정이 개정법에 저촉되므로 개정법에 의한 도시계획변경결정 없이는 도시계획사업 실시계획 인가를 하지 못한다고 한 사례(대법원

1995.12.8. 선고 93누9927 판결)

【판결요지】

구 도시계획법(1971.1.19. 법률 제2291호로 전문 개정되기 전의 것) 시행 당시에는 도로의 종류가 세분되지 아니하였던 관계로 도시계획결정시에 도로의 폭과 연장만을 결정한 다음 그 결정에 기하여 행정청이 원하는 형태의 도로를 설치하는 것이 허용되고 있었으나, 구법이 전면 개정됨에 따라 도시계획법 제12조제3항은 도시계획에 관한 중요한 기준 및 도시계획시설기준에 관하여는 도시계획시설기준에 관한 규칙에서 정한 바에 따르도록 규정하고, 제16조제1항 및 제2항은 도시계획시설인 도로는 도시계획으로써만 설치하여야 하되, 그 설치할 도로에 관한 구조 및 설치기준은 같은 규칙에서 정한 바에 따르도록 규정하고 있으며, 같은 규칙 제8조, 제10조의2, 제11조, 제15조의2 등은 도로를 사용 및 형태별로 일반도로, 자동차전용도로, 보행자전용도로, 자전거전용도로, 고속도로, 고가도로, 지하도로 등의 7가지로 세분하여 각 설치기준을 달리 규정하고 있으므로, 도로를 설치하기 위한 도시계획사업 실시계획을 인가하려면 위 7가지 도로 중의 어느 하나를 설치한다는 내용의 도시계획결정(또는 변경결정)이 반드시 선행되어야 할 것이고, 한편 1971.1.19. 법률 제2291호로 전면 개정된 도시계획법 부칙 제2항에 의하면 이 법 시행 당시 종전의 법령에 의한 결정, 처분 및 그 절차는 이 법에 저촉되지 아니하는 한 이 법에 의한 것으로 본다고 규정하였으므로 종전의 법령인 구법에 기한 도시계획결정은 도로의 폭과 연장만을 결정해 놓은 것에 불과하여 위 7가지 도로 중의 어느 하나를 설치하기 위한 도시계획결정이라 할 수 없어 위 개정법률에 저촉된다고 할 것이므로, 구법에 기한 도시계획에 의하여 도로부지로 결정된 토지상에 도로를 설치하기 위한 도시계획사업 실시계획을 인가하려면 반드시 위 7가지 도로 중의 어느 하나를 설치한다는 내용의 도시계획변경결정이 선행되어야 할 것이다.

1) 도　로

가) 일반도로　　나) 자동차전용도로

다) 보행자전용도로　　라) 자전거전용도로

마) 고가도로　　바) 지하도로

2) 자동차정류장

가) 여객자동차터미널

나) 화물터미널

다) 공영차고지

라) 공동차고지(「화물자동차 운수사업법」 제48조 또는 제50조에 따른 협회 또는 연합회가 설치하는 경우에만 해당한다)

3) 광 장

가) 교통광장

나) 일반광장

다) 경관광장

라) 지하광장

마) 건축물부설광장

〈도시·군계획시설의 종류(53개)〉

구 분	시 설 명
교통시설 (10개)	도로, 철도, 항만, 공항, 주차장, 자동차정류장, 궤도, 운하, 자동차 및 건설기계검사시설, 자동차 및 건설기계운전학원
공간시설 (5개)	광장, 공원, 녹지, 유원지, 공공공지
유통·공급시설 (9개)	유통업무설비, 수도공급설비, 전기공급설비, 가스공급설비, 열공급설비, 방송·통신시설, 공동구, 시장, 유류저장 및 송유설비
공공·문화체육시설 (10개)	학교, 운동장, 공공청사, 문화시설, 체육시설, 연구시설, 공공직업훈련시설, 도서관, 사회복지시설, 청소년수련시설
방재시설 (8개)	하천, 유수지, 저수지, 방화설비, 방풍설비, 방수설비, 사방설비, 방조설비
보건위생시설 (7개)	화장시설, 공동묘지, 봉안시설, 자연장지, 도축장, 장례식장, 종합의료시설
환경기초시설 (4개)	하수도, 폐기물처리시설, 수질오염방지시설, 폐차장

3. 도시계획시설의 설치 및 관리

〈도시·군계획시설 설치절차〉

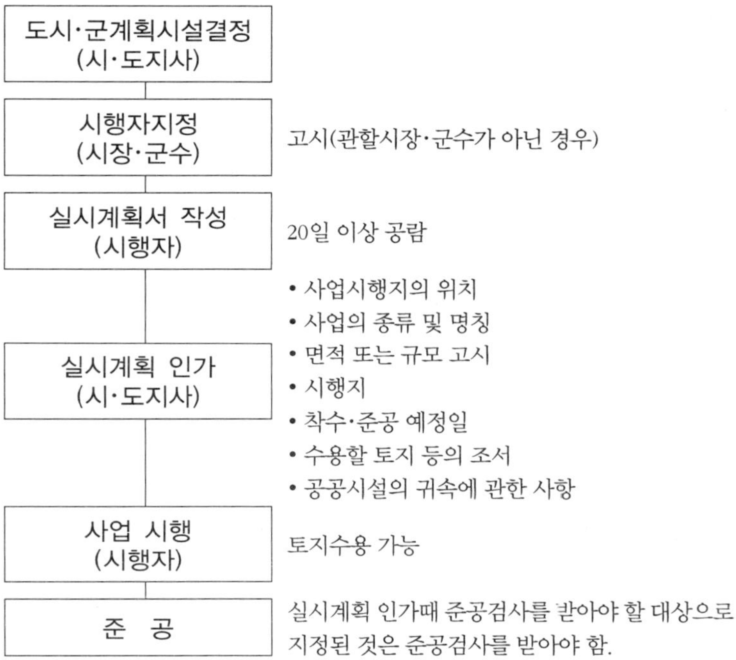

※ 구체적인 결정 및 설치기준은 「도시·군계획시설의 결정·구조 및 설치기준에 관한 규칙」에 규정

가. 일반적 설치기준

1) 원 칙

지상·수상·공중·수중 또는 지하에 기반시설을 설치하려면 그 시설의 종류·명칭·위치·규모 등을 미리 도시관리계획으로 결정하여야 하여야 하며(법 43조 제1항), 이때 도시계획시설의 결정·구조 및 설치의 기준 등에 필요한 사항은 국토교통부령으로 정하고, 그 세부사항은 국토교통부령으로 정하는 범위에서 시·도의 조례로 정할 수 있다(같은 조 제2항). 용도지역·기반시설의 특성 등을 고려하여 대통령령으로 정하는 경우에는 그러하지 아니하다(같은 조 제1항 단서).

【판시사항】

토지소유자가 도시계획사업 실시계획 인가처분에 대한 취소소송을 제기할 이익이 있는지 여부(대법원 1995.12.8. 선고 93누9927 판결)

【판결요지】

도시계획사업 시행지역에 포함된 토지의 소유자는 도시계획사업 실시계획의 인가로 인하여 자기의 토지가 수용당하게 되고 또 자기의 토지가 수용되지 않는 경우에도 도시계획사업이 시행되어 도시계획시설이 어떻게 설치되느냐에 따라 토지의 이용관계가 달라질 수 있으므로, 도시계획사업 시행지역에 포함된 토지의 소유자는 도시계획사업 실시계획 인가처분의 효력을 다툴 이익이 있다.

【판시사항】

건축촉구한 대지 위에다 도시계획시설설치를 결정한 처분의 효력(대법원 1984.5.9. 선고 83누167 판결)

【판결요지】

안양시장이 원고가 안양시로부터 환지받은 본건 대지상에 도시미관상의 이유로 건축물축조를 촉구한바 원고가 조속한 건축을 약속하겠다고 회신하는 한편 건축계획수립에 착수하였다는 사실만으로 원고에게 본건 대지상에 소유권 이외에 건축에 관한 어떠한 권리도 발생. 귀속하였다고 할 수 없으므로 안양시장의 건축촉구 1년 후에 피고(경기도지사)가 그 대지상에 도시계획시설설치를 결정하였다 하여 위 결정처분이 신의성실. 금반언 원칙에 반하며 공정성을 결한 무효의 행정처분이라고는 할 수 없다.

2) 예 외

용도지역·기반시설의 특성 등을 고려하여 다음의 경우에는 예외적으로 도시관리계획에 의하지 아니하고도 설치할 수 있다(법 제43조제1항 단서, 법 시행령 제35조제1항).

가) 도시지역 또는 지구단위계획구역에서 다음 각 목의 기반시설을 설치하고자 하는 경우

(1) 자동차 및 건설기계검사시설, 자동차 및 건설기계운전학원, 공공공지, 열공급설비, 방송·통신시설, 시장·공공청사·문화시설·공공필요성이 인정되는 체육시설·도서관·연구시설·사회복지시설·공공직업 훈련시설·청소년수련시설·저수지·방화설비·방풍설비·방수설비·사방설비·방조설비·장례식장·종합의료시설·폐차장

(2) 「도시공원 및 녹지 등에 관한 법률」의 규정에 의하여 점용허가대상이 되는 공원 안의 기반시설

(3) 그 밖에 국토교통부령이 정하는 시설

나) 도시지역 및 지구단위계획구역외의 지역에서 다음 각 목의 기반시설을 설치하고자 하는 경우

(가) 제1호 가목 및 나목의 기반시설

(나) 궤도 및 전기공급설비

(다) 그 밖에 국토교통부령이 정하는 시설

나. 공중·지하의 설치기준

도시계획시설을 공중·수중·수상 또는 지하에 설치하는 경우 그 높이나 깊이의 기준과 그 설치로 인하여 토지나 건물의 소유권 행사에 제한을 받는 자에 대한 보상 등에 관하여는 따로 법률로 정한다(법 제46조).

다. 관 리

도시계획시설의 관리에 관하여 이 법 또는 다른 법률에 특별한 규정이 있는 경우 외에는 국가가 관리하는 경우에는 대통령령으로,[46] 지방자치단체가 관

46) 법 시행령 제35조제2항
법 제43조제3항의 규정에 의하여 국가가 관리하는 도시·군계획시설은 「국유재산법」 제2조제11호에 따른 중앙관서의 장이 관리한다.

리하는 경우에는 그 지방자치단체의 조례로 도시계획시설의 관리에 관한 사항을 정한다(법 제43조제3항).

4. 도시계획시설부지의 매수청구

가. 의 의

도시계획시설의 부지로 결정되면 토지의 소유자는 도시계획시설의 설치에 지장이 되는 다른 시설물이나 공작물을 설치할 수 없고 토지의 매도 또한 사실상 불가능해 지는 등 당해 토지에 대한 경제적으로 의미있는 이용가능성이 배제된다. 그럼에도 불구하고 도시계획시설로 지정만 하고 장기간 미집행 한다면 당해 토지 소유자에게는 그 재산권행사의 제한으로 인하여 수인할 수 없는 손실이 발생하게 된다. 이렇듯 아무런 보상도 없이 장기간 수인하도록 하는 것은 과도한 제한이므로 이러한 문제의 해결책으로 도입된 제도가 토지소유자의 매수청구권이다.

나. 매수청구

1) 매수청구 대상

도시계획시설에 대한 도시관리계획의 결정의 고시일부터 10년 이내에 그 도시·군계획시설의 설치에 관한 도시계획시설사업이 시행되지 아니하는 경우(제88조에 따른 실시계획의 인가나 그에 상당하는 절차가 진행된 경우는 제외한다. 이하 같다) 그 도시·군계획시설의 부지로 되어 있는 토지 중 지목(地目)이 대(垈)인 토지(그 토지에 있는 건축물 및 정착물을 포함한다)의 소유자는 특별시장·광역시장·특별자치시장·특별자치도지사·시장 또는 군수에게 그 토지의 매수를 청구할 수 있다(법 제47조제1항 본문).

2) 매수의무자

i) 이 법에 따라 해당 도시계획시설사업의 시행자가 정하여진 경우에는 그

시행자, ii) 이 법 또는 다른 법률에 따라 도시계획시설을 설치하거나 관리하여야 할 의무가 있는 자가 있으면 그 의무가 있는 자(이 경우 도시계획시설을 설치하거나 관리하여야 할 의무가 있는 자가 서로 다른 경우에는 설치하여야 할 의무가 있는 자에게 매수 청구하여야 한다)의 어느 하나에 해당하는 경우에는 그에 해당하는 자(특별시장·광역시장·특별자치시장·특별자치도지사·시장 또는 군수를 포함한다)에게 그 토지의 매수를 청구할 수 있다(법 제47조제1항 단서).[47]

다. 매수청구 및 결정

토지의 매수를 청구하고자 하는 자는 도시계획시설부지매수청구서(전자문서로 된 청구서를 포함한다)에 대상토지 및 건물에 대한 등기사항증명서를 첨부하여 매수의무자에게 제출하여야 하며(법 시행령 제41조제1항), 이를 청구받은 매수의무자는 매수 청구를 받은 날부터 6개월 이내에 매수 여부를 결정하여 토지 소유자와 특별시장·광역시장·특별자치시장·특별자치도지사·시장 또는 군수(매수의무자가 특별시장·광역시장·특별자치시장·특별자치도지사·시장 또는 군수인 경우는 제외한다)에게 알려야 하며, 매수하기로 결정한 토지는 매수 결정을 알린 날부터 2년 이내에 매수하여야 한다(법 제47조제6항).

라. 매수방법

1) 매수대금의 지급 – 원칙 현금, 예외 도시계획시설채권

매수의무자는 매수 청구를 받은 토지를 매수할 때에는 현금으로 그 대금을 지급한다. 다만, i) 토지 소유자가 원하는 경우, ii) 대통령령으로 정하는 부재부동산 소유자의 토지 또는 비업무용 토지로서 매수대금이 대통령령으로 정하는 금액을 초과하여 그 초과하는 금액을 지급하는 경우의 어느 하나에 해당하는 경우로서 매수의무자가 지방자치단체인 경우에는 채권(도시계획시설채

47) 다만, 매수의무자는 「전자정부법」 제36조제1항에 따른 행정정보의 공동이용을 통하여 대상토지 및 건물에 대한 등기부 등본을 확인할 수 있는 경우에는 그 확인으로 첨부서류를 갈음하여야 한다.

권)을 발행하여 지급할 수 있다(같은 조 제2항).

2) 상환기간 및 이율

도시·군계획시설채권의 상환기간은 10년 이내로 하며, 그 이율은 채권 발행 당시 「은행법」에 따른 인가를 받은 은행 중 전국을 영업으로 하는 은행이 적용하는 1년 만기 정기예금금리의 평균 이상이어야 하며, 구체적인 상환기간과 이율은 특별시·광역시·특별자치시·특별자치도·시 또는 군의 조례로 정한다(같은 조 제3항).

3) 도시계획시설채권의 발행절차 등

도시·군계획시설채권의 발행절차나 그 밖에 필요한 사항에 관하여 이 법에 특별한 규정이 있는 경우 외에는 「지방재정법」에서 정하는 바에 따른다(같은 조 제5항).

마. 특례규정

제1항에 따라 매수 청구를 한 토지의 소유자는 i) 제6항에 따라 매수하지 아니하기로 결정한 경우, ii) 제6항에 따라 매수 결정을 알린 날부터 2년이 지날 때까지 해당 토지를 매수하지 아니하는 경우의 어느 하나에 해당하는 경우 허가를 받아 i) 「건축법 시행령」 별표 1 제1호 가목의 단독주택으로서 3층 이하인 것, ii) 「건축법 시행령」 별표 1 제3호의 제1종 근린생활시설로서 3층 이하인 것, iii) 「건축법 시행령」 별표 1 제4호의 제2종 근린생활시설(같은 호 거목, 더목 및 러목은 제외한다)로서 3층 이하인 것, iv) 공작물 등을 설치할 수 있다. 다만, 다음 각 호에 규정된 범위에서 특별시·광역시·특별자치시·특별자치도·시 또는 군의 도시계획조례로 따로 허용범위를 정하는 경우에는 그에 따른다(법 제7항, 법 시행령 제41조제5항).

유권해석 ▌01

① **질의요지**

가. 「국토의 계획 및 이용에 관한 법률」(이하 '법') 제47조에 따른 장기미집행 도시계획시설부지 매수청구와 관련하여 매수금액에 협의가 성립되지 아니한 경우 재평가 또는 수용재결 청구가능 여부, 수용청구 대상기관 및 매수청구를 다시 해야 하는지 여부

나. 매수청구시 「공익사업을 위한 토지 등의 취득 및 보상에 관한 법률」(이하 '토지보상법') 제74조에 따른 잔여지 청구가 가능한지 여부

② **회신내용**

질의 가.에 대하여,

○ 법 제47조에 따른 10년 이상 장기미집행 도시계획시설부지 매수청구는 토지소유자의 매수청구에 따라 시장·군수 등이 매수하는 제도로서 공공사업시행을 위하여 "사업인정"을 받아 보상하거나 수용하는 것이 아니므로 재평가나 토지보상법에 의한 재결신청 규정은 적용될 여지가 없다고 판단됩니다.

○ 아울러 동 제47조의 매수청구는 시장·군수 등이 통보 한 매수금액이 적어 토지소유자가 양도의사가 없다면 매수청구를 철회하면 되고 매수청구의 회수제한은 없으므로 나중에 다시 청구할 수는 있습니다.

질의 나.에 대하여,

○ 동 매수청구는 공익사업시행을 위한 보상이나 「도시공원 및 녹지 등에 관한 법률」(제29조, 제32조 등 참조) 또는 「개발제한구역의 지정 및 관리에 관한 특별조치법」(제17조, 제20조 등 참조) 등에 있는 협의매수와는 다른 제도이며(협의매수는 그 법률에서 정하는 토지매수청구와 다르게 토지보상법 제74조 잔여지 보상규정을 준용하도록 그 법률에서 명시하고 있음), 매수청구는 법제처 법령해석 사례(안건번호06－0392, 회신일 2007.3.16)와 같이 토지소유자의 자유의사에 따라 매수청구 하는 것이므로 잔여지는 청구대상이 아니며 이에 대하여는 법령으로 명시(법 시행규칙 제7조에 따른 별지 제3호서식, 도시계획시설부지매수청구서 비고에 규정)하고 있음을 알려드리니 이점 이해하여 주시기 바랍니다.

유권해석 ▌02

① **질의요지**

「국토의 계획 및 이용에 관한 법률」(이하 법 제47조와 관련 장기미집행 도시계획시설 부지에 대해 매수청구를 받아 매수결정을 알린 날부터 2년이 경과한 경우에도 매수할 수 있는지 및 대상지 감정평가 1년이 경과하면 재평가를 해야 하는지

② **회신내용**

○ 법 제47조제6항은 매수의무자가 일정기간 내에 매수여부를 결정하고 일정기간 내에 매수하도록 매수의무자에게 의무를 부과한 규정으로 보아야 할 것이므로 2년이 경과한 후에도 매수할 수 있다고 봅니다. 다만, 동조 제7항에 따라 2년이 경과하면 건축물을 건축할 수 있는 권리가 부여되므로 매수청구자(토지소유자)가 동의하여야 할 것입니다.

○ 동조 제4항에 따라 매수가격 등은 「공익사업을 위한 토지 등의 취득 및 보상에 관한 법률」을 준용하는 것이므로, 「공익사업을 위한 토지 등의 취득 및 보상에 관한 법률 시행규칙」 제17조제2항제3호에 따라 평가한 후 1년이 경과하면 재평가를 하는 것이 타당 할 것입니다.

○ 다만, 매수가격 등은 위 법률을 준용하도록 정하고 있으므로 토지소유자가 당초평가액에 따른 매수에 동의하고 해당지역의 지가변동률이나 신속한 매수 필요 등을 종합적으로 고려하여 재평가의 실익이 없다고 판단되면 당초평가액으로 매수할 수 있다고 봅니다.

[도시정책과- 8103, 2010.12.23]

5. 도시계획시설결정의 실효

도시계획시설결정이 고시된 도시계획시설에 대하여 그 고시일부터 20년이 지날 때까지 그 시설의 설치에 관한 도시계획시설사업이 시행되지 아니하는 경우 그 도시계획시설결정은 그 고시일부터 20년이 되는 날의 다음날에 그 효력을 잃는다(법 시행령 제48조제1항). 이 경우 이에 따른 도시계획시설결정의

실효고시는 국토교통부장관이 하는 경우에는 관보에, 시·도지사 또는 대도시 시장이 하는 경우에는 해당 시·도 또는 대도시의 공보에 실효일자 및 실효사유와 실효된 도시계획의 내용을 게재하는 방법에 따른다(법 제42조제1항).

도시계획법 부칙 제10조제3항 위헌소원 등
(2005.9.29. 2002헌바84·89, 2003헌마678·943(병합) 전원재판부)

【판시사항】

1. 장기미집행 도시계획시설결정의 실효제도가 헌법상 재산권으로부터 당연히 도출되는 권리를 확인한 것인지 여부(소극)
2. 실효기간의 기산일에 관한 경과규정인 도시계획법(2000.1.28. 법률 제6243호로 전문개정되고 2002.2.4. 법률 제6655호로 폐지된 것) 부칙 제10조제3항과 국토의 계획 및 이용에 관한 법률(2002.2.4. 법률 제6655호로 제정된 것) 부칙 제16조제1항제1호(이하 위 두 부칙조항들을 통칭하여 '이 사건 부칙조항들'이라 한다)가 재산권에 대한 새로운 제한을 가하는 규정인지 여부(소극)
3. 재산권에 대한 사회적 제약과 비례원칙과의 관계
4. 토지재산권에 대한 사회적 제약의 허용기준
5. 이 사건 부칙조항들이 비례원칙에 위반되는지 여부(소극)
6. 이 사건 부칙조항들이 평등원칙에 위반되는지 여부(소극)
7. 국토의 계획 및 이용에 관한 법률 제47조제1항 중 "토지 중 지목이 대인 토지" 부분이 재산권을 침해하거나 평등원칙에 반하는지 여부(소극)

【결정요지】

1. 장기미집행 도시계획시설결정의 실효제도는 도시계획시설부지로 하여금 도시계획시설결정으로 인한 사회적 제약으로부터 벗어나게 하는 것으로서 결과적으로 개인의 재산권이 보다 보호되는 측면이 있는 것은 사실이나, 이와 같은 보호는 입법자가 새로운 제도를 마련함에 따라 얻게 되는 법률에 기한 권리일 뿐 헌법상 재산권으로부터 당연히 도출되는 권리는 아니다.
2. 실효기간의 기산일에 관한 경과규정인 이 사건 부칙조항들은 입법자가 도시계획시

설부지에 관한 재산권의 내용과 한계를 일반·추상적으로 확정하는 규정이자 재산권의 사회적 제약을 구체화하는 규정일 뿐 기존에 적법하게 취득한 재산권에 대한 새로운 제한을 가하는 규정이 아니다.

3. 재산권에 대한 제약이 비례원칙에 합치하는 것이라면 그 제약은 재산권자가 수인하여야 하는 사회적 제약의 범위 내에 있는 것이고, 반대로 재산권에 대한 제약이 비례원칙에 반하여 과잉된 것이라면 그 제약은 재산권자가 수인하여야 하는 사회적 제약의 한계를 넘는 것이다.
4. 토지를 종래의 목적으로도 사용할 수 없거나 더 이상 법적으로 허용된 토지이용방법이 없어서 실질적으로 사용·수익을 할 수 없는 경우에 해당하지 않는 제약은 토지소유자가 수인하여야 하는 사회적 제약의 범주 내에 있는 것이고, 그러하지 아니한 제약은 손실을 완화하는 보상적 조치가 있어야 비로소 허용되는 범주 내에 있다.
5. 장기미집행 도시계획시설결정에 대한 실효제도를 새로이 도입함에 따른 경과규정으로서 실효기간의 기산점에 관한 특칙을 규정하고 있는 이 사건 부칙조항들은 법적 안정성과 신뢰를 보호하고 도시계획의 건전한 시행을 도모하기 위한 것으로서 입법목적의 정당성이 인정되고, 방법의 적정성도 인정되며, 보다 완화된 방법으로 이미 경과된 기간의 장단에 따라 실효기간에 차등을 두는 방법을 생각해 볼 수 있으나 이는 입법목적을 달성함에 미흡한 면이 있어 최소침해성원칙에 위반되지 아니하고, 도시계획시설부지를 종래 용도대로 계속 사용할 수 있거나 법적으로 허용된 이용방법이 아직 남아 있는 경우에는 도시계획시설결정으로 인한 재산권의 제약이 수인하여야 하는 사회적 제약의 범주 내에 있는 한편 종래 용도대로 사용할 수 없거나 실질적으로 사용수익을 전혀 할 수 없는 경우에는 매수청구제도라는 보상적 조치가 마련되어 있어 법익균형성도 갖추었으므로, 비례원칙에 반하지 아니한다.
6. 이 사건 부칙조항들은 2000.7.1. 전에 고시된 도시계획시설결정의 부지소유자를 차별하고 있으나, 이 차별에는 4.에서 본 바와 같이 합리적인 이유가 있으므로 평등원칙에 반하지 아니한다.
7. 「국토의 계획 및 이용에 관한 법률」 제47조제1항 중 "토지 중 지목이 대인 토지" 부분으로 인하여 매수청구권의 대상이 지목이 대인 도시계획시설부지로 한정되기는 하지만, 도시계획시설부지가 나대지인 경우와 달리 지목이 대 이외인 토지인 경우는 도시계획시설결정에 의한 제한이 수인하여야 하는 사회적 제약의 범주에

속하는 것으로서 재산권에 대한 침해라고 할 수 없고, 이에 따라 지목이 대인 토지에 대하여 인정되는 매수청구권을 인정하지 않더라도 합리적 이유가 있으므로 평등원칙에 반하지 아니한다.

[재판관 권 성, 주선회의 반대의견]
도시계획시설결정의 실효로 인한 권리의 회복은 헌법상 재산권 보장과 비례원칙으로부터 도출되는 재산권의 내용에 대한 확인적 규정이지, 단순히 입법정책에 다른 시혜적인 차원의 것이 아니다. 이 사건 부칙조항들은 이와 같은 재산권에 대한 사회적 제약을 구체화하는 규정으로서 비례원칙을 준수하여야 한다. 그런데, 이미 경과된 기간에 따라 단계적으로 실효기간을 정하는 방법이라는 보다 완화된 방법이 있으므로 피해의 최소성원칙을 지키지 못하였고, 한편 이 사건 부칙조항들이 재산권을 침해하는 정도가 중대한데, 이에 대한 보상적 조치로서의 매수청구제도는 적절한 보상이 되기에는 미흡하고, 특히 시간의 경과에 따라 도시계획시설결정을 유지할 공익 자체가 약화된다는 점을 고려할 때, 법익균형성도 갖추지 못하여서, 이 사건 부칙조항들은 비례원칙에 위반된다.
또 이 사건 부칙조항들은 이미 경과된 기간을 고려하지 아니하고 일률적으로 2000. 7.1.을 실효기산일로 삼음으로써 개별 토지소유자에게 발생한 재산적 부담의 정도를 충분히 고려하여 본질적으로 같은 부담은 같게, 다른 부담은 다르게 규율할 것을 요청하는 평등원칙에도 위반된다.

6. 도시계획시설 설치·관리의 특례

가. 공동구의 설치·관리

1) 공동구의 의의

"공동구"란 전기·가스·수도 등의 공급설비, 통신시설, 하수도시설 등 지하매설물을 공동 수용함으로써 미관의 개선, 도로구조의 보전 및 교통의 원활한 소통을 위하여 지하에 설치하는 시설물을 말한다(법 제2조제9호).

2) 공동구의 설치·관리

가) 설치의무자

ⅰ) 「도시개발법」 제2조제1항에 따른 도시개발구역, ⅱ) 「택지개발촉진법」 제2조제3호에 따른 택지개발지구, ⅲ) 「경제자유구역의 지정 및 운영에 관한 특별법」 제2조제1호에 따른 경제자유구역, ⅳ) 「도시 및 주거환경정비법」 제2조제1호에 따른 정비구역, ⅴ) 그 밖에 대통령령으로 정하는 지역(보금자리주택지구, 도청이전신도시) 등에 해당하는 지역 등이 200만m²를 초과하는 경우에는 해당 지역 등에서 개발사업을 시행하는 자(사업시행자)는 공동구를 설치하여야 하며(법 제44조제1항, 법 시행령 제35조의2), 이에 따른 개발사업의 계획을 수립할 경우에는 공동구 설치에 관한 계획을 포함하여야 한다(같은 제4항). 이때 「도로법」 제23조에 따른 도로 관리청은 지하매설물의 빈번한 설치 및 유지관리 등의 행위로 인하여 도로구조의 보전과 안전하고 원활한 도로교통의 확보에 지장을 초래하는 경우에는 공동구 설치의 타당성을 검토하여야 하며, 이 경우 재정여건 및 설치 우선순위 등을 감안하여 단계적으로 공동구가 설치될 수 있도록 하여야 한다(같은 조 제2항).

나) 수용하여야 하는 시설

공동구가 설치된 경우에는 공동구에 수용하여야 할 아래의 시설이 모두 수용되도록 하여야 하며(같은 조 제3항), 이 경우에는 제1)부터 제6)까지의 시설을 공동구에 수용하여야 하며, 제7) 및 제8)의 시설은 공동구협의회의 심의를 거쳐 수용할 수 있다. 이에 따라 공동구에 수용되어야 하는 시설물의 설치기준 등은 다른 법률에 특별한 규정이 있는 경우를 제외하고는 국토교통부장관이 정한다(같은 조 제7항).

1) 전선로
2) 통신선로
3) 수도관
4) 열수송관
5) 중수도관
6) 쓰레기수송관
7) 가스관
8) 하수도관, 그 밖의 시설

다) 관계자와의 협의 및 심의

개발사업의 계획을 수립할 경우에는 공동구 설치에 관한 계획을 포함하여야 하며, 이 경우 공동구에 수용되어야 할 시설을 설치하고자 공동구를 점용하려는 자(공동구 점용예정자)와 설치 노선 및 규모 등에 관하여 미리 협의한 후 공동구협의회의 심의를 거쳐야 한다(같은 조 제4항). 이때 공동구의 설치에 관한 통지를 받은 공동구 점용예정자는 사업시행자가 정한 기한까지 해당 시설을 개별적으로 매설할 때 필요한 비용 등을 포함한 의견서를 제출하여야 하고, 사업시행자가 이에 따른 의견서를 받은 때에는 공동구의 설치계획 등에 대하여 공동구협의회의 심의를 거쳐 그 결과를 개발사업의 실시계획인가(실시계획승인, 사업시행인가 및 지구계획승인을 포함한다) 신청서에 반영하여야 한다(법 시행령 제36조제1,2항).

라) 공동구의 설치비용

공동구의 설치(개량하는 경우를 포함한다)에 필요한 즉, ⅰ) 설치공사의 비용, ⅱ) 내부공사의 비용, ⅲ) 설치를 위한 측량, 설계비용, ⅳ) 공동구의 설치로 인하여 보상의 필요가 있는 때에는 그 보상비용, ⅴ) 공동부대시설의 설치비용, ⅵ) 법 제44조제6항에 따른 융자금이 있는 경우에는 그 이자에 해당하는 금액 등은 이 법 또는 다른 법률에 특별한 규정이 있는 경우를 제외하고는 공동구 점용예정자와 사업시행자가 부담한다(법 제44조제5항 전단, 법 시행령 제38조제1항). 이 경우 공동구 점용예정자가 부담하여야 하는 공동구 설치비용은 해당 시설을 개별적으로 매설할 때 필요한 비용으로 하되, 특별시장·광역시장·특별자치시장·특별자치도지사·시장 또는 군수(공동구관리자)가 공동구협의회의 심의를 거쳐 해당 공동구의 위치, 규모 및 주변 여건 등을 고려하여 정한다.

사업시행자는 공동구의 설치가 포함되는 개발사업의 실시계획인가 등이 있은 후 지체 없이 공동구 점용예정자에게 산정된 부담금의 납부를 통지하여야 하며, 이에 따른 부담금의 납부통지를 받은 공동구 점용예정자는 공동구설치공사가 착수되기 전에 부담액의 3분의 1 이상을 납부하여야 하며, 그 나머지

금액은 점용공사기간 만료일(만료일 전에 공사가 완료된 경우에는 그 공사의 완료일을 말한다)전까지 납부하여야 한다(법 시행령 제38조제2,3,4항).

【판시사항】

공동구 내에 수용될 배전선로의 설치비용이 도시계획사업 시행자가 공동구의 점용예정자에게 부담시킬 수 있는 공동구의 설치비용에 포함되는지 여부(대법원 1994. 11.4. 선고 93다12978 판결)

【판결요지】

구 도시계획법(1991.12.14. 법률 제4427호로 개정되기 전의 것) 제2조제10호, 도시계획법 제64조제2항, 제3항, 같은 법 시행령 제54조제1항, 제2항의 각 규정을 종합하여 보면, 도시계획사업의 시행자가 공동구를 설치함에 있어서 공동구의 점용예정자에게 부담시킬 수 있는 비용은 공동구 자체의 설치비용에 한하는 것이고 공동구 내에 수용될 시설의 설치비용은 이에 포함되지 아니한다고 해석되고, 공동구 내에 설치될 배전선로는 공동구에 수용될 시설일 따름이지 공동구 자체는 아니라고 할 것이므로, 결국 그 배전선로의 설치비용은 공동구의 점용예정자가 위 관계법령의 규정에 따라 부담하여야 할 공동구의 설치비용에는 포함되지 아니한다.

마) 설치비용의 보조 등

공동구 점용예정자와 사업시행자가 공동구 설치비용을 부담하는 경우 국가, 특별시장·광역시장·특별자치시장·특별자치도지사·시장 또는 군수는 공동구의 원활한 설치를 위하여 그 비용의 일부를 보조 또는 융자할 수 있다(법 제44조제6항).

바) 공동구의 관리 및 운영 등

(1) 공동구의 관리 및 운영

공동구는 특별시장·광역시장·특별자치시장·특별자치도지사·시장 또는 군수(공동구관리자)가 관리하고,[48] 5년마다 해당 공동구의 안전 및 유지관리계획

48) 다만, 공동구의 효율적인 관리·운영을 위하여 필요하다고 인정하는 경우에는 대통령령으

을 대통령령으로 정하는 바에 따라 수립·시행하여야 한다. 이에 따라 1년에 1회 이상 공동구의 안전점검을 실시하여야 하며, 안전점검결과 이상이 있다고 인정되는 때에는 지체 없이 정밀안전진단·보수·보강 등 필요한 조치를 하여야 한다. 이때 공동구의 설치·관리에 관한 주요 사항의 심의 또는 자문을 하게 하기 위하여 공동구협의회를 둘 수 있다. 이 경우 공동구협의회의 구성·운영 등에 필요한 사항은 대통령령으로 정하며, 국토교통부장관은 공동구의 관리에 필요한 사항을 정할 수 있다(법 제44조).

[국토계획법 제44조의2제1항 단서 상 대통령령으로 정하는 기관]

법 시행령 제39조 (공동구의 관리·운영 등)

① 법 제44조의2제1항 단서에서 "대통령령으로 정하는 기관"이란 다음 각 호의 어느 하나에 해당하는 기관을 말한다.

1. 「지방공기업법」 제49조 또는 제76조에 따른 지방공사 또는 지방공단
2. 「시설물의 안전관리에 관한 특별법」 제25조에 따른 한국시설안전공단
3. 공동구의 관리·운영에 전문성을 갖춘 기관으로서 특별시·광역시·특별자치시·특별자치도·시 또는 군의 도시·군계획조례로 정하는 기관

② 법 제44조의2제2항에 따른 공동구의 안전 및 유지관리계획에는 다음 각 호의 사항이 모두 포함되어야 한다.

1. 공동구의 안전 및 유지관리를 위한 조직·인원 및 장비의 확보에 관한 사항
2. 긴급상황 발생 시 조치체계에 관한 사항
3. 법 제44조의2제3항에 따른 안전점검 또는 정밀안전진단의 실시계획에 관한 사항
4. 해당 공동구의 설계, 시공, 감리 및 유지관리 등에 관련된 설계도서의 수집·보관에 관한 사항
5. 그 밖에 공동구의 안전 및 유지관리에 필요한 사항

③ 공동구관리자가 법 제44조의2제2항에 따른 공동구의 안전 및 유지관리계획을 수립하거나 변경하려면 미리 관계 행정기관의 장과 협의한 후 공동구협의회의 심의를 거쳐야 한다.

로 정하는 기관에 그 관리·운영을 위탁할 수 있다.

> ④ 공동구관리자가 제3항에 따라 공동구의 안전 및 유지관리계획을 수립하거나 변경한 경우에는 관계 행정기관의 장에게 관계 서류를 송부하여야 한다.
> ⑤ 공동구관리자는 법 제44조의2제3항에 따라 다음 각 호의 구분에 따른 안전점검을 실시하여야 한다.
> 1. 정기점검 : 매년 1월 1일을 기준으로 6개월에 1회 이상 실시한다.
> 2. 정밀점검 : 전 회의 정밀점검 또는 정밀안전진단 완료일을 기준으로 2년에 1회 이상 실시한다.
> 3. 긴급점검 : 공동구관리자가 필요하다고 판단하는 때에 실시한다.

(2) 공동구의 관리비용 등

공동구의 관리에 소요되는 비용은 그 공동구를 점용하는 자가 함께 부담하되, 부담비율은 점용면적을 고려하여 공동구관리자가 정하며, 공동구관리자는 이에 따른 공동구의 관리에 드는 비용을 연 2회로 분할하여 납부하게 하여야 한다(법 제44조의3제1항 및, 법 시행령 제39조의3). 다만, 공동구 설치비용을 부담하지 아니한 자(부담액을 완납하지 아니한 자를 포함한다)가 공동구를 점용하거나 사용하려면 그 공동구를 관리하는 공동구관리자의 허가를 받아야 한다(같은 조 제2항). 또한 공동구를 점용하거나 사용하는 자도 그 공동구를 관리하는 특별시·광역시·특별자치시·특별자치도·시 또는 군의 조례로 정하는 바에 따라 점용료 또는 사용료를 납부하여야 한다(같은 조 제3항).

나. 광역시설

1) 광역시설의 의의

"광역시설"이란 기반시설 중 광역적인 정비체계가 필요한 ⅰ) 둘 이상의 특별시·광역시·특별자치시·특별자치도·시 또는 군의 관할 구역에 걸쳐 있는 시설, ⅱ) 둘 이상의 특별시·광역시·특별자치시·특별자치도·시 또는 군이 공동으로 이용하는 시설로서 대통령령으로 정하는 시설을 말한다(법 제2조제8호). 여기서 "대통령령으로 정하는 시설"이란 다음의 시설을 말한다(법 시행령 제3조).

가) 2 이상의 특별시·광역시·특별자치시·특별자치도·시 또는 군(광역시의 관할

구역 안에 있는 군을 제외한다. 이하 같다. 다만, 제110조·제112조 및 제128조에서는 광역시의 관할구역 안에 있는 군을 포함한다)의 관할구역에 걸치는 시설 : 도로·철도·운하·광장·녹지, 수도·전기·가스·열공급설비, 방송·통신시설, 공동구, 유류저장 및 송유설비, 하천·하수도(하수종말처리시설을 제외한다)

나) 2 이상의 특별시·광역시·특별자치시·특별자치도·시 또는 군이 공동으로 이용하는 시설 : 항만·공항·자동차정류장·공원·유원지·유통업무설비·운동장·문화시설·공공필요성이 인정되는 체육시설·사회복지시설·공공직업훈련시설·청소년수련시설·유수지·화장장·공동묘지·봉안시설·도축장·하수도(하수종말처리시설에 한한다)·폐기물처리시설·수질오염방지시설·폐차장

2) 광역시설의 설치 및 관리

가) 원 칙

광역시설의 설치 및 관리는 도시계획시설의 설치·관리에 관한 규정(제43조)에 따른다. 이때, 관계 특별시장·광역시장·특별자치시장·특별자치도지사·시장 또는 군수는 협약을 체결하거나 협의회 등을 구성하여 광역시설을 설치·관리할 수 있다. 다만, 협약의 체결이나 협의회 등의 구성이 이루어지지 아니하는 경우 그 시 또는 군이 같은 도에 속할 때에는 관할 도지사가 광역시설을 설치·관리할 수 있다. 그 외 국가계획으로 설치하는 광역시설은 그 광역시설의 설치·관리를 사업목적 또는 사업종목으로 하여 다른 법률에 따라 설립된 법인이 설치·관리할 수 있다(법 제45조).

나) 자금지원

지방자치단체는 환경오염이 심하게 발생하거나 해당 지역의 개발이 현저하게 위축될 우려가 있는 광역시설을 다른 지방자치단체의 관할 구역에 설치할 때에는 대통령령으로 정하는 바에 따라 환경오염 방지를 위한 사업이나 해당 지역 주민의 편익을 증진시키기 위한 사업을 해당 지방자치단체와 함께 시행하거나 이에 필요한 자금을 해당 지방자치단체에 지원하여야 한다. 다만, 다른 법률에 특별한 규정이 있는 경우에는 그 법률에 따른다(같은 조 제4항).

지방자치단체가 위 규정에 의하여 광역시설을 다른 지방자치단체의 관할구역에 설치하고자 하는 경우에는 ⅰ) 환경오염의 방지를 위한 사업 : 녹지·하수도 또는 폐기물처리시설의 설치사업과 대기오염·수질오염·악취·소음 및 진동방지사업 등, ⅱ) 지역주민의 편익을 위한 사업 : 도로·공원·수도공급설비·문화시설·도서관·사회복지시설·노인정·하수도·종합의료시설 등의 설치사업 등을 당해 지방자치단체와 함께 시행하거나 이에 필요한 자금 등을 지원하여야 한다(법 시행령 제40조).

〈수도권광역전철망 구상〉

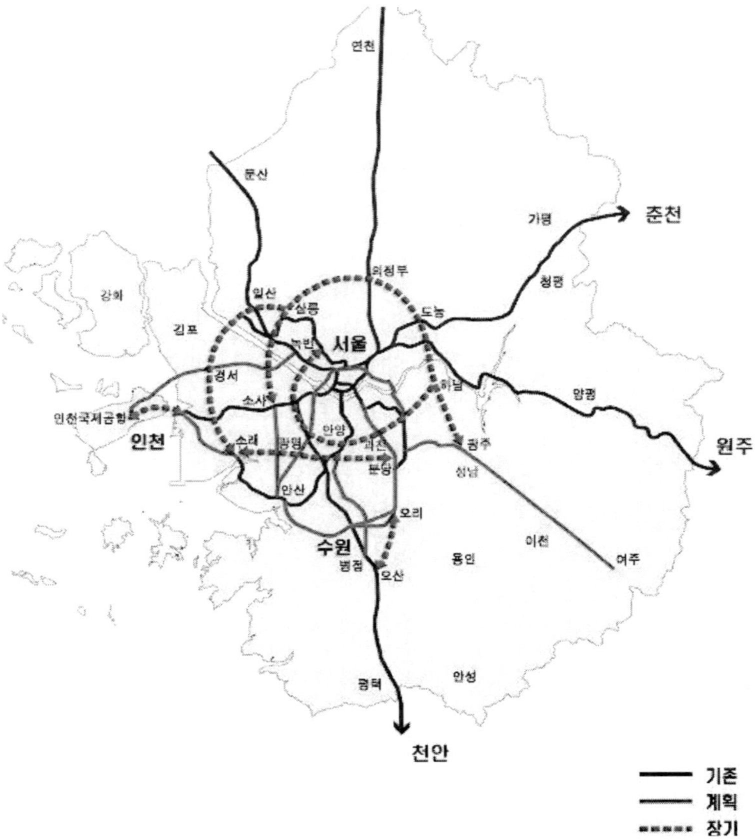

〈수도권광역전철망 확충계획〉

노 선 명		구 간	연장(km)	비 고
공사 진행 사업	중 앙 선	청량리～덕소	18.0	2006년 완공예정
	경 원 선	의정부～동안	22.3	2007년 완공예정
	경 의 선	용산～문산	48.6	1999년 착공
	수 인 선	수원～인천	39.0	2004년 착공
	분당선 연장	왕십리～선릉	6.6	2003년 착공
	분당선 연장	오리～수원	18.2	2002년 착공
	경 춘 선	망우～금곡	17.2	2009년 완공예정
	신분당선	분당～강남	20.5	2009년 완공예정
	중앙선연장	덕소～도곡리	2.9	2008년 완공예정
	인천국제공항철도	인천국제공항～서울역	61.5	2009년 완공예정
	경 춘 선	금곡～춘천	63.8	2009년 완공예정
계획 확정 사업	신분당선 연장	정자～수원	18.0	2014년 완공예정
	신안산선	안산～청량리	40.8	2015년 완공예정
	신분당선2단계	강남～용산	9.9	2015년 완공예정
	경원선 연장	동안～소요산	2.5	2007년 완공예정
	소사·원시선	소사～원시	23.1	2007년 완공예정
	인덕원·병점선	인덕원～병점	24.5	2008년 완공예정
	성남～여주 복선	판교～여주	53.8	2010년 완공예정
장기 구상 사업	수도권남부순환선	광명역～분당	20.5	미 정
	수도권외부순환선	삼릉～경서역, 주안～소래	28.0	〃
	서울외부순환선	녹번～목동～광명～하남	55.3	〃
	수도권내부순환선	능곡～의정부	28.0	〃
	경의선2복선	서울역～수색역	8.2	〃
	경원2복선	용산～청량리	12.6	〃

	제2공항철도	신공항～인천～남서울	49.3	〃
	수도권외부순환선	의정부～도농	20.6	〃
	수도권외부순환선	도농～광주	23.6	〃
	별 내 선	암사～별내	14.2	〃
	…	대곡～소사	16.0	〃
	…	오리～오산	14.5	〃

7. 도시계획시설의 결정·구조 및 설치기준

도시계획시설의 결정·구조 및 설치의 기준 등에 필요한 사항은 국토교통부령인 도시·군계획시설의 결정·구조 및 설치기준에 관한 규칙으로 정하는데(법 제43조제2항), 이 규칙은 법 제43조제2항의 규정에 의한 도시계획시설의 결정·구조 및 설치의 기준과 동법 시행령 제2조제3항의 규정에 의한 기반시설의 세분 및 범위에 관한 사항을 규정함을 목적으로 한다(도시·군계획시설의 결정·구조 및 설치기준에 관한 규칙 제1조－이하 '시설규칙'이라 한다).

【판시사항】

[1] 「구 도시계획시설기준에 관한 규칙」 제13조제1항의 법적 성질

[2] 행정청이 도로의 교차부분의 특수한 사정을 감안하여 「구 도시계획시설기준에 관한 규칙」 제13조제1항 별표 2에서 정한 기준보다 완화한 도로모퉁이의 길이만을 설치하는 것으로 도시계획결정을 한 경우, 그 도시계획결정이 재량권을 일탈·남용하였는지 여부

행정청이 교통의 원활과 가시거리의 확보를 위하여 「구 도시계획시설기준에 관한 규칙」 제13조제1항 별표 2에서 정한 기준보다 완화한 도로모퉁이의 길이만을 설치하는 것으로 도시계획선을 그은 도시계획결정이 재량권을 일탈·남용하지 않았다고 본 사례(대법원 2006.10.26. 선고 2003두14840 판결)

【판결요지】

「구 도시계획시설기준에 관한 규칙」(2000.8.18. 건설교통부령 제257호로 전문 개정되기 전의 것)은 「구 도시계획법」(2000.1.28. 법률 제6243호로 전문 개정되기 전의 것) 제12조제3항, 제16조제2항 본문에 의하여 도시계획결정에 필요한 도시계획에 관한 중요한 기준 및 도시계획시설기준, 도시계획구역 안에서 설치할 「구 도시계획법」 제2조제1항제1호 나목의 시설에 관한 구조 및 설치기준 등에 관하여 필요한 사항의 제정을 위임받았고, 「구 도시계획시설기준에 관한 규칙」 제13조제1항 별표 2는 도로의 교차부분에서의 교통을 원활히 하고 시야를 충분히 확보하기 위하여 도로모퉁이의 길이를 정한 것으로서 도시계획시설기준, 특히 도로의 시설에 관한 설치기준을 정한 것이어서 「구 도시계획법」 제12조제3항, 제16조제2항 본문의 위임의 범위 안에 있으므로, 「구 도시계획시설기준에 관한 규칙」 제13조제1항은 「구 도시계획법」 제12조제1항, 제16조제2항 본문과 결합하여 법규로서의 성질을 가진다.

【판시사항】

도시근린공원시설 결정전에 적법하게 건축된 건물 등의 소유자가 그 결정으로 인하여 재산권행사에 지장을 받게 되었다는 등의 사정과 도시계획결정의 효력유무(적극)
(대법원 1990.6.12. 선고 90누2178 판결)

【판결요지】

도시계획법에 의한 도시계획은 도시계획구역과 그 구역 안에서 도시의 건전한 발전을 도모하고 공공의 안녕질서와 공공복리의 증진을 목적으로 하는 계획으로서 건설부장관이 도시계획입안자와 관계 지방의회의 의견 및 중앙도시계획위원회의 의결을 거쳐 장기적, 종합적인 행정계획에 따라 시행되는 것인바, 그러한 도시계획에 의하여 도시근린공원시설결정이 된 지역 내에 있는 대지의 소유자나 그 지상 건물 소유자가 그로 인하여 재산권행사에 지장을 받아 재산상 피해를 입었다거나 그 지상 건물이 도시계획결정이 있기 이전에 주택건설촉진법에 의하여 적법하게 건축되었다는 등의 사유만으로는 그 도시계획결정이 중대하고 명백한 하자가 있는 당연무효의 처분이라고 할 수 없다.

가. 도시계획시설결정의 범위

기반시설에 대한 도시관리계획결정을 함에 있어서는 당해 도시계획시설의 종류와 기능에 따라 그 위치·면적 등을 결정하여야 하며, 시장·공공청사·문화시설·도서관·연구시설·사회복지시설·장례식장·종합의료시설 등 건축물인 시설로서 그 규모로 인하여 특별시·광역시·특별자치시·시 또는 군(광역시의 관할구역에 있는 군을 제외한다)의 공간이용에 상당한 영향을 주는 도시계획시설인 경우에는 건폐율·용적률 및 높이의 범위를 함께 결정하여야 한다(시설규칙 제2조제1항).

나. 도시계획시설의 중복결정

토지를 합리적으로 이용하기 위하여 필요한 경우에는 둘 이상의 도시계획시설을 같은 토지에 함께 결정할 수 있으며,[49] 이에 따라 도시지역에 도시·군계획시설을 결정할 때에는 둘 이상의 도시·군계획시설을 같은 토지에 함께 결정할 필요가 있는지를 우선적으로 검토하여야 하고, 공공청사, 문화시설, 체육시설, 도서관, 사회복지시설 및 청소년수련시설 등 공공·문화체육시설을 결정하는 경우에는 시설의 목적, 이용자의 편의성 및 도심활성화 등을 고려하여 둘 이상의 도시·군계획시설을 같은 토지에 함께 설치할 것인지 여부를 반드시 검토하여야 한다(시행규칙 제3조).

다. 입체적 도시계획시설결정

도시계획시설이 위치하는 지역의 적정하고 합리적인 토지이용을 촉진하기 위하여 필요한 경우에는 도시계획시설이 위치하는 공간의 일부만을 구획하여 도시계획시설결정을 할 수 있고,[50] 위 규정에 의하여 도시계획시설을 설치하고자 하는 때에는 미리 토지소유자, 토지에 관한 소유권외의 권리를 가진 자

49) 이 경우 각 도시계획시설의 이용에 지장이 없어야 하고, 장래의 확장가능성을 고려하여야 한다.

50) 이 경우 당해 도시계획시설의 보전, 장래의 확장가능성, 주변의 도시·군계획시설 등을 고려하여 필요한 공간이 충분히 확보되도록 하여야 한다.

및 그 토지에 있는 물건에 관하여 소유권 그 밖의 권리를 가진 자와 구분지상권의 설정 또는 이전 등을 위한 협의를 하여야 한다. 또한, 도시지역에 건축물인 도시계획시설이나 건축물과 연계되는 도시계획시설을 결정할 때에는 도시계획시설이 위치하는 공간의 일부만을 구획하여 도시계획시설결정을 할 수 있는지를 우선적으로 검토하여야 한다(시행규칙 제4조).

라. 도시계획시설의 규모

도시계획시설은 당해 지역 기능의 유지 및 증진에 기여할 수 있도록 장래의 수요 및 다른 시설의 대체활용 가능성 등을 고려하여 적정한 규모로 결정하여야 하며, 부당하게 과대하거나 과소한 규모로 결정하여서는 아니 된다(시설규칙 제5조).

마. 건축물인 도시계획시설의 구조 및 설비

건축물인 도시·군계획시설은 그 구조 및 설비가 「건축법」에 적합하여야 하며, 국가 또는 지방자치단체가 설치하거나 소유하는 건축물인 시설로서 연면적 5천m^2 이상인 공공청사, 문화시설, 도서관, 사회복지시설 및 청소년수련시설은 「녹색건축물 조성 지원법」 제16조에 따른 녹색건축의 인증과 법 제17조에 따른 건축물의 에너지효율등급 인증을 받아야 한다(시설규칙 제6조).

바. 장애인 등을 위한 편의시설

도시·군계획시설에는 「장애인·노인·임산부 등의 편의증진보장에 관한 법률」이 정하는 바에 따라 장애인·노인·임산부 등을 위한 각종 편의시설을 우선적으로 설치하여야 한다(시설규칙 제7조).

사. 환경·문화·경관의 보호

도시계획시설결정을 하는 경우에는 환경, 생태계 및 자연경관의 훼손을 최소화하여야 하며, 도시·군계획시설은 온실가스 배출량과 에너지소비량을 줄이고 친환경적인 도시를 만들 수 있도록 하여야 하고, 역사적, 문화적 또는 향토적 가치가 있는 자원을 보전·육성할 수 있도록 결정하여야 하며, 도시경관을 형성하는 주요 요소로서 주변 지역의 경관을 선도할 수 있도록 결정하고, 또 설치되는 장소에 적합한 규모와 구조미를 갖추도록 하여 시각적인 연속성과 경관자원에 대한 조망을 확보하고 주변의 경관과 조화를 이루도록 결정하여야 한다(시설규칙 제8조). 그 외 범죄 발생을 줄일 수 있는 구조로 설치하고 주민의 육체적·정신적 건강을 높일 수 있도록 하여야 하고(제8조의2), 불투수면(不透水面)에서 발생하는 빗물 유출을 최소화하여 자연상태의 물순환 회복에 이바지할 수 있도록 결정하여야 한다(제8조의3).
[본조신설 2013.8.30]

아. 교통시설

1) 도 로

가) 도로의 구분

도로는 다음과 같이 구분한다(시설규칙 제9조).

(1) 사용 및 형태별 구분

도로는 사용 및 형태별로 다음과 같이 구분된다.

가. 일반도로 : 폭 4m 이상의 도로로서 통상의 교통소통을 위하여 설치되는 도로

나. 자동차전용도로 : 특별시·광역시·특별자치시·시 또는 군(이하 “시·군”이라 한다)내 주요지역간이나 시·군 상호간에 발생하는 대량교통량을 처리하기 위한 도로로서 자동차만 통행할 수 있도록 하기 위하여 설치하는 도로

다. 보행자전용도로 : 폭 1.5m 이상의 도로로서 보행자의 안전하고 편리한 통행을 위하여 설치하는 도로

라. 보행자우선도로 : 폭 10m 미만의 도로로서 보행자와 차량이 혼합하여 이용하되 보행자의 안전과 편의를 우선적으로 고려하여 설치하는 도로

마. 자전거전용도로 : 하나의 차로를 기준으로 폭 1.5m(지역 상황 등에 따라 부득이하다고 인정되는 경우에는 1.2m) 이상의 도로로서 자전거의 통행을 위하여 설치하는 도로

바. 고가도로 : 시·군내 주요지역을 연결하거나 시·군 상호간을 연결하는 도로로서 지상교통의 원활한 소통을 위하여 공중에 설치하는 도로

사. 지하도로 : 시·군내 주요지역을 연결하거나 시·군 상호간을 연결하는 도로로서 지상교통의 원활한 소통을 위하여 지하에 설치하는 도로(도로·광장 등의 지하에 설치된 지하공공보도시설을 포함한다). 다만, 입체교차를 목적으로 지하에 도로를 설치하는 경우를 제외한다.

(2) 규모별 구분

가. 광 로

(1) 1류 : 폭 70m 이상인 도로

(2) 2류 : 폭 50m 이상 70m 미만인 도로

(3) 3류 : 폭 40m 이상 50m 미만인 도로

나. 대 로

(1) 1류 : 폭 35m 이상 40m 미만인 도로

(2) 2류 : 폭 30m 이상 35m 미만인 도로

(3) 3류 : 폭 25m 이상 30m 미만인 도로

다. 중 로

(1) 1류 : 폭 20m 이상 25m 미만인 도로

(2) 2류 : 폭 15m 이상 20m 미만인 도로

(3) 3류 : 폭 12m 이상 15m 미만인 도로

라. 소 로

(1) 1류 : 폭 10m 이상 12m 미만인 도로

(2) 2류 : 폭 8m 이상 10m 미만인 도로

(3) 3류 : 폭 8m 미만인 도로

(3) 기능별 구분

가. 주간선도로 : 시·군내 주요지역을 연결하거나 시·군 상호간을 연결하여 대량통과교통을 처리하는 도로로서 시·군의 골격을 형성하는 도로

나. 보조간선도로 : 주간선도로를 집산도로 또는 주요 교통발생원과 연결하여 시·군 교통의 집산기능을 하는 도로로서 근린주거구역의 외곽을 형성하는 도로

다. 집산도로(集散道路) : 근린주거구역의 교통을 보조간선도로에 연결하여 근린주거구역 내 교통의 집산기능을 하는 도로로서 근린주거구역의 내부를 구획하는 도로

라. 국지도로 : 가구(가구 : 도로로 둘러싸인 일단의 지역을 말한다. 이하 같다)를 구획하는 도로

마. 특수도로 : 보행자전용도로·자전거전용도로 등 자동차 외의 교통에 전용되는 도로

나) 도로의 일반적 결정기준

도로의 일반적 결정기준은 다음과 같다(시설규칙 제10조).

1. 도로의 효용을 높이기 위하여 당해 도로가 교통의 소통에 미치는 영향이 최대화 되도록 할 것
2. 도로의 종류별로 일관성 있게 계통화된 도로망이 형성되도록 하고, 광역교통망과의 연계를 고려할 것
3. 도로의 배치간격은 다음 각 목의 기준에 의하되, 시·군의 규모, 지형조건, 토지이용계획, 인구밀도 등을 감안할 것
   가. 주간선도로와 주간선도로의 배치간격 : 1천m 내외
   나. 주간선도로와 보조간선도로의 배치간격 : 500m 내외
   다. 보조간선도로와 집산도로의 배치간격 : 250m 내외
   라. 국지도로간의 배치간격 : 가구의 짧은 변 사이의 배치간격은 90m 내지 150m 내외, 가구의 긴 변 사이의 배치간격은 25m 내지 60m 내외
4. 국도대체우회도로 및 자동차전용도로에는 집산도로 또는 국지도로가 직접

연결되지 아니하도록 할 것

5. 도로의 폭은 당해 시·군의 인구 및 발전전망을 감안한 교통수단별 교통량 분담계획, 당해 도로의 기능과 인근의 토지이용계획에 의하여 정할 것
6. 차로의 폭은 「도로의 구조·시설기준에 관한 규칙」 제10조의 규정에 의할 것
7. 보도, 자전거도로, 분리대, 주·정차대, 안전지대, 식수대 및 노상공작물 등 필요한 시설의 설치가 가능한 폭을 확보할 것
8. 연석, 장애물 및 차선 등을 설치하여 차로, 보도 및 자전거도로 등으로 공간을 구획하는 경우에는 특정 교통수단 또는 이용주체에게 불리하지 아니하도록 공간 배분의 형평성을 고려할 것
9. 도로의 선형은 근린주거구역, 지역 공동체, 도로의 설계속도, 지형·지물, 경제성, 안전성, 향후의 유지·관리 등을 고려하여 정할 것
10. 도로가 전력·전화선 등을 가설하거나 변압기탑·개폐기탑 등 지상시설물이나 상하수도·공동구 등 지하시설물을 설치할 수 있는 기반이 되도록 할 것
11. 기존 도로를 확장하는 경우에는 원칙적으로 한쪽 방향으로 확장하도록 하고, 도로의 선형, 보상비, 공사의 난이도, 공사비, 주변토지의 이용효율, 다른 공공시설과의 관계 등을 종합적으로 고려하며, 도로부지에 국·공유지가 우선적으로 편입되도록 할 것
12. 일반도로, 보행자전용도로 및 보행자우선도로의 경우에는 장애인·노인·임산부·어린이 등의 이용을 고려할 것
13. 보전녹지지역·생산녹지지역·보전관리지역·생산관리지역·농림지역 및 자연환경보전지역에는 원칙적으로 다음 각 목의 도로에 한정하여 설치하여야 한다.
    가. 당해 지역을 통과하는 교통량을 처리하기 위한 도로
    나. 도시·군계획시설에의 진입도로
    다. 도시·군계획사업 및 다른 법령에 의한 대규모 개발사업이 시행되는 구역과 연결되는 도로
    라. 지구단위계획구역에 설치하는 도로 및 지구단위계획구역과 연결되는

도로

마. 기존 취락에 설치하는 도로 및 기존 취락과 연결되는 도로

14. 개발이 되지 아니한 주거지역·상업지역 및 공업지역에는 지역개발에 필요한 주간선도로 및 보조간선도로에 한하여 설치하고, 주간선도로 및 보조간선도로외의 도로는 지구단위계획을 수립한 후 이에 의하여 설치할 것

다) 용도지역별 도로율

용도지역별 도로율은 다음의 구분에 따르며, 「도시교통정비 촉진법」 제15조에 따른 교통영향분석·개선대책, 건축물의 용도·밀도, 주택의 형태 및 지역 여건에 따라 적절히 증감할 수 있다(시설규칙 제11조).

1. 주거지역 : 20% 이상 30% 미만. 이 경우 주간선도로의 도로율은 10% 이상 15% 미만이어야 한다.
2. 상업지역 : 25% 이상 35% 미만. 이 경우 주간선도로의 도로율은 10% 이상 15% 미만이어야 한다.
3. 공업지역 : 10% 이상 20% 미만. 이 경우 주간선도로의 도로율은 5% 이상 10% 미만이어야 한다.

라) 도로의 구조 및 설치에 관한 일반적 기준

도로의 구조 및 설치에 관한 일반적 기준은 다음과 같다. 다만, 위 규칙에 규정된 것을 제외하고는 「도로의 구조·시설기준에 관한 규칙」이 정하는 바에 의하며, 이에도 불구하고 지형여건 등으로 불가피한 경우 집산도로·국지도로 및 특수도로의 구조 및 설치기준은 도로교통 안전에 지장이 없는 범위 안에서 도시·군계획시설사업 실시계획 인가권자 소속 도시계획위원회의 심의를 거쳐 이를 완화할 수 있다. 이 경우 도시계획위원회의 심의는 법 제90조제1항의 규정에 의한 실시계획 공람을 하기 전에 거쳐야 한다(시행규칙 제12조).

1. 녹지지역·관리지역·농림지역 및 자연환경보전지역에는 녹지·우량농지·산림의 훼손과 생태계파괴를 최소화하기 위하여 환경친화적으로 설치하고, 향후 시·군의 개발여건을 고려할 것

2. 보행자의 안전과 교통소통을 촉진하기 위하여 필요한 경우에는 지하 또는 고가로 할 것
3. 주간선도로 및 자동차전용도로를 설치하는 경우에는 그 기능이 제대로 발휘될 수 있도록 교차방식을 입체교차방식으로 하고, 일정한 진·출입로 외의 지점에서는 자동차가 당해 도로에 진출입하지 못하도록 할 것
4. 일반도로 및 보행자우선도로는 보행자의 안전하고 쾌적한 이용을 보장하기 위하여 조도, 소음, 진동, 매연 및 분진 등의 환경기준을 충족하여야 하며, 화장실·공중전화·우편함·긴의자·녹지·휴식공간 등 보행자의 편익을 위한 시설을 적정한 위치에 설치하여 쾌적한 보행공간을 조성할 것
5. 도로의 배수시설에는 노면의 배수에 지장을 주지 아니하는 범위 안에서 빗물이 땅속에 스며들게 유도하고 노면에서 유출되는 빗물을 최소화하기 위한 빗물관리시설 설치를 고려할 것
6. 도로의 조명시설의 구조 및 설치에 관하여는「산업표준화법」제12조에 따른 한국산업표준의 도로조명기준에 의할 것
7. 재해취약지역에는 도로 설치를 가급적 억제하고 부득이 설치하는 경우에는 재해발생 가능성을 충분히 고려하여 설치할 것
8. 도로 설치로 인하여 노면의 빗물이 인근 저지대 주거지 등으로 들어가지 아니하도록 할 것

마) 노선 및 노선번호

도로의 노선은 당해 도로의 폭·선형 등 도로의 구조적 특성, 도로의 연결상태, 교통체계 등을 고려하여 원칙적으로 기점 및 종점이 연속되도록 정하여야 하며, 기능에 따라 주간선도로·보조간선도로·집산도로 및 국지도로로 구분하여 체계적으로 부여하여야 한다.[51] 또한, 노선번호는 시·군의 규모, 도로망의 형태 및 교통상의 기능 등을 고려하여 순차적으로 부여하며, 새로운 노선의

51) 다만,「도로법」에 의한 고속국도·일반국도 및 국가지원지방도의 경우에는「도로법」이 정하는 바에 의한다.

신설에 대비하여 결번을 둘 수 있다. 이때, 주간선도로의 경우 노선의 대체적인 방향이 남북방향인 것에 대하여는 서쪽에 있는 노선부터 홀수의 노선번호를 순차적으로 부여하고, 노선의 대체적인 방향이 동서방향인 것에 대하여는 남쪽에 있는 노선부터 짝수의 노선번호를 순차적으로 부여한다. 다만, 주간선도로망이 방사형인 경우에는 북쪽에 있는 노선부터 시계방향으로 일련번호를 부여할 수 있으며, 주간선도로 외의 도로의 경우 가까이 있는 주간선도로의 시점쪽에 있는 노선부터 당해 주간선도로의 노선번호 다음에 일련번호를 덧붙인 노선번호를 순차적으로 부여하는 것을 원칙으로 한다(시설규칙 제13조).

바) 도로모퉁이의 길이 등

도로의 교차지점에서의 교통을 원활히 하고 시야를 충분히 확보하기 위하여 필요한 경우 도로모퉁이의 길이를 별표의 기준 이상으로 하여야 한다.[52) 통상, 도로모퉁이부분의 보도와 차도의 경계선은 원호(圓弧) 또는 복합곡선이 되도록 하고, 곡선반경은 제9조제3호의 기능별 분류에 따라 다음호의 구분에 의한다. 이 경우 교차하는 도로의 기능별 분류가 서로 다른 때에는 교차지점의 곡선반경은 곡선반경이 큰 도로의 기준을 적용한다.

(1) 주간선도로 : 15m 이상

(2) 보조간선도로 : 12m 이상

(3) 집산도로 : 10m 이상

(4) 국지도로 : 6m 이상

다만, 다음의 어느 하나의 경우에는 횡단거리 단축 및 회전차량의 감속을 위하여 도로모퉁이의 곡선반경을 줄일 수 있다.

(1) 「도로교통법」 제12조제1항에 따라 지정된 어린이 보호구역 및 법 제12조의2제1항에 따라 지정된 노인 및 장애인 보호구역

(2) 「교통약자의 이동편의 증진법」 제2조제1호에 따른 교통약자(이하 "교통약

---

52) 다만, 위 규정에도 불구하고 도로의 교차방식을 교통섬·변속차로 등을 설치하는 방식에 의하거나 로터리를 설치하는 방식에 의하는 경우에는 도로모퉁이의 길이를 당해 교차방식에 적합한 비율로 조정할 수 있다.

자"라 한다)의 통행이 빈번하여 횡단거리의 단축 및 회전차량의 감속이 요구되는 지점

(3) 「교통약자의 이동편의 증진법」 제18조에 따라 지정된 보행우선구역

(4) 「보행안전 및 편의증진에 관한 법률」 제9조에 따라 지정된 보행환경개선지구

(5) 보행자우선도로의 진입지점

[별표]

도로모퉁이의 길이(제14조제1항 관련)

(단위 : m)

교차각도	도로의 너비	40 이상	35 이상 40 미만	30 이상 35 미만	25 이상 30 미만	20 이상 25 미만	15 이상 20 미만	12 이상 15 미만	10 이상 12 미만	8 이상 10 미만	6 이상 8 미만
90° 전후	40 이상	12	10	10	10	10	8	6	–	–	–
	35 이상 40 미만	10	10	10	10	10	8	6	–	–	–
	30 이상 35 미만	10	10	10	10	10	8	6	5	–	–
	25 이상 30 미만	10	10	10	10	10	8	6	5	–	–
	20 이상 25 미만	10	10	10	10	10	8	6	5	5	5
	15 이상 20 미만	8	8	8	8	8	8	6	5	5	5
	12 이상 15 미만	6	6	6	6	6	6	6	5	5	5
	10 이상 12 미만	–	–	5	5	5	5	5	5	5	5
	8 이상 10 미만	–	–	–	–	5	5	5	5	5	5
	6 이상 8 미만	–	–	–	–	5	5	5	5	5	5
60° 전후	40 이상	15	12	12	12	12	10	8	6	–	–
	35 이상 40 미만	12	12	12	12	12	10	8	6	–	–
	30 이상 35 미만	12	12	12	12	12	10	8	6	–	–
	25 이상 30 미만	12	12	12	12	12	10	8	6	–	–
	20 이상 25 미만	12	12	12	12	12	10	8	6	6	6
	15 이상 20 미만	10	10	10	10	10	10	8	6	6	6
	12 이상 15 미만	8	8	8	8	8	8	8	6	6	6
	10 이상 12 미만	6	6	6	6	6	6	6	6	6	6
	8 이상 10 미만	–	–	–	–	6	6	6	6	6	6
	6 이상 8 미만	–	–	–	–	6	6	6	6	6	6

120° 전후	40 이상	8	8	8	8	8	6	5	–	–	–
	35 이상 40 미만	8	8	8	8	8	6	5	–	–	–
	30 이상 35 미만	8	8	8	8	8	6	5	4	–	–
	25 이상 30 미만	8	8	8	8	8	6	5	4	–	–
	20 이상 25 미만	8	8	8	8	8	6	5	4	4	4
	15 이상 20 미만	6	6	6	6	6	6	5	4	4	4
	12 이상 15 미만	5	5	5	5	5	5	5	4	4	4
	10 이상 12 미만	–	–	4	4	4	4	4	4	4	4
	8 이상 10 미만	–	–	–	–	4	4	4	4	4	4
	6 이상 8 미만	–	–	–	–	4	4	4	4	4	4

※ 도로모퉁이의 길이

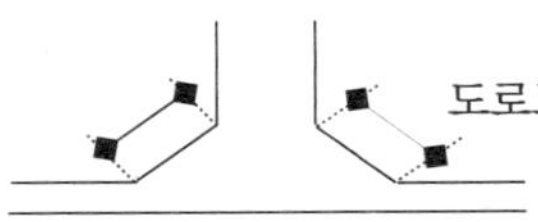

도로모퉁이의 길이

사) 횡단보도

(1) 횡단보도는 도로를 횡단하는 보행자의 안전과 편의를 위하여 다음의 사항을 고려하여 결정한다. 다만, (1) 내지 (3)의 규정에 불구하고 지형여건 등으로 불가피한 경우 집산도로·국지도로 및 특수도로에 설치하는 횡단보도의 설치기준은 도로교통 안전에 지장이 없는 범위 안에서 도시군계획시설사업 실시계획 인가권자 소속 도시계획위원회의 심의를 거쳐 이를 완화할 수 있다. 이 경우 도시계획위원회의 심의는 법 제90조제1항의 규정에 의한 실시계획 공람을 하기 전에 거쳐야 한다(시행규칙 제15조).

1. 보행자의 통행이 빈번한 지점으로 통행흐름을 자연스럽게 연결하여 보행자의 우회거리 및 횡단거리를 최소화할 수 있는 지점에 설치할 것
2. 보행자의 안전, 운전자의 가시성(可視性) 및 교차로의 교통 흐름을 고려하여 설치할 것
3. 도로 곡선부, 급경사 구간 및 터널 입구에서 100m 이내의 도로구간 등 교통안전과 흐름에 심각한 지장을 초래할 우려가 있는 경우에는 설치하지 아니할 것

4. 구조는 평면횡단보도로 할 것. 다만, 도로의 효율성 및 보행자의 안전을 위하여 필요하거나 주변여건상 평면횡단보도를 설치하기 곤란한 경우에는 자동차전용도로, 주간선도로 및 철도건널목 등에 입체횡단보도를 설치할 수 있다.

(2) 평면횡단보도의 구조 및 설치기준은 다음과 같다.

1. 횡단보도의 경계를 명확히 표시하고, 횡단보도표지를 설치할 것
2. 도로의 폭에 따라 교통섬·안전지대 등을 설치할 것
3. 점자표시 및 야광표시 등을 설치하고, 야간 보행자의 안전을 위하여 필요한 경우에는 별도의 횡단보도 조명을 설치할 것
4. 보도와의 경계에 턱이 있는 경우에는 교통약자의 통행에 지장을 주지 아니하도록 「교통약자의 이동편의 증진법」에 적합한 턱낮추기 시설을 설치할 것
5. 교통약자의 통행이 빈번한 구간, 보행자우선도로와 교차하는 지점, 자동차 출입시설이나 주거단지의 진입로 등 보행자의 안전과 보행경로의 연속성을 우선적으로 고려할 필요가 있는 경우에는 횡단보도의 노면을 보도와 동일한 높이로 연결하는 고원식(高原式) 횡단보도를 설치할 것

(3) 입체횡단보도의 구조 및 설치기준은 다음과 같다.

1. 횡단보도교(육교) 및 지하횡단보도로 구분할 것
2. 횡단보도교 및 지하횡단보도의 구조는 다음 각목의 기준에 의할 것
   가. 폭은 다음의 기준에 의할 것
      (1) 1분당 보행자수가 80인 미만인 경우 : 1.5m 이상
      (2) 1분당 보행자수가 80인 이상 120인 미만인 경우 : 2.25m 이상
      (3) 1분당 보행자수가 120인 이상 160인 미만인 경우 : 3.0m 이상
      (4) 1분당 보행자수가 160인 이상 200인 미만인 경우 : 3.75m 이상
      (5) 1분당 보행자수가 200인 이상 240인 미만인 경우 : 4.5m 이상
   나. 계단부의 단높이는 15cm(지형·지물 등 주변여건상 부득이한 경우에는 18cm) 이하로 하고, 단폭은 30cm(지형·지물 등 주변여건상 부득이 한

경우에는 26cm) 이상으로 할 것

다. 보도교의 높이가 3m를 초과하는 경우에는 계단폭 이상(직계단인 경우에는 1.2m 이상)인 계단참을 설치할 것. 다만, 지형·지물 등 주변 여건상 부득이 한 경우에는 그러하지 아니하다.

라. 계단이 아닌 경사로의 기울기는 18분의 1 이하로 할 것. 다만, 지형상 곤란한 경우에는 12분의 1까지 완화할 수 있다.

마. 보도교의 양옆에는 높이 1m 이상의 난간을 설치하고, 각 계단모서리의 발디딤부분에는 미끄럼방지처리를 하며, 오르내리는 부분과 보도교의 윗부분에는 제12조제1항제6호의 규정에 의한 조명시설을 설치할 것

아) 지하도로 및 고가도로

(1) 결정기준

지하도로 및 고가도로의 결정기준은 다음과 같고, 다만, 위 규정에 불구하고 지하공공보도시설에 대한 결정기준에 관하여는 따로 국토교통부령으로 정한다(시행규칙 제16조).

1. 다음 각 목의 1에 해당하는 지역에 설치할 것
   가. 지상교통의 원활한 소통을 위하여 토지를 입체적으로 이용할 필요가 있는 지역
   나. 주변 토지이용계획상 인구집중이 예상되는 지역으로서 교통의 원활한 처리를 위하여 지하 또는 공중에 도로를 설치할 필요가 있는 지역
   다. 운동장·공연장·시장 등 다수의 주민이 이용하는 시설이 있는 지역으로서 교통의 원활한 처리를 위하여 지하 또는 공중에 도로를 설치할 필요가 있는 지역
2. 광역도시계획, 도시·군기본계획, 도시·군관리계획 및 도시·주거환경정비기본계획과 부합되는지의 여부를 고려할 것
3. 교통정비기본계획 등 교통시설의 설치에 관한 계획을 고려할 것

4. 기존의 도로·지하도로·고가도로·역광장 등 인접시설과의 기능상의 유기적 연계성을 고려할 것
5. 폭우로 인한 침수 등을 방지하기 위하여 재해취약지역에는 지하도로를 설치하지 아니할 것. 다만, 배수시설을 설치하는 경우에는 그러하지 아니하다.

(2) 설치기준

지하도로 및 고가도로의 구조 및 설치기준은 다음과 같으며, 위 규정에 불구하고 지하공공보도시설에 대한 구조 및 설치기준에 관하여는 따로 국토교통부령으로 정한다(시설규칙 제17조).

1. 장래의 도로의 확장가능성 등을 고려하여 지하·지상 및 공중의 도로망에 대한 도시·군관리계획을 수립한 후 이에 따라 설치할 것
2. 수도공급설비·하수도·공동구 그 밖의 도시·군계획시설의 설치가 계획되어 있거나 필요하다고 인정되는 구간에는 지표면으로부터 4m 이내에 지하도로를 설치하지 아니할 것
3. 주변건축물의 안전을 충분히 고려할 것

자) 보행자전용도로

(1) 결정기준

보행자전용도로의 결정기준은 다음과 같다(시설규칙 제18조).

1. 차량통행으로 인하여 보행자의 통행에 지장이 많을 것으로 예상되는 지역에 설치할 것
2. 도심지역·부도심지역·주택지·학교 및 하천주변지역 등에서는 일반도로와 그 기능이 서로 보완관계가 유지되도록 할 것
3. 보행의 쾌적성을 높이기 위하여 녹지체계와의 연관성을 고려할 것
4. 보행자통행량의 주된 발생원과 버스정류장·지하철역 등 대중교통시설이 체계적으로 연결되도록 할 것
5. 보행자전용도로의 규모는 보행자통행량, 환경여건, 보행목적 등을 충분히 고려하여 정하고, 장래의 보행자통행량을 예측하여 보행형태, 지역의 사회

적 특성, 토지이용밀도, 토지이용의 특성을 고려할 것

6. 보행네트워크 형성을 위하여 공원·녹지·학교·공공청사 및 문화시설 등과 원활하게 연결되도록 할 것

(2) 설치기준

보행자전용도로의 구조 및 설치기준은 다음과 같다(시설규칙 제19조).

1. 차도와 접하거나 해변·절벽 등 위험성이 있는 지역에 위치하는 경우에는 안전보호시설을 설치할 것
2. 보행자전용도로의 위치, 폭, 통행량, 주변지역의 용도 등을 고려하여 주변의 경관과 조화를 이루도록 다양하게 설치할 것
3. 적정한 위치에 화장실·공중전화·우편함·긴 의자·차양시설·녹지 등 보행자의 다양한 욕구를 충족시킬 수 있는 시설을 설치하고, 그 미관이 주변지역과 조화를 이루도록 할 것
4. 소규모광장·공연장·휴식공간·학교·공공청사·문화시설 등이 보행자전용도로와 연접된 경우에는 이들 공간과 보행자전용도로를 연계시켜 일체화된 보행공간이 조성되도록 할 것
5. 보행의 안전성과 편리성을 확보하고 보행이 중단되지 아니하도록 하기 위하여 보행자전용도로와 주간선도로가 교차하는 곳에는 입체교차시설을 설치하고, 보행자우선구조로 할 것
6. 필요시에는 보행자전용도로와 자전거도로를 함께 설치하여 보행과 자전거 통행을 병행할 수 있도록 할 것
7. 점자표시를 하거나 경사로를 설치하는 등 장애인·노인·임산부·어린이 등의 이용에 불편이 없도록 할 것
8. 노면에서 유출되는 빗물을 최소화하도록 빗물이 땅에 잘 스며들 수 있는 구조로 하거나 식생도랑, 저류·침투조 등의 빗물관리시설을 설치하고, 나무나 화초를 심는 경우에는 그 식재면의 높이를 보행자전용도로의 바닥 높이보다 낮게 할 것
9. 역사문화유적의 주변과 통로, 교차로부근, 조형물이 있는 광장 등에 설치하

는 경우에는 포장형태·재료 또는 색상을 달리하거나 로고·문양 등을 설치하는 등 당해 지역의 특성을 잘 나타내도록 할 것

10. 경사로는 「장애인·노인·임산부 등의 편의증진보장에 관한 법률 시행규칙」 별표 1 제1호 가목(3) 및 나목의 기준에 의할 것. 다만, 계단의 경우에는 그러하지 아니하다.
11. 차량의 진입 및 주정차를 억제하기 위하여 차단시설을 설치할 것

차) 자전거전용도로

(1) 자전거전용도로의 결정기준

자전거전용도로의 결정기준은 다음과 같다(시설규칙 제20조).

1. 통근·통학·산책 등 일상생활에 필요한 교통을 위하여 필요한 경우에는 당해 지역의 토지이용현황을 고려하여 자전거전용도로를 따로 설치하거나 일반도로에 자전거전용차로를 확보할 것
2. 자전거전용도로는 단절되지 아니하고 버스정류장 및 지하철역과 서로 연계되도록 설치할 것
3. 학교·공공청사·도서관·문화시설 등과 원활하게 연결되도록 설치할 것

(2) 구조 및 설치기준

자전거전용도로의 구조 및 설치기준은 다음과 같으며, 위 규정된 사항 외에 자전거전용도로의 구조 및 설치에 관하여는 「자전거이용 활성화에 관한 법률」이 정하는 바에 의한다(시설규칙 제21조).

1. 노면에서 유출되는 빗물을 최소화하도록 빗물이 땅에 잘 스며들 수 있는 구조로 하거나 식생도랑, 저류·침투조 등의 빗물관리시설을 설치하고, 나무나 화초를 심는 경우에는 그 식재면의 높이를 자전거전용도로의 바닥 높이보다 낮게 할 것
2. 일반도로에 자전거전용차로를 확보하는 경우에는 다음 각 목의 기준에 의할 것
   가. 자전거이용자의 안전을 위하여 차도와의 분리대 등 안전시설을 설치할 것

나. 자전거전용차로의 표지를 설치하고, 차도와의 경계를 명확히 할 것

3. 자전거전용도로를 설치하는 경우에는 다음 각목의 기준에 의할 것

가. 자전거전용도로와 대중교통수단과의 연계지점에는 자전거보관소를 설치할 것

나. 자전거전용도로가 일반도로와 교차할 경우 자전거 이용에 불편이 없도록 자전거전용도로 우선구조로 설치할 것

2) 철 도

가) 철도의 개념

"철도"라 함은 i)「철도건설법」 제2조제1호의 규정에 의한 철도, ii)「도시철도법」 제2조제2호에 따른 도시철도, iii)「한국철도시설공단법」 제7조 및「한국철도공사법」 제9조제1항의 규정에 의한 사업의 시설을 말한다(시설규칙 제22조).

나) 철도의 결정기준

철도의 결정기준은 다음과 같다(시행규칙 제23조).

1. 지역의 성장에 따른 장래의 시설확장, 건설비 등 경제적 측면 등을 고려하여 결정하되, 적정한 규모의 철로·철도역·철도차량기지 등으로 구분할 것
2. 전국적인 철도체계와 관련하여 다른 교통수단과의 관계를 종합적으로 검토할 것
3. 노선은 주변지역의 토지이용계획 및 건축물의 이용현황, 하천 등의 통과에 따른 기술적 사항 및 건설비 등을 고려하여 결정할 것
4. 철도역은 여객 및 화물의 집산이 쉽게 이루어지도록 다른 교통수단과 연결되는 곳에 설치하되, 여객수와 화물수송량이 많은 지역에는 여객전용역과 화물전용역을 구분할 것
5. 철도역은 제1종전용주거지역·보전녹지지역 및 보전관리지역 외의 지역에 설치할 것
6. 도시지역을 지상으로 통과하는 철도는 지역공동체를 단절시키지 아니하도록 노선을 계획하고, 지역 주민이 소통할 수 있는 공간을 충분히 확보할 것

7. 생태계가 단절되지 아니하도록 생태통로를 확보하고 중요한 녹지축은 보전할 것

다) 철도의 구조 및 설치기준

철도의 구조 및 설치기준은 ⅰ) 철도역에는 장애인·노인·임산부·어린이 등을 위한 엘리베이터 또는 에스컬레이터를 설치할 것, ⅱ) 제1호에 규정된 사항 외에 철도의 구조 및 설치에 관하여는 「철도건설법」 또는 「도시철도법」이 정하는 바에 의한다(시행규칙 제24조).

3) 항 만

가) 항만의 개념

"항만"이란 ⅰ) 「항만법」 제2조제5호에 따른 항만시설, ⅱ) 「어촌·어항법」 제2조제5호에 따른 어항시설, ⅲ) 「마리나항만의 조성 및 관리 등에 관한 법률」 제2조제2호에 따른 마리나항만시설 등을 말한다(시설규칙 제25조).

나) 결정기준 및 구조·설치기준

항만의 결정기준은 다음과 같으며, 위 규정된 사항 외에 항만의 결정·구조 및 설치에 관하여는 「항만법」, 「어촌·어항법」 또는 「마리나항만의 조성 및 관리 등에 관한 법률」에서 정하는 바에 따른다(시설규칙 제26조).

1. 항만의 규모는 화물의 수량·종류, 여객의 수, 대상지역의 지형·지물, 해륙의 교통수단 상호간의 연계성과 장래의 화물·여객의 증가 및 선박의 대형화에 따른 시설 확충 등을 고려하여 결정할 것
2. 항만기능을 원활히 하고 해운교통과 내륙교통이 신속하게 변환될 수 있도록 도로·철도 등 교통수단의 배치가 용이한 지역에 결정할 것
3. 마리나항만은 주변 항만 및 마리나항만을 이용하는 선박의 안전과 경제성 등을 고려하여 결정할 것
4. 항만 및 마리나항만은 도시활성화를 위하여 주변의 토지이용계획 및 도시경관을 고려하여 결정할 것

4) 공 항

가) 공항의 개념

"공항"이란 ⅰ)「항공법」 제2조제7호에 따른 공항, ⅱ)「항공법」 제2조제8호에 따른 공항시설을 말한다(시설규칙 제27조).

나) 결정기준 및 구조·설치기준

공항의 결정기준은 다음과 같으며, 위 규정된 사항 외에 공항의 결정·구조 및 설치에 관하여는 「항공법」이 정하는 바에 의한다(시설규칙 제28조).

1. 공항의 입지는 국토종합계획·지역계획 등 상위국토계획과의 관계를 광역적인 측면에서 종합적으로 검토하여 결정할 것
2. 여객 및 화물의 원활한 수송을 위하여 공항까지 도로·철도 등 교통수단이 원활히 연결되도록 할 것
3. 향후 시가지로 발전할 지역이 활주로의 연장선상에 위치하지 아니하도록 할 것
4. 안개·돌풍 등 비정상적인 기후로 인한 장애가 적은 장소에 결정할 것
5. 장래 항공기의 대형화·고속화와 운항횟수의 증가에 대비한 시설확충을 고려할 것

5) 주 차 장

가) 주차장의 개념

"주차장"이라 함은「주차장법」 제2조제1호 나목의 규정에 의한 노외주차장 [나. 노외주차장(路外駐車場) : 도로의 노면 및 교통광장 외의 장소에 설치된 주차장으로서 일반의 이용에 제공되는 것]을 말한다(시설규칙 제29조).

나) 결정기준 및 구조·설치기준

주차장의 결정기준은 다음과 같으며, 위 규정된 사항 외에 주차장의 결정·구조 및 설치에 관하여는 「주차장법」이 정하는 바에 의한다(시설규칙 제30조).

1. 주차장은 원활한 교통의 흐름을 위하여 주간선도로의 교차로에 인접하여

설치되지 아니하도록 할 것

2. 주간선도로에 진·출입구가 설치되지 아니하도록 할 것. 다만, 별도의 진·출입로 또는 완화차선을 설치하는 경우에는 그러하지 아니하다.
3. 대중교통수단과 연계되는 지점에 설치할 것
4. 재해취약지역에서 국가 또는 지방자치단체가 설치하거나 관리하는 면적 3천㎡ 이상의 주차장에는 지형 및 배수환경 등을 검토하여 적정한 규모의 지하 저류시설을 설치하는 것을 고려할 것. 다만, 하천구역 및 공유수면에 설치하는 경우에는 그러하지 아니하다.
5. 건축물이 아닌 주차장에서 유출되는 빗물을 최소화하도록 빗물이 땅에 잘 스며들 수 있는 구조로 하거나 식생도랑, 저류·침투조 등의 빗물관리시설을 설치하고, 나무나 화초를 심는 경우에는 그 식재면의 높이를 건축물이 아닌 주차장의 바닥 높이보다 낮게 할 것

【판시사항】

도시기반시설인 노외주차장의 설치를 위한 도시계획을 입안·결정함에 있어서 행정청이 가지는 재량의 범위(대법원 2006.4.28. 선고 2003두11056 판결)

【판결요지】

행정주체가 주차행정상의 목표달성을 위하여 도시기반시설인 노외주차장의 설치를 위한 도시계획을 입안·결정함에 있어서는 그 전문적·기술적·정책적 판단에 따라 그 필요성과 구체적인 내용을 결정하는 비교적 폭 넓은 형성의 자유를 가지며, 노외주차장을 설치할 필요성이 있는지 여부는 그 성질상 장기성·종합성이 요구되는 계획행정의 일환이라는 점에 비추어 노외주차장의 설치를 위한 도시계획의 입안·결정 당시 해당지역의 주차수요는 물론 도시기능의 유지 및 증진에 기여할 수 있도록 장래의 주차수요까지 고려하여야 할 뿐 아니라 노외주차장을 설치하고자 하는 지역의 토지이용현황, 노외주차장 이용자의 보행거리 및 보행자를 위한 도로상황 등을 종합적으로 고려하여 판단하여야 할 것이지만, 행정주체가 주차장의 필요성과 그 구체적인 내용을 결정하는 데 있어서 갖는 형성의 자유는 무제한적인 것이 아니라 그 주차장설치계획에

관련되는 자들의 이익을 공익과 사익 사이에서는 물론이고 공익 상호간과 사익 상호간에도 정당하게 비교교량하여야 한다는 제한이 있는 것이고, 따라서 행정주체가 그 주차장설치계획을 입안·결정함에 있어서 이익형량을 전혀 행하지 아니하거나 이익형량의 고려 대상에 마땅히 포함시켜야 할 사항을 누락한 경우 또는 이익형량을 하였으나 정당성·객관성이 결여된 경우에는 그 행정계획결정은 재량권을 일탈·남용한 것으로서 위법하게 되고, 특히 특정 토지를 노외주차장으로 도시계획시설결정을 하는 경우에는 그 토지에 노외주차장을 설치할 필요성은 물론 그 토지의 개별공시지가 또는 시가를 감안한 사유재산권의 침해 정도와 주차장으로서의 경제성 내지 효율성의 비교도 이익형량의 고려 대상에 포함시켜야 한다.

[법제처 법령해석 사례]

어린이공원과 주차장으로 도시계획시설 중복결정하여 도시계획시설로서의 노외주차장을 지상에 설치할 수 있는지(「도시계획시설의 결정·구조 및 설치기준에 관한 규칙」 제3조 등 관련)

안건번호 : 12－0262

회신일자 : 2012.6.8

1. 질의요지

「도시공원 및 녹지 등에 관한 법률」 제15조 및 법 시행규칙 제9조제1항제3호에 따르면 어린이공원에는 주차장을 공원시설로 설치할 수 없고, 다만, 법 제24조 법 시행령 제22조제3호, 제23조제2호 및 별표1 규정에 따르면 어린이공원에 점용허가를 받아 노외주차장을 지하에만 설치할 수 있다고 규정하고 있는데 「국토의 계획 및 이용에 관한 법률」 제43조 및 「도시계획시설의 결정·구조 및 설치기준에 관한 규칙」 제3조에 따라 어린이공원과 노외주차장으로 도시·군계획시설 중복결정하여 도시·군계획시설로서의 노외주차장을 지상에 설치할 수 있는지

2. 회 답

「국토의 계획 및 이용에 관한 법률」 제43조 및 「도시계획시설의 결정·구조 및 설치기준에 관한 규칙」 제3조에 따라 어린이공원과 노외주차장으로 도

시·군계획시설로 중복결정하여 도시·군계획시설로서의 노외주차장을 지상에 설치할 수는 없다고 할 것입니다.

3. 이 유

「국토의 계획 및 이용에 관한 법률」(이하 "법"이라 함. 제2조제4호 다목에 따르면 "도시·군관리계획"이란 특별시·광역시·특별자치시·특별자치도·시 또는 군의 개발·정비 및 보전을 위하여 수립하는 토지이용, 교통, 환경, 경관, 안전, 산업, 정보통신, 보건복지, 안보, 문화 등에 관한 기반시설의 설치·정비 또는 개량에 관한 계획 등을 말하고 같은 조 제7호에 따르면 도시·군계획시설이란 기반시설 중 도시·군관리계획으로 결정된 시설을 말하는데 같은 조 제6호 가목 및 나목, 법 시행령 제2조제1항제1호 및 제2호에 따르면 주차장은 기반시설 중 교통시설의 하나로 공원은 기반시설 중 공간시설의 하나로 규정하고 있습니다.

또한, 법 제43조제1항에 따르면 지상·수상·공중·수중 또는 지하에 기반시설을 설치하려면 그 시설의 종류·명칭·위치·규모 등을 미리 도시·군관리계획으로 결정하여야 하고 같은 조 제2항에 따르면 도시·군계획시설의 결정·구조 및 설치의 기준 등에 필요한 사항은 국토해양부령으로 정하되 다만 다른 법률에 특별한 규정이 있는 경우에는 그 법률에 따른다고 규정하고 있으며 「도시계획시설의 결정·구조 및 설치기준에 관한 규칙」(이하 "도시계획시설 규칙"이라 함) 제29조 및 제30조에 따르면 도시계획시설인 「주차장법」 제2조제1호 나목의 규정에 따른 노외주차장의 결정·구조 및 설치에 관하여는 같은 규칙에서 정한기준 외에 「주차장법」이 정하는 바에 의한다고 규정하고 있고 같은 규칙 제52조제1호 및 제53조제1항에 따르면 도시계획시설인 「도시공원 및 녹지 등에 관한 법률」(이하 "도시공원법"이라 함) 제15조제1항제1호 나목에 따른 어린이공원의 결정·구조 및 설치에 관하여는 도시공원법이 정하는 바에 따른다고 규정하고 있습니다.

한편, 도시공원법 제15조제1항제1호 나목, 제19조제7항 및 법 시행규칙 제9조제3호에 따르면 어린이공원에 설치할 수 있는 공원시설은 조경시설, 휴양시설(경로당 및 노인복지회관은 제외함), 유희시설, 운동시설, 편익시설 중 화장실·음수장·공중전화실로 정하고 있어 어린이공원에 공원시설로서의 주차장설치를 제외하고 있으나 법 제24조, 법 시행령 제22조제3호, 제23조제2호 및 별표 1에 따르면 도시공원에서 노외주차장을 설치하려는 자는 특별시장·광역시장·특별자치시장·특별자치도지사·시장 또는 군수의 점용허가를 받아 설치할 수 있고 다만, 어린이공원의 경우 노외주차장은 지하에 설치하여야 한다고 규정하고 있는바 법 제43조 및 도시계획시설규칙 제3조에 따라 같은 토지에 어린이공원과 노외주차장으로 도시·군계획시설로 중복결정하여 도시·군계획시설로서의 노외주차장을 지상에 설치할 수 있는지가 문제됩니다. 먼저 도시계획시설규칙 제3조제1항에 따르면 토지를 합리적으로 이용하기 위하여 필요한 경우에는 둘 이상의 도시계획시설을 같은 토지에 함께 결정할 수 있고 이 경우 각 도시계획시설의 이용에 지장이 없어야하고 장래의 확장가능성을 고려하여야하며 같은 조 제1항에 따르면 도시지역에 도시계획시설을 결정 할 때에는 같은 조 제1항에 따라 둘 이상의 도시계획시설을 같은 토지에 함께 결정할 필요가 있는지를 우선적으로 검토하여야 한다고 규정하고 있을 뿐 중복결정시 별도의 시설기준을 정하고 있지 않으므로 원칙적으로 도시·군계획시설 중복결정에 따라 각 시설을 설치하는 경우 중복결정 된 각각의 시설기준을 충족하면 되는 것인바, 법 제43조 및 도시계획시설규칙 제29조, 제30조, 제52조, 제53조에 따라 노외주차장은 같은 규칙 제30조제1항 각 호의 규정 및 「주차장법」을 어린이공원은 도시공원법을 각각 따르면 된다고 할 것이어서 도시공원법 제24조, 법 시행령 제22조제3호, 제23조제2호 및 별표 1 그 자체는 어린이공원이라는 도시·군계획시설에 노외주차장을 점용허가를 받아 설치할 때 적용되는 기준에 불과하여 도시·군계획시설로서의 노외주차장을 설치할 때에는 적용되지 않는다고 할 것입니다. 그러나 도시공원법 제15조 및 법 시행규칙 제9조제1항제3호에 따르면 어린이공원에는 어린이의 보건 및 정서생활의 향상이라는 설치목적을 고려하여 주차장을 공원시설로서 설치할 수 없고, 다만 법령에 따라 점용허가를 받아 노외주차장을 설치할 수 있도록 하되 지하에만 입지할 수 있도록 하여 어린이공원의 지상에는 주차장을 설치할 수 없도록 하고 있으며 도시계획시설규칙 제3조에 따르면 도시계획시설을 중복결정할 경우 각 도시계획시설의 이용에 지장이 없어야 하므로 결국 도시·군계획시설 중복결정으로 설치되는 노외주차장을 지하가 아닌 지상에 설치할 수는 없다고 할 것입니다.

만일, 도시·군계획시설 중복결정으로 노외주차장을 지상에 설치할 수 있다고 한다면 결국 어린이 안전 등을 이유로 주차장을 지상에 설치할 수 없도록 한 도시공원법령의 취지를 몰각시키는 것이 되고 다른 도시계획시설의 이용에 지장이 없어야 한다는 중복결정의 취지에도 어긋나 불합리하다고 할 것입니다.
따라서 법 제43조 및 도시계획시설규칙 제3조에 따라 어린이공원과 노외주차장으로 도시·군계획시설로 중복결정하여 도시·군계획시설로서의 노외주차장을 지상에 설치할 수는 없다고 할 것입니다.

6) 자동차정류장

가) 자동차정류장의 개념

"자동차정류장"이란 다음 각 호의 시설을 말한다(시설규칙 제31조).

1. 여객자동차터미널 : 「여객자동차 운수사업법」 제2조제5호의 규정에 의한 여객자동차터미널로서 여객자동차터미널사업자가 시내버스운송사업·농어촌버스운송사업·시외버스운송사업 또는 전세버스운송사업에 제공하기 위하여 설치하는 터미널
2. 물류터미널 : 「물류시설의 개발 및 운영에 관한 법률」 제2조제2호에 따른 물류터미널로서 물류터미널사업자가 「화물자동차운수사업법 시행령」 제3조제1호에 따른 일반화물자동차운송사업 또는 「해운법」 제2조제3호에 따른 해상화물운송사업에 제공하기 위하여 설치하는 터미널
3. 공영차고지
   가. 여객자동차운수사업용 공영차고지 : 「여객자동차 운수사업법 시행규칙」 제72조의 규정에 의한 공영터미널
   나. 화물자동차운수사업용 공영차고지 : 「화물자동차 운수사업법」 제2조제9호에 따른 공영차고지
4. 공동차고지 : 「화물자동차 운수사업법」 제21조제4항제2호에 따른 공동차고지 중 법 제48조 또는 제50조에 따른 협회 또는 연합회가 설치하는 공동차고지

5. 화물자동차 휴게소 : 「화물자동차 운수사업법」 제2조제10호에 따른 화물자동차 휴게소로서 국가 또는 지방자치단체가 설치하거나 소유(「사회기반시설에 대한 민간투자법」 제4조제1호 및 제2호의 경우로 한정한다)하는 휴게소
6. 복합환승센터 : 「국가통합교통체계효율화법」 제2조제15호에 따른 복합환승센터

나) 결정기준

자동차정류장의 결정기준은 다음 각 호와 같다(시설규칙 제32조).

1. 여객자동차터미널, 여객자동차운수사업용 공영차고지 및 복합환승센터
   가. 주간선도로 또는 다른 교통수단과의 유기적인 연결이 가능한 지역에 설치할 것
   나. 여객수요가 집중되는 지역으로서 이용자가 접근하기 쉬운 지역에 설치할 것
   다. 고속국도를 주로 이용하는 자동차를 위한 자동차정류장의 경우에는 고속국도와 쉽게 연결되도록 할 것. 다만, 당해 자동차정류장의 전용도로를 설치하는 경우에는 그러하지 아니하다.
   라. 여객자동차터미널 및 여객자동차운수사업용 공영차고지의 소음권에 평온을 요하는 지역이 포함되지 아니하도록 인근의 토지이용현황을 고려할 것
   마. 준주거지역·중심상업지역·일반상업지역·유통상업지역·준공업지역·자연녹지지역 및 계획관리지역에 한정하여 설치할 것. 다만, 시내버스운송사업용 여객자동차터미널 및 시내버스운송사업용 공영차고지는 제2종일반주거지역, 제3종일반주거지역 및 생산녹지지역에도 설치할 수 있으며, 복합환승센터는 제1종전용주거지역, 보전녹지지역, 보전관리지역 및 생산관리지역 외의 지역에 설치할 수 있다.
2. 물류터미널, 화물자동차운수사업용 공영차고지, 공동차고지, 화물자동차 휴게소
   가. 주간선도로 또는 다른 교통수단과의 유기적인 연결이 가능한 지역에

결정할 것

나. 고속국도를 주로 이용하는 자동차를 위한 자동차정류장의 경우에는 고속국도와 쉽게 연결되도록 할 것. 다만, 당해 자동차정류장의 전용도로를 설치하는 경우에는 그러하지 아니하다.

다. 지역의 현황 또는 장래에 있어서의 공간구조·산업활동 및 물동량을 고려하여 유통의 원활을 기할 수 있을 것

라. 용지를 확보하기 쉽고 지역간의 교통이 편리한 장소에 설치할 것

마. 수송능률을 높이고 모든 교통시설과의 연결이 쉽도록 인근의 토지이용계획을 고려할 것

바. 중심상업지역·일반상업지역·유통상업지역·일반공업지역·준공업지역 및 계획관리지역에 한하여 설치할 것. 다만, 지역의 토지이용계획상 불가피한 경우로서 지역간을 연결하는 주간선도로 또는 고속국도와의 연결이 쉬운 인접지역에 2만m² 이상의 규모로 설치하는 때에는 환경오염방지대책을 수립한 경우에 한하여 자연녹지지역에도 설치할 수 있다.

다) 구조 및 설치기준

(1) 자동차정류장의 구조 및 설치기준은 다음 각 호와 같다(시설규칙 제33조).

1. 화물자동차 휴게소에 설치하는 화물운송주선사무실은 전체 건축물 연면적의 30% 미만으로 설치할 것
2. 화물자동차 휴게소에는 휴게실, 샤워실, 수면실, 체력단련실 등 화물자동차 운전자의 편익 증진을 위한 충분한 시설을 설치할 것

(2) 자동차정류장에 설치할 수 있는 시설은 다음 각 호와 같으며, (1) 및 (2)에서 규정한 사항 외에 자동차정류장의 구조 및 설치에 관하여는 「여객자동차 운수사업법」·「화물자동차 운수사업법」·「물류시설의 개발 및 운영에 관한 법률」 또는 「국가통합교통체계효율화법」에서 정하는 바에 따른다.

1. 부대시설 : 주유소·자동차용 가스충전소·전기차 충전시설 및 배터리 교환시설·변전실·보일러실·공해방지시설·자동차정비시설·방송실·배차실·안내실·차고·세차장·종업원용 휴게실·종업원용 목욕실·종업원용

기숙사·승무원대기실·물류터미널에 설치하는 종업원 및 운송주선업자용 사무실 겸용 숙소

2. 편익시설 : 「건축법 시행령」 별표 1에 의한 건축물 중 다음 각 목의 어느 하나에 해당하지 아니하는 시설
   가. 「건축법 시행령」 별표 1의 제1호, 제2호 및 제5호부터 제28호까지에 해당하는 시설
   나. 「건축법 시행령」 별표 1의 제4호 라목(테니스장 및 골프연습장에 한한다)·마목(종교집회장 및 공연장에 한한다)·바목(부동산중개업소 및 출판사에 한한다)·사목(제조업소에 한한다) 및 자목 내지 타목에 해당하는 시설
3. 제1호 및 제2호의 시설과 유사한 시설로서 도시·군계획시설사업 실시계획 인가권자 소속 도시계획위원회의 심의를 거친 시설. 이 경우 도시계획위원회의 심의는 「국토의 계획 및 이용에 관한 법률」 제90조제1항의 규정에 의한 실시계획 공람을 하기 전에 거쳐야 한다.

7) 궤 도

가) 궤도의 개념

"궤도"란 「궤도운송법」 제2조제3호에 따른 궤도시설 즉, ⅰ) 선로(線路), 정거장(환승시설 및 편의시설을 포함한다), 그 밖에 궤도운송에 필요한 건축물이나 건축설비, ⅱ) 궤도차량, ⅲ) 선로 및 궤도차량을 보수·정비하기 위한 보수기지, 정비기지 및 창고 등, ⅳ) 전력설비, 정보통신설비, 피뢰장치, 신호설비 및 제어설비 등, ⅴ) 동력장치 등 각종 기계장치 등의 시설을 말한다(시설규칙 제34조).

나) 궤도의 결정기준

궤도의 결정기준은 다음 각 호와 같다(시설규칙 제35조).

1. 다른 교통수단과의 관계를 충분히 고려하여야 하며, 특히 도로계획과 연계하여 설치할 것
2. 인근 토지이용현황을 고려하여 자연환경·주거환경 등이 저해되지 아니하

도록 할 것
3. 삭도는 주변지역의 경관유지에 지장이 되지 아니하도록 할 것

다) 궤도의 구조 및 설치기준

궤도의 구조 및 설치에 관하여는 「궤도운송법」이 정하는 바에 의한다(시설규칙 第36조).

8) 운 하

가) 운하의 개념

"운하"라 함은 주로 지역간의 내륙수운을 위하여 설치하는 시설을 말한다(시설규칙 第40조).

나) 결정기준

운하의 결정기준은 다음 각 호와 같다(시설규칙 第41조).

1. 운하의 규모는 지역간의 물동량 등 화물수송량 및 경제성을 고려하여 결정할 것
2. 항만·도로·철도 등과 운하와의 수륙교통체계가 상호 유기적으로 연결되도록 할 것
3. 기존의 수로가 있는 경우에는 그 수로를 활용할 것
4. 주변의 토지이용현황을 고려하고, 저지대에 설치하여 배수로로 기능할 수 있도록 할 것
5. 기존 하천의 유로를 저수공사·준설 등으로 개량하거나 직강공사 등으로 뱃길로 만들고자 하는 경우에는 이를 하천시설로 설치할 것. 다만, 운하로서의 기능이 저하되지 아니하도록 운하의 결정·구조 및 설치기준을 고려하여야 한다.

다) 구조 및 설치기준

운하의 구조 및 설치기준은 다음 각 호와 같다(시설규칙 第42조).

1. 직선부분의 폭은 운하를 이용하는 최대선박 2척이 그 선박간 및 선박과 안

벽간에 각각 최소 10m 내지 20m의 여유를 가지고 자유롭게 운항할 수 있도록 할 것
2. 굴곡부분의 곡선 최소반경은 운행대상 최대선박길이의 4배 이상으로 할 것
3. 심도는 운하를 이용하는 최대선박이 최대흘수인 때에 무동력선박의 경우에는 0.3m 내지 0.6m 이상, 동력선박의 경우에는 0.6m 내지 1m 이상의 여유가 있도록 할 것
4. 운하에 설치하는 교량은 선박운행에 지장을 주지 아니하도록 적절한 높이와 폭 등 필요한 공간을 확보하거나 그 밖에 선박운항에 필요한 장치를 설치할 것
5. 선박이 정박하거나 선회할 수 있는 공간을 충분히 확보할 것
6. 주변의 토지이용현황을 고려하여 필요한 장소에 화물하역시설을 설치하되, 반드시 도로와 접속되도록 할 것
7. 선박의 운항속도는 운하의 관리와 선박의 안전을 고려한 적정한 속도로 유지되도록 할 것
8. 운하의 수질을 양호한 수준으로 유지·관리할 수 있도록 할 것
9. 운하의 건설로 인하여 지역간 단절이 발생하지 아니하도록 할 것

9) 자동차 및 건설기계검사시설

가) 자동차 및 건설기계검사시설의 정의

"자동차 및 건설기계검사시설"이라 함은 ⅰ) 「자동차관리법 시행규칙」 제73조의 규정에 의한 자동차검사시설, ⅱ) 「건설기계관리법 시행규칙」 제32조의 규정에 의한 건설기계검사소 등의 시설을 말한다(시설규칙 제43조).

나) 결정기준

자동차 및 건설기계검사시설의 결정기준은 다음 각 호와 같다(시설규칙 제44조).
1. 검사를 받기 위한 자동차 및 건설기계가 접근하기 쉽고 교통이 편리한 곳일 것
2. 검사를 받기 위한 자동차 및 건설기계의 출입으로 인하여 교통체증이 발생

되지 아니할 것

3. 준주거지역·근린상업지역·일반공업지역·준공업지역·자연녹지지역 및 계획관리지역에 한하여 설치할 것

다) 구조 및 설치기준

자동차 및 건설기계검사시설에는 ⅰ) 식당, 매점, 휴게실, 다방, ⅱ) 종업원용 기숙사 등의 편익시설을 설치할 수 있으며, 위 규정된 사항 외에 자동차 및 건설기계검사시설의 설치에 관하여는 「자동차관리법」 또는 「건설기계관리법」이 정하는 바에 의한다(시설규칙 제45조).

10) 자동차 및 건설기계운전학원

가) 자동차 및 건설기계운전학원의 개념

"자동차 및 건설기계운전학원"이라 함은 「도로교통법」 제2조제32호에 따른 자동차운전학원 및 「학원의 설립·운영 및 과외교습에 관한 법률」 제2조제1호의 규정에 의한 학원 중 건설기계운전학원을 말한다(시설규칙 제46조).

나) 결정기준

자동차 및 건설기계운전학원의 결정기준은 다음 각 호와 같다(시설규칙 제47조).

1. 차량 및 건설기계의 출입에 지장이 없고 배수가 쉽게 이루어지며, 인근의 주거환경에 위해를 끼칠 우려가 없는 지역에 설치할 것
2. 소음·대기오염 등 환경오염문제를 고려할 것
3. 준주거지역·일반상업지역·일반공업지역·준공업지역·자연녹지지역 및 계획관리지역에 한하여 설치할 것

다) 구조 및 설치기준

자동차 및 건설기계운전학원의 구조 및 설치에 관하여는 「도로교통법」 또는 「학원의 설립·운영 및 과외교습에 관한 법률」이 정하는 바에 의한다(시설규칙 제48조).

11) 공간시설

가) 광 장

(1) 광장의 개념

"광장"이라 함은 법 시행령 제2조제2항제3호 각 목의 교통광장·일반광장·경관광장·지하광장 및 건축물부설광장을 말하며, 이 중 교통광장은 교차점광장·역전광장 및 주요시설광장으로 구분하고, 일반광장은 중심대광장 및 근린광장으로 구분한다(시설규칙 제49조).

(2) 광장의 결정기준

광장은 대중교통, 보행 동선, 인근 주요시설 및 토지이용현황 등을 고려하여 보행자에게 적절한 휴식공간을 제공하고 주변의 가로환경 및 건축계획 등과 연계하여 도시의 경관을 높일 수 있게 결정하여야 하며, 다음 각 호의 결정기준을 따라야 한다(시설규칙 제50조).

1. 교통광장

가. 교차점광장

(1) 혼잡한 주요도로의 교차지점에서 각종 차량과 보행자를 원활히 소통시키기 위하여 필요한 곳에 설치할 것

(2) 자동차전용도로의 교차지점인 경우에는 입체교차방식으로 할 것

(3) 주간선도로의 교차지점인 경우에는 접속도로의 기능에 따라 입체교차방식으로 하거나 교통섬·변속차로 등에 의한 평면교차방식으로 할 것. 다만, 도심부나 지형여건상 광장의 설치가 부적합한 경우에는 그러하지 아니하다.

나. 역전광장

(1) 역전에서의 교통혼잡을 방지하고 이용자의 편의를 도모하기 위하여 철도역 앞에 설치할 것

(2) 철도교통과 도로교통의 효율적인 변환을 가능하게 하기 위하여 도로와의 연결이 쉽도록 할 것

(3) 대중교통수단 및 주차시설과 원활히 연계되도록 할 것

다. 주요시설광장

(1) 항만·공항 등 일반교통의 혼잡요인이 있는 주요시설에 대한 원활한 교통처리를 위하여 당해 시설과 접하는 부분에 설치할 것

(2) 주요시설의 설치계획에 교통광장의 기능을 갖는 시설계획이 포함된 때에는 그 계획에 의할 것

2. 일반광장

가. 중심대광장

(1) 다수인의 집회·행사·사교 등을 위하여 필요한 경우에 설치할 것

(2) 전체 주민이 쉽게 이용할 수 있도록 교통중심지에 설치할 것

(3) 일시에 다수인이 집산하는 경우의 교통량을 고려할 것

나. 근린광장

(1) 주민의 사교, 오락, 휴식 및 공동체 활성화 등을 위하여 근린주거구역별로 설치할 것

(2) 시장·학교 등 다수인이 집산하는 시설과 연계되도록 인근의 토지이용현황을 고려할 것

(3) 시·군 전반에 걸쳐 계통적으로 균형을 이루도록 할 것

3. 경관광장

가. 주민의 휴식·오락 및 경관·환경의 보전을 위하여 필요한 경우에 하천, 호수, 사적지, 보존가치가 있는 산림이나 역사적·문화적·향토적 의의가 있는 장소에 설치할 것

나. 경관물에 대한 경관유지에 지장이 없도록 인근의 토지이용현황을 고려할 것

다. 주민이 쉽게 접근할 수 있도록 하기 위하여 도로와 연결시킬 것

4. 지하광장

가. 철도의 지하정거장, 지하도 또는 지하상가와 연결하여 교통처리를 원활히 하고 이용자에게 휴식을 제공하기 위하여 필요한 곳에 설치할 것

나. 광장의 출입구는 쉽게 출입할 수 있도록 도로와 연결시킬 것

5. 건축물부설광장
   가. 건축물의 이용효과를 높이기 위하여 건축물의 내부 또는 그 주위에 설치할 것
   나. 건축물과 광장 상호간의 기능이 저해되지 아니하도록 할 것
   다. 일반인이 접근하기 용이한 접근로를 확보할 것

(3) 구조 및 설치기준

광장의 구조 및 설치기준은 다음 각 호와 같다(시설규칙 제51조).

1. 교차점광장은 자동차의 설계속도에 의한 곡선반경 이상이 되도록 하여 교통처리가 원활히 이루어지도록 할 것
2. 교차점광장에는 횡단보행자의 통행에 지장이 없는 시설을 설치하고, 「도로법」의 규정에 의한 도로부속물을 설치할 수 있도록 할 것
3. 역전광장 및 주요시설광장에는 이용자를 위한 보도·차도·택시정류장·버스정류장·휴식시설 등을 설치하고, 재래시장·문화시설 등 지역별 특색에 맞는 시설과 연계하여 설치하는 것을 고려할 것
4. 중심대광장에는 주민의 집회·행사 또는 휴식을 위한 시설과 보행자의 통행에 지장이 없는 시설을 설치할 것
5. 근린광장에는 주민의 사교·오락·휴식 등을 위한 시설을 설치하여야 하며, 광장의 이용에 지장을 주지 아니하도록 광장 내 또는 광장 인근에 당해 지역을 통과하는 교통량을 처리하기 위한 도로를 배치하지 아니할 것
6. 경관광장에는 주민의 휴식·오락 또는 경관을 위한 시설과 경관물의 보호를 위하여 필요한 시설 및 표지를 설치할 것
7. 지하광장에는 이용자의 휴식을 위한 시설과 광장의 규모에 적정한 출입구를 설치할 것
8. 지하광장은 통풍 및 환기가 원활하도록 할 것
9. 건축물부설광장에는 이용자의 휴식과 관람을 위한 시설을 설치할 수 있으나, 건축물의 이용에 지장이 없도록 할 것
10. 주민의 휴식·오락·경관 등을 목적으로 하는 광장에 포장을 하는 경우에는

주변의 자연환경과 미관을 고려하고, 빗물이 땅에 잘 스며들 수 있는 구조로 하거나 식생도랑, 저류·침투조 등의 빗물관리시설을 설치할 것

11. 주민의 요구에 맞는 형태와 기능을 갖추도록 적절한 시설물을 설치할 것
12. 재해취약지역에 3천m² 이상의 역전광장, 일반광장 및 경관광장을 설치하는 경우에는 광장의 규모 및 목적을 검토하여 지표에 계단형으로 빗물을 저류할 수 있는 공간을 설치하거나 적정한 규모의 지하 저류지를 설치하는 것을 고려할 것
13. 나무나 화초를 심는 경우 그 식재면의 높이를 광장의 바닥 높이보다 낮게 할 것. 다만, 경관, 보행자 안전 및 나무나 화초의 보호 등을 위하여 필요한 경우는 그러하지 아니하다.

나) 공 원

(1) 공원의 개념

"공원"이라 함은 ⅰ)「도시공원 및 녹지 등에 관한 법률」 제15조제1항 각 호의 공원, ⅱ) 도시지역 외의 지역에 「도시공원 및 녹지 등에 관한 법률」을 준용하여 설치하는 공원을 말한다(시설규칙 제52조).

(2) 결정기준 및 구조·설치기준

도시지역 안에 설치하는 공원의 결정·구조 및 설치에 관하여는 「도시공원 및 녹지 등에 관한 법률」이 정하는 바에 따르고, 도시지역 외의 지역에 설치하는 공원의 결정·구조 및 설치에 관하여는 「도시공원 및 녹지 등에 관한 법률」을 준용한다(시설규칙 제53조).

다) 녹 지

(1) 녹지의 개념

"녹지"라 함은 ⅰ)「도시공원 및 녹지 등에 관한 법률」 제35조 각 호의 완충녹지·경관녹지 및 연결녹지, ⅱ) 도시지역 외의 지역에 「도시공원 및 녹지 등에 관한 법률」을 준용하여 설치하는 녹지를 말한다(시설규칙 제54조).

(2) 결정기준 및 구조·설치기준

도시지역 안에 설치하는 녹지의 결정·구조 및 설치에 관하여는 「도시공원 및 녹지 등에 관한 법률」이 정하는 바에 따르고, 도시지역 외의 지역에 설치하는 녹지의 결정·구조 및 설치에 관하여는 「도시공원 및 녹지 등에 관한 법률」을 준용한다(시설규칙 제55조).

라) 유 원 지

(1) 유원지의 개념

"유원지"라 함은 주로 주민의 복지향상에 기여하기 위하여 설치하는 오락과 휴양을 위한 시설을 말한다(시설규칙 제56조).

(2) 결정기준

유원지의 결정기준은 다음 각 호와 같다(시설규칙 제57조).

1. 시·군내 공지의 적절한 활용, 여가공간의 확보, 도시환경의 미화, 자연환경의 보전 등의 효과를 높일 수 있도록 할 것
2. 숲·계곡·호수·하천·바다 등 자연환경이 아름답고 변화가 많은 곳에 설치할 것
3. 유원지의 소음권에 주거지·학교 등 평온을 요하는 지역이 포함되지 아니하도록 인근의 토지이용현황을 고려할 것
4. 준주거지역·일반상업지역·자연녹지지역 및 계획관리지역에 한하여 설치할 것. 다만, 유원지 면적의 50% 이상이 계획관리지역에 해당하면 나머지 면적이 생산관리지역이나 보전관리지역에 해당하는 경우에도 설치할 수 있다.
5. 이용자가 쉽게 접근할 수 있도록 교통시설을 연결할 것
6. 대규모 유원지의 경우에는 각 지역에서 쉽게 오고 갈 수 있도록 교통시설이 고속국도나 지역간 주간선도로에 쉽게 연결되도록 할 것
7. 전력과 용수를 쉽게 공급받을 수 있고 자연재해의 우려가 없는 지역에 설치할 것
8. 시냇가·강변·호반 또는 해변에 설치하는 유원지의 경우에는 다음 각목의

사항을 고려할 것

가. 시냇가·강변·호반 또는 해변이 차단되지 아니하고 완만하게 경사질 것

나. 깨끗하고 넓은 모래사장이 있을 것

다. 수영을 할 수 있는 경우에는 수질이 「환경정책기본법」 등 관계 법령에 규정된 수질기준에 적합할 것

라. 상수원의 오염을 유발시키지 아니하는 장소일 것

9. 유원지의 규모는 1만m^2 이상으로 당해 유원지의 성격과 기능에 따라 적정하게 할 것

(3) 구조 및 설치기준

1. 유원지의 구조 및 설치기준은 다음 각 호와 같다(시설규칙 제58조).

가. 각 계층의 이용자의 요구에 응할 수 있도록 다양한 시설을 설치할 것

나. 연령과 성별의 구분 없이 이용할 수 있는 시설을 포함할 것

다. 휴양을 목적으로 하는 유원지를 제외하고는 토지이용의 효율화를 기할 수 있도록 일정지역에 시설을 집중시키고, 세부시설 간 유기적 연관성이 있는 경우에는 둘 이상의 세부시설을 하나의 부지에 함께 설치하는 것을 고려할 것

라. 유원지에는 보행자 위주로 도로를 설치하고 차로를 설치하는 경우에도 보행자의 안전과 편의를 저해하지 아니하도록 할 것

마. 특색 있고 건전한 휴식공간이 될 수 있도록 세부시설을 설치할 것

바. 유원지의 목적 및 지역별 특성을 고려하여 세부시설 조성계획에서 휴양시설, 편익시설 및 관리시설의 종류를 정할 것

사. 하천, 계곡 및 산지에 유원지를 설치하는 경우 재해위험성을 충분히 고려하고, 야영장 및 숙박시설은 반드시 재해로부터 안전한 곳에 설치할 것

아. 유원지의 주차장 표면을 포장하는 경우에는 잔디블록 등 투수성 재료를 사용하고, 배수로의 표면은 빗물받이 폭 이상의 생태형으로 설치하는 것을 고려할 것

2. 유원지에는 다음 각 호의 시설을 설치할 수 있다. 이 경우 제1호의 유희시

설은 어린이용 위주의 유희시설과 가족용 위주의 유희시설로 구분하여 설치하여야 한다.

가. 유희시설 : 「관광진흥법」에 따른 유기시설·유기기구, 번지점프, 그네·미끄럼틀·시소 등의 시설, 미니썰매장·미니스케이트장 등 여가활동과 운동을 함께 즐길 수 있는 시설 그 밖에 기계 등으로 조작하는 각종 유희시설

나. 운동시설 : 육상장·정구장·테니스장·골프연습장·야구장(실내야구연습장을 포함한다)·탁구장·궁도장·체육도장·수영장·보트놀이장·부교·잔교·계류장·스키장(실내스키장을 포함한다)·골프장(9홀 이하인 경우에만 해당한다)·승마장·미니축구장 등 각종 운동시설

다. 휴양시설 : 휴게실·놀이동산·낚시터·숙박시설·야영장(자동차야영장을 포함한다)·야유회장·청소년수련시설·자연휴양림·간이취사시설

라. 특수시설 : 동물원·식물원·공연장·예식장·마권장외발매소(이와 유사한 것을 포함한다)·관람장·전시장·진열관·조각·야외음악당·야외극장·온실·수목원·광장

마. 위락시설 : 관광호텔에 부속된 시설로서 「관광진흥법」 제15조에 따른 사업계획승인을 받아 설치하는 위락시설

바. 편익시설 : 전망대·매점·휴게음식점·일반음식점·음악감상실·일반목욕장·단란주점·노래연습장·사진관·약국·의무실·스크린골프장·당구장·청소년게임장·자전거대여소·서바이벌게임장·찜질방·금융업소

사. 관리시설 : 도로(보행자전용도로, 보행자우선도로 및 자전거전용도로를 포함한다)·주차장·궤도·쓰레기처리장·관리사무소·화장실·안내표지·창고

아. 제1호부터 제7호까지의 시설과 유사한 시설로서 유원지별 목적·규모 및 지역별 특성에 적합하여 도시·군계획시설결정권자 소속 도시계획위원회(해당 도시·군계획시설결정권자에게 소속된 위원회를 말한다. 이하 제64조제2항제3호,제93조제2항·제3항,제101조제2항 및 제119조제3호의2에서 같다)의 심의를 거친 시설

3. 그 외 시설물

유원지 안에서의 안녕질서의 유지 그 밖에 유원지주변의 상황으로 보아 특히 필요하다고 인정되는 경우에는 파출소·초소 등의 시설을 제2조제2항의 규정에 의한 세부시설에 대한 조성계획에 포함시킬 수 있고, 유원지 중 「관광진흥법」 제2조제6호에 따른 관광지 또는 같은 조 제7호에 따른 관광단지로 지정된 지역과 법 제15조에 따라 법 시행령 제2조제3호 가목에 따른 전문휴양업이나 같은 호 나목에 따른 종합휴양업으로 사업계획의 승인을 받은 지역에는 제2항에도 불구하고 「관광진흥법」에서 정하는 시설을 포함하여 설치할 수 있으며, 유원지 중 「제주특별자치도 설치 및 국제자유도시 조성을 위한 특별법」에 의한 개발사업으로 조성하는 유원지에 대하여는 제1항제4호·제5호 및 제2항의 규정을 적용하지 아니한다(시설규칙 제58조제3,4,5항).

마) 공공공지

(1) 공공공지의 개념

"공공공지"라 함은 시·군내의 주요시설물 또는 환경의 보호, 경관의 유지, 재해대책, 보행자의 통행과 주민의 일시적 휴식공간의 확보를 위하여 설치하는 시설을 말한다(시설규칙 제59조).

(2) 결정기준

공공공지는 공공목적을 위하여 필요한 최소한의 규모로 설치하여야 한다(시설규칙 제60조).

(3) 구조 및 설치기준

공공공지의 구조 및 설치기준은 다음 각 호와 같다(시설규칙 제61조).

1. 지역의 경관을 높일 수 있도록 할 것
2. 지역 주민의 요구를 고려하여 긴 의자, 등나무·담쟁이 등의 조경물, 조형물, 옥외에 설치하는 생활체육시설(「체육시설의 설치·이용에 관한 법률」 제6조의 규정에 의한 생활체육시설 중 건축물의 건축 또는 공작물의 설치를 수반하지 아니하는 것을 말한다) 등 공중이 이용할 수 있는 시설을 설치할 것

3. 주민의 접근이 쉬운 개방된 구조로 설치하고 일상생활에 있어 쾌적성과 안전성을 확보할 것
4. 주변지역의 개발사업으로 증가하는 빗물유출량을 줄일 수 있도록 식생도랑, 저류·침투조, 식생대, 빗물정원 등의 빗물관리시설을 설치할 것
5. 바닥은 녹지로 조성하는 것을 원칙으로 하되, 불가피한 경우 투수성 포장을 하거나 블록 및 석재 등의 자재를 사용하여 이용자에게 편안함을 주고 미관을 높일 수 있도록 할 것

12) 유통 및 공급시설

가) 유통업무설비

(1) 유통업무설비의 개념

"유통업무설비"란 다음 각 호의 시설을 말한다(시설규칙 제62조).

1. 「물류시설의 개발 및 운영에 관한 법률」에 따른 물류단지
2. 다음 각 목의 시설로서 각 목별로 1개 이상의 시설이 동일하거나 인접한 장소에 함께 설치되어 상호 그 효용을 다하는 시설
   가. 다음의 시설 중 어느 하나 이상의 시설
      (1) 「유통산업발전법」 제2조제3호·제4호·제7호 및 제15호의 규정에 의한 대규모점포·임시시장·전문상가단지 및 공동집배송센터
      (2) 「농수산물유통 및 가격안정에 관한 법률」 제2조제2호·제5호 및 제12호의 규정에 의한 농수산물도매시장·농수산물공판장 및 농수산물종합유통센터
      (3) 「자동차관리법」 제60조제1항의 규정에 의한 자동차경매장
   나. 다음의 시설 중 어느 하나 이상의 시설
      (1) 제31조제2호에 따른 물류터미널 또는 같은 조 제3호 나목에 따른 화물자동차운수사업용 공영차고지
      (2) 화물을 취급하는 철도역
      (3) 「물류시설의 개발 및 운영에 관한 법률」 제2조제7호 라목에 따른

화물의 운송·하역 및 보관시설

(4) 「항만법」 제2조제5호 나목(2)에 따른 하역시설

다. 다음의 시설 중 어느 하나 이상의 시설

(1) 창고·야적장 또는 저장소(「위험물안전관리법」 제2조제4호의 저장소를 제외한다)

(2) 화물적하시설·화물적치용건조물 그 밖에 이와 유사한 시설

(3) 「축산물위생관리법」 제2조제11호에 따른 축산물보관장

(4) 생산된 자동차를 인도하는 출고장

【판시사항】

유통업무시설을 설치할 부지를 조성하는 것만을 목적으로 하는 사업이 구 도시계획법상의 도시계획사업으로 인정될 수 있는지 여부(적극) (대법원 2009.7.23. 선고 2009다32393 판결)

【판결요지】

구 도시계획법(2000.1.28. 법률 제6243호로 개정되기 전의 것) 제2조제1항제3호는 "도시계획시설이라 함은 도시계획으로 결정된 제1호 나목 및 다목의 계획에 의하여 설치되는 시설을 말한다."라고 규정하고 있으며, 같은 항 제1호 나목은 도시계획의 하나로서 '유통업무설비' 등의 설치에 관한 계획을 들고 있는바, 사업시행자가 유통업무에 필요한 창고, 화물적치용 건조물 기타 유사시설 및 사무소 등 시설물을 직접 설치하는 것이 아니라 그 시설물 설치를 위한 부지를 조성하여 유통업자들에게 분양하고, 분양받은 유통업자들로 하여금 각자의 수요와 사업계획에 따라 필요한 시설물을 설치하도록 하는 방식의 도시계획사업도 얼마든지 가능한 것이므로, 유통업무시설을 설치할 부지를 조성하는 것만을 목적으로 하는 사업도 도시계획사업으로 인정하여야 한다.

(2) 유통업무설비의 결정기준

유통업무설비의 결정기준은 다음 각 호와 같다(시설규칙 제63조).

1. 물자수송에 있어서 지역간 교통과 시·군 교통의 변환점으로서의 기능과 물

자수급에 있어서 공급자와 수요자의 중계기지로서의 기능이 상호 그 효용을 다할 수 있도록 할 것

2. 도심지의 교통혼잡을 경감시키고 유통기능의 효율화를 위하여 지역 간의 교통이 원활한 고속국도·철도역·항만 등이 연결되는 지점 또는 이에 가까운 도시의 외곽에 설치할 것
3. 집산지·공업단지 등 물자공급지와 쉽게 연결되고, 시·군내 각종 시장 및 집배소와의 교통이 편리한 곳에 설치할 것
4. 전국의 유통망체계에 따라 물자의 이동성향을 충분히 고려할 것
5. 장래에 있어서의 물동량의 증가와 수송장비의 대형화에 대비하여 시설의 확충이 가능하도록 할 것
6. 주요시설의 주변이나 인구가 밀집한 지역에 설치하지 아니하도록 인근의 토지이용계획을 고려할 것
7. 준주거지역·중심상업지역·일반상업지역·근린상업지역·유통상업지역·일반공업지역·준공업지역 및 계획관리지역에 한하여 설치할 것. 다만, 「유통산업발전법」 별표에 따른 대규모점포 중 대형마트·전문점의 설치를 목적으로 하는 경우에는 자연녹지지역에도 설치할 수 있다.

(3) 구조 및 설치기준

(가) 유통업무설비의 구조 및 설치기준은 다음 각 호와 같다(시설규칙 제64조).

1. 모든 시설을 같은 부지 안에 집단적으로 설치함으로써 유통업무설비의 효용을 높이도록 하되, 그러하지 아니한 때에는 가까운 곳에 설치하여 상호 그 효용을 다할 수 있도록 할 것
2. 주변환경을 보호하고 각종 교통재해와 대기오염·소음·진동 등의 공해를 방지하기 위하여 외곽경계부분에 녹지·도로 등의 차단공간을 둘 것
3. 유통구조의 발전에 대처할 수 있도록 시설·설비 등을 설치하고, 공해요인이 있는 시설과 없는 시설을 적절히 분리할 것
4. 부대시설 및 편익시설을 적절히 설치하되, 유통업무설비의 특성을 충분히 감안하여 상호 관련 있게 설치할 것

5. 물류터미널·창고·하역시설·화물취급소·차고 및 자동차경매장 등 화물운송관련시설의 진·출입구는 교통의 원활한 흐름과 안전에 지장이 없도록 설치할 것
5의2. 연면적 5천m² 이상의 유통업무설비인 경우에는 빗물이용을 위한 시설의 설치를 고려하고, 불투수면에서 유출되는 빗물을 최소화하도록 빗물이 땅에 잘 스며들 수 있는 구조로 하거나 식생도랑, 저류·침투조, 빗물정원 등의 빗물관리시설 설치를 고려할 것
6. 제1호부터 제5호까지 및 제5호의2에서 규정된 사항 외에 유통업무설비의 설치에 관하여는 제24조·제26조·제33조·제84조 또는「유통산업발전법」·「자동차관리법」·「물류시설의 개발 및 운영에 관한 법률」및「축산물위생관리법」에서 정하는 바에 따를 것
7. 유통업무설비 중 제62조제1호에 따른 물류단지의 설치기준에 관하여는「물류시설의 개발 및 운영에 관한 법률」에서 정하는 바에 따를 것

(나) 유통업무설비에 설치할 수 있는 부대시설 및 편익시설의 종류는 다음 각 호와 같다.
1. 부대시설 : 사무소, 점포, 주차장, 종업원용 기숙사, 주유소,「대기환경보전법」제58조제3항제2호에 따른 시설 및 유통업무와 관련된 연구시설·금융시설·교육시설·정보처리시설
2. 편익시설 : 은행·휴게실·식당·약국 및 다방
3. 제1호 및 제2호의 시설과 유사한 시설로서 도시·군계획시설결정권자 소속 도시계획위원회의 심의를 거친 시설

나) 수도공급설비

(1) 수도공급설비의 개념

"수도공급설비"라 함은「수도법」제3조제5호의 규정에 의한 수도(일반수도 및 공업용수도에 한한다) 중 ⅰ) 취수시설·저수시설·정수시설 및 배수시설, ⅱ) 전용관로부지상에 설치하는 도수시설 및 송수시설을 말한다(시설규칙 제65조).

(2) 결정기준 및 구조·설치기준

수도공급설비의 결정·구조 및 설치에 관하여는 「수도법」이 정하는 바에 의한다(시설규칙 제66조).

다) 전기공급설비

(1) 전기공급설비의 개념

"전기공급설비"란 「전기사업법」 제2조제16호에 따른 전기사업용 전기설비 중 i) 발전시설, ii) 변전시설(옥내에 설치하는 것을 제외한다), iii) 송전선로(15만 4천 볼트 이상인 경우에만 해당한다), iv) 배전사업소(배전설비와 연결된 기계 및 기구가 설치된 것에 한한다)를 말한다(시설규칙 제67조).

(2) 결정기준

전기공급설비의 결정기준은 다음 각 호와 같다(시설규칙 제68조).

1. 발전시설
   가. 소음, 사고 등에 따른 재해를 방지할 수 있도록 인근의 토지이용계획을 고려하여 설치할 것
   나. 전용공업지역·일반공업지역·준공업지역·자연녹지지역 및 계획관리지역에만 설치할 것. 다만, 「신에너지 및 재생에너지 개발·이용·보급 촉진법」 제2조제2호에 따른 신·재생에너지설비에 해당하는 발전시설은 전용주거지역 및 일반주거지역 외의 지역에 설치할 수 있다.
   다. 화력이나 원자력을 이용한 발전시설은 가목 및 나목 외에 다음의 기준을 고려하여 설치할 것
      1) 항만이나 철도수송이 편리하고 연료를 확보하기 쉬운 곳에 설치할 것
      2) 임해지역 등 발전용수를 확보하기 쉬운 곳에 설치할 것
      3) 조수(潮水)·파도 등에 따른 침수의 우려가 없거나 습한 저지대가 아닌 곳에 설치할 것
2. 변전시설
   가. 송전선로와 쉽게 연결되고 중량물의 반입 및 반출이 가능한 곳에 설치

할 것

나. 수요지역의 중심부에 가까운 곳에 설치할 것

다. 침수 및 산사태 등 재해발생 가능성이 적은 지역에 설치할 것

3. 송전선로

가. 외곽간선은 도시 외곽의 공지에 설치할 것

나. 내부진입간선은 사고 등으로 인한 재해를 방지할 수 있도록 공지 또는 저밀도지역에 설치하되, 인근의 토지이용현황을 고려할 것

4. 배전사업소

변전소와 쉽게 연결되고, 수요지역의 중심부에 가까운 곳에 설치할 것

(3) 구조 및 설치기준

전기공급설비의 구조 및 설치에 관하여는「전기사업법」이 정하는 바에 의한다(시설규칙 제69조).

라) 가스공급설비

(1) 가스공급설비의 개념

"가스공급설비"란 ⅰ)「고압가스 안전관리법」제3조제1호에 따른 저장소(저장능력 30톤 이하의 액화가스저장소 및 저장능력 3천m³ 이하인 압축가스저장소를 제외한다) 및 법 시행규칙 별표 5 제3호에 따른 고정식 압축천연가스이동충전차량 충전시설, ⅱ)「액화석유가스의 안전관리 및 사업법 시행규칙」별표 3 제1호 및 제3호에 따른 용기충전시설과 자동차에 고정된 탱크충전시설, ⅲ)「도시가스사업법」제2조제5호의 규정에 의한 가스공급시설을 말한다(시설규칙 제70조).

(2) 결정기준

가스공급설비의 결정기준은 다음 각 호와 같다(시설규칙 제71조).

1. 주요시설물 또는 건축물이 밀집된 지역에 설치되지 아니하도록 인근의 토지이용계획을 고려할 것
2. 전용공업지역·일반공업지역·준공업지역·자연녹지지역 및 계획관리지역에 한하여 설치할 것. 다만, 가스공급시설중 배관 및 정압기와 이에 부수되는

시설은 다른 지역에도 설치할 수 있다.

3. 인화·폭발 등으로 인한 불의의 사고에 대비하여 교통이 혼잡한 상가·번화가·시장 등 사람이 많이 모이는 곳과 그에 가까운 곳에 설치하지 아니할 것
4. 침수 및 산사태 등 재해발생 가능성이 적은 지역에 설치할 것

(3) 구조 및 설치기준

가스공급설비의 구조 및 설치에 관하여는 「고압가스안전관리법」·「액화석유가스의 안전관리 및 사업법」 또는 「도시가스사업법」이 정하는 바에 의한다(시설규칙 제72조).

마) 열공급설비

(1) 열공급설비의 개념

"열공급설비"라 함은 「집단에너지사업법」 제9조의 규정에 의한 집단에너지사업의 허가를 받은 자가 설치하는 i) 「집단에너지사업법 시행규칙」 제2조제1호의 규정에 의한 열원시설, ii) 「집단에너지사업법 시행규칙」 제2조제2호의 규정에 의한 열수송시설을 말한다(시설규칙 제73조).

(2) 결정기준

열공급설비의 결정기준은 다음 각 호와 같다(시설규칙 제74조).

1. 열원시설은 사고 등에 의한 재해를 방지할 수 있도록 인근의 토지이용계획을 고려하여 설치할 것
2. 열원시설은 제2종전용주거지역·제2종일반주거지역·제3종일반주거지역·준주거지역·전용공업지역·일반공업지역·준공업지역·자연녹지지역 및 계획관리지역에 한하여 설치할 것
3. 쓰레기를 소각하여 열을 발생시키는 열원시설은 대기와 수질의 오염 등 각종 환경오염문제를 고려하여 설치하되, 차량이 쉽게 접근할 수 있는 지역에 설치할 것
4. 열수송시설은 수송효율을 높이기 위하여 공급지와 소비지간의 거리를 최소화할 수 있는 경로로 설치할 것

5. 열수송시설은 공사의 불필요한 중복을 피할 수 있도록 인근 도로망과 지하 매설물의 분포를 고려할 것
6. 인화·악취 등으로 인한 인근의 피해를 줄이기 위하여 완충녹지를 둘 것
7. 인구 및 산업단지 등의 분포를 고려하여 입지를 결정할 것
8. 침수 및 산사태 등 재해발생 가능성이 적은 지역에 설치할 것

(3) 구조 및 설치기준

열공급설비의 구조 및 설치에 관하여는 「집단에너지사업법」이 정하는 바에 의한다(시설규칙 제75조).

바) 방송·통신시설

(1) 방송·통신시설의 개념

"방송·통신시설"이란 국가 또는 지방자치단체가 설치하는 시설(제1호의 경우에는 방송통신위원회가 지정하는 시설을 포함한다)로서 i)「전기통신사업법」 제2조제4호에 따른 사업용전기통신설비, ii)「전파법」 제2조제5호에 따른 무선설비(「전기통신사업법」 제2조제4호에 따른 사업용전기통신설비는 제외한다), iii)「방송법」 제79조에 따른 유선방송국설비(종합유선방송국으로 한정한다)를 말한다(시설규칙 제76조).

(2) 방송·통신시설의 결정기준

방송·통신시설은 이용자가 접근하기 쉽고 방송시설 종사자의 원활한 활동을 위하여 교통이 편리한 장소에 설치하여야 한다(시설규칙 제77조).

(3) 구조 및 설치기준

방송·통신시설의 구조 및 설치에 관하여는 「전기통신기본법」·「전파법」 또는 「방송법」이 정하는 바에 의한다(시설규칙 제78조).

사) 공동구

(1) 공동구의 개념

"공동구"라 함은 법 제2조제9호의 규정에 의한 공동구를 말한다(시설규칙 제79조).

(2) 결정기준

공동구를 설치할 경우 공동구에 수용되는 시설의 설치현황, 장기수요예측 및 경제적 타당성과 주변시설물에 미치는 영향을 충분히 조사·검토하여야 한다(시설규칙 제80조).

(3) 구조 및 설치기준

공동구의 구조 및 설치기준은 다음 각 호와 같다(시설규칙 제81조).

1. 비가 올 때에 통풍구 등에 침수되는 물을 퍼낼 수 있는 배수펌프를 2대 이상 설치할 것
2. 가스관 또는 하수관으로부터의 가스누설·누수 및 침수에 의한 습도의 증가, 전력케이블·난방배관 등에 의한 온도상승과 세균류의 번식을 예방할 수 있는 환기설비를 설치할 것
3. 공동구 안에서의 원활한 작업을 위하여 15룩스 정도의 조명장치를 하고, 점등스위치는 입구에 수동식으로 장치하며, 공동구 안에서 필요할 경우에 대비하여 적당한 간격으로 콘센트를 설치할 것. 이 경우 조명장치·점등스위치 및 콘센트는 방수형·방폭형(가스관을 수용하거나 가스발생이 우려되는 경우에 한한다) 및 내부식성의 기구를 사용하여야 한다.
4. 변전실 안의 화재·정전 등 돌발사고에 대비한 비상조명설비를 설치할 것
5. 비상시 공동구의 출구 및 비상구로 유도하기 위한 유도 등을 설치하고, 정전시에도 조명이 가능하도록 설비할 것
6. 공동구 안의 부대시설을 가동하기 위한 전원은 내부식성 및 내충격의 전선관 및 내화배선을 사용하고, 누전에 의한 감전을 막고 수용시설을 보호하기 위하여 누전차단기를 설치할 것
7. 화재 그 밖의 사고가 발생할 경우 공동구출입자가 공동구안의 상황을 공동구관리사무소에 신속히 연락할 수 있는 통신설비를 설치할 것
8. 내부의 청소 등을 위하여 공동구 안에 급수시설을 설치할 것
9. 작업원의 안전을 위하여 내부점검과 작업을 위한 출입구는 원칙적으로 지상에 입체형으로 설치하도록 하고, 재료반입구 및 환기구는 비상시의 출입

이 가능하도록 할 것. 이 경우 출입구·재료반입구 및 환기구는 도로교통에 영향을 주지 아니하도록 차도를 피하여 설치하고, 교차로 등에서의 시야확보에 지장이 없도록 하여야 한다.

10. 공동구에 수용되는 시설의 기능을 유지하고 훼손 및 장해를 방지하는 등 공동구에 수용되는 시설의 원활한 유지·관리를 위하여 필요한 경우에는 공동구 안에 중간벽을 설치할 것
11. 공동구는 가능한 한 도로의 선형과 일치되도록 설치하고, 도로의 여건에 따라 조정할 것
12. 공동구가 교차되는 부분의 구조물은 입체화할 것
13. 공동구 안에서 분기가 되는 곳은 공동구에 수용되는 시설의 유지·관리를 원활하게 할 수 있도록 작업공간과 점검통로를 충분히 확보하여야 하며, 공동구에 수용되는 시설이 서로 교차되지 아니하도록 할 것
14. 공동구의 원활한 유지·관리를 위하여 공동구에의 출입이 편리한 장소에 공동구관리사무소를 설치하고, 공동구시스템의 제어, 각종 설비의 자동운전과 공동구에 관한 자료의 감시·보관 및 분석을 행하는 중앙통제시스템을 구축할 것. 다만, 길이가 1km 미만인 공동구로서 각종 경보설비의 수신설비를 관계행정기관에 설치한 경우에는 그러하지 아니하다.
15. 공동구 안에는 다음 각목의 경보설비를 설치하고, 공동구관리사무소에서 설비의 작동상태를 감시할 수 있도록 할 것
    가. 침수경보설비
    나. 출입자감시설비
    다. 가스감지기(가스관을 수용하는 경우에 한한다)
16. 공동구 안에는 「소방시설 설치유지 및 안전관리에 관한 법률」이 정하는 바에 따라 자동화재탐지설비 및 연소방지설비를 설치할 것. 이 경우 자동화재탐지설비의 작동상태가 공동구중앙통제시스템과 관할 소방관서에 동시에 전달될 수 있도록 하여야 한다.
17. 공동구 안에는 돌발적인 사고에 대비하여 비상발전설비 또는 예비전원을

설치할 것

18. 제4호 내지 제7호 및 제14호의 시설기준에 대하여는 소방방재청장이 정하여 고시하는 화재안전기준을 적용할 것
19. 제1호 내지 제18호에 규정된 사항 외에 공동구에 수용되는 시설의 설치에 관하여는 당해 시설의 설치기준에 의할 것

아) 시 장

(1) 시장의 개념

"시장"이란 i)「유통산업발전법」 제2조제3호 및 제4호의 규정에 의한 대규모점포 및 임시시장, ii)「농수산물유통 및 가격안정에 관한 법률」 제2조제2호·제5호 및 제12호의 규정에 의한 농수산물도매시장·농수산물공판장 및 농수산물종합유통센터, iii)「축산법」 제34조에 따른 가축시장을 말한다(시설규칙 제82조).

(2) 결정기준

시장의 결정기준은 다음 각 호와 같다(시설규칙 제83조).

1. 주로 지역 간에 수급이 이루어지는 물품을 취급하는 시장은 유통업무설비와 연계하여 설치할 것
2. 도매기능의 시장은 교통수단의 연결이 쉬운 철도역·고속국도 또는 주간선도로에 가까운 도시의 외곽에 설치할 것
3. 소매기능의 시장의 분포는 주민이 쉽게 접근하여 이용할 수 있도록 적절한 배치간격을 유지할 것
4. 다수인의 집산으로 인한 교통체증의 발생 등으로 시장의 기능이 저하되지 아니하도록 원활한 교통소통을 기할 수 있는 교통수단을 연결시킬 것
5. 시장의 원활한 기능을 위하여 주차장·관리사무소 등을 합리적으로 설치할 것
6. 주간선도로의 교차지점이나 인구가 밀집한 지역에 설치되지 아니하도록 인근의 토지이용현황을 고려할 것
7. 시장의 규모와 입지는 생활권, 시장의 세력권 및 장래의 확장가능성 등을

고려하여 결정할 것

8. 주변의 주거지역에 소음·악취 및 교통체증 등을 발생시킬 우려가 없는 지역에 설치할 것
9. 준주거지역·중심상업지역·일반상업지역·근린상업지역·유통상업지역·준공업지역·자연녹지지역 및 계획관리지역에 한하여 설치할 것. 다만, 「유통산업발전법 시행령」 별표 1에 따른 대규모점포(대형마트·전문점을 제외한다)는 자연녹지지역에 설치할 수 없다.
10. 시장의 규모는 「유통산업발전법」 또는 「농수산물유통 및 가격안정에 관한 법률」이 정하는 바에 의할 것

(3) 시장의 구조 및 설치기준

시장의 구조 및 설치에 관하여는 「유통산업발전법」·「농수산물유통 및 가격안정에 관한 법률」 또는 「축산법」이 정하는 바에 의한다(시설규칙 제84조).

자) 유류저장 및 송유설비

(1) 유류저장 및 송유설비의 개념

"유류저장 및 송유설비"란 ⅰ) 「석유 및 석유대체연료 사업법」 제2조제7호에 따른 석유정제업자나 한국석유공사가 석유를 비축·저장하는 시설과 송유시설, ⅱ) 「송유관안전관리법」 제3조의 규정에 의한 공사계획인가를 받은 자가 설치하는 송유관, ⅲ) 「위험물안전관리법」 제6조의 규정에 의한 제조소 등의 설치허가를 받은 자가 동법 시행령 별표 1의 규정에 의한 제1석유류·제2석유류·제3석유류 또는 제4석유류를 저장하기 위하여 설치하는 저장소를 말한다(시설규칙 제85조).

(2) 유류저장 및 송유설비의 결정기준

유류저장 및 송유설비의 결정기준은 다음 각 호와 같다(시설규칙 제86조).

1. 주요시설물 또는 인구가 밀집한 지역에 설치되지 아니하도록 인근의 토지이용현황을 고려할 것
2. 전용공업지역·일반공업지역·준공업지역·보전녹지지역·자연녹지지역 및 계

획관리지역에 한하여 설치할 것. 다만, 「송유관 안전관리법」 제2조제2호에 따른 송유관 중 배관은 다른 지역에도 설치할 수 있다.

3. 인화·폭발 등으로 인한 불의의 사고에 대비하여 외곽경계부분에 녹지 등 차단공간을 둘 것
4. 주유소 또는 판매소에 대한 공급이 편리한 장소에 설치할 것
5. 공사의 불필요한 중복을 피할 수 있도록 인근의 도로망과 지하매설물의 분포를 고려하여 입지를 결정할 것
6. 침수 및 산사태 등 재해발생 가능성이 적은 지역에 설치할 것

(3) 구조 및 설치기준

유류저장 및 송유설비의 구조 및 설치에 관하여는 「석유 및 석유대체연료 사업법」·「송유관안전관리법」 또는 「위험물안전관리법」이 정하는 바에 의한다(시설규칙 제87조).

13) 공공·문화체육시설

가) 학 교

(1) 학교의 개념

"학교"란 ⅰ) 「유아교육법」 제2조제2호의 규정에 의한 유치원, ⅱ) 「초·중등교육법」 제2조의 규정에 의한 학교, ⅲ) 「고등교육법」 제2조제1호부터 제5호까지의 규정에 따른 학교 및 같은 조 제7호의 각종학교 중 국가 또는 지방자치단체가 설치·운영하는 교육기관. 다만, 법 제2조제5호에 따른 원격대학 중 사이버대학 및 법 제30조에 따른 대학원대학은 제외한다, ⅳ) 「경제자유구역 및 제주국제자유도시의 외국교육기관 설립·운영에 관한 특별법」 제5조의 규정에 의하여 설립하는 외국교육기관으로서 제1호 내지 제3호의 규정에 의한 학교에 상응하는 외국교육기관을 말한다(시설규칙 제88조).

【판시사항】

(대법원 2006.9.8. 선고 2003두5426 판결)

[1] 행정계획의 의미 및 행정주체의 행정계획결정에 관한 재량의 한계
[2] 대학시설을 유치하기 위한 광역시의 도시계획시설결정이 공익과 사익의 이익형량에 정당성과 객관성을 결여한 하자가 있어 위법하다고 한 사례

【판결요지】

[1] 행정계획이라 함은 행정에 관한 전문적·기술적 판단을 기초로 하여 도시의 건설·정비·개량 등과 같은 특정한 행정목표를 달성하기 위하여 서로 관련되는 행정수단을 종합·조정함으로써 장래의 일정한 시점에 있어서 일정한 질서를 실현하기 위한 활동기준으로 설정된 것으로서, 구 도시계획법(2000.1.28. 법률 제6243호로 전문 개정되기 전의 것) 등 관계 법령에는 추상적인 행정목표와 절차만이 규정되어 있을 뿐 행정계획의 내용에 관하여는 별다른 규정을 두고 있지 아니하므로 행정주체는 구체적인 행정계획을 입안·결정함에 있어서 비교적 광범위한 형성의 자유를 가지는 것이지만, 행정주체가 가지는 이와 같은 형성의 자유는 무제한적인 것이 아니라 그 행정계획에 관련되는 자들의 이익을 공익과 사익 사이에서는 물론이고 공익 상호간과 사익 상호간에도 정당하게 비교교량하여야 한다는 제한이 있으므로, 행정주체가 행정계획을 입안·결정함에 있어서 이익형량을 전혀 행하지 아니하거나 이익형량의 고려 대상에 마땅히 포함시켜야 할 사항을 누락한 경우 또는 이익형량을 하였으나 정당성과 객관성이 결여된 경우에는 위법하다.
[2] 대학시설을 유치하기 위한 광역시의 도시계획시설결정이 지역의 교육여건 개선 등의 공익과 지역 내의 토지나 건물 소유자들이 입게 되는 권리행사 제한 등의 사익의 이익형량에 정당성과 객관성을 결여한 하자가 있어 위법하다고 한 사례

(2) 결정기준

학교의 결정기준은 다음 각 호와 같다. 다만, 위 규정에 의한 근린주거구역의 범위는 이미 개발된 지역의 경우에는 개발현황에 따라 정하고, 새로이 개발되는 지역(재개발 또는 재건축되는 지역을 포함한다)의 경우에는 2천 세대 내지 3천 세대를 1개 근린주거구역으로 한다. 다만, 인접한 지역의 개발여건을 고려하여 필요한 경우에는 2천 세대 미만인 지역을 근린주거구역으로 할 수 있다(시설규칙 제89조).

1. 통학권의 범위, 주변환경의 정비상태 등을 종합적으로 검토하여 건전한 교육목적 달성과 주민의 문화교육향상에 기여할 수 있는 중심시설이 되도록 할 것
2. 지역 전체의 인구규모 및 취학률을 감안한 학생수를 추정하여 지역별 인구밀도에 따라 적절한 배치간격을 유지할 것
3. 재해취약지역에는 설치를 가급적 억제하고 부득이 설치하는 경우에는 재해발생 가능성을 충분히 고려하여 설치할 것
4. 위생·교육·보안상 지장을 초래하는 공장·쓰레기처리장·유흥업소·관람장과 소음·진동 등으로 교육활동에 장애가 되는 고속국도·철도 등에 근접한 지역에는 설치하지 아니할 것. 다만, 근로청소년의 교육을 위하여 산업체가 당해 산업체 안에 부설학교를 설치하는 경우에는 그러하지 아니하다.
5. 통학에 위험하거나 지장이 되는 요인이 없어야 하며, 교통이 빈번한 도로·철도 등이 관통하지 아니하는 곳에 설치할 것
6. 일조·통풍 및 배수가 잘 되는 지역에 설치할 것
7. 학교주변에는 녹지 등 차단공간을 둘 것
8. 옥외체육장은 「고등학교 이하 각급 학교 설립·운영 규정」 제5조에 따라 설치하되, 원칙적으로 교사부지와 연접된 곳에 설치할 것
9. 도서관·강당 등 일반주민들이 사용할 수 있는 시설을 설치하는 경우에는 관리상 또는 방화상 지장이 없도록 할 것
10. 초등학교는 2개의 근린주거구역단위에 1개의 비율로, 중학교 및 고등학교는 3개 근린주거구역단위에 1개의 비율로 배치할 것. 다만, 초등학교는 관할 교육장이 필요하다고 인정하여 요청하는 경우에는 2개의 근린주거구역단위에 1개의 비율보다 낮은 비율로 설치할 수 있다.
11. 초등학교는 학생들이 안전하고 편리하게 통학할 수 있도록 다른 공공시설의 이용관계를 고려하여야 하며, 통학거리는 1천5백m 이내로 할 것. 다만, 도시지역 외의 지역에 설치하는 초등학교 중 학생수의 확보가 어려운 경우에는 학생수가 학년당 1개 학급 이상을 유지할 수 있는 범위까지 통학거리

를 확대할 수 있으나, 통학을 위한 교통수단의 이용가능성을 고려할 것

12. 제10호에 따른 학교배치 및 제11호에 따른 통학거리는 관할 교육장이 해당 지역의 인구밀도, 가구당 인구수, 진학률, 주거형태, 설치하려는 학교의 규모, 도로 및 통학여건 등을 고려하여 적절히 조정할 것
13. 대학은 당해 대학의 기능과 특성에 적합하도록 하여야 하며 대학의 배치에 관하여는 도시·군기본계획을 고려할 것
14. 초등학교·중학교 및 고등학교는 보행자전용도로·자전거전용도로·공원 및 녹지축과 연계하여 설치할 것
15. 재해 발생시 「자연재해대책법」 등에 따라 대피소 기능을 하는 경우에는 주민의 일시적 체류를 위한 시설(식량저장시설, 냉난방시설, 위생시설, 환기시설 및 소방시설을 말한다. 이하 "주민일시체류시설"이라 한다)을 설치할 것
16. 빗물이용을 위한 시설의 설치를 고려하고, 불투수면에서 유출되는 빗물을 최소화하도록 빗물이 땅에 잘 스며들 수 있는 구조로 하거나 식생도랑, 저류·침투조, 빗물정원 등의 빗물관리시설 설치를 고려할 것

(3) 구조 및 설치기준

학교의 구조 및 설치에 관하여는 「유아교육법」·「초·중등교육법」 또는 「고등교육법」이 정하는 바에 의한다(시설규칙 제90조).

나) 운동장

(1) 운동장의 개념

"운동장"이라 함은 국민의 건강증진과 여가선용에 기여하기 위하여 설치하는 종합운동장(국제경기종목으로 채택된 경기를 위한 시설 중 육상경기장과 1종목 이상의 운동경기장을 함께 갖춘 시설 또는 3종목 이상의 운동경기장을 함께 갖춘 시설에 한한다)을 말한다. 다만, 관람석의 수가 1천석 이하인 소규모 실내운동장을 제외한다(시설규칙 제91조).

(2) 운동장의 결정기준

운동장의 결정기준은 다음 각 호와 같다(시설규칙 제92조).

1. 주요시설물의 주변이나 인구밀집지역에 설치하지 아니하도록 인근의 토지이용현황을 고려할 것
2. 제1종전용주거지역·유통상업지역·전용공업지역·일반공업지역·보전녹지지역·생산관리지역·보전관리지역·농림지역 및 자연환경보전지역 외의 지역에 설치할 것
3. 이용자의 접근과 분산이 쉬워야 하며, 다수의 이용자가 단시간 내에 집산할 수 있도록 다른 교통수단과의 연계를 고려하고, 지역 간의 교통연결이 편리한 장소에 설치할 것
4. 평탄한 지형·지대에 설치하고, 기복이 있는 토지의 경사면은 부대시설 등으로 적절히 이용할 수 있도록 할 것
5. 시·군의 공간체계의 일환으로 설치하며, 풍향과 풍속이 비교적 일정하고 기상조건이 급변하지 아니하는 지역에 설치할 것. 다만, 실내운동장의 경우에는 그러하지 아니하다.
6. 여러 시설을 집결시키되, 부득이한 경우에는 대규모경기장의 운영과 관람자의 이용에 지장을 초래하지 아니하는 범위 안에서 시설을 분산시킬 것

(3) 운동장의 구조 및 설치기준

(가) 운동장의 구조 및 설치기준은 다음 각 호와 같다. 다만, 운동장의 이용에 지장이 없는 범위에서 제1항제2호에 따른 시설 외의 시설로서 이용자의 편의를 도모하기 위하여 필요한 시설을 도시계획위원회의 심의를 거쳐 설치할 수 있다(시설규칙 제93조).

1. 운동장은 국제적으로 통용되는 규격으로 설치하되, 그 규모는 시·군의 여건에 따라 적정하게 정할 것
2. 운동장에는 그 기능에 따라 다음 각목의 시설을 설치할 것
   가. 관중석
   나. 관리시설 : 관리사무소·창고·매표소·안내소·조명시설·급수시설·배수시설·방수시설·각종 표지판·쓰레기장
   다. 편익시설 : 주차장·휴게실·매점·휴게음식점·탈의실·욕실·화장실

3. 재해 발생시 「자연재해대책법」 등에 따라 대피소 기능을 하는 운동장에는 주민일시체류시설을 설치할 것
4. 빗물이용을 위한 시설의 설치를 고려하고, 불투수면에서 유출되는 빗물을 최소화하도록 빗물이 땅에 잘 스며들 수 있는 구조로 하거나 식생도랑, 저류·침투조, 빗물정원 등의 빗물관리시설 설치를 고려할 것

(나) 다음 각 호의 운동장에는 운동장의 이용에 지장이 없는 범위에서 운동장의 관리에 필요한 재정을 지원하기 위하여 수익시설을 도시·군계획시설 결정권자 소속 도시계획위원회의 심의를 거쳐 설치할 수 있다.

1. 국가 또는 지방자치단체가 설치하는 운동장
2. 「2002년 월드컵축구대회 지원법」 제2조제1호에 따른 경기장 시설
3. 「제14회 아시아경기대회 지원법」 제2조에 따른 경기장시설
4. 「2011대구세계육상선수권대회, 2013충주세계조정선수권대회, 2014인천아시아경기대회, 2014인천장애인아시아경기대회 및 2015광주하계유니버시아드대회 지원법」 제2조에 따른 경기장시설
5. 「2018평창동계올림픽대회 및 장애인동계올림픽대회 지원 등에 관한 특별법」 제2조에 따른 경기장시설
6. 주무부장관, 특별시장, 광역시장·특별자치시장, 도지사 또는 특별자치도지사가 수익시설을 설치할 필요가 있다고 인정하여 도시·군관리계획의 입안권자에게 요청한 운동장

(다) (가), (나)에 규정된 사항 외에 운동장의 구조 및 설치에 관하여는 「체육시설의 설치·이용에 관한 법률」이 정하는 바에 의한다.

다) 공공청사

(1) 공공청사의 개념

"공공청사"라 함은 ⅰ) 공공업무를 수행하기 위하여 설치·관리하는 국가 또는 지방자치단체의 청사, ⅱ) 우리나라와 외교관계를 수립한 나라의 외교업무 수행을 위하여 정부가 설치하여 주한외교관에게 빌려주는 공관, ⅲ) 교정시설(교도소·구치소·소년원 및 소년분류심사원에 한한다)을 말한다(시설규칙 제94조).

(2) 결정기준 및 구조·설치기준

공공청사의 결정기준 및 구조·설치기준은 다음 각 호와 같다(시설규칙 제95조).

1. 각종 교통수단의 연계를 고려할 것
2. 보행자전용도로 및 자전거전용도로와의 연계를 고려할 것
3. 교통이 혼잡한 상점가나 번화가에 설치하여서는 아니 되며, 공무집행에 적합한 환경을 유지할 수 있도록 인근의 토지이용현황을 고려할 것
4. 중추적인 시설은 시·군 전체의 공간구조를 고려하여 침수 및 산사태 등 재해발생 가능성이 적은 지역에 단독형으로 설치하고, 국지적인 시설은 이용자의 분포 상황을 고려하여 분산형으로 할 것
5. 동사무소, 보건소 및 우체국 등 지역 주민이 많이 이용하는 공공청사는 이용자의 편의를 위하여 일정한 지역에 집단화하여 설치하고 어린이집, 노인복지시설 및 운동시설 등 생활편의시설을 함께 설치하여 지역 공동체의 거점으로 조성하는 것을 고려할 것
6. 주차장·휴게소·공중전화·구내매점 등 이용자를 위한 편익시설과 안내실·업무대기실·화장실 등 부대시설을 충분히 확보할 것
7. 장래의 업무수요의 증가에 대비하여 시설확충이 가능하도록 할 것
8. 물류·유통업무를 수행하는 공공청사에는 이용자 및 지역 주민들의 편의를 위하여 주유소를 설치할 수 있도록 고려할 것
9. 이용자의 다양한 요구를 반영하고 장애인, 노약자 및 외국인 등 모든 사람이 이용하기에 편리한 구조로 설치할 것
10. 주변 환경과 조화를 이루고 지역의 경관을 선도할 수 있도록 할 것
11. 기획단계부터 지역 특성에 맞는 디자인 및 효율적인 예산 집행을 고려하고 「건축기본법」 제23조에 따른 민간전문가의 참여 및 법 제24조에 따른 설계공모를 적극 활용할 것
12. 재해 발생시 「자연재해대책법」 등에 따라 대피소 기능을 하는 경우에는 주민일시체류시설을 설치할 것
13. 빗물이용을 위한 시설의 설치를 고려하고, 불투수면에서 유출되는 빗물을

최소화하도록 빗물이 땅에 잘 스며들 수 있는 구조로 하거나 식생도랑, 저류·침투조, 빗물정원 등의 빗물관리시설 설치를 고려할 것

라) 문화시설

(1) 문화시설의 개념

"문화시설"이란 국가 또는 지방자치단체가 설치하거나 문화체육관광부장관(제6호의 경우에는 미래창조과학부장관을 말한다), 특별시장, 광역시장, 특별자치시장, 도지사 또는 특별자치도지사가 도시·군계획시설로 설치할 필요성이 있다고 인정하여 도시·군관리계획의 입안권자에게 요청하여 설치하는 ⅰ)「공연법」 제2조제4호의 규정에 의한 공연장, ⅱ)「박물관 및 미술관 진흥법」 제2조제1호 및 제2호의 규정에 의한 박물관 및 미술관, ⅲ)「지방문화원진흥법 시행령」 제4조의 규정에 의한 시설, ⅳ)「문화예술진흥법」 제2조제1항제3호의 규정에 의한 문화시설, ⅴ)「문화산업진흥 기본법」 제2조제17호 및 제18호에 따른 문화산업진흥시설 및 문화산업단지, ⅵ)「과학관육성법」 제2조제1호의 규정에 의한 과학관 등의 시설을 말한다(시설규칙 제96조).

(2) 결정기준

문화시설의 결정기준은 다음 각 호와 같다(시설규칙 제97조).

1. 이용자가 접근하기 쉽도록 대중교통수단의 이용이 편리한 장소에 설치하고, 주거생활의 평온을 방해하지 아니하는 곳에 설치할 것
2. 지역의 문화발전과 문화증진을 위하여 지역의 특성과 기능을 고려할 것

(3) 구조 및 설치기준

문화시설의 구조 및 설치기준에 관하여는「공연법」·「박물관 및 미술관 진흥법」·「지방문화원진흥법」·「문화예술진흥법」·「문화산업진흥 기본법」 또는「과학관육성법」이 정하는 바에 의한다(시설규칙 제97조).

마) 체육시설

(1) 체육시설의 개념

"체육시설"이란「체육시설의 설치·이용에 관한 법률」에서 정하는 체육시설

로서 ⅰ) 국가 또는 지방자치단체가 설치하거나 소유하는 체육시설, ii) 「국민체육진흥법」 제33조에 따른 대한체육회, 제34조에 따른 대한장애인체육회 및 제36조에 따른 서울올림픽기념국민체육진흥공단이 설치·관리하는 체육시설, iii) 「2002년 월드컵축구대회지원법」 제2조제1호에 따른 경기장시설, iv) 「제14회 아시아경기대회지원법」 제2조에 따른 경기장시설, ⅴ) 「2011대구세계육상선수권대회, 2013충주세계조정선수권대회, 2014인천아시아경기대회, 2014인천장애인아시아경기대회 및 2015광주하계유니버시아드대회 지원법」 제2조에 따른 경기장시설, vi) 「2018평창동계올림픽대회 및 장애인동계올림픽대회 지원 등에 관한 특별법」 제2조에 따른 경기장시설을 말한다. 다만, 제1호 및 제2호의 경우에는 법 제5조에 따른 전문체육시설(제91조에 따른 운동장은 제외한다) 및 제6조에 따른 생활체육시설(건축물 안에 설치하는 골프연습장은 제외한다)만 해당한다(시설규칙 제99조).

(2) 결정기준

체육시설의 결정기준은 다음 각 호와 같다(시설규칙 제100조).

1. 제92조제1호·제3호 내지 제6호의 규정을 준용할 것
2. 제1종전용주거지역·유통상업지역·전용공업지역·일반공업지역·보전녹지지역·생산관리지역·보전관리지역·농림지역 및 자연환경보전지역외의 지역에 설치할 것. 다만, 시장·군수 또는 구청장(자치구의 구청장을 말한다. 이하 같다)이 설치하는 생활체육시설은 제1종전용주거지역에도 설치할 수 있으며, 체육시설 면적의 50% 이상이 계획관리지역에 해당하면 나머지 면적이 생산관리지역이나 보전관리지역에 해당하는 경우에도 설치할 수 있다.
3. 도시지역외의 지역에 설치하는 체육시설의 규모는 지역적 특성, 입지여건, 경사도·표고 등의 지형여건, 설치하고자 하는 체육시설의 특성을 고려하여 정할 것

(3) 구조 및 설치기준

(가) 체육시설의 일반적 구조 및 설치기준은 다음 각 호와 같다(시설규칙 제101조). 다만, 체육시설에는 체육시설의 이용에 지장이 없는 범위에서 제1항

제2호에 따라 설치 가능한 시설 외의 시설로서 이용자의 편의를 도모하기 위한 시설 및 체육시설의 관리에 필요한 재정을 지원하기 위한 수익시설을 도시·군계획시설결정권자 소속 도시계획위원회의 심의를 거쳐 설치할 수 있다.

1. 체육시설은 국제적으로 통용되는 규격으로 설치하되, 그 규모는 시·군의 여건에 따라 적정하게 정할 것. 다만, 시장·군수 또는 구청장이 설치하는 생활체육시설에 대하여는 그러하지 아니하다.
2. 체육시설에는 그 기능에 따라 다음 각목의 시설을 설치할 것
   가. 관중석
   나. 관리시설 : 관리사무소·창고·매표소·안내소·조명시설·급수시설·배수시설·방수시설·각종 표지판·쓰레기장
   다. 편익시설 : 주차장·휴게실·매점·휴게음식점·일반음식점(골프장에 설치하는 경우에만 해당한다)·탈의실·욕실·화장실
3. 야구장, 야구연습장 및 골프연습장 등 공이 체육시설 밖으로 나가는 것을 막기 위하여 그물 등의 시설을 설치하는 체육시설은 해당 그물 등의 시설에 채도가 낮은 색을 칠하는 등 주위 경관과 조화를 이루도록 할 것
4. 빗물이용을 위한 시설의 설치를 고려하고, 불투수면에서 유출되는 빗물을 최소화하도록 빗물이 땅에 잘 스며들 수 있는 구조로 하거나 식생도랑, 저류·침투조, 빗물정원 등의 빗물관리시설 설치를 고려할 것

(나) 도시지역 외의 지역에 설치하는 체육시설의 추가적인 설치 및 구조기준은 다음 각 호와 같다.

1. 체육시설을 설치하기 위하여 토지의 형질을 변경하는 경우 원칙적으로 다음 각 목의 기준에 적합할 것. 다만, 스키장에 대하여는 가목 및 나목을 적용하지 아니한다.
   가. 산지인 토지의 형질을 변경하는 경우 평균 경사도가 25도 이하이고 표고가 가장 낮은 지역(이하 “산자락하단”이라 한다)을 기준으로

300m 이하인 지역으로 할 것. 이 경우 경사도 및 표고는 원지형을 기준으로 산정한다.

나. 산정 부근에서는 토지의 형질을 변경하지 아니하도록 할 것

다. 토지의 형질변경에 따라 발생하는 경사면은 높이를 30m 이하로 하고, 5m 이하의 소단(폭은 1m 이상으로 한다)을 조성하여 녹지로 조성하고 원칙적으로 체육시설 밖에서 보이지 아니하도록 할 것

2. 체육시설 부지는 다음 각목의 기준에 적합하게 구획할 것. 다만, 필요한 경우 용도구획을 추가할 수 있다.

가. 체육시설용지는 원칙적으로 전체부지 면적의 60% 미만으로 할 것

나. 체육시설이 아닌 건축시설의 용지는 원칙적으로 전체부지 면적의 5% 미만으로 할 것

다. 녹지용지는 원지형보전녹지, 복원녹지, 완충용 녹지 등으로 구획하고, 전체부지 면적의 40% 이상으로 할 것

라. 기반시설용지에는 도로·주차장·환경오염방지시설 등을 설치하도록 할 것

3. 기반시설의 설치는 다음 각 목의 기준에 의할 것

가. 전체부지의 경계에서 국도·지방도·시도·군도, 그 밖에 폭 10m 이상인 도로에 연결되는 진입도로를 다음의 기준에 의하여 계획할 것

(1) 폭 8m 이상으로 하되, 보도의 설치가 필요한 경우에는 10m 이상으로 할 것

(2) 삭제 <2008.1.14>

(3) 진입도로의 폭이 8m(보도의 설치가 필요한 경우에는 10m를 말한다) 미만인 경우에 다음의 구분에 따른 전체 부지 면적의 10% 이내에서 확대하는 때에는 (1)에도 불구하고 당해 체육시설의 진입도로의 폭을 유지할 수 있다. 다만, 당해 진입도로의 폭이 8m 미만인 경우로서 그 도로의 여건상 대형승합자동차의 교행이 어려운 구간에 대하여는 대기차선을 설치하여야 한다.

(가) 2002.12.31. 이전에 설치된 체육시설(법률 제6655호 「국토의 계획 및 이용에 관한 법률」에 의하여 폐지되기 전의 「국토이용관리법」에 의하여 2003.1.1. 이후에 설치되었거나 설치 중인 체육시설을 포함한다)인 경우 그 당시 전체 부지의 면적

(나) 2003.1.1. 이후에 설치 완료된 체육시설(법률 제6655호 「국토의 계획 및 이용에 관한 법률」에 의하여 폐지되기 전의 「국토이용관리법」에 의하여 2003.1.1. 이후에 설치되었거나 설치 중인 체육시설을 제외한다)인 경우 그 전체 부지의 면적(전체 부지의 면적이 1km² 미만인 경우에 한한다)

나. 부지 내 도로는 폭 4m 이상으로 할 것

다. 상수도시설은 체육시설의 최대 수용인원에 대하여 1인 1일 기준으로 150리터 이상을 공급할 수 있도록 계획할 것

라. 발생하는 하수를 BOD 10ppm 이하로 처리할 수 있는 하수처리시설을 설치할 것. 다만, 환경기준 유지를 위한 사전환경성 협의에 따라 환경관서에서 요구하는 기준이 있을 경우 그 기준을 충족하여야 한다.

마. 폐기물 발생시설이 있는 경우에는 「폐기물관리법」에 의한 처리시설(소각장을 포함한다)을 설치할 것. 다만, 위탁처리가 가능한 경우에는 그러하지 아니하다.

바. 주차장 등 그 밖에 필요한 기반시설은 관계 법령에 적합하게 설치할 것

바) 도서관

(1) 도서관의 개념

"도서관"이란 「도서관법」 제2조제4호에 따른 공공도서관 및 같은 조 제7호에 따른 전문도서관을 말한다(시설규칙 제102조).

(2) 도서관의 결정기준

도서관의 결정기준은 다음 각 호와 같다(시설규칙 제102조).

1. 지역의 특성과 기능에 따라 도서관의 적절한 계열화를 도모할 것
2. 규모가 큰 도서관이나 도서관의 본관은 도심지로서 이용자가 접근하기 쉽도록 대중교통수단의 이용이 편리하고, 위치를 확인하기 쉬운 곳에 설치할 것
3. 규모가 적은 도서관이나 도서관의 분관은 대부분의 이용자가 도보로 접근할 수 있도록 근린주거구역 또는 지역단위로 설치하고, 보행자전용도로 및 자전거전용도로와의 연계를 고려할 것
4. 지역별 이용인구에 따라 주민이 골고루 이용할 수 있도록 적정한 배치간격을 유지할 것
5. 도심지에 설치하는 도서관은 이용자를 위한 주차장·조경 등 부대시설을 확보할 것
6. 눈에 잘 뜨이는 장소로서 대지가 평평하고 도로에서 출입이 편리한 장소에 설치할 것
7. 장래의 확장에 필요한 면적과 교통시설의 확대, 이동문고차의 운행 및 조경을 위한 면적을 확보할 수 있는 규모로 할 것
8. 학교 및 문화시설 등 관련시설과 연계되는 지역에 설치할 것

(3) 구조 및 설치기준

도서관의 구조 및 설치에 관하여는 「도서관법」에서 정하는 바에 따른다(시설규칙 제104조).

사) 연구시설

(1) 연구시설의 개념

"연구시설"이라 함은 과학·기술·학술·문화·예술 및 산업경제 등에 관한 조사·연구·시험 등을 위하여 설치하는 연구시설을 말한다(시설규칙 제105조).

(2) 결정기준 및 구조·설치기준

연구시설의 결정기준 및 구조·설치기준은 다음 각 호와 같다(시설규칙 제106조).

1. 쾌적한 연구환경의 확보를 위하여 해당 연구시설의 기능과 특성에 적합한 곳에 설치할 것

2. 전기·상하수도 등 기반시설이 갖추어진 곳에 설치할 것
3. 소음·진동 등 연구 및 시험활동에 대한 외적 방해요소가 없도록 인근의 토지이용현황을 고려할 것
4. 연구기능과 관련이 있는 다른 기관의 이용에 편리하고 관련기관과 연락하기 쉬운 곳에 설치할 것

아) 사회복지시설

(1) 사회복지시설의 개념

"사회복지시설"이란 「사회복지사업법」 제34조에 따라 설치하는 사회복지시설을 말한다. 다만, 해당시설의 주요부분을 분양 또는 임대할 목적으로 설치하는 사회복지시설은 제외한다(시설규칙 제107조).

(2) 결정기준, 구조 및 설치기준 등

사회복지시설의 특성에 따라 인근의 토지이용현황을 고려하고, 인구밀집지역에 설치하는 것이 부적합한 시설과 주거환경에 좋지 아니한 영향을 미치는 시설은 도시의 외곽에 설치하여야 하며(시설규칙 제108조), 그 구조 및 설치에 관하여는 「사회복지사업법」이 정하는 바에 의한다(시설규칙 제109조).

자) 공공직업훈련시설

(1) 공공직업훈련시설의 개념

"공공직업훈련시설"이라 함은 「근로자직업능력 개발법」 제2조제3호 가목에 따른 공공직업훈련시설을 말한다(시설규칙 제110조).

(2) 결정기준 및 구조·설치기준

공공직업훈련시설의 결정·구조 및 설치에 관하여는 「근로자직업능력 개발법」이 정하는 바에 의한다(시설규칙 제111조).

차) 청소년수련시설

(1) 청소년수련시설의 개념

"청소년수련시설"이라 함은 「청소년활동진흥법」 제10조제1호의 규정에 의

한 청소년수련시설을 말한다(시설규정 제112조).

(2) 결정기준

청소년수련시설의 결정기준은 다음 각 호와 같다(시설규정 제113조).

1. 생활권청소년수련시설은 일상 생활권 안에서 청소년이 수시로 이용하기에 편리한 곳으로서 광장·공원·학교·운동장·체육시설·문화시설 및 도서관 등과의 연계를 고려하여 설치할 것
2. 자연권청소년수련시설은 수려한 자연환경을 갖추어 자연과 더불어 행하는 수련활동 실시에 적합한 곳으로서 청소년이 이용하기에 편리하고 환경훼손이 최소화될 수 있는 입지와 설치방법을 강구할 것
3. 도시지역 외의 지역에 설치하는 자연권청소년수련시설의 규모는 원칙적으로 1km²를 초과하지 아니하도록 하고, 전체면적의 30% 이상을 원지형대로 보전할 것
4. 유흥업소 그 밖에 청소년 유해시설과 가까운 곳이 아닐 것
5. 지역별 인구밀도를 감안하여 청소년이 쉽게 접근할 수 있도록 적정한 배치간격을 유지할 것
6. 주변의 토지이용계획 및 건축물과 조화를 이룰 것
7. 제1종전용주거지역·제2종전용주거지역·전용공업지역·보전녹지지역·생산녹지지역·생산관리지역 및 보전관리지역외의 지역에 설치할 것

(3) 구조 및 설치기준

① 도시지역 외의 지역에 설치하는 청소년수련시설의 구조 및 설치기준은 다음 각 호와 같다. ② 제1항에 규정된 사항 외에 청소년수련시설의 구조 및 설치에 관하여는 「청소년활동진흥법」이 정하는 바에 의한다(시설규칙 제114조).

1. 산지에 건축물을 배치하는 경우 평균 경사도가 25도 이하이고 표고가 산자락하단을 기준으로 250m 이하인 지역으로 할 것
2. 기존 지형을 고려하여 건축물을 배치하고, 양호한 조망을 확보할 수 있도록 할 것
3. 건축물의 길이는 경사도가 15도 이상인 산지에서는 100m 이내로 하고, 그

밖의 지역에서는 150m 이내로 할 것

4. 경사도가 15도 이상인 산지에 건축물 등을 2 이상 설치하는 경우에는 경관·조망권 등의 확보를 위하여 길이가 긴 것을 기준으로 그 길이의 5분의 1 이상을 이격하도록 할 것
5. 제1호·제3호 및 제4호의 기준을 적용함에 있어 경사도 및 표고는 원지형을 기준으로 산정할 것
6. 청소년야영장·체육시설 등으로 사용하기 위하여 토지의 형질을 변경하는 경우 원칙적으로 다음 각 목의 기준에 적합할 것
   가. 산지인 토지의 형질을 변경하는 경우 평균 경사도가 25도 이하이고 표고가 산자락하단을 기준으로 300m 이하인 지역으로 할 것
   나. 청소년야영장은 기존 지형을 최대한 이용하여 토지의 형질변경을 최소화할 것
   다. 체육시설은 기존 지형의 경사도를 50% 이상 변경하지 아니하도록 하여 과도한 성토·절토 등이 이루어지지 아니하도록 할 것. 다만, 기본적인 지형을 유지하면서 1,000m² 미만의 토지에 대하여 경사도를 변경하는 경우에는 그러하지 아니하다.
7. 청소년수련시설 부지는 다음 각목의 기준에 적합하게 구획할 것. 다만, 필요한 경우 용도구획을 추가할 수 있다.
   가. 수련시설용지 및 체육시설용지는 원칙적으로 전체부지 면적의 60% 미만으로 할 것
   나. 녹지용지는 원지형보전녹지·완충용녹지 등으로 구획하고, 전체부지 면적의 40% 이상으로 할 것
   다. 기반시설용지에는 도로·주차장·환경오염방지시설 등을 설치하도록 할 것
8. 기반시설은 다음 각 목의 기준에 적합하게 설치할 것
   가. 전체부지의 경계에서 국도·지방도·시도·군도, 그 밖에 폭 10m 이상인 도로에 연결되는 진입도로를 다음 기준에 의하여 설치할 것
      (1) 폭 8m 이상으로 하되, 보도의 설치가 필요한 경우에는 10m 이상으

로 할 것

(2) 삭제 <2008.1.14>

(3) 제101조제4항제3호 가목(3)의 규정은 청소년수련시설의 진입도로 설치에 관하여 이를 준용한다. 이 경우 “체육시설”은 “청소년수련시설”로 본다.

나. 부지 내 도로는 폭 4m 이상으로 할 것

다. 상수도시설은 청소년수련시설의 최대 수용인원에 대하여 1인 1일 기준으로 300리터 이상을 공급하고, 유스호스텔 등 숙박시설이 있는 경우에는 당해 숙박시설에 한하여 1실(4인 기준)에 1천200리터를 기준으로 하여 필요한 급수량을 공급할 수 있도록 할 것

라. 제101조제4항제3호 라목 내지 바목의 기준에 적합할 것

9. 청소년야영장에는 야영시설에서 100m 이내에 임시대피소를 설치할 것

14) 방재시설

가) 하 천

(1) 하천의 개념

“하천”이라 함은 ⅰ)「하천법」 제7조에 따른 국가하천·지방하천, ⅱ)「소하천정비법」 제2조제1호의 규정에 의한 소하천 등을 말한다(시설규칙 제115조).

(2) 결정기준

하천의 결정기준은 다음 각 호와 같다(시설규칙 제116조).

1. 「하천법」에 의한 하천기본계획이나 「소하천정비법」에 의한 소하천정비종합계획에 의할 것
2. 빗물에 의한 제내지(堤內地)의 내수를 하천으로 내보내기 위하여 설치하는 배수시설은 방수설비로 결정할 것
3. 하천은 원칙적으로 복개하지 아니할 것. 다만, 「하천법」에 의한 하천기본계획이나 「소하천정비법」에 의한 소하천정비종합계획에 복개하도록 정하여져 있는 경우에는 하천을 복개하여 환경개선 및 재해방지에 기여하도록

할 수 있다.

4. 제3호 단서의 규정에 의하여 복개된 하천은 건축물의 건축을 수반하지 아니하는 도로·광장·주차장·체육시설·자동차운전연습장 및 녹지의 용도로만 사용할 것. 다만, 복개된 하천에 1992.12.16. 이전에 적법한 절차에 의하여 설치된 건축물이 있는 경우에는 그 복개된 하천은 건축물의 부지로 사용할 수 있다.

(3) 구조 및 설치기준

하천의 구조 및 설치에 관하여는 「하천법」 또는 「소하천정비법」이 정하는 바에 의한다(시설규칙 제117조).

나) 유수지

(1) 유수지의 개념

"유수지"라 함은 ⅰ) 유수시설 : 집중강우로 인하여 급증하는 제내지 및 저지대의 배수량을 조절하고 이를 하천에 방류하기 위하여 일시적으로 저장하는 시설, ⅱ) 저류시설 : 빗물을 일시적으로 모아 두었다가 바깥수위가 낮아진 후에 방류하기 위한 시설 등을 말한다(시설규칙 제118조).

(2) 결정기준 및 구조·설치기준

유수시설의 결정기준 및 구조·설치기준은 다음 각 호와 같다(시설규칙 제119조).

1. 집중강우로 인하여 급증하는 제내지 및 저지대의 물을 하천으로 내보내기 쉬운 하천변이나 주거환경을 저해하지 아니하는 저지대에 설치할 것
2. 유수시설은 원칙적으로 복개하지 아니할 것. 다만, 다음 각 목의 어느 하나에 해당하는 경우에는 유수시설을 복개할 수 있다.
   가. 유수시설에 건축물의 건축을 수반하지 아니하는 경우로서 특별시장·광역시장·특별자치시장·시장 또는 군수(광역시의 관할구역에 있는 군수는 제외한다. 이하 같다)가 유수지관리기본계획을 수립하여 이를 관리하고, 홍수 등 재해발생상 영향이 없다고 판단되는 경우
   나. 유수시설에 건축물을 건축하려는 경우로서 다음의 요건을 모두 충족하

는 경우

1) 유수시설의 재해방지 기능을 유지하기 위하여 건축물 건축 이전의 유수용량 이상을 유지할 수 있도록 하고, 재해발생 가능성을 고려하여 재해예방시설을 충분히 설치할 것
2) 악취, 안전사고, 건축물 침수 등이 발생하지 아니하도록 할 것
3) 집중강우에 대비하여 건축물 사용자 및 인접 지역 주민의 안전확보 대책을 수립할 것
4) 해당 도시·군계획시설결정권자 소속 도시계획위원회의 심의를 받을 것. 다만, 임대를 목적으로 하는 보금자리주택(「보금자리주택건설 등에 관한 특별법」 제2조제1호 가목에 따른 주택을 말한다. 이하 이 조에서 같다)을 건축하려는 경우로서 「보금자리주택건설 등에 관한 특별법」 제6조제3항에 따른 중앙도시계획위원회의 심의에서 1)부터 3)까지의 요건을 함께 심의한 경우에는 도시·군계획시설결정권자 소속 도시계획위원회의 심의를 받은 것으로 본다.

3. 제2호 가목에 따라 복개된 유수시설은 도로·광장·주차장·체육시설·자동차운전연습장 및 녹지의 용도로만 사용할 것

3의2. 제2호 나목에 따라 유수시설을 복개하는 경우 해당 유수시설에 건축하는 건축물은 다음의 용도로만 사용할 것
가. 배수펌프장 등 배수를 위한 시설
나. 국가 또는 지방자치단체가 설치하는 대학생용 공공기숙사, 문화시설, 체육시설, 도서관, 평생학습관(「평생교육법」 제21조에 따른 평생학습관을 말한다) 또는 임대를 목적으로 하는 보금자리주택(「한국토지주택공사법」에 따른 한국토지주택공사 또는 「지방공기업법」 제49조에 따라 주택사업을 목적으로 설립된 지방공사가 건설하는 보금자리주택을 포함한다)

4. 퇴적물의 처분이 가능하고, 하수도시설과 연계운영이 가능한 구조로 할 것

5. 오염물질이 포함된 빗물이 유입될 경우 유수시설의 기능에 지장을 주지 아니하는 범위에서 강우(降雨) 초기에 유입되는 빗물을 저류하거나 정화하는

시설을 설치하는 것을 고려할 것

(3) 저류시설의 결정기준 및 구조·설치기준

저류시설의 결정기준 및 구조·설치기준은 다음 각 호와 같다(시설규칙 제120조).

1. 비가 올 때에 빗물의 이동을 최소화하여 빗물을 모아 둘 수 있는 공공시설·공동주택단지 등의 장소에 설치할 것
2. 집수 및 배수가 원활하게 이루어지도록 하고, 방류지점이 되는 하천·하수도·수로 등과의 연결이 원활하도록 할 것
3. 공원·운동장 등 본래의 이용목적이 있는 토지에 저류시설을 설치하는 경우에는 본래의 토지이용목적이 훼손되지 아니하도록 배수가 신속하게 이루어지게 하고, 그 사용횟수가 과다하지 아니하도록 할 것
4. 저류시설 본래의 기능이 손상되지 아니하고, 빗물을 안전하게 모아 둘 수 있도록 다음의 구조로 할 것
   가. 원활한 배수를 위하여 원칙적으로 배수구를 설치할 것
   나. 방류구는 저류시설의 바닥면 이하에 설치하여 수량 전체를 방류할 수 있도록 할 것
   다. 저류시설의 수심은 주변지역의 안전성 등을 감안하여 적정한 깊이로 할 것
   라. 저류시설 안에는 침수에 의하여 장해를 받을 수 있는 시설을 설치하지 아니할 것
5. 개발행위 등으로 인하여 저류시설에 토사가 유입되어 강우량이 계획강우량에 미달하는 상태에서 빗물이 저류시설에서 흘러넘치지 아니하도록 할 것
6. 퇴적물의 처분이 가능하고, 하수도시설과 연계운영이 가능한 구조로 할 것

다) 저 수 지

(1) 저수지의 개념

"저수지"라 함은 발전용수·생활용수·공업용수·농업용수 또는 하천유지용수의 공급이나 홍수조절을 위한 댐·제방 그 밖에 당해 댐 또는 제방과 일체가 되어 그 효용을 높이는 시설 또는 공작물과 공유수면을 말한다(시설규칙 제121조).

(2) 결정기준 및 구조·설치기준

저수지에 대한 결정·구조 및 설치에 관하여는 「하천법」·「댐건설 및 주변지역지원 등에 관한 법률」 등 관계 법령이 정하는 바에 의한다(시설규칙 제122조).

라) 방화설비

(1) 방화실의 개념

"방화설비"라 함은 「소방시설 설치유지 및 안전관리에 관한 법률」 제2조제1호의 소방시설 중 소화용수설비를 말한다(시설규칙 제123조).

(2) 결정기준 및 구조·설치기준

방화설비에 대한 결정·구조 및 설치에 관하여는 소방방재청장이 정하여 고시하는 화재안전기준이 정하는 바에 의한다(시설규칙 제124조).

마) 방풍설비

(1) 방풍설비의 개념

"방풍설비"라 함은 바람으로 인하여 발생하는 피해를 방지하고, 토사 및 먼지의 이동과 대기오염 등 공해를 방지하기 위하여 외부에서 불어오는 바람을 차단하는 i) 방풍림시설 : 수림대 또는 수림단지를 조성하여 방풍효과를 얻는 시설, ii) 방풍담장시설 : 인공적인 구조물 또는 담장을 설치하여 방풍효과를 얻는 시설, iii) 방풍망시설 : 염화비닐망 등을 설치하여 방풍효과를 얻는 시설 등을 말한다(시설규칙 제125조).

(2) 결정기준

방풍설비의 결정기준은 다음 각 호와 같다(시설규칙 제126조).

1. 태풍피해가 많은 지역이나 광활한 모래지대에 대하여는 공해의 방지와 쾌적한 환경의 조성을 위하여 설치할 것
2. 대상지역의 지형, 계절별 풍향 및 풍속, 대기오염원의 분포상황 등을 충분히 조사하고 인근의 토지이용현황을 고려할 것
3. 주로 대규모 구역을 대상으로 하는 방풍설비는 방풍림시설로 할 것
4. 해안에 접한 지역에 설치하는 방풍설비는 방풍림시설 또는 방풍망시설로

하되, 낮과 밤의 풍향이 바뀌는 해륙풍의 발달상황을 충분히 고려할 것
5. 소규모 구역 또는 독립된 단위시설을 대상으로 설치하는 방풍설비는 방풍담장시설로 할 것
6. 연안침식이 심각하거나 우려되는 지역 및 방재지구에는 방풍림을 설치하여 완충녹지 기능을 하도록 할 것

(3) 방풍설비의 구조 및 설치기준

방풍설비의 구조 및 설치기준은 다음 각 호와 같다(시설규칙 제127조).
1. 방풍림시설을 위한 수종은 뿌리가 깊고 줄기와 가지가 건장하며 잎이 많은 상록수를 선정하여 방풍목적과 함께 쾌적한 환경조성에도 기여할 수 있도록 할 것
2. 방풍 및 방조를 목적으로 하는 때에는 방풍림·염화비닐망 등을 주된 풍향과 직각으로 설치할 것
3. 해수가 직접 닿는 곳에는 수림대의 설치를 피하고 울타리를 설치할 것
4. 해안에 접하는 지역의 수림대에는 키가 낮은 나무를 심고, 내륙 쪽으로 갈수록 차츰 높은 나무를 심을 것

바) 방수설비

(1) 방수설비의 개념

"방수설비"라 함은 저지대나 지반이 약한 지역에 대한 내수범람 및 침수피해를 방지하기 위하여 설치하는 배수 및 방수시설을 말한다(시설규칙 제128조).

(2) 결정기준 및 구조·설치기준

방수설비의 결정·구조 및 설치에 관하여는 제116조·제117조 및 제155조의 규정을 준용한다(시설규칙 제129조).

사) 사방설비

(1) 사방설비의 개념

"사방설비"라 함은 「사방사업법」 제2조제3호의 규정에 의한 사방시설을 말한다(시설규칙 제130조).

(2) 결정기준, 구조 및 설치기준

사방설비는 사방목적 외에 경관적 측면을 고려하여 쾌적한 환경의 조성에 기여할 수 있도록 설치하여야 하며(시설규칙 제131조), 그 구조 및 설치에 관하여는 「사방사업법」이 정하는 바에 의한다(시행규칙 제132조).

아) 방조설비

(1) 방조설비의 개념

"방조설비"란 ⅰ) 「항만법」 제2조제5호의 규정에 의한 항만시설 중 방조제, ⅱ) 「어촌·어항법」 제2조제5호에 따른 어항시설중 방조제, ⅲ) 「방조제관리법」 제2조제1항의 규정에 의한 방조제 등의 시설을 말한다(시설규칙 제133조).

(2) 결정기준, 구조 및 설치기준

방조설비는 해안에 접한 지역에 있어서 해일·조수·파도 그 밖의 바닷물에 의한 침식을 방지하거나 침식이 심각하거나 우려되는 시설물을 보호하기 위하여 필요한 경우에 설치하여야 하며(시설규칙 제134조), 그 구조 및 설치에 관하여는 「항만법」·「어촌·어항법」 또는 「방조제관리법」에서 정하는 바에 따른다(시설규칙 제135조).

15) 보건위생시설

가) 화장시설

(1) 화장시설의 개념

"화장시설"이란 ⅰ) 「장사 등에 관한 법률」 제13조제1항에 따른 공설화장시설, ⅱ) 「장사 등에 관한 법률」 제15조제1항에 따른 사설화장시설 중 일반의 사용에 제공하는 화장시설 등을 말한다(시설규칙 제136조).

(2) 결정기준

화장장의 결정기준은 다음 각 호와 같다(제137조).

1. 토지의 취득과 화장장의 관리·운영이 쉽고 장래에 확장이 가능한 지역에 설치할 것

2. 지형상 배수가 잘되는 장소에 설치할 것
3. 화장장과 그 주변지역에는 녹화 또는 조경을 하고 필요한 편익시설을 설치할 것
4. 이용자가 불편하지 아니하도록 교통이 편리한 곳에 설치하고 진입도로 및 주차장을 충분한 규모로 확보할 것

(3) 구조 및 설치기준

화장장에는 일반의 사용에 제공하는 납골시설 및 장례식장을 설치할 수 있으며, 위 규정된 사항 외에 화장장의 설치에 관하여는「장사 등에 관한 법률」이 정하는 바에 의한다(시설규칙 제138조).

나) 공동묘지

(1) 공동묘지의 개념

"공동묘지"란 ⅰ) 국가가 설치·운영하는 공동묘지(법인 등에 위탁하여 설치·운영하는 경우를 포함하며, 이하 "국립묘지"라 한다), ⅱ)「장사 등에 관한 법률」제13조제1항에 따른 공설묘지, ⅲ)「장사 등에 관한 법률」제14조제1항에 따른 사설묘지 중 일반의 사용에 제공되는 묘지 등의 시설을 말한다(시설규칙 제139조).

(2) 결정기준

공동묘지의 결정기준은 다음 각 호와 같다(시설규칙 제140조).

1. 토지의 취득과 공동묘지의 관리·운영이 쉽고 장래에 확장이 가능한 지역에 설치할 것
2. 지형상 배수가 잘되는 장소에 설치할 것
3. 묘역과 그 주변지역에는 녹화 또는 조경을 하고 필요한 편익시설을 설치할 것
4. 성묘절 등 다수인이 일시에 이용하는 때에 대비하여 진입도로 및 주차장을 충분한 규모로 확보할 것
5. 도시지역 외의 지역에 설치하는 공동묘지의 규모는 원칙적으로 1km^2를 초과하지 아니하도록 하고, 전체면적의 30% 이상을 훼손 없이 원지형대로 보전할 것. 다만, 국립묘지 및 공설묘지에 대하여는 시설의 규모제한을 적

용하지 아니한다.

(3) 구조 및 설치기준

공동묘지에는 장례식장과 일반의 사용에 제공하는 납골시설 및 화장장을 설치할 수 있으며, 도시지역 외의 지역에 공동묘지를 설치하기 위하여 토지의 형질을 변경하는 경우에는 원칙적으로 다음 각 호의 기준에 적합하여야 한다. 그 외에 공동묘지의 설치에 관하여는 「장사 등에 관한 법률」이 정하는 바에 의한다. 다만, 위의 규정에 불구하고 국립묘지의 구조 및 설치에 관하여는 관계 법령이 정하는 바에 의한다(시설규칙 제141조).

1. 산지인 토지의 형질을 변경하는 경우 평균 경사도가 25도 이하이고 표고가 산자락하단을 기준으로 300m 이하인 지역으로 할 것
2. 기존 지형을 최대한 이용하여 토지의 형질변경을 최소화하고 기존 지형의 경사도를 50% 이상 변경하지 아니하도록 하여 과도한 성토·절토 등이 이루어지지 아니하도록 할 것
3. 공동묘지 부지는 다음 각 목의 기준에 적합하게 구획할 것. 다만, 필요한 경우 용도구획을 추가할 수 있다.
   가. 묘지시설용지는 원칙적으로 전체부지 면적의 50% 미만으로 하고, 3만m^2 미만의 가구단위로 구획할 것
   나. 납골시설용지는 원칙적으로 묘지시설용지면적의 10% 이상으로 할 것
   다. 녹지용지는 원지형보전녹지 및 그 밖의 녹지 등으로 전체부지면적의 40% 이상으로 할 것
   라. 기반시설용지에는 도로·환경오염방지시설·관리사무소·주차장 등을 설치하도록 할 것
4. 기반시설의 설치는 다음 각 목의 기준에 의할 것
   가. 전체부지의 경계에서 국도·지방도 그 밖에 폭 10m 이상인 도로에 연결되는 진입도로를 다음 기준에 따라 설치할 것
      (1) 전체부지 면적이 30만m^2 미만인 경우에는 폭 8m 이상
      (2) 전체부지 면적이 30만m^2 이상 60만m^2 미만인 경우에는 폭 10m 이상

(3) 전체부지 면적이 60만m² 이상인 경우에는 폭 12m 이상

(4) 진입도로의 폭이 12m 미만인 경우에 다음의 구분에 따른 전체 부지 면적의 10% 이내에서 확대하는 때에는 (1) 내지 (3)의 규정에 불구하고 당해 공동묘지의 진입도로의 폭을 유지할 수 있다. 다만, 당해 진입도로의 폭이 8m 미만인 경우로서 그 도로의 여건상 대형 승합자동차의 교행이 어려운 구간에 대하여는 대기차선을 설치하여야 한다.

(가) 2002.12.31. 이전에 설치된 공동묘지(법률 제6655호 국토의 계획 및 이용에 관한 법률에 의하여 폐지되기 전의 「국토이용관리법」에 의하여 2003.1.1. 이후에 설치되었거나 설치 중인 공동묘지를 포함한다)인 경우 그 당시 전체 부지의 면적

(나) 2003.1.1. 이후에 설치 완료된 공동묘지(법률 제6655호 국토의 계획 및 이용에 관한 법률에 의하여 폐지되기 전의 「국토이용관리법」에 의하여 2003.1.1. 이후에 설치되었거나 설치 중인 공동묘지를 제외한다)인 경우로서 진입도로의 폭이 10m 미만이고 전체 부지의 면적이 30만m² 미만인 경우 그 전체 부지의 면적

(다) 2003.1.1. 이후에 설치 완료된 공동묘지(법률 제6655호 국토의 계획 및 이용에 관한 법률에 의하여 폐지되기 전의 「국토이용관리법」에 의하여 2003.1.1. 이후에 설치되었거나 설치 중인 공동묘지를 제외한다)인 경우로서 진입도로의 폭이 10m 이상 12m 미만이고 전체 부지의 면적이 60만m² 미만인 경우 그 전체 부지의 면적

나. 부지 내 가구사이에 폭 4m 이상의 도로를 구획할 것

다. 발생하는 하수를 BOD 10ppm 이하로 처리할 수 있는 하수처리시설을 설치할 것. 다만, 환경기준 유지를 위한 사전환경성 협의에 따라 환경관서에서 요구하는 기준이 있을 경우 그 기준을 충족하여야 한다.

5. 건축물의 층수는 4층 이하로 하고, 시설물 또는 공작물의 높이는 20m 이하로 할 것

다) 납골시설

(1) 봉안시설의 개념

"봉안시설"이란 ⅰ) 국가가 설치·운영하는 봉안시설(법인 등에 위탁하여 설치·운영하는 경우를 포함한다), ⅱ) 「장사 등에 관한 법률」 제13조제1항에 따른 공설봉안시설, ⅲ) 「장사 등에 관한 법률」 제15조제1항에 따른 사설봉안시설 중 일반의 사용에 제공하는 봉안시설 등의 시설을 말한다(시설규칙 제142조).

(2) 결정기준

봉안시설의 결정기준은 다음 각 호와 같다(시설규칙 제143조).

1. 토지의 취득과 납골시설의 관리·운영이 쉽고 장래에 확장이 가능한 지역에 설치할 것
2. 지형상 배수가 잘되고 붕괴나 침수의 우려가 없는 장소에 설치할 것
3. 봉안시설과 그 주변지역에는 녹화 또는 조경을 하고 필요한 편익시설을 설치할 것
4. 이용자가 불편하지 아니하도록 교통이 편리한 곳에 설치하고 성묘절 등 다수인이 일시에 이용하는 때에 대비하여 진입도로 및 주차장을 충분한 규모로 확보할 것

(3) 구조 및 설치기준

봉안시설의 구조 및 설치에 관하여는 「장사 등에 관한 법률」에서 정하는 바에 따른다. 다만, 제142조제1호에 따른 봉안시설의 구조 및 설치기준에 관하여는 관계 법령에서 정하는 바에 따른다(시설규칙 제144조).

라) 자연장지

(1) 자연장지의 개념

"자연장지"란 ⅰ) 「장사 등에 관한 법률」 제13조제1항에 따른 공설자연장지, ⅱ) 「장사 등에 관한 법률」 제16조제1항제3호에 따른 법인 등 자연장지 중 일반의 사용에 제공하는 자연장지 등의 시설을 말한다(시설규칙 제144조의2).

(2) 결정기준

자연장지의 결정기준은 다음 각 호와 같다(시설규칙 제144조의3).

1. 지형상 배수가 잘되고 붕괴나 침수의 우려가 없는 장소에 설치할 것
2. 자연장지와 그 주변지역에는 녹화 또는 조경을 하고 필요한 편익시설을 설치할 것
3. 이용자가 불편하지 아니하도록 교통이 편리한 곳에 설치하고 성묘 등 여러 사람이 한꺼번에 이용할 때를 대비하여 진입도로 및 주차장을 충분한 규모로 확보할 것

(3) 구조 및 설치기준

자연장지의 구조 및 설치에 관하여는 「장사 등에 관한 법률」에서 정하는 바에 따른다(시설규칙 제144조의4).

마) 장례식장

(1) 장례식장의 개념

"장례식장"이란 「장사 등에 관한 법률」 제29조제1항에 따른 장례식장을 말한다(시설규칙 제145조).

(2) 결정기준

장례식장의 결정기준은 다음 각 호와 같다(시설규칙 제146조).

1. 인근의 토지이용계획을 고려하여 설치하되, 인구밀집지역이나 학교·연구소·청소년시설 또는 도서관 등과 가까운 곳에는 설치하지 아니할 것
2. 주위의 다른 건축물 등과 차단되도록 외곽에 녹지대 또는 조경시설을 둘 것
3. 대중교통수단과의 연결이 쉬운 곳에 설치할 것
4. 준주거지역·일반상업지역·근린상업지역·일반공업지역·준공업지역·보전녹지지역·자연녹지지역 및 계획관리지역에 한하여 설치할 것

(3) 구조 및 설치기준

장례식장의 구조 및 설치기준은 「장사 등에 관한 법률」이 정하는 바에 의한다(시설규칙 제147조).

바) 도축장

(1) 도축장

"도축장"이라 함은 「축산물위생관리법」 제2조제11호에 따른 도축장을 말한다(시설규칙 제148조).

(2) 결정기준

도축장의 결정기준은 다음 각 호와 같다(시설규칙 제149조).

1. 인구밀집지역이나 학교·연구시설·의료시설·종교시설 등 평온을 요하는 시설에 근접하여 설치하지 아니하도록 인근의 토지이용계획을 고려할 것
2. 도축장의 효율성을 높이기 위하여 필요한 경우에는 「축산물위생관리법」 제2조제11호에 따른 집유장·축산물가공장 또는 축산물보관장을 함께 설치할 수 있다.
3. 일반공업지역·준공업지역·생산녹지지역·자연녹지지역·생산관리지역·계획관리지역 및 농림지역에 한하여 설치할 것
4. 도축장으로 인하여 주민의 보건위생과 생활환경이 저해되지 아니하도록 필요한 위생시설과 환경보호시설을 설치할 것
5. 공급대상자의 소비인구·소비량 등을 충분히 조사하여 적정한 규모를 정하여야 하며, 가축의 반입과 수육의 반출이 쉽고 교통이 편리한 곳에 설치할 것
6. 용수와 동력을 쉽게 확보할 수 있고 배수와 오물처리를 원활하게 할 수 있는 곳에 설치할 것

(3) 구조 및 설치기준

도축장의 구조 및 설치에 관하여는 「축산물 위생관리법」이 정하는 바에 의한다(시설규칙 제150조).

사) 종합의료시설

(1) 종합의료시설의 개념

"종합의료시설"이라 함은 「의료법」 제3조제2항제3호 마목에 따른 종합병원을 말한다(시설규칙 제151조).

(2) 결정기준

종합의료시설의 결정기준은 다음 각 호와 같다(시설규칙 제152조).

1. 인근의 토지이용계획을 고려하여 의료행위에 지장을 주는 매연·소음·진동 등의 저해요소가 없고 일조·통풍 및 배수가 잘 되는 장소에 설치할 것
2. 제2종일반주거지역·제3종일반주거지역·준주거지역·중심상업지역·일반상업지역·근린상업지역·전용공업지역·일반공업지역·준공업지역·자연녹지지역 및 계획관리지역에 한하여 설치할 것
3. 이용자 특히, 구급환자가 쉽게 접근할 수 있도록 도심부에 설치하고, 각종 교통기관과 연결되도록 할 것
4. 시각적으로 불쾌감을 주는 사물에 대하여는 은폐시설을 하여야 하며, 주변에 충분한 녹지시설을 하여 평온한 환경을 유지할 수 있도록 할 것
5. 기존 의료시설의 배치상황을 고려하여 기존 의료시설과 기능·시설 등이 중복되지 아니하도록 할 것
6. 주차장·휴게소·구내매점·식당·세면장·화장실 등 이용자를 위한 편익시설을 설치할 것
7. 빗물이용을 위한 시설의 설치를 고려하고, 불투수면에서 유출되는 빗물을 최소화하도록 빗물이 땅에 잘 스며들 수 있는 구조로 하거나 식생도랑, 저류·침투조, 빗물정원 등의 빗물관리시설 설치를 고려할 것
8. 재해취약지역에는 종합의료시설 설치를 가급적 억제하고 부득이 설치하는 경우에는 재해발생 가능성을 충분히 고려하여 설치할 것

(3) 구조 및 설치기준

종합의료시설의 구조 및 설치에 관하여는 「의료법」이 정하는 바에 의한다(시설규칙 제153조).

16) 환경기초시설

가) 하 수 도

(1) 하수도의 개념

"하수도"란 i)「하수도법」 제2조제4호에 따른 공공하수도중 간선기능을 갖는 하수관(주변여건상 필요한 경우에는 지선기능을 가지는 하수관을 포함한다), ii)「하수도법」 제2조제9호에 따른 공공하수처리시설(다만, 하루 처리 용량이 500m³ 미만인 시설은 제외한다)을 말한다(시설규칙 제154조).

(2) 결정기준 및 구조·설치기준

하수도의 결정·구조 및 설치에 관하여는「하수도법」이 정하는 바에 의한다(시설규칙 제155조).

나) 폐기물처리시설

(1) 폐기물처리시설의 개념

"폐기물처리시설"이란 다음 각 호의 시설을 말한다. 다만,「폐기물관리법 시행규칙」 제38조 각 호의 시설은 제외한다(시설규칙 제156조).

1.「폐기물관리법」 제2조제8호에 따른 폐기물처리시설 중 다음 각 목의 어느 하나에 해당하는 자가 설치하는 시설
   가. 국가 또는 지방자치단체
   나.「폐기물관리법」 제25조제3항에 따른 폐기물처리업의 허가를 받은 자. 다만, 폐기물의 재활용을 목적으로 시설을 설치하는 경우를 제외한다.
   다.「폐기물관리법」 제25조제3항에 따른 폐기물처리업의 허가를 받고자 하는 자로서 법 제25조제2항에 따라 사업계획의 적합통보를 받은 자. 다만, 폐기물의 재활용을 목적으로 시설을 설치하는 경우를 제외한다.
2.「폐기물관리법」 제5조의 규정에 의한 광역폐기물처리시설
3.「자원의 절약과 재활용 촉진에 관한 법률」 제2조제10호에 따른 재활용시설 중 다음 각 목의 어느 하나에 해당하는 자가 설치하는 시설
   가. 국가 또는 지방자치단체

나. 「자원의 절약과 재활용 촉진에 관한 법률」 제23조의 규정에 의한 재활용지정사업자

다. 「자원의 절약과 재활용 촉진에 관한 법률」 제34조의 규정에 의한 재활용단지를 조성하는 자

라. 폐기물의 재활용을 목적으로 「폐기물관리법」 제25조제3항에 따른 폐기물처리업의 허가를 받은 자 또는 폐기물처리업의 허가를 받고자 하는 자로서 법 제25조제2항에 따라 사업계획의 적합통보를 받은 자

4. 「건설폐기물의 재활용 촉진에 관한 법률」 제21조제4항의 규정에 의한 건설폐기물처리업의 허가를 받은 자 또는 건설폐기물처리업의 허가를 받고자 하는 자로서 동법 제21조제3항의 규정에 의하여 사업계획의 적합통보를 받은 자가 설치하는 시설

(2) 결정기준

폐기물처리시설의 결정기준은 다음 각 호와 같다(시설규칙 제157조).

1. 인구밀집지역이나 공공기관·학교·연구시설·의료시설·종교시설 등과 가깝지 아니하고 주거환경에 나쁜 영향을 주지 아니하도록 인근의 토지이용계획을 고려할 것. 다만, 「대기환경보전법」에 의한 배출허용기준에 적합한 시설을 갖춘 경우에는 그러하지 아니하다.
2. 풍향과 배수를 고려하여 주민의 보건위생에 위해를 끼칠 우려가 없는 지역에 설치할 것
3. 대기 및 수질오염 등 각종 환경오염문제를 고려하여야 하며, 주위에 담장·수림대 등의 차단공간을 둘 것
4. 용수와 동력을 확보하기 쉽고 자동차가 접근하기 편리하며, 폐기물 운송차량이 시가지를 관통하지 아니하는 지역에 설치할 것
5. 매립의 방법으로 처리하는 시설은 지형상 저지대·저습지·협곡·계곡·공유수면매립예정지 등에 설치하여야 하며, 매립후의 토지이용계획을 미리 고려할 것
6. 당해 시·군의 폐기물처리계획 및 대책 등을 고려하고, 필요한 경우 폐기물

소각시설을 설치할 것

7. 폐기물처리시설은 공업지역·녹지지역·관리지역·농림지역(농업진흥지역을 제외한다)·자연환경보전지역에 설치할 것. 다만, 다음 각 목의 시설은 제2종일반주거지역·제3종일반주거지역·준주거지역·일반상업지역에도 설치할 수 있다.
   가. 「폐기물관리법 시행령」 별표 3 제1호 가목의 소각시설로서 1일처리능력이 2천 톤 이하인 시설
   나. 「폐기물관리법 시행령」 별표 3 제1호 나목의 기계적 처리시설(압축시설 및 파쇄·분쇄시설에 한한다)로서 1일처리능력이 1천 톤 이하이고 「대기환경보전법」에 의한 배출허용기준에 적합한 시설
8. 삭제 <2004.12.3>
9. 재활용시설(제156조제3호 및 제4호의 폐기물처리시설을 말한다)은 주거지역(제2종일반주거지역·제3종일반주거지역 및 준주거지역에 한한다)·일반상업지역·공업지역·녹지지역·관리지역·농림지역(농업진흥지역을 제외한다)·자연환경보전지역에 설치할 것

(3) 구조 및 설치기준

폐기물처리시설의 구조 및 설치기준은 ⅰ) 소각시설의 경우에는 「대기환경보전법」에 의한 배출허용기준에 적합한 시설을 갖출 것, ⅱ)소각장의 폐열을 사용하는 주민편익시설 등을 설치할 수 있도록 할 것 등이며, 위 규정된 사항 외에 폐기물처리시설의 구조 및 설치에 관하여는 「폐기물관리법」 또는 「자원의 절약과 재활용 촉진에 관한 법률」이 정하는 바에 의한다(시설규칙 제158조).

다) 수질오염방지시설

(1) 수질오염방지시설의 개념

"수질오염방지시설"이란 ⅰ) 「수질 및 수생태계 보전에 관한 법률」 제48조에 따라 설치하는 폐수종말처리시설, ⅱ) 「수질 및 수생태계 보전에 관한 법률 시행령」 제79조제1호에 따른 폐수수탁처리업시설, ⅲ) 시장·군수·구청장 또는 대행업자가 설치하는 「가축분뇨의 관리 및 이용에 관한 법률」 제2조제8호에

따른 처리시설, 같은 조 제9호에 따른 공공처리시설 및 「하수도법」 제2조제10호에 따른 분뇨처리시설, iv) 「광산피해의 방지 및 복구에 관한 법률」 제31조에 따른 한국광해관리공단이 동법 제11조에 따른 광해방지사업의 일환으로 폐광의 폐수를 처리하기 위하여 설치하는 시설 등을 말한다(시설규칙 제159조).

(2) 결정기준, 구조 및 설치기준

수질오염방지시설의 결정기준은 i) 제157조제1호 내지 제4호의 규정에 의한 기준에 적합한 지역에 설치할 것, ii) 전용공업지역·일반공업지역·준공업지역·생산녹지지역·자연녹지지역·생산관리지역·계획관리지역 및 농림지역에 한하여 설치할 것 등이며(시설규칙 제160조), 그 구조 및 설치에 관하여는 「수질 및 수생태계 보전에 관한 법률」, 「가축분뇨의 관리 및 이용에 관한 법률」, 「하수도법」 또는 「석탄산업법」에서 정하는 바에 따른다(시설규칙 제161조).

라) 폐 차 장

(1) 폐차장의 개념

"폐차장"이라 함은 「자동차관리법」 제2조제6호의 규정에 의한 자동차관리사업 중 동법 제53조의 규정에 의한 자동차폐차업의 등록을 한 자가 설치하는 사업장을 말한다(시설규칙 제162조).

(2) 결정기준

폐차장의 결정기준은 다음 각 호와 같다(시설규칙 제163조).

1. 인구밀집지역이나 공공기관·학교·연구시설·의료시설·종교시설 등과 인접한 곳에는 설치하지 아니하며, 주거환경에 나쁜 영향을 주지 아니하도록 인근의 토지이용현황을 고려할 것
2. 대형차량의 출입에 지장이 없고 배수가 쉬우며, 주민의 보건위생에 위해를 끼칠 우려가 없는 지역에 설치할 것
3. 대기·수질오염 등 각종 환경오염문제를 고려하여 설치할 것
4. 유통상업지역·전용공업지역·일반공업지역·준공업지역·자연녹지지역 및 계획관리지역에 한하여 설치할 것

(3) 구조 및 설치기준

폐차장의 구조 및 설치에 관하여는 「자동차관리법」이 정하는 바에 의한다(시설규칙 제164조).

〈도시계획시설 관련 법률〉

도시·군계획시설(52)		관 련 법
교통시설(10)	도 로	고속국도법, 도로법, 도시교통정비촉진법, 자전거이용활성화에 관한 법률
	주 차 장	주차장법
	자동차정류장	여객자동차운수사업법, 물류시설의 개발 및 운영에 관한 법률, 화물자동차운수사업법
	철 도	철도건설법, 도시철도법, 한국철도시설공단법, 한국철도공사법
	궤 도	궤도운송법
	운 하	–
	항 만	항만법, 어촌·어항법, 마리나항만의 조성 및 관리 등에 관한 법률
	공 항	항공법
	자동차 및 건설기계검사시설	자동차관리법, 건설기계관리법
	자동차 및 건설기계운전학원	도로교통법, 학원의 설립·운영 및 과외교습에 관한 법률
공간시설(5)	광 장	–
	공 원	도시공원 및 녹지 등에 관한 법률
	녹 지	도시공원 및 녹지 등에 관한 법률
	유 원 지	관광진흥법
	공공공지	–

유통 및 공급 시설 (9)	시 장	유통산업발전법, 농수산물 유통 및 가격안정에 관한 법률, 축산법
	유통업무설비	유통산업발전법, 자동차관리법, 물류시설의 개발 및 운영에 관한 법률, 축산물위생처리법, 농수산물 유통 및 가격안정에 관한 법률
	수도공급설비	수도법
	공 동 구	소방시설 설치유지 및 안전관리에 관한 법률
	전기공급설비	전기사업법, 신에너지 및 재생에너지 개발이용보급 촉진법
	가스공급설비	고압가스 안전관리법, 도시가스사업법, 액화석유가스의 안전관리 및 사업법
	유류저장 및 송유설비	석유 및 석유대체연료사업법, 송유관안전관리법, 위험물안전관리법
	열공급설비	집단에너지사업법
	방송통신시설	전기통신사업법, 전파법, 방송법
공공 문화 체육 시설 (10)	운 동 장	체육시설의 설치 이용에 관한 법률
	공공청사	–
	학 교	유아교육법, 초·중등교육법, 고등교육법
	도 서 관	도서관법
	연구시설	–
	문화시설	공연법, 박물관 및 미술관 진흥법, 지방문화원진흥법, 문화예술진흥법, 문화산업진흥기본법, 과학관육성법
	사회복지시설	사회복지사업법
	공공직업훈련시설	근로자직업능력 개발법
	청소년수련시설	청소년활동진흥법
	체육시설	체육시설의 설치 이용에 관한 법률

방재시설(8)	하 천	하천법, 소하천정비법
	저 수 지	하천법, 댐건설 및 주변지역 지원 등에 관한 법률
	방풍설비	–
	방수설비	–
	방화설비	소방시설 설치유지 및 안전관리에 관한 법률
	사방설비	사방사업법
	방조설비	항만법, 어촌·어항법, 방조제관리법
	유수지설비	–
보건위생시설(6)	도 축 장	축산물위생관리법
	공동묘지	장사 등에 관한 법률
	화장시설	장사 등에 관한 법률
	장례식장	장사 등에 관한 법률
	봉안시설	장사 등에 관한 법률
	자연장지	장사 등에 관한 법률
환경기초시설(4)	하 수 도	하수도법
	폐기물처리시설	폐기물관리법, 자원의 절약과 재활용 촉진에 관한 법률, 건설폐기물의 재활용 촉진에 관한 법률
	수질오염관리시설	수질 및 수생태계 보전에 관한 법률, 하수도법
	폐 차 장	자동차관리법

제 9 장 도시계획시설사업

1. 도시계획시설사업의 의의 등

가. 의 의

도시계획시설사업이란 도시계획사업의 하나로서 도시계획시설의 설치·정비 또는 개량을 하기 위해 시행하는 사업을 말한다(법 제2조제10호). 예를 들어, 지구단위계획은 도시관리계획으로 결정되며 그 내용 중에 기반시설에 대한 내용이 반드시 포함 되어야 하므로 지구단위계획을 통해 설치되는 통해 설치되는 기반시설도 도시계획시설이 된다. 이러한 도시계획시설은 그 설치 등에 상당한 재원과 시간이 소요되므로 이를 시행함에 있어 특별시장 등은 재원조달계획·보상계획 등을 포함하여 단계별집행계획을 수립해야 하며 그 수립된 계획에 따라 시행하게 된다.

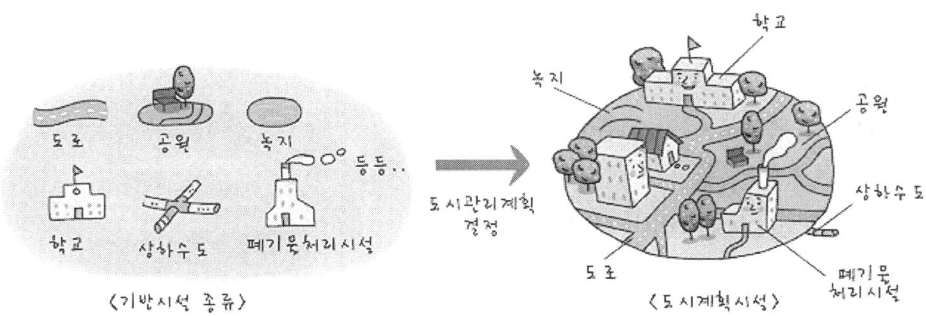

나. 도시계획사업의 분류

도시계획사업이란 도시관리계획을 시행하기 위한 ⅰ) 도시계획시설사업, ii) 「도시개발법」에 따른 도시개발사업, iii) 「도시 및 주거환경정비법」에 따른 정비사업 등을 말한다(법 제2조제11호). 이중, 도시계획시설사업은 법률에 그 집행절차 및 방법 등이 규정되어 있고, 도시개발사업은 「도시개발법」에, 정비사업은 「도시 및 주거환경정비법」에 각각 그 집행절차 및 방법 등이 규정되어 있다.

2. 단계별집행계획의 수립

가. 단계별집행계획의 의의

단계별집행계획이란 도시계획시설사업을 구체적이고 원활하게 시행하기 위한 계획으로서 재원조달계획, 보상계획 등을 그 내용으로 한다.

나. 수립권자

도시계획결정이 나면 특별시장·광역시장·특별자치시장·특별자치도지사·시장 또는 군수는 단계별 집행계획을 수립하여야 하며(법 제85조제1항), 이를 수립하고자 하는 때에는 미리 관계 행정기관의 장과 협의하여야 한다(법 시행령 제95조제1항). 이때 국토교통부장관이나 도지사가 직접 입안한 도시관리계획인 경우 국토교통부장관이나 도지사는 단계별 집행계획을 수립하여 해당 특별시장·광역시장·특별자치시장·특별자치도지사·시장 또는 군수에게 송부할 수 있다(법 제85조제2항).

다. 단계별집행계획의 수립

1) 수립시기 및 내용

단계별집행계획은 특별시장·광역시장·특별자치시장·특별자치도지사·시장 또는 군수가 도시계획시설에 대하여 도시계획시설결정의 고시일부터 2년 이내에 단계별 집행계획을 수립하여야 하며, 그 내용에는 재원조달계획, 보상계획 등이 포함되어야 한다(법 제85조제1항).

2) 단계별 집행절차 수립절차

가) 구분수립

단계별 집행계획은 제1단계 집행계획과 제2단계 집행계획으로 구분하여 수립한다. 이때 3년 이내에 시행하는 도시계획시설사업은 제1단계 집행계획에, 3년 후에 시행하는 도시·군계획시설사업은 제2단계 집행계획에 포함되도록 하여야 하며(같은 조 제3항), 특별시장 등은 매년 위 규정에 의한 제2단계집행계획을 검토하여 3년 이내에 도시계획시설사업을 시행할 도시계획시설은 이를 제1단계집행계획에 포함시킬 수 있다(법 시행령 제95조제2항).

나) 관계 행정기관의 장과의 협의 및 공고

특별시장 등은 단계별집행계획을 수립하고자 하는 때에는 미리 관계 행정기관의 장과 협의하여야 하고(법 시행령 제95조제1항), 이에 따른 단계별집행계획의 공고는 당해 지방자치단체의 공보에 게재하는 방법에 의한다. 이때 필요한 경우 전국 또는 해당 지방자치단체를 주된 보급지역으로 하는 일간신문에 게재하는 방법을 병행할 수 있다(법 시행령 제95조제3항).

다) 변 경

특별시장 등이 공고된 단계별 집행계획을 변경하는 경우에는 제1항부터 제4항까지의 규정을 준용한다. 다만, 대통령령으로 정하는 경미한 사항("대통령령이 정하는 경미한 사항을 변경하는 경우"라 함은 제25조제3항 각 호 및 제4항 각 호의 규정에 의한 도시관리계획의 변경에 따라 단계별 집행계획을 변경하는 경우를 말한다)을 변경하는 경우에는 그러하지 아니하다(법 제85조제5항, 법 시행령 제95조제4항).

라) 분할시행

특별시장 등 사업시행자는 도시계획시설사업을 효율적으로 추진하기 위하여 필요하다고 인정되면 사업시행대상지역 또는 대상시설을 둘 이상으로 분할하여 이를 시행할 수 있다(법 제87조).

〈도시계획시설사업 수립절차〉

절차	근거	비고
기초조사 (시장·군수)	법 제27조	○ 환경성검토, 토지적성평가 포함
도시관리계획(안) 작성 (시장·군수)		○ 도시관리계획도서 및 계획설명서
주인 및 지방의회 의견청취 (시장·군수)	법 제28조	○ 지방일간신문(2 이상) 공고 ○ 14일 이상 일반열람
시·군 도시계획위원회 자문		
도시관리계획 입안 및 신청 (시장·군수)		
	법 제25조	○ 관계 행정기관의 장과 협의(30일) – 사전환경성검토 협의 – 사전재해영향성검토 협의
시·군 도시계획위원회 심의		
도시관리계획 결정·고시 및 열람 (시·도지사/시장·군수)	법 제30조	
지형도면 승인·고시 및 열람 (시장·군수)	법 제32조	○ 군관리계획 결정고시 후 2년 이내
도시계획시설사업 단계별 집행계획 수립·공고(시장·군수)	법 제85조	○ 군관리계획 결정고시 후 2년 이내 ○ 관계행정기관의 장과 협의
도시계획시설사업 시행자 지정 (시장·군수)	법 제86조	○ 지방일간신문 공고 ○ 20일 이상 일반열람
군계획시설사업 실시계획 작성 (시행자)	법 제88조	○ 설계도서, 자금계획, 공공시설 귀속 협의도서 등
실시계획 서류 열람 (시장·군수)	법 제90조	○ 지방일간신문 공고 ○ 20일 이상 일반열람
도시계획시설사업 실시계획 인가·고시 및 통보(시장·군수)	법 제88~91조	○ 관계 행정기관의 장과 협의 – 환경영향평가 협의 – 교통영향분석·개선대책심의 – 에너지사용계획 협의 – 사전재해영향평가 협의
착공계획서 작성 및 착공신고 (시행자)		
착공신고 필증교부 (시장·군수)		
공사완료보고서 작성 및 준공검사 신청 (시행자)	법 제98조	
준공검사필증 교부 및 공사완료공고 (시장·군수)	법 제98조	

3. 도시계획시설사업의 시행

가. 사업의 시행자

1) 원칙 – 특별시장 등의 시행

특별시장 등이 법 또는 다른 법률에 특별한 규정이 있는 경우 외에는 관할 구역의 도시·군계획시설사업을 시행한다(법 제86조제1항).

【판시사항】

도시공원법 제6조제1항, 제32조의 위헌 여부 (대법원 1994.5.10. 선고 93도2397 판결)

【판결요지】

시장 또는 군수 이외의 자가 도시공원 내의 사유지에 공원시설을 하기 위하여는 소유자라 하더라도 도시계획법 제23조의 시행자지정과 같은 법 제25조의 실시계획인가를 받아야 하도록 규정한 도시공원법 제6조제1항은 토지소유자의 재산권행사를 제한하는 규정이지만, 도시계획구역 안에서 자연경관의 보호와 시민의 건강, 휴양 및 정서생활의 향상에 기여하기 위하여 필요한 경우에 한하여 가하여지는 이러한 제한은 공공복리에 적합한 합리적인 제한으로서, 그로 인한 토지소유자의 불이익은 공공복리를 위하여 감수하지 아니하면 안 될 정도의 것이라고 인정되므로 이에 대하여 손실보상 규정을 두지 아니하였다고 하여 헌법 제23조에 위반되는 것이라고 할 수 없고, 나아가 위 규정을 위반한 자를 처벌하는 제32조 역시 위 헌법조항에 위반되지 않는다.

2) 예 외

가) 둘 이상의 시·군에 걸치는 경우

도시계획시설사업이 둘 이상의 특별시·광역시·특별자치시·특별자치도·시 또는 군의 관할 구역에 걸쳐 시행되게 되는 경우에는 관계 특별시장 등이 서로 협의하여 시행자를 정한다(같은 조 제2항). 이에 따른 협의가 성립되지 아니하는 경우 도시계획시설사업을 시행하려는 구역이 같은 도의 관할 구역에 속하는 경우에는 관할 도지사가 시행자를 지정하고, 둘 이상의 시·도의 관할 구역에 걸치는 경우에는 국토교통부장관이 시행자를 지정한다(같은 조 제3항).

나) 국토해양부장관 및 도지사

국토교통부장관은 국가계획과 관련되거나 그 밖에 특히 필요하다고 인정되는 경우에는 관계 특별시장 등의 의견을 들어 직접 도시계획시설사업을 시행할 수 있으며, 도지사는 광역도시계획과 관련되거나 특히 필요하다고 인정되는 경우에는 관계 시장 또는 군수의 의견을 들어 직접 도시계획시설사업을 시행할 수 있다(같은 조 제4항).

다) 사인 등 사업시행자

(1) 시행자의 지정

법 제85조제1항부터 제4항까지의 규정에 따라 시행자가 될 수 있는 자 외의 자는 대통령령으로 정하는 바에 따라 국토교통부장관, 시·도지사, 시장 또는 군수로부터 시행자로 지정을 받아 도시계획시설사업을 시행할 수 있으며, 이에 따라 도시계획시설사업의 시행자를 지정한 경우에는 국토교통부령으로 정하는 바에 따라 그 지정 내용을 고시하여야 한다(같은 조 제5,6항).

(2) 지정의 요건

(가) 토지소유자의 동의 : 국가 또는 지방자치단체, 대통령령으로 정하는 공공기관,[53] 그 밖에 대통령령으로 정하는 자[54]에 해당하지 아니하는 자가

---

53) 법 시행령 제96조 ③ 법 제86조제7항제2호에서 "대통령령으로 정하는 공공기관"이란 다음 각 호의 어느 하나에 해당하는 기관을 말한다. [신설 2009.8.5, 2009.9.21 제21744호(한국토지주택공사법 시행령), 2012.1.25 제23535호(한국농수산식품유통공사법 시행령)]
1. 「한국농수산식품유통공사법」에 따른 한국농수산식품유통공사
2. 「대한석탄공사법」에 따른 대한석탄공사
3. 「한국토지주택공사법」에 따른 한국토지주택공사
4. 「한국관광공사법」에 따른 한국관광공사
5. 「한국농어촌공사 및 농지관리기금법」에 따른 한국농어촌공사
6. 「한국도로공사법」에 따른 한국도로공사
7. 「한국석유공사법」에 따른 한국석유공사
8. 「한국수자원공사법」에 따른 한국수자원공사
9. 「한국전력공사법」에 따른 한국전력공사

도시계획시설사업의 시행자로 지정을 받으려면 도시계획시설사업의 대상인 토지(국공유지는 제외한다)의 소유 면적 및 토지 소유자의 동의 비율 {도시계획시설사업의 대상인 토지(국·공유지를 제외한다)면적의 3분의 2 이상에 해당하는 토지를 소유하고, 토지소유자 총수의 2분의 1 이상에 해당하는 자의 동의를 얻는 것을 말한다}에 관한 요건을 갖추어야 한다(같은 조 제7항, 법 시행령 제96조제2항).

(나) 신청서 제출 : 도시계획시설사업의 시행자로 지정받고자 하는 자는 i) 사업의 종류 및 명칭, ii) 사업시행자의 성명 및 주소(법인인 경우에는 법인의 명칭 및 소재지와 대표자의 성명 및 주소), iii) 토지 드는 건물의 소재지·지번·지목 및 면적, 소유권과 소유권외의 권리의 명세 및 그 소유자·권리자의 성명·주소, vi) 사업의 착수예정일 및 준공예정일, v) 자금조달계획 등의 사항을 기재한 신청서를 국토교통부장관, 시·도지사 또는 시장·군수에게 제출하여야 한다(법 시행령 제96조제1항).

(다) 다른 법률에 의한 인허가 : 당해 도시계획시설사업이 다른 법령에 의하여 면허·허가·인가 등을 받아야 하는 사업인 경우에는 그 사업시행에 관한 면허·허가·인가 등의 사실을 증명하는 서류의 사본을 신청서에 첨부하여야 한다. 다만, 다른 법령에서 도시계획시설사업의 시행자지정을 면허·허가·인가 등의 조건으로 하는 경우에는 관계 행정기관의 장의 의견서로 갈음할 수 있다(법 시행령 제5항).

(라) 사업시행자 고시 : 국토교통부장관 등이 도시계획시설사업의 시행자를

---

10. 「한국철도공사법」에 따른 한국철도공사

54) 법 시행령 제96조 ④ 법 제86조제7항제3호에서 "대통령령으로 정하는 자"란 다음 각 호의 어느 하나에 해당하는 자를 말한다.

1. 「지방공기업법」에 의한 지방공사 및 지방공단
2. 다른 법률에 의하여 도시·군계획시설사업이 포함된 사업의 시행자로 지정된 자
3. 법 제65조의 규정에 의하여 공공시설을 관리할 관리청에 무상으로 귀속되는 공공시설을 설치하고자 하는 자
4. 「국유재산법」 제13조 또는 「공유재산 및 물품관리법」 제7조에 따라 기부를 조건으로 시설물을 설치하려는 자

지정한 경우에는 국토교통부령으로 정하는 바에 따라 ⅰ) 사업시행지의 위치, ⅱ) 사업의 종류 및 명칭, ⅲ) 사업시행면적 또는 규모, ⅳ) 사업시행자의 성명 및 주소, ⅴ) 영 제97조 제3항의 규정에 의한 도시계획시설사업에 대한 실시계획인가의 신청기일 등의 내용을 고시하여야 한다(같은 조 제6항).

나. 실시계획의 인가

도시계획시설사업의 시행자는 그 시행에 착수하기 전에 먼저 실시계획을 작성하여 국토교통부장관 등에게 인가를 받아야 한다(법 제88조제1,2,3항).

1) 실시계획의 작성

도시계획시설사업의 시행자(국토교통부장관, 시·도지사와 대도시 시장은 제외한다)는 도시계획시설사업에 관한 실시계획[55]을 작성하여야 하며(법 제88조제1항), 실시계획에는 사업시행에 필요한 설계도서, 자금계획, 시행기간, 그 밖에 대통령령으로 정하는 사항[56]을 자세히 밝히거나 첨부하여야 한다(같은 조 제5항).

---

55) 법 시행령 제97조(실시계획의 인가) ① 법 제88조제1항의 규정에 의한 실시계획(이하 "실시계획"이라 한다)에는 다음 각 호의 사항이 포함되어야 한다.
1. 사업의 종류 및 명칭
2. 사업의 면적 또는 규모
3. 사업시행자의 성명 및 주소(법인인 경우에는 법인의 명칭 및 소재지와 대표자의 성명 및 주소)
4. 사업의 착수예정일 및 준공예정일

56) 법 시행령 제97조 ⑥ 법 제88조제5항에서 "그 밖에 대통령령이 정하는 사항"이란 다음 각 호의 사항을 말한다.
1. 사업시행지의 위치도 및 계획평면도
2. 공사설계도서(「건축법」 제29조에 따른 건축협의를 하여야 하는 사업인 경우에는 개략설계도서)
3. 수용 또는 사용할 토지 또는 건물의 소재지·지번·지목 및 면적, 소유권과 소유권외의 권리의 명세 및 그 소유자·권리자의 성명·주소
4. 도시·군계획시설사업의 시행으로 새로이 설치하는 공공시설 또는 기존의 공공시설의 조서 및 도면(행정청이 시행자인 경우에 한한다)
5. 도시·군계획시설사업의 시행으로 용도폐지되는 공공시설에 대한 2 이상의 감정평가업

유권해석 ▌01

① 질의내용

도시계획시설사업인 3개 노선의 도시계획도로를 하나의 사업시행자가 도시계획시설사업의 시행자로 지정을 받고자 할 때, 사업시행자 지정요건(도시계획시설사업의 대상인 토지면적의 3분의2 이상에 해당하는 토지를 소유하고, 토지소유자 총수의 3분의2 이상에 해당하는 자의 동의를 얻는 것을 각 노선별로 충족하여야 하는 지 또는 3개 노선전체 면적을 대상으로 충족하여야 하는지 여부

② 회신내용

○ 「국토의 계획 및 이용에 관한 법률」 제86조제7항, 동법 시행령 제96조제3항에 규정에 의거국가·지방자치단체·정부투자기관 그 밖에 대통령령이 정하는 자 외의 자가 도시계획시설사업의 시행자로 지정을 받고자 하는 때에는 도시계획시설사업의 대상인 토지(국·공유지를 제외) 면적의 3분의 2 이상에 해당하는 토지를 소유하고, 토지소유자 총수의 3분의2 이상에 해당하는 자의 동의를 얻는 요건을 갖추어야 합니다.

○ 위 규정의 요건은 각 도시계획시설에 적용되는 사항으로 귀 질의의 도시계획 도로 3개(대로 1노선, 중로1노선, 소로1노선)가 각각 개별의 도시계획도로에 해당하는 경우에는 하나의 사업시행자가 도시계획시설사업을 시행하더라도 각 도시계획 도로 별로 사업시행자 지정요건을 갖추어야 할

자의 감정평가서(행정청이 아닌 자가 시행자인 경우에 한정한다). 다만, 제2항에 따른 해당 도시·군계획시설사업의 실시계획 인가권자가 새로운 공공시설의 설치비용이 기존의 공공시설의 감정평가액보다 현저히 많은 것이 명백하여 이를 비교할 실익이 없다고 인정하거나 사업 시행기간중에 제출하도록 조건을 붙이는 경우는 제외한다.

6. 도시·군계획시설사업으로 새로이 설치하는 공공시설의 조서 및 도면과 그 설치비용계산서(행정청이 아닌 자가 시행자인 경우에 한한다). 이 경우 새로운 공공시설의 설치에 필요한 토지와 종래의 공공시설이 설치되어 있는 토지가 같은 토지인 경우에는 그 토지가격을 뺀 설치비용만 계산한다.
7. 법 제92조제3항의 규정에 의한 관계 행정기관의 장과의 협의에 필요한 서류
8. 제4항의 규정에 의한 특별시장·광역시장·특별자치시장·특별자치도지사·시장 또는 군수의 의견청취 결과

것으로 봅니다. 기타 자세한 사항은 현지 상황을 잘 알고 있는 해당 도시계획시설 사업시행자 지정권자의 안내를 받으시기 바랍니다.

[도시정책팀-405, 2005.9.27]

유권해석 ▌02

① **질의내용**

민간사업자가 도시계획시설사업으로 도로 및 녹지를 설치하여 해당 지방자치단체에 무상귀속하고자 할 경우 「국토의 계획 및 이용에 관한 법률」(이하, 법) 제86조제2항 및 법 시행령 제96조제2항에 따른 사업시행자 지정요건(토지 2/3 이상 소유, 1/2 소유자 동의)을 갖추지 않더라도 사업시행자 지정이 가능한지 여부

② **회신내용**

○ 법 제86조제7항에서는 도시계획시설사업의 경우 시행자 지정 요건을 완화하고 있는데 이는 공공목적의 사업을 원활하게 추진하기 위함이라할 것입니다. 이에 따라 법 시행령 제96조제4항제3호에서는 "법 제65조에 의해 무상귀속 되는 공공시설을 설치하고자 하는 자"에 대하여도 사업자 지정 요건을 완화하고 있습니다.

○ 이 경우 개발행위허가를 받아 공공시설을 설치하는 경우뿐만 아니라 도시계획시설사업으로 공공시설을 설치하고자 하는 경우에도 동 조항을 적용받아 사업자 지정 요건이 완화되는 지가 문제되는데,

○ 도로, 철도, 공원, 녹지 등 대부분의 공공시설은 도시계획시설사업으로만 설치할 수 있고 민간사업자가 개발행위허가를 받아 공공시설을 설치할 수 있는 경우는 공공공지, 방화설비, 방풍설비, 방수설비, 사방설비, 방조설비 등 전체 공공시설 26개 중 6개에 불과한데, 이마저도 대부분은 도시계획시설사업으로 설치가 이루어지고 있습니다. 도시계획시설사업의 경우에는 주민의견청취·도시계획위원회 심의를 거쳐 도시관리계획 결정을 받아 설치하도록 규정하고 있기 때문에, 개발행위허가를 받은 경우보다 다양한 절차를 통해 공공성을 담보하고 있다고 볼 수 있습니다. 또한, 법 제99조에

서는 도시계획시설사업으로 공공시설을 설치하는 경우에는 법 제65조를 준용하여 무상귀속 되도록 규정하고 있어 도시계획시설사업도 무상귀속의 근거는 법 제65조라고 할 것입니다. 따라서 시행령 제96조제4항제3호에서 "법 제65조에 의해 무상귀속 되는 공공시설을 설치하고자 하는 자"의 범위에는 법 제99조의 도시계획시설사업으로 공공시설을 설치하고자 하는 자도 포함된다고 보는 것이 타당합니다.

○ 이러한 점을 고려해 볼 때, 민간사업자가 도시계획시설 사업으로 공공시설을 설치하여 무상귀속 하는 경우에는 시행령 제96조제2항에 따른 사업시행자 지정요건을 갖추지 않아도 사업시행자로 지정할 수 있다고 판단됩니다.

[도시정책과-3864, 2012.6.19]

2) 인가절차

가) 인가신청

실시계획을 작성한 시행자는 국토교통부장관, 시·도지사 또는 대도시 시장의 인가를 받아야 하며(법 제88조제2항 전단), 이에 따라 시행자가 실시계획의 인가를 받고자 하는 경우 국토교통부장관이 지정한 시행자는 국토교통부장관의 인가를 받아야 하고, 그 밖의 시행자는 시·도지사 또는 대도시 시장의 인가를 받아야 한다(법 시행령 제97조제2항). 또한 인가를 받은 실시계획을 변경 또는 폐지하는 경우에도 인가를 받아야 하지만, 국토교통부령으로 정하는 경미한 사항[57]인 i) 사업명칭을 변경하는 경우, ii) 구역경계의 변경이 없는

57) 법 시행규칙 제16조(경미한 사항의 변경) ① 법 제88조제2항 단서에서 "국토교토부령으로 정하는 경미한 사항을 변경하기 위하여 실시계획을 작성하는 경우"란 다음 각 호의 경우를 위하여 실시계획을 작성하는 경우를 말한다.

1. 사업명칭을 변경하는 경우
2. 구역경계의 변경이 없는 범위 안에서 행하는 건축물 또는 공작물의 연면적 10% 미만의 변경과 「학교시설사업 촉진법」에 의한 학교시설의 변경인 경우
3. 기존 시설의 용도변경을 수반하지 아니하는 대수선·재축 및 개축인 경우
4. 도로의 포장 등 기존 도로의 면적·위치 및 규모의 변경을 수반하지 아니하는 도로의 개량인 경우

② 법 제88조제4항 단서에서 "국토교통부령으로 정하는 경미한 사항을 변경하는 경우"란 제1항 각 호의 경우를 말한다.

범위 안에서 행하는 건축물 또는 공작물의 연면적 10% 미만의 변경과 「학교시설사업 촉진법」에 의한 학교시설의 변경인 경우, iii) 기존 시설의 용도변경을 수반하지 아니하는 대수선·재축 및 개축인 경우, iv) 도로의 포장 등 기존 도로의 면적·위치 및 규모의 변경을 수반하지 아니하는 도로의 개량인 경우 등과 같은 변경을 하기 위하여 실시계획을 작성하는 경우에는 인가를 요하지 않는다.

나) 실시계획 인가신청서 제출

도시계획시설사업의 시행자로 지정된 자는 특별한 사유가 없는 한 시행자 지정시에 정한 기일까지 국토교통부장관, 시·도지사 또는 대도시 시장에게 국토교통부령이 정하는 실시계획인가신청서를 제출하여야 하는데(법 시행령 제97조제3항), 이때 신청서에는 i) 사업시행지의 위치도 및 계획평면도, ii) 공사설계도서(「건축법」 제29조에 따른 건축협의를 하여야 하는 사업인 경우에는 개략설계도서), iii) 수용 또는 사용할 토지 또는 건물의 소재지·지번·지목 및 면적, 소유권과 소유권외의 권리의 명세 및 그 소유자·권리자의 성명·주소를 기재한 서류, iv) 도시·군계획시설사업의 시행으로 새로이 설치하는 공공시설 또는 기존의 공공시설의 조서 및 도면(행정청이 시행하는 경우에 한한다), v) 도시·군계획시설사업의 시행으로 용도폐지되는 국가 또는 지방자치단체의 재산에 대한 2 이상의 감정평가업자의 감정평가서(행정청이 아닌 자가 시행하는 경우에 한한다), vi) 도시·군계획시설사업으로 새로 설치하는 공공시설의 조서 및 도면과 그 설치비용계산서(새로운 공공시설의 설치에 필요한 토지와 기존의 공공시설이 설치되어 있는 토지가 동일한 토지인 경우에는 그 토지가격을 뺀 설치비용만을 계산한다. 다만, 행정청이 아닌 자가 시행하는 경우에 한한다), vii) 법 제92조제3항의 규정에 의한 관계 행정기관의 장과의 협의에 필요한 서류, viii) 영 제97조제4항의 규정에 의한 특별시장·광역시장·특별자치시장·특별자치도지사·시장 또는 군수의 의견청취 결과 등과 같은 서류를 첨부하여 국토교통부장관, 시·도지사 또는 서울특별시와 광역시를 제외한 인구 50만 이상의 대도시의 시장에게 제출하여야 한다(법 시행규칙 제15조).

다) 인가의 조건

(1) 기반시설의 설치 등

국토교통부장관, 시·도지사 또는 대도시 시장은 도시계획시설사업의 시행자가 작성한 실시계획이 제43조제2항에 따른 도시계획시설의 결정·구조 및 설치의 기준 등에 맞다고 인정하는 경우에는 실시계획을 인가하여야 하며, 이 경우 국토교통부장관 등은 기반시설의 설치나 그에 필요한 용지의 확보, 위해방지, 환경오염 방지, 경관 조성, 조경 등의 조치를 할 것을 조건으로 실시계획을 인가할 수 있다(법 제88조제3항).

(2) 이행보증금의 예치

특별시장·광역시장·특별자치시장·특별자치도지사·시장 또는 군수는 기반시설의 설치나 그에 필요한 용지의 확보, 위해 방지, 환경오염 방지, 경관 조성, 조경 등을 위하여 필요하다고 인정되는 경우로서 대통령령으로 정하는 경우[58]에는 그 이행을 담보하기 위하여 도시계획시설사업의 시행자에게 이행보증금을 예치하게 할 수 있다. 다만, i) 국가 또는 지방자치단체, ii) 대통령령으로 정하는 공공기관, iii)그 밖에 대통령령으로 정하는 자 등은 그러하지 아니하다(법 제89조제1항).

이때, 예치금액은 기반시설의 설치, 위해의 방지, 환경오염의 방지, 경관 및 조경에 필요한 비용의 범위 안에서 산정하되 총공사비의 20% 이내가 되도록 하고, 그 산정에 관한 구체적인 사항 및 예치방법은 특별시·광역시·시 또는 군의 도시계획조례로 정한다. 이 경우 도시지역 또는 계획관리지역 안의 산지 안에서의 개발행위에 대한 이행보증금의 예치금액은「산지관리법」제38조에 따른 복구비를 포함하여 정하되, 복구비가 이행보증금에 중복하여 계상되지

58) 법 시행령 제98조(도시·군계획시설사업의 이행담보) ① 법 제89조제1항 각 호 외의 부분 본문에서 "대통령령이 정하는 경우"라 함은 다음 각 호의 1에 해당하는 경우를 말한다.
1. 도시·군계획시설사업으로 인하여 도로·수도공급설비·하수도 등 기반시설의 설치가 필요한 경우
2. 도시·군계획시설사업으로 인하여 제59조제1항제2호 내지 제5호의 1에 해당하는 경우

아니하도록 하여야 한다(법 시행령 제59조제2항). 또한, 이행보증금은 현금으로 납입하되, 「국가를 당사자로 하는 계약에 관한 법률 시행령」 제37조제2항 각 호 및 「지방자치단체를 당사자로 하는 계약에 관한 법률 시행령」 제37조제2항 각 호의 보증서 등 또는 「광산피해의 방지 및 복구에 관한 법률」 제39조제1항제5호에 따라 한국광해관리공단이 발행하는 이행보증서 등으로 이를 갈음할 수 있으며(같은 조 제3항), 만일, 개발행위허가를 받은 자가 준공검사를 받은 때에는 즉시 이행보증금을 반환하여야 한다(같은 조 제4항).

라) 원상회복 명령 등

특별시장 등은 실시계획의 인가 또는 변경인가를 받지 아니하고 도시계획시설사업을 하거나 그 인가 내용과 다르게 도시계획시설사업을 하는 자에게 그 토지의 원상회복을 명할 수 있으며, 이 경우 원상회복의 명령을 받은 자가 원상회복을 하지 아니하는 경우에는 행정대집행에 따라 원상회복을 할 수 있다. 이때 행정대집행에 필요한 비용은 도시계획시설사업의 시행자가 예치한 이행보증금으로 충당할 수 있다(법 제89조제3,4항).

3) 수립절차

가) 서류의 열람 등

국토교통부장관 등이 실시계획을 인가하려면 미리 관보 또는 공보에 게재하는 방법으로 그 사실을 공고하고, 관계 서류의 사본을 14일 이상 일반이 열람할 수 있도록 하여야 한다(법 제90조제1항). 이 경우 공고는 국토교통부장관이 하는 경우에는 관보나 전국을 보급지역으로 하는 일간신문에, 시·도지사 또는 대도시 시장이 하는 경우에는 해당 시·도 또는 대도시의 공보나 해당 시·도 또는 대도시를 주된 보급지역으로 하는 일간신문에 i) 인가신청의 요지, ii) 열람의 일시 및 장소 등과 같은 사항을 게재하는 방법에 따르며(법 시행령 제99조제1항), 이에 따른 비용은 도시계획시설사업의 시행자가 부담한다. 그러나 i) 사업시행지의 변경이 수반되지 아니하는 범위 안에서의 사업내용 변경, ii) 사업의 착수예정일 및 준공예정일의 변경{다만, 사업시행에 필요한 토지 등(공공시설은 제외한다)의 취득이 완료되기 전에 준공예정일을 연장하는 경우는 제외한다}, iii) 사업시행자의 주소(사업시행자가 법인인 경우에는 법인의 소재지와 대표자의 성명 및 주소)의 변경 등과 같은 경미한 사항의 변경인 경우에는 공고 및 열람을 하지 아니할 수 있다(같은 조 제2항).

나) 이해관계인 등 및 당해 특별시장 등의 의견청취

도시계획시설사업의 시행지구의 토지·건축물 등의 소유자 및 이해관계인은 열람기간 이내에 국토교통부장관, 시·도지사, 대도시 시장 또는 도시계획시설사업의 시행자에게 의견서를 제출할 수 있다. 이 경우 국토교통부장관 등은 제출된 의견이 타당하다고 인정되면 그 의견을 실시계획에 반영하여야 하며(법 제90조제2항), 미리 당해 특별시장, 광역시장, 시장 또는 군수의 의견을 들어야 한다(법 시행령 제97조제4항).

다) 국토교통부장관 등의 직접수립 시

국토교통부장관, 시·도지사 또는 대도시 시장이 실시계획을 작성하는 경우에 관하여는 법 제90조제1항과 제2항을 준용한다(법 제90조제3항).

라) 인가고시

국토교통부장관 등이 실시계획을 작성하거나 인가한 때에는 그 내용을 고시하여야 하며, 이 경우 고시는 국토교통부장관이 하는 경우에는 관보에, 시·도지사 또는 대도시 시장이 하는 경우에는 해당 시·도 또는 대도시의 공보에 i) 사업시행지의 위치, ii) 사업의 종류 및 명칭, iii) 면적 또는 규모, iv) 시행자의 성명 및 주소(법인인 경우에는 법인의 명칭 및 주소와 대표자의 성명 및 주소), v) 사업의 착수예정일 및 준공예정일, vi) 수용 또는 사용할 토지 또는 건물의 소재지·지번·지목 및 면적, 소유권과 소유권외의 권리의 명세 및 그 소유자·권리자의 성명·주소, vii) 법 제99조의 규정에 의한 공공시설 등의 귀속 및 양도에 관한 사항 등을 게재하는 방법에 따른다(법 시행령 제100조제1조).

【판시사항】

사업실시계획인가·고시에 포함된 일부 토지에 대하여 도시계획사업의 시행기간 내에 수용재결신청을 하지 아니한 경우, 위 실시계획의 일부 폐지나 변경이 없더라도 그 부분 토지에 대한 실시계획인가의 효력이 상실되는지 여부(적극) (대법원 1997. 12.26. 선고 97누2191 판결)

【판결요지】

실시계획인가·고시에 포함된 일부 토지에 대하여 도시계획사업의 시행기간 내에 수용재결신청을 하지 아니한 때에는 인가된 실시계획의 일부 폐지나 변경이 없다고 하더라도 그 시행기간 만료일의 익일부터 그 일부 토지에 대한 실시계획인가의 효력이 상실된다.

【판시사항】

도시계획사업허가의 공고시에 토지세목의 고시의 누락과 그 수용재결처분의 취소 (대법원 1988.12.27. 선고 87누1141 판결)

【판결요지】

도시계획법 제29조, 토지수용법 제14조, 제16조의 규정취지에 미루어 본다면 행정청이 아닌 사업시행자가 도시계획구역 안에서 사업에 필요한 토지, 건물 등을 수용할 경우에도 토지세목은 고시되어야 한다고 풀이된다.

도시계획사업허가의 공고시에 토지세목의 고시를 누락한 것은 절차상의 위법으로서 취소사유에 불과하고 그 하자가 중대하고 명백하여 사업인정 자체가 무효라고는 할 수 없으므로 이러한 위법을 선행처분인 사업인정단계에서 다투지 아니하였다면 그 쟁송기간이 이미 도과한 후인 수용재결단계에 있어서는 그 처분의 불가쟁력에 의하여 위 도시계획사업허가의 위와 같은 위법 부당함을 들어 수용재결처분의 취소를 구할 수는 없다.

마) 인가고시의 통보

국토교통부장관, 시·도지사 또는 대도시 시장은 실시계획을 고시하였으면 그 내용을 관계 행정기관의 장에게 통보하여야 한다(법 제2조).

4) 인가의 효과

가) 사업시행권의 설정

실시계획 작성·인가를 받은 자는 해당 도시계획시설사업을 시행할 수 있는 권리를 취득하게 된다. 따라서 실시계획인가는 작성된 실시계획의 효력을 보충, 완성시킴으로써 인가신청자에게 도시계획시설사업의 시행권이라는 독점적인 권리를 부여하는 형성적 행정행위(특허)에 해당한다.

【판시사항】

토지수용법 및 도시계획법 등 관계 법령에 따른 사업인정의 법적 성격과 효력(대법원 1995.12.5. 선고 95누4889 판결)

【판결요지】

토지수용법, 도시계획법 등 관계 법령의 규정에 의한 사업인정은 건설부장관이 공익사업의 시행자에게 그 후 일정한 절차를 거칠 것을 조건으로 하여 일정한 내용의 수용권을 설정해 주는 행정처분의 성격을 띠는 것으로서, 그 사업인정을 받음으로써 수용할 목적물의 범위가 확정되고 수용권자로 하여금 목적물에 대한 현재 및 장래의 권리자에게 대항할 수 있는 일종의 공법상의 권리로서의 효력을 발생시키는 것이다.

【판시사항】

효력기간이 지난 행정처분의 취소 또는 무효확인을 구할 소의 이익유무(대법원 1990.1.12. 선고 89누1032 판결)

【판결요지】

행정처분에 그 효력기간이 정하여져 있는 경우에는 그 기간의 경과로 그 행정처분의 효력이 상실되는 것이므로 그 효력기간 경과 후에는 그 처분이 외형상 잔존함으로 인하여 어떠한 법률상의 이익이 침해되고 있다고 볼만한 별다른 사정이 없는 한 그 처분의 취소 또는 무효확인을 구할 법률상의 이익은 없는 것이다.

【판시사항】

도시계획사업의 시행자가 도시계획사업의 실시계획인가에서 정한 사업시행기간 내에 사법상의 계약에 의하여 도시계획사업에 필요한 타인 소유의 토지를 양수하거나 수용재결의 신청을 하지 아니한 경우, 그 도시계획사업의 실시계획인가가 실효되는지 여부(적극) (대법원 2000.8.18. 선고 2000다6506 판결)

【판결요지】

구 도시계획법(1991.12.14. 법률 제4427호로 개정되기 전의 것) 제29조제1항, 제30조제1항, 제2항, 토지수용법 제16조, 제17조의 규정들을 종합하면, 도시계획사업의 시행자는 그 사업의 실시계획인가·고시로 인하여 수용사업 시행권한이 부여되어 일정한 절차를 거칠 것을 조건으로 일정한 내용의 수용권을 설정받는 것일 뿐이고, 늦어도 고시된 도시계획사업의 실시계획인가에서 정한 사업시행기간 내에 사법상의 계약에 의하여 도시계획사업에 필요한 타인 소유의 토지를 양수하거나 수용재결의 신청을 하여야 하며 그 사업시행기간 내에 이와 같은 취득절차가 선행되지 아니하면 그 도시계획사업의 실시계획인가는 실효된다.

나) 사업인정의제

실시계획의 작성·인가를 받아 고시하면 「공익사업을 위한 토지 등의 취득 및 보상에 관한 법률」 제20조제1항과 제22조에 따른 사업인정 및 그 고시가 있었던 것으로 본다(법 제96조제2항).

【판시사항】

건축불허가처분을 하면서 건축불허가 사유 외에 형질변경불허가 사유나 농지전용불허가 사유를 들고 있는 경우, 그 건축불허가처분에 관한 쟁송에서 형질변경불허가 사유나 농지전용불허가 사유에 관하여도 다툴 수 있는지 여부(적극) 및 별개의 형질변경불허가처분이나 농지전용불허가처분에 관한 쟁송을 제기하지 아니하였을 때 형질변경불허가 사유나 농지전용불허가 사유에 관하여 불가쟁력이 발생하는지 여부(소극) (대법원 2001.1.16. 선고 99두10988 판결)

【판결요지】

구 건축법(1999.2.8. 법률 제5895호로 개정되기 전의 것) 제8조제1항, 제3항, 제5항에 의하면, 건축허가를 받은 경우에는 구 도시계획법(2000.1.28. 법률 제6243호로 전문 개정되기 전의 것) 제4조에 의한 토지의 형질변경허가나 농지법 제36조에 의한 농지전용허가 등을 받은 것으로 보며, 한편 건축허가권자가 건축허가를 하고자 하는 경우 당해 용도·규모 또는 형태의 건축물을 그 건축하고자 하는 대지에 건축하는 것이 건축법 관련 규정이나 같은 도시계획법 제4조, 농지법 제36조 등 관계 법령의 규정에 적합한지의 여부를 검토하여야 하는 것일 뿐, 건축불허가처분을 하면서 그 처분사유로 건축불허가 사유뿐만 아니라 형질변경불허가 사유나 농지전용불허가 사유를 들고 있다고 하여 그 건축불허가처분 외에 별개로 형질변경불허가처분이나 농지전용불허가처분이 존재하는 것이 아니므로, 그 건축불허가처분을 받은 사람은 그 건축불허가처분에 관한 쟁송에서 건축법상의 건축불허가 사유뿐만 아니라 같은 도시계획법상의 형질변경불허가 사유나 농지법상의 농지전용불허가 사유에 관하여도 다툴 수 있는 것이지, 그 건축불허가처분에 관한 쟁송과는 별개로 형질변경불허가처분이나 농지전용불허가처분에 관한 쟁송을 제기하여 이를 다투어야 하는 것은 아니며, 그러한 쟁송을 제기하지 아니하였어도 형질변경불허가 사유나 농지전용불허가 사유에 관하여 불가쟁력이 생기지 아니한다.

【판시사항】

주된 인·허가에 관한 사항을 규정하고 있는 甲 법률에서 주된 인·허가가 있으면 乙 법률에 의한 인·허가를 받은 것으로 의제한다는 규정을 둔 경우, 주된 인·허가가 있으면 乙 법률에 의하여 인·허가를 받았음을 전제로 한 乙 법률의 모든 규정들까지 적용된다고 볼 수 있는지 여부(소극) (대법원 2004.7.22. 선고 2004다19715 판결)

【판결요지】

주된 인·허가에 관한 사항을 규정하고 있는 甲 법률에서 주된 인·허가가 있으면 乙 법률에 의한 인·허가를 받은 것으로 의제한다는 규정을 둔 경우에는, 주된 인·허가가 있으면 乙 법률에 의한 인·허가가 있는 것으로 보는 데 그치는 것이고, 그에서 더 나아가 乙 법률에 의하여 인·허가를 받았음을 전제로 한 乙 법률의 모든 규정들까지 적용되는 것은 아니다.

다만, 재결 신청은 같은 법 제23조제1항과 제28조제1항에도 불구하고 실시계획에서 정한 도시계획시설사업의 시행기간에 하여야 한다(같은 조 제2항 단서).

【판시사항】

사업실시계획인가·고시에 포함된 일부 토지에 대하여 도시계획사업의 시행기간 내에 수용재결신청을 하지 아니한 경우, 위 실시계획의 일부 폐지나 변경이 없더라도 그 부분 토지에 대한 실시계획인가의 효력이 상실되는지 여부(적극) (대법원 1997.12.26. 선고 97누2191 판결)

【판결요지】

실시계획인가·고시에 포함된 일부 토지에 대하여 도시계획사업의 시행기간 내에 수용재결신청을 하지 아니한 때에는 인가된 실시계획의 일부 폐지나 변경이 없다고 하더라도 그 시행기간 만료일의 익일부터 그 일부 토지에 대한 실시계획인가의 효력이 상실된다.

【판시사항】

사업인정 후 변경된 사업계획에 의하여 수용토지의 필요성 유무를 판정할 수 있는지 여부(대법원 1994.8.12. 선고 93다50550 판결)

【판결요지】

당초의 취득목적사업이 동일성을 유지하면서 다만 사업의 세부적인 시행계획만이 변경된 경우에는 특단의 사정이 없는 한 그 변경된 시행계획을 기준으로 하여 필요성의 유무를 판정할 수 있다 할 것이나, 도시계획법 제30조제2항에 따라 같은 법 제25조의 규정에 의한 도시계획사업 실시계획의 인가를 토지수용법 제14조의 규정에 의한 사업인정으로 보게 되는 경우에는, 실시계획의 시행계획이 내부적으로 변경되었다 하더라도 도시계획법 제25조제1항 단서, 같은 법 시행규칙 제11조의2의 규정이 정하는 경미한 사항에 해당하지 아니하는 한, 그 변경에 관하여 건설부장관의 인가를 받은 때에만 변경된 실시계획을 기준으로 하여 수용한 토지의 필요성 유무를 판정할 수 있다.

【판시사항】
도시계획구역 내에 있는 수용대상토지에 대한 표준지 선정 방법 및 토지수용보상액 산정에 있어 인근유사토지의 정상거래가격이나 보상선례를 참작할 수 있는지 여부 (한정 적극) (대법원 2007.7.12. 선고 2006두11507 판결)

【판결요지】
수용대상토지가 도시계획구역 내에 있는 경우에는 그 용도지역이 토지의 가격형성에 미치는 영향을 고려하여 볼 때, 당해 토지와 같은 용도지역의 표준지가 있으면 다른 특별한 사정이 없는 한 용도지역이 같은 토지를 당해 토지에 적용할 표준지로 선정함이 상당하고, 가령 그 표준지와 당해 토지의 이용상황이나 주변환경 등에 다소 상이한 점이 있다 하더라도 이러한 점은 지역요인이나 개별요인의 분석 등 품등비교에서 참작하면 된다.
또한, 토지수용보상액 산정에 관한 관계 법령의 규정을 종합하여 보면, 수용대상토지에 대한 보상액을 산정하는 경우 거래사례나 보상선례 등을 반드시 조사하여 참작하여야 하는 것은 아니지만, 인근 유사토지가 거래되거나 보상이 된 사례가 있고 그 가격이 정상적인 것으로서 적정한 보상액 평가에 영향을 미칠 수 있는 것임이 입증된 경우에는 인근유사토지의 정상거래가격을 참작할 수 있고, 보상선례가 인근유사토지에 관한 것으로서 당해 수용대상토지의 적정가격을 평가하는 데 있어 중요한 자료가 되는 경우에는 이를 참작하는 것이 상당하다.

다) 관련 인·허가 등의 의제

(1) 의제사항

국토교통부장관, 시·도지사 또는 대도시 시장이 실시계획을 작성 또는 변경작성하거나 인가 또는 변경인가를 할 때에 그 실시계획에 대한 다음 각 호의 인·허가 등에 관하여 관계 행정기관의 장과 협의한 사항에 대하여는 해당 인·허가 등을 받은 것으로 보며, 실시계획을 고시한 경우에는 관계 법률에 따른 인·허가 등의 고시·공고 등이 있은 것으로 본다(법 제92조제1항).

1. 「건축법」 제11조에 따른 건축허가, 법 제14조에 따른 건축신고 및 법 제20조에 따른 가설건축물 건축의 허가 또는 신고
2. 「산업집적활성화 및 공장설립에 관한 법률」 제13조에 따른 공장설립 등의 승인
3. 「공유수면 관리 및 매립에 관한 법률」 제8조에 따른 공유수면의 점용·사용허가, 법 제17조에 따른 점용·사용 실시계획의 승인 또는 신고, 법 제28조에 따른 공유수면의 매립면허, 법 제35조에 따른 국가 등이 시행하는 매립의 협의 또는 승인 및 법 제38조에 따른 공유수면매립실시계획의 승인
4. 삭제 [2010.4.15 제10272호(공유수면 관리 및 매립에 관한 법률)] [시행일 2010.10.16]
5. 「광업법」 제42조에 따른 채굴계획의 인가
6. 「국유재산법」 제24조에 따른 사용·수익의 허가
7. 「농어촌정비법」 제23조에 따른 농업생산기반시설의 목적 외 사용의 승인
8. 「농지법」 제34조에 따른 농지전용의 허가 또는 협의, 법 제35조에 따른 농지전용의 신고 및 법 제36조에 따른 농지의 타용도 일시사용의 허가 또는 협의
9. 「도로법」 제36조에 따른 도로관리청이 아닌 자에 대한 도로공사 시행의 허가 및 법 제61조에 따른 도로의 점용 허가
10. 「장사 등에 관한 법률」 제27조제1항에 따른 무연분묘의 개장허가
11. 「사도법」 제4조에 따른 사도 개설의 허가
12. 「사방사업법」 제14조에 따른 토지의 형질 변경 등의 허가 및 법 제20조에 따른 사방지 지정의 해제
13. 「산지관리법」 제14조·제15조에 따른 산지전용허가 및 산지전용신고, 법 제15조의2에 따른 산지일시사용허가·신고, 법 제25조제1항에 따른 토석

채취허가, 법 제25조제2항에 따른 토사채취신고 및 「산림자원의 조성 및 관리에 관한 법률」 제36조제1항·제4항에 따른 입목벌채 등의 허가·신고

14. 「소하천정비법」 제10조에 따른 소하천공사 시행의 허가 및 법 제14조에 따른 소하천의 점용허가
15. 「수도법」 제17조에 따른 일반수도사업 및 법 제49조에 따른 공업용수도 사업의 인가, 법 제52조에 따른 전용상수도 설치 및 법 제54조에 따른 전용공업용수도 설치의 인가
16. 「연안관리법」 제25조에 따른 연안정비사업실시계획의 승인
17. 「에너지이용 합리화법」 제8조에 따른 에너지사용계획의 협의
18. 「유통산업발전법」 제8조에 따른 대규모점포의 개설등록
19. 「공유재산 및 물품 관리법」 제20조제1항에 따른 사용·수익의 허가
20. 「공간정보의 구축 및 관리 등에 관한 법률」 제86조제1항에 따른 사업의 착수·변경 또는 완료의 신고
21. 「집단에너지사업법」 제4조에 따른 집단에너지의 공급 타당성에 관한 협의
22. 「체육시설의 설치·이용에 관한 법률」 제12조에 따른 사업계획의 승인
23. 「초지법」 제23조에 따른 초지전용의 허가, 신고 또는 협의
24. 「공간정보의 구축 및 관리 등에 관한 법률」 제15조제3항에 따른 지도 등의 간행 심사
25. 「하수도법」 제16조에 따른 공공하수도에 관한 공사시행의 허가 및 법 제24조에 따른 공공하수도의 점용허가
26. 「하천법」 제30조에 따른 하천공사 시행의 허가, 법 제33조에 따른 하천점용의 허가
27. 「항만법」 제9조제2항에 따른 항만공사 시행의 허가 및 법 제10조제2항에 따른 실시계획의 승인

【판시사항】

산업기지개발사업실시계획에 의하여 병원시설부지로 용도가 지정된 토지상에 건립된

의원건물의 일부를 태권도장 등으로 용도변경하는 경우 허가의 요부(대법원 1994. 2.22. 선고 93누10644 판결)

【판결요지】

구 산업기지개발촉진법(1990.1.13. 법률 제4216호 「산업입지 및 개발에 관한 법률」에 의하여 폐지) 제21조제1항제1호에 의하면 산업기지개발사업계획승인이 있은 때에는 도시계획법상의 도시계획사업실시계획인가 등을 얻은 것으로 보아야 하고, 산업기지개발사업계획승인 당시 병원시설부지로 용도가 지정된 토지상에 근린생활시설 중 의원으로 허가받아 건축된 건물 중 일부를 다른 용도인 태권도장, 학원 등으로 변경하는 것은 구 건축법 시행령(1992.5.30. 대통령령 제13655호로 전문 개정되기 전의 것) 제99조제1항제6호 소정의 도시계획사업의 실시계획에 의하여 건축한 건축물의 동 시설인가 당시의 용도 외로의 용도변경에 해당한다 할 것이어서 구 건축법(1991.5.31. 법률 제4381호로 전문 개정되기 전의 것) 제5조, 제48조에 따라 미리 허가를 받아야 한다.

(2) 의제절차

실시계획에 관하여 인·허가 등의 의제를 받으려는 자는 실시계획 인가 또는 변경인가를 신청할 때에 해당 법률에서 정하는 관련 서류를 함께 제출하여야 한다(같은 조 제2항). 한편, 국토교통부장관, 시·도지사 또는 대도시 시장은 실시계획을 작성 또는 변경작성하거나 인가 또는 변경인가할 때에 그 내용에 제1항 각 호의 어느 하나에 해당하는 사항이 있으면 미리 관계 행정기관의 장과 협의하여야 한다(같은 조 제3항). 또한, 국토교통부장관은 제1항에 따라 의제되는 인·허가 등의 처리기준을 관계 중앙행정기관으로부터 받아 통합하여 고시하여야 한다(같은 조 제4항).

5) 사업의 시행

실시계획 인가·고시가 되면 시행자는 그 내용에 따라 공사에 착수하여 도시계획사업을 시행하게 되는데, 이와 관련하여 시행자에게 부여되는 중요한 권리와 의무는 아래와 같다.

가) 관계 서류의 열람 등

도시계획시설사업의 시행자는 도시계획시설사업을 시행하기 위하여 필요하면 등기소나 그 밖의 관계 행정기관의 장에게 필요한 서류의 열람 또는 복사나 그 등본 또는 초본의 발급을 무료로 청구할 수 있다(법 제93조).

나) 서류의 송달

도시계획시설사업의 시행자는 이해관계인에게 서류를 송달할 필요가 있으나 이해관계인의 주소 또는 거소(居所)가 불분명하거나 그 밖의 사유로 서류를 송달할 수 없는 경우에는 그 서류의 송달을 갈음하여 그 내용을 공시할 수 있으며, 이에 따른 서류의 공시송달에 관하여는 「민사소송법」의 공시송달의 예에 따른다. 다만, 행정청이 아닌 사업의 시행자가 공시송달은 하려는 경우에는 국토교통부장관, 관할 시·도지사 또는 대도시 시장의 승인을 받아야 한다(법 시행령 제101조).

다) 토지 등의 수용·사용

(1) 수용 및 사용의 대상

도시계획사업에 필요한 토지 등에 관하여는 원칙적으로 사업시행자가 소유자와 협의하여 소유권 또는 사용권을 취득하는 것이 원칙이지만 협의가 원만하게 이루어지지 아니할 경우 사업에 필요한 ⅰ) 토지·건축물 또는 그 토지에 정착된 물건, ⅱ) 토지·건축물 또는 그 토지에 정착된 물건에 관한 소유권 외의 권리 등을 수용하거나 사용할 수 있다(법 제95조제1항).

또한, 도시계획시설사업의 시행자는 사업시행을 위하여 특히 필요하다고 인정되면 도시계획시설에 인접한 ⅰ) 토지·건축물 또는 그 토지에 정착된 물건, ⅱ) 토지·건축물 또는 그 토지에 정착된 물건에 관한 소유권 외의 권리 등을 일시 사용할 수 있다(같은 조 제2항).

(2) 수용절차－공익사업을 위한 토지 등의 취득 및 보상에 관한 법률의 준용

수용 및 사용에 관하여는 이 법에 특별한 규정이 있는 경우 외에는 「공익사업을 위한 토지 등의 취득 및 보상에 관한 법률」을 준용하며, 이에 따라 실시계획을 고시한 경우에는 「공익사업을 위한 토지 등의 취득 및 보상에 관한 법률」 제20조제1항과 제22조에 따른 사업인정 및 그 고시가 있었던 것으로 본다. 다만, 재결 신청은 위 법률의 규정에도 불구하고 실시계획에서 정한 도시계획시설사업의 시행기간에 하여야 한다(법 제96조).

【판시사항】

도시계획사업의 실시계획인가 고시에 정해진 사업시행기간 경과 후 변경인가 고시를 하면서 일부 사항을 종전의 것과 같다는 취지에서 생략한 경우, 그 하자는 변경인가에 의한 새로운 사업실시계획인가의 무효사유가 아니라 취소사유에 지나지 아니한다고 본 사례 (대법원 1991.11.26. 선고 90누9971 판결)

【판결요지】

도시계획사업의 실시계획인가 고시에 정해진 사업시행기간 경과 후 변경인가 고시를 하면서 사업시행기간을 제외한 나머지 사항 중 일부는 종전 고시 내용과 같이하고, 일부는 그 기재를 생략한 경우, 생략한 사항은 종전의 것과 같다는 취지에서 생략한 것임을 알 수 있는 경우, 위와 같은 정도의 절차상의 하자는 변경인가에 의한 새로운 사업실시계획인가 자체가 무효라고 보아야 할 정도로 중대하고 명백한 것이라고 볼 수 없어 이는 취소사유에 지나지 아니한다.

〈보상절차의 체계화·일원화(토지보상법 제14조 내지 제16조·제26조)〉

– 토지취득 및 보상절차의 비교 –

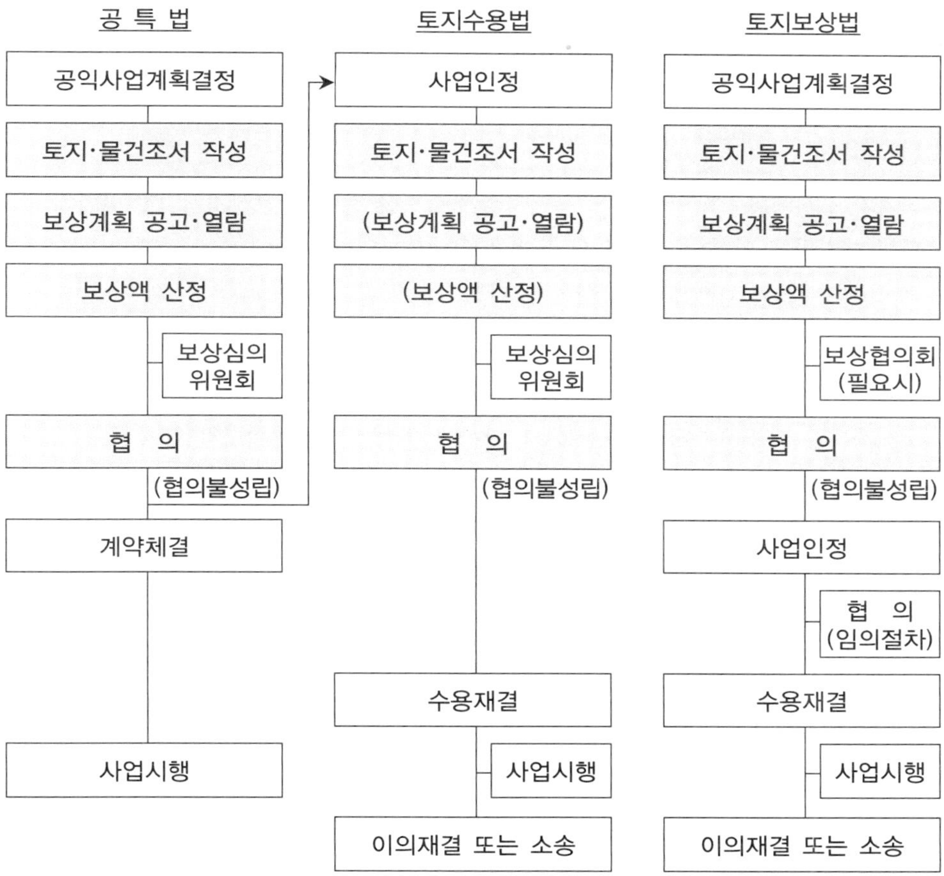

※ 토지의 보상체계화·일원화 제정이유 : 이원적인 보상절차를 일원화하여 효율성 제고

- 종전의 공특법에 의한 협의가 성립되지 않아 토지수용법에 의한 수용 재결을 신청하는 경우에는 사업인정 이후에 협의절차를 다시 반복해야하기 때문에 결과적으로 「토지·물건조서 작성 → 보상계획 공고·열람 → 보상액 산정 → 협의 → 사업인정 → 토지·물건조서 작성 → 재협의 → 수용재결」의 절차를 거치게 되어 있었다.
- 토지보상법에서는 이러한 문제점을 해소하여 보상절차를 「토지·물건 조서작성 → 보상계획 공고·열람 → 보상액 산정 → 협의 → 사업인정 → 수용재결」로 일원화하여 사업인정 후에 토지·물건 조서내용에 변동이 없을 경우에는 재협의 절차를 생략할 수 있도록 하였다. 물론 조서의 내용에 변동이 없을 때에도 토지소유자와 사업시행자 중 일방이 재협의를 요구할 경우에는 재협의를 하도록 하여, 피보상자의 권익보호와 원활한 공익사업 추진에 만전을 기하도록 하였다.

라) 국·공유지의 처분제한

도시관리계획결정을 고시한 경우에는 국공유지로서 도시계획시설사업에 필요한 토지는 그 도시관리계획으로 정하여진 목적 외의 목적으로 매각하거나 양도할 수 없으며, 이를 위반한 행위는 무효이다(법 제97조).

【판시사항】

국가가 도시계획구역 안에 있는 녹지시설에 필요한 토지를 일반 경쟁입찰 방법에 의하여 매각함에 있어 녹지 이외의 목적으로 매도하였다는 점에 대한 주장, 입증책임의 소재 (대법원 1991.10.22. 선고 91다27716 판결)

【판결요지】

도시계획법 제82조, 제2조제1항제1호 나목에 의하면 도시계획구역 안에 있는 국가 또는 지방자치단체의 소유로서 녹지시설에 필요한 토지는 그 목적 이외의 목적으로 매각하거나 양도할 수 없도록 규정되어 있는바, 국가 산하 국방부가 토지를 일반 경쟁입찰 방법에 의하여 매각함에 있어서 매각재산의 공부상의 상이 등에 대하여는 책임을 지지 아니하며 현지답사 후 응찰을 바란다는 내용의 입찰공고를 하였는데도 매수인이 이에 응찰하여 매매계약을 맺었다면 국가의 위 매매행위는 특별한 사정이 없는 한 위 토지를 도시계획에서 정해진 현상 그대로 매도하겠다는 것일 뿐 위 법조에서 말하는 도시계획에 필요한 토지를 그 목적 이외의 목적으로 매도한 것이라고는 볼 수 없다 할 것이므로, 이와 같은 경우에 국가가 그 목적 이외의 목적으로 토지를 매각하였다는 데 대한 주장, 입증책임은 매수인에게 있다.

6) 완공 및 처리

사업시행자가 실시계획에 따라 도시계획시설사업에 관한 공사를 완료하게 되면 그 완료를 공적으로 확인하고 사업의 결과로 형성된 시설의 귀속이나 처분 등의 사후처리가 이루어지게 된다.

가) 준공검사 및 공사완료공고

(1) 준공검사

도시계획시설사업의 시행자(국토교통부장관, 시·도지사와 대도시 시장은 제외한다)는 도시계획시설사업의 공사를 마친 때에는 공사를 완료한 날부터 7일 이내에 아래 도시·군계획시설사업공사완료보고서에 i) 준공조서, ii) 설계도서, iii) 법 제98조제7항의 규정에 의한 관계 행정기관의 장과의 협의에 필요한 서류 등을 첨부하여 시·도지사 또는 대도시 시장에게 제출하여 준공검사를 받아야 하며(법 제98조제1항), 이때 시·도지사나 대도시 시장은 공사완료보고서를 받으면 지체 없이 준공검사를 하여야 한다(같은 조 제2항, 법 시행규칙 제17조제1항).

(2) 공사완료 공고

시·도지사나 대도시 시장은 준공검사를 한 결과 실시계획대로 완료되었다고 인정되는 경우에는 도시계획시설사업의 시행자에게 준공검사증명서를 발급하고 공사완료 공고를 하여야 하며(같은 조 제3항), 국토교통부장관 등 사업의 시행자가 도시계획시설사업의 공사를 마친 때에는 공사완료 공고를 하여야 한다(같은 조 제4항). 이에 따라 준공검사를 하거나 공사완료 공고를 할 때에 국토교통부장관, 시·도지사 또는 대도시 시장이 제92조에 따라 의제되는 인·허가 등에 따른 준공검사·준공인가 등에 관하여 관계 행정기관의 장과 협의한 사항에 대하여는 그 준공검사·준공인가 등을 받은 것으로 본다(같은 조 제5항). 국토교통부장관은 이에 따라 의제되는 준공검사·준공인가 등의 처리기준을 관계 중앙행정기관으로부터 받아 통합하여 고시하여야 한다(같은 조 제8항).

[별지 제10호서식] 〈개정 2012.4.13〉 (앞쪽)

<table>
<tr><td colspan="8" rowspan="2">도시·군계획시설사업공사완료보고서</td><td colspan="3">처리기간</td></tr>
<tr><td colspan="3">15일</td></tr>
<tr><td rowspan="4">신
청
인</td><td>성 명
(법인인 경우는
대표자 성명)</td><td colspan="4"></td><td colspan="2">주민등록번호</td><td colspan="3">–</td></tr>
<tr><td>주 소</td><td colspan="9">우
(전화 :)</td></tr>
<tr><td>법 인 명</td><td colspan="4"></td><td colspan="2">법인등록번호</td><td colspan="3"></td></tr>
<tr><td>소 재 지</td><td colspan="9">우
(전화 :)</td></tr>
<tr><td colspan="11">완 료 내 용</td></tr>
<tr><td colspan="2">사업명칭</td><td colspan="9"></td></tr>
<tr><td colspan="2">사업목적</td><td colspan="9"></td></tr>
<tr><td colspan="2">사업위치</td><td colspan="3"></td><td colspan="2">사업면적</td><td colspan="4">㎡</td></tr>
<tr><td colspan="2">시행방법</td><td colspan="3"></td><td colspan="2">시행기간</td><td colspan="4">~</td></tr>
<tr><td colspan="2" rowspan="2">토지이용현황(㎡)</td><td>지목별</td><td></td><td></td><td></td><td></td><td></td><td></td><td></td><td></td></tr>
<tr><td>면 적</td><td></td><td></td><td></td><td></td><td></td><td></td><td></td><td></td></tr>
<tr><td colspan="2" rowspan="2">토지이용계획(㎡)</td><td>용도별</td><td></td><td></td><td></td><td></td><td></td><td></td><td></td><td></td></tr>
<tr><td>면 적</td><td></td><td></td><td></td><td></td><td></td><td></td><td></td><td></td></tr>
<tr><td colspan="2" rowspan="2">기반시설계획</td><td>시설별</td><td></td><td></td><td></td><td></td><td></td><td></td><td></td><td></td></tr>
<tr><td>개 요</td><td></td><td></td><td></td><td></td><td></td><td></td><td></td><td></td></tr>
<tr><td colspan="2">소요사업비</td><td colspan="3"></td><td colspan="2">공사완료일</td><td colspan="4">년 월 일</td></tr>
<tr><td colspan="11">「국토의 계획 및 이용에 관한 법률」 제98조제1항에 따라 위와 같이 공사를 완료하였음을 보고합니다.
년 월 일
사업시행자 (서명 또는 인)
특별시장·광역시장·특별자치시장·도지사·특별자치도지사·시장 귀하</td></tr>
<tr><td colspan="9" rowspan="2">첨부서류
1. 준공조서 1부
2. 설계도서 1부
3. 「국토의 계획 및 이용에 관한 법률」 제98조제7항에 따른 관계 행정기관의 장과의 협의에 필요한 서류 1부</td><td colspan="2">수수료</td></tr>
<tr><td colspan="2">없 음</td></tr>
</table>

210mm×297mm[보존용지(2종) 70g/㎡]

(3) 관련서류의 제출

도시계획시설사업의 시행자(국토교통부장관, 시·도지사와 대도시 시장은 제외한다)가 준공검사·준공인가 등의 의제를 받으려면 준공검사를 신청할 때에 해당 법률에서 정하는 관련 서류를 함께 제출하여야 한다(같은 조 제6항).

(4) 관계 행정기관의 장과의 협의

국토교통부장관, 시·도지사 또는 대도시 시장은 준공검사를 하거나 공사완료 공고를 할 때에 그 내용에 제92조에 따라 의제되는 인·허가 등에 따른 준공검사·준공인가 등에 해당하는 사항이 있으면 미리 관계 행정기관의 장과 협의하여야 한다(같은 조 제7항).

나) 공공시설 등의 귀속

도시계획시설사업에 의하여 새로 공공시설을 설치하거나 기존의 공공시설에 대체되는 공공시설을 설치한 경우에는 개발행위허가에 의하여 설치한 공공시설의 귀속에 관한 규정(법 제65조)를 준용한다. 이 경우 "준공검사를 마친 때"는 "준공검사를 마친 때(시행자가 국토교통부장관, 시·도지사 또는 대도시 시장인 경우에는 제98조제4항에 따른 공사완료 공고를 한 때를 말한다)"로 보고, 같은 조 제7항 중 "제62조제1항에 따른 준공검사를 받았음을 증명하는 서면"은 "제98조제3항에 따른 준공검사증명서(시행자가 국토교통부장관, 시·도지사 또는 대도시 시장인 경우에는 같은 조 제4항에 따른 공사완료 공고를 하였음을 증명하는 서면을 말한다)"로 본다(법 제99조).

다) 조성대지 등의 처분

(1) 처분순위

도시계획시설사업으로 조성된 대지와 건축물 중 국가나 지방자치단체의 소유에 속하는 재산을 처분하려면 「국유재산법」과 「공유재산 및 물품 관리법」에도 불구하고 대통령령으로 정하는 바에 따라 다음 각 호의 순위에 따라 처분할 수 있다(법 제100조).

(가) 해당 도시·군계획시설사업의 시행으로 수용된 토지 또는 건축물 소유자

에의 양도

(나) 다른 도시·군계획시설사업에 필요한 토지와의 교환

(2) 처분방법

국가 또는 지방자치단체가 도시계획시설사업으로 인하여 조성된 대지 및 건축물 중 그 소유에 속하는 재산을 처분하고자 하는 때에는 i) 법 제100조 각 호의 순위에 의하여 처분한다는 취지, ii) 처분하고자 하는 대지 또는 건축물의 위치 및 면적 등의 사항을 공고하되, 국가가 하는 경우에는 관보에, 지방자치단체가 하는 경우에는 당해 지방자치단체의 공보에 게재하는 방법에 의한다(법 시행령 제103조).

유권해석

① **질의요지**

도시계획시설사업 실시계획변경 인가 판단의 기준과 구역경계의 변경이 없는 범위 안에서 건축물, 공작물의 10% 미만 변경의 의미는

② **회신내용**

도시계획시설사업 실시계획변경 인가판단의 기준은 최종변경인가의 준공내용을 기준으로 함이 타당하며, 「도시계획시설의 결정·구조 및 설치기준에 관한 규칙」 제16조제2호 구역경계의 변경이 없는 범위 안에서 행하는 건축물, 공작물의 연면적 10% 미만의 변경의 의미는 건축물, 공작물의 위치변경이 없고, 개별연면적 10% 미만의 변경을 의미합니다. 따라서 귀 질의는 위 규정의 경미한 변경에 포함된다고 볼 수 없을 것으로 판단됩니다.

[도시정책과-1880, 2010.3.18]

제 10 장 개발행위허가

1. 개발행위허가제도의 의의 등

가. 의 의

토지는 이웃토지와 연접되어 있어 어느 한 토지의 이용이 인접토지의 이용과 부조화가 발생할 수 있고, 사적인 개발행위가 각종 계획과 상충할 수도 있기 때문에 개발을 시행하기 전에 이러한 사항들을 충분히 고려하여야 한다. 따라서 개발행위가 절차를 통해 이를 감안함으로써 토지의 효율적 이용과 도시관리계획의 원활한 집행을 도모하는 것이 필요하다. 이를 위해 개발행위의 허가여부는 지역의 특성에 따른 적정규모, 기반시설의 확보여부, 주변환경과의 조화 등을 고려함으로서 난개발 방지하고[59] 체계적·계획적 개발을 위하여 개인이 개발행위를 하는 경우에는 사전에 반드시 특별시장, 광역시장, 군수 등의 허가를 받도록 하는 제도이다.

특별시장 등은 국토의 계획 및 이용에 관한 법령 및 개발행위허가운영지침에서 위임하거나 정한 범위 안에서 도시·군조례 등을 마련하여 개발행위허가제도를 운영하는데, 이러한 개발행위허가제도는 법률행위적 행정행위에서 명령적행위에 속하는 허가의 일원으로써 상대적 금지를 해제하여 상대방으로 하여금 본래의 자유를 회복시켜 주는 것이며 이익을 부여할 수 있다는 점에서는 공익재량행위이나 동시에 허가요건에 해당하면 반드시 허가하여야 할 기속을 받는다는 점에서 허가여부의 결정은 기속행위 또는 기속재량행위에 해당한다.[60]

---

59) 개발행위허가제도는 토지이용에 있어 기존의 용도지역제가 갖는 불완전성으로 인하여 발생한 국토의 난개발을 방지하고 이에 대한 대응책으로 나온 제도이다.

60) 김만석, “개발행위허가 연접개발규정 제도 개선에 관한 연구”, 강원대학교 환경대학원 도시환경공학과 석사학위 논문, 2010.

【판시사항】

구 도시계획법에 의한 토지형질변경허가에 있어 '당해 토지의 합리적인 이용이나 도시계획사업에 지장이 될 우려가 있는지' 여부의 판단이 행정청의 재량에 속하는지 여부(적극) 및 도시기본계획상 개발이 유보된 지역이라는 사유만으로 일체의 토지형질변경허가의 금지를 정하고 있는 서울특별시 예규 제634호(1997.5.31.) 토지의 형질변경 등 행위허가사무취급요령의 기준이 객관적으로 합리적이거나 타당한 것인지 여부(소극) (대법원 2001.1.16. 선고 99두8886 판결)

【판결요지】

구 도시계획법(2000.1.28. 법률 제6243호로 전문 개정되기 전의 것) 제4조제1항제1호, 같은 법 시행령(2000.7.1. 대통령령 제16891호로 전문 개정되기 전의 것) 제5조의2, 구 토지의 형질변경 등 행위허가기준 등에 관한 규칙(2000.7.4. 건설교통부령 제245호 도시계획법 시행규칙 부칙 제2조로 폐지) 제4조의 규정의 형식이나 문언 등을 종합하면, 같은 도시계획법에 의한 토지형질변경허가에 있어서 허가 신청된 당해 토지의 합리적인 이용이나 도시계획사업에 지장이 될 우려가 있는지 여부 등의 판단에 관하여는 일단 행정청에게 재량권이 부여되어 있다고 하겠으나, 행정청 내부의 사무처리준칙인 서울특별시 예규 제634호(1997.5.31.) 토지의 형질변경 등 행위허가사무취급요령 제5조제1항제7호가 '녹지지역 내 대규모 미개발 토지로 서울특별시 도시기본계획상 개발이 유보된 지역'에 대하여는 일체 형질변경행위허가를 불허한다고 제한하고 있는 것은, 위 시행령 제5조의2 소정의 불허가사유인 당해 '토지의 합리적인 이용이나 도시계획사업에 지장이 될 우려'가 있는지 여부에 관계없이 도시기본계획상 개발이 유보된 지역이라는 사유만으로 일률적인 금지를 정하고 있는 것이어서 그 기준이 객관적으로 합리적이라거나 타당하다고 할 수 없다.

【판시사항】

(대법원 2005.7.14. 선고 2004두6181 판결)

[1] 국토의 계획 및 이용에 관한 법률에 의하여 지정된 도시지역 안에서 토지의 형질변경행위를 수반하는 건축허가의 법적 성질(=재량행위)

[2] 기속행위와 재량행위에 대한 사법심사 방식

【판결요지】

[1] 「국토의 계획 및 이용에 관한 법률」에서 정한 도시지역 안에서 토지의 형질변경행위를 수반하는 건축허가는 건축법 제8조제1항의 규정에 의한 건축허가와 「국토의 계획 및 이용에 관한 법률」 제56조제1항제2호의 규정에 의한 토지의 형질변경허가의 성질을 아울러 갖는 것으로 보아야 할 것이고, 같은 법 제58조제1항제4호, 제3항, 같은 법 시행령 제56조제1항 별표 1 제1호 가목 (3), 라목 (1), 마목 (1)의 각 규정을 종합하면, 같은 법 제56조제1항제2호의 규정에 의한 토지의 형질변경허가는 그 금지요건이 불확정개념으로 규정되어 있어 그 금지요건에 해당하는지 여부를 판단함에 있어서 행정청에게 재량권이 부여되어 있다고 할 것이므로, 같은 법에 의하여 지정된 도시지역 안에서 토지의 형질변경행위를 수반하는 건축허가는 결국 재량행위에 속한다.

[2] 행정행위를 기속행위와 재량행위로 구분하는 경우 양자에 대한 사법심사는, 전자의 경우 그 법규에 대한 원칙적인 기속성으로 인하여 법원이 사실인정과 관련 법규의 해석·적용을 통하여 일정한 결론을 도출한 후 그 결론에 비추어 행정청이 한 판단의 적법 여부를 독자의 입장에서 판정하는 방식에 의하게 되나, 후자의 경우 행정청의 재량에 기한 공익판단의 여지를 감안하여 법원은 독자의 결론을 도출함이 없이 당해 행위에 재량권의 일탈·남용이 있는지 여부만을 심사하게 되고, 이러한 재량권의 일탈·남용 여부에 대한 심사는 사실오인, 비례·평등의 원칙 위배 등을 그 판단 대상으로 한다.

나. 주요 항목별 개정내용

연접개발시 개발행위허가 제한규모에 해당하여 형평성 및 토지이용효율성 저해, 실수요자 개발 방행 등 예상박의 문제점이 도출되어 연접개발 제한을 폐지하고 도시계획위원회 심의를 의무화하였다.

연 혁	개정사유	개정내용
2004. 1.20.	개발행위허가 등의 대상과 기준을 조정	개발행위허가 : 녹지지역, 관리지역, 농림지역, 자연환경보전지역의 제1종근린생활시설과 주택사업계획승인 대상이 아닌 주택의 경우 연접개발 제한대상 제외
2005. 1.15.	중소기업 공장입지 기준 완화	개발행위허가 : 공장부지 증설에 대한 연접개발규제 완화
2005. 9. 8.	개발토지의 도로확보 기준 일원화	개발행위허가 : 개발토지의 도로확보 기준 일원화
2006.12. 7.	투기심리 억제를 통한 부동산 시장 안정 도모	개발행위허가 : 비도시지역 토지분할 포함
2008. 9.25.	연접개발 규제 완화	개발행위허가 : 연접개발 합산제도 개선
2009. 7. 7.	토지의 효율적 이용을 촉진	개발행위허가 : 연접 합산기준 개선
2010. 4.20.	• 토지의 효율적 이용을 촉진하고 기업투자를 활성화 • 토지의 연접개발 제한을 합리적으로 개선	• 개발행위허가 : 대규모 단일시설물에 대한 규모제한 완화 • 제2종근생시설 등 연접개발제한제도 개선
2011. 3. 9.	연접개발 제한 폐지지역의 난개발 방지	개발행위허가 : 연접개발 제한 폐지 및 도시계획위원회 심의 의무화
2011. 4.14.	조례재정의 근거를 법률로 규정	개발행위허가 : 용도지역 및 기반시설 등에 따른 기준의 차등화
2012. 2. 1.	개발행위 인허가 간소화	개발행위허가 : 인허가 의제 협의기간을 20일로 정하고 협의회 구성

2. 개발행위의 허가

가. 허가대상

1) 허가대상행위

전국 어디서든 i) 건축물의 건축 또는 공작물의 설치, ii) 토지의 형질 변경(경작을 위한 경우로서 대통령령으로 정하는 토지의 형질 변경은 제외한다), iii) 토석의 채취, iv) 토지 분할(건축물이 있는 대지의 분할은 제외한다), v) 녹지지역·관리지역 또는 자연환경보전지역에 물건을 1개월 이상 쌓아놓는 행위 등과 같은 행위를 하려는 자는 특별시장·광역시장·특별자치시장·특별자치도지사·시장 또는 군수의 허가를 받아야 한다. 다만, 도시계획사업에 의한 행위는 그러하지 아니하다(법 제56조).

가) 건축물의 건축

건축물의 건축은 개발행위허가를 받아야 한다. 여기서 건축물이하 함은 토지에 정착(定着)[61]하는 공작물 중 지붕과 기둥 또는 벽이 있는 것과 이에 딸린 시설물, 지하나 고가(高架)의 공작물에 설치하는 사무소·공연장·점포·차고·창고, 그 밖에 대통령령으로 정하는 것을 말하며(건축법 제2조제1항제2호),[62] 건축이라 함은 건축물을 신축[63]·증축[64]·개축[65]·재축(再築)[66]하거나 건축물을 이

---

61) 건축법 제2조제2항 소정의 "토지에 정착하는 공작물"이란 반드시 토지에 고정되어 이동이 불가능한 공작물만을 가리키는 것은 아니고, 물리적으로는 이동이 가능하게 토지에 붙어 있어도 그 붙어 있는 상태가 보통의 방법으로는 토지와 분리하여 이를 이동하는 것이 용이하지 아니하고, 그 본래의 용도가 일정한 장소에 상당기간 정착되어 있어야 하고 또 그렇게 보여지는 상태로 붙어 있는 경우를 포함한다(대법원 1991.6.11. 선고 91도945 판결).

62) 건물은 토지와 별개로 독립한 물권의 객체가 되는데, 사회통념상 독립된 부동산으로서 건물이기 위해서는 최소한의 기둥과 지붕 그리고 주변이 이루어지면 된다(대법원 2007.4.26. 선고 2005다19156 판결; 대법원 2001.1.16. 선고 2000다52872 판결).

63) 건축물이 없는 대지(기존 건축물이 철거되거나 멸실된 대지를 포함한다)에 새로 건축물을 축조(築造)하는 것[부속건축물만 있는 대지에 새로 주된 건축물을 축조하는 것을 포함하되, 개축(改築) 또는 재축(再築)하는 것은 제외한다]을 말한다. 등기부나 건축물관리대장상 대부분 각각 독립된 건물로 등재되었고 사회통념상 전체가 1개의 건축물에 해당한다고 보기 어려운 기존건축물 18동을 철거하고 그보다 층수가

전[67]하는 것을 말한다.

많고 높이가 높은 교회건물을 축조하는 행위는 증축이나 개축에 해당하지 아니하고 신축에 해당한다(대법원 2000.6.23. 선고 98두3112 판결).

64) 기존 건축물이 있는 대지에서 건축물의 건축면적, 연면적, 층수 또는 높이를 늘리는 것을 말한다.
대법원은 "2동의 건물의 측면벽에 걸쳐 지붕을 얹을 수 있는 철골 등 구조를 갖춘 것이 건축물의 증축행위에 해당하는지 여부"여부에 대하여, "건축법 제2조제2호에 의하면 건축물은 토지에 정착하는 공작물중 지붕 및 기둥 또는 벽이 있는 것과 이에 부수되는 시설을 지칭하는 것이므로, 지붕과 벽이 존재하는 한 적법한 허가를 받아 건축한 2동의 건물의 각 측면벽에 걸쳐 지붕을 얹을 수 있는 철골 등 구조를 갖춘 경우이면 건축물의 증축행위에 해당한다고 할 것이고, 설사 그 건축허가 당시 주차장용으로 사용한다는 조건으로 이 사건 공터의 중간부분에 철골조 기둥 10개를 허가받아 만들어 놓았다고 하더라도 그 위에 철탑으로 지붕을 조립하여 양쪽이 건물벽에 이어지게 한 행위는 건물의 증축행위라고 보지 않을 수 없다."고 판시하였다(대법원 1984.2.14. 선고 83도3026 판결).
대법원은, 기존건물 5층의 중간부분에 철골 및 강판으로 바닥을 설치하여 1개층을 더 만들어 사무실 등으로 사용하고 옥상에 함석 판넬로 지붕을 설치하여 창고 및 사무실 등으로 사용한 경우에는 건축법상 증축에 해당된다고 판시하였다(대법원 1990.10.29. 자 90마723 결정).
대법원은 당초 건축면적에는 포함되어 있었지만 바닥면적에는 산입되지 아니한 상가건물 뒷편의 철제로 된 외부계단에 철제 기둥을 세우고 그 위에 투명 P.C로 외벽과 지붕을 만든 경우, 건축법상의 '증축'에 해당하는지 여부(적극)에 대하여, "건축법 시행령 제2조제1항제2호에 의하면, '증축'이라 함은 기존 건축물이 있는 대지 안에서 건축물의 건축면적, 연면적 또는 높이를 증가시키는 것을 말한다고 규정하고, 제119조제1항에 의하면, '건축면적'은 건축물의 외벽의 중심선으로 둘러싸인 부분의 수평투영면적으로 하고(제2호 본문), '바닥면적'은 건축물의 각 층 또는 그 일부로서 벽·기둥 기타 이와 유사한 구획의 중심선으로 둘러싸인 부분의 수평투영면적으로 하되(제3호 본문), 승강기탑·계단탑 … 기타 이와 유사한 것 … 은 바닥면적에 산입하지 아니하며(제3호 마목), '연면적'은 하나의 건축물의 각 층의 바닥면적의 합계로 한다(제4호 본문)고 규정하는바, 당초 건축면적에는 포함되어 있었지만 바닥면적에는 산입되지 아니한 상가건물 뒤편의 철제로 된 외부계단에 철제 기둥을 세우고 그 위에 투명 P.C로 외벽과 지붕을 만들었다면, 이는 건축법 시행령 제119조제1항제3호의 바닥면적에 포함되어 연면적이 증가하게 되는 것이므로, 건축법상의 증축에 해당한다."고 판시하였다(대법원 2000.1.21. 선고 99도4695 판결).

65) 기존 건축물의 전부 또는 일부[내력벽·기둥·보·지붕틀(제16호에 따른 한옥의 경우에는 지붕틀의 범위에서 서까래는 제외한다) 중 셋 이상이 포함되는 경우를 말한다]를 철거하고 그 대지에 종전과 같은 규모의 범위에서 건축물을 다시 축조하는 것을 말한다.
대법원은 담장의 재축조행위가 도시계획법 제4조제1항에 의한 시장, 군수의 허가대상인지 여부에 대하여, "건물의 후면담장을 다시 쌓은 행위는 건축법 시행령 제2조제1항제1호 내지 제6호에서 규정하고 있는 신축, 증축, 개축, 이전 또는 대수선의 어느 것에도 해당하지

【판시사항】

건축법상 건축물의 형태를 갖추지 아니한 공작물에 대한 무허가 건축죄 해당 여부 (대법원 1977.12.13. 선고 77도1717 판결)

【판결요지】

건축허가 없이 건물의 기초공사를 완료하는 등 아직 건축법상 건물의 형태를 갖추지 아니한 공사를 하였다고 하더라도 무허가로 건축물의 건축을 하는 것에 해당된다.

【판시사항】

지하부분 기초공사를 완료한 것이 건축법 제54조 소정의 "건축물의 건축"에 해당하는지 여부(적극) (대법원 1983.1.18. 선고 81도1364 판결)

【판결요지】

당국의 허가를 받지 아니하고 지하 1층 지상 3층의 연건평 약 120평의 철근콘크리트조 점포 및 사무실을 신축하고자 대지 약 41평 지하를 굴착하고 철근콘크리트조 지하벽공사를 시행하여 위 건물의 지하부분 기초공사를 완료한 소위는 무허가로 건축물의

않는 경미한 사항의 변경이므로 건축법 제5조제4항 단서의 규정에 따라 당국의 허가나 신고 없이 할 수 있고 또한 이는 도시계획법 제4조제1항에 의한 시장, 군수의 허가대상도 아니다."고 판시하였다(대법원 1987.7.7. 선고 87누240 판결).

66) 건축물이 천재지변이나 그 밖의 재해(災害)로 멸실된 경우 그 대지에 종전과 같은 규모의 범위에서 다시 축조하는 것을 말한다.
대법원은 개발제한구역 안에서 주택용 건축물의 재축이 허용되는 기간에 대하여, "도시계획법시행령 등 관계 법령이 개발제한구역 안에서 주택용 건축물의 재축을 허용하는 취지는 이미 개발제한구역 안에 적법하게 건축물을 소유하고 있는 사람의 기득권을 보호하는 데 있고, 건축법시행령이 재해에 의하여 멸실된 건축물의 재축을 허용하는 취지는 멸실된 종전의 건축물의 존재 및 그 용도와 규모 등을 확인할 수 있는 경우에도 그 복구를 위하여 다시 새로운 건축허가절차를 밟아야 하는 번거로움을 덜어주어, 종전 소유자의 편익을 꾀하자는 데에 있으므로, 그 재축은 기존건물의 규모 내지 용도를 파악·확인할 수 있는 정도의 기간 내에 한한다고 해석된다."고 판시하였다(대법원 1995.6.29. 선고 94누4974 판결).

67) 건축물의 주요구조부를 해체하지 아니하고 같은 대지의 다른 위치로 옮기는 것을 말한다.

건축을 하는 것에 해당한다고 볼 것이다.

【판시사항】

(대법원 1991.6.11. 선고 91도945 판결)

가. 건축법 제2조제2항 소정의 "토지에 정착하는 공작물"의 의미

나. 벽과 지붕이 철재로 되고 건평 29.7m인 "콘테이너 하우스"가 건축물과 같은 형태로 공터에 설치되어 1년 동안 배터리 수리상의 사무실 및 창고로 사용되었으며, 이를 보통 사람의 힘만으로는 이동할 수 없다면, 위 "콘테이너 하우스"는 건축법 제2조제2호가 규정하는 "건축물"에 해당다고 본 사례

다. 위 "나"항의 "콘테이너 하우스"가 도시계획법 제4조제1항 소정의 허가대상이 되는지 여부(적극)

라. 위 "나"항의 "콘테이너 하우스"를 토지에 정착하는 행위가 건축에 해당하는지 여부(적극)

【판결요지】

가. 건축법 제2조제2항 소정의 "토지에 정착하는 공작물"이란 반드시 토지에 고정되어 이동이 불가능한 공작물만을 가리키는 것은 아니고, 물리적으로는 이동이 가능하게 토지에 붙어 있어도 그 붙어 있는 상태가 보통의 방법으로는 토지와 분리하여 이를 이동하는 것이 용이하지 아니하고, 그 본래의 용도가 일정한 장소에 상당기간 정착되어 있어야 하고 또 그렇게 보여지는 상태로 붙어 있는 경우를 포함한다.

나. 공터에 설치된 벽과 지붕이 철재로 되고 길이 약 12.2m, 폭 약 2.4m, 높이 약 2.6m, 건평 29.7m인 "콘테이너 하우스"가 내부는 베니아판으로 되어 있고 창문 4개와 출입문이 2개가 있어 이것을 토지에 정착하면 건축물과 같은 형태를 가지고 실제 1년 동안 배터리 수리상의 사무실 및 창고로 사용되었으며, 이를 보통 사람의 힘만으로는 이동할 수 없고 이를 이동시키기 위하여는 상당한 동력을 가진 장비에 의하여서만 가능하다면, 위 "콘테이너 하우스"는 건축법 제2조제2호가 규정하는 "건축물"에 해당한다고 보아야 한다.

다. 각 부분이 3톤 이하로서 용이하게 세분될 수 있는 물건을 도시계획법 제4조제1항

에 의한 허가대상에서 제외시키고 있는 같은 법 시행령 제5조제2항에서 말하는 "이동이 용이하지 아니한 물건"은 건축물 아닌 물건을 가리키는 것이지 건축물을 가리킨다고 할 수 없고, 토지에 정착하는 위 "나"항의 "콘테이너 하우스"는 건축물에 해당하므로 위 법조 소정의 허가의 대상이 된다.

라. 토지에 정착하지 아니한 상태로 있는 위 "나"항의 "콘테이너 하우스" 그 자체는 건축물이라고 할 수 없고, 이것을 토지에 정착하기 이전에는 하나의 제조물 또는 공작물이라고 보아야 할 것이므로 이와 같은 "콘테이너 하우스"를 제조 또는 제작하는 것 그 자체는 건축행위라고 할 수 없으나 이것을 토지에 정착하는 행위는 건축에 해당한다고 보아야 한다.

나) 공작물의 설치

건축법 제2조제1항제2호에 따른 건축물을 제외한 인공을 가하여 제작한 시설물(옹벽, 굴뚝, 광고탑, 고가수조)을 말한다. 예를 들어, 토지에 정착하지 아니한 상태에 있는 '컨테이너 하우스' 그 자체는 건축물이라 할 수 없고, 이것을 토지에 정착하기 이전에는 하나의 공작물로 보아야 한다. 따라서 이를 제조 또는 제작하는 것 그 자체는 건축행위라 할 수 없으나, 이것을 토지에 정착하는 행위는 건축행위에 해당한다.[68]

【판시사항】

건축법 제49조 및 동법 시행령 제100조제5호가 건축물에 부속된 담장의 경우에 적용되는지 여부(대법원 1987.7.7. 선고 87누240 판결)

【판결요지】

건축법 제49조 동법 시행령 제100조제5호는 대지를 조성하기 위한 독립된 옹벽과 담장 등에 관한 규정으로서 동법 제2조제2호 및 동법 시행령 제2조제3항 소정의 건축물에 부속된 담장의 경우에는 적용되지 않는다.

68) 대법원 1991.6.11. 선고 91도945 판결.

다) 토지의 형질변경

토지의 형질변경이란 기존 토지의 형상을 절토(기존의 토지에서 토석을 떼어 내어 평지나 평면을 만드는 것), 성토(기존의 토지에 다시 토석을 투입하는 것), 정지(흙을 이동시켜 수평 또는 균일경사의 지표면을 조성하는 것), 포장(길바닥에 아스팔트, 돌, 콘크리트 등을 깔아 단단하게 다지는 것), 공유수면의 매립(연안의 옅은 수역에 토사를 운반하여 지반을 높이고 새로운 육지를 만드는 것－경작을 위한 토지의 형질변경은 제외) 등의 방법으로 그 형질을 외형적으로 사실상 변경시킬 것과 그 변경으로 말미암아 원상회복이 어려운 상태로 변경하는 행위이다.

토지의 형질변경허가는 토지의 물리적 형상변경을 허용하고 아울러 당해 토지의 개발가능성을 부여하는 것이기 때문에 토지의 형질변경허가는 토지의 물리적인 모습을 변경하는 것에 대한 승인과 아울러 당해 토지를 건축이 가능한 '대'로 변경하여 건축가능성을 부여하는 성질변경에 대한 승인이 된다. 즉, 토지의 형질변경하가는 사실상 토지에 대한 건축물의 건축가능성을 염두에 두고 이루어지는 것이다.[69]

【판시사항】

구 도시계획법 제4조제1항제1호 소정의 '토지의 형질변경'의 의미 및 임차한 토지 전체에 관하여 정지작업을 하고 많은 분량의 흙을 덮어 성토한 다음 굴착기를 이용하여 평탄작업을 한 행위는 구 도시계획법 제4조제1항제1호에서 정한 토지의 형질변경에 해당한다고 한 사례(대법원 2003.6.10. 선고 2001도2573 판결)

【판결요지】

구 도시계획법(2000.1.28. 법률 제6243호로 전문 개정되기 전의 것) 제4조제1항제1호에서 정한 '토지의 형질변경'이란 절토, 성토 또는 정지 등으로 토지의 형상을 변경하는 행위 등을 뜻하는 것으로서 토지의 형질을 외형적으로 사실상 변경시킬 것과 그 변경으로 말미암아 원상회복이 어려운 상태에 있을 것을 요한다. 또한, 임차한 토지

69) 민태욱, 앞의 책, 171면.

전체에 관하여 정지작업을 하고 많은 분량의 흙을 덮어 성토한 다음 굴착기를 이용하여 평탄작업을 한 행위는 구 도시계획법(2000.1.28. 법률 제6243호로 전문 개정되기 전의 것) 제4조제1항제1호에서 정한 토지의 형질변경에 해당한다고 한 사례

【판시사항】

도시계획법 제4조제1항제1호 등에서 규정하는 "토지의 형질변경"에 해당하는 행위 (대법원 1995.3.10. 선고 94도3209 판결)

【판결요지】

도시계획법 제4조제1항제1호 등에서 규정하는 "토지의 형질변경"이라함은 절토·성토 또는 정지 등으로 토지의 형상을 변경하는 행위(조성이 완료된 기존 대지 안에서의 건축물 기타 공작물의 설치를 위한 토지의 굴착행위를 제외한다)와 공유수면의 매립을 뜻하는 것으로서 토지의 형질을 외형적으로 사실상 변경시킬 것과 그 변경으로 말미암아 원상회복이 어려운 상태에 있을 것을 요하고, 여기에서 절토라 함은 기존 토지의 토석의 양을 줄이는 행위를, 성토라 함은 반대로 기존 토지의 토석의 양을 늘리는 행위를 의미한다.

【판시사항】

건축허가신청이 시장이 수립하고 있는 도시·주거환경정비 기본계획에 배치될 가능성이 높다고 하여 바로 건축허가신청을 반려할 중대한 공익상의 필요가 있다고 보기 어렵다고 한 사례 (대법원 2009.9.24. 선고 2009두8946 판결)

【판결요지】

「구 국토의 계획 및 이용에 관한 법률」(2009.2.6. 법률 제9442호로 개정되기 전의 것) 제63조가 도시기본계획 등을 수립하고 있는 지역으로 특히 필요하다고 인정되는 지역에 대하여 개발행위를 제한하고자 하는 때에는 '제한지역·제한사유·제한대상 및 제한기간을 미리 고시'하도록 규정한 취지를 고려할 때, 건축허가신청이 시장이 수립

하고 있는 도시·주거환경정비 기본계획에 배치될 가능성이 높다고 하여 바로 건축허가신청을 반려할 중대한 공익상의 필요가 있다고 보기 어렵다고 한 사례

【판시사항】
서울특별시 토지의 형질변경 등 행위허가사무취급요령의 성질 (대법원 1994.1.14. 선고 93누13315 판결)

【판결요지】
구 토지의 형질변경 등 행위허가기준 등에 관한 규칙(1992.11.19. 건설부령 제517호로 개정되기 전의 것) 제4조제1항이 정하는 바와 거의 동일한 형질변경허가 금지 대상지를 규정하는 외에 일정한 경우에만 허가가 가능한 허가규제 대상지를 별도로 규정하고 있는 서울특별시 토지의 형질변경 등 행위허가사무취급요령(서울시 예규 제499호)은 그 내용이나 성질에 비추어 법규로서의 효력이 없는 행정청 내부의 사무처리준칙일 뿐이라 할 것이므로 이에 따른 처분이라 하여 당연히 적법한 처분이라 할 수 없고, 그 처분의 적법 여부는 관련법규의 규정과 취지에 따라 별도로 판단되어야 한다.

라) 토석채취

토석채취의 채취란 흙·모래·자갈·바위 등의 토석을 채취하는 행위를 말한다. 다만, 토지의 형질변경을 목적으로 하는 것을 제외한다(법 시행령 제51조제1항제4호).

【판시사항】
산림 내에서의 건축용 토석의 채취 불허처분에 관하여 적용되는 법령 (대법원 2006. 9.8. 선고 2005두8191 판결)

【판결요지】
구 산림법(2002.12.30. 법률 제6841호로 개정되기 전의 것) 제90조의2제6항제1호 규

정의 위임에 의한 구 산림법 시행령(2003.9.29. 대통령령 제18108호로 개정되기 전의 것) 제91조의5제1항제5호 소정의 채석허가제한지역 규정이「국토의 계획 및 이용에 관한 법률」 제58조제1항제4호 규정에 대한 특별법(특별규정)으로서 우선적으로 적용되어야 할 규정이라고 할 수는 없고, 산림 내에서의 건축용 토석의 채취 불허처분에 관하여는 구 산림법령 관련 규정과 국토의 계획 및 이용에 관한 법령 관련 규정이 모두 적용된다.

마) 토지분할

토지분할이란 1필지의 토지를 2필지나 그 이상으로 나누어 등록하는 것을 말하며, 부동산등기법에서는 분필이라고 한다. 토지분할 또한 허가의 대상인데, 이는 개발가능성이 낮은 토지를 싸게 취득하여 소규모로 분할한 후 다수의 일반인에게 고가로 되파는 행위를 규제하기 위한 목적이다. 개발행위로서의 토지분할은 ⅰ) 녹지지역·관리지역·농림지역 및 자연환경보전지역 안에서 관계법령에 따른 허가·인가 등을 받지 아니하고 행하는 토지의 분할, ⅱ)「건축법」 제57조제1항에 따른 분할제한면적 미만으로의 토지의 분할, ⅲ) 관계 법령에 의한 허가·인가 등을 받지 아니하고 행하는 너비 5m 이하로의 토지의 분할 중 하나에 해당하는 토지의 분할을 말하며,「건축법」 제57조에 따른 건축물이 있는 대지는 건축법의 적용대상이므로 제외한다(법 시행령 제51조제1항제5호).

[건축물이 있는 대지의 분할 제한 면적]

건축법 시행령 제80조 (건축물이 있는 대지의 분할제한)

법 제57조제1항에서 "대통령령으로 정하는 범위"란 다음 각 호의 어느 하나에 해당하는 규모 이상을 말한다.

1. 주거지역 : 60m²
2. 상업지역 : 150m²
3. 공업지역 : 150m²
4. 녹지지역 : 200m²
5. 제1호부터 제4호까지의 규정에 해당하지 아니하는 지역 : 60m²

【판시사항】

(대법원 1996.11.12. 선고 96누7519 판결)

[1] 건축법 제49조의 규정 취지

[2] 확정판결에 의한 토지분할에도 행정청의 토지분할 허가가 필요한지 여부(소극)

【판결요지】

[1] 건축법 제49조의 규정은 대지 평수에 대한 그 위의 건물크기의 비율 등에 관한 제한규정일 뿐 그 대지 자체의 적법한 원인에 의한 분할과 소유권이전까지 제한하는 취지는 아니다.

[2] 도시계획구역 안에서 건축법령 및 건축조례와 도시계획법령이 정하는 대지면적 최소한도, 건폐율, 대지 안의 공지, 분할토지의 너비 등에 관한 제 기준에 미달되게 토지를 분할하고자 할 경우에는 원칙적으로 미리 시장·군수의 허가를 받도록 하되, 다만 법원의 확정판결에 의한 토지분할의 경우에는 대상토지가 그와 같은 관계 법령상의 기준에 미달된다 할지라도 시장·군수의 별도의 허가를 받을 필요 없이 그 분할이 가능하다.

바) 물건을 쌓아놓는 행위

물건을 쌓아놓는 행위란 녹지지역·관리지역 또는 자연환경보전지역안에서 건축물의 울타리안(적법한 절차에 의하여 조성된 대지에 한한다)에 위치하지 아니한 토지에 물건을 1월 이상 쌓아놓는 행위를 말한다(법 시행령 제51조제1항제6호).

2) 도시지역과 계획관리지역의 산림에서의 임도(林道) 설치와 사방사업

도시지역과 계획관리지역의 산림에서의 임도(林道) 설치와 사방사업에 관하여는 「산림자원의 조성 및 관리에 관한 법률」과 「사방사업법」에 따르고, 보전관리지역·생산관리지역·농림지역 및 자연환경보전지역의 산림에서의 제1항 제2호(농업·임업·어업을 목적으로 하는 토지의 형질 변경만 해당한다) 및 제3호의 개발행위에 관하여는 「산지관리법」에 따른다(법 제56조제3항).

3) 허가받은 사항의 변경

개발행위허가를 받은 사항을 변경하는 경우에는 법 제56조제1항을 준용한다. 다만, 대통령령으로 정하는 경미한 사항을 변경하는 경우에는 그러하지 아니하다(법 제56조제2항). 여기서 "대통령령이 정하는 경미한 사항을 변경하는 경우"라 함은 i) 사업기간을 단축하는 경우, ii) 사업면적을 5% 범위 안에서 축소하는 경우, iii) 관계 법령의 개정 또는 도시·군관리계획의 변경에 따라 허가받은 사항을 불가피하게 변경하는 경우, iv) 「측량·수로조사 및 지적에 관한 법률」 제26조제2항 및 「건축법」 제26조에 따라 허용되는 오차를 반영하기 위한 변경 등에 해당하는 경우를 말하며(법 시행령 제52조제1항), 개발행위허가를 받은 자가 경미한 사항을 변경한 때에는 지체 없이 그 사실을 특별시장 등에 통지하여야 한다(같은 조 제2항).

【판시사항】

도시계획법 제92조제1호, 제4조제1항제2호 위반죄의 취지 및 그 적용 사례(대법원 1996.9.20. 선고 96도1414 판결)

【판결요지】

도시계획법 제92조제1호, 제4조제1항제2호 위반죄는 도시계획구역 내에서 단순히 허가 없이 한 적치행위 자체를 처벌하는 것이 아니라 일정한 기간(1월) 이상 허가 없는 상태에서 일정한 부피(50m^3) 이상인 모래, 자갈, 토석, 석재 등을 쌓아 놓는 행위를 처벌하는 취지임이 법문상 명백하므로, 일단 허가를 받아 모래·자갈을 쌓아 놓았더라도 그 정해진 허가기간이 만료된 이후 이를 치우지 않고 위 일정한 기간 이상 쌓아 놓고 있는 경우라면 이는 위 조항에 위반된다.

【판시사항】

법규상 또는 조리상의 근거 없이 신청한 토지형질변경행위 변경허가신청을 반려한 행위가 항고소송의 대상이 되는 행정처분인지 여부(소극) (대법원 1997.9.12. 선고

96누6219 판결)

【판결요지】

도시계획법령이 토지형질변경행위허가의 변경신청 및 변경허가에 관하여 아무런 규정을 두지 않고 있을 뿐 아니라, 처분청이 처분 후에 원래의 처분을 그대로 존속시킬 필요가 없게 된 사정변경이 생겼거나 중대한 공익상의 필요가 발생한 경우에는 별도의 법적 근거가 없어도 별개의 행정행위로 이를 철회·변경할 수 있지만 이는 그러한 철회·변경의 권한을 처분청에게 부여하는 데 그치는 것일 뿐 상대방 등에게 그 철회·변경을 요구할 신청권까지를 부여하는 것은 아니라 할 것이므로, 이와 같이 법규상 또는 조리상의 신청권이 없이 한 국민들의 토지형질변경행위 변경허가신청을 반려한 당해 반려처분은 항고소송의 대상이 되는 처분에 해당되지 않는다.

【판시사항】

광업권 존속기간의 경과와 채광목적의 토지형질변경허가거부처분 취소소송의 소의 이익(대법원 1994.4.12. 선고 93누21088 판결)

【판결요지】

행정청이 토지형질변경허가거부처분을 할 당시는 광업권의 존속기간이 만료되지 아니하였을 뿐만 아니라, 광업권자는 상공자원부장관의 허가를 받아 광업권의 존속기간을 연장할 수도 있는 것이므로, 행정청이 위 거부처분을 한 뒤에 광업권의 존속기간이 만료되었다고 하여 위 거부처분의 취소를 구할 법률상 이익이 없다고 할 수 없다.

나. 예외적 허용행위

개발행위를 받고자 하는 행위가 ⅰ) 재해복구나 재난수습을 위한 응급조치, ⅱ) 「건축법」에 따라 신고하고 설치할 수 있는 건축물의 개축·증축 또는 재축과 이에 필요한 범위에서의 토지의 형질 변경(도시·군계획시설사업이 시행되지 아니하고 있는 도시·군계획시설의 부지인 경우만 가능하다), ⅲ) 그 밖에 대통령령으로 정하는 경미한 행위 등에 해당하는 행위는 개발행위허가를 받지 아니하고 할 수 있다. 다만, 제1호의 응급조치를 한 경우에는 1개월 이내에 특별시장·광역시장·특별자치시장·특별자치도지사·시장 또는 군수에게 신고하여야 한다(법 제56조제4항).

여기서 그 밖에 대통령령으로 정하는 경미한 행위는 다음과 같은 행위를 말한다(법 시행령 제53조).

법 시행령 제53조 (허가를 받지 아니하여도 되는 경미한 행위)

법 제56조제4항제3호에서 "대통령령으로 정하는 경미한 행위"란 다음 각 호의 행위를 말한다. 다만, 다음 각 호에 규정된 범위에서 특별시·광역시·특별자치시·특별자치도·시 또는 군의 도시·군계획조례로 따로 정하는 경우에는 그에 따른다.

1. 건축물의 건축 : 「건축법」 제11조제1항에 따른 건축허가 또는 법 제14조제1항에 따른 건축신고 및 법 제20조제1항에 따른 가설건축물 건축의 허가 또는 같은 조 제2항에 따른 가설건축물의 축조신고 대상에 해당하지 아니하는 건축물의 건축
2. 공작물의 설치
   가. 도시지역 또는 지구단위계획구역에서 무게가 50톤 이하, 부피가 $50m^3$ 이하, 수평투영면적이 $25m^2$ 이하인 공작물의 설치. 다만, 「건축법 시행령」 제118조제1항 각 호의 어느 하나에 해당하는 공작물의 설치는 제외한다.
   나. 도시지역·자연환경보전지역 및 지구단위계획구역외의 지역에서 무게가 150톤 이하, 부피가 $150m^3$ 이하, 수평투영면적이 $75m^2$ 이하인 공작물의 설치. 다만, 「건축법 시행령」 제118조제1항 각 호의 어느 하나에 해당하는 공작물의 설치는 제외한다.
   다. 녹지지역·관리지역 또는 농림지역안에서의 농림어업용 비닐하우스(비닐하우스 안에 설치하는 육상어류양식장을 제외한다)의 설치
3. 토지의 형질변경
   가. 높이 50cm 이내 또는 깊이 50cm 이내의 절토·성토·정지 등(포장을 제외하며, 주거지역·상업지역 및 공업지역외의 지역에서는 지목변

경을 수반하지 아니하는 경우에 한한다)

나. 도시지역·자연환경보전지역 및 지구단위계획구역 외의 지역에서 면적이 660m² 이하인 토지에 대한 지목변경을 수반하지 아니하는 절토·성토·정지·포장 등(토지의 형질변경 면적은 형질변경이 이루어지는 당해 필지의 총면적을 말한다. 이하 같다)

다. 조성이 완료된 기존 대지에 건축물이나 그 밖의 공작물을 설치하기 위한 토지의 형질변경(절토 및 성토는 제외한다)

라. 국가 또는 지방자치단체가 공익상의 필요에 의하여 직접 시행하는 사업을 위한 토지의 형질변경

4. 토석채취

가. 도시지역 또는 지구단위계획구역에서 채취면적이 25m² 이하인 토지에서의 부피 50m³ 이하의 토석채취

나. 도시지역·자연환경보전지역 및 지구단위계획구역외의 지역에서 채취면적이 250m² 이하인 토지에서의 부피 500m³ 이하의 토석채취

5. 토지분할

가. 「사도법」에 의한 사도개설허가를 받은 토지의 분할

나. 토지의 일부를 공공용지 또는 공용지로 하기 위한 토지의 분할

다. 행정재산 중 용도폐지되는 부분의 분할 또는 일반재산을 매각·교환 또는 양여하기 위한 분할

라. 토지의 일부가 도시·군계획시설로 지형도면고시가 된 당해 토지의 분할

마. 너비 5m 이하로 이미 분할된 토지의 「건축법」 제57조제1항에 따른 분할제한면적 이상으로의 분할

6. 물건을 쌓아놓는 행위

가. 녹지지역 또는 지구단위계획구역에서 물건을 쌓아놓는 면적이 25m² 이하인 토지에 전체무게 50톤 이하, 전체부피 50m³ 이하로 물건을 쌓아놓는 행위

나. 관리지역(지구단위계획구역으로 지정된 지역을 제외한다)에서 물건을 쌓아놓는 면적이 250m² 이하인 토지에 전체무게 500톤 이하, 전체부피 500m³ 이하로 물건을 쌓아놓는 행위

유권해석 ❙ 01

① **질의요지**

사업시행자인 한국토지주택공사의 택지개발 사업지구내 원형지 공급을 받은 한국토지신탁회사가 보강토 옹벽설치를 위한 개발행위 허가신청건과 관련하여 택지개발사업개발계획 및 실시계획승인 시 원형지 내 공작물의 공사계획 도면 없이 실시계획승인 된 사항이 「택지개발촉진법」 제11조 규정에 의하여 개발행위허가를 의제처리한 것으로 볼 수있는지 여부

② **회신내용**

「국토의 계획 및 이용에 관한 법률」 제2조제11호, 제66조제1항 단서 및 「개발행위허가운영지침」 1－5－1에 의하면 택지개발사업은 「택지개발촉진법」 제11조의 규정에 따라 택지개발사업의 실시계획 인가시 「도시개발법」에 따른 도시개발사업에 관한 실시계획의 인가를 의제처리 받는 경우에는 도시계획사업으로 인정하여 개발행위 허가대상에서 제외하도록 운영하고 있습니다.

다만, 택지개발사업지구인 경우에도 원형지 공급 등으로 택지개발사업의 실시계획에 따라 부지조성을 하지 아니한 토지에 개발행위가 수반되는 경우에는 별도의 개발행위허가를 받아야 할 것입니다. 또한 「택지개발촉진법」 제11조제1항제1호의 개발행위허가의 제규정은 사업시행자 한국토지주택공사가 택지개발사업을 위해 부수적으로 수행하는 개발행위에 대하여 적용할 수 있다고 볼 수 있으나, 이 경우에도 「국토의 계획 및 이용에 관한 법률」상 개발행위허가와 관련 된 신청서류 등이 첨부되어 개발행위 내용 등이 확인되어야 의제처리가 가능할 것으로 판단됩니다.

따라서, 귀 질의의 경우와 같이 원형지내 개발행위와 관련 된 협의서류가 없는 상태에서택지개발사업 실시계획 인가시 지구단위계획(공원조성계획) 등 내용이 포함되었더라도 개발행위 허가가 의제처리된 것으로 보기는 어렵다고 판단됩니다.

[도시정책과－861, 2012.2.7]

유권해석 ▌02

① **질의요지**

「국토의 계획 및 이용에 관한 법률」(이하, "법") 제56조에 따라 개발행위허가를 받은 후 허가받은 내용 중 다른 사항은 변경 없이 개발행위자만 변경될 경우 개발행위 허가변경신청시 구비서류 및 토목설계업체에 의뢰하지 않고 변경하고자 하는 자가 신청할 수 있는지

② **회신내용**

법 제56조제2항에 따라 개발행위허가를 받은 사항을 변경하는 경우 개발행위 변경허가를 받아야 하며 법 시행규칙 제9조 및 별지 제5호서식 개발행위허가 신청서에서 변경에 따른 구비서류는 따로 정하고 있지 아니하나, 질의와 같이 개발행위자만 변경되는 경우 설계도서 등 개발행위허가와 관련된 다른 첨부서류는 당초 개발행위 허가신청시 허가관청에 제출되어 있으므로 위 별지 제5호서식과 개발행위자변경을 증명할 수 있는 서류(제9조제1호 서류 및 당초 허가받은 자의 변경동의서)만 제출하면 된다고 판단됩니다.

법 제56조에 의한 개발행위 허가신청은 개발행위(변경)를 하고자 하는 자가 신청하는 것으로 개발행위자 변경을 위하여 위 서류를 제출하는데 토목설계업체 등에게 의뢰할 필요는 없다고 봅니다.

[도시정책과-248, 2010.1.14]

유권해석 ▌03

① **질의요지**

농림지역의 보전산지(임업용산지)에서 작물재배사 허가신청시 진입도로 개설과 관련하여 「국토의 계획 및 이용에 관한 법률」(이하, "법")상 개발행위허가를 받아야 하는지 여부 및 산지관리법 적용을 받아 도로개설이 가능한지 여부

② **회신내용**

법 제76조제5항에 따라 농림지역 중 보전산지인 경우에는 산지관리법에 따른 행위제한을 따르도록 규정하고 있는바 귀 진입도로 개설가능여부에 대해서는

산지관리법을 담당하고 있는 산림청에 문의하시기 바랍니다.

또한, 법 제56조제1항에 따라 토지의 형질변경시에는 개발행위 허가를 받도록 규정하고 있으나 같은 조 제3항에 따라 농림지역의 산림에서 '농업·임업·어업을 목적으로 하는 토지의 형질변경에 대해서는 산지관리법에 따른다'라고 규정하고 있는바 부수적으로 수반되는 진입도로 개설의 주된 목적이 농업·임업·어업을 목적으로 하는 토지의 형질변경에 해당되는 경우라면 위 규정에 따라 산지관리법에 따라 처리할 사항이라 봅니다.

[도시정책과-5273, 2012.8.16]

유권해석 ▌04

① **질의요지**

「국토의 계획 및 이용에 관한 법률」(이하, "법") 제56조제3항과 관련하여 농림지역안 산림에서 농업용 창고건축(토지형질변경 포함)시 개발행위허가 대상인지

② **회신내용**

법 제56조제3항에 따르면 보전관리지역·생산관리지역·농림지역·자연환경보전지역 안의 산림에서 농업·임업·어업 목적으로 토지형질변경을 하는 경우 법에 따른 개발행위허가는 받지 않도록 하고, 「산지관리법」에 따르도록 하고 있습니다.

한편, 위의 경우 농업·임업·어업의 범위는 아래 법령에 따라 판단하도록 2013.1.25("도시정책과652호6")에 각 시·도에 통보한 바 있습니다.

① 농업·어업의 범위는 「농어업·농어촌 및 식품산업기본법」 제3조제1호
② 임업의 범위는 「임업 및 산촌진흥 촉진에 관한 법률」 제2조제1호에 의한 임업
③ 기타관련법령에서 농업·임업·어업으로 분류한 사항

따라서, 질의한 농업용 창고가 위 법령에 따른 농업의 범위에 해당되는 토지형질변경인 경우에는 「산지관리법」에 따르고, 건축물 건축에 대하여는 법 제57조제1항(개발행위허가의 절차) 및 제62조제1항(준공검사)에 따라 「건축법」의 절차에 따르면 될 것으로 판단됩니다.

[도시정책과-2685, 2013.7.5]

유권해석 ▌05

① **질의요지**

공업지역 내 임야를 공장부지 조성을 목적으로 토지형질변경을 위한 개발행위허가를 받은 사업지내에 절토에 따라 발생하는 암반에 대하여 골재생산을 할 경우 토석채취를 위한 개발행위 허가를 받아야 하는지

② **회신내용**

「국토의 계획 및 이용에 관한 법률 시행령」 제51조제4호(토석채취) 단서의 규정에서 토석채취를 위한 개발행위 허가대상에서 토지의 형질변경을 목적으로 하는 것을 제외하도록 정하고 있는바,

주목적이 토지의 형질변경(공장부지 조성)이고, 토지의 형질변경을 위한 개발행위 허가신청시 구비서류(동 시행규칙 제9조제2호의 서류 등)에 채취할 토석의 추정물량과 반출내용 등이 포함되어 있고 허가권자가 이 내용을 알고 허가를 한 경우라면 토석채취를 위한 개발행위 허가를 따로 받아야 하는 것은 아니라 할 것입니다. 이 경우 주목적이 토지의 형질변경인지 여부는 허가권자가 허가신청 내용 등을 보고 구체적으로 판단할 사항입니다. 물론, 토지의 형질변경과 토석채취가 모두 주목적인 경우에는 2개의 행위에 대한 개발행위허가를 신청하도록 하여 같이 허가를 해줄 수 있다고 봅니다. 산지관리법 등 다른 법률에 대하여는 해당 법률을 담당하는 기관으로 문의하시기 바랍니다.

[도시정책과-5354, 2010.8.16]

유권해석 ▌06

① **질의요지**

가) 녹지지역·관리지역·농림지역 및 자연환경보전지역 안에서 관계 법령에 따른 허가·인가를 받아서 토지를 분할하려는 경우 분할 후 잔여토지의 면적이 「건축법」 제57조제1항에 따른 분할 제한면적 보다 작을 경우 개발행위 허가대상인지 여부

나) 산지전용허가를 의제한 건축허가를 받아 등록전환 및 토지분할을 하고

자 하였으나 등록전환 과정에서 토지면적이 감소되어 분할 후 잔여토지의 면적이 「건축법」 제57조제1항에 따른 분할제한면적 미만으로 분할되는 경우 개발행위허가 대상인지 여부

② 회신내용

「국토의 계획 및 이용에 관한 법률」(이하, "법") 시행령 제51조제5호의 규정에 의하면,

가. 토지분할은 녹지지역·관리지역·농림지역 및 자연환경보전지역 안에서 관계 법령에 따른 허가·인가 등을 받지 아니하고 행하는 토지분할

나. 건축법 제57조제1항에 따른 분할 제한면적 미만으로의 토지분할

다. 관계 법령에 의한 허가·인가 등을 받지 아니하고 행하는 너비 5m 이하로의 토지분할에 대하여는 개발행위허가를 받도록 규정하고 있으며,

법 시행령 제51조제5호 가목 및 다목에 대해서는 관계 법령에 따른 허가·인가 등을 받은 경우에는 개발행위허가 대상이 아니라 할 것이나, 나목의 경우에는 모든 용도지역에서 관계 법령에 의한 허가·인가 여부에 관계없이 건축법 제57조제1항에 따른 분할제한면적 미만으로 분할하고자 하는 경우 개발행위허가 대상으로 보는 것이 타당 할 것으로 판단되며, 이 경우 법 시행령 별표1의2 제2호 가목)의 규정에 따라 건축물을 건축하는 경우 건축허가와 동시에 개발행위 허가를 신청할 수 있습니다.

따라서, 귀 질의의 경우에는 개발행위 허가대상으로 보는 것이 타당할 것이며 분할제한면적미만으로 분할하고자 하는 경우에는 법 시행령 별표 1의2 제2호 라목)에 해당하는 경우에 개발행위허가를 받아 토지분할이 가능하다 할 것입니다.

[도시정책과-7800, 2011.12.6]

유권해석 ▌07

① 질의요지

「국토의 계획 및 이용에 관한 법률 시행령」 제53조제6호 가목에 따라 물건을 쌓아놓으면서 1개월을 넘지 아니하는 기간으로서 며칠씩 경미한 범위 안에서 개발행위 허가 없이 물건적치가 가능한지 여부

② 회신내용

「국토의 계획 및 이용에 관한 법률」 제56조제1항제5호에 따라 녹지지역 등에서 물건을 1개월 이상 쌓아놓는 행위는 개발행위 허가대상인바, 물건적치에 대한 경미한행위의 범위를 며칠 벗어나더라도 전체적인 적치기간이 1개월 미만인 경우에는 개발행위 허가대상으로 볼 수 없을 것이나 구체적인 것은 현지상황을 보고 허가권자가 판단할 사항이므로 당해 허가권자와 상의하시기 바랍니다.

[도시정책과-27, 2010.1.5]

유권해석 ▌08

① 질의요지

관리지역에서 농지를 양어장부지로 농지전용(5년 경과)한 후 지목이 양어장부지로 변경된 토지에서 토지형질변경(절토·성토·정지·포장)이 수반되지 않고 일반주택을 신축하고자 하는 경우 지목변경 때문에 또다시 「국토의 계획 및 이용에 관한 법률」(이하, "법")에 따라 개발행위허가를 받아야 하는지 여부

② 회신내용

국토계획 법 제56조제1항제1호에 따라 건축물의 건축 그 자체도 개발행위허가 대상이고(건축법령에 의한 허가 등 신청서류로 갈음되고 협의 또는 건축복합민원일괄협의회로 의제처리),

위 제56조제1항 각 호에서 정하는 개발행위를 하지 아니하고 단순히 지목만 변경하는 경우라면 법에 의한 개발행위허가 대상은 아니나 건축물의 건축시 토지의 형질변경이 경미한 사항으로 인정되기 위해서는 법 시행령 제53조제3호 가목, 나목 또는 다목의 어느 하나에 해당되어야 하는 것입니다.

위 제53조제3호 가목의 경우 건축물을 건축하기 위해서는 기초공사 등을 위해 50cm 이상의 터파기(굴착), 출입구 등 포장은 흔히 이루어지고 지목변경도 수반되므로 질의와 같이 관리지역에서 주택을 양어장부지에 건축하고 주택건축에 따라 지목변경도 수반되면 가목에 해당하지 아니하고, 나목의 경우에는 필지면적이 660m² 이하가 되어야하는 것이며, 다목의 조성이 완료된 기존대지에 해당되기 위해서는 절토나 성토행위는 없고 「개발행위허가운영지침」 1

-5-4-(2)-③ 각 목에 해당되어야 하는 것으로 위 제53조제3호 어느 목에도 해당하지 아니 할 경우 건축물의 건축을 위한 토지의 형질변경행위는 개발행위 허가대상에 해당합니다.

참고로 「개발행위허가운영지침」 2-1-2-(1)-⑨의 규정에 따라 건축물의 건축에 따른 토지의 형질변경이 수반되는 경우 건축법에 따라 건축허가신고 신청시 제출하는 서류로 개발행위내용(토지의 형질변경 포함)을 확인할 수 있는 경우 건축허가신청서에 개발행위허가신청서(토지의 형질변경)을 첨부하여 제출하면 그 구비서류는 건축허가신청서에 첨부된 구비서류로 갈음할 수 있습니다.

[도시정책과-4259, 2010.6.24]

유권해석 ❙ 09

① 질의요지

현재 종교용지로 사용하고 있는 토지에 지목이 도로인 연접토지를 종교용지 부지로 확장하려는 경우에 별도의 토지형질변경이 없는 경우에도 개발행위 허가를 받아야하는지 여부 및 그 절차는

② 회신내용

「국토의 계획 및 이용에 관한 법률」 제56조제1항제1호 및 제2호에 따르면 건축물의 건축 또는 공작물의 설치, 토지의 형질변경은 개발행위허가를 받도록 정하고 있습니다.

따라서, 단순 지목변경 및 합병은 개발행위 허가대상은 아니라 할 것이나, 기존 사업부지와 인접한 토지를 사업부지에 편입하고자 하는 경우 편입되는 토지(이하, '편입부지')에 실질적으로 건축행위 및 토지형질변경행위가 이루어지지 않는다 하더라도 추가된 편입부지로 인해 총사업 부지대지의 변경이 수반되는 경우라면 이는 새로운 개발행위(건축부지 조성을 위한 개발행위)로 보아 개발행위허가를 받는 것이 타당할 것입니다.

다만, 별도의 개발행위는 이루어지지 않으므로 개발행위허가 신청(기존 건축부지확장을 위한 토지의 형질변경)이 될 경우 허가권자가 허가내용을 검토하여 동법률에서 정한 개발행위 허가기준 등에 적합한 경우라면 개발행위 준공

검사를 진행하는 것이 타당할 것으로 판단되오니 해당 허가권자게 문의하여 주시기 바랍니다.

[도시정책과- 8470, 2012.12.26]

유권해석 ▌10

① **질의요지**

「사도법」에 의한 사도설치허가를 받고 토지를 분할하려고 할 때 사도부지 외의 면적이 「건축법」 제57조에 따른 최소분할제한면적(60m²) 이하일 경우 개발행위허가(토지분할)가 불가한지 여부

② **회신내용**

「국토의 계획 및 이용에 관한 법률 시행령」 제53조제5호 가목에 따라 「사도법」에 의한 사도개설허가를 받은 토지의 분할은 경미한 행위에 해당되어 개발행위허가 대상에서 제외되는바, 이 경우 분할되는 면적(도로부지 외)이 「건축법」 제57조에 따른 최소분할제한면적 이하일 경우라도 개발행위허가를 받지 아니하고 토지분할이 가능할 것으로 판단됩니다.

[도시정책과-336호 2012.1.16]

다. 개발행위허가 절차

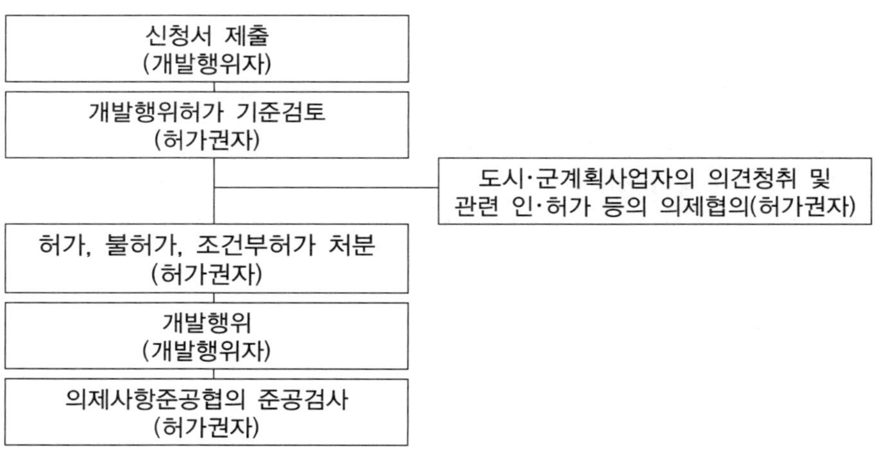

1) 허가권자

개발행위를 하려는 자는 개발행위에 수반되는 공공시설의 설치 또는 그에 필요한 용지의 확보 등에 관한 계획서를 첨부한 신청서를 특별시장·광역시장·특별자치시장·특별자치도지사·시장 또는 군수 등에 제출하고 그에 대한 허가를 받아야 한다. 즉, 개발행위의 허가권자는 특별시장·광역시장·특별자치시장·특별자치도지사·시장 또는 군수 등이다(법 제56조제1항).

유권해석 ❙01

① **질의요지**

국토의 계획 및 이용에 관한 법률(이하, "법") 상 토지분할의 개발행위허가시 근저당권자 및 지상권자의 동의가 필요한지 여부

② **회신내용**

법 시행규칙 제9조제1호에서 개발행위허가신청시 토지의 소유권 또는 사용권 등 신청인이 당해 토지에 개발행위를 할 수 있음을 증명하는 서류를 제출하도록 하고 있는바, 위 규정은 건축물의 건축, 공작물 설치, 토지형질변경 및 물건적치의 경우에는 지상권설정권자의 토지사용승낙의 동의가 필요하다고 보나, 단순한 토지분할을 위한 개발행위는 근저당권자나 지상권자의 동의서류까지 필요한 것은 아니라고 봅니다.

[도시정책과-5683, 2011.9.6]

유권해석 ❙02

① **질의요지**

사실상 개발행위가 필요 없는 단순 매매목적의 개발행위허가(토지분할)시 「국토의 계획 및 이용에 관한 법률」 제58조제1항제5호에 따른 "개발행위에 따른 기반시설의 설치 또는 그에 필요한 용지의 확보계획이 적절할 것"이라는 규정을 적용하여 진입도로 등 기반시설이 없거나 그에 필요한 용지의 확보계획이 없을 경우에는 허가할 수 있는지 여부

② **회신내용**

법 제58조제1항제5호의 기반시설확보의 내용은 건축물의 건축 등 개발행위에 따른 기반시설에 대한 규정으로 보아야 할 것으로 단순 매매를 목적으로 하는 토지분할의 경우까지 적용하는 것은 타당하지 않다고 판단되나 개발행위 허가시에는 법 시행령 별표 1의2에 따라 허가기준(분야별, 개발행위별 검토)사항을 검토하여야 하며, 동 별표 제2호 라목(1)(다)의 규정에 따라 토지분할의 목적이 건축물의 건축 또는 공작물의 설치, 토지의 형질변경인 경우 그 관련 법령에 부합하는지 여부를 종합적으로 검토하여야 할 것으로, 개발행위허가 신청서에 작성하는 토지분할의 목적이 단순매매라 하더라도 분할의 내용으로 보아 건축물의 건축이 수반되는 형태인 바둑판식 및 택지식 분할의 경우에는 건축물의 건축이 가능한지 여부 기반시설확보 및 허가기준 적합 여부 등에 대해서도 검토해야하는 것이며, 허가기준에 맞지 아니하여 건축물의 건축이 곤란한 토지를 바둑판식 또는 택지식 형태로 분할하고자 하는 경우에는 불허가 처분하는 것이 타당 할 것입니다.

[도시정책과-5686, 2012.9.4]

유권해석 ▌03

① **질의요지**

단독주택부지(15호 정도)의 진입도로로 사용하기 위해 생산녹지지역과 자연녹지지역에 폭 8m, 길이 약 170m의 사도를 개설하고자 하는 경우, 진입도로가 도시계획시설로 결정되어야 하는지 여부

② **회신내용**

개발행위허가시 진입도로는「국토의 계획 및 이용에 관한 법률 시행령」별표 1의2(개발행위허가기준) 제1호 마목에서 주변의 교통소통에 지장을 초래하지 아니하고 대지와 도로와의 관계는「건축법」에 적합하도록 정하고 있고「개발행위허가운영지침」3－1－5에서도「건축법」에 적합하도록 확보하되, 해당시설의 이용 및 주변의 교통소통에 지장을 초래하지 아니하도록 정하고 있으므로, 지구단위계획 등을 수립하는 경우 외에는 진입도로를 반드시 도시계획도로로 개설해야 하는 것은 아닙니다.

다만, 15호 정도의 단독주택부지를 조성하는 경우라면 사후적으로 진입도로에 대한 소유권이 변경되어 분쟁이 생길소지가 많으므로 도시계획 도로로 개설하여 해당 지방자치단체에 무상귀속하거나 「사도법」에 의한 사도 또는 사설도로로 개설하여 해당 지방자치단체에 기부채납하는 것이 바람직할 것입니다.

[도시정책과 - 2259, 2010.4.1]

2) 개발행위 허가기준

가) 일반적 허가기준

개발행위허가 신청시 특별시장 등은 그 신청의 내용이 i) 용도지역별 특성을 고려하여 대통령령으로 정하는 개발행위의 규모에 적합할 것(다만, 개발행위가 「농어촌정비법」 제2조제4호에 따른 농어촌정비사업으로 이루어지는 경우 등 대통령령으로 정하는 경우에는 개발행위 규모의 제한을 받지 아니한다), ii) 도시·군관리계획 및 제4항에 따른 성장관리방안의 내용에 어긋나지 아니할 것, iii) 도시·군계획사업의 시행에 지장이 없을 것, iv) 주변지역의 토지이용실태 또는 토지이용계획, 건축물의 높이, 토지의 경사도, 수목의 상태, 물의 배수, 하천·호소·습지의 배수 등 주변 환경이나 경관과 조화를 이룰 것, v) 해당 개발행위에 따른 기반시설의 설치나 그에 필요한 용지의 확보계획이 적절할 것 등의 기준에 맞는 경우에만 개발행위허가 또는 변경허가를 하여야 한다(법 제58조제1항).

위 규정에 따라 허가할 수 있는 경우 그 허가의 기준은 지역의 특성, 지역의 개발상황, 기반시설의 현황 등을 고려하여 다음 각 호의 구분에 따라 대통령령으로 정한다(같은 조 제3항).

1. 시가화 용도 : 토지의 이용 및 건축물의 용도·건폐율·용적률·높이 등에 대한 용도지역의 제한에 따라 개발행위허가의 기준을 적용하는 주거지역·상업지역 및 공업지역
2. 유보 용도 : 제59조에 따른 도시계획위원회의 심의를 통하여 개발행위허가의 기준을 강화 또는 완화하여 적용할 수 있는 계획관리지역·생산관리지역 및 녹지지역 중 대통령령으로 정하는 지역
3. 보전 용도 : 제59조에 따른 도시계획위원회의 심의를 통하여 개발행위허가

의 기준을 강화하여 적용할 수 있는 보전관리지역·농림지역·자연환경보전지역 및 녹지지역 중 대통령령으로 정하는 지역

나) 개별적 개발행위의 허가기준

(1) 토지의 형질변경

(가) 면적제한 : 토지의 형질변경의 경우 용도지역별 특성을 감안하여 다음과 같이 형질변경면적의 규모를 정할 수 있다. 다만, 관리지역 및 농림지역에 대하여는 제2호 및 제3호의 규정에 의한 면적의 범위 안에서 당해 특별시·광역시·특별자치시·특별자치도·시 또는 군의 도시·군계획조례로 따로 정할 수 있다(법 시행령 제55조제1항).

1. 도시지역
   가. 주거지역·상업지역·자연녹지지역·생산녹지지역 : 1만m² 미만
   나. 공업지역 : 3만m² 미만
   다. 보전녹지지역 : 5천m² 미만
2. 관리지역 : 3만m² 미만
3. 농림지역 : 3만m² 미만
4. 자연환경보전지역 : 5천m² 미만

(나) 면적제한 예외

① 개발행위허가의 대상인 토지가 2 이상의 용도지역에 걸치는 경우

개발행위허가의 대상인 토지가 2 이상의 용도지역에 걸치는 경우에는 각각의 용도지역에 위치하는 토지부분에 대하여 각각의 용도지역의 개발행위의 규모에 관한 규정을 적용한다. 다만, 개발행위허가의 대상인 토지의 총면적이 당해 토지가 걸쳐 있는 용도지역 중 개발행위의 규모가 가장 큰 용도지역의 개발행위의 규모를 초과하여서는 아니 된다(법 시행령 제55조제2항).

② 법 제58조제1항제1호 단서에 의한 예외

법 제58조제1항제1호 단서에서 "개발행위가 「농어촌정비법」 제2조제

4호에 따른 농어촌정비사업으로 이루어지는 경우 등 대통령령으로 정하는 경우"란 다음 각 호의 어느 하나에 해당하는 경우를 말한다(법 시행령 제55조제3항).

1. 지구단위계획으로 정한 가구 및 획지의 범위 안에서 이루어지는 토지의 형질변경으로서 당해 형질변경과 관련된 기반시설이 이미 설치되었거나 형질변경과 기반시설의 설치가 동시에 이루어지는 경우
2. 해당 개발행위가 「농어촌정비법」 제2조제4호에 따른 농어촌정비사업으로 이루어지는 경우

2의2. 해당 개발행위가 「국방·군사시설 사업에 관한 법률」 제2조제2호에 따른 국방·군사시설사업으로 이루어지는 경우

3. 초지조성, 농지조성, 영림 또는 토석채취를 위한 경우

3의2. 해당 개발행위가 다음 각 목의 어느 하나에 해당하는 경우. 이 경우 특별시장·광역시장·특별자치시장·특별자치도지사·시장 또는 군수는 그 개발행위에 대한 허가를 하려면 시·도도시계획위원회 또는 법 제113조제2항에 따른 시·군·구도시계획위원회(이하 "시·군·구도시계획위원회"라 한다) 중 대도시에 두는 도시계획위원회의 심의를 거쳐야 하고, 시장(대도시 시장은 제외한다) 또는 군수(특별시장·광역시장의 개발행위허가 권한이 법 제139조제2항에 따라 조례로 군수 또는 자치구의 구청장에게 위임된 경우에는 그 군수 또는 자치구의 구청장을 포함한다)는 시·도도시계획위원회에 심의를 요청하기 전에 해당 지방자치단체에 설치된 지방도시계획위원회에 자문할 수 있다.

가. 하나의 필지(법 제62조에 따른 준공검사를 신청할 때 둘 이상의 필지를 하나의 필지로 합칠 것을 조건으로 하여 허가하는 경우를 포함하되, 개발행위허가를 받은 후에 매각을 목적으로 하나의 필지를 둘 이상의 필지로 분할하는 경우는 제외한다)에 건축물을 건축하거나 공작물을 설치하기 위한 토지의 형질변경

나. 하나 이상의 필지에 하나의 용도에 사용되는 건축물을 건축하거나 공작물을 설치하기 위한 토지의 형질변경

4. 건축물의 건축, 공작물의 설치 또는 지목의 변경을 수반하지 아니하고 시행하는 토지복원사업
5. 그 밖에 국토교통부령이 정하는 경우[70)]

(2) 개별 개발행위에 대한 허가기준

개발행위를 허가할 수 있는 경우 그 허가의 기준은 지역의 특성, 지역의 개발상황, 기반시설의 현황 등을 고려하여 대통령령으로 정하는데(법 제58조 제3항), 이에 따른 개별 개발행위허가의 기준은 아래 별표 1의2와 같다(법 시행령 제56조).

---

70) 법 시행규칙 제10조(개발행위허가의 규모제한의 적용배제) Law
영 제55조제3항제5호에서 "그 밖에 국토교통부령이 정하는 경우"란 다음 각 호의 경우를 말한다.
1. 폐염전을 「어업허가 및 신고 등에 관한 규칙」 별표 4에 따른 수조식양식어업 및 축제식양식어업을 위한 양식시설로 변경하는 경우
2. 관리지역에서 1993년 12월 31일 이전에 설치된 공장(「대기환경보전법」 제2조제9호에 따른 특정대기유해물질 또는 「수질환경보전법」 제2조제8호에 따른 특정수질유해물질을 배출하는 공장을 제외한다)의 증설로서 다음 각 목의 요건을 갖춘 경우
가. 시설자동화 또는 공정개선을 위한 증설일 것
나. 1993년 12월 31일 당시의 공장부지면적의 50% 이하의 범위 안에서의 증설로서 증가되는 총면적이 3만㎡ 이하일 것(영 별표 20 제2호 카목(1)부터 (5)까지에 해당하는 공장과 부지면적이 3만㎡를 초과하거나 증설로 인하여 부지면적이 3만㎡를 초과하게 되는 공장의 증설은 1회에 한한다)
다. 증설로 인하여 증가되는 오염물질배출량이 1995년 6월 30일 이전의 오염물질배출량의 50%를 넘지 아니할 것
라. 증설로 인하여 인근지역의 농업생산에 지장을 줄 우려가 없을 것

[별표 1의2] 〈개정 2014.1.14〉

개발행위허가기준(제56조 관련)

1. 분야별 검토사항

검토분야	허가기준
가. 공통분야	(1) 조수류·수목 등의 집단서식지가 아니고, 우량농지 등에 해당하지 아니하여 보전의 필요가 없을 것 (2) 역사적·문화적·향토적 가치, 국방상 목적 등에 따른 원형보전의 필요가 없을 것 (3) 토지의 형질변경 또는 토석채취의 경우에는 표고·경사도·임상 및 인근 도로의 높이, 배수 등을 참작하여 도시·군계획조례(특별시·광역시·특별자치시·특별자치도·시 또는 군의 도시·군계획조례를 말한다. 이하 이 표에서 같다)가 정하는 기준에 적합할 것. 다만, 골프장, 스키장, 기존 사찰, 풍력을 이용한 발전시설 등 개발행위의 특성, 지형 여건 또는 사업수행상 매우 불합리하다고 인정되는 경우에는 위해 방지, 환경오염 방지, 경관 조성, 조경 등에 관한 조치가 포함된 개발행위내용에 대하여 해당 개발행위허가권자에게 소속된 도시계획위원회(제55조제3항제3호의2 각 목 외의 부분 후단 및 제57조제4항에 따라 중앙도시계획위원회 또는 시·도도시계획위원회의 심의를 거치는 경우에는 중앙도시계획위원회 또는 시·도도시계획위원회를 말한다)의 심의를 거쳐 이를 완화하여 적용할 수 있다.
나. 도시·군관리계획	(1) 용도지역별 개발행위의 규모 및 건축제한 기준에 적합할 것 (2) 개발행위허가제한지역에 해당하지 아니할 것
다. 도시·군계획사업	(1) 도시·군계획사업부지에 해당하지 아니할 것(제61조의 규정에 의하여 허용되는 개발행위를 제외한다) (2) 개발시기와 가설시설의 설치 등이 도시·군계획사업에 지장을 초래하지 아니할 것
라. 주변지역과의 관계	(1) 개발행위로 건축 또는 설치하는 건축물 또는 공작물이 주변의 자연경관 및 미관을 훼손하지 아니하고, 그 높이·형태 및 색채가 주변건축물과 조화를 이루어야 하며, 도시·군계획으로 경관계획이 수립되어 있는 경우에는 그에 적합할 것 (2) 개발행위로 인하여 당해 지역 및 그 주변지역에 대기오염·수질오염·

	토질오염·소음·진동·분진 등에 의한 환경오염·생태계파괴·위해발생 등이 발생할 우려가 없을 것. 다만, 환경오염·생태계파괴·위해발생 등의 방지가 가능하여 환경오염의 방지, 위해의 방지, 조경, 녹지의 조성, 완충지대의 설치 등을 허가의 조건으로 붙이는 경우에는 그러하지 아니하다. (3) 개발행위로 인하여 녹지축이 절단되지 아니하고, 개발행위로 배수가 변경되어 하천·호소·습지로의 유수를 막지 아니할 것
마. 기반기설	(1) 주변의 교통소통에 지장을 초래하지 아니할 것 (2) 대지와 도로의 관계는 「건축법」에 적합할 것 (3) 도시·군계획조례로 정하는 건축물의 용도·규모(대지의 규모를 포함한다)·층수 또는 주택호수 등에 따른 도로의 너비 또는 교통소통에 관한 기준에 적합할 것
바. 그 밖의 사항	(1) 공유수면매립의 경우 매립목적이 도시·군계획에 적합할 것 (2) 토지의 분할 및 물건을 쌓아놓는 행위에 입목의 벌채가 수반되지 아니할 것

2. 개발행위별 검토사항

검토분야	허가기준
가. 건축물의 건축 또는 공작물의 설치	(1) 「건축법」의 적용을 받는 건축물의 건축 또는 공작물의 설치에 해당하는 경우 그 건축 또는 설치의 기준에 관하여는 「건축법」의 규정과 법 및 이 영이 정하는 바에 의하고, 그 건축 또는 설치의 절차에 관하여는 「건축법」의 규정에 의할 것. 이 경우 건축물의 건축 또는 공작물의 설치를 목적으로 하는 토지의 형질변경, 토지분할 또는 토석의 채취에 관한 개발행위허가는 「건축법」에 의한 건축 또는 설치의 절차와 동시에 할 수 있다. (2) 도로·수도 및 하수도가 설치되지 아니한 지역에 대하여는 건축물의 건축(건축을 목적으로 하는 토지의 형질변경을 포함한다)을 허가하지 아니할 것. 다만, 무질서한 개발을 초래하지 아니하는 범위 안에서 도시·군계획조례가 정하는 경우에는 그러하지 아니하다
나. 토지의 형질변경	(1) 토지의 지반이 연약한 때에는 그 두께·넓이·지하수위 등의 조사와 지반의 지지력·내려앉음·솟아오름에 관한 시험을 실시하여 흙바꾸기·다지기·배수 등의 방법으로 이를 개량할 것

	(2) 토지의 형질변경에 수반되는 성토 및 절토에 의한 비탈면 또는 절개면에 대하여는 옹벽 또는 석축의 설치 등 도시·군계획조례가 정하는 안전조치를 할 것
다. 토석채취	지하자원의 개발을 위한 토석의 채취허가는 시가화대상이 아닌 지역으로서 인근에 피해가 없는 경우에 한하도록 하되, 구체적인 사항은 도시·군계획조례가 정하는 기준에 적합할 것. 다만, 국민경제상 중요한 광물자원의 개발을 위한 경우로서 인근의 토지이용에 대한 피해가 최소한에 그치도록 하는 때에는 그러하지 아니하다.
라. 토지분할	(1) 녹지지역·관리지역·농림지역 및 자연환경보전지역 안에서 관계법령에 따른 허가·인가 등을 받지 아니하고 토지를 분할하는 경우에는 다음의 요건을 모두 갖출 것 (가) 「건축법」 제57조제1항에 따른 분할제한면적(이하 이 칸에서 "분할제한면적"이라 한다) 이상으로서 도시·군계획조례가 정하는 면적 이상으로 분할할 것 (나) 「소득세법 시행령」 제168조의3제1항 각 호의 어느 하나에 해당하는 지역 중 토지에 대한 투기가 성행하거나 성행할 우려가 있다고 판단되는 지역으로서 국토교통부장관이 지정·고시하는 지역 안에서의 토지분할이 아닐 것. 다만, 다음의 어느 하나에 해당되는 토지의 경우는 예외로 한다. 1) 다른 토지와의 합병을 위하여 분할하는 토지 2) 2006년 3월 8일 전에 토지소유권이 공유로 된 토지를 공유지분에 따라 분할하는 토지 3) 그 밖에 토지의 분할이 불가피한 경우로서 국토교통부령으로 정하는 경우에 해당되는 토지 (다) 토지분할의 목적이 건축물의 건축 또는 공작물의 설치, 토지의 형질변경인 경우 그 개발행위가 관계법령에 따라 제한되지 아니할 것 (라) 이 법 또는 다른 법령에 따른 인가·허가 등을 받지 않거나 기반시설이 갖추어지지 않아 토지의 개발이 불가능한 토지의 분할에 관한 사항은 해당 특별시·광역시·특별자치시·특별자치도·시 또는 군의 도시·군계획조례로 정한 기준에 적합할 것 (2) 분할제한면적 미만으로 분할하는 경우에는 다음의 어느 하나에 해당할 것 (가) 녹지지역·관리지역·농림지역 및 자연환경보전지역 안에서의

	기존묘지의 분할 (나) 사설도로를 개설하기 위한 분할(「사도법」에 의한 사도개설허가를 받아 분할하는 경우를 제외한다) (다) 사설도로로 사용되고 있는 토지 중 도로로서의 용도가 폐지되는 부분을 인접토지와 합병하기 위하여 하는 분할 (라) 〈삭제〉 (마) 토지이용상 불합리한 토지경계선을 시정하여 당해 토지의 효용을 증진시키기 위하여 분할 후 인접토지와 합필하고자 하는 경우에는 다음의 1에 해당할 것. 이 경우 허가신청인은 분할 후 합필되는 토지의 소유권 또는 공유지분을 보유하고 있거나 그 토지를 매수하기 위한 매매계약을 체결하여야 한다. 1) 분할 후 남는 토지의 면적 및 분할된 토지와 인접토지가 합필된 후의 면적이 분할제한면적에 미달되지 아니할 것 2) 분할전후의 토지면적에 증감이 없을 것 3) 분할하고자 하는 기존토지의 면적이 분할제한면적에 미달되고, 분할된 토지와 인접토지를 합필한 후의 면적이 분할제한면적에 미달되지 아니할 것 (3) 너비 5m 이하로 분할하는 경우로서 토지의 합리적인 이용에 지장이 없을 것
마. 물건을 쌓아 놓는 행위	당해 행위로 인하여 위해발생, 주변환경오염 및 경관훼손 등의 우려가 없고, 당해 물건을 쉽게 옮길 수 있는 경우로서 도시·군계획조례가 정하는 기준에 적합할 것

3. 용도지역별 검토사항

검토 분야	허가 기준
가. 시가화 용도	1) 토지의 이용 및 건축물의 용도·건폐율·용적률·높이 등에 대한 용도지역의 제한에 따라 개발행위허가의 기준을 적용하는 주거지역·상업지역 및 공업지역일 것 2) 개발을 유도하는 지역으로서 기반시설의 적정성, 개발이 환경이 미치는 영향, 경관 보호·조성 및 미관훼손의 최소화를 고려할 것
나. 유보 용도	1) 법 제59조에 다른 도시계획위원회의 심의를 통하여 개발행위허가의 기준을 강화 또는 완화하여 적용할 수 있는 계획관리지역·생산관리지역 및 녹지지역 중 자연녹지지역일 것

	2) 지역 특성에 따라 개발 수요에 탄력적으로 적용할 지역으로서 입지타당성, 기반시설의 적정성, 개발이 환경이 미치는 영향, 경관 보호·조성 및 미관훼손의 최소화를 고려할 것
다. 보전 용도	1) 법 제59조에 다른 도시계획위원회의 심의를 통하여 개발행위허가의 기준을 강화하여 적용할 수 있는 보전관리지역·농림지역·자연환경보전지역 및 녹지지역 중 생산녹지지역 및 보전녹지지역일 것 2) 개발보다 보전이 필요한 지역으로서 입지타당성, 기반시설의 적정성, 개발이 환경이 미치는 영향, 경관 보호·조성 및 미관훼손의 최소화를 고려할 것

유권해석 ▌01

① 질의요지

2009.11.11. 농림지역 및 계획관리지역에서 개발행위허가(농지개량) 후 2010. 6.29. 준공검사(농사목적으로 사용토록 조건부여)를 득한 부지에 준공검사 후 바로 타목적으로 개발행위 허가신청시 허가가 가능한지 여부

② 회신내용

「국토의 계획 및 이용에 관한 법률」에서는 개발행위허가를 받아 준공 후 다른 목적으로 다시 개발행위허가를 받고자 할 경우 이를 제한하는 규정은 없으며, 허가여부는 제58조에서 정하는 개발행위허가기준에 따라 판단할 사항입니다.

[도시정책과-5195, 2010.8.6]

유권해석 ▌02

① 질의요지

「사도법」에 따라 사도설치 허가를 득하고 사도개설공사 준공 후 행정기관에 무상귀속 되는 경우 개발행위면적 산정에서 제외되는지 여부

② 회신내용

「개발행위허가운영지침」 3－2－1(6)에 따라 무상귀속되는 공공시설은 개발

행위면적에서 제외되도록 정하고 있으나, 무상귀속대상이 아닌 「사도법」에 의한 사도까지 제외면적에 포함되는 것은 아닙니다.

[도시정책과-164, 2010.1.11]

유권해석 ▌03

① **질의요지**

「국토의 계획 및 이용에 관한 법률」(이하 법) 제59조제1항에 따라 법 시행령 제57조제1항제1호에서 규정한 '건축물의 건축 또는 공작물의 설치를 목적으로 하는 토지의 형질변경으로서 그 면적이 제56조제1항 각 호의 어느 하나에 해당하는 규모 이상인 경우'에 해당하는 사항이 법 시행령 제55조제3항 각 호에서 정하는 토지의 형질변경 만을 의미하는지 여부

② **회신내용**

법 제59조에 따른 개발행위에 대한 도시계획위원회 심의는 제1항에 따라 법에 의하여 이루어지는 개발행위와 다른 법률(산지관리법 등)에 따라 인·허가 승인 등을 하려는 경우에도 적용된다 할 것입니다.

따라서, 법 시행령 제57조제1항제1호의 대상은 시행령 제56조제1항 각 호에 해당하는 경우와 다른 법률에서 개발행위 허가규모 이상으로 건축물의 건축이나 공작물의 설치를 목적으로 하는 토지의 형질변경인 경우에도 적용된다고 보아야 할 것입니다.

참고로, 법 제59조 및 시행령 제57조제1항제1호의 규정에 대해서 개발행위허가시 개발행위허가 규모를 초과하더라도 도시계획위원회 심의를 거치면 법상 개발행위허가가 가능한 것으로 오해할 수 있으나, 법상 개발행위허가 규모를 초과할 수 있는 개발행위는 시행령 제56조제3항 각 호 어느 하나에 해당하는 경우에만 가능하다 할 것입니다.

[도시정책과 -5400, 2012.8.22]

【판시사항】

(대법원 1999.2.9. 선고 98두13195 판결)

[1] 도시계획법 시행령 제5조의2 소정의 도시계획구역 내 토지형질변경불허가 대상 여부의 판단 기준

[2] 도시계획결정의 구체적, 개별적 효력범위의 확정 기준(=지적고시도면)

【판결요지】

[1] 도시계획법 시행령 제5조의2의 규정에 따르면 도시계획구역 안에서 토지에 대한 형질변경허가신청에 대한 불허가의 대상이 되는 경우는 추상적으로 당해 토지의 합리적인 이용이나 도시계획사업에 지장이 될 우려가 있다는 것만으로는 부족하고 구체적으로 건설교통부령인 토지의 형질변경 등 행위허가기준 등에 관한 규칙이 정하는 기준에 적합하지 아니한 경우에 한하여 불허가의 대상이 된다.

[2] 도시계획결정의 효력은 도시계획결정고시로 인하여 생기고 지적고시도면의 승인고시로 인하여 생기는 것은 아니라고 할 것이나, 일반적으로 도시계획결정고시의 도면만으로는 구체적인 범위나 개별토지의 도시계획선을 특정할 수 없으므로 결국 도시계획결정의 구체적, 개별적인 범위는 지적고시도면에 의하여 확정되고, 따라서 어느 토지가 도시계획법에 의한 도로에 저촉된다는 이유로 「토지의 형질변경 등 행위허가기준 등에 관한 규칙」 제4조제1항제3호 소정의 '공공목적상 원형유지의 필요가 있는 지역'에 해당하는지를 판단함에는 지적고시 내용을 기초로 판단하여야 할 것이다.

【판시사항】

녹지지역으로 침수지역인 토지에 택지개발사업시행이 예정되어 있는 경우, 토지형질변경 신청을 불허한 처분을 적법하다고 한 사례(대법원 1995.3.10. 선고 94누5298 판결)

【판결요지】

토지가 녹지지역에 속하고 침수지역으로서 그 시설하려고 하는 주유소의 설치로 인하여 주변의 침수가 심화될 가능성이 있고, 행정처분 당시에 향후 침수에 대한 종합적인 대책의 일환으로서 택지개발사업의 시행이 예정되어 있어 그 지장물 등이 철거·이

전·수용될 것이 예상되는 지역이라는 사실이 인정되는 경우, 그 토지는 도시계획법시행령 제5조의2의 규정의 위임에 근거한 「토지의 형질변경 등 행위허가기준 등에 관한 규칙」 제4조제1항제1호 또는 제3호에 해당하므로 그 토지에 관한 형질변경을 허가해주면 같은 법 시행령 제5조의2에서 규정한 당해 토지의 합리적인 이용이나 도시계획사업에 지장이 될 우려가 있다고 보아 행정청이 토지의 형질변경 신청을 불허한 처분은 적법하다고 한 사례

【판시사항】

「토지의 형질변경 등 행위허가기준 등에 관한 규칙」 제4조제1항 소정의 '당해 사업의 시행으로 인하여 주변의 환경·풍치·미관 등이 크게 손상될 우려가 있는 지역'인지 여부의 판단 기준(대법원 1998.11.13. 선고 98두7343 판결)

【판결요지】

어느 토지의 형질변경행위가 「토지의 형질변경 등 행위허가기준 등에 관한 규칙」 제4조제1항에서 정하는 '당해 사업의 시행으로 인하여 주변의 환경·풍치·미관 등이 크게 손상될 우려가 있는 지역'인가 여부를 판단함에 있어서는 형질변경으로 인한 당해 토지의 환경·풍치·미관뿐만 아니라 당해 토지와 인접하여 있는 주위 토지의 환경·풍치·미관 등에 미치는 영향, 나아가 미관상 당해 토지 및 주변의 환경에 대한 원형보존의 필요성 유무 및 도시 전체의 미관과도 관련하여 종합적으로 판단하여야 한다.

【판시사항】

지방자치단체장이 당해 토지에 대한 형질변경을 불허하고 이를 우량농지로 보전하려는 공익보다 형질변경이 가능하리라고 믿은 종교법인이 입게 될 불이익이 더 큰 것이라면 당해 처분이 재량권을 남용한 위법한 처분인지 여부(적극) (대법원 1997.9.12. 선고 96누18380 판결)

【판결요지】

비록 지방자치단체장이 당해 토지형질변경허가를 하였다가 이를 취소·철회하는 것은

아니라 하더라도 지방자치단체장이 토지형질변경이 가능하다는 공적 견해표명을 함으로써 이를 신뢰하게 된 당해 종교법인에 대하여는 그 신뢰를 보호하여야 한다는 점에서 형질변경허가 후 이를 취소·철회하는 경우를 유추·준용하여 그 형질변경허가의 취소·철회에 상당하는 당해 처분으로써 지방자치단체장이 달성하려는 공익 즉, 당해 토지에 대하여 그 형질변경을 불허하고 이를 우량농지로 보전하려는 공익과 위 형질변경이 가능하리라고 믿은 종교법인이 입게 될 불이익을 상호 비교·교량하여 만약 전자가 후자보다 더 큰 것이 아니라면 당해 처분은 비례의 원칙에 위반되는 것으로 재량권을 남용한 위법한 처분이라고 봄이 상당하다.

【판시사항】

산림형질변경허가와 그 허가기간의 연장신청 대상 지역이 법령상의 금지 또는 제한지역에 해당하지 않더라도 국토 및 자연의 유지와 상수원 수질과 같은 환경의 보전 등을 위한 중대한 공익상의 필요가 있을 경우, 그 허가를 거부할 수 있는지 여부(적극) (대법원 2000.7.7. 선고 99두66 판결)

【판결요지】

산림형질변경허가는 법령상의 금지 또는 제한지역에 해당하지 않더라도 신청 대상 토지의 현상과 위치 및 주위의 상황 등을 고려하여 국토 및 자연의 유지와 상수원 수질과 같은 환경의 보전 등을 위한 중대한 공익상의 필요가 있을 경우 그 허가를 거부할 수 있으며, 이는 산림형질변경 허가기간을 연장하는 경우에도 마찬가지이다.

【판시사항】

문화재보호법에 의하여 문화재 혹은 문화재자료로 지정된 지역만이 「토지의 형질변경 등 행위허가기준 등에 관한 규칙」 제4조제1항제3호 소정의 "역사적, 문화적, 향토적 가치가 있는 지역으로서 원형보전의 필요가 있는 지역"에 해당하는지 여부(소극) (대법원 1992.8.18. 선고 91누5839 판결)

【판결요지】

문화재보호법에 의하여 문화재 혹은 문화재자료로 지정된 바 없다 하더라도 이와 같은 사정만으로 「토지의 형질변경 등 행위허가기준 등에 관한 규칙」 제4조제1항제3호에서 규정하고 있는 "역사적, 문화적, 향토적 가치가 있는 지역으로서 원형보전의 필요가 있는 지역"에 해당한다고 인정함에 있어 아무런 장애가 될 수 없다.

【판시사항】

구 도시계획법에 따라 행정청이 도시계획시설(도로)로 예정되어 있는 인접토지의 기부채납을 토지형질변경허가의 조건으로 하기 위한 요건 (대법원 2005.6.24. 선고 2003두9367 판결)

【판결요지】

구 도시계획법(2002.2.4. 법률 제6655호 「국토의 계획 및 이용에 관한 법률 부칙」 제2조로 폐지) 제47조제2항에 의하면, 행정청은 개발행위허가를 함에 있어서 필요하다고 인정되는 경우에는 대통령령이 정하는 바에 따라 '당해 개발행위에 따른' 공공시설의 설치·위해방지·환경오염방지·조경 등의 조치를 할 것을 조건으로 개발행위허가를 할 수 있다고 규정하고 있으므로, 행정청이 도시계획시설(도로)로 예정된 토지의 기부채납을 당사자가 신청한 형질변경허가의 조건으로 하기 위하여는 기부채납의 대상이 된 토지에 공공시설을 설치할 필요가 있고 그 기부채납의 정도가 공익상 불가피한 범위와 형질변경의 이익범위 내에서 이루어져야 한다는 점 외에도 그러한 공공시설 설치의 필요성이 당해 토지에 대한 형질변경에 따른 것이어야 한다.

【판시사항】

「구 산업집적활성화 및 공장설립에 관한 법률」 제8조제4호, 「구 국토의 계획 및 이용에 관한 법률 시행령」 제56조제1항 별표 1 제1호 라목(2) 등의 규정 취지 및 수돗물을 공급받아 마시거나 이용하는 주민들이 환경상 이익의 침해를 이유로 공장설립승인처분의 취소 등을 구할 원고적격을 인정받기 위한 요건 (대법원 2010.4.15. 선고

2007두16127 판결)

【판결요지】

공장설립승인처분의 근거 법규 및 관련 법규인 「구 산업집적활성화 및 공장설립에 관한 법률」(2006.3.3. 법률 제7861호로 개정되기 전의 것) 제8조제4호가 산업자원부장관으로 하여금 관계 중앙행정기관의 장과 협의하여 '환경오염을 일으킬 수 있는 공장의 입지제한에 관한 사항'을 정하여 고시하도록 규정하고 있고, 이에 따른 산업자원부 장관의 공장입지기준고시(제2004－98호) 제5조제1호가 '상수원 등 용수이용에 현저한 영향을 미치는 지역의 상류'를 환경오염을 일으킬 수 있는 공장의 입지제한지역으로 정할 수 있다고 규정하고, 「국토의 계획 및 이용에 관한 법률」 제58조제3항의 위임에 따른 「구 국토의 계획 및 이용에 관한 법률 시행령」(2006.8.17. 대통령령 제19647호로 개정되기 전의 것) 제56조제1항 별표 1 제1호 라목(2)가 '개발행위로 인하여 당해 지역 및 그 주변 지역에 수질오염에 의한 환경오염이 발생할 우려가 없을 것'을 개발사업의 허가기준으로 규정하고 있는 취지는, 공장설립승인처분과 그 후속 절차에 따라 공장이 설립되어 가동됨으로써 그 배출수 등으로 인한 수질오염 등으로 직접적이고도 중대한 환경상 피해를 입을 것으로 예상되는 주민들이 환경상 침해를 받지 아니한 채 물을 마시거나 용수를 이용하며 쾌적하고 안전하게 생활할 수 있는 개별적 이익까지도 구체적·직접적으로 보호하려는 데 있다. 따라서 수돗물을 공급받아 이를 마시거나 이용하는 주민들로서는 위 근거 법규 및 관련 법규가 환경상 이익의 침해를 받지 않은 채 깨끗한 수돗물을 마시거나 이용할 수 있는 자신들의 생활환경상의 개별적 이익을 직접적·구체적으로 보호하고 있음을 증명하여 원고적격을 인정받을 수 있다.

3) 허가신청

개발행위를 하려는 자는 그 개발행위에 따른 기반시설의 설치나 그에 필요한 용지의 확보, 위해(危害) 방지, 환경오염 방지, 경관, 조경 등에 관한 계획서를 첨부한 신청서를 개발행위허가권자에게 제출하여야 한다. 이 경우 개발밀도관리구역 안에서는 기반시설의 설치나 그에 필요한 용지의 확보에 관한 계획서를 제출하지 아니한다. 다만, 제56조제1항제1호의 행위 중 「건축법」의 적용을 받는 건축물의 건축 또는 공작물의 설치를 하려는 자는 「건축법」에서 정하는 절차에 따라 신청서류를 제출하여야 한다(법 제57조제1항). 개발행위허가의 신청에 대하여 특별한 사유가 없으면 특별시장 등은 15일 이내에 허가 또는 불허가의 처분을 하여야 한다(같은 조 제2항, 법 시행령 제54조제1항).

[개발행위허가신청시 첨부서류]

개발행위허가신청서 (법 시행규칙 제9조)

법 제57조제1항의 규정에 의하여 개발행위를 하고자 하는 자는 별지 제5호 서식의 개발행위허가신청서에 다음 각 호의 서류를 첨부하여 개발행위허가권자에게 제출하여야 한다.

1. 토지의 소유권 또는 사용권 등 신청인이 당해 토지에 개발행위를 할 수 있음을 증명하는 서류. 다만, 다른 법령에서 개발행위허가가 의제되어 개발행위허가에 관한 신청서류를 제출하는 경우에 다른 법령에 의한 인가·허가 등의 과정에서 본문의 제출서류의 내용을 확인할 수 있는 경우에는 그 확인으로 제출서류에 갈음할 수 있다.
2. 배치도 등 공사 또는 사업관련 도서(토지의 형질변경 및 토석채취인 경우에 한한다)
3. 설계도서(공작물의 설치인 경우에 한한다)
4. 당해 건축물의 용도 및 규모를 기재한 서류(건축물의 건축을 목적으로 하는 토지의 형질변경인 경우에 한한다)
5. 개발행위의 시행으로 폐지되거나 대체 또는 새로이 설치할 공공시설의 종류·세목·소유자 등의 조서 및 도면과 예산내역서(토지의 형질변경 및 토석채취인 경우에 한한다)
6. 법 제57조제1항의 규정에 의한 위해방지·환경오염방지·경관·조경 등을 위한 설계도서 및 그 예산내역서(토지분할인 경우를 제외한다). 다만, 「건설산업기본법 시행령」 제8조제1항의 규정에 의한 경미한 건설공사를 시행하거나 옹벽 등 구조물의 설치 등을 수반하지 아니하는 단순한 토지형질변경의 경우에는 개략설계서로 설계도서에, 견적서 등 개략적인 내역서로 예산내역서에 갈음할 수 있다.
7. 법 제61조제3항의 규정에 의한 관계 행정기관의 장과의 협의에 필요한 서류

[별지 제5호서식] 〈개정 2012.4.13〉

[시행일 : 2012.7.1] 특별자치시와 특별자치시장에 관한 개정규정 (앞쪽)

<table>
<tr><td colspan="5">개발행위허가신청서
□공작물설치 □토지형질변경 □토석채취 □토지분할 □물건적치</td><td>처리기간
15일</td></tr>
<tr><td rowspan="2">신청인</td><td colspan="2">성명(법인인 경우는 그 명칭 및 대표자 성명)</td><td></td><td>주민등록번호
(법인등록번호)</td><td>–</td></tr>
<tr><td colspan="2">주 소</td><td colspan="3">우 (전화 :)</td></tr>
<tr><td colspan="6">허 가 신 청 사 항</td></tr>
<tr><td colspan="3">위치(지번)</td><td></td><td>지 목</td><td></td></tr>
<tr><td colspan="3">용도지역</td><td></td><td>용도지구</td><td></td></tr>
<tr><td rowspan="15">신청내용</td><td rowspan="2">공작물 설치</td><td>신청면적</td><td></td><td>중 량</td><td></td></tr>
<tr><td>공작물구조</td><td></td><td>부 피</td><td></td></tr>
<tr><td rowspan="6">토지형질 변경</td><td rowspan="2">토지현황</td><td>경사도</td><td>토 질</td><td></td></tr>
<tr><td colspan="3">토석매장량</td></tr>
<tr><td rowspan="2">입목식재현황</td><td colspan="3">주요수종</td></tr>
<tr><td>입목지</td><td>무입목지</td><td></td></tr>
<tr><td>신청면적</td><td colspan="3"></td></tr>
<tr><td>입목벌채</td><td>수 종</td><td>나 무 수</td><td>그루</td></tr>
<tr><td>토석채취</td><td>신청면적</td><td></td><td>부 피</td><td></td></tr>
<tr><td>토지분할</td><td>종전면적</td><td></td><td>분할면적</td><td></td></tr>
<tr><td rowspan="3">물건적치</td><td>중 량</td><td></td><td>부 피</td><td></td></tr>
<tr><td>품 명</td><td></td><td>평균적치량</td><td></td></tr>
<tr><td>적치기간</td><td colspan="3">년 월 일부터 년 월 일까지(개월간)</td></tr>
<tr><td colspan="3">개발행위목적</td><td colspan="3"></td></tr>
<tr><td colspan="2">사업기간</td><td>착 공</td><td>년 월 일</td><td>준 공</td><td>년 월 일</td></tr>
<tr><td colspan="6">「국토의 계획 및 이용에 관한 법률」 제57조제1항의 규정에 의하여 위와 같이 허가를 신청합니다.
년 월 일
신청인 (서명 또는 인)
특별시장·광역시장·특별자치시장·특별자치도지사·시장·군수 귀하</td></tr>
<tr><td colspan="5">구비서류 : 뒤쪽 참조</td><td>수수료
없 음</td></tr>
</table>

210mm×297mm[보존용지(2종) 70g/m²]

(뒤쪽)

구 비 서 류
1. 토지의 소유권 또는 사용권 등 신청인이 당해 토지에 개발행위를 할 수 있음을 증명하는 서류. 다만, 다른 법령에서 개발행위허가가 의제되어 개발행위허가에 관한 신청서류를 제출하는 경우에 다른 법령에 의한 인가·허가 등의 과정에서 본문의 제출 서류의 내용을 확인할 수 있는 경우에는 그 확인으로 제출서류에 갈음할 수 있습니다. 2. 배치도 등 공사 또는 사업관련 도서(토지의 형질변경 및 토석채취인 경우에 한함) 3. 설계도서(공작물의 설치인 경우에 한함) 4. 당해 건축물의 용도 및 규모를 기재한 서류(건축물의 건축을 목적으로 하는 토지의 형질변경인 경우에 한함) 5. 개발행위의 시행으로 폐지되거나 대체 또는 새로이 설치할 공공시설의 종류·세목·소유자 등의 조서 및 도면과 예산내역서(토지의 형질변경 및 토석채취인 경우에 한함) 6. 「국토의 계획 및 이용에 관한 법률」 제57조제1항의 규정에 의한 위해방지·환경오염방지·경관·조경 등을 위한 설계도서 및 그 예산내역서(토지분할인 경우를 제외한다). 다만, 「건설산업기본법 시행령」 제8조제1항의 규정에 의한 경미한 건설공사를 시행하거나 옹벽 등 구조물의 설치 등을 수반하지 아니하는 단순한 토지형질변경의 경우에는 개략설계서로 설계도서에, 견적서 등 개략적인 내역서로 예산내역서에 갈음할 수 있습니다. 7. 「국토의 계획 및 이용에 관한 법률」 제61조제3항의 규정에 의한 관계행정기관의 장과의 협의에 필요한 서류

이신청서는 다음과 같이 처리됩니다.

신 청 인	처리기관(담당부서) 특별시·광역시·특별자치시·특별자치도·시·군 (개발행위허가 담당부서)

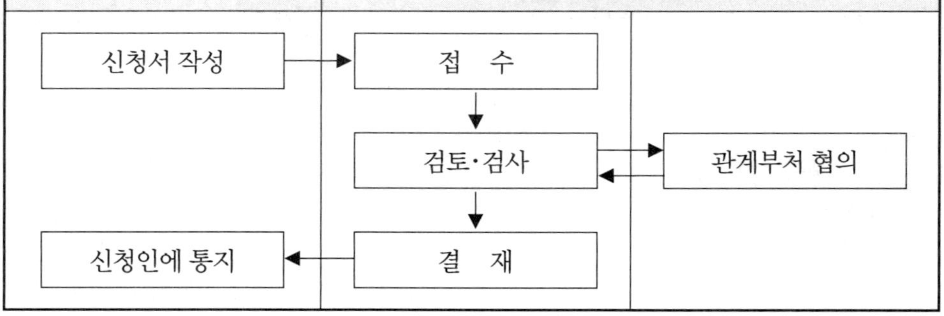

4) 도시계획위원회의 심의

가) 심의사항

관계 행정기관의 장은 건축물의 건축, 토지의 형질변경, 토석의 채취(제56조제1항제1호부터 제3호까지) 중 어느 하나에 해당하는 행위로서 대통령령으로 정하는 행위를 이 법에 따라 허가 또는 변경허가를 하거나 다른 법률에 따라 인가·허가·승인 또는 협의를 하려면 대통령령으로 정하는 바에 따라 중앙도시계획위원회나 지방도시계획위원회의 심의를 거쳐야 한다(법 제59조제1항). 다만 i) 제8조, 제9조 또는 다른 법률에 따라 도시계획위원회의 심의를 받는 구역에서 하는 개발행위, ii) 지구단위계획 또는 성장관리방안을 수립한 지역에서 하는 개발행위, iii) 주거지역·상업지역·공업지역에서 시행하는 개발행위 중 특별시·광역시·특별자치시·특별자치도·시 또는 군의 조례로 정하는 규모·위치 등에 해당하지 아니하는 개발행위, iv) 「환경영향평가법」에 따라 환경영향평가를 받은 개발행위, v) 「도시교통정비 촉진법」에 따라 교통영향분석·개선대책에 대한 검토를 받은 개발행위, vi) 「농어촌정비법」 제2조제4호에 따른 농어촌정비사업 중 대통령령으로 정하는 사업을 위한 개발행위, vii) 「산림자원의 조성 및 관리에 관한 법률」에 따른 산림사업 및 「사방사업법」에 따른 사방사업을 위한 개발행위 등의 어느 하나에 해당하는 개발행위는 그러하지 아니하다(같은 조 제2항).

[법 제59조제1항의 대통령령으로 정하는 행위]

법 시행령 제57조 (개발행위에 대한 도시계획위원회의 심의 등)

① 법 제59조제1항에서 "대통령령으로 정하는 행위"란 다음 각 호의 행위를 말한다. 다만, 도시·군계획사업(「택지개발촉진법」 등 다른 법률에서 도시·군계획사업을 의제하는 사업을 제외한다)에 의하는 경우를 제외한다.

1. 건축물의 건축 또는 공작물의 설치를 목적으로 하는 토지의 형질변경으로서 그 면적이 제55조제1항 각 호의 어느 하나에 해당하는 규모(같은 항 각 호 외의 부분 단서에 따라 도시·군계획조례로 규모를 따로 정하는 경우에는 그 규모를 말한다. 이하 이 조에서 같다) 이상인 경우. 다만,

제55조제3항제3호의2에 따라 시·도도시계획위원회 또는 시·군·구도시계획위원회 중 대도시에 두는 도시계획위원회의 심의를 거치는 토지의 형질변경의 경우는 제외한다.

1의2. 녹지지역, 관리지역, 농림지역 또는 자연환경보전지역에서 건축물의 건축 또는 공작물의 설치를 목적으로 하는 토지의 형질변경으로서 그 면적이 제55조제1항 각 호의 어느 하나에 해당하는 규모 미만인 경우. 다만, 다음 각 목의 어느 하나에 해당하는 경우(법 제37조제1항제5호에 따른 방재지구 및 도시·군계획조례로 정하는 지역에서 건축물의 건축 또는 공작물의 설치를 목적으로 하는 토지의 형질변경에 해당하지 아니하는 경우로 한정한다)는 제외한다.

가. 해당 토지가 자연취락지구, 개발진흥지구, 기반시설부담구역, 「산업입지 및 개발에 관한 법률」 제8조의3에 따른 준산업단지 또는 법 제40조의2에 따른 공장입지유도지구에 위치한 경우

나. 해당 토지가 특별시장·광역시장·특별자치시장·특별자치도지사·시장 또는 군수가 도로 등 기반시설이 이미 설치되어 있거나 설치에 관한 도시·군관리계획이 수립된 지역으로 인정하여 지방도시계획위원회의 심의를 거쳐 해당 지방자치단체의 공보에 고시한 지역에 위치한 경우

다. 해당 토지에 특별시·광역시·특별자치시·특별자치도·시 또는 군의 도시·군계획조례로 정하는 용도지역별 건축물의 용도·규모(대지의 규모를 포함한다)·층수 또는 주택호수 등의 범위에서 다음의 어느 하나에 해당하는 건축물을 건축하려는 경우

1) 「건축법 시행령」 별표 1 제1호의 단독주택(「주택법」 제16조에 따른 사업계획승인을 받아야 하는 주택은 제외한다)

2) 「건축법 시행령」 별표 1 제2호의 공동주택(「주택법」 제16조에 따른 사업계획승인을 받아야 하는 주택은 제외한다)

3) 「건축법 시행령」 별표 1 제3호의 제1종 근린생활시설

4) 「건축법 시행령」 별표 1 제4호의 제2종 근린생활시설(같은 호 거목, 더목 및 러목의 시설은 제외한다)

5) 「건축법 시행령」 별표 1 제18호 가목의 창고(농업·임업·어업을 목적으로 하는 건축물로 한정한다)와 같은 표 제21호의 동물 및 식물 관련 시설(다목 및 라목은 제외한다) 중에서 도시·군계획조

례로 정하는 시설(660m² 이내의 토지의 형질변경으로 한정하며, 자연환경보전지역에 있는 시설은 제외한다)

6) 기존 부지면적의 100분의 5 이하의 범위에서 증축하려는 건축물

라. 해당 토지에 다음의 요건을 모두 갖춘 건축물을 건축하려는 경우

1) 건축물의 집단화를 유도하기 위하여 특별시·광역시·특별자치시·특별자치도·시 또는 군의 도시·군계획조례로 정하는 용도지역 안에 건축할 것

2) 특별시·광역시·특별자치시·특별자치도·시 또는 군의 도시·군계획조례로 정하는 용도의 건축물을 건축할 것

3) 2)의 용도로 개발행위가 완료되었거나 개발행위허가 등에 따라 개발행위가 진행 중이거나 예정된 토지로부터 특별시·광역시·특별자치시·특별자치도·시 또는 군의 도시·군계획조례로 정하는 거리(50m 이내로 하되, 도로의 너비는 제외한다) 이내에 건축할 것

4) 1)의 용도지역에서 2) 및 3)의 요건을 모두 갖춘 건축물을 건축하기 위한 기존 개발행위의 전체 면적(개발행위허가 등에 의하여 개발행위가 진행 중이거나 예정된 토지면적을 포함한다)이 특별시·광역시·특별자치시·특별자치도·시 또는 군의 도시·군계획조례로 정하는 규모(제55조제1항에 따른 용도지역별 개발행위허가 규모 이상으로 정하되, 난개발이 되지 아니하도록 충분히 넓게 정하여야 한다) 이상일 것

5) 기반시설 또는 경관, 그 밖에 필요한 사항에 관하여 특별시·광역시·특별자치시·특별자치도·시 또는 군의 도시·군계획조례로 정하는 기준을 갖출 것

마. 계획관리지역(관리지역이 세분되지 아니한 경우에는 관리지역을 말한다) 안에서 다음의 공장 중 부지가 1만m² 미만인 공장의 부지를 종전 부지면적의 50% 범위 안에서 확장하려는 경우. 이 경우 확장하려는 부지가 종전 부지와 너비 8m 미만의 도로를 사이에 두고 접한 경우를 포함한다.

1) 2002년 12월 31일 이전에 준공된 공장

2) 법률 제6655호 국토의 계획 및 이용에 관한 법률 부칙 제19조에 따라 종전의 「국토이용관리법」, 「도시계획법」 또는 「건축법」의 규정을 적용받는 공장

> 3) 2002년 12월 31일 이전에 종전의 「공업배치 및 공장설립에 관한 법률」(법률 제6842호공업배치및공장설립에관한법률중개정법률에 따라 개정되기 전의 것을 말한다) 제13조에 따라 공장설립 승인을 받은 경우 또는 같은 조에 따라 공장설립 승인을 신청한 경우(별표 27 제2호 타목에 따른 면적제한 요건에 적합하지 아니하여 2003년 1월 1일 이후 그 신청이 반려된 경우를 포함한다)로서 2005년 1월 20일까지 「건축법」 제21조에 따른 착공신고를 한 공장
>
> 2. 부피 3만m^3 이상의 토석채취
>
> 3. 삭제 <2008.1.8>

나) 심의사항 구분

관계 행정기관의 장은 개발행위를 법에 따라 허가하거나 다른 법률에 따라 허가·인가·승인 또는 협의를 하고자 하는 경우에는 다음의 구분에 따라 중앙도시계획위원회 또는 지방도시계획위원회의 심의를 거쳐야 한다(법 시행령 제57조제4항).

(1) 중앙도시계획위원회의 심의를 거쳐야 하는 사항

(가) 면적이 1km^2 이상인 토지의 형질변경

(나) 부피 1백만m^3 이상의 토석채취

(2) 시·도도시계획위원회 또는 시·군·구도시계획위원회 중 대도시에 두는 도시계획위원회의 심의를 거쳐야 하는 사항

(가) 면적이 30만m^2 이상 1km^2 미만인 토지의 형질변경

(나) 부피 50만m^3 이상 1백만m^3 미만의 토석채취

(3) 시·군·구도시계획위원회의 심의를 거쳐야 하는 사항

(가) 면적이 30만m^2 미만인 토지의 형질변경

(나) 부피 3만m^3 이상 50만m^3 미만의 토석채취

다) 심의시 제출서류

관계 행정기관의 장이 중앙도시계획위원회 또는 지방도시계획위원회의 심의를 받는 때에는 ⅰ) 개발행위의 목적·필요성·배경·내용·추진절차 등을 포

함한 개발행위의 내용(관계 법령의 규정에 의하여 당해 개발행위를 허가·인가·승인 또는 협의할 때에 포함되어야 하는 내용을 포함한다), ii) 대상지역과 주변지역의 용도지역·기반시설 등을 표시한 축척 2만5천분의 1의 토지이용현황도, iii) 배치도·입면도(건축물의 건축 및 공작물의 설치의 경우에 한한다) 및 공사계획서, iv) 그 밖에 국토교통부령이 정하는 서류를 국토교통부장관 또는 해당 지방도시계획위원회가 설치된 지방자치단체의 장에게 제출하여야 한다(법 시행령 제57조제6항).

라) 심의요청

국토교통부장관이나 지방자치단체의 장은 「환경영향평가법」에 따라 환경영향평가를 받은 개발행위 및 「도시교통정비 촉진법」에 따라 교통영향분석·개선대책에 대한 검토를 받은 개발행위에 해당하는 개발행위가 도시계획에 포함되지 아니한 경우에는 관계 행정기관의 장에게 대통령령으로 정하는 바에 따라 중앙도시계획위원회나 지방도시계획위원회의 심의를 받도록 요청할 수 있다(법 제59조제3항). 위 규정에 의하여 국토교통부장관 등이 관계 행정기관의 장에게 중앙도시계획위원회 또는 지방도시계획위원회의 심의를 받도록 요청하는 때에는 심의가 필요한 사유를 명시하여야 하며(법 시행령 제58조제1항), 또한 위 규정에 의하여 중앙도시계획위원회 또는 지방도시계획위원회의 심의를 받도록 요청받은 관계 행정기관의 장이 중앙행정기관의 장인 경우에는 중앙도시계획위원회의 심의를 받아야 하며, 지방자치단체의 장인 경우에는 당해 지방자치단체에 설치된 지방도시계획위원회의 심의를 받아야 한다(법 시행령 제58조제2항).

유권해석 ❚ 01

① 질의요지

제2종일반주거지역에서 공동주택(아파트) 신축을 위해 「주택법」에 따라 지구단위계획결정을 의제하는 경우 해당 지역면적이 개발행위허가 규모(1만㎡)를

초과한다면 개발행위에 대한 시·도도시계획위원회심의를 받아야하는지 여부

② **회신내용**

「국토의 계획 및 이용에 관한 법률」(이하, "법") 제59조제1항의 규정에 의하면 관계 행정기관의 장은 제56조제1항제1호부터 제3호까지의 행위 중 어느 하나에 해당 하는 행위로서 대통령령이 정하는 행위를 이 법에 따라 허가하거나 또는 법률에 따라 인가·허가·승인 또는 협의를 하려면 대통령령으로 정하는 바에 따라 중앙도시계획위원회나 지방도시계획위원회의 심의를 거쳐야한다고 규정하고 있습니다.

귀 질의의 경우 「주택법」 제17조에 따라 지구단위계획을 의제하는 경우에는 법 제59조제2항제2호의 "지구단위계획을 수립한 지역에서 하는 개발행위"로는 볼 수 없다 할 것으로 법 제56조제1항제1호 내지 제3호에 해당하는 행위로서 법 시행령 제57조제1항제1호에 해당하는 경우에는 동조 제4항의 규정에 의한 형질변경면적에 따라 해당 도시계획위원회의 심의를 받아야 한다고 판단됩니다.

[도시정책과-2199, 2012.4.8]

유권해석 ▌02

① **질의요지**

「산업집적 활성화 및 공장설립에 관한 법률」에 따른 공장설립 승인(계획관리지역 43,000m²)시 개발행위허가(토지형질변경)를 의제하는 경우 도시계획위원회 심의는 「국토의 계획 및 이용에 관한 법률(이하 "법") 시행령」 제55조제3항3의2에 따라 시·도도시계획위원회(대도시 포함) 심의를 거쳐야 하는지 아니면 같은 영 제57조제4항제3호에 따라 시·군·구도시계획위원회 심의를 거쳐야하는지 여부

② **회신내용**

법 제58조제1항 및 법 시행령 제55조제1항의 규정에 따라 개발행위허가는 용도지역별 개발행위허가 규모에 적합하여야 하며 위 규정은 다른 법률에서 개

발행위허가를 의제하는 경우에도 적용된다고 보아야할 것입니다.
다만, 법 시행령 제55조제3항 각 호에 해당하는 경우에는 허가규모를 초과하더라도 개발행위허가가 가능하도록 규정되어 있고, 이 중 같은 조 제3항제3호의2 각 목에 해당하는 경우에는 시·도(대도시인 경우에는 대도시) 도시계획위원회 심의를 거치는 경우에는 개발행위허가 규모제한을 적용하지 아니하도록 규정되어 있는바,
귀 질의의 경우와 같이 개발행위 허가규모를 초과하는 공장설립과 관련하여 산집법 제13조의2제1항의 규정에 따라 법 제56조제1항제2호 토지의 형질변경의 개발행위허가를 의제하고자 하는 경우에는 시·도(대도시인 경우에는 대도시) 도시계획위원회심의를 거쳐야 할 것으로 판단됩니다.

[도시정책과-1591, 2012.3.8]

5) 조건부허가

가) 기반시설의 설치

특별시장·광역시장·특별자치시장·특별자치도지사·시장 또는 군수는 개발행위허가를 하는 경우에는 대통령령으로 정하는 바에 따라 그 개발행위에 따른 기반시설의 설치 또는 그에 필요한 용지의 확보, 위해 방지, 환경오염 방지, 경관, 조경 등에 관한 조치를 할 것을 조건으로 개발행위허가를 할 수 있다(법 제57조제4항).

나) 이행보증금의 예치

(1) 이행보증금의 예치

특별시장·광역시장·특별자치시장·특별자치도지사·시장 또는 군수는 기반시설의 설치나 그에 필요한 용지의 확보, 위해 방지, 환경오염 방지, 경관, 조경 등을 위하여 필요하다고 인정되는 경우로서 대통령령으로 정하는 경우에는 이의 이행을 보증하기 위하여 개발행위허가(다른 법률에 따라 개발행위허가가 의제되는 협의를 거친 인가·허가·승인 등을 포함한다. 이하 이 조에서 같다)를 받는 자로 하여금 이행보증금을 예치하게 할 수 있다. 그러나 i) 국가나 지방자치단체가 시행하는 개발행위, ii) 「공공기관의 운영에 관한 법률」에 따른 공

공기관 중 대통령령으로 정하는 기관(「공공기관의 운영에 관한 법률」 제5조제3항 제1호 또는 제2호 나목에 해당하는 기관을 말한다)이 시행하는 개발행위, iii) 그 밖에 해당 지방자치단체의 조례로 정하는 공공단체가 시행하는 개발행위 중 어느 하나에 해당하는 경우에는 그러하지 아니하다(법 제60조제1항).

[법 제60조제1항 각 호 외의 부분 본문 상 "대통령령이 정하는 경우"]

법 시행령 제59조

① 법 제60조제1항 각 호 외의 부분 본문에서 "대통령령이 정하는 경우"라 함은 다음 각 호의 1에 해당하는 경우를 말한다.

1. 법 제56조제1항제1호 내지 제3호의1에 해당하는 개발행위로서 당해 개발행위로 인하여 도로·수도공급설비·하수도 등 기반시설의 설치가 필요한 경우
2. 토지의 굴착으로 인하여 인근의 토지가 붕괴될 우려가 있거나 인근의 건축물 또는 공작물이 손괴될 우려가 있는 경우
3. 토석의 발파로 인한 낙석·먼지 등에 의하여 인근지역에 피해가 발생할 우려가 있는 경우
4. 토석을 운반하는 차량의 통행으로 인하여 통행로 주변의 환경이 오염될 우려가 있는 경우
5. 토지의 형질변경이나 토석의 채취가 완료된 후 비탈면에 조경을 할 필요가 있는 경우

(2) 이행보증금의 산정

이행보증금의 예치금액은 기반시설의 설치, 위해의 방지, 환경오염의 방지, 경관 및 조경에 필요한 비용의 범위 안에서 산정하되 총공사비의 20% 이내가 되도록 하고, 그 산정에 관한 구체적인 사항 및 예치방법은 특별시·광역시·특별자치시·특별자치도·시 또는 군의 도시·군계획조례로 정한다. 이 경우 산지에서의 개발행위에 대한 이행보증금의 예치금액은 「산지관리법」 제38조에 따른 복구비를 포함하여 정하되, 복구비가 이행보증금에 중복하여 계상되지 아니하도록 하여야 한다(법 시행령 제59조제2항).

(3) 예치방법

이행보증금은 현금으로 납입하되, 「국가를 당사자로 하는 계약에 관한 법률 시행령」 제37조제2항 각 호 및 「지방자치단체를 당사자로 하는 계약에 관한 법률 시행령」 제37조제2항 각 호의 보증서 등 또는 「광산피해의 방지 및 복구에 관한 법률」 제39조제1항제5호에 따라 한국광해관리공단이 발행하는 이행보증서 등으로 이를 갈음할 수 있다(법 시행령 제59조제3항).

(4) 보증금의 반환

이행보증금은 개발행위허가를 받은 자가 준공검사를 받은 때에는 즉시 이를 반환하여야 한다(법 시행령 제59조제4항). 한편, 특별시장 등은 개발행위허가를 받은 자가 원상회복명령을 이행하지 아니하는 때에는 이행보증금을 사용하여 대집행에 의하여 원상회복을 할 수 있으며, 이 경우 잔액이 있는 때에는 즉시 이를 이행보증금의 예치자에게 반환하여야 한다(법 시행령 제59조제6항).

라. 개발행위허가의 제한

1) 개발행위허가제한 대상지역 등

가) 개발행위허가 제한 대상지역

국토교통부장관, 시·도지사, 시장 또는 군수는 ⅰ) 녹지지역이나 계획관리지역으로서 수목이 집단적으로 자라고 있거나 조수류 등이 집단적으로 서식하고 있는 지역 또는 우량 농지 등으로 보전할 필요가 있는 지역, ⅱ) 개발행위로 인하여 주변의 환경·경관·미관·문화재 등이 크게 오염되거나 손상될 우려가 있는 지역, ⅲ) 도시·군기본계획이나 도시·군관리계획을 수립하고 있는 지역으로서 그 도시·군기본계획이나 도시·군관리계획이 결정될 경우 용도지역·용도지구 또는 용도구역의 변경이 예상되고 그에 따라 개발행위허가의 기준이 크게 달라질 것으로 예상되는 지역, ⅳ) 지구단위계획구역으로 지정된 지역, ⅴ) 기반시설부담구역으로 지정된 지역 중 어느 하나에 해당되는 지역으로서 도시관리계획상 특히 필요하다고 인정되는 지역에 대하여 개발행위허가를 제한할 수 있다(법 제63조제1항).

나) 개발행위허가 제한기간

위 1)항의 지역에 대통령령으로 정하는 바에 따라 중앙도시계획위원회나 지방도시계획위원회의 심의를 거쳐 한 차례만 3년 이내의 기간 동안 개발행위허가를 제한할 수 있다. 다만, iii)부터 ⅴ)까지에 해당하는 지역에 대해서는 중앙도시계획위원회나 지방도시계획위원회의 심의를 거치지 아니하고 한 차례만 2년 이내의 기간 동안 개발행위허가의 제한을 연장할 수 있다(같은 조 제1항).

【판시사항】

「토지의 형질변경 등 행위허가기준 등에 관한 규칙」 제4조제2항에 의한 허가제한 지역에 관한 고시 여부가 토지형질변경허가 여부를 결정하는 요건인지 여부(소극) 및 당해 토지가 같은 조 제1항제2호에 규정된 지역으로 고시된 경우, 같은 조 제1항 제1호에 규정된 지역에 해당한다는 이유로 불허가처분을 할 수 있는지 여부(적극) (대법원 1997.9.26. 선고 97누8984 판결)

【판결요지】

「토지의 형질변경 등 행위허가기준 등에 관한 규칙」 제4조제2항은, 시장 또는 군수는 제1항의 규정에 의하여 허가가 제한되는 지역의 위치, 면적, 제한사유 기타 필요한 사항을 당해 지방자치단체에서 발행하는 공보에 고시하여야 한다고 규정하고 있는바, 관계 법령의 규정을 종합하여 보면, 위 규칙 제4조제1항 각 호에 규정된 사유가 있는 지역이라는 취지의 고시가 행하여지지 아니한 지역에 소재한 토지라고 하여 그러한 사유가 있음에도 불구하고 무조건 형질변경을 허가하여야 하는 것은 아니고, 위 규칙에서 정한 요건을 충족하여야만 비로소 형질변경을 허가할 수 있는 것으로 보아야 할 것이므로, 그러한 고시 여부는 형질변경허가 여부를 결정하는 요건이 된다고 볼 수 없다. 따라서 당해 토지가 위 규칙 제4조제1항제2호에 규정된 지역에 해당한다는 제한사유로 고시되었다고 하더라도, 허가신청 토지에 관하여 같은 조 제1항제1호에 규정된 제한사유가 있다면 그러한 사유를 들어 불허가한 것은 적법하다.

【판시사항】

도시계획상 자연녹지지역인 당해 토지가 그 형질변경으로 인하여 주변의 환경, 풍치, 미관 등이 크게 손상될 우려가 있는 토지에 해당된다고 본 사례 (대법원 1998.3.10. 선고 97누15166 판결)

【판결요지】

당해 토지는 도시계획상 용도지역이 자연녹지지역이고, 지방자치단체장이 기존 건축물의 증·개축 등 이외에는 일체의 토지형질변경행위를 허가하지 않기로 고시한 지역 내에 위치하고 있으며, 당해 토지 인근의 자연녹지지역 내에 골프연습장 등과 같은 일부 건물이 들어서 있기는 하나, 그 규모가 크지 않을 뿐만 아니라 모두 위 허가제한 고시 이전에 건축된 것이고, 이를 제외한 대부분의 토지가 아직 미개발의 녹지상태로서 수려한 자연경관을 유지하고 있는 것으로 보임에 비추어 당해 토지를 개발할 경우 환경의 파괴가 가속화 될 우려가 극히 높다고 할 것이므로, 이러한 사정과 대비하여 보면 당해 토지가 사실상 수목이 거의 없는 평탄한 나지(나지)라 하더라도 그 형질변경으로 인하여 주변의 환경, 풍치, 미관 등이 크게 손상될 우려가 있는 토지에 해당된다고 보아, 이와 달리 당해 반려처분이 위법하다고 본 원심판결을 파기한 사례

【판시사항】

「토지의 형질변경 등 행위허가기준 등에 관한 규칙」 제4조제1항 소정의 '당해 사업의 시행으로 인하여 주변의 환경·풍치·미관 등이 크게 손상될 우려가 있는 지역'인지 여부의 판단 기준 (대법원 1998.11.13. 선고 98두7343 판결)

【판결요지】

어느 토지의 형질변경행위가 「토지의 형질변경 등 행위허가기준 등에 관한 규칙」 제4조제1항에서 정하는 '당해 사업의 시행으로 인하여 주변의 환경·풍치·미관 등이 크게 손상될 우려가 있는 지역'인가 여부를 판단함에 있어서는 형질변경으로 인한 당해 토지의 환경·풍치·미관뿐만 아니라 당해 토지와 인접하여 있는 주위 토지의 환경·풍

치·미관 등에 미치는 영향, 나아가 미관상 당해 토지 및 주변의 환경에 대한 원형보존의 필요성 유무 및 도시 전체의 미관과도 관련하여 종합적으로 판단하여야 한다.

【판시사항】

(대법원 1995.3.10. 선고 94누5298 판결)

가. 녹지지역으로 침수지역인 토지에 택지개발사업시행이 예정되어 있는 경우, 토지형질변경 신청을 불허한 처분을 적법하다고 한 사례

나. 「토지의 형질변경 등 행위허가기준 등에 관한 규칙」 제4조제2항에 규정된 "고시" 여부가 토지형질변경허가 여부를 결정하는 요건인지 여부

【판결요지】

가. 토지가 녹지지역에 속하고 침수지역으로서 그 시설하려고 하는 주유소의 설치로 인하여 주변의 침수가 심화될 가능성이 있고, 행정처분 당시에 향후 침수에 대한 종합적인 대책의 일환으로서 택지개발사업의 시행이 예정되어 있어 그 지장물 등이 철거·이전·수용될 것이 예상되는 지역이라는 사실이 인정되는 경우, 그 토지는 도시계획법 시행령 제5조의2의 규정의 위임에 근거한 「토지의 형질변경 등 행위허가기준 등에 관한 규칙」 제4조제1항제1호 또는 제3호에 해당하므로 그 토지에 관한 형질변경을 허가해주면 같은 법 시행령 제5조의2에서 규정한 당해 토지의 합리적인 이용이나 도시계획사업에 지장이 될 우려가 있다고 보아 행정청이 토지의 형질변경 신청을 불허한 처분은 적법하다고 한 사례

나. 관계법령의 규정을 종합하여 보면 「토지의 형질변경 등 행위허가기준 등에 관한 규칙」 제4조제1항에서 정한 사유가 있는 지역이라는 취지의 고시가 행하여지지 아니한 지역에 소재한 토지라고 하여 그러한 사유가 있음에도 불구하고 무조건 형질변경을 허가하여야 하는 것은 아니고 위 규칙에서 정한 요건을 충족한 경우에 비로소 형질변경을 허가할 수 있는 것으로 보아야 할 것이고, 위 규칙 제4조제2항에 규정된 고시 여부는 토지형질변경허가 여부를 결정하는 요건이 된다고 볼 수 없다.

다) 지정절차

개발행위허가를 제한하고자 하는 자가 국토교통부장관인 경우에는 중앙도시계획위원회의 심의를 거쳐야 하며, 시·도지사 또는 시장·군수인 경우에는 당해 지방자치단체에 설치된 지방도시계획위원회의 심의를 거쳐야 한다(법 시행령 제60조제1항). 다만, 개발행위허가를 제한하고자 하는 자가 국토교통부장관 또는 시·도지사인 경우에는 중앙도시계획위원회 또는 시·도도시계획위원회의 심의 전에 미리 제한하고자 하는 지역을 관할하는 시장 또는 군수의 의견을 들어야 한다(같은 조 제2항).

라) 지정고시

국토교통부장관, 시·도지사, 시장 또는 군수는 개발행위허가를 제한하려면 대통령령으로 정하는 바에 따라 제한지역·제한사유·제한대상행위 및 제한기간을 미리 고시하여야 하는데(법 제63조제2항), 이 경우 개발행위허가의 제한 및 개발행위허가의 제한 해제에 관한 고시는 국토교통부장관이 하는 경우에는 관보에, 시·도지사 또는 시장·군수가 하는 경우에는 당해 지방자치단체의 공보에 게재하는 방법에 의한다(법 시행령 제60조제3항). 한편, 개발행위허가를 제한하기 위하여 개발행위허가 제한지역 등을 고시한 국토교통부장관, 시·도지사, 시장 또는 군수는 해당 지역에서 개발행위를 제한할 사유가 없어진 경우에는 그 제한기간이 끝나기 전이라도 지체 없이 개발행위허가의 제한을 해제하여야 한다. 이 경우 국토교통부장관, 시·도지사, 시장 또는 군수는 대통령령으로 정하는 바에 따라 해제지역 및 해제시기를 고시하여야 한다(법 제63조제3항).

2) 도시계획시설부지에서의 개발행위 제한

가) 공작물 등의 설치

특별시장·광역시장·특별자치시장·특별자치도지사·시장 또는 군수는 도시계획시설의 설치 장소로 결정된 지상·수상·공중·수중 또는 지하는 그 도시계획시설이 아닌 건축물의 건축이나 공작물의 설치를 허가하여서는 아니 된다. 다만, 대통령령으로 정하는 경우에는 그러하지 아니하다(법 제64조제1항).

[법 제64조제1항 단서 상 "대통령령으로 정하는 경우"]

법 시행령 제61조 (도시·군계획시설부지에서의 개발행위)

1. 지상·수상·공중·수중 또는 지하에 일정한 공간적 범위를 정하여 도시·군계획시설이 결정되어 있고, 그 도시·군계획시설의 설치·이용 및 장래의 확장 가능성에 지장이 없는 범위에서 도시·군계획시설이 아닌 건축물 또는 공작물을 그 도시·군계획시설인 건축물 또는 공작물의 부지에 설치하는 경우
2. 도시·군계획시설과 도시·군계획시설이 아닌 시설을 같은 건축물 안에 설치한 경우(법률 제6243호 도시계획법 개정법률에 의하여 개정되기 전에 설치한 경우를 말한다)로서 법 제88조의 규정에 의한 실시계획인가를 받아 다음 각 목의 어느 하나에 해당하는 경우
   가. 건폐율이 증가하지 아니하는 범위 안에서 당해 건축물을 증축 또는 대수선하여 도시·군계획시설이 아닌 시설을 설치하는 경우
   나. 도시·군계획시설의 설치·이용 및 장래의 확장 가능성에 지장이 없는 범위 안에서 도시·군계획시설을 도시·군계획시설이 아닌 시설로 변경하는 경우
3. 「도로법」 등 도시·군계획시설의 설치 및 관리에 관하여 규정하고 있는 다른 법률에 의하여 점용허가를 받아 건축물 또는 공작물을 설치하는 경우
4. 도시·군계획시설의 설치·이용 및 장래의 확장 가능성에 지장이 없는 범위에서 「신에너지 및 재생에너지 개발·이용·보급 촉진법」 제2조제2호에 따른 신·재생에너지 설비 중 태양에너지 설비 또는 연료전지 설비를 설치하는 경우

【판시사항】

도시계획시설인 시장용지로 지정된 토지가 「택지소유상한에 관한 법률」 제20조제1항제3호 전단 소정의 택지초과소유부담금부과대상 제외택지에 해당되는지 여부 (대법원 1994.10.14. 선고 94누3773 판결)

【판결요지】

도시계획법 제4조제1항, 같은 법 시행령 제5조의2, 「토지의 형질변경 등 행위허가기준 등에 관한 규칙」(1992.11.19. 건설부령 제517호로 개정되기 전의 것) 제17조제1항 등의 규정에 의하면, 시장·군수는 같은 법상 도시계획시설의 설치장소로 결정된 토지에는 도시계획시설이 아닌 건축물의 건축을 허가할 수 없게 되어 있고, 같은 법 제2조제1항제3호, 제1호 나목의 규정에 의하면 시장은 도시계획시설의 하나로 열거되어 있으므로, 도시계획시설인 시장용지로 지정·제공하기로 한 토지에 대해서는 그 도시계획시설 결정이 취소·변경되지 아니하는 한 시장건물 아닌 주택의 건축은 금지된다고 할 것이어서, 도시계획시설의 하나인 시장용지로 지정된 토지는 택지초과소유부담금의 부과대상 제외사유를 규정한 「택지소유상한에 관한 법률」 제20조제1항제3호 전단 소정의 "관계법령에 의하여 주택의 건축이 금지된 택지"에 해당되는 것으로 보아야 한다.

【판시사항】

도시계획법상 도시계획시설인 공용청사 용지로 결정된 토지에 공용청사 이외의 용도로 건축이 제한되는지 여부(적극) 및 위 토지에 대한 주택건설사업계획 사전결정의 가부(소극) (대법원 1998.7.10. 선고 98두3822 판결)

【판결요지】

도시계획법 제4조제1항, 같은 법 시행령 제5조의2, 「토지의 형질변경 등 행위허가기준 등에 관한 규칙」 제17조제1항은 시장·군수는 도시계획법상 도시계획시설의 설치장소로 결정된 토지에는 당해 도시계획시설이 아닌 건축물의 건축을 허가할 수 없게 되어 있고, 한편, 도시계획법 제2조제1항제3호, 제1호 나목의 규정에 의하면 공용의 청사는 도시계획시설의 하나로 열거되어 있으므로, 도시계획사업의 시행으로 공용의 청사 용지로 지정, 제공하기로 한 토지에 대해서는 그 지상에 공용의 청사 이외의 용도로 사용하기 위한 건축물의 건축이 제한되어 주택의 건축허가가 허용될 수 없고, 따라서 이를 전제로 한 주택건설촉진법 제32조의4의 규정에 의한 주택건설사업계획 사전결정도 할 수 없다.

나) 가설건축물의 건축 등

특별시장 등은 도시계획시설결정의 고시일부터 2년이 지날 때까지 그 시설의 설치에 관한 사업이 시행되지 아니한 도시계획시설 중 단계별 집행계획이 수립되지 아니하거나 단계별 집행계획에서 제1단계 집행계획(단계별 집행계획을 변경한 경우에는 최초의 단계별 집행계획을 말한다)에 포함되지 아니한 도시·군계획시설의 부지에 대하여는 i) 가설건축물의 건축과 이에 필요한 범위에서의 토지의 형질 변경, ii) 도시·군계획시설의 설치에 지장이 없는 공작물의 설치와 이에 필요한 범위에서의 토지의 형질 변경, iii) 건축물의 개축 또는 재축과 이에 필요한 범위에서의 토지의 형질 변경(제56조제4항제2호에 해당하는 경우는 제외한다) 등의 개발행위를 허가할 수 있다(같은 조 제2항).

다) 원상회복조치 및 행정대집행

특별시장 등은 가설건축물의 건축이나 공작물의 설치를 허가한 토지에서 도시계획시설사업이 시행되는 경우에는 그 시행예정일 3개월 전까지 가설건축물이나 공작물 소유자의 부담으로 그 가설건축물이나 공작물의 철거 등 원상회복에 필요한 조치를 명하여야 하며(같은 조 제3항), 이에 따른 원상회복의 명령을 받은 자가 원상회복을 하지 아니하면 「행정대집행법」에 따른 행정대집행에 따라 원상회복을 할 수 있다(같은 조 제4항). 다만, 원상회복이 필요하지 아니하다고 인정되는 경우에는 그러하지 아니하다.

유권해석 ▌01

① 질의요지

가. 「국토의 계획 및 이용에 관한 법률」(이하, "법") 시행령 제61조제1호에서 "지상·수상·공중·수중 또는 지하에 일정한 공간적 범위를 정하여 도시계획시설이 결정되어 있고, 그 도시계획시설의 설치·이용 및 장래의 확장 가능성에 지장이 없는 범위에서 도시계획시설이 아닌 건축물 또는 공작물을 그 도시계획시설인 건축물 또는 공작물부지에 설치하는 경우"에서 도시계획시설이 아닌 건축물 또는 공작물 범위 안에 창고건축물도 포함

되는지 여부

나. 법 제64조제2항에 따라 도시계획시설(공항시설)부지에 창고 및 가설건축물건축을 위한 개발행위허가 및 지목변경 가능 여부

② 회신내용

○ 질의 가.에 대하여

법 제64조제1항 단서, 법 시행령 제61조제1호 및 「도시계획시설의 결정·구조 및 설치기준에 관한 규칙」 제4조에 따라 해당 도시계획시설의 설치·이용 및 장래의 확장가능성에 지장이 없는 범위에서 입체적 도시계획시설 결정을 하면(공간적 범위를 도시관리계획으로 결정한다는 뜻임) 나머지 공간에 대하여 도시계획시설이 아닌 건축물 또는 공작물을 설치할 수 있습니다. 이 경우 설치하고자 하는 건축물은 도시계획시설이 아니므로 해당 용도지역에 적합해야 할 것입니다.

따라서, 질의하신 창고시설을 설치하고자 하는 부지가 입체적 도시계획시설로 결정되어 있고, 해당 용도지역에 적합하다면 개발행위허가, 건축허가 등 개별 법령에 따라 허가를 득한 후 설치할 수 있다고 봅니다.

○ 질의 나.에 대하여

법 제64조제2항에 따라 도시계획시설 결정의 고시일부터 2년이 경과할 때까지 당해 시설의 설치에 관한 사업이 시행되지 아니한 도시계획시설 중 단계별집행계획이 수립되지 아니하거나 제1단계 집행계획에 포함되지 아니한 도시계획시설의 부지에 대하여는 도시계획시설의 설치에 지장이 없는 가설건축물의 건축과 이에 필요한 범위 안에서의 토지형질변경을 비롯한 동조 제2항 각 호의 개발행위허가가 가능하도록 규정하고 있습니다. 다만, 이 경우 동조 제3항에 따라 도시계획시설사업이 시행되는 경우에는 그 시행예정일 3개월 전까지 원상회복에 필요한 조치를 취하도록 규정되어 있는바, 지목변경을 수반하는 건축물의 건축인 경우 동 건축물을 도시계획시설부지에 설치하는 것은 추후 원상회복 등 취지에 맞지 아니할 것이므로 개발행위허가를 하는 것은 타당하지 않다고 판단되오니 구체적인 사항은 해당 허가권자와 상의하시기 바랍니다.

[도시정책과-7239, 2011.11.15]

유권해석 ▌02

① **질의요지**

가. 도시계획시설(유원지)로 결정되고, 현재 실시계획인가를 받았으나 아직까지 사업을 착수하지 못하고 있는 경우 동유원지 부지 내 가설건축물허가 가능여부

나. 도시계획시설(유원지)로 결정되고, 현재 실시계획인가를 받았으나 10년 이상 사업이 시행되지 않고 남은 사업기간에도 착수하지 못하는 경우 실시계획인가의 연장가능 여부

② **회신내용**

가. 「국토의 계획 및 이용에 관한 법률」(이하, "법") 제88조 및 법 제97조에 따라 실시계획인가를 받기위해서는 설계도서, 자금계획서, 사업기간착수예정일 및 준공예정일, 감정평가서 등을 제출하고, 이행보증금 및 각종 부담금을 납부하여야 하므로 실질적으로 공사가 시행될 때 실시계획인가를 받는 것이 바람직하다 할 것입니다.

따라서, 원활한 도시계획시설사업을 위해 우리부에서는 실시계획인가가 되었다면 착공여부(지역여건에 따라 실시계획인가고시 된 착수예정일과 실질적인 착수일은 다를 수 있음)와 관계없이 해당 도시계획시설 사업이 시행 중인 것으로 운영하고 있으므로 실시계획인가 받은 사업부지에 가설건축물허가는 타당하지 않습니다.

나. 실시계획인가를 받았으나 10년 이상 도시계획시설사업이 착공 및 시행되지 않고 남은 사업기간에도 착공이 어려운 경우라면 실시계획인가 연장은 바람직하지 않으므로 추후 실질적으로 착공이 가능한 시점에서 실시계획인가를 받는 것이 타당하다고 판단됩니다.

[도시정책과－3837, 2012.6.18]

유권해석 ▌03

① **질의요지**

서울외곽순환고속도로 내 도시계획시설인 교통광장에 건축물(건축물류창고)을 위한 도로 점용허가를 받는 경우 개발행위허가가 가능한지 및 이 경우 교통광장해제 또는 도시·군계획시설의 중복결정 등 도시·군계획시설 변경결정 절차를 거쳐야하는지

② **회신내용**

「국토의 계획 및 이용에 관한 법률」(이하, "법") 제64조제1항에 따르면 도시·군계획시설의 설치장소로 결정된 지상·수상·공중·수중·지하에는 건축물의 건축 또는 공작물의 설치를 위한 개발행위허가를 할 수 없으나, 법 시행령 제61조제3항에 따라 「도로법」 등 도시·군계획시설의 설치 및 관리에 관하여 규정하고 있는 법률에 의하여 점용허가를 받아 건축물 또는 공작물을 설치하는 경우에는 개발행위허가가 가능합니다.

따라서, 「도로법」에서 해당 도시·군계획시설인 교통광장의 설치 및 관리에 관하여 규정하고 있는 경우라면 「도로법」에 따른 점용허가를 받아 개발행위허가가 가능한 것으로 판단되며, 이 경우 별도의 도시·군계획시설 변경결정절차는 거칠 필요가 없음을 알려드립니다.

다만, 「도로법」에서 교통광장의 설치 및 관리에 관하여 규정하고 있는지 여부에 대하여는 「도로법」 등 관련 법령을 종합적으로 검토하여 판단할 사항입니다.

[도시정책과-2939호 2013.7.17]

유권해석 ▌04

① **질의요지**

「국토의 계획 및 이용에 관한 법률」 제63조에 따라 개발행위허가의 제한지역으로 고시하여 1회 연장하여 연장기간이 완료(총 5년간 제한)된 경우, 다른 사유로 다시 신규로 허가제한을 할 수 있는지

② **회신내용**

법 제63조에 따른 개발행위허가의 제한은 국민의 재산권을 제한하는 것 이므로 그 제한기간을 정한 것으로 보아야할 것 이므로 같은 사유로 다시 허가제한을 할 수 없다고 판단됩니다. 다만, 당초 제한사유와 명백히 다른 사유가 있다면 다시 신규로 허가제한을 할 수 있다고 봅니다. 이러한 경우에도 관련계획이 조속이 확정되도록 하여 재산권을 장기간 제한하지 않도록 해야 할 것입니다.

[도시정책과-1278, 2011.3.4]

유권해석 ▮05

① **질의요지**

「국토의 계획 및 이용에 관한 법률」(이하, "법") 제63조에 따른 개발행위 허가제한지역 고시 이전에 개발행위허가를 득한 건에 대해서 개발행위허가 제한지역 고시 이후에 개발행위변경허가를 받고자하는 경우 개발행위 변경허가가 제한되는지 여부

② **회신내용**

법 제56조제2항의 규정에 따라 기 허가받은 개발행위를 변경하고 자하는 경우에는 개발행위허가를 준용하도록 규정하고 있는바 개발행위변경허가도 개발행위허가에 해당되므로 개발행위허가 제한지역으로 고시되었다면 원칙상 개발행위 변경허가 또한 제한하는 것이 타당하다고 판단됩니다. 다만, 변경하고자 하는 내용이 지역실정 및 개발여건 등으로 변경이 불가피 하고 개발행위허가 제한목적 및 취지에 위반되는지 여부 등을 종합적으로 검토하여 허가권자가 변경가능여부를 판단할 수 있을 것으로 봅니다.

[도시정책과-383, 2013.1.16]

【판시사항】

구 도시계획법 제14조의2제4항 소정의 '가설건축물' 수용시 임차인의 영업손실을 보상하여야 하는지 여부(소극) (대법원 2001.8.24. 선고 2001다7209 판결)

【판결요지】

구 도시계획법(2000.1.28. 법률 제6243호로 전문 개정되기 전의 것) 제14조의2제4항의 규정은 도시계획시설사업의 집행계획이 공고된 토지에 대하여 건축물을 건축하고자 하는 자는 장차 도시계획사업이 시행될 때에는 건축한 건축물을 철거하는 등 원상회복의무가 있다는 점을 이미 알고 있으므로 건축물의 한시적 이용 및 원상회복에 따른 경제성 기타 이해득실을 형량하여 건축 여부를 결정할 수 있도록 한 것으로서, 이러한 사실을 알면서도 건축물을 건축하였다면 스스로 원상회복의무의 부담을 감수한 것이므로 도시계획사업을 시행함에 있어 무상으로 당해 건축물의 원상회복을 명하는 것이 과도한 침해라거나 특별한 희생이라고 볼 수 없다. 그러므로 토지소유자는 도시계획사업이 시행될 때까지 가설건축물을 건축하여 한시적으로 사용할 수 있는 대신 도시계획사업이 시행될 경우에는 자신의 비용으로 그 가설건축물을 철거하여야 할 의무를 부담할 뿐 아니라 가설건축물의 철거에 따른 손실보상을 청구할 수 없고, 보상을 청구할 수 없는 손실에는 가설건축물 자체의 철거에 따른 손실뿐만 아니라 가설건축물의 철거에 따른 영업손실도 포함된다고 할 것이며, 소유자가 그 손실보상을 청구할 수 없는 이상 그의 가설건축물의 이용권능에 터잡은 임차인 역시 그 가설건축물의 철거에 따른 영업손실의 보상을 청구할 수는 없다.

마. 개발행위허가의 효과

1) 관련 인·허가 등의 의제 등

가) 인·허가 등의 의제

개발행위허가 또는 변경허가를 할 때에 특별시장 등이 그 개발행위에 대한 다음 각 호의 인가·허가·승인·면허·협의·해제·신고 또는 심사 등에 관하여 미리 관계 행정기관의 장과 협의한 사항에 대하여는 그 인·허가 등을 받은 것으로 본다(법 제61조제1항). 이에 따라 의제되는 처리기분에 관하여는 국토교통부장관이 관계 중앙행정기관으로부터 제출받아 통합하여 고시하여야 한다(같은 조 제6항).

1. 「공유수면 관리 및 매립에 관한 법률」 제8조에 따른 공유수면의 점용·사용허가, 법 제17조에 따른 점용·사용 실시계획의 승인 또는 신고, 법 제28조

에 따른 공유수면의 매립면허 및 법 제38조에 따른 공유수면매립실시계획의 승인

2. 삭제 <2010.4.15 제10272호(공유수면 관리 및 매립에 관한 법률)>
3. 「광업법」 제42조에 따른 채굴계획의 인가
4. 「농어촌정비법」 제23조에 따른 농업생산기반시설의 목적 외 사용의 승인
5. 「농지법」 제34조에 따른 농지전용의 허가 또는 협의, 법 제35조에 따른 농지전용의 신고 및 법 제36조에 따른 농지의 타용도 일시사용의 허가 또는 협의
6. 「도로법」 제36조에 따른 도로관리청이 아닌 자에 대한 도로공사 시행의 허가 및 법 제61조에 따른 도로의 점용 허가
7. 「장사 등에 관한 법률」 제27조제1항에 따른 무연분묘(無緣墳墓)의 개장(改葬) 허가
8. 「사도법」 제4조에 따른 사도(私道) 개설(開設)의 허가
9. 「사방사업법」 제14조에 따른 토지의 형질 변경 등의 허가 및 법 제20조에 따른 사방지 지정의 해제

9의2. 「산업집적활성화 및 공장설립에 관한 법률」 제13조에 따른 공장설립 등의 승인

10. 「산지관리법」 제14조·제15조에 따른 산지전용허가 및 산지전용신고, 법 제15조의2에 따른 산지일시사용허가·신고, 법 제25조제1항에 따른 토석채취허가, 법 제25조제2항에 따른 토사채취신고 및 「산림자원의 조성 및 관리에 관한 법률」 제36조제1항·제4항에 따른 입목벌채(立木伐採) 등의 허가·신고
11. 「소하천정비법」 제10조에 따른 소하천공사 시행의 허가 및 법 제14조에 따른 소하천의 점용 허가
12. 「수도법」 제52조에 따른 전용상수도 설치 및 법 제54조에 따른 전용공업용수도설치의 인가
13. 「연안관리법」 제25조에 따른 연안정비사업실시계획의 승인
14. 「체육시설의 설치·이용에 관한 법률」 제12조에 따른 사업계획의 승인

15. 「초지법」 제23조에 따른 초지전용의 허가, 신고 또는 협의
16. 「공간정보의 구축 및 관리 등에 관한 법률」 제15조제3항에 따른 지도 등의 간행 심사
17. 「하수도법」 제16조에 따른 공공하수도에 관한 공사시행의 허가 및 법 제24조에 따른 공공하수도의 점용허가
18. 「하천법」 제30조에 따른 하천공사 시행의 허가 및 법 제33조에 따른 하천 점용의 허가

【판시사항】

(대법원 2011.1.20. 선고 2010두14954 전원합의체 판결)

[1] 건축법 제14조제2항에 의한 인·허가의제 효과를 수반하는 건축신고가, 행정청이 그 실체적 요건에 관한 심사를 한 후 수리하여야 하는 이른바 '수리를 요하는 신고'인지 여부(적극)

[2] 국토의 계획 및 이용에 관한 법률상의 개발행위허가로 의제되는 건축신고가 개발행위허가의 기준을 갖추지 못한 경우, 행정청이 수리를 거부할 수 있는지 여부(적극)

【판결요지】

[1] **[다수의견]** 건축법에서 인·허가의제 제도를 둔 취지는, 인·허가의제사항과 관련하여 건축허가 또는 건축신고의 관할 행정청으로 그 창구를 단일화하고 절차를 간소화하며 비용과 시간을 절감함으로써 국민의 권익을 보호하려는 것이지, 인·허가의제사항 관련 법률에 따른 각각의 인·허가 요건에 관한 일체의 심사를 배제하려는 것으로 보기는 어렵다. 왜냐하면, 건축법과 인·허가의제사항 관련 법률은 각기 고유한 목적이 있고, 건축신고와 인·허가의제사항도 각각 별개의 제도적 취지가 있으며 그 요건 또한 달리하기 때문이다. 나아가 인·허가의제사항 관련 법률에 규정된 요건 중 상당수는 공익에 관한 것으로서 행정청의 전문적이고 종합적인 심사가 요구되는데, 만약 건축신고만으로 인·허가의제사항에 관한 일체의 요건 심사가 배제된다고 한다면, 중대한 공익상의 침해나 이해관계인의 피해를 야기하고 관련 법률에서 인·허가 제도를 통하여 사인의 행위를 사전에 감독하고자 하는 규율체계 전반을 무너뜨릴 우려가 있다. 또한 무엇보다도 건축신고를 하려는 자는 인·허가의제사항 관련 법령에서 제출하도록 의무

화하고 있는 신청서와 구비서류를 제출하여야 하는데, 이는 건축신고를 수리하는 행정청으로 하여금 인·허가의제사항 관련 법률에 규정된 요건에 관하여도 심사를 하도록 하기 위한 것으로 볼 수밖에 없다. 따라서 인·허가의제 효과를 수반하는 건축신고는 일반적인 건축신고와는 달리, 특별한 사정이 없는 한 행정청이 그 실체적 요건에 관한 심사를 한 후 수리하여야 하는 이른바 '수리를 요하는 신고'로 보는 것이 옳다.

[대법관 박시환, 대법관 이홍훈의 반대의견] 다수의견과 같은 해석론을 택할 경우 헌법상 기본권 중 하나인 국민의 자유권 보장에 문제는 없는지, 구체적으로 어떠한 경우에 수리가 있어야만 적법한 신고가 되는지 여부에 관한 예측 가능성 등이 충분히 담보될 수 있는지, 형사처벌의 대상이 불필요하게 확대됨에 따른 죄형법정주의 등의 훼손 가능성은 없는지, 국민의 자유와 권리를 제한하거나 의무를 부과하려고 하는 때에는 법률에 의하여야 한다는 법치행정의 원칙에 비추어 그 원칙이 손상되는 문제는 없는지, 신고제의 본질과 취지에 어긋나는 해석론을 통하여 여러 개별법에 산재한 각종 신고제도에 관한 행정법 이론 구성에 난맥상을 초래할 우려는 없는지의 측면 등에서 심도 있는 검토가 필요한 문제로 보인다. 그런데 다수의견의 입장을 따르기에는 그와 관련하여 해소하기 어려운 여러 근본적인 의문이 제기된다. 여러 기본적인 법원칙의 근간 및 신고제의 본질과 취지를 훼손하지 아니하는 한도 내에서 건축법 제14조제2항에 의하여 인·허가가 의제되는 건축신고의 범위 등을 합리적인 내용으로 개정하는 입법적 해결책을 통하여 현행 건축법에 규정된 건축신고 제도의 문제점 및 부작용을 해소하는 것은 별론으로 하더라도, '건축법상 신고사항에 관하여 건축을 하고자 하는 자가 적법한 요건을 갖춘 신고만 하면 건축을 할 수 있고, 행정청의 수리 등 별단의 조처를 기다릴 필요는 없다'는 대법원의 종래 견해(대법원 1968.4.30. 선고 68누12 판결, 대법원 1990.6.12. 선고 90누2468 판결, 대법원 1999.4.27. 선고 97누6780 판결, 대법원 2004.9.3. 선고 2004도3908 판결 등 참조)를 인·허가가 의제되는 건축신고의 경우에도 그대로 유지하는 편이 보다 합리적인 선택이라고 여겨진다.

[2] **[다수의견]** 일정한 건축물에 관한 건축신고는 건축법 제14조제2항, 제11조제5항제3호에 의하여 「국토의 계획 및 이용에 관한 법률」 제56조에 따른 개발행위허가를 받은 것으로 의제되는데, 「국토의 계획 및 이용에 관한 법률」 제58조제1항제4호에서는 개발행위허가의 기준으로 주변 지역의 토지이용실태 또는 토지이용계획, 건축물의 높이, 토지의 경사도, 수목의 상태, 물의 배수, 하천·호소·습지의 배수 등 주변 환경이나 경관과 조화를 이룰 것을 규정하고 있으므로, 국토의 계획 및 이용에 관한 법률상

의 개발행위허가로 의제되는 건축신고가 위와 같은 기준을 갖추지 못한 경우 행정청으로서는 이를 이유로 그 수리를 거부할 수 있다고 보아야 한다.

[대법관 박시환, 대법관 이홍훈의 반대의견] 수리란 타인의 행위를 유효한 행위로 받아들이는 수동적 의사행위를 말하는 것이고, 이는 허가와 명확히 구별되는 것이다. 그런데 다수의견에 의하면, 행정청이 인·허가의제조항에 따른 국토의 계획 및 이용에 관한 법률상 개발행위허가 요건 등을 갖추었는지 여부에 관하여 심사를 한 다음, 그 허가요건을 갖추지 못하였음을 이유로 들어 형식상으로만 수리거부를 하는 것이 되고, 사실상으로는 허가와 아무런 차이가 없게 된다는 비판을 피할 수 없다. 이러한 결과에 따르면 인·허가의제조항을 특별히 규정하고 있는 입법 취지가 몰각됨은 물론, 신고와 허가의 본질에 기초하여 건축신고와 건축허가 제도를 따로 규정하고 있는 제도적 의미 및 신고제와 허가제 전반에 관한 이론적 틀이 형해화 될 가능성이 있다.

나) 관련서류의 제출

인·허가 등의 의제를 받으려는 자는 개발행위허가 또는 변경허가를 신청할 때에 해당 법률에서 정하는 관련 서류를 함께 제출하여야 한다(같은 조 제2항).

다) 관계 행정기관의 장과 협의

특별시장 등은 개발행위허가 또는 변경허가를 할 때에(그 내용에 제1항 각 호의 어느 하나에 해당하는 사항이 있으면) 미리 관계 행정기관의 장과 협의하여야 한다(같은 조 제3항). 이에 따라 협의 요청을 받은 관계 행정기관의 장은 요청을 받은 날부터 20일 이내에 의견을 제출하여야 하며, 그 기간 내에 의견을 제출하지 아니하면 협의가 이루어진 것으로 본다(같은 조 제4항).

유권해석

① 질의요지

「건축법」 제11조제5항제3호에 따라 건축허가를 득함으로써 「국토의 계획 및 이용에 관한 법률」(이하, "법") 제56조 개발행위허가가 의제처리되었으나 건축허가취소시 개발행위허가도 취소되는지

② 회신내용

건축허가시 건축법에 따라 법상 개발행위허가가 의제처리된 경우 건축허가만 있을 뿐 개발행위허가는 실체가 없으므로 건축허가가 취소되면 당연 의제처리된 개발행위 허가도 취소된다 할 것입니다.

다만, 토지의 형질변경 등 개발행위에 대하여는 적법하게 허가를 받아서한 행위이므로 건축허가가 취소된 이전에 한 행위에 대하여 원상회복의 의무는 없다고 판단됩니다. 그러나 허가권자는 건축허가가 취소됨으로 인하여 더 이상 공사를 할 수 없게 되었으므로 재해 등으로부터 위해나 경관, 미관 훼손방지 등을 위해 필요한 사항이 있으면 이에 대하여는 적절한 조치를 취할 수 있다고 판단됩니다.

[도시정책과-2448, 2011.4.19]

2) 원상회복명령

특별시장 등은 개발행위허가를 받지 아니하고 개발행위를 하거나 허가내용과 다르게 개발행위를 하는 자에게는 그 토지의 원상회복을 명할 수 있으며, 원상회복의 명령을 받은 자가 원상회복을 하지 아니하면 「행정대집행법」에 따른 행정대집행에 따라 원상회복을 할 수 있다. 이 경우 행정대집행에 필요한 비용은 제1항에 따라 개발행위허가를 받은 자가 예치한 이행보증금을 사용할 수 있다(법 제60조제3,4항).

【판시사항】

도시계획구역 안에서 허가 없이 토지의 형질을 변경한 경우 행정청이 도시계획법 제78조제1항에 의하여 행하는 처분이나 원상회복 등 조치명령의대상자(=그 토지의 형질을 변경한 자) 및 토지의 형질을 변경하지 않은 자에 대하여 한 원상복구의 시정명령의 적부(소극) (대법원 1992.8.18. 선고 90도1709 판결)

【판결요지】

구 도시계획법(1991.12.14. 법률 제4427호로 개정되기 전의 것) 제92조제4호, 제78조제1호, 제4조제1항제1호의 각 규정을 종합하면 도시계획구역 안에서 허가 없이 토지의 형질을 변경한 경우 행정청은 그 토지의 형질을 변경한 자에 대하여서만 같은 법 제78조제1항에 의하여 처분이나 원상회복 등의 조치명령을 할 수 있다고 해석되고, 토지의 형질을 변경한 자도 아닌 자에 대하여 원상복구의 시정명령이 발하여진 경우 위 원상복구의 시정명령은 위법하다 할 것이다.

【판시사항】

개발제한구역 내 토지의 무단 형질변경행위에 대하여 구 도시계획법 제92조제1항에 따른 원상복구 등의 조치명령을 할 수 있는지 여부(소극) (대법원 2008.7.24. 선고 2007도7924 판결)

【판결요지】

「국토의 계획 및 이용에 관한 법률」(이하, '국토이용법'이라고 한다) 제133조제1항은 '이 법에 위반한 자' 등에 대하여 원상복구 등의 조치명령을 할 수 있도록 규정하고 있으므로, 개발제한구역에서의 토지의 형질변경 등 무단행위가 국토이용법에 위반한 것이 아니라면 이에 대하여 국토이용법 제133조제1항에 따른 원상복구 등의 조치명령을 할 수 없다고 할 것인바, 국토이용법은 개발제한구역에서의 행위제한 등 개발제한구역의 관리에 관하여는 직접적으로 규정하지 아니한 채, 다만 제80조에서 "개발제한구역 안에서의 행위제한 그 밖에 개발제한구역의 관리에 관하여 필요한 사항은 따로 법률로 정한다"라고 규정하고 있을 뿐이고, 이에 「개발제한구역의 지정 및 관리에 관한 특별조치법」(이하, '개발제한구역법'이라고 한다)이 개발제한구역에서의 행위제한 등 개발제한구역의 효율적인 관리를 위하여 필요한 사항을 정하면서 그 제11조제1항에서 개발제한구역에서의 위와 같은 무단행위를 제한하고 있으므로, 개발제한구역에서의 위와 같은 무단행위는 국토이용법에 위반하는 것이 아니라, 위 개발제한구역법 제11조제1항에 위반할 뿐이라고 할 것이어서, 이에 대한 국토이용법 제133조제1항에 따른 원상복구 등의 조치명령 등은 위법하고, 가사 피고인이 이와 같은 위법한 명령에 따르지 아니하였다고 하더라도 피고인을 국토이용법 제142조 소정의 조치명령 등 위반죄로 처벌할 수는 없다(대법원 2005.12.22. 선고 2003도7494 판결 참조). 같은 취지에서 이 사건 개발제한구역 내 무허가 토지의 형질변경행위를 국토이용법 위반으로 의율할 수 없다고 한 원심판단은 정당하고, 거기에 상고이유로 주장하는 바와 같은 국토이용법과 개발제한구역법에 관한 법리오해 등의 위법이 없다.
또한, 개발제한구역 내 무허가 행위는 개발제한구역법 제11조제3항, 개발제한구역법 시행규칙 제7조의2 별표 3의2에서 정하고 있는 허가 또는 신고 없이 할 수 있는 경미한 행위에 해당하지 않는 한 개발제한구역법 제30조제1호, 제11조제1항으로 처벌할 수 있다고 할 것이므로, 개발제한구역 내 무허가 행위에 대해서 개발제한구역법이 처벌규정을 두고 있지 않으므로 국토이용법으로 의율해야 한다는 취지의 상고이유의 주장도 이유 없다.

3) 공공시설의 귀속 등

가) 공공시설의 개념

"공공시설"이란 도로·공원·철도·수도, 그 밖에 대통령령으로 정하는 공공용시설을 말하며(법 제2조제13호), 여기서 "대통령령으로 정하는 공공용시설"이란 ⅰ) 항만·공항·운하·광장·녹지·공공공지·공동구·하천·유수지·방화설비·방풍설비·방수설비·사방설비·방조설비·하수도·구거, ⅱ) 행정청이 설치하는 주차장·운동장·저수지·화장장·공동묘지·봉안시설, ⅲ) 「유비쿼터스도시의 건설 등에 관한 법률」 제2조제3호 다목에 따른 시설 등을 말한다(법 시행령 제4조).

【판시사항】

행정청이 아닌 도시계획사업 시행자가 도시계획구역 내에 있는 국유지에 대하여 권리취득의 절차를 밟지 아니한 채 도시계획사업시행의 일환으로 공공시설을 설치한 경우, 그 국유지가 관리청인 지방자치단체에 무상귀속되는지 여부(소극) (대법원 2000. 8.22. 선고 98다55161 판결)

【판결요지】

구 도시계획법(1991.12.14. 법률 제4427호로 개정되기 전의 것) 제83조제2항의 규정은 사업시행자가 그 공공시설에 필요한 토지를 사법상의 계약이나 공법상의 절차에 따르는 방법 등으로 취득하여 여기에 공공시설을 설치하고 사업을 완료한 경우에 한하여 적용되는 것이지, 사업시행자가 공공의 시설에 필요한 토지를 적법하게 취득하지 아니한 채 여기에 공공시설을 설치하여 국가 또는 지방자치단체가 이를 점유사용하고 있는 경우에까지 적용되는 것은 아니며, 이와 같은 해석은 그 공공시설의 설치에 필요한 토지가 국유지라고 하여 달리할 것도 아니다.

【판시사항】

도시계획사업시행허가를 받지 아니한 자가 공원시설을 완성하여 이를 지방 자치단체에 기부채납하고 관리위탁을 받은 경우 위 공원시설의 기부채납이 부가가치세의 과세대상인 재화의 공급에 해당하는지 여부(적극) (대법원 1990.2.27. 선고 89누1797 판결)

【판결요지】

행정청 아닌 자가 행정청으로부터 도시계획법 제24조 소정의 도시계획사업시행허가를 받아 도시공원시설을 설치한 경우에는 그 시설의 소유권은 도시계획법 제83조제2항의 규정에 의하여 국가 또는 지방자치단체가 원시취득을 하게 되나, 위 허가를 받음이 없이 도시공원시설을 완성한 경우에는 그 시설의 소유권은 특약이 없는 한 일단 시설자의 소유로 된 후 기부채납(증여)에 의하여 국가 또는 지방자치단체에 이전된다고 보아야 할 것이므로 위 공원시설을 기부채납(증여)하고 도시공원법 제6조제2항의 규정에 의하여 그 관리위탁을 받은 경우, 위 시설물의 기부채납과 공원시설의 관리권 취득이 경제적 대가관계에 있다면, 위 공원시설의 기부채납은 부가가치세의 과세대상인 재화의 공급에 해당한다.

【판시사항】

토지소유자가 토지형질변경행위허가에 붙은 기부채납의 부관에 따라 토지를 기부채납(증여)한 경우, 기부채납의 부관이 당연무효이거나 취소되지 않은 상태에서 그 부관으로 인하여 증여계약의 중요 부분에 착오가 있음을 이유로 증여계약을 취소할 수 있는지 여부(소극) (대법원 1999.5.25. 선고 98다53134 판결)

【판결요지】

[1] 토지소유자가 토지형질변경행위허가에 붙은 기부채납의 부관에 따라 토지를 국가

나 지방자치단체에 기부채납(증여)한 경우, 기부채납의 부관이 당연무효이거나 취소되지 아니한 이상 토지소유자는 위 부관으로 인하여 증여계약의 중요부분에 착오가 있음을 이유로 증여계약을 취소할 수 없다.

나) 공공시설의 귀속

(1) 행정청인 경우

개발행위허가(다른 법률에 따라 개발행위허가가 의제되는 협의를 거친 인가·허가·승인 등을 포함한다)를 받은 자가 행정청인 경우 개발행위허가를 받은 자가 새로 공공시설을 설치하거나 기존의 공공시설에 대체되는 공공시설을 설치한 경우에는 「국유재산법」과 「공유재산 및 물품 관리법」에도 불구하고 새로 설치된 공공시설은 그 시설을 관리할 관리청에 무상으로 귀속되고, 종래의 공공시설은 개발행위허가를 받은 자에게 무상으로 귀속된다(법 제65조제1항).

(2) 비행정청인 경우

개발행위허가를 받은 자가 행정청이 아닌 경우 개발행위허가를 받은 자가 새로 설치한 공공시설은 그 시설을 관리할 관리청에 무상으로 귀속되고, 개발행위로 용도가 폐지되는 공공시설은 「국유재산법」과 「공유재산 및 물품 관리법」에도 불구하고 새로 설치한 공공시설의 설치비용에 상당하는 범위에서 개발행위허가를 받은 자에게 무상으로 양도할 수 있다(같은 조 제2항).

【판시사항】

「도시 및 주거환경정비법」 제65조제2항의 입법 취지 및 법적 성질(=강행규정) (대법원 2007.7.12. 선고 2007두6663 판결)

【판결요지】

「도시 및 주거환경정비법」 제65조제2항의 전단 규정은 사업시행자의 재산권을 박탈·제한함에 그 본질이 있는 것이 아니라, 사업지구 안의 공공시설 등의 소유관계를 정함으로써 사업시행자의 지위를 장래를 향하여 획일적으로 확정하고자 하는 강행규정인 점, 후단 규정의 입법 취지는, 민간 사업시행자에 의하여 새로 설치된 정비기반시설이 전단 규정에 따라 관리청에 무상으로 귀속됨으로 인하여 야기되는 사업시행자의 재산상 손실을 고려하여, 그 사업시행자가 새로 설치한 정비기반시설의 설치비용에 상당하는 범위 안에서 정비사업의 시행으로 용도가 폐지되는 국가 또는 지방자치단체 소유의 정비기반시설을 그 사업시행자에게 무상으로 양도되도록 하여 위와 같은 재산상의 손실을 합리적인 범위 안에서 보전해 주고자 하는 데 있는 점 등에 비추어 보면, 후단 규정은 민간 사업시행자에 의하여 새로 설치될 정비기반시설의 설치비용에 상당하는 범위 안에서 용도폐지될 정비기반시설의 무상양도를 강제하는 강행규정이다.

【판시사항】

행정청이 사업시행자 사이에 사업시행자가 정비기반시설 설치에 대한 보상으로 용적률 제한의 완화와 같은 다른 이익을 얻는 대신 「도시 및 주거환경정비법」 제65조제2항 후단 규정을 적용하지 않기로 합의하고 그에 따라 실제 다른 이익을 얻은 경우, 위 규정의 적용을 배제할 수 있는지 여부(소극) (대법원 2008.12.11. 선고 2007두14312 판결)

【판결요지】

「도시 및 주거환경정비법」 제65조제2항 후단규정의 입법 취지 및 법적 성격, 행정의 법률유보원칙과 행정법관계의 명확성원칙 등을 종합적으로 고려해 보면, 행정청과 사업시행자 사이에 사업시행자가 정비기반시설을 설치하는 것에 대한 보상으로 용적률 제한의 완화와 같은 다른 이익을 얻는 대신 위 법조항 후단규정을 적용하지 않기로 하는 합의를 하였고 그에 따라 실제 사업시행자가 다른 이익을 얻었다 하더라도, 그러한 사정만으로 위 후단규정의 적용을 배제할 수는 없다.

【판시사항】

「도시 및 주거환경정비법」 제65조제2항 후단 규정을 위반하여 사업시행자가 국가 또는 지방자치단체와 체결한 매매계약 등의 효력(무효) (대법원 2009.6.11. 선고 2008

다20751 판결)

【판결요지】

「도시 및 주거환경정비법」 제65조제2항 후단 규정의 입법 취지에 비추어 보면, 이는 민간 사업시행자에 의하여 새로 설치될 정비기반시설의 설치비용에 상당하는 범위 안에서 용도폐지될 정비기반시설의 무상양도를 강제하는 강행규정이므로, 위 규정을 위반하여 사업시행자와 국가 또는 지방자치단체 간에 체결된 매매계약 등은 무효이다.

【판시사항】

「구 도시 및 주거환경정비법」 제65조제2항의 '사업시행자에게 무상으로 양도되는 국가 또는 지방자치단체 소유의 정비기반시설'의 의미 (대법원 2008.11.27. 선고 2007두24289 판결)

【판결요지】

「구 도시 및 주거환경정비법」(2005.3.18. 법률 제7392호로 개정되기 전의 것)은 국토계획법상의 도시관리계획에 의거하여 도시기능의 회복이 필요하거나 주거환경이 불량한 지역을 계획적으로 정비하고 노후·불량건축물을 효율적으로 개량하기 위하여 필요한 사항을 규정하기 위한 목적으로 제정된 법률이다. 그러므로 같은 법 제65조제2항에서 정하는 '사업시행자에게 무상으로 양도되는 국가 또는 지방자치단체 소유의 정비기반시설'이란 정비사업시행인가 전에 이미 국토계획법에 의하여 도시관리계획으로 결정되어 설치된 국가 또는 지방자치단체 소유의 기반시설을 의미한다.

【판시사항】

매매계약 체결 당시 새로 설치될 정비기반시설의 설치비용이 확정되지 않았다거나 용도폐지될 정비기반시설에 대한 점유·사용권의 취득이 필요하다는 사정만으로, 무상양도되어야 할 용도폐지 정비기반시설을 유상으로 매수하도록 하는 매매계약이 유효로 되는지 여부(소극) (대법원 2009.6.25. 선고 2006다18174 판결)

【판결요지】

매매계약의 목적물과 대금은 반드시 매매계약 체결 당시에 구체적으로 특정할 필요는 없고 사후에라도 구체적으로 특정할 수 있는 방법과 기준이 정해져 있으면 충분하므로, 민간 사업시행자에 의하여 새로 설치될 정비기반시설의 설치비용이 매매계약 체결 당시 아직 확정되지 않았다 하더라도 이를 추후 특정할 수 있는 방법과 기준을 정하여 매매계약을 체결하면 되고, 민간 사업시행자가 용도가 폐지될 정비기반시설에 대한 점유·사용권을 취득할 필요가 있다면 위와 같이 향후 설치비용을 특정할 수 있는 방법과 기준을 정하여 그에 상응하는 금액을 매매대금에서 공제하는 방법 등으로 매매계약을 체결하여 점유·사용권을 취득하는 것이 얼마든지 가능하다. 그러므로 매매계약 체결 당시 새로 설치될 정비기반시설의 설치비용이 확정되지 않았다거나 용도가 폐지될 정비기반시설에 대한 점유·사용권의 취득이 필요하다는 사정만으로, 민간 사업시행자에게 무상양도되어야 할 용도폐지 정비기반시설을 민간 사업시행자로 하여금 국가나 지방자치단체로부터 유상으로 매수하도록 하는 내용의 매매계약이 유효로 될 수는 없다.

다) 귀속시기

(1) 행정청인 경우

개발행위허가를 받은 자가 행정청인 경우 개발행위허가를 받은 자는 개발행위가 끝나 준공검사를 마친 때에는 해당 시설의 관리청에 공공시설의 종류와 토지의 세목(細目)을 통지하여야 하며, 이 경우 공공시설은 그 통지한 날에 해당 시설을 관리할 관리청과 개발행위허가를 받은 자에게 각각 귀속된 것으로 본다(같은 조 제5항).

(2) 비행정청인 경우

개발행위허가를 받은 자가 행정청이 아닌 경우 개발행위허가를 받은 자는 관리청에 귀속되거나 그에게 양도될 공공시설에 관하여 개발행위가 끝나기 전에 그 시설의 관리청에 그 종류와 토지의 세목을 통지하여야 하고, 준공검사를 한 특별시장·광역시장·특별자치시장·특별자치도지사·시장 또는 군수는 그 내용을 해당 시설의 관리청에 통보하여야 한다. 이 경우 공공시설은 준공검사를 받음으로써 그 시설을 관리할 관리청과 개발행위허가를 받은 자에게 각각 귀속되거나 양도된 것으로 본다(같은 조 제6항).

【판시사항】

구 도시계획법에 따라 행정청이 아닌 도시계획사업시행자가 도시계획사업을 시행하여 설치한 공공시설 및 그 부지의 국가·지방자치단체에의 소유권 귀속시기{=사업완료(준공검사)시} (대법원 1999.4.15. 선고 96다24897 전원합의체 판결)

【판결요지】

[다수의견] 구 도시계획법(1991.12.14. 법률 제4427호로 개정되기 전의 것) 제83조제2항은 "행정청이 아닌 시행자가 도시계획사업을 시행하여 새로이 설치한 공공시설은 그 시설을 관리할 국가 또는 지방자치단체에 무상으로 귀속되며, 도시계획사업의 시행으로 인하여 그 기능이 대체되어 용도가 폐지되는 국가 또는 지방자치단체의 재산은 국유재산법 및 지방재정법 등의 규정에 불구하고 그가 새로 설치한 공공시설의 설치비용에 상당하는 범위 안에서 그 시행자에게 이를 무상으로 양도할 수 있다."고 규정하고 있으므로, 도시계획사업의 시행으로 공공시설이 설치되면 그 사업완료(준공검사)와 동시에 당해 공공시설을 구성하는 토지와 시설물의 소유권이 그 시설을 관리할 국가 또는 지방자치단체에 직접 원시적으로 귀속된다.

[별개의견] 구 도시계획법(1991.12.14. 법률 제4427호로 개정되기 전의 것) 제83조제2항은 '행정청이 아닌 시행자가 도시계획사업을 시행하여 새로이 설치한 공공시설은 그 시설을 관리할 국가 또는 지방자치단체에 무상으로 귀속된다.'고 규정하는 한편, 같은 법 제83조제5항은 '제2항의 규정에 의하여 관리청에 귀속될 공공시설…에 관하여 …그 사업이 완료되어 준공검사를 필한 후에 그 시행자가 사업완료통지를 관리청에 함으로써 관리청에의 귀속이 된 것으로 본다.'고 규정하고 있는바, 이는 민법 제187조 소정의 '법률의 규정에 의한 물권변동'의 한 형태를 규정한 것으로 구 도시계획법 제83조제2항은 그 물권변동의 법률요건을, 같은 법 제83조제5항은 그 법률효과가 발생되는 시기를 각 규정한 것으로 보아야 할 것이므로, 구 도시계획법 제83조제2항 및 제5항의 규정에 의한 물권변동에 있어서, 행정청이 아닌 시행자가 도시계획사업을 시행하여 준공검사를 마치는 것까지가 그 사업시행으로 인하여 새로이 설치된 공공시설

이 국가 또는 지방자치단체에 무상으로 귀속하는 법률효과를 일으키는 법률요건에 해당하고(도시계획법 제83조제7항이 준공검사서를 등기원인 증서로 규정하고 있는 것도 같은 취지이다.), 시행자의 사업완료통지는 이러한 법률요건에 의한 법률효과의 발생을 그 통지에 의존케 하는 것으로서, 그 사업이 완료된 시점에서 볼 때, 장래에 발생할 것이 사회통념상 확실하지만 그 시기가 확정되지 아니한 점에서 불확정기한에 유사한 성질을 가진 것이라고 할 것인데, 이른바 불확정기한은 그 기한사실이 발생한 때뿐만 아니라 그 사실의 발생이 불가능하게 된 때에도, 기한은 반드시 도래한다는 법리에 따라, 그 기한이 도래한 것으로 보아야 하는 것이므로, 시행자가 사업완료통지를 행한 때는 물론, 그러한 통지의 실현이 사실상 불가능하게 된 때, 예를 들면 사업완료 후 당해 공공시설에 관하여 국가 또는 지방자치단체의 소유권취득과 양립할 수 없는 처분행위가 이루어져 소유권의 귀속의 효력을 발생시키는 사업완료통지를 더 이상 기대할 수 없게 된 때에도 시행자가 사업완료통지를 한 것으로 보아 그 소유권이 국가 또는 지방자치단체에 귀속하는 효력이 발생하는 것으로 해석하여야 한다.

[반대의견] 구 도시계획법(1991.12.14. 법률 제4427호로 개정되기 전의 것) 제83조제1항 내지 제5항의 규정내용, 같은 법의 다른 조항 및 다른 실정법 조항을 종합하여 보면, 같은 법 제83조제1항과 제2항은 공공시설의 귀속 주체 및 방법(유상이 아닌 무상)을, 제4항 후단과 제5항은 그 귀속시기를 각 규정한 것으로 해석함이 가장 평이하고 자연스러우며, 행정청이 아닌 시행자가 설치한 공공시설의 소유권이 국가 또는 지방자치단체에 귀속되는 시기는 같은 조 제5항의 사업완료 통지시라고 풀이함이 옳다.

라) 관리청의 의견청취

특별시장 등은 공공시설의 귀속에 관한 사항이 포함된 개발행위허가를 하려면 미리 해당 공공시설이 속한 관리청의 의견을 들어야 한다. 그러나 관리청이 지정되지 아니한 경우에는 관리청이 지정된 후 준공되기 전에 관리청의 의견을 들어야 하며, 관리청이 불분명한 경우에는 도로·하천 등에 대하여는 국토교통부장관을 관리청으로 보고, 그 외의 재산에 대하여는 기획재정부장관을 관리청으로 본다(같은 조 제3항).

한편, 특별시장 등이 위 규정에 따라 관리청의 의견을 듣고 개발행위허가를 한 경우 개발행위허가를 받은 자는 그 허가에 포함된 공공시설의 점용 및 사용에 관하여 관계 법률에 따른 승인·허가 등을 받은 것으로 보아 개발행위를 할 수 있다. 이 경우 해당 공공시설의 점용 또는 사용에 따른 점용료 또는 사용료는 면제된 것으로 본다(같은 조 제4항).

마) 공공시설처분으로 인한 수익금 사용제한

개발행위허가를 받은 자가 행정청인 경우 개발행위허가를 받은 자는 그에게 귀속된 공공시설의 처분으로 인한 수익금을 도시계획사업 외의 목적에 사용하여서는 아니 된다(같은 조 제8항).

바) 등기원인을 증명하는 서면

공공시설을 등기할 때에 「부동산등기법」에 따른 등기원인을 증명하는 서면은 제62조제1항에 따른 준공검사를 받았음을 증명하는 서면으로 갈음한다(같은 조 제7항).

유권해석 ▌01

① 질의요지

가. 「국토의 계획 및 이용에 관한 법률」(이하, "법")상 제2조제6호의 기반시설인 도로에 「도로법」 등 타 법령에 의한 도로가 포함되는지?

나. 현황도로가 기반시설에 해당되는지?

다. 「도시 및 주거환경정비법」상 정비기반시설인 도로가 법 시행령 제46조제1항의 공공시설 등에 해당되는지?

② 회신내용

가. 법상 도로의 개념은 조문별로 그 목적이나 취지에 따라 다르게 운영하는데(도시계획시설 결정, 개발행위허가, 공공시설 귀속 등에 따라 차이가 있다는 의미임), 도로법에 의한 도로나 도시계획 도로는 어느 경우나 기반시설인 도로로 인정되고, 건축법에 의해 지정·공고한 도로·사도법에 의한 사도·사설도로(이하, "기타도로"라 함) 및 현황도로의 경우에는 개발행위허가시(법 제58조의 개발행위허가 기준상) 건축법령에 적합하면 기반시설인 도로로 인정합니다.

나. 법 제65조의 공공시설 무상양도·귀속과 관련해서는 기존 공공시설 무상양도대상은 국가 또는 지방자치단체가 소유·관리 하는 폭 4m 이상의 도로로서 통상의 교통소통을 위하여 설치한 도로(국·공유지에 한함)는 고속도로, 국도 및 지방도, 시·군도, 주택가 이면도로 등 도로로서 공공시설이 명백함에도 도시계획시설로 결정(의제처리 포함)·관리되지 아니하는 도로가 많아 대법원 판례(2008.11.27. 선고 2007두24289)에 불구하고 도시계획도로 여부에 관계없이 기존 공공시설로 인정하고 기타 도로를 제외한 새로이 설치하는 도로(무상귀속대상)는 폭 4m 이상의 도로로서 통상의 교통소통을 위한 도로는 법 제43조에 따라 도시계획시설로 설치해야 하므로 도시계획도로만 공공시설로 인정하도록 운영하고 있습니다.

다. 기타도로를 제외하고 폭 4m 이상의 도로로서 통상의 교통소통을 위하여 새로이 설치하는 도로는 위와 같이 법 제43조에 따라 도시계획시설로 설치해야하므로 도시계획도로는 모두 법 시행령 제46조제1항의 공공시설 등에 해당되는 것으로 운영하고 있습니다.

[도시정책과-935, 2011.2.17]

유권해석 ▌02

① 질의요지

가. 도로법상 도로이며, 국유재산법상 행정재산인 국유지가 공공용 재산으로 관리되고 있으나 이용현황이 전, 답, 잡종지 등인 경우 「국토의 계획 및 이용에 관한 법률」(이하, "법") 제65조 개발행위에 따른 공공시설 등의 귀속에 따른 무상귀속 대상인 공공시설인지 여부

나. 법 제65조에 따른 무상귀속 대상국유지가 남양주별내지구 택지개발사업 토지이용계획상 아파트용지, 연립주택용지, 체육시설용지 등으로 계획되어 있는 경우 무상귀속이 가능한지 여부

② 회신내용

○ 질의 가.에 대하여

법 제65조제1항에 따라 사업시행자가 새로 설치하는 공공시설은 해당시설

의 관리청에 무상귀속 되고 폐지되는 공공시설은 사업시행자에게 무상으로 양도할 수 있으나, 폐지되는 시설(국유지)의 실제 이용상황이 법 제2조 제13호에 따른 공공시설에 해당되는 경우에는 무상양도가 가능하며 그렇지 않을 경우 유상매입을 하여야 할 것입니다. 다만, 공공시설로 인정여부에 대해서는 관리청에서 판단할 수밖에 없을 것이고 관리청이 공공시설로 인정할 경우에 위 제65조 및 제99조의 규정에 따라 시행자에게 무상으로 귀속될 대상으로 볼 것입니다.

○ 질의 나.에 대하여

법 제65조의 공공시설 무상귀속 규정은 각종 개발사업을 신속·원활하게 시행할 수 있도록 국·공유지 중 공공시설의 취득절차를 간소화하고 새로 설치하는 공공시설을 행정청에 무상귀속함에 따라 금전적보상 차원에서 「국유재산법」 등에 대한 특례규정을 둔 것으로 같은 조 제1항의 규정에 의하면 개발행위허가를 받은 자가 행정청인 경우 개발행위허가를 받은 자가 새로 공공시설을 설치하거나 기존의 공공시설을 대체되는 공공시설을 설치한 경우에는 새로 설치된 공공시설은 그 시설을 관리할 관리청에 무상으로 귀속되고, 종래의 공공시설은 개발행위허가를 받은 자에게 무상으로 귀속되도록 규정되어 있으므로 귀 질의의 개발행위허가를 받은 자가 행정청인 경우 개발사업에 따른 토지이용에 관계없이 종래의 공공시설에 해당되는 경우라면 무상귀속되는 것이 타당할 것입니다.

다만, 귀 질의사항은 「택지개발촉진법」에 따른 무상귀속여부에 대한 내용으로 개별법에서 별도로 정한 경우에는 그 법률에서 정한 바에 따라 처리하여야 할 것입니다.

[도시정책과-5526, 2012.8.28]

유권해석 ▌03

① 질의요지

한국토지주택공사에서 시행하는 택지개발사업지구 내에 기존 수도권광역상수도에 대해서 새로운 대체관로를 설치하여 각각 무상귀속 시키고자 할 경우 기존의 관로시설 면적(36,709m²)과 대체 관로시설면적(28,749m²)이 차이가 발생함에 따라 차이가 나는 기존의 관로시설 면적(7,960m²)에 대해서 사업시행자인 한국토지주택공사에 무상귀속시 「국토의 계획 및 이용에 관한 법률」(이하, "법") 제65조 제1항에 위배되는지 여부

② **회신내용**

법 제65조는 공공의 이익 및 목적에 제공하는 공공시설의 효율적 유지·관리 공공시설인 국·공유지 취득절차의 간소화를 위한 규정으로 같은 조 제2항의 경우 행정청이 아닌 자가 새로 공공시설을 설치하는 경우에 종래의 공공시설은 새로 설치한 공공시설의 설치비용에 상당하는 범위에서 허가를 받은 자에게 무상으로 양도할 수 있도록 규정 하고 있으나,

같은 조 제1항에 의하면 개발행위허가를 받은 자가 행정청인 경우 개발행위허가를 받은 자가 새로 공공시설을 설치하거나 기존의 공공시설에 대체되는 공공시설을 설치한 경우에는 종래의 공공시설에 대해서는 행정청에게 무상으로 귀속된다 할 것으로 종래의 공공시설에 대해서는 무상귀속 되는 것으로 보는 것이 타당할 것입니다.

[도시정책과-5165, 2012.8.9]

유권해석 ▎04

① **질의요지**

「국토의 계획 및 이용에 관한 법률」(이하, "법:) 제65조와 관련하여 공공시설인 국·공유지가 당초 인·허가시 무상양도에 대해 협의되지 않고 사업이 준공예정이거나 준공된 경우 기존 공공시설을 무상양도 받을 수 있는지

② **회신내용**

법 제65조제3항에서는 무상양도 대상인 공공시설이 사업부지에 포함된 경우 인·허가 전에 미리 해당 관리청과 협의하도록 정하고, 시행자가 행정청인 경우 동조 제5항에서 준공검사를 마치고 공공시설의 종류와 토지의 세목(細目)을 통지한 날 각각 무상귀속 또는 무상양도된 것으로 보도록 정하고 있는바, 위 제3항은 무상양도에 대해 관리청과 사전에 협의하여 관리청이 이에 동의해야 한다는 의미로써 원칙적으로 인·허가시에 관리청과 협의하지 아니하였더

라도 준공 전까지만 무상양도에 동의하면 준공시에 무상양도를 받을 수 있다고 판단됩니다. 다만, 준공시까지 무상양도에 대한 관리청과의 협의가 되지 않았다면 법률관계의 안정성 및 제65조제3항의 규정취지를 고려할 때 무상양도 대상에 해당되지 않는 것으로 보는 것이 타당하다고 판단됩니다.

[도시정책과-1590, 2012.3.12]

바. 개발행위의 완료 - 준공검사

1) 준공검사의 대상

건축물의 건축, 토지의 형질변경, 토석의 채취 등의 행위(제56조제1항제1호부터 제3호까지의 행위)에 대한 개발행위허가를 받은 자는 그 개발행위를 마치면 특별시장 등의 준공검사를 받아야 한다. 다만, 건축물의 건축 및 공작물의 설치 등에 대하여 「건축법」 제22조에 따른 건축물의 사용승인을 받은 경우에는 그러하지 아니하다(법 제62조제1항).

2) 준공검사의 절차

(1) 준공검사신청서 제출

준공검사를 받아야 하는 자는 당해 개발행위를 완료한 때에는 지체없이 개발행위준공검사신청서에 ⅰ) 준공사진, ⅱ) 지적측량성과도(토지분할이 수반되는 경우와 임야를 형질변경하는 경우로서 「측량·수로조사 및 지적에 관한 법률」 제78조에 따라 등록전환신청이 수반되는 경우에 한한다), ⅲ) 법 제62조제3항의 규정에 의한 관계 행정기관의 장과의 협의에 필요한 서류 등을 첨부하여 특별시장 등에 제출하여야 한다(법 시행규칙 제11조제2항).

[별지 제6호서식] 〈개정 2012.4.13〉

[시행일:2012.7.1] 특별자치시와 특별자치시장에 관한 개정규정 (앞쪽)

<table>
<tr><td colspan="5" rowspan="2">개발행위준공검사신청서</td><td colspan="2">처리기간</td></tr>
<tr><td colspan="2">7일</td></tr>
<tr><td rowspan="2">신청인</td><td>성명(법인인 경우는 그 명칭 및 대표자 성명)</td><td colspan="2"></td><td>주민등록번호
(법인등록번호)</td><td colspan="2">–</td></tr>
<tr><td>주 소</td><td colspan="5">우
(전화 :)</td></tr>
<tr><td rowspan="4">신청사항</td><td>사업(행위)의종류</td><td colspan="5"></td></tr>
<tr><td>위 치</td><td colspan="5"></td></tr>
<tr><td>면 적</td><td colspan="2"></td><td>허가일자</td><td colspan="2"></td></tr>
<tr><td>사업기간</td><td>착 공</td><td>년 월 일</td><td>준 공</td><td colspan="2">년 월 일</td></tr>
<tr><td colspan="7">신 청 내 용</td></tr>
<tr><td colspan="2">준공면적</td><td colspan="5"></td></tr>
<tr><td colspan="2">도 로</td><td colspan="5"></td></tr>
<tr><td colspan="2">급수시설</td><td colspan="5"></td></tr>
<tr><td colspan="2">배수시설</td><td colspan="5"></td></tr>
<tr><td colspan="2">기타시설</td><td colspan="5"></td></tr>
<tr><td colspan="2">기타사항</td><td colspan="5"></td></tr>
<tr><td colspan="7">「국토의 계획 및 이용에 관한 법률」 제62조제1항의 규정에 의하여 위와 같이 준공검사를 신청합니다.
년 월 일
신청인 (서명 또는 인)
특별시장·광역시장·특별자치시장·특별자치도지사·시장·군수 귀하</td></tr>
<tr><td colspan="5" rowspan="2">구비서류
1. 준공사진</td><td colspan="2">수수료</td></tr>
<tr><td colspan="2">없 음</td></tr>
<tr><td colspan="7">2. 지적측량성과도(토지분할이 수반되는 경우와 임야를 형질변경하는 경우로서 「지적법」 제18조의 규정에 의하여 등록전환신청이 수반되는 경우에 한합니다)
3. 「국토의 계획 및 이용에 관한 법률」 제62조제3항의 규정에 의한 관계행정기관의 장과의 협의에 필요한 서류</td></tr>
</table>

210mm×297mm[보존용지(2종) 70g/m²]

(뒤쪽)

유 의 사 항
「국토의 계획 및 이용에 관한 법률」 제56조제1항제1호의 행위에 대하여 「건축법」 제18조의 규정에 의한 건축물의 사용승인을 얻은 경우에는 준공검사를 받은 것으로 봅니다.
이신청서는 다음과 같이 처리됩니다.

신 청 인	처리기관(담당부서)
	특별시·광역시·특별자치시·특별자치도·시·군 (개발행위허가 담당부서)

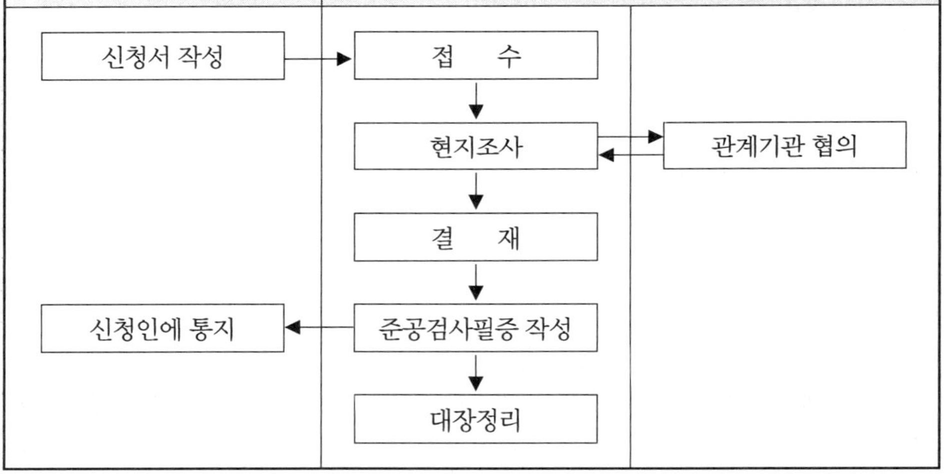

(2) 검사필증 교부

특별시장 등은 준공검사결과 허가내용대로 사업이 완료되었다고 인정하는 때에는 개발행위준공검사필증을 신청인에게 교부하여야 한다(같은 조 제3항).

(3) 준공검사 등 의제

준공검사를 받은 경우에는 특별시장 등이 제61조에 따라 의제되는 인·허가 등에 따른 준공검사·준공인가 등에 관하여 제4항에 따라 관계 행정기관의 장과 협의한 사항에 대하여는 그 준공검사·준공인가 등을 받은 것으로 보며(법 제62조제2항), 이에 따른 준공검사·준공인가 등의 의제를 받으려는 자는 준공검사를 신청할 때에 해당 법률에서 정하는 관련 서류를 함께 제출하여야 한다. 이때 국토교통부장관은 위 규정에 따라 의제되는 준공검사·준공인가 등의 처리기준을 관계 중앙행정기관으로부터 제출받아 통합하여 고시하여야 한다.

(4) 관계행정기관의 장과 협의

특별시장 등은 준공검사를 할 때에 그 내용에 제61조에 따라 의제되는 인·허가 등에 따른 준공검사·준공인가 등에 해당하는 사항이 있으면 미리 관계 행정기관의 장과 협의하여야 한다(법 제62조제4항).

유권해석

① 질의요지

수개동의 건축물을 건축하고자 주택부지조성 및 기반시설 설치를 목적으로 개발행위허가(토지의 형질변경)를 받은 후 건축허가를 받지 않은 상태에서 개발행위 준공을 할 수 있는지 여부

② 회신내용

「국토의 계획 및 이용에 관한 법률」(이하, "법") 제62조에 따르면 건축물의 건축 또는 공작물의 설치, 토지의 형질변경, 토석의 채취를 위한 개발행위허가를 받은 자는 그 개발행위를 마치면 준공검사를 받도록 하고 있으며,

법 시행규칙 제11조제3항에 따르면 준공검사 결과 허가내용대로 사업이 완료되었다고 인정하는 때에는 '개발행위준공검사필증'을 신청인에게 교부토록하고 있습니다.

따라서, 기허가받은 개발행위가 허가내용(개발행위허가기준, 기반시설의 설치·위해방지·오염방지·환경·조경 등에 대한 조치조건 등) 대로 완료된 때에는 그 개발행위에 대하여 '개발행위 준공검사필증'을 교부하여야 하며, 법령에서 건축물의 건축과 토지의 형질변경을 각각 별개의 허가대상으로 규정하고 있으므로 토지의 형질변경에 대한 개발행위를 준공처리함에 있어 건축허가를 받아야 하는 경우로 제한하는 것은 타당하지 않을 것으로 판단됩니다.

[도시정책과-3414, 2012.5.30]

제11장 기반시설의 확보

1. 의 의

기반시설(基盤施設), 또는 기간시설(基幹施設), 또는 인프라스트럭처(Infrastructure)는 경제 활동의 기반을 형성하는 기초적인 시설들을 말하며, 도로나 하천, 항만, 공항 등과 같이 경제 활동에 밀접한 사회 자본을 말한다. 흔히 인프라(infra)라고도 부른다. 최근에는 학교나 병원, 공원과 같은 사회 복지, 생활환경시설 등도 포함시킨다. 이러한 기반시설은 도시의 공동생활에 반드시 필요한 것이나 이것을 설치하는데 상당한 비용이 소요되는 까닭에 국민이 개인적으로 갖추기를 기대하는 것은 어렵다. 따라서 이러한 기반시설을 확보하기 위해서 도입된 제도가 기반시설부담금제도이다. 기반시설부담금제도는 원인자 및 수익자부담의 원칙을 실현하기 위해 건축행위로 인해 유발되는 기반시설 설치비용의 일부를 건축행위자에게 부담토록 하는 제도로써, 이는 기존에 기반시설과 같은 공공재에 대해 비용을 부담하지 않고 혜택만 누리던 무임승차 행위에 부담금을 부과함으로써 외부불경제를 받고 잡고 무질서한 난개발을 억제할 수 있다는 장점이 있다.

2. 개발밀도관리구역

가. 개발밀도관리구역의 의의

개발밀도관리구역은 주거·상업 또는 공업지역에서 추가적으로 개발하는 경우 기반시설의 처리·공급·수용능력이 부족할 것으로 예상되는 지역 중에서 추가적인 기반시설의 설치가 곤란한 지역에 대해, 건폐율·용적률 등 개발밀도를 당해 지역에서 허용하고 있는 수준보다 강화하여 개발행위 자체를 억제하기 위해 지정하는 구역이다. 특정 지역을 개발하게 되면 도로, 상·하수도, 학교 등의 기반시설이 추가로 필요하게 되는데 이러한 기반시설의 추가설치가 곤란한 지역의 경우에는 해당 지역을 개발밀도관리구역으로 지정하여 개발행위를 억제함으로써 기반시설 부족에 따른 혼잡을 미연에 방지하고, 지역실정에 맞는 도시관리를 할 수 있게 된다. 이는 지형이나 용도지역 등 명확한 경계선을 가져야하며 지정 이후에는 구역안의 기반시설 변화를 주기적으로 검토하여 불필요한 제한이 가해지지 않도록 조치해야한다.

나. 개발밀도관리구역의 지정

특별시장·광역시장·특별자치시장·특별자치도지사·시장 또는 군수는 주거·상업 또는 공업지역에서의 개발행위로 기반시설(도시·군계획시설을 포함한다)의 처리·공급 또는 수용능력이 부족할 것으로 예상되는 지역 중 기반시설의 설치가 곤란한 지역을 개발밀도관리구역으로 지정할 수 있다(법 제66조제1항).

다. 지정기준

개발밀도관리구역의 지정기준, 개발밀도관리구역의 관리 등에 관하여 필요한 사항은 국토교통부장관이 정한다(같은 조 제5항). 이 경우 국토교통부장관은 다음 각 호의 사항을 종합적으로 고려하여야 한다(법 시행령 제63조).

1. 개발밀도관리구역은 도로·수도공급설비·하수도·학교 등 기반시설의 용량이 부족할 것으로 예상되는 지역 중 기반시설의 설치가 곤란한 지역으로서 다음 각목의 1에 해당하는 지역에 대하여 지정할 수 있도록 할 것
   가. 당해 지역의 도로서비스 수준이 매우 낮아 차량통행이 현저하게 지체되는 지역. 이 경우 도로서비스 수준의 측정에 관하여는 「도시교통정비 촉진법」에 따른 교통영향분석·개선대책의 예에 따른다.
   나. 당해 지역의 도로율이 국토교통부령이 정하는 용도지역별 도로율에 20% 이상 미달하는 지역
   다. 향후 2년 이내에 당해 지역의 수도에 대한 수요량이 수도시설의 시설용량을 초과할 것으로 예상되는 지역

라. 향후 2년 이내에 당해 지역의 하수발생량이 하수시설의 시설용량을 초과할 것으로 예상되는 지역

마. 향후 2년 이내에 당해 지역의 학생수가 학교수용능력을 20% 이상 초과할 것으로 예상되는 지역

2. 개발밀도관리구역의 경계는 도로·하천 그 밖에 특색 있는 지형지물을 이용하거나 용도지역의 경계선을 따라 설정하는 등 경계선이 분명하게 구분되도록 할 것
3. 용적률의 강화범위는 제62조제1항의 규정에 의한 범위 안에서 제1호 각목에 규정된 기반시설의 부족정도를 감안하여 결정할 것
4. 개발밀도관리구역안의 기반시설의 변화를 주기적으로 검토하여 용적률을 강화 또는 완화하거나 개발밀도관리구역을 해제하는 등 필요한 조치를 취하도록 할 것

라. 지정절차 – 심의 및 고시

특별시장 등이 개발밀도관리구역을 지정하거나 변경하려면 i) 개발밀도관리구역의 명칭, ii) 개발밀도관리구역의 범위, iii) 제77조나 제78조에 따른 건폐율 또는 용적률의 강화 범위 등의 사항을 포함하여 해당 지방자치단체에 설치된 지방도시계획위원회의 심의를 거쳐야 한다(법 제66조제3항). 또한, 이에 따라 개발밀도관리구역을 지정하거나 변경한 경우에는 그 사실을 대통령령으로 정하는 바에 따라 고시하여야 한다(법 시행령 제62조제2항).

마. 구역의 관리

개발밀도관리구역에서는 당해 용도지역에 적용되는 용적률의 최대한도의 50% 한도 내에서 건폐율 또는 용적률을 강화하여 적용하며(법 제66조제2항), 그 관리 등에 관하여 필요한 사항은 대통령령으로 정하는 바에 따라 국토교통부장관이 정한다(같은 조 제5항).

3. 기반시설부담구역

가. 기반시설부담구역의 개념 및 주요 항목별 개정사항

1) 개 념

"기반시설부담구역"이란 개발밀도관리구역 외의 지역으로서 개발로 인하여 도로, 공원, 녹지 학교(「고등교육법」 제2조에 따른 학교는 제외한다), 수도(인근의 수도로부터 기반시설부담구역까지 연결하는 수도를 포함한다), 하수도(인근의 하수도로부터 기반시설부담구역까지 연결하는 하수도를 포함한다), 폐기물처리시설, 그 밖에 특별시장·광역시장·특별자치시장·특별자치도지사·시장 또는 군수가 법 제68조제2항 단서에 따른 기반시설부담계획에서 정하는 시설 등을 설치하거나 그에 필요한 용지를 확보하게 하기 위하여 지정·고시하는 구역을 말한다(법 제2조제19호, 법 시행령 제4조의2). 이는 2006년 재개발·재건축으로 인한 부동산가격 폭등을 막기 위해 전국적 차원에서 "기반시설부담에 관한 법률"의 기반시설부담금제도로 분리하였으나, 전국에 획일적 부과, 높은 부담수준 등 문제금 제기로 다시 "법"에 재도입된 제도이다.

2) 주요 항목별 개정사항

연 혁	개정사유	개정내용
2008.3.28.	도시관리계획 수립절차 간소화 및 대도시의 자율성 제고	도시관리계획 : 50만 이상 대도시 시장 도시관리계획 결정
2009.12.29.	대도시의 자율성 부여	도시관리계획 대도시시장에 대한 자격 완화

나. 기반시설부담구역의 지정

특별시장·광역시장·특별자치시장·특별자치도지사·시장 또는 군수는 다음 각 호의 어느 하나에 해당하는 지역에 대하여는 기반시설부담구역으로 지정하여야 한다. 다만, 개발행위가 집중되어 특별시장·광역시장·특별자치시장·

특별자치도지사·시장 또는 군수가 해당 지역의 계획적 관리를 위하여 필요하다고 인정하면 i) 이 법 또는 다른 법령의 제정·개정으로 인하여 행위 제한이 완화되거나 해제되는 지역, ii) 이 법 또는 다른 법령에 따라 지정된 용도지역 등이 변경되거나 해제되어 행위 제한이 완화되는 지역, iii) 개발행위허가 현황 및 인구증가율 등을 고려하여 대통령령으로 정하는 지역에 해당하지 아니하는 경우라도 기반시설부담구역으로 지정할 수 있다(법 67조제1항).

[법 제67조제1항제3호에서 "대통령령으로 정하는 지역"]

> **법 시행령 제64조 (기반시설부담구역의 지정)**
>
> ① 법 제67조제1항제3호에서 "대통령령으로 정하는 지역"이란 특별시장·광역시장·특별자치시장·특별자치도지사·시장 또는 군수가 제4조의2에 따른 기반시설의 설치가 필요하다고 인정하는 지역으로서 다음 각 호의 어느 하나에 해당하는 지역을 말한다.
>
> 1. 해당 지역의 전년도 개발행위허가 건수가 전전년도 개발행위허가 건수보다 20% 이상 증가한 지역
> 2. 해당 지역의 전년도 인구증가율이 그 지역이 속하는 특별시·광역시·특별자치시·특별자치도·시 또는 군(광역시의 관할 구역에 있는 군은 제외한다)의 전년도 인구증가율보다 20% 이상 높은 지역

다. 지정기준 및 절차

1) 지정기준

국토교통부장관은 기반시설부담구역의 지정기준을 정할 때에는 i) 기반시설부담구역은 기반시설이 적절하게 배치될 수 있는 규모로서 최소 10만m² 이상의 규모가 되도록 지정할 것, ii) 소규모 개발행위가 연접하여 시행될 것으로 예상되는 지역의 경우에는 하나의 단위구역으로 묶어서 기반시설부담구역을 지정할 것, iii) 기반시설부담구역의 경계는 도로, 하천, 그 밖의 특색 있는 지형지물을 이용하는 등 경계선이 분명하게 구분되도록 할 것 등의 사항을 종합적으로 고려하여 지정하여야 한다(법 시행령 제66조).

2) 지정절차 – 주민의견수렴, 심의, 고시 등

특별시장 등은 기반시설부담구역을 지정 또는 변경하려면 주민의 의견을 들어야 하며, 해당 지방자치단체에 설치된 지방도시계획위원회의 심의를 거쳐 이를 고시하여야 한다(법 제67조제2항). 이 경우 기반시설부담구역의 명칭·위치·면적 및 지정일자와 관계 도서의 열람방법을 해당 지방자치단체의 공보와 인터넷 홈페이지에 고시하여야 한다(법 시행령 제64조제2항).

라. 기반시설부담계획

1) 기반시설부담계획의 수립

특별시장 등은 기반시설부담구역이 지정되면 i) 설치가 필요한 기반시설의 종류, 위치 및 규모, ii) 기반시설의 설치 우선순위 및 단계별 설치계획, iii) 그 밖에 기반시설의 설치에 필요한 사항 등을 포함하여 기반시설설치계획을 수립하여야 한다(법 제67조제4항, 법 시행령 제65조제1항). 이때 i) 기반시설의 배치는 해당 기반시설부담구역의 토지이용계획 또는 앞으로 예상되는 개발수요를 감안하여 적절하게 정할 것, ii) 기반시설의 설치시기는 재원조달계획, 시설별 우선순위, 사용자의 편의와 예상되는 개발행위의 완료시기 등을 감안하여 합리적으로 정할 것 등의 사항을 종합적으로 고려하여 기반시설설치계획을 수립하여야 하며(법 시행령 제65조제2항, 수립 후에는 이를 도시관리계획에 반영하여야 한다).

2) 수립의제 및 해제간주

법 시행령 제65조제1항 및 제2항에도 불구하고 법 제52조제1항에 따라 지구단위계획을 수립한 경우에는 기반시설설치계획을 수립한 것으로 보며, 구역의 지정고시일부터 1년이 되는 날까지 기반시설설치계획을 수립하지 아니하면 그 1년이 되는 날의 다음날에 기반시설부담구역의 지정은 해제된 것으로 본다(법 시행령 제65조제3,4항).

3) 주민의 의견청취, 심의, 고시 등

특별시장 등이 기반시설부담계획을 수립하거나 변경할 때에는 주민의 의견을 듣고 해당 지방자치단체에 설치된 지방도시계획위원회의 심의를 거쳐야 하며(법 시행령 제67조제4항),[71] 그 내용을 고시하여야 한다. 이 경우 기반시설부담계획의 수립 또는 변경의 고시에 관하여는 제64조제2항을 준용한다(같은 조 제5항). 다만, 기반시설부담계획 중 ⅰ) 납부의무자의 전부 또는 일부의 부담분을 증가시키지 아니하고 부담시기를 앞당기지 아니한 경우, ⅱ) 기반시설의 설치 및 그에 필요한 용지의 확보와 관련하여 특별시장·광역시장·특별자치시장·특별자치도지사·시장 또는 군수의 지원을 경감하지 아니한 경우에 해당하는 경미한 사항을 변경하는 경우에는 그러하지 아니하다(같은 조 제6항).

4. 기반시설부담금

가. 기반시설부담금의 개념

"기반시설설치비용"이란 단독주택 및 숙박시설 등 대통령령으로 정하는 시설의 신·증축 행위로 인하여 유발되는 즉, 건축행위로 인하여 유발되는 기반시설을 설치하거나 그에 필요한 용지를 확보하기 위하여 그 유발행위자에게 부과하는 부담금을 말한다. 여기서 대통령령으로 정하는 시설이란 건축법 시행령 별표 1에 따른 용도별 건물을 말하며, 다만, 별표 1(기반시설을 유발하는 시설에서 제외되는 건축물)의 건축물은 제외한다(법 시행령 제4조의3).

나. 기반시설부담금의 부과대상 및 산정기준

1) 부과대상

기반시설부담구역에서 기반시설설치비용의 부과대상인 건축행위는 제2조제20호에 따른 시설로서 200m²(기존 건축물의 연면적을 포함한다)를 초과하는

71) 이 경우 주민의 의견청취에 관하여는 법 제28조제1항부터 제4항까지의 규정을 준용한다.

건축물의 신축·증축 행위로 한다. 다만, 기존 건축물을 철거하고 신축하는 경우에는 기존 건축물의 건축연면적을 초과하는 건축행위만 부과대상으로 한다(법 제68조제1항).

2) 산정기준

(1) 산정방법(=표준시설비용과 용지비용을 합산한 금액)

기반시설설치비용은 기반시설을 설치하는 데 필요한 기반시설 표준시설비용과 용지비용을 합산한 금액에 부과대상 건축연면적과 기반시설 설치를 위하여 사용되는 총 비용 중 국가·지방자치단체의 부담분을 제외하고 민간 개발사업자가 부담하는 부담률을 곱한 금액으로 한다. 다만, 특별시장·광역시장·특별자치시장·특별자치도지사·시장 또는 군수가 해당 지역의 기반시설 소요량 등을 고려하여 대통령령으로 정하는 바에 따라 기반시설부담계획을 수립한 경우에는 그 부담계획에 따른다(같은 조 제2항).

[기반시설부담계획 수립 시 포함될 내용]

제67조 (기반시설부담계획의 수립)

① 특별시장·광역시장·특별자치시장·특별자치도지사·시장 또는 군수는 법 제68조제2항 단서에 따른 기반시설부담계획(이하 "기반시설부담계획"이라 한다)을 수립할 때에는 다음 각 호의 내용을 포함하여야 한다.

1. 기반시설의 설치 또는 그에 필요한 용지의 확보에 소요되는 총부담비용
2. 제1호에 따른 총부담비용 중 법 제68조제1항에 따른 건축행위를 하는 자(제70조의2제1항 각 호에 해당하는 자를 포함한다. 이하 "납부의무자"라 한다)가 각각 부담하여야 할 부담분
3. 제2호에 따른 부담분의 부담시기
4. 재원의 조달 및 관리·운영방법

② 제1항제2호에 따른 부담분은 다음 각 호의 방법으로 산정한다.

1. 총부담비용을 건축물의 연면적에 따라 배분하되, 건축물의 용도에 따라 가중치를 부여하여 결정하는 방법
2. 제1호에도 불구하고 특별시장·광역시장·특별자치시장·특별자치도지사·

시장 또는 군수와 납부의무자가 서로 협의하여 산정방법을 정하는 경우에는 그 방법

한편, 위 규정 따른 기반시설 표준시설비용은 기반시설 조성을 위하여 사용되는 단위당 시설비로서 해당 연도의 생산자물가상승률 등을 고려하여 대통령령으로 정하는 바에 따라 국토교통부장관이 고시하여야 며한다(같은 조 제3항).

[신축계산식]

{기반시설 표준시설비용＋지역별 용지환산계수×건축물의 기반시설유발계수×개발공시지가 시·군·구 평균/m²}×{건축허가연면적－부속용도면적(주차장면적)－기초면적(200m²)}×부담률－공제액

[기반시설부담금 산정방법(제13조 관련)]

가. 단일용도 건축물의 경우

○ 신축의 경우

1) 신축허가연면적이 기초공제면적(200m²) 이하인 경우 : 면제

2) 신축허가연면적이 기초공제면적(200m²) 초과인 경우 또는 기존건축물을 철거하고 법 제6조제3항의 규정에 의한 동일용도의 건축물을 신축하는 경우로서 기존건축물의 연면적(주차장면적 제외)이 200m² 이하인 경우

- 기반시설부담금＝(기반시설 표준시설비용＋지역별 용지환산계수×건축물별 기반시설유발계수×개별공시지가 시·군·구별 평균/m²)×{건축허가연면적－주차장면적－기초공제면적(200m²)}×부담률－공제액

3) 기존건축물을 철거하고 법 제6조제3항의 규정에 의한 동일용도의 건축물을 신축하는 경우로서 기존건축물의 연면적(주차장면적제외)이 200m² 초과인 경우

- 기반시설부담금＝(기반시설 표준시설비용＋지역별 용지환산계수×건축물별기반시설유발계수×개별공시지가 시·군·구별 평균/m²)×{건축

허가연면적－주차장면적－기존 건축물연면적(주차장면적 제외)}×부담률－공제액

○ 증축의 경우

1) 기존건축물연면적(주차장면적제외)과 증축허가연면적의 합이 기초공제면적(200m²) 이하인 경우 : 면제

2) 기존건축물연면적(주차장면적제외)이 200m² 이하이고 증축허가연면적과의 합이 기초공제면적(200m²) 초과인 경우

• 기반시설부담금＝(기반시설 표준시설비용＋지역별 용지환산계수×건축물별 기반시설유발계수×개별공시지가 시·군·구별 평균/m²)×{증축허가연면적＋기존 건축물연면적(주차장연면적 제외)－증축 주차장면적－기초공제면적(200m²)}×부담률－공제액

3) 기존건축물연면적(주차장연면적제외)이 기초공제면적(200m²)을 초과하는 경우 기반시설부담금＝(기반시설표준시설비용＋지역별 용지환산계수×건축물별 기반시설유발계수×개별공시지가 시·군·구별 평균/m²)×(증축허가연면적－증축 주차장면적)×부담률－공제액

나. 복합용도 건축물의 경우

* 복합용도 건축물의 경우 기반시설 유발계수가 동일한 건축연면적별로 각각 부담금을 산출한 후 합산함.

○ 신축의 경우

1) 신축허가연면적이 기초공제면적(200m²) 이하인 경우 : 면제

2) 신축허가연면적이 기초공제면적(200m²) 초과인 경우로서 법 제6조제3항의 규정에 의한 동일용도의 철거하는 기존건축물이 없거나 연면적(주차장면적제외) 200m² 이하인 경우

• 기반시설부담금＝∑[(기반시설 표준시설비용＋지역별 용지환산계수×건축물별 기반시설유발계수×개별공시지가 시·군·구별 평균/m²)×{(건축허가연면적－주차장면적)×유발계수별 건축허가연면적/(건축허가연면적－부속용도면적)－기초공제면적(200m²)×유발계수별 건축허가연면적/(건축허가연면적－부속용도면적)}×부담률]－공제액

3) 신축허가연면적이 기초공제면적(200m²) 초과인 경우로서 법 제6조제3항의 규정에 의한 동일용도의 철거하는 기존건축물의 연면적(주차장면

적제외)이 200m² 초과인 경우

- 기반시설부담금＝∑{(기반시설 표준시설비용＋지역별 용지환산계수×건축물별 기반시설유발계수×개별공시지가 시·군·구별 평균/m²)×{(건축허가연면적－주차장면적)×유발계수별 건축허가연면적/(건축허가연면적－부속용도면적)－(기존건축연면적－기존건축물주차장면적)×유발계수별 기존건축연면적/(기존건축연면적－기존건축물부속용도 면적)}×부담률]－공제액

* 다만, (건축허가연면적주차장면적)×유발계수별 건축허가연면적/(건축허가연면적－부속용도면적)－(기존건축연면적－기존건축물주차장면적)×유발계수별 기존건축연면적/(기존건축연면적－기존건축물부속용도면적)≤0 경우에는 0으로 계산함.

○ 증축의 경우

1) 증축허가연면적과 기존건축물연면적(주차장면적 제외)의 합이 기초공제면적(200m²) 이하인 경우 : 면제

2) 기존건축물연면적(주차장면적 제외)이 200m² 이하이고 증축허가연면적과의 합이 기초공제면적(200m²) 초과인 경우

- 기반시설부담금＝∑[(기반시설 표준시설비용＋지역별 용지환산계수×건축물별 기반시설유발계수×개별공시지가 시·군·구별 평균/m²)×{(증축허가연면적－증축주차장면적)×유발계수별 증축허가연면적/(증축허가연면적－증축부속용도면적)＋(기존건축연면적－기존건축물주차장면적)×유발계수별 기존건축연면적/(기존건축연면적－기존건축물부속용도면적)－기초공제면적(200m²)×유발계수별 증축허가연면적/(증축허가연면적－증축부속용도면적)}×부담률]－공제액

3) 기존건축물연면적(주차장면적 제외)이 200m²초과인 경우

- 기반시설부담금＝∑{(기반시설 표준시설비용＋지역별 용지환산계수×건축물별 기반시설유발계수×개별공시지가 시·군·구별 평균/m²)×(증축허가연면적－증축주차장면적)×유발계수별 증축허가연면적/(증축허가연면적－증축부속용도면적)×부담률}－공제액

다. 기 타

○ 부속용도면적이라 함은 건축법 시행령 제2조제1항제14호의 규정에 의한 부속용도의 면적을 합산한 면적을 말한다.

○ 기초공제면적이라 함은 부과제외대상의 기준이 되는 건축물 연면적 200m²를 말한다.
○ 기존 건축물의 연면적이라 함은 같은 대지 내 기존 건축물의 연면적의 합계를 말한다.

(2) 용지비용 산정방법

용지비용은 부과대상이 되는 건축행위가 이루어지는 토지를 대상으로 ⅰ) 지역별 기반시설의 설치 정도를 고려하여 0.4 범위에서 지방자치단체의 조례로 정하는 용지환산계수, ⅱ) 기반시설부담구역의 개별공시지가 평균 및 대통령령으로 정하는 건축물별 기반시설유발계수의 기준을 곱하여 산정한 가액(價額)으로 한다(같은 조 제4항). 다만, 민간 개발사업자가 부담하는 부담률은 100분의 20으로 하고, 특별시장·광역시장·특별자치시장·특별자치도지사·시장 또는 군수가 건물의 규모, 지역 특성 등을 고려하여 100분의 25의 범위에서 부담률을 가감할 수 있다(같은 조 제4,5항).

여기서 "용지환산계수"란 기반시설부담구역별로 기반시설이 설치된 정도를 고려하여 산정된 기반시설 필요 면적률(기반시설부담구역의 전체 토지면적 중 기반시설이 필요한 토지면적의 비율을 말한다)을 건축 연면적당 기반시설 필요 면적으로 환산하는데 사용되는 계수를 말하며, 또한, "대통령령으로 정하는 건축물별 기반시설유발계수"란 다음의 표(별표 1의3)와 같다(법 시행령 제69조제1,2항).

[별표 1의3] 〈개정 2014.3.24〉

건축물별 기반시설유발계수

(제69조제2항 관련)

1. 단독주택 : 0.7
2. 공동주택 : 0.7
3. 제1종 근린생활시설 : 1.3
4. 제2종 근린생활시설 : 1.6

5. 문화 및 집회시설 : 1.4
6. 종교시설 : 1.4
7. 판매시설 : 1.3
8. 운수시설 : 1.4
9. 의료시설 : 0.9
10. 교육연구시설 : 0.7
11. 노유자시설 : 0.7
12. 수련시설 : 0.7
13. 운동시설 : 0.7
14. 업무시설 : 0.7
15. 숙박시설 : 1.0
16. 위락시설 : 2.1
17. 공 장
    가. 목재 및 나무제품 제조공장(가구제조공장은 제외한다) : 2.1
    나. 펄프, 종이 및 종이제품 제조공장 : 2.5
    다. 비금속 광물제품 제조공장 : 1.3
    라. 코크스, 석유정제품 및 핵연료 제조공장 : 2.1
    마. 가죽, 가방 및 신발제조공장 : 1.0
    바. 전자부품, 영상, 음향 및 통신장비 제조공장 : 0.7
    사. 음·식료품 제조공장 : 0.5
    아. 화합물 및 화학제품 제조공장 : 0.5
    자. 섬유제품 제조공장(봉제의복 제조공장은 제외한다) : 0.4
    차. 봉제의복 및 모피제품 제조공장 : 0.7
    카. 가구 및 그 밖의 제품 제조공장 : 0.3
    타. 그 밖의 전기기계 및 전기 변환장치 제조공장 : 0.3
    파. 조립금속제품 제조공장(기계 및 가구공장을 제외한다) : 0.3
    하. 출판, 인쇄 및 기록매체 복제공장 : 0.4
    거. 의료, 정밀, 광학기기 및 시계 제조공장 : 0.4
    너. 제1차 금속 제조공장 : 0.3
    더. 컴퓨터 및 사무용기기 제조공장 : 0.4

러. 재생용 가공원료 생산공장 : 0.3
머. 고무 및 플라스틱 제품 제조공장 : 0.4
버. 그 밖의 운송장비 제조공장 : 0.4
서. 그 밖의 기계 및 장비 제조공장 : 0.4
어. 자동차 및 트레일러 제조공장 : 0.3
저. 담배제조공장 : 0.3

18. 창고시설 : 0.5
19. 위험물저장 및 처리시설 : 0.7
20. 자동차관련시설 : 0.7
21. 동물 및 식물관련시설 : 0.7
22. 자원순환 관련 시설 : 1.4
23. 교정 및 군사시설 : 0.7
24. 방송통신시설 : 0.8
25. 발전시설 : 0.7
26. 묘지 관련 시설 : 0.7
27. 관광휴게시설 : 1.9
28. 장례시설 : 0.7

3) 감면대상

납부의무자가 ⅰ) 제2조제19호에 따른 기반시설을 설치하거나 그에 필요한 용지를 확보한 경우, ⅱ) 도로법 제91조에 따른 원인자 부담금 등 납부의무자가 직접 기반시설을 설치하거나 그에 필요한 용지를 확보한 경우에는 기반시설설치비용에서 직접 기반시설을 설치하거나 용지를 확보하는 데 든 비용을 공제한다(같은 조 제6항, 법 시행령 제70조제1항).

이에 따른 공제금액 중 납부의무자가 직접 기반시설을 설치하는 데 든 비용은 ⅰ) 법 제69조제2항에 따른 건축허가(다른 법률에 따른 사업승인 등 건축허가가 의제되는 경우에는 그 사업승인)를 받은 날(이하 “부과기준시점”이라 한다)을 기준으로 국토교통부장관이 정하는 요건을 갖춘 「부동산가격공시 및 감정평가에 관한 법률」에 따른 감정평가업자 두 명 이상이 감정평가한 금액을 산술평균한 토지의 가액, ii) 부과기준시점을 기준으로 국토교통부장관이 매년 고시하는 기반시설별 단위당 표준조성비에 납부의무자가 설치하는 기반시설량을 곱하여 산정한 기반시설별 조성비용(다만, 납부의무자가 실제 투입된 조성비용 명세서를 제출하면 국토교통부령으로 정하는 바에 따라 그 조성비용을 기반시설별 조성비용으로 인정할 수 있다) 등의 비용을 합산하여 정한다(법 시행령 제70조제2항).

다만, 부과기준시점에 i) 부과기준시점으로부터 가장 최근에 결정·공시된 개별공시지가, ii) 국가, 지방자치단체, 「공공기관의 운영에 관한 법률」에 따른 공공기관 또는 「지방공기업법」에 따른 지방공기업으로부터 매입한 토지의 가액, iii) 「공공기관의 운영에 관한 법률」에 따른 공공기관 또는 「지방공기업법」에 따른 지방공기업이 매입한 토지의 가액, iv) 「공익사업을 위한 토지 등의 취득 및 보상에 관한 법률」에 따른 협의 또는 수용에 따라 취득한 토지의 가액, v) 해당 토지의 무상 귀속을 목적으로 한 토지의 감정평가금액 중 어느 하나에 해당하는 금액에 따른 토지의 가액과 기반시설별 조성비용을 적용하여 산정된 공제 금액이 기반시설설치비용을 초과하는 경우에는 그 금액을 납부의무자가 직접 기반시설을 설치하는 데 든 비용으로 본다(법 시행령 제70조제3항).

한편, 제1항에 따른 공제금액 중 기반시설에 필요한 용지를 확보하는 데 든 비용은 제2항제1호에 따라 산정하며(같은 조 제4항), 그 경우 외에 법 제68조제6항에 따라 기반시설설치비용에서 감면하는 비용 및 감면액은 별표 1의4와 같다(같은 조 제5항).

기반시설설치비용에서 감면하는 비용 및 감면액
(제70조제4항 관련)

1. 「대도시권 광역교통 관리에 관한 특별법」 제11조에 따른 광역교통시설부담금 의 100분의 10에 해당하는 금액
2. 「도로법」 제91조제1항 및 제2항에 따른 원인자부담금 전액

3. 「수도권정비계획법」 제12조에 따른 과밀부담금의 100분의 10에 해당하는 금액
4. 「수도법」 제71조에 따른 원인자부담금 전액
5. 「하수도법」 제61조에 따른 원인자부담금 전액
6. 「학교용지확보 등에 관한 특례법」 제5조에 따른 학교용지부담금 전액
7. 「자원의 절약과 재활용촉진에 관한 법률」 제19조에 따른 폐기물비용부담금 전액
8. 「지방자치법」 제138조에 따른 공공시설분담금 전액

5. 기반시설설치비용의 납부 및 체납처분

가. 납부의무자

ⅰ) 건축행위를 위탁 또는 도급한 경우에는 그 위탁이나 도급을 한 자, ⅱ) 타인 소유의 토지를 임차하여 건축행위를 하는 경우에는 그 행위자, ⅲ) 건축행위를 완료하기 전에 건축주의 지위나 ⅰ) 또는 ⅱ)에 해당하는 자의 지위를 승계하는 경우에는 그 지위를 승계한 자 등을 포함하여 법 제68조제1항에 따른 건축행위를 하려는 자는 기반시설설치비용을 납부해야 한다(법 제69조제1항, 법 시행령 제70조의2).

나. 기반시설부담금의 부과·징수

1) 부과시점 및 납부시기

특별시장 등은 납부의무자가 국가 또는 지방자치단체로부터 건축허가(다른 법률에 따른 사업승인 등 건축허가가 의제되는 경우에는 그 사업승인)를 받은 날부터 2개월 이내에 기반시설설치비용을 부과하여야 하고, 납부의무자는 사용승인(다른 법률에 따라 준공검사 등 사용승인이 의제되는 경우에는 그 준공검사) 신청시까지 이를 내야 한다. 만일 납부의무자가 위 기한까지 기반시설설치비용을 내지 아니하는 경우에는 「지방세외수입금의 징수 등에 관한 법률」에 따라 징수할 수 있다(법 제69조제2,3항).

2) 납부고지

특별시장 등이 기반시설설치비용을 부과하려면 납부의무자에게 납부고지서를 발급하여야 하며, 이에 따라 납부고지서를 발급할 때에는 납부금액 및 그 산출 근거, 납부기한과 납부 장소를 명시하여야 한다(법 시행령 제70조의5제1,2항). 나아가 납부의무자가 사용승인 신청시까지 기반시설설치비용을 완납하지 아니할 경우 그 기한이 지난 후 10일 이내에 독촉장을 발송하여야 한다(법 제70조의9).

3) 기반시설설치비용의 예정 통지

특별시장 등은 기반시설설치비용을 부과하려면 부과기준시점부터 30일 이내에 납부의무자에게 적용되는 부과 기준 및 부과될 기반시설설치비용을 미리 알려야 하며(법 시행령 제70조의3제1항), 납부의무자가 예정 통지된 기반시설설치비용에 대하여 이의가 있으면 이를 받은 날부터 15일 이내에 특별시장 등에게 심사(이하 "고지 전 심사"라 한다)를 청구할 수 있다(같은 조 제2항). 고지 전 심사 청구를 받은 특별시장·광역시장·특별자치시장·특별자치도지사·시장 또는 군수는 그 청구를 받은 날부터 15일 이내에 청구 내용을 심사하여 그 결과를 청구인에게 알려야 하며(같은 조 제4항), 그 통지에는 i) 청구인의 성명(청구인이 법인인 경우에는 법인의 명칭 및 대표자의 성명을 말한다), ii) 청구인의 주소 또는 거소(청구인이 법인인 경우에는 법인의 주소 및 대표자의 주소를 말한다), iii) 기반시설설치비용 부과 대상 건축물에 관한 자세한 내용, iv) 납부할 기반시설설치비용, v) 고지 전 심사의 결과 및 그 이유 등을 적은 고지 전 심사 결정 통지서로 하여야 한다(같은 조 제5항).

한편, 납부의무자가 고지 전 심사를 청구하려면 i) 청구인의 성명(청구인이 법인인 경우에는 법인의 명칭 및 대표자의 성명을 말한다), ii) 청구인의 주소 또는 거소(청구인이 법인인 경우에는 법인의 주소 및 대표자의 주소를 말한다), iii) 기반시설설치비용 부과 대상 건축물에 관한 자세한 내용, iv) 예정 통지된 기반시설설치비용, v) 고지 전 심사 청구 이유 등의 사항을 적은 고지 전 심사청구서를 특별시장 등에게 제출하여야 한다(같은 조 제3항).

4) 기반설치비용의 물납

기반시설설치비용은 현금 납부를 원칙으로 하되, 부과대상 토지 및 이와 비슷한 토지로 하는 납부를 인정할 수 있으며(법 시행령 제70조의7제1항), 이에 따라 물납을 신청하려는 자는 납부기한 20일 전까지 기반시설설치비용, 물납 대상 토지의 면적 및 위치, 물납신청 당시 물납 대상 토지의 개별공시지가 등을 적은 물납신청서를 특별시장·광역시장·특별자치시장·특별자치도지사·시장 또는 군수에게 제출하여야 한다(같은 조 제2항). 이 경우 특별시장 등은 물납신청서를 받은 날부터 10일 이내에 신청인에게 수납 여부를 서면으로 알려야 한다(같은 조 제3항). 위 절차를 통하여 특별시장 등이 납세의무자로부터 물납을 받으면 해당 기반시설부담구역에 설치한 기반시설특별회계에 귀속시켜야 한다(같은 조 제7항).

한편, 물납을 신청할 수 있는 토지의 가액은 해당 기반시설설치비용의 부과액을 초과할 수 없으며, 납부의무자는 부과된 기반시설설치비용에서 물납하는 토지의 가액을 뺀 금액을 현금으로 납부하여야 하며(같은 조 제4항), 물납에 충당할 토지의 가액은 i) 제3항에 따라 서면으로 알린 날의 가장 최근에 결정·공시된 개별공시지가, ii) 제1호에 따른 개별공시지가의 기준일부터 제3항에 따라 서면으로 알린 날까지의 해당 시·군·구의 지가변동률을 일 단위로 적용하여 산정한 금액을 합한 가액으로 한다(같은 조 제5항).

5) 납부 기일의 연기 및 분할 납부

특별시장 등은 납부의무자가 i) 재해나 도난으로 재산에 심한 손실을 입은 경우, ii) 사업에 뚜렷한 손실을 입은 때, iii) 사업이 중대한 위기에 처한 경우, iv) 납부의무자나 그 동거 가족의 질병이나 중상해로 장기치료가 필요한 경우 중 어느 하나에 해당하여 기반시설설치비용을 납부하기가 곤란하다고 인정되면 해당 개발사업 목적에 따른 이용 상황 등을 고려하여 1년의 범위에서 납부 기일을 연기하거나 2년의 범위에서 분할 납부를 인정할 수 있다(법 시행령 제70조의8제1항). 이에 따라 기반시설설치비용의 납부 기일을 연기하거나 분할 납부를 신청하려는 자는 납부고지서를 받은 날부터 15일 이내에 납부 기일 연기신청서 또는 분할 납부 신청서를 특별시장·광역시장·특별자치시장·특별자치도지사·시장 또는 군수에게 제출하여야 한다(같은 조 제2항). 이 경우 특별시장 등은 납부 기일 연기신청서 또는 분할 납부 신청서를 받은 날부터 15일 이내에 납부 기일의 연기 또는 분할 납부 여부를 서면으로 알려야 한다(같은 조 제3항). 한편, 위 제1항에 따라 납부를 연기한 기간 또는 분할 납부로 납부가 유예된 기간에 대하여는 기반시설설치비용에 「국세기본법 시행령」 제43조의3제2항에 따른 이자를 더하여 징수하여야 한다(같은 조 제4항).

6) 기반시설설치비용의 환급

가) 기반시설설치비용의 환급

특별시장 등은 기반시설설치비용을 납부한 자가 사용승인 신청 후 해당 건축행위와 관련된 기반시설의 추가 설치 등 기반시설설치비용을 환급하여야 하는 사유가 발생하는 경우에는 그 사유에 상당하는 기반시설설치비용을 환급하여야 한다(법 제69조제4항).

나) 환급사유

특별시장 등은 ⅰ) 건축허가사항 등의 변경으로 건축면적이 감소되는 등 납부한 기반시설설치비용의 감소 사유가 발생한 경우, ⅱ) 납부의무자가 별표 1의4 각 호의 어느 하나에 해당하는 비용을 추가로 납부한 경우, ⅲ) 제70조제1항에 따라 공제받을 금액이 증가한 경우 중 어느 하나에 해당하는 경우에는 그 사유에 상당하는 기반시설설치비용을 환급하여야 하며(법 시행령 제70조의10제1항), 이를 환급할 때에는 납부의무자가 납부한 기반시설설치비용에서 당초 부과기준시점을 기준으로 산정한 변경된 건축허가사항에 대한 기반시설설치비용을 뺀 금액(이하 "환급금"이라 한다)과 ⅰ) 과오납부·이중납부 또는 납부 후 그 부과의 취소·정정으로 환급하는 경우에는 그 납부일, ⅱ) 납부자에게 책임이 있는 사유로 인하여 설치비용을 발생시킨 허가가 취소되어 환급하는 경우에는 그 취소일, iii) 납부자의 건축계획 변경, 그 밖에 이에 준하는 사유로 환급하는 경우에는 그 변경허가일 또는 이에 준하는 행정처분의 결정일 중 어느 하나에 해당하는 날의 다음 날부터 환급결정을 하는 날까지의 기간에 대하여「국세기본법 시행령」제43조의3제2항에 따른 이자율에 따라 계산한 금액(이하 "환급가산금"이라 한다)을 환급하여야 한다(같은 조 제2항).

이때, 환급금과 환급가산금은 해당 기반시설부담구역에 설치된 기반시설특별회계에서 지급한다. 다만, 특별시장·광역시장·특별자치시장·특별자치도지사·시장 또는 군수는 허가의 취소, 사업면적의 축소 등으로 사업시행자에게 원상회복의 책임이 있는 경우에는 원상회복이 완료될 때까지 원상회복에 소요되는 비용에 상당하는 금액의 지급을 유보할 수 있다(같은 조 제3항).

다) 환급방법

기반시설설치비용을 환급받으려는 납부의무자는 부담금 납부 또는 기반시설 설치에 관한 변동사항과 그 변동사항을 증명하는 자료를 해당 건축행위의 사용승인일 또는 준공일까지 특별시장 등에게 제출하여야 한다(같은 조 제4항).

6. 기반시설설치비용의 관리 및 사용

가. 구역별 특별회계 설치

특별시장 등은 기반시설설치비용의 관리 및 운용을 위하여 기반시설부담구역별로 특별회계를 설치하여야 하며, 그에 필요한 사항은 지방자치단체의 조례로 정한다(법 제70조제1항).

나. 기반시설설치비용의 사용용도

기반시설설치비용은 i) 기반시설부담구역별 기반시설설치계획 및 기반시설부담계획 수립, ii) 기반시설부담구역에서 건축물의 신·증축행위로 유발되는 기반시설의 신규 설치, 그에 필요한 용지 확보 또는 기존 기반시설의 개량,

ii) 기반시설부담구역별로 설치하는 특별회계의 관리 및 운영 등의 용도로 사용하여야 한다(법 시행령 제70조의11제1항). 다만, 해당 기반시설부담구역에 사용하기가 곤란한 경우로서 대통령령으로 정하는 경우에는 해당 기반시설부담구역의 기반시설과 연계된 기반시설의 설치 또는 그에 필요한 용지의 확보 등에 사용할 수 있으며(법 제70조제2항), 그 관리, 사용 등에 필요한 사항은 대통령령으로 정하는 바에 따라 국토교통부장관이 정한다(같은 조 제3항).

제 12 장 도시계획위원회

1. 중앙도시계획위원회

가. 중앙도시계획위원회의 설치

ⅰ) 광역도시계획·도시계획·토지거래계약허가구역 등 국토교통부장관의 권한에 속하는 사항의 심의, ⅱ) 이 법 또는 다른 법률에서 중앙도시계획위원회의 심의를 거치도록 한 사항의 심의, ⅲ) 도시계획에 관한 조사·연구 등의 업무를 수행하기 위하여 국토교통부에 중앙도시계획위원회를 둔다(법 제106조).

나. 구 성

중앙도시계획위원회는 위원장·부위원장 각 1명을 포함한 25명 이상 30명 이내의 위원으로 구성하며(법 제107조제1항), 이 경우 위원장과 부위원장은 위원 중에서 국토교통부장관이 임명하거나 위촉하고(같은 조 제2항), 위원은 관계 중앙행정기관의 공무원과 토지 이용, 건축, 주택, 교통, 공간정보, 환경, 법률, 복지, 방재, 문화, 농림 등 도시·군계획과 관련된 분야에 관한 학식과 경험이 풍부한 자 중에서 국토교통부장관이 임명하거나 위촉한다(같은 조 제3항). 이때, 공무원이 아닌 위원의 수는 10명 이상으로 하고, 그 임기는 2년으로 한다(같은 조 제4항). 그 외 보궐위원의 임기는 전임자 임기의 남은 기간으로 한다(같은 조 제5항).

다. 위원장 등의 직무

위원장은 중앙도시계획위원회의 업무를 총괄하며, 중앙도시계획위원회의 의장이 되며(법 제108조제1항), 부위원장은 위원장을 보좌하며, 위원장이 부득이한 사유로 그 직무를 수행하지 못할 때에는 그 직무를 대행한다(같은 조 제2항). 한편, 위원장과 부위원장이 모두 부득이한 사유로 그 직무를 수행하지 못할 때에는 위원장이 미리 지명한 위원이 그 직무를 대행한다(같은 조 제3항).

라. 회의의 소집 및 의결 정족수

중앙도시계획위원회의 회의는 국토교통부장관이나 위원장이 필요하다고 인정하는 경우에 국토교통부장관이나 위원장이 소집하며(법 제109조제1항), 회의는 재적위원 과반수의 출석으로 개의(開議)하고, 출석위원 과반수의 찬성으로 의결한다(같은 조 제2항).

마. 분과위원회

1) 분과위원회 설치

중앙도시계획위원회에는 i) 제8조제2항에 따른 토지 이용에 관한 구역 등의 지정·변경 및 제9조에 따른 용도지역 등의 변경계획에 관한 사항, ii) 제59조에 따른 심의에 관한 사항, iii) 제117조에 따른 허가구역의 지정에 관한 사항, iv) 중앙도시계획위원회에서 위임하는 사항 등의 사항을 효율적으로 심의하기 위하여 분과위원회를 둘 수 있으며(법 제110조제1항), 이 경우는 분과위원회의 심의는 중앙도시계획위원회의 심의로 본다.[72)]

2) 소관업무

분과위원회 및 그 소관업무는 다음과 같다(법 시행령 제109조제1항). 다만, 중앙도시계획위원회의 위원장은 이에도 불구하고 효율적인 심사를 위하여 필요한 경우에는 각 분과위원회가 분장하는 업무의 일부를 조정할 수 있다(같은 조 제5항).

가) 제1분과위원회

(1) 법 제8조제2항의 규정에 의한 토지이용계획에 관한 구역 등의 지정

(2) 법 제9조의 규정에 의한 용도지역 등의 변경계획에 관한 사항의 심의

---

72) 다만, iv)의 경우에는 중앙도시계획위원회가 분과위원회의 심의를 중앙도시계획위원회의 심의로 보도록 하는 경우만 해당한다.

(3) 법 제59조의 규정에 의한 개발행위에 관한 사항의 심의

나) 제2분과위원회 : 중앙도시계획위원회에서 위임하는 사항의 심의

3) 구 성

각 분과위원회는 위원장 1인을 포함한 5인 이상 17인 이하의 위원으로 구성하고(같은 조 제2항), 각 분과위원회의 위원은 중앙도시계획위원회가 그 위원 중에서 선출하며, 중앙도시계획위원회의 위원은 2 이상의 분과위원회의 위원이 될 수 있다(같은 조 제3항). 이때 각 분과위원회의 위원장은 분과위원회의 위원 중에서 호선한다(같은 조 제4항).

바. 전문위원

도시계획 등에 관한 중요 사항을 조사·연구하기 위하여 중앙도시계획위원회에 전문위원을 둘 수 있으며(법 제111조제1항), 이들은 위원장 및 중앙도시계획위원회나 분과위원회의 요구가 있을 때에는 회의에 출석하여 발언할 수 있다(같은 조 제2항). 전문위원은 국토교통부장관이 임명하는데, 전문위원은 토지 이용, 건축, 주택, 교통, 공간정보, 환경, 법률, 복지, 방재, 문화, 농림 등 도시·군계획과 관련된 분야에 관한 학식과 경험이 풍부한 자 중에서 임명한다(같은 조 제2항).

사. 간사 및 서기

중앙도시계획위원회에 간사와 서기를 두는데(법 제112조제1항), 이들은 국토교통부 소속 공무원 중에서 국토교통부장관이 임명하며(같은 조 제2항), 간사는 위원장의 명을 받아 중앙도시계획위원회의 서무를 담당하고, 서기는 간사를 보좌한다(같은 조 제3항).

아. 운영세칙

중앙도시계획위원회 및 그 분과위원회의 운영에 관한 다음 각 호의 사항은

국토교통부장관이 정하고, 지방도시계획위원회 및 그 분과위원회의 운영에 관한 다음 각 호의 사항은 해당 지방자치단체의 도시·군계획조례로 정한다(법 시행령 제114조).

1. 위원의 자격 및 임명·위촉·해촉(解囑) 기준
2. 회의 소집 방법, 의결정족수 등 회의 운영에 관한 사항
3. 위원회 및 분과위원회의 심의·자문 대상 및 그 업무의 구분에 관한 사항
4. 위원의 제척·기피·회피에 관한 사항
5. 안건 처리기한 및 반복 심의 제한에 관한 사항
6. 이해관계자 및 전문가 등의 의견청취에 관한 사항
7. 법 제116조에 따른 도시·군계획상임기획단의 구성 및 운영에 관한 사항

2. 지방도시계획위원회

가. 지방도시계획위원회의 설치 및 업무

ⅰ) 시·도지사가 결정하는 도시·군관리계획의 심의 등 시·도지사의 권한에 속하는 사항과 다른 법률에서 시·도도시계획위원회의 심의를 거치도록 한 사항의 심의, ⅱ) 국토교통부장관의 권한에 속하는 사항 중 중앙도시계획위원회의 심의 대상에 해당하는 사항이 시·도지사에게 위임된 경우 그 위임된 사항의 심의, ⅲ) 도시·군관리계획과 관련하여 시·도지사가 자문하는 사항에 대한 조언, ⅳ) 그 밖에 대통령령으로 정하는 사항에 관한 심의 또는 조언 등의 심의를 하게 하거나 자문에 응하게 하기 위하여 시·도에 시·도도시계획위원회를 둔다(법 제113조제1항).

또한, 도시관리계획과 관련된 ⅰ) 시장 또는 군수가 결정하는 도시·군관리계획의 심의와 국토교통부장관이나 시·도지사의 권한에 속하는 사항 중 시·도도시계획위원회의 심의대상에 해당하는 사항이 시장·군수 또는 구청장에게 위임되거나 재위임된 경우 그 위임되거나 재위임된 사항의 심의, ⅱ) 도시·군관리계획과 관련하여 시장·군수 또는 구청장이 자문하는 사항에 대한 조언,

iii) 제59조에 따른 개발행위의 허가 등에 관한 심의, iv) 그 밖에 대통령령으로 정하는 사항에 관한 심의 또는 조언 등의 심의를 하게 하거나 자문에 응하게 하기 위하여 시·군(광역시의 관할 구역에 있는 군을 포함한다. 이하 이 조에서 같다) 또는 구(자치구를 말한다. 이하 같다)에 각각 시·군·구도시계획위원회를 둔다(같은 조 제2항).

나. 구성 및 운용

1) 시·도도시계획위원회

가) 구성 및 운영

시·도도시계획위원회는 위원장 및 부위원장 각 1명을 포함한 25명 이상 30명 이하의 위원으로 구성하며(법 시행령 제111조제1항), 위원장은 위원 중에서 해당 시·도지사가 임명 또는 위촉하며, 부위원장은 위원 중에서 호선한다(같은 조 제2항). 다만, 위원은 i) 당해 시·도 지방의회의 의원, ii) 당해 시·도 및 도시·군계획과 관련있는 행정기관의 공무원, iii) 토지이용·건축·주택·교통·환경·방재·문화·농림·정보통신 등 도시·군계획 관련 분야에 관하여 학식과 경험이 있는 자 등의 어느 하나에 해당하는 자 중에서 시·도지사가 임명 또는 위촉한다. 이 경우 iii)에 해당하는 위원의 수는 전체 위원의 3분의 2 이상이어야 하고, 법 제8조제7항에 따라 농업진흥지역의 해제 또는 보전산지의 지정해제를 할 때에 도시관리계획의 변경이 필요하여 시·도도시계획위원회의 심의를 거쳐야 하는 시·도의 경우에는 농림 분야 공무원 및 농림 분야 전문가가 각각 2명 이상이어야 한다(제3항). 이때 이들의 임기는 이들의 임기는 2년으로 하되, 연임할 수 있다. 다만, 보궐위원의 임기는 전임자의 임기 중 남은 기간으로 한다(같은 조 제4항).

나) 회의 및 의결정족수

시·도도시계획위원회의 위원장은 위원회의 업무를 총괄하며, 위원회를 소집하고 그 의장이 되며(같은 조 제5항), 회의는 재적위원 과반수의 출석(출석위원의 과반수는 제3항제3호에 해당하는 위원이어야 한다)으로 개의하고, 출석위원 과반수의 찬성으로 의결한다(같은 조 제6항).

다) 간 사

시·도도시계획위원회에 간사 1인과 서기 약간 인을 둘 수 있으며, 간사와 서기는 위원장이 임명하며(같은 조 제7항), 간사는 위원장의 명을 받아 서무를 담당하고, 서기는 간사를 보좌한다(같은 조 제8항).

라) 전문위원

도시계획 등에 관한 중요 사항을 조사·연구하기 위하여 지방도시계획위원회에 전문위원을 둘 수 있으며, 이에 따라 지방도시계획위원회에 전문위원을 두는 경우에는 제111조제2항 및 제3항을 준용한다. 이 경우 "중앙도시계획위원회"는 "지방도시계획위원회"로, "국토교통부장관"은 "해당 지방도시계획위원회가 속한 지방자치단체의 장"으로 본다(법 제113조제5,6항).

2) 시·군·구도시계획위원회

가) 구성 및 운영

시·군·구도시계획위원회는 위원장 및 부위원장 각 1인을 포함한 15인 이상 25인 이하의 위원으로 구성한다. 다만, 2 이상의 시·군 또는 구에 공동으로 시·군·구도시계획위원회를 설치하는 경우에는 그 위원의 수를 30인까지로 할 수 있다(법 시행령 제112조제1항). 이때 위원장은 위원 중에서 해당 시장·군수 또는 구청장이 임명 또는 위촉하며, 부위원장은 위원 중에서 호선한다. 다만, 2 이상의 시·군 또는 구에 공동으로 설치하는 시·군·구도시계획위원회의 위원장은 당해 시장·군수 또는 구청장이 협의하여 정한다(같은 조 제2항). 다만, 위원은 i) 당해 시·군·구 지방의회의 의원, ii) 당해 시·군·구 및 도시·군계획과 관련 있는 행정기관의 공무원, iii) 토지이용·건축·주택·교통·환경·방재·문화·농림·정보통신 등 도시·군계획 관련 분야에 관하여 학식과 경험이 있는 자 중에서 시장·군수 또는 구청장이 임명 또는 위촉한다. 이 경우 제3호에 해당하는 위원의 수는 위원 총수의 50% 이상이어야 한다(같은 조 제3항).

한편, 제1항 및 제3항에도 불구하고 시·군·구도시계획위원회 중 대도시에 두는 도시계획위원회는 위원장 및 부위원장 각 1명을 포함한 20명 이상 25명 이하의 위원으로 구성하며, 제3항제3호에 해당하는 위원의 수는 전체 위원의 3분의 2 이상이어야 한다(같은 조 제5항).

나) 업 무

도시·군관리계획과 관련된 자문에 응하게 하기 위하여 시·군(광역시의 관할 구역에 있는 군을 포함한다. 이하 이 조에서 같다) 또는 구(자치구를 말한다. 이하 같다)에 각각 시·군·구도시계획위원회를 두며(법 제113조제2항), 위원회의 업무는 i) 시장 또는 군수가 결정하는 도시·군관리계획의 심의와 국토교통부장관이나 시·도지사의 권한에 속하는 사항 중 시·도도시계획위원회의 심의대상에 해당하는 사항이 시장·군수 또는 구청장에게 위임되거나 재위임된 경우 그 위임되거나 재위임된 사항의 심의, ii) 도시·군관리계획과 관련하여 시장·군수 또는 구청장이 자문하는 사항에 대한 조언, iii) 제59조에 따른 개발행위의 허가 등에 관한 심의, iv) 그 밖에 대통령령으로 정하는 사항에 관한 심의 또는 조언 등이다.

다) 분과위원회

시·군·구도시계획위원회의 심의 사항 중 i) 법 제9조의 규정에 의한 용도지역 등의 변경계획에 관한 사항, ii) 법 제50조의 규정에 의한 지구단위계획구역 및 지구단위계획의 결정 또는 변경결정에 관한 사항, iii) 지방도시계획위원회에서 위임하는 사항 등을 효율적으로 심의하기 위하여 시·군·구도시계획위원회에 분과위원회를 둘 수 있으며(법 제113조제3항, 법 시행령 제113조), 분과위원회에서 심의하는 사항 중 시·군·구도시계획위원회가 지정하는 사항은 분과위원회의 심의를 시·군·구도시계획위원회의 심의로 본다(법 제113조제4항).

다. 관련규정의 준용

법 시행령 제111조제4항 내지 제8항의 규정은 시·군·구도시계획위원회에 관하여 이를 준용한다.

3. 회의록의 공개

중앙도시계획위원회 및 지방도시계획위원회의 심의 일시·장소·안건·내용·결과 등이 기록된 회의록은 1년의 범위에서 중앙도시계획위원회의 경우에는 심의 종결 후 6개월, 지방도시계획위원회의 경우에는 6개월 이하의 범위에서 해당 지방자치단체의 도시·군계획조례로 정하는 기간에 따라 열람의 방법으로 공개하여야 한다. 다만, 공개에 의하여 부동산 투기 유발 등 공익을 현저히 해칠 우려가 있다고 인정하는 경우나 심의·의결의 공정성을 침해할 우려가 있다고 인정되는 이름·주민등록번호·직위 및 주소 등 특정인임을 식별할 수 있는 개인 식별 정보에 관한 부분의 경우에는 그러하지 아니하다(법 제113조의2, 법 시행령 제113조의3).

유권해석 ▮01

① 질의요지

도시계획위원회심의 자료(심의조서, 파워포인트 설명자료, 결과통보 공문)를 전자파일형태로 정보공개청구할 경우 「국토의 계획 및 이용에 관한 법률」(이하, "법") 제113조의2에 따라 열람의 방법으로 공개하여야 하는지, 아니면 회의록만 해당되므로 심의자료는 사본 또는 전자파일로 제공하는 것이 타당한지 여부

② 회신내용

법 제113조2의에 따라 지방도시계획위원회의 심의 일시·장소·안건·내용·결과 등이 기록 된 회의록은 1년의 범위에서 대통령령으로 정하는 기간이 지난 후에 공개 요청이 있는 경우 법 시행령 제113조3제2항에 따라 열람의 방법으로 공개하여야 하며, 이때 회의록에는 심의자료가 포함됨을 알려드립니다.

[도시정책과-2269, 2013.6.19.]

유권해석 ❙ 02

① **질의요지**

「국토의 계획 및 이용에 관한 법률 시행령」 제113조3제1항에서 "심의종결 후"에 대한회의록 공개를 위원회 개최 후를 심의종료로 보는지, 아니면 해당 안건의 최종처리 시점을 심의종료로 보는지 여부

② **회신내용**

회의록의 공개에 관해 동법령에서는 심의·의결의 객관성과 공정성을 최대한 확보할 수 있도록 심의종결 후 일정기간(최대 1년)의 범위 내에서 비공개기간을 설정할 수 있도록 규정하고 있고, 공개에 의하여 부동산투기유발 등 공익을 현저히 해칠 우려가 있다고 인정하는 경우나 심의·의결의 공정성을 침해할 우려가 있다고 인정되는 개인식별 정보이름·주민등록번호 등에 관하여는 비공개 할 수 있도록 규정하고 있는 점을 고려할 때 이건 회의록 공개시점 관련 "심의종결 후"는 해당 안건의 최종처리 시점이 아닌 "각각 의위원회 개최 후"로 보아야 할 것입니다.

[도시정책과-3981, 2012.6.22.]

4. 위원의 제척·회피

중앙도시계획위원회의 위원 및 지방도시계획위원회의 위원은 i) 자기나 배우자 또는 배우자이었던 자가 당사자이거나 공동권리자 또는 공동의무자인 경우, ii) 자기가 당사자와 친족관계이거나 자기 또는 자기가 속한 법인이 당사자의 법률·경영 등에 대한 자문·고문 등으로 있는 경우, iii) 자기 또는 자기가 속한 법인이 당사자 등의 대리인으로 관여하거나 관여하였던 경우, iv) 그 밖에 해당 안건에 자기가 이해관계인으로 관여한 경우로서 대통령령으로 정하는 경우 중 어느 하나에 해당하는 경우에 심의·자문에서 제척(除斥)된다(법 제113조의3). 위원이 위의 사유에 해당하는 경우에는 스스로 그 안건의 심의·자문에서 회피할 수 있다.

5. 벌칙 적용시의 공무원 의제

중앙도시계획위원회의 위원·전문위원 및 지방도시계획위원회의 위원·전문위원 중 공무원이 아닌 위원이나 전문위원은 그 직무상 행위와 관련하여 「형법」 제129조부터 제132조까지의 규정을 적용할 때에는 공무원으로 본다(법 제113조의4).

6. 위원 등의 수당 및 여비

중앙도시계획위원회의 위원이나 전문위원, 지방도시계획위원회의 위원에게는 대통령령이나 조례로 정하는 바에 따라 수당과 여비를 지급할 수 있다(법 제115조).

7. 도시계획상임기획단

지방자치단체의 장이 입안한 광역도시계획·도시기본계획 또는 도시관리계획을 검토하거나 지방자치단체의 장이 의뢰하는 광역도시계획·도시기본계획 또는 도시관리계획에 관한 기획·지도 및 조사·연구를 위하여 해당 지방자치단체의 조례로 정하는 바에 따라 지방도시계획위원회에 제113조제5항에 따른 전문위원 등으로 구성되는 도시계획상임기획단을 둔다(법 제116조).

제 13 장 토지거래의 규제

1. 토지거래허가제의 의의 등

가. 토지거래허가제의 의의

토지거래허가제도란 국토이용의 효율을 기하고 토지의 투기적 거래를 억제하여 건전한 부동산 경제질서를 확립하기 위하여 법 제117조~제126조의 규정에 근거하여 토지거래허가구역을 지정하고 그 허가구역 내에서 토지거래를 하려는 자는 법률에 의하여 시장·군수 또는 구청장의 허가를 받아야 하는 제도이다. 이는 사실상 부동산에 관한 소유권을 제하는 하는 것으로 근대 민법의 3대원칙 중 소유권 절대의 원칙과 계약자유의 원칙을 정면으로 위배하는 제도이다. 그러나 우리나라 헌법 제23조제1항에서 개인의 재산권을 보장하면서 그 내용과 한계는 법률로 정한다고 하여 재산권 법정주의를 채택하고 있고, 제2항에서 "재산권의 행사는 공공복리에 적합하도록 하여야 한다."라고 규정하여 재산권에 대한 사회적, 도의적 책임을 강조하여 소유권 절대의 원칙에 대한 예외를 헌법에서 규정함으로써 토지거래허가제도에 대한 헌법적 정당성을 부여하고 있다. 그리고 법 제117조~제126조의 규정에 의하여 토지거래허가제도를 법정하여 재산권의 보호에도 만전을 기한다고 할 수 있다.
토지는 재산 중 토지만이 갖는 부동성과 비이동성, 영속성, 희소성 등에 의하여 과거 농업시대에서 개인들은 비옥한 토지를 많이 소유하고자 하였지만 근대이후 도시화와 산업화 등에 따른 사회 경제적 수요에 절대적으로 부족한 공급의 한계로 말미암아 필연적으로 지가 상승을 가져올 수밖에 없었다. 1970년대 우리나라의 본격적인 경제성장과 더불어 국토의 개발이 본격화되고 도시지역으로 인구가 밀집되면서 지가의 상승률을 물가상승률을 훨씬 웃돌게 되었다. 정부는 이러한 폐단을 방지하고 토지의 투기를 억제하기 위하여 투기거래가 예상되는 지역을 토지거래허가구역으로 지정하고 허가구역 내에서 토지의 거래를 하려는 사람은 반드시 그 실수요성과 토지이용목적 등을 심사하여 토지의 투기화를 방지하고 지가의 안정을 도모하기 위하여 토지거래허가제도를 도입하게 되었다.

나. 성 격

토지거래계약의 허가는 법에 의한 상대적 금지를 해제해 주는 것이므로 그 법률적인 효과는 금지를 해제하여 자연적 자유를 회복시켜주는 허가의 성격 및 사인 상호간의 법률행위 효력을 완성시켜 주는 행정주체의 보충적 행위를 의미하게 되어 학문상 인가의 성격을 아울러 갖는다.

2. 토지거래허가제도의 위헌성 여부

토지거래허가제도는 개인의 재산을 직접 규제하는가 하면 개인 간의 토지거래까지 규제하므로 헌법 제37조제2항의 "자유와 권리의 본질적인 내용을 침해할 수 없다"라는 규정과 관련하여 위헌성 논란이 있어 왔으나, 헌법재판소는 1989.12.22. 당시 법 제21조의3제1항, 제31조의2의 위헌법률심판(88헌가13)과 1997.6.6. 법 제21조의3제7항에 대한 헌법소원에서 위헌심판(92헌바5)에 대한 결정을 내리게 되었다. 위 두 사건에 헌법재판소는 동법률의 합헌 결정을 내림으로써 토지거래허가제도에 대한 법적 정당성이 부여됨은 관련 논쟁 또한 불식되었다.

國土利用管理法 第21條의3第1項, 第31條의2의 違憲審判
(1989.12.22. 88헌가13 全員裁判部)

【판시사항】

1. 재산권(財産權) 행사(行使)의 사회적(社會的) 의무성(義務性)과 토지재산권(土地

財産權)의 행사(行使)
2. 토지재산권(土地財産權)의 본질적(本質的)인 내용(內容)
3. 국토이용관리법(國土利用管理法) 제21조의 3 제1항의 위헌여부(違憲與否)
4. 같은 법률(法律) 제31조의 2의 위헌여부(違憲與否)
5. 위헌결정(違憲決定) 정족수(定足數) 미달(未達)인 경우의 주문(主文) 표시방식(表示方式)

【결정요지】

1. 사유재산제도(私有財産制度)의 보장(保障)은 타인(他人)과 더불어 살아가야 하는 공동체생활(共同體生活)과의 조화(調和)와 균형(均衡)을 흐트려뜨리지 않는 범위(範圍) 내에서의 보장(保障)이다.
2. 토지재산권(土地財産權)의 본질적(本質的)인 내용(內容)이라는 것은 토지재산권(土地財産權)의 핵(核)이 되는 실질적(實質的) 요소(要素) 내지 근본요소(根本要素)를 뜻한다.
3. 국토이용관리법(國土利用管理法) 제21조의3제1항의 토지거래허가제(土地去來許可制)는 사유재산제도(私有財産制度)의 부정이 아니라 그 제한(制限)의 한 형태이고 토지(土地)의 투기적(投機的) 거래(去來)의 억제를 위하여 그 처분(處分)을 제한(制限)함은 부득이한 것이므로 재산권(財産權)의 본질적인 침해(侵害)가 아니며, 헌법상(憲法上)의 경제조항에도 위배(違背)되지 아니하고 현재의 상황에서 이러한 제한수단(制限手段)의 선택(選擇)이 헌법상(憲法上)의 비례(比例)의 원칙(原則)이나 과잉금지(過剩禁止)의 원칙(原則)에 위배(違背)된다고 할 수도 없다.
4. 같은 법률(法律) 제31조의2가 벌금형(罰金刑)과 선택적으로 징역형(懲役刑)을 정(定)함은 부득이 한 것으로서 입법재량(立法裁量)의 문제(問題)이고 과잉금지(過剩禁止)의 원칙(原則)에 반(反)하지 않으며, 그 구성요건(構成要件)은 건전한 법관(法官)의 양식(良識)이나 조리(條理)에 따른 보충적인 해석으로 법문(法文)의 의미(意味)가 구체화될 수 있으므로 죄형법정주의(罪刑法定主義)의 명확성(明確性)의 원칙(原則)에도 위배(違背)되지 아니한다.
5. 위헌의견(違憲意見)이 종국심리(終局審理)에 관여한 재판관(裁判官)의 과반수(過半數)가 되지만 위헌결정(違憲決定)의 정족수(定足數)인 6인에 미달(未達)인 때에는 주문(主文)에 "헌법(憲法)에 위반(違反)된다고 선언(宣言)할 수 없다"라고 표시한다.

재판관 이시윤의 보충의견(補充意見) 및 위헌의견(違憲意見)

1. 국토이용관리법(國土利用管理法) 제21조의2 내지 4의 토지거래허가제(土地去來許可制)는 공공복리의 해당성이 있고 또 재산권(財産權)의 본질적(本質的) 내용(內容)의 침해금지원칙(侵害禁止原則)에 저촉(抵觸)되지 아니하여 헌법(憲法)에 위반(違反)되지 아니하고, 같은 법률(法律) 제21조의15는 헌법(憲法) 제23조 제3항의 정당보상원리(正當補償原理)에 저촉(抵觸)되나 이 사건(事件) 재판(裁判)의 전제성(前提性)이 없어 주문(主文)에 밝힐 필요까지는 없고 보완입법(補完立法)을 촉구(促求)한다.
2. 같은 법률(法律) 제31조의2는 헌법(憲法) 제37조 제2항의 과잉금지(過剩禁止)의 원칙(原則)에 위반(違反)된다.

재판관 한병채, 최광률, 김문희의 위헌의견(違憲意見)

국토이용관리법(國土利用管理法) 제21조의3 제1항과 같은 법률(法律) 제21조의2, 같은 조의3제3항, 제7항, 같은 조의4,5,15는 불가분(不可分)의 관계(關係)에 있으므로 함께 심판(審判)의 대상이 되어야 하고, 위 제21조의15가 헌법(憲法) 제23조의 제1항, 제3항에 위반(違反)되므로 위 법조(法條) 전체가 헌법(憲法)에 위반(違反)되나 즉시 실효(失效)에 따른 혼란을 피하기 위하여 위 제21조의15를 상당기간 내에 개정(改正)할 것을 촉구(促求)한다. 위헌(違憲)인 토지거래허가제(土地去來許可制)를 전제(前提)로 한 같은 법률(法律) 제31조의2는 당연히 헌법(憲法)에 위반(違反)되는 형사법규(刑事法規)이므로 즉시 위헌(違憲)임을 선언(宣言)하여야 한다.

재판관 김진우의 위헌의견(違憲意見)

국토이용관리법(國土利用管理法) 제31조의2 뿐만 아니라 같은 법률(法律) 제21조의3을 위헌(違憲)으로 선언(宣言)하여도 국가존립에 위해가 미칠 정도의 법(法)의 공백(空白)이나 사회적 혼란이 예상되는 것은 아니므로 입법촉구(立法促求)는 불필요(不必要)하다.

제 청 법 원 서울지방법원 남부지원(1988.12.26. 88초1360 위헌제청신청)
제청신청인 강○해
대리인 변호사 박○○

3. 토지거래허가구역의 지정

가. 지정권자

국토의 이용 및 관리에 관한 계획의 원활한 수립과 집행, 합리적인 토지 이용 등을 위하여 국토교통부장관 또는 시·도지사가 토지거래허가구역을 지정한다(법 제117조제1항).

나. 대상지역

토지의 투기적인 거래가 성행하거나 지가(地價)가 급격히 상승하는 지역과 그러한 우려가 있는 지역으로서 i) 광역도시계획, 도시기본계획, 도시관리계획 등 토지이용계획이 새로이 수립되거나 변경되는 지역, ii) 법령의 제정·개정 또는 폐지나 그에 의한 고시·공고로 인하여 토지이용에 대한 행위제한이 완화되거나 해제되는 지역, iii) 법령에 의한 개발사업이 진행 중이거나 예정되어 있는 지역과 그 인근지역, iv) 그 밖에 국토교통부장관 또는 시·도지사가 투기우려가 있다고 인정하는 지역 또는 관계 행정기관의 장이 특별히 투기가 성행할 우려가 있다고 인정하여 국토교통부장관 또는 시·도지사에게 요청하는 지역에 대해서는 다음 각 호의 구분에 따라 토지거래계약에 관한 허가구역으로 지정할 수 있다(법 제117조제1항, 법 시행령 제116조제1항).

1. 허가구역이 둘 이상의 시·군(광역시의 관할 구역에 있는 군을 포함한다) 또는 구의 관할 구역에 걸쳐 있는 경우 : 국토교통부장관이 지정
2. 허가구역이 동일한 시·군 또는 구 안의 일부지역인 경우 : 시·도지사가 지정

【판시사항】

「국토의 계획 및 이용에 관한 법률」상 토지거래허가구역의 지정에 대하여 항고소송을 제기할 수 있는지 여부(적극) (대법원 2006.12.22. 선고 2006두12883 판결)

【판결요지】

항고소송의 대상이 되는 행정처분이란 특정 사항에 대하여 법규에 의한 권리의 설정

또는 의무의 부담을 명하거나 기타 법률상 효과를 발생하게 하는 등 국민의 권리의무에 직접 관계가 있는 행위를 가리키는 것인바, 「국토의 계획 및 이용에 관한 법률」의 규정에 의하면, 같은 법에 따라 토지거래계약에 관한 허가구역으로 지정되는 경우, 허가구역 안에 있는 토지에 대하여 소유권이전 등을 목적으로 하는 거래계약을 체결하고자 하는 당사자는 공동으로 행정관청으로부터 허가를 받아야 하는 등 일정한 제한을 받게 되고, 허가를 받지 아니하고 체결한 토지거래계약은 그 효력이 발생하지 아니하며, 토지거래계약허가를 받은 자는 5년의 범위 이내에서 대통령령이 정하는 기간 동안 그 토지를 허가받은 목적대로 이용하여야 하는 의무도 부담하며, 같은 법에 따른 토지이용의무를 이행하지 아니하는 경우 이행강제금을 부과당하게 되는 등 토지거래계약에 관한 허가구역의 지정은 개인의 권리 내지 법률상의 이익을 구체적으로 규제하는 효과를 가져오게 하는 행정청의 처분에 해당하고, 따라서 이에 대하여는 원칙적으로 항고소송을 제기할 수 있다.

다. 허가지정 기간

국토교통부장관 등이 토지거래에 관한 허가구역을 지정한 때에는 허가구역의 범위·지정기간 및 허가를 요하지 아니하는 토지의 면적을 공고하여야 하며, 이때 허가기간은 5년 이내로 정하여 지정할 수 있다(법 시행령 제116조제2항, 법 제117조제1항).

라. 지정절차

토지거래허가구역 입안	○ 국토교통부(시·도지사)
↓	
중앙(지방)도시계획위원회 심의	
↓	
공고 및 관계기관 통보	○ 지역, 기간 등 지정사항
↓	
공시(7일) 및 공람(15일)	○ 시장·군수·구청장

* 해제권자 및 절차도 지정시와 같음.

1) 지가동향조사

국토교통부장관이나 시·도지사는 토지거래허가 제도를 실시하거나 그 밖에 토지정책을 수행하기 위한 자료를 수집하기 위하여 지가의 동향과 토지거래의 상황을 조사하여야 하며, 관계 행정기관이나 그 밖의 필요한 기관에 이에 필요한 자료를 제출하도록 요청할 수 있다. 이 경우 자료 제출을 요청받은 기관은 특별한 사유가 없으면 그 요청에 따라야 한다(법 제125조). 지가변동률 조사는 연 1회 이상 전국단위로 조사하여야 하며, 필요한 경우에는 한국감정원의 원장으로 하여금 매월 1회 이상 지가의 동향 및 토지거래의 상황 그 밖의 필요한 자료를 제출하게 할 수 있다. 이 경우 지가동향·토지거래상황의 조사 및 자료의 작성 등에 소요되는 비용은 실비의 범위에서 국가예산으로 지원할 수 있다(법 시행령 제125조제1항).

2) 도시계획위원회의 심의 등

국토교통부장관 등이 허가구역으로 지정하려면 중앙도시계획위원회 또는 시·도도시계획위원회의 심의를 거쳐야 한다. 다만, 지정기간이 끝나는 허가구역을 계속하여 다시 허가구역으로 지정하려면 중앙도시계획위원회 또는 시·도도시계획위원회의 심의 전에 미리 시·도지사(국토교통부장관이 허가구역을 지정하는 경우만 해당한다) 및 시장·군수 또는 구청장의 의견을 들어야 한다(법 제117조제2항).

3) 지정공고 및 통보

국토교통부장관 등이 허가구역으로 지정한 때에는 지체 없이 허가구역의 범위·지정기간 및 허가를 요하지 아니하는 토지의 면적 등을 공고하고, 그 공고 내용을 국토교통부장관은 시·도지사를 거쳐 시장·군수 또는 구청장에게 통지하고, 시·도지사는 국토교통부장관, 시장·군수 또는 구청장에게 통지하여야 한다(법 제117조제3항, 법 시행령 제116조제2항).

4) 일반의 열람

통지를 받은 시장·군수 또는 구청장은 지체 없이 그 공고 내용을 그 허가구역을 관할하는 등기소의 장에게 통지하여야 하며, 지체 없이 그 사실을 7일 이상 공고하고, 그 공고 내용을 15일간 일반이 열람할 수 있도록 하여야 한다(법 제117조제4항).

5) 지정의 효과

가) 효력발생시기

허가구역의 지정은 제3항에 따라 허가구역의 지정을 공고한 날부터 5일 후에 그 효력이 발생한다(법 제117조제5항).

【판시사항】

거래신고대상토지인지 거래허가대상토지인지의 여부를 판단하는 기준시점 (대법원 1994.5.24. 선고 93다53450 판결)

【판결요지】

어느 토지가 거래신고대상토지인지 거래허가대상토지인지의 여부는 매매계약체결일을 기준으로 하여야 한다.

나) 토지거래계약의 허가

허가구역에 있는 토지에 관한 소유권·지상권(소유권·지상권의 취득을 목적으로 하는 권리를 포함한다)을 이전하거나 설정(대가를 받고 이전하거나 설정하는 경우만 해당한다)하는 계약(예약을 포함한다. 이하 "토지거래계약"이라 한다)을 체결하려는 당사자는 공동으로 시장·군수 또는 구청장의 허가를 받아야 한다. 허가받은 사항을 변경하려는 경우에도 또한 같다(법 제118조제1항).

6) 허가구역지정의 지정해제 등소

국토교통부장관 등은 허가구역의 지정 사유가 없어졌다고 인정되거나 관계 시·도지사, 시장·군수 또는 구청장으로부터 받은 허가구역의 지정 해제 또는 축소 요청이 이유 있다고 인정되면 지체 없이 허가구역의 지정을 해제하거나 지정된 허가구역의 일부를 축소하여야 하며(법 제117조제6항), 이에 따른 해제 또는 축소의 경우에는 법 제117조제2항 본문, 제3항 및 제4항을 준용한다(같은 조 제7항).

4. 토지거래계약에 관한 허가

〈토지거래계약 허가절차〉

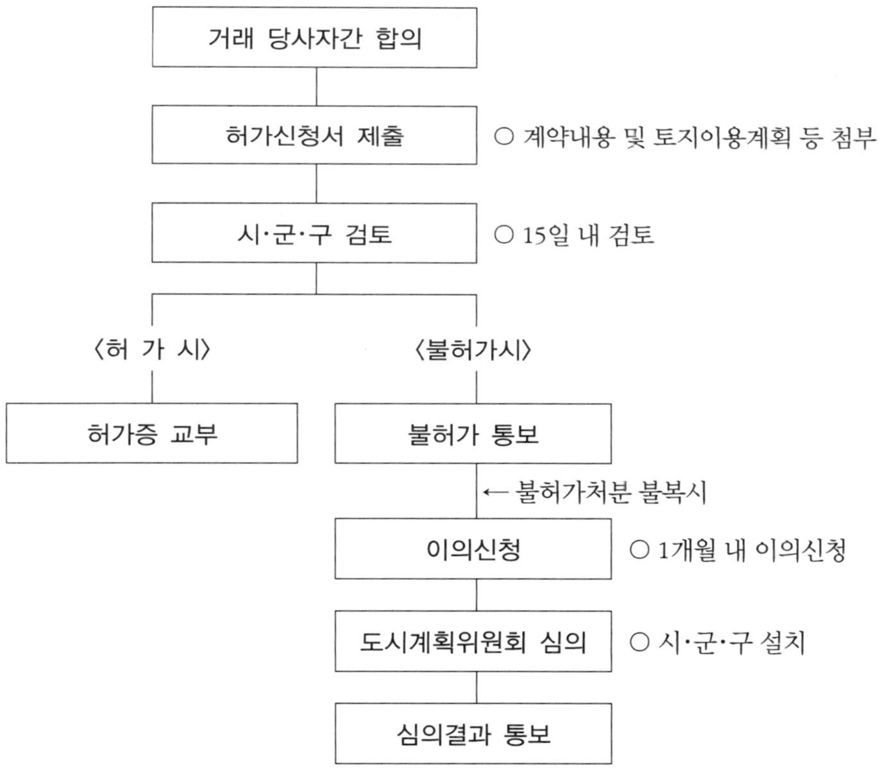

가. 허가권자

토지거래계약에 대한 허가권자는 그 토지를 관할하는 시장·군수 또는 구청장 등이다(법 제118조제1항).

나. 토지거래허가 대상

1) 허가대상인 토지거래

가) 대상권리

허가구역에 있는 토지에 관한 소유권·지상권(소유권·지상권의 취득을 목적으로 하는 권리를 포함한다)을 이전하거나 설정(대가를 받고 이전하거나 설정하는 경우만 해당한다)하는 계약(예약을 포함한다)을 체결하려는 당사자는 공동으로 시장·군수 또는 구청장의 허가를 받아야 한다(법 제118조제1항). 허가받은 사항을 변경하려는 경우에도 또한 같다.

나) 법 제118조제1항의 규정에 의한 "대가를 받고 이전 또는 설정하는 경우"

(1) 의 미

법 제118조제1항의 규정에 의한 "대가를 받고 이전 또는 설정하는 경우"의 "대가를 받고 이전 또는 설정하는 경우"의 대가에는 금전에 한하지 아니하고, 물물교환·현물출자 등 금전으로 환산할 수 있는 대물적 변제, 채무인수, 채무면제, 무체재산권 및 영업권 등도 포함된다(토지거래업무처리규정 제2조제1항).

(2) 구체적 례

다음에 해당하는 거래는 동항의 규정에 의한 허가대상이 된다.

(가) 개인기업을 법인으로 전환함에 따라 개인기업의 토지를 법인에게 현물출자하는 경우

(나) 「가등기담보 등에 관한 법률」에 따라 가등기담보를 목적으로 하는 매매예약 또는 채권담보를 목적으로 하는 대물변제 예약 등을 체결하는 경우

(다) 매매예약 불이행으로 처분금지가처분결정과 소유권이전등기청구소송이 진행 중인 토지를 선의의 제3자인 현재의 소유권자가 다른 사람에게 매도하고자 하는 경우

(라) 집행력 있는 판결을 원인으로 하여 소유권이전등기를 하고자 하는 경우로서, 재판의 원인이 된 당초의 계약이 토지거래계약허가구역(이하 "허가구역"이라 한다) 지정 이후에 체결된 경우. 이 경우 매도인이 허가신청을

거부한 때에는 매수인(등기권리자) 단독으로 허가신청을 할 수 있다.

(마) 환지방식으로 도시개발사업이 시행되는 도시개발구역(종전의 토지구획정리사업법에 의한 토지구획정리사업지구를 포함한다. 이하 같다) 안의 체비지를 공매입찰의 방법으로 낙찰받아 취득한 토지를 환지처분되기 전에 미등기 상태에서 토지거래를 하는 경우

(바) 법령에 따른 공공사업으로 인한 보상으로 토지에 관한 소유권 또는 지상권을 취득한 자가 그 권리를 이전하고자 하는 경우. 이 경우 그 권리의 등기 여부는 고려하지 아니한다.

(사) 영 제121조제4호 내지 제9호의 규정에 의하여 허가제에 관한 규정을 적용받지 아니하고 토지 등을 공급받은 자가 그 권리를 타인에게 이전하고자 하는 경우. 이 경우 그 권리의 등기여부는 고려하지 아니한다.

(아) 그 밖에 부담부 증여 등 사실상의 대가가 수반되는 경우

2) 허가대상이 아닌 토지거래

가) 대상권리

허가대상 권리인 소유권이전, 지상권의 설정 이외의 저당권, 전세권, 임차권은 포함되지 아니한다. 또한 유상계약에 한하므로 매매, 교환에 한하므로 증여, 상속, 수용, 경매, 환매 등은 포함되지 않으며, 현물출자, 유저당은 허가대상 권리에 속하나 명의신탁해지에 의한 소유권이전등기청구는 토지거래계약에 해당되지 않는다.[73)]

나) 구체적인 례

다음에 해당하는 경우에는 법 제118조제1항의 규정에 의한 허가대상이 되지 아니한다.

(1) 상속 등 대가가 없는 거래인 경우

(2) 집행력 있는 판결에 의한 명의신탁 해지를 원인으로 소유권을 이전하는 경우

---

73) 대법원 1991.10.25. 선고 91다29378 판결.

(3) 점유로 인한 시효취득을 원인으로 민법상 화해조서에 의한 판결을 받아 소유권을 이전하는 경우
(4) 매매예약의 가등기를 경료하고 본계약의 성립으로 볼 수 있는 예약완결의 의사표시일이 허가구역으로 지정되기 이전인 경우로서, 허가구역으로 지정된 이후에 당해 토지에 대한 본등기를 하는 경우

3) 토지거래계약허가제의 배제

토지거래계약허가제에 관한 규정을 적용하지 아니하는 경우는 다음 각 호와 같다(법 제121조, 법 시행령 제121조).

1. 「공익사업을 위한 토지 등의 취득 및 보상에 관한 법률」에 의한 토지의 협의취득·수용·사용 및 동법 제91조의 규정에 의한 환매의 경우
2. 「민사집행법」에 의한 경매
3. 「국유재산법」 제9조에 따른 국유재산관리계획에 따라 국유재산을 일반경쟁입찰에 의하여 처분하는 경우

3의2. 「공유재산 및 물품 관리법」 제10조에 따른 공유재산의 관리계획에 따라 공유재산을 일반경쟁입찰로 처분하는 경우

4. 「도시 및 주거환경정비법」 제48조의 규정에 의한 관리처분계획에 따른 분양의 경우 및 보류지 등을 매각하는 경우
5. 「도시개발법」 제26조에 따른 조성토지 등의 공급 계획에 따라 토지를 공급하는 경우, 법 제35조에 따라 환지 예정지를 지정하는 경우, 법 제40조에 따른 환지처분의 경우 및 법 제44조에 따라 체비지 등을 매각하는 경우
6. 「주택법」 제16조의 규정에 의하여 사업계획의 승인을 얻어 조성한 대지를 공급하는 경우 및 법 제38조에 따라 주택(부대시설 및 복리시설을 포함하며, 주택과 주택 외의 시설을 동일 건축물로 건축하여 공급하는 경우에는 그 주택 외의 시설을 포함한다)을 공급하는 경우
7. 「택지개발촉진법」 제18조의 규정에 의하여 택지를 공급하는 경우
8. 「산업입지 및 개발에 관한 법률」 제2조제9호에 따른 산업단지개발사업 또

는 법 제2조제12호에 따른 준산업단지를 개발하기 위한 사업으로 조성된 토지를 법 제16조에 따른 사업시행자(법 제38조에 따라 사업시행자로부터 분양에 관한 업무를 위탁받은 산업단지관리공단을 포함한다)가 분양하는 경우

9. 「농어촌정비법」 제25조·제26조·제42조 및 제43조에 따른 환지계획에 따른 환지 교부와 농지 등의 교환·분할·합병의 경우

10. 「농어촌정비법」의 규정에 의하여 사업시행자가 농어촌정비사업을 시행하기 위하여 농지를 매입하는 경우

11. 「상법」 제3편제4장제10절·제11절, 「채무자 회생 및 파산에 관한 법률」의 절차에 따라 법원의 허가를 받아 권리를 이전 또는 설정하는 경우

12. 국세 및 지방세의 체납처분 또는 강제집행의 경우

13. 국가 또는 지방자치단체가 법령의 규정에 의하여 비상재해시 필요한 응급조치를 강구하기 위하여 권리를 이전 또는 설정하는 경우

14. 「한국농어촌공사 및 농지관리기금법」에 따라 한국농어촌공사가 농지의 매매·교환 및 분할을 하는 경우

15. 「외국인토지법」 제4조에 따라 외국정부 또는 국제기구가 토지취득의 신고를 하거나 허가를 받은 경우

16. 한국자산관리공사가 「금융회사부실자산 등의 효율적 처리 및 한국자산관리공사의 설립에 관한 법률」 제4조 또는 동법 제5조의 규정에 의하여 토지를 취득하거나 경쟁입찰을 거쳐서 매각하는 경우 및 한국자산관리공사에 매각이 의뢰되어 3회 이상 공매하였으나 유찰된 토지를 매각하는 경우

16의2. 법 제47조 또는 「개발제한구역의 지정 및 관리에 관한 특별조치법」 제17조에 따라 매수청구된 토지를 취득하는 경우

16의3. 「신행정수도 후속대책을 위한 연기·공주지역 행정중심복합도시 건설을 위한 특별법」, 「공공기관 지방이전에 따른 혁신도시건설 및 지원에 관한 특별법」 또는 「기업도시개발 특별법」에 따라 조성된 택지 또는 주택을 공급하는 경우

16의4. 「건축물의 분양에 관한 법률」에 따라 건축물을 분양하는 경우

16의5. 「산업집적활성화 및 공장설립에 관한 법률」 제28조의4에 따라 지식산업센터를 분양하는 경우
17. 법령의 규정에 의하여 조세·부담금 등을 토지로 물납하는 경우

다. 허가대상면적

허가대상은 일정한 면적을 초과하는 토지거래이다. 다음의 면적에 해당하는 토지는 토지거래허가를 받지 않고 거래될 수 있다. 다만, 허가구역을 지정할 당시 당해 지역에서의 거래실태 등에 비추어 다음의 면적으로 하는 것이 타당하지 아니하다고 인정하여 당해 기준면적의 10% 이상 300% 이하의 범위에서 따로 정하여 공고한 경우에는 그에 따른다(법 시행령 제118조제1항).

1. 주거지역 : 180m² 이하
2. 상업지역 : 200m² 이하
3. 공업지역 : 660m² 이하
4. 녹지지역 : 100m² 이하
5. 도시지역 안에서 제30조 각 호의 규정에 의한 용도지역의 지정이 없는 구역 : 90m² 이하
6. 도시지역외의 지역 : 250m² 이하. 다만, 농지의 경우는 500m² 이하로 하고, 임야의 경우는 1천m² 이하로 한다.

라. 면적산정방법

1) 면적산정방법의 원칙

법 제118조제2항 및 동조 제7항의 규정에 의한 토지거래계약허가대상면적은 다음 각 호의 기준에 따라 산정한다(토지거래업무처리규정 제3조제1항).

1. 도시지역 안의 토지에 대하여는 용도지역을 기준으로 하고, 도시지역 밖의 토지에 대하여는 지목을 기준으로 하되 지적공부상 지목과 현실지목이 다른 경우에는 현실지목을 기준으로 하여 산정한다. 이 경우 현실지목의 판

단은 불법 형질변경 등 불법사항이 없는 정당한 이용상황에 의한다.

2. 허가구역으로 지정된 지역의 용도지역이 변경된 경우에는 허가구역 지정 당시 공고내용 등에 특별한 규정이 없는 한 현재의 변경된 용도지역을 기준으로 허가대상면적을 산정한다.
3. 1필지의 토지가 도시지역 안에서 2 이상의 용도지역에 속하여 있거나 도시지역 밖에서 2 이상의 현실지목으로 되어 있을 때에는 각각 가장 큰 면적을 기준으로 허가대상인지의 여부를 판단하되, 작은 면적이라도 그 면적이 허가대상인 경우에는 1필지 전체를 허가대상으로 한다.
4. 도시개발사업 중 환지방식에 의한 사업(종전의 토지구획정리사업법에 의한 토지구획정리사업을 포함한다)이 시행중인 토지를 거래하는 경우로서 당해 토지의 환지예정지가 지정된 때에는 그 면적을 기준으로 하고, 환지예정지가 지정되지 아니한 때에는 종전의 토지면적을 기준으로 허가대상 여부를 판단한다.
5. 허가구역에서 집합건물의 소유 및 관리에 관한 법률의 규정에 의하여 건물의 구분소유를 위한 대지사용권을 이전하고자 할 때의 허가대상 여부는 영 제118조제3항의 규정에 의하되, 그 지분(대지사용권) 면적은 토지의 공유지분으로 보아 산정한다.

【판시사항】

국토이용관리법상 허가대상의 거래인지 신고대상의 거래인지를 구별하는 거래단위면적의 결정기준(대법원 1993.8.14. 선고 91다41316 판결)

【판결요지】

국토이용관리법 제21조의3제1항·제2항·제8항, 같은 법 시행령 제25조제3항·제4항의 취지에 비추어 보면, 동일 당사자 사이에 국토이용관리법상의 규제구역 내에 있는 수필지의 토지에 관하여 매매계약을 체결하고자 하는 경우에 있어서 그 매매가 같은 법상의 토지거래허가대상인가 아니면 단순히 신고대상인가를 구별하는 거래단위면적은 각 필지별 면적에 따라 필지별로 정할 것이 아니라 목적 토지들의 지리적 근접성 및 이용상황, 당해 거래의 경제적 목적, 대금의 결정방법 등 제반 상황을 종합적으로 고려하여 수필지 토지 전체가 하나의 매매계약 목적물이라고 보여지는 경우에는 수필지 토지 전체의 면적을 기준으로 정하여야 할 것이고, 또한 매수인 또는 매도인이 여러 사람이라고 하더라도 위 거래단위면적은 당해 토지면적 자체를 기준으로 결정할 것이지 매매당사자 1인별 면적을 기준으로 결정할 것은 아니다.

2) 특례규정

면적을 산정할 때 일단의 토지이용을 위하여 토지거래계약을 체결한 후 1년 이내에 일단의 토지의 전부 또는 일부에 대하여 토지거래계약을 체결한 경우에는 그 일단의 토지 전체에 대한 거래로 본다(법 시행령 제118조제2항).

[영 제118조제2항의 "일단의 토지" 개념]

토지거래업무처리규정 제4조 (일단의 토지거래)

① 영 제118조제2항에서 "일단의 토지"라 함은 동일인의 소유로서 서로 인접하여 하나의 용도에 이용될 수 있는 토지를 말한다.

② 영 제118조제2항의 규정에 의한 "일단의 토지"의 거래에 해당하는지 여부는 다음 각 호의 기준에 따라 판단한다.

1. 여러 필지의 토지소유자가 각각의 필지를 각각 다른 사람과 거래하는 경우에는 각각의 필지별로 허가대상면적 여부를 판단한다.
2. 공유지의 거래는 지분으로 허가대상면적 여부를 판단하되, 공유자 2인 이상이 그 지분토지를 동일인과 거래하는 경우에는 거래지분 면적을 합산하여 허가대상면적 여부를 판단한다.
3. 부부·가족 등 세대 구성원이 토지를 취득하는 경우에는 동일인이 일단의 토지를 거래하는 경우와 동일한 방법으로 허가대상면적 여부를 판단하되, 세대가 분리되었으나 독립하여 생계를 유지하지 못하는 경우에는 현실적으로 생계를 같이 하는 세대주를 기준으로 판단한다.

또한, 허가구역을 지정할 당시 규정면적을 초과하는 토지는 허가구역의 지정 후 당해 토지가 분할된 경우에도 그 분할된 토지[74]에 대한 토지거래계약을 체결함에 있어서는 분할 후 최초의 거래에 한하여 규정된 면적을 초과하는 토지거래계약을 체결하는 것으로 본다. 허가구역의 지정 후 당해 토지가 공유지분으로 거래되는 경우에도 또한 같다(같은 조 제3항). 이 경우에 토지의 분할사유가 도시계획사업의 시행 등 공공목적으로 인한 경우로서 허가를 요하지 아니하는 토지의 면적인 때에는 이를 적용하지 아니한다(같은 조 제4항).

5. 토지거래허가 심사기준

토지거래허가는 실수요충족이 아닌 투기목적의 거래 또는 불요불급한 거래를 억제하기 위한 것이므로 허가신청이 실수요성, 토지이용계획의 적합성, 면적의 적합성 등의 기준에 적합하지 아니하면 허가할 수 없다. 따라서 시장·군수 등은 허가신청이 다음의 어느 하나에 해당하는 경우를 제외하고는 허가하여야 한다(법 제119조).

가. 토지이용목적

토지거래계약을 체결하려는 자의 토지이용목적이 다음 각 목의 어느 하나에 해당되지 아니하는 경우에는 허가를 하여서는 아니 된다.

1. 자기의 거주용 주택용지로 이용하려는 것인 경우
2. 허가구역을 포함한 지역의 주민을 위한 복지시설 또는 편익시설로서 관할 시장·군수 또는 구청장이 확인한 시설의 설치에 이용하려는 것인 경우
3. 허가구역에 거주하는 농업인·임업인·어업인 또는 대통령령으로 정하는 자[75]가 그 허가구역에서 농업·축산업·임업 또는 어업을 경영하기 위하여

74) 토지거래업무처리규정 제5조(토지의 분할거래) ① 영 제118조제3항에서 "분할된 토지"라 함은 허가구역 지정 후 허가면적 이하로 분할되거나 공유지분이 형성된 각각의 토지를 말하며, 공유지분별 면적은 전체토지면적에 지분의 비율을 곱하여 계산한다. 이 경우 2인 이상이 공동으로 토지를 취득하는 경우에는 각자가 동일 공유지분으로 토지를 취득하는 것으로 본다. ② 영 제118조제3항에서 "분할 후 최초의 거래"라 함은 분할한 토지들을 각각 다른 사람과 거래하는 경우를 말한다.

75) 법 시행령 제119조(허가기준) ① 법 제119조제1호 다목에서 "대통령령이 정하는 자"라

필요한 것인 경우

4. 「공익사업을 위한 토지 등의 취득 및 보상에 관한 법률」이나 그 밖의 법률에 따라 토지를 수용하거나 사용할 수 있는 사업을 시행하는 자가 그 사업을 시행하기 위하여 필요한 것인 경우
5. 허가구역을 포함한 지역의 건전한 발전을 위하여 필요하고 관계 법률에 따라 지정된 지역·지구·구역 등의 지정목적에 적합하다고 인정되는 사업을 시행하는 자나 시행하려는 자가 그 사업에 이용하려는 것인 경우
6. 허가구역의 지정 당시 그 구역이 속한 특별시·광역시·특별자치시·시(「제주특별자치도 설치 및 국제자유도시 조성을 위한 특별법」 제15조제2항에 따른 행정시를 포함한다. 이하 이 조에서 같다)·군 또는 인접한 특별시·광역시·특별자치시·시·군에서 사업을 시행하고 있는 자가 그 사업에 이용하려는 것인 경우

함은 다음 각 호의 어느 하나에 해당하는 자를 말한다.

1. 「농어업·농어촌 및 식품산업 기본법」 제3조제2호에 따른 농어업인 또는 「임업 및 산촌 진흥촉진에 관한 법률」 제2조제2호의 규정에 의한 임업인(이하 이 조에서 "농업인 등"이라 한다)으로서 그가 거주하는 특별시·광역시(광역시의 관할구역 안에 있는 군을 제외한다)·특별자치시·특별자치도·시 또는 군(광역시의 관할구역 안에 있는 군을 포함한다)에 소재하는 토지에 관한 소유권·지상권 또는 소유권·지상권의 취득을 목적으로 하는 권리를 이전 또는 설정(이하 이 조 및 제124조에서 "토지의 취득"이라 한다)하고자 하는 자
2. 농업인 등으로서 그가 거주하는 주소지로부터 30km 이내에 소재하는 토지를 취득하려는 자. 다만, 다음 각 목의 어느 하나에 해당하는 자로서 협의양도하거나 수용된 날부터 3년 이내에 협의양도 또는 수용된 농지를 대체하기 위하여 농지를 취득하려는 경우에는 그가 거주하는 주소지로부터의 거리가 80km 안에 소재하는 농지를 취득할 수 있으며, 이 때 행정기관의 장이 관계법령이 정하는 바에 따라 구체적인 대상을 정하여 대체농지의 취득을 알선하는 경우를 제외하고는 새로 취득하는 농지의 가액(공시지가를 기준으로 하는 가액을 말한다)은 종전의 토지가액 이하이어야 한다.
   가. 「공익사업을 위한 토지 등의 취득 및 보상에 관한 법률」, 그 밖의 법령에 따라 공익사업용으로 「농지법」 제2조제1호에 따른 농지를 협의양도하거나 농지가 수용된 자(실제의 경작자에 한한다)
   나. 가목에 해당하는 농지를 임차 또는 사용차하여 경작하던 자로서 「공익사업을 위한 토지 등의 취득 및 보상에 관한 법률」에 따른 농업의 손실에 대한 보상을 받은 자
3. 제1호 및 제2호에 해당하지 아니하는 자로서 거주지·거주기간 등 국토교통부령이 정하는 요건을 갖춘 자

나 그 자의 사업과 밀접한 관련이 있는 사업을 하는 자가 그 사업에 이용하려는 것인 경우

7. 허가구역이 속한 특별시·광역시·특별자치시·시 또는 군에 거주하고 있는 자의 일상생활과 통상적인 경제활동에 필요한 것 등으로서 대통령령으로 정하는 용도[76]에 이용하려는 것인 경우

나. 도시계획 등에 부적합

토지거래계약을 체결하려는 자의 토지이용목적이 다음 각 목의 어느 하나에 해당되는 경우에는 허가를 하여서는 아니 된다.

1. 도시계획이나 그 밖에 토지의 이용 및 관리에 관한 계획[77]에 맞지 아니한

---

76) 법 시행령 제119조(허가기준) ② 법 제119조제1호 사목에서 "대통령령으로 정하는 용도에 이용하려는 것인 경우"란 다음 각 호에 해당하는 경우를 말한다.
  1. 「공익사업을 위한 토지 등의 취득 및 보상에 관한 법률」, 그 밖의 법령에 따라 「농지법」 제2조제1호에 따른 농지 외의 토지를 공익사업용으로 협의양도하거나 수용된 자가 그 협의양도 또는 수용된 날부터 3년 이내에 그 허가구역 안에서 협의양도 또는 수용된 토지에 대체되는 토지를 취득하려는 경우. 이 경우 새로 취득하는 토지의 가액(공시지가를 기준으로 하는 가액을 말한다)은 종전의 토지가액 이하이어야 한다.
  2. 관계 법령에 의하여 개발·이용행위가 제한 또는 금지된 토지로서 국토교통부령이 정하는 토지에 대하여 현상보존의 목적으로 토지의 취득을 하고자 하는 경우
  3. 「임대주택법」 제2조제4호의 임대사업자 등 관계 법률에 따라 임대사업을 할 수 있는 자가 임대사업을 위하여 건축물과 그에 딸린 토지를 취득하는 경우

77) 토지거래업무처리규정 제12조(토지의 이용 및 관리에 관한 계획에 적합하지 아니한 경우)
  ① 법 제119조제2호 가목에서 "토지의 이용 및 관리에 관한 계획"이라 함은 관계 법령에서 정한 절차에 따라 수립되어 일정지역의 토지이용을 촉진하거나 규제하고 있는 계획을 말하며, 명칭 여하에 불구하고 그 실질적 내용에 따라 판단한다.
  ② 법 제119조제2호 가목에서 "토지의 이용 및 관리에 관한 계획에 적합하지 아니한 경우"라 함은 토지의 이용목적이 각종 토지의 이용 및 관리에 관한 계획상 지정된 용도지역 등의 행위허가기준이나 이용촉진 또는 규제하는 내용에 어긋나는 경우를 말한다.
  ③ 법 제119조제2호 가목의 규정에 해당하는지 여부는 다음 각 호의 기준에 따라 판단한다.
  1. 무허가건물이 위치한 토지를 취득하고자 하는 경우에는 그 토지의 이용상황을 적법한 상태로 전환할 수 있고 토지이용목적이 토지의 이용 및 관리에 관한 계획에 적합할 때에는 이를 허가할 수 있다.
  2. 취득하고자 하는 토지의 이용목적이 토지의 이용 및 관리에 관한 계획에 적합한 경우에

경우

2. 생태계의 보전과 주민의 건전한 생활환경 보호에 중대한 위해(危害)를 끼칠 우려[78]가 있는 경우

다. 면 적

면적이 그 토지의 이용목적으로 보아 적합하지 아니하다고 인정되는 경우에는 허가를 하여서는 아니 된다.

"그 면적이 그 토지의 이용목적으로 보아 적합하지 아니하다고 인정되는 경우"라 함은 i) 공장건축물 부속토지는 지방세법 시행규칙 별표 4에 규정된 공장입지기준면적을 초과하는 경우, ii) 공장외의 건축물 또는 공작물 부속토지는 관계법령에 의하여 허가·승인·등록 등을 얻었거나 얻을 수 있다고 판단되는 범위를 초과하는 경우, iii) 그 밖에 임야 등의 토지는 시행하고자 하는

는 토지거래계약허가신청 전에 개발행위허가·토지전용허가 등 관계 법령에 의한 허가 등이 반드시 전제되어야 하는 것은 아니다. 다만, 농지 또는 임야의 경우에는 농지법 또는 산지관리법 등 관계법령에 의한 전용허가 또는 전용신고를 완료하거나 전용허가 또는 전용신고 요건에 적합한 것으로 확인된 경우로서 관계법령의 규정에 따라 취득자가 당해 토지를 전용하여 이용할 수 있는 경우가 아니면 그 토지의 이용목적이 토지의 이용 및 관리에 관한 계획에 부적합한 것으로 본다.

3. 도시계획시설결정이 고시된 학교용지를 취득하고자 하는 경우 법상 학교시설결정시 교육과정별(초등학교·중학교·고등학교 등)로 결정고시하므로 당초 결정고시된 학교와 교육과정이 다른 학교를 설립할 목적으로 학교시설용지를 취득하기 위하여는 도시관리계획변경이 선행되어야 하며, 도시관리계획이 변경되지 아니한 상태에서 교육과정이 다른 학교를 설립하기 위하여 당해 학교시설용지를 취득하고자 할 때에는 그 토지의 이용 및 관리에 관한 계획에 부적합한 것으로 본다.

78) 토지거래업무처리규정 제13조(자연환경보전 등에 적합하지 아니한 경우)
법 제119조제2호 나목에서 "생태계 보전 및 주민의 건전한 생활환경 보호에 중대한 위해를 초래할 우려가 있는 경우"라 함은 다음 각 호의1에 해당하는 경우를 말한다. 이 경우 주변지역의 면적·인구 및 자연상태, 토지의 용도, 자연환경에 대한 영향의 정도 등을 충분히 고려하여 합리적으로 판단하여야 한다.

1. 토지의 이용목적·면적으로 보아 주변의 자연환경을 훼손하거나 장래 훼손할 우려가 있는 경우
2. 주변지역의 토지이용현황, 주위환경, 도로, 교통현황 및 지세 등 제반 여건상 적정하고 합리적인 토지이용을 도모하는데 현저히 지장이 있는 경우

사업에 적합하다고 판단되는 면적을 초과하는 경우 중 하나에 해당하는 경우를 말한다(토지거래업무처리규정 제14조제1항). 이때, 위 규정에 의한 면적을 산정함에 있어 관계 법령에 의하여 사업계획승인 등을 받은 경우에는 그 승인된 면적을 적정면적으로 볼 수 있으며, 1필지의 토지 중 일부만이 사업부지로 편입되고 잔여지가 남는 경우 잔여부분만으로는 종래의 목적대로 이용하기 곤란하고 이를 구분하여 거래하는 것이 관행상 곤란한 경우에는 사업시행자가 당해 1필지의 토지 전체를 취득하는 경우에는 전체면적을 적정면적으로 본다(같은 조 제2항).

[별표 4] 〈신설 2014.3.14〉

취득세 감소분 산정기간 및 방법 등

(제33조의2제2항 관련)

1. 산정기간

구 분	2014년도분	2015년도분	2016년도분
가. 세종특별자치시	2012.7.1. ~2013.6.30.	2012.7.1. ~2014.10.31.	2013.1.1. ~2015.10.31.
나. 세종특별자치시를 제외한 도	2011.1.1. ~2013.6.30.	2012.1.1. ~2014.10.31.	2013.1.1. ~2015.10.31.

※ 2017년 이후 매년 산정기간은 2016년도분 산정기간을 준용하여 연동한 기간으로 한다.

2. 산정방법 및 가산비율

가. 세종특별자치시의 산출금액 : [(A×(B－C)]×1.92(가산비율 1.92는 2014년도분 및 2015년도분에 한정하여 적용한다)

나. 세종특별자치시를 제외한 도의 산출금액 : [(A×(B－C)]

A : 주택 유상거래 취득가액(제1호에 따른 산정기간에 발생한 취득가액을 말한다)

B : 법(법률 제12118호 지방세법 일부개정법률로 개정되기 전의 것을 말한다) 제11조제1항7호에 따른 세율 및 「지방세특례제한법」(법률 제12175호 지방세특례제한

법 일부개정법률로 개정되기 전의 것을 말한다) 제40조의2에 따른 주택 유상거래 감면율

C : 법 제11조제1항제8호에 따른 세율

3. 해당 도의 주택 유상거래별 취득세 감소분은 제1호 및 제2호에 따라 산출한 금액을 도별로 합산한 다음 그 금액을 연평균하여 계산한다. 다만, 2014년도 연평균 취득세 감소분은 2013년 6개월을 1년으로, 2015년도 연평균 취득세 감소분은 2014년 10개월을 1년으로 각각 환산하여 연평균 취득세 감소분을 산정한다.

6. 토지거래허가의 절차

가. 허가의 신청 – 공동신청

토지거래허가를 받으려는 자는 그 허가신청서에 계약내용과 그 토지의 이용계획, 취득자금 조달계획 등을 적어 시장·군수 또는 구청장에게 제출하여야 한다. 이 경우 토지이용계획, 취득자금 조달계획 등에 포함되어야 할 사항은 국토교통부령으로 정한다. 다만, 시장·군수 또는 구청장에게 제출한 취득자금 조달계획이 변경된 경우에는 취득토지에 대한 등기일까지 시장·군수 또는 구청장에게 그 변경 사항을 제출할 수 있다(법 제118조제3항). 이때 허가신청은 토지거래계약을 체결하고자 하는 당사자가 공동으로 신청하여야 한다(법 시행령 제117조제1항).

[법 제118조제3항 후단의 규정에 의하여 토지이용계획 등에 포함되어야 하는 사항]

법 시행규칙 제21조 (토지의 이용계획 등에 포함할 사항)

① 법 제118조제3항 후단의 규정에 의하여 토지이용계획 등에 포함되어야 하는 사항은 다음 각 호와 같다.

1. 토지를 주거용·복지시설용 또는 사업용 건축물이나 공작물의 신축·증축·개축 또는 재축에 이용하거나 그 밖의 형질변경을 수반하는 용도로

이용하고자 하는 경우에는 다음 각목의 사항. 다만, 다른 법령에 의하여 허가·인가 또는 승인 등을 미리 얻은 경우에는 토지이용계획 등에 개략적인 사업개요를 기재하고 허가·인가 또는 승인 등의 사실을 증명하는 서류의 사본을 첨부하는 것으로 이에 대신할 수 있다.

가. 토지의 개발·이용계획(착수일 및 준공일 등 추진일정을 포함한다)

나. 소요자금의 개략산출내역

2. 토지를 축산업 또는 수산업용으로 이용하고자 하는 경우에는 다음 각목의 사항

가. 토지의 개발·이용계획(착수일 및 준공일 등 추진일정을 포함한다)

나. 시설의 설치 또는 기계·기구의 구입이 필요한 경우에는 그 내역 및 추진일정

다. 소요자금의 개략산출내역

3. 토지를 임업용으로 이용하고자 하는 경우에는 다음 각목의 사항

가. 토지에 대한 5년 이상의 산림경영계획(6월 단위로 구체적인 작업일정을 포함하여야 한다)

나. 소요자금의 개략산출내역

4. 토지를 제1호 내지 제3호외의 용도로 이용하고자 하는 경우에는 다음 각목의 사항

가. 토지의 이용·관리계획(필요한 경우 추진일정을 포함한다)

나. 소요자금의 개략산출내역

② 제1항제1호 가목 및 제2호 가목의 규정에 의한 토지의 개발·이용계획 중 착수일은 토지를 취득한 날부터 2년을 초과하여서는 아니 된다. 이 경우 관계 법령의 규정에 의한 허가·인가·승인 또는 심의 등에 소요되는 기간은 산입하지 아니한다.

나. 허가신청서 제출

토지거래계약을 체결하고자 하는 당사자는 공동으로 다음 각 호의 사항을 기재한 허가신청서에 국토교통부령이 정하는 서류를 첨부하여 그 토지를 관할하는 시장·군수 또는 구청장에게 제출하여야 하며, 위 규정에 의한 허가신청서를 제출받은 시장·군수 또는 구청장은 지체 없이 필요한 조사를 하여야

한다(법 시행령 제117조제1,2항).

1. 당사자의 성명 및 주소(법인인 경우에는 법인의 명칭 및 소재지와 대표자의 성명 및 주소)
2. 토지의 지번·지목·면적·이용현황 및 권리설정현황
3. 토지의 정착물인 건축물·공작물 및 입목 등에 관한 사항
4. 이전 또는 설정하고자 하는 권리의 종류
5. 계약예정금액
6. 토지의 이용에 관한 계획
7. 토지취득에 필요한 자금조달계획

이때 토지거래개약을 체결하려는 자는 토지거래계약허가신청서에 다음 각 호의 서류를 첨부하여 그 토지의 소재지를 관할하는 시장·군수 또는 구청장에게 제출하여야 하며, 이 경우 시장·군수 또는 구청장은 「전자정부법」 제36조제1항에 따른 행정정보의 공동이용을 통하여 토지 등기사항증명서를 확인하여야 한다(법 시행규칙 제19조).

1. 제21조제1항 각 호의 사항이 기재된 토지이용계획서(「농지법」 제8조의 규정에 의하여 농지취득자격증명을 발급받아야 하는 농지의 경우에는 동법 제8조제2항의 규정에 의한 농업경영계획서를 말한다)
2. 토지취득자금조달계획서

<table>
<tr><td colspan="5" rowspan="2">토지거래계약허가신청서</td><td>* 시·군·구</td><td colspan="3"></td></tr>
<tr><td>* 구 분</td><td colspan="3">소 · 상 · 전 · 임</td></tr>
<tr><td colspan="5" rowspan="2">※ 뒷면의 작성방법을 읽고 기재하며, *표시란은 기재하지 아니합니다.</td><td>* 접 수</td><td colspan="3">200○. ○. ○. 제100호</td></tr>
<tr><td>* 처 리</td><td colspan="3">200○. ○. ○. 제100호</td></tr>
<tr><td rowspan="2">매 수 인
(사는 사람)</td><td>성 명</td><td colspan="3"></td><td colspan="2">주민등록번호
(법인등록번호)</td><td colspan="2">–</td></tr>
<tr><td>주 소</td><td colspan="7">(전화 :)</td></tr>
<tr><td rowspan="2">매 도 인
(파는 사람)</td><td>성 명</td><td colspan="3"></td><td colspan="2">주민등록번호
(법인등록번호)</td><td colspan="2">–</td></tr>
<tr><td>주 소</td><td colspan="7">(전화 :)</td></tr>
<tr><td>허가신청하는 권리</td><td colspan="8"></td></tr>
<tr><td rowspan="3">토지에
관한 사항</td><td rowspan="2">번 호</td><td rowspan="2">소재지</td><td rowspan="2">지 번</td><td colspan="2">지 목</td><td rowspan="2">면적(㎡)</td><td rowspan="2">용도지역
지구</td><td rowspan="2">이용
현황</td></tr>
<tr><td>법 정</td><td>현 실</td></tr>
<tr><td>1
2
3</td><td></td><td></td><td></td><td></td><td></td><td></td><td></td></tr>
<tr><td rowspan="3">토지에 있는
공작물에
관한 사항</td><td rowspan="2">번호</td><td colspan="2" rowspan="2">종 류</td><td colspan="2" rowspan="2">공작물의 내용</td><td colspan="3">이전 또는 설정에 관한 권리</td></tr>
<tr><td>종 류</td><td colspan="2">내 용</td></tr>
<tr><td>1
2
3</td><td colspan="2"></td><td colspan="2"></td><td></td><td colspan="2"></td></tr>
<tr><td rowspan="3">이전 또는
설정하는
권리의
내용에 관한
사항</td><td rowspan="2">번호</td><td colspan="2" rowspan="2">소유권의 이전
또는 설정의 형태</td><td colspan="3">기타 권리의 경우</td><td colspan="2" rowspan="2">특기사항</td></tr>
<tr><td colspan="2">존속기간</td><td>지 대(연액)</td></tr>
<tr><td>1
2
3</td><td colspan="2"></td><td colspan="2"></td><td></td><td colspan="2"></td></tr>
<tr><td rowspan="3">계약예정
금액에
관한 사항</td><td rowspan="2">번호</td><td colspan="4">토지에 관한 예정금액 등</td><td colspan="2">공작물 예정금액 등</td><td rowspan="2">합 계</td></tr>
<tr><td>지목
(현실)</td><td>면적
(㎡)</td><td>단가
(원/㎡)</td><td>예정
금액</td><td>종 류</td><td>예정
금액</td></tr>
<tr><td>1
2
3</td><td></td><td></td><td></td><td></td><td></td><td></td><td></td></tr>
<tr><td colspan="9">국토이용관리법 제21조의3 제3항 및 동법시행령 제24조 제1항의 규정에 의하여 위와 같이 신청합니다.</td></tr>
<tr><td colspan="4">200○년 ○월 ○일</td><td colspan="5">매수인 (사는 사람) 이 ○ ○ (서명 또는 인)
매도인 (파는 사람) 이 ○ ○ (서명 또는 인)</td></tr>
<tr><td>구 비 서 류</td><td colspan="5">1. 토지이용계획서 1부</td><td colspan="3">2. 토지등기부등본 1부</td></tr>
</table>

다. 허가 또는 불허가처분, 허가처분의 의제

시장·군수 등은 허가신청서를 받으면 「민원사무처리에 관한 법률」에 따른 처리기간에 허가 또는 불허가의 처분을 하고, 그 신청인에게 허가증을 발급하거나 불허가처분 사유를 서면으로 알려야 한다(법 제118조제4항). 이때 허가증은 별지 제13호서식의 토지거래계약허가증에 따르며, 동항에 따른 불허가처분사유의 통지는 별지 제14호서식의 토지거래계약불허가처분통지서에 따르며, 아울러 허가증을 교부한 경우에는 허가 대상 토지의 소재지·지번·지목 및 이용목적을 시·군(광역시의 관할구역 안에 있는 군을 포함한다) 또는 자치구의 인터넷 홈페이지에 게재하여야 한다(법 시행규칙 제22조제1,2항).

다만, 선매협의(先買協議) 절차가 진행 중인 경우에는 위의 기간 내에 그 사실을 신청인에게 알려야 하며(법 제118조제4항), 위 규정에 따른 기간에 허가증의 발급 또는 불허가처분 사유의 통지가 없거나 선매협의 사실의 통지가 없는 경우에는 그 기간이 끝난 날의 다음날에 허가가 있는 것으로 본다. 이 경우 시장·군수 또는 구청장은 지체 없이 신청인에게 허가증을 발급하여야 한다(같은 제5항).

7. 토지소유자의 권리보호

가. 이의신청

토지 등 거래계약에 대한 허가신청에 대한 허가처분 또는 불허가처분에 관하여 이의가 있는 자는 그 처분을 받은 날부터 1개월 이내에 시장·군수 또는 구청장에게 이의를 신청할 수 있는데, 이는 행정심판의 일종이다. 위 규정에 따른 이의신청을 받은 시장·군수 또는 구청장은 시·군·구도시계획위원회의 심의를 거쳐 그 결과를 이의신청인에게 알려야 한다(법 제102조).

[별지 제15호서식] 〈개정 2014.8.7〉

이 의 신 청 서

※ 색상이 어두운 란은 신청인이 작성하지 않습니다. (앞쪽)

<table>
<tr><td colspan="2">접수번호</td><td colspan="2">접수일</td><td colspan="2">일련번호</td><td colspan="2">처리기간
2개월</td></tr>
<tr><td rowspan="2">신 청 인</td><td colspan="5">①성명(법인의 경우 그 명칭 및 대표자 성명)</td><td colspan="2">②생년월일(법인등록번호)</td></tr>
<tr><td colspan="5">③주소</td><td colspan="2">④전화번호</td></tr>
<tr><td rowspan="2">토지의 표시</td><td>번호</td><td>소재지</td><td>지번</td><td>지목</td><td>면적</td><td>권리의 종류</td><td>예정금액</td></tr>
<tr><td>1
2
3</td><td></td><td></td><td></td><td></td><td></td><td></td></tr>
<tr><td rowspan="2">정착물의 표시</td><td colspan="2">종 류</td><td colspan="3">내 용</td><td colspan="2">예정금액</td></tr>
<tr><td colspan="2"></td><td colspan="3"></td><td colspan="2">원</td></tr>
<tr><td>불허가사유</td><td colspan="7"></td></tr>
<tr><td>이의신청내용</td><td colspan="7"></td></tr>
<tr><td>이의신청사유</td><td colspan="7">(필요시 관계증빙서 첨부)</td></tr>
<tr><td colspan="8">「국토의 계획 및 이용에 관한 법률」 제120조제1항에 따라 년 월 일 불허가처분된 토지거래계약 허가신청에 대하여 위와 같이 이의를 신청합니다.

년 월 일
제출인 (서명 또는 인)

시장·군수·구청장 귀하</td></tr>
<tr><td>첨부서류</td><td colspan="6">없 음</td><td>수수료
없 음</td></tr>
</table>

210mm×297mm[백상지 80g/m²(재활용품)]

(뒤쪽)

처 리 절 차	
이신청서는 다음과 같이 처리됩니다.	
신 청 인	처리기관(담당부서) 시·군·구(토지거래허가 담당부서)

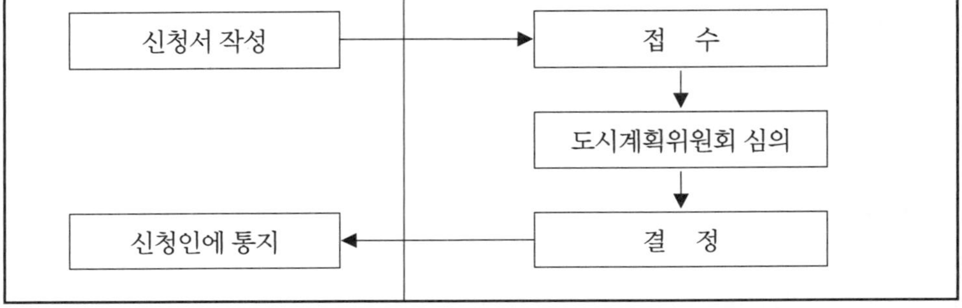

나. 불허가처분을 받은 자의 매수청구

1) 매수청구권자

매수청구를 행사할 수 있는 자는 토지 등 거래계약에 대한 허가신청에 대하여 불허가처분을 받은 자이다.

2) 매수청구의 절차

가) 매수청구의 기간

토지 등 거래계약에 대한 허가신청에 대하여 불허가처분을 받은 자는 그 통지를 받은 날부터 1개월 이내에 시장·군수 또는 구청장에게 해당 토지에 관한 권리의 매수를 청구할 수 있다(법 제123조제1항).

나) 매수청구서 제출

매수청구를 하고자 하는 자는 시장·군수 또는 구청장에게 토지에 관한 권리의 종류 및 내용, 그 토지의 면적 그 밖에 i) 토지소유자의 성명(법인인 경우에는 그 명칭 및 대표자의 성명) 및 주소, ii) 토지의 소재지·지번·지목·면적 및 이용현황, iii) 토지에 대한 소유권 외의 권리가 있는 때에는 그 종류 및 내용과 권리자의 성명(법인인 경우에는 그 명칭 및 대표자의 성명) 및 주소, iv) 토지에 있는 공작물 등에 관한 사항 등을 기재한 토지매수청구서를 시장·군수 또는 구청장에게 제출하여야 한다(법 시행령 제123조, 법 시행규칙 제27조제1항).

다) 매수자지정 및 매수가격

매수 청구를 받은 시장·군수 또는 구청장은 국가, 지방자치단체, 한국토지주택공사, 그 밖에 대통령령으로 정하는 공공기관 또는 공공단체 중에서 매수할 자를 지정하여, 매수할 자로 하여금 예산의 범위에서 공시지가를 기준으로 하여 해당 토지를 매수하게 하여야 한다. 다만, 토지거래계약 허가신청서에 적힌 가격이 공시지가보다 낮은 경우에는 허가신청서에 적힌 가격으로 매수할 수 있다(법 제123조제1항).

[대통령령으로 정하는 공공기관 또는 공공단체]

국토계획법 시행령 제120조제2항

① 법 제123조제1항에서 "대통령령으로 정하는 공공기관 또는 공공단체"란 다음 각 호의 기관 또는 단체를 말한다.

1. 「한국농수산식품유통공사법」에 따른 한국농수산식품유통공사
2. 「대한석탄공사법」에 따른 대한석탄공사
3. 「한국토지주택공사법」에 따른 한국토지주택공사
4. 「한국관광공사법」에 따른 한국관광공사
5. 「한국농어촌공사 및 농지관리기금법」에 따른 한국농어촌공사
6. 「한국도로공사법」에 따른 한국도로공사
7. 「한국석유공사법」에 따른 한국석유공사
8. 「한국수자원공사법」에 따른 한국수자원공사
9. 「한국전력공사법」에 따른 한국전력공사
10. 「한국철도공사법」에 따른 한국철도공사

[별지 제17호서식] (앞쪽)

<table>
<tr><td colspan="5" rowspan="2">토지매수청구서</td><td colspan="2">접수(※)</td><td colspan="2">. . .제 호</td><td>처리기간</td></tr>
<tr><td colspan="2">처리(※)</td><td colspan="2">. . .제 호</td><td>1개월</td></tr>
<tr><td rowspan="2">매수 청구인</td><td colspan="2">① 성명(법인인 경우는 그 명칭 및 대표자 성명)</td><td colspan="2"></td><td colspan="3">② 주민등록번호 (법인등록번호)</td><td colspan="2">–</td></tr>
<tr><td colspan="2">③ 주 소</td><td colspan="7">우
(전화 :)</td></tr>
<tr><td rowspan="3">토지에 관한 사항</td><td rowspan="2">번호</td><td rowspan="2">④ 소재지</td><td rowspan="2">⑤ 지번</td><td rowspan="2">⑥ 주택지 표 시</td><td colspan="2">지목</td><td rowspan="2">⑨ 면적 (㎡)</td><td rowspan="2">⑩ 용도지역·용도지구</td><td rowspan="2">⑪ 이용 현황</td></tr>
<tr><td>⑦ 법정</td><td>⑧ 현실</td></tr>
<tr><td>1
2
3</td><td></td><td></td><td></td><td></td><td></td><td></td><td></td><td></td></tr>
<tr><td rowspan="3">토지에 있는 공작물 등에 관한 사항</td><td rowspan="2">번호</td><td rowspan="2">⑫ 종류</td><td colspan="3" rowspan="2">⑬ 공작물 등의 내용</td><td colspan="4">매수청구에 관계되는 권리</td></tr>
<tr><td colspan="2">⑭ 종류</td><td colspan="2">⑮ 내용</td></tr>
<tr><td>1
2
3</td><td></td><td colspan="3"></td><td colspan="2"></td><td colspan="2"></td></tr>
<tr><td rowspan="3">매수청구에 관계되는 토지의 권리에 관한 사항</td><td rowspan="2">번호</td><td rowspan="2">⑯ 종류</td><td colspan="5">지상권전세권 또는 임차권의 경우</td><td colspan="2" rowspan="2">㉑ 특기사항</td></tr>
<tr><td>⑰ 존속기간</td><td colspan="2">⑱ 잔존기간</td><td>⑲ 견고·비견고성</td><td>⑳지대 (연액:원)</td></tr>
<tr><td>1
2
3</td><td></td><td></td><td colspan="2"></td><td></td><td></td><td colspan="2"></td></tr>
<tr><td colspan="4">㉒ 소유권외 권리자 성명·주소</td><td colspan="6"></td></tr>
<tr><td colspan="10">「국토의 계획 및 이용에 관한 법률」 제123조제1항 및 동법 시행령 제123조의 규정에 의하여 위와 같이 토지에 관한 권리의 매수를 청구합니다.
년 월 일
매수청구인 (서명 또는 인)
시장·군수·구청장 귀하</td></tr>
<tr><td colspan="9" rowspan="2">구비서류 : 없 음</td><td>수수료</td></tr>
<tr><td>없 음</td></tr>
</table>

210mm×297mm[보존용지(2종) 70g/m²]

(뒤쪽)

기 재 요 령
1. (※)란에는 민원인이 기재하지 아니합니다. 2. 번호란에는 번호에 대응하여 매 필지별로 기재합니다. 3. ⑦⑧란에는 전·답·잡종지·임야 등의 구분에 따라 기재합니다. 4. ⑬란에는 건축물 및 공작물의 경우에는 연면적·구조·사용연수 등을, 입목의 경우에는 수종·본수·수령 등을 기재합니다. 5. ⑮란에는 권리의 존속기간·임료 등을 기재합니다. 6. ㉑란에는 담보권설정(금액·기간·권리자 등) 등의 사항을 기재합니다. 7. ㉒란의 권리자가 법인인 경우에는 법인의 명칭 및 대표자의 성명을 기재합니다.

이신청서는 다음과 같이 처리됩니다.

청 구 인	처리기관(담당부서)	경유기관(담당부서)
	시·군·구 (토지거래허가 담당부서)	선 매 자

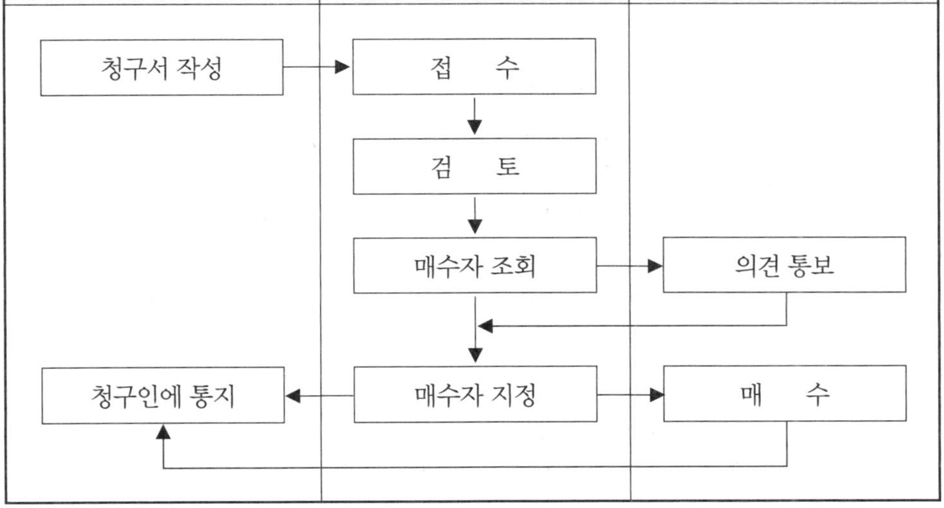

8. 토지이용의 의무 등

가. 토지이용의 의무

1) 이용의무

법 제124조제1항은 “토지거래계약허가를 받은 자는 대통령령으로 정하는 사유가 있는 경우 외에는 5년의 범위에서 대통령령으로 정하는 기간에 그 토지를 허가받은 목적대로 이용하여야 한다.”라고 규정하고 있다. 여기에서 ‘그 토지를 허가받은 목적’이 무엇인지는 원칙적으로 토지거래계약허가증의 기재에 의하여야 하고, 허가받은 목적대로 이용하고 있는지는 허가받은 목적, 토지거래허가 신청시 법 시행규칙 제21조제1항에 따라 제출한 토지이용계획의 내용, 허가받은 토지의 이용현황, 토지이용계획과 토지이용현황이 차이가 있는 경우 그 정도와 사유 등을 종합적으로 고려하여 판단하여야 한다.[79]

[법 제124조제1항에서 “대통령령으로 정하는 사유”]

법 시행령 제124조

① 법 제124조제1항에서 “대통령령으로 정하는 사유”란 다음 각 호의 어느 하나에 해당하는 경우를 말한다. [개정 2008.2.29, 2008.9.25, 2009.7.7, 2011.3.9, 2013.3.23 제24443호(국토교통부와 그 소속기관 직제)]

1. 토지의 취득을 한 후 법 또는 관계 법령에 의하여 용도지역 등 토지의 이용 및 관리에 관한 계획이 변경됨으로써 법 또는 관계 법령에 의한 행위제한으로 인하여 그 이용목적대로 이용할 수 없게 된 경우
2. 토지의 이용을 위하여 관계 법령에 의한 허가·인가 등을 신청하였으나 국가 또는 지방자치단체가 국토교통부령이 정하는 사유[80]로 일정기간동안 허가·인가 등을 제한하는 경우로서 그 제한기간 내에 있는 경우
3. 법 제119조의 규정에 의한 허가기준에 적합하게 당초의 이용목적을 변경하는 경우로서 시장·군수 또는 구청장의 승인을 얻은 경우

3의2. 다른 법률에 따른 행위허가를 받아 법 제119조에 따른 허가기준에 적

79) 대법원 2012.2.9. 선고 2011두10935 판결.

80) 법 시행령 제28조(토지이용에 관한 의무 등)

합하게 당초의 이용목적을 변경하는 경우로서 해당 행위의 허가권자가 이용목적 변경에 관하여 시장·군수 또는 구청장과 협의를 완료한 경우

4. 「해외이주법」 제6조의 규정에 의하여 이주하는 경우
5. 「병역법」 제18조의 규정에 의하여 입영하는 경우
6. 「자연재해대책법」 제2조제1호의 규정에 의한 재해로 인하여 허가받은 목적대로 이행하는 것이 불가능한 경우
7. 공익사업의 시행 등 토지거래계약 허가를 받은 자의 귀책사유가 아닌 사유로 인하여 허가받은 목적대로 이용하는 것이 불가능한 경우

7의2. 다음 각 목의 건축물을 취득하여 실제로 이용하는 자가 해당 건축물의 일부를 임대하는 경우
  가. 「건축법 시행령」 별표 1 제1호의 단독주택[다중주택 및 공관(公館)은 제외한다]
  나. 「건축법 시행령」 별표 1 제2호의 공동주택(기숙사는 제외한다)
  다. 「건축법 시행령」 별표 1 제3호의 제1종 근린생활시설
  라. 「건축법 시행령」 별표 1 제4호의 제2종 근린생활시설

7의3. 「산업집적활성화 및 공장설립에 관한 법률」 제2조제1호에 따른 공장을 취득하여 실제로 이용하는 자가 해당 공장의 일부를 임대하는 경우

8. 그 밖에 토지거래계약허가를 받은 자가 불가피한 사유로 허가받은 목적대로 이용하는 것이 불가능하다고 시·군·구도시계획위원회에서 인정한 경우

【판시사항】

「국토의 계획 및 이용에 관한 법률」 제124조제1항에 정한 '허가받은 목적'에 토지거래계약의 허가를 받은 자가 직접 사용하는지 또는 타인에게 임대하여 사용하는지 여부가 포함되는지 여부(소극) (대법원 2009.7.9. 선고 2009두1877 판결)

---

① 영 제124조제1항제2호에서 "국토교통부령이 정하는 사유"라 함은 다음 각 호의 경우를 말한다.

1. 「건축법」 제18조에 따른 건축허가의 제한으로 인하여 건축을 할 수 없게 된 경우
2. 건축자재의 수급조절 등을 위한 행정지도에 의하여 착공 또는 시공이 제한된 경우

【판결요지】

「국토의 계획 및 이용에 관한 법률」 제124조제1항은 토지거래계약허가를 받은 자는 그 토지를 허가받은 목적에 따라 사용하여야 한다고 규정하고 있는바, 그 허가받은 목적에 허가받은 자가 직접 사용하는지 또는 타인에게 임대하여 사용하는지 여부는 그 토지의 이용계획·사용목적에 포함되는 사항이 아니다.

2) 이용의무기간

토지거래계약허가를 받고 취득한 토지는 법령에서 정하는 사유가 있는 경우를 제외하고는 그 토지를 허가받은 목적대로 이용하여야 하는데, 취득목적별로 토지취득 후 이용기간은 다음과 같다.

법 시행령 제124조

② 법 제124조제1항에서 "대통령령이 정하는 기간"이라 함은 다음 각 호의 구분에 의한 기간을 말한다.

1. 법 제119조제1호 가목의 목적으로 허가를 받은 경우에는 토지의 취득시부터 3년
2. 법 제119조제1호 나목의 목적으로 허가를 받은 경우에는 토지의 취득시부터 4년
3. 법 제119조제1호 다목의 농업을 영위하기 위한 목적으로 허가를 받은 경우에는 토지의 취득시부터 2년
4. 법 제119조제1호 다목의 축산업·임업 또는 어업을 영위하기 위한 목적으로 허가를 받은 경우에는 토지의 취득시부터 3년. 다만, 토지의 취득 후 축산물·임산물 또는 수산물 등의 생산물이 없는 경우에는 5년으로 한다.
5. 법 제119조제1호 라목 내지 바목의 목적으로 허가를 받은 경우에는 토지의 취득시부터 4년. 다만, 분양을 목적으로 허가를 받은 토지의 개발에 착수한 후 분양하는 경우에는 그러하지 아니하다.
6. 제119조제2항제1호의 규정에 의하여 대체토지를 취득하기 위하여 허가를 받은 경우에는 토지의 취득시부터 2년
7. 제119조제2항제2호의 규정에 의하여 현상보존의 목적으로 토지를 취득

하기 위하여 허가를 받은 경우에는 토지의 취득시부터 5년
8. 제1호 내지 제7호 외의 경우에는 토지의 취득시부터 5년

3) 이용실태 조사 등

시장·군수 또는 구청장은 토지거래계약을 허가받은 자가 허가받은 목적대로 이용하고 있는지를 매년 1회 이상 국토교통부장관이 정하는 바에 따라 그 이용 등의 실태를 조사하여야 하며(같은 제124조제1항, 법 시행규칙 제29조제1항), 이를 위하여 「전자정부법」 제36조제1항에 따른 행정정보의 공동이용을 통하여 토지 및 건물등기부를 확인할 수 있다(법 시행규칙 제29조제2항).

4) 포 상 금

가) 포상금지급

시장·군수 또는 구청장은 i) 허가 또는 변경허가를 받지 아니하고 토지거래계약을 체결한 자 또는 거짓이나 그 밖의 부정한 방법으로 토지거래계약허가를 받은 자, ii) 토지거래계약허가를 받아 취득한 토지에 대하여 허가받은 목적대로 이용하지 아니한 자 중 어느 하나에 해당하는 자를 시장·군수 또는 구청장이나 수사기관에 신고하거나 고발한 자에게 포상금을 지급할 수 있다(법 제124조제3항).

나) 지급요건 및 방법

시장·군수 또는 구청장은 i) 영 제124조의2제2항제1호의 경우 : 수사기관으로부터 동조 제3항에 따른 공소제기 또는 기소유예의 통보를 받은 때, ii) 영 제124조의2제2항제2호의 경우 : 시장·군수 또는 구청장이 이행명령을 한 때의 어느 하나에 해당하는 때에는 포상금의 지급을 결정하고, 그 결정일부터 2월 이내에 포상금을 지급하여야 하며(법 시행규칙 제29조의2제1항), 하나의 사건에 대하여 신고 또는 고발한 자가 2인 이상인 경우에는 포상금을 균등하게 배분하여 지급하여야 한다. 이때, 포상금을 지급받을 자가 배분방법에 대하여 미리 합의하여 포상금의 지급을 신청하는 경우에는 그 합의된 방법에 따라 지

급한다(같은 조 제2항). 다만, 신고 또는 고발을 접수하거나 기록한 후에 동일한 위반사실을 신고 또는 고발한 자에 대하여는 포상금을 지급하지 아니하며, 이를 지급하지 아니하는 경우에는 그 사유를 신고 또는 고발한 자에게 통지하여야 한다(같은 조 제4,5항).

한편, 시장·군수 등은 자체조사 등에 따라 위반사실을 알게 된 때에는 지체 없이 그 사실을 기록하여야 한다(같은 조 제3항).

다) 포상금의 재원 및 규모

시장·군수 등은 ⅰ) 행정기관 또는 수사기관이 적발하기 전에 법 제124조제3항제1호에 해당하는 자를 시장·군수 또는 구청장이나 수사기관에 신고 또는 고발한 자는 그 신고 또는 고발사건에 대한 검사의 공소제기 또는 기소유예의 결정이 있는 경우, ⅱ) 행정기관이 적발하기 전에 법 제124조제3항제2호에 해당하는 자를 시장·군수 또는 구청장이나 수사기관에 신고 또는 고발한 자는 그 신고 또는 고발사건에 대한 시장·군수 또는 구청장의 이행명령이 있는 경우 중, 어느 하나에 해당하는 경우에는 제1항에 따른 포상금을 지급한다(법 시행령 제124조의2제2항). 이때, 포상금의 지급에 드는 비용은 시·군이나 구의 재원으로 충당하며(법 제124조제4항), 포상금은 1건당 50만 원으로 하고, 예산의 범위 안에서 지급하여야 한다. 이 경우 동일한 목적을 위하여 취득한 일단의 토지에 대한 신고 또는 고발은 1건으로 보며(법 제124조의2제1항), 포상금을 2인 이상의 자가 함께 받게 되는 경우의 배분방법, 그 밖에 포상금의 지급방법 및 절차 등에 관하여 필요한 사항은 국토교통부령으로 정한다(같은 조 제4항).[81)]

한편, 수사기관이 위 ⅰ)에 해당하는 고발사건을 접수하거나 공소제기 또는 기소유예의 결정을 한 때에는 지체 없이 시장·군수 또는 구청장에게 통보하여야 한다.

---

81) 법 시행규칙 제29조의2 ② 시장·군수 또는 구청장은 하나의 사건에 대하여 신고 또는 고발한 자가 2인 이상인 경우에는 영 제124조의2제1항에 따른 포상금을 균등하게 배분하여 지급하여야 한다. 다만, 포상금을 지급받을 자가 배분방법에 대하여 미리 합의하여 포상금의 지급을 신청하는 경우에는 그 합의된 방법에 따라 지급한다.

나. 이행강제금 등

1) 토지이용의무 명령 등

시장·군수 등은 토지의 이용 의무를 이행하지 아니한 자에 대하여는 3월 이내의 기간을 정하여 토지의 이용 의무를 이행하도록 명할 수 있고, 이를 부과하기 전에 이행강제금을 부과·징수한다는 뜻을 미리 문서로 알려야 한다(법 시행령 제124조의3제5항). 다만, 「농지법」 제10조제1항제1호 내지 제4호의 어느 하나를 위반하여 이행강제금을 부과한 경우에는 이용 의무의 이행을 명하지 아니할 수 있다(법 제124조의2제1항, 법 시행령 제124조의3제1,2항).

2) 이행강제금의 부과 및 부과금액

시장·군수 등이 3월 이내의 기간을 정하여 토지이용의무를 이행하도록 명하였음에도 불구하고 그 기간에 이행되지 아니한 경우에는 토지 취득가액의 100분의 10의 범위에서 대통령령으로 정하는 금액의 이행강제금을 부과한다(법 제124조의2제2항). 이 경우 토지 취득가액은 실거래가로 하고, 실거래가가 확인되지 아니하는 경우에는 취득 당시를 기준으로 가장 최근에 발표된 공시지가로 한다(법 시행령 제124조의3제4항). 이때, 이행강제금의 부과는 이행강제금의 금액, 이행강제금의 부과사유, 이행강제금의 납부기한 및 수납기관, 이의제기방법 및 이의제기기관 등을 명시한 문서로 하여야 한다(법 시행령 제124조의3제6항).

[법 제124조의2제2항에서 "대통령령이 정하는 금액"]

법 시행령 제124조의3제3항

③ 법 제124조의2제2항에서 "대통령령이 정하는 금액"이라 함은 다음 각 호의 금액을 말한다.

1. 토지거래계약 허가를 받아 토지를 취득한 자가 당초의 목적대로 이용하지 아니하고 방치한 경우에는 토지 취득가액의 100분의 10에 상당하는 금액
2. 토지거래계약 허가를 받아 토지를 취득한 자가 직접 이용하지 아니하고 임대한 경우에는 토지 취득가액의 100분의 7에 상당하는 금액

> 3. 토지거래계약 허가를 받아 토지를 취득한 자가 제124조제1항제3호에 따른 시장·군수 또는 구청장의 승인을 얻지 아니하고 당초의 이용목적을 변경하여 이용하는 경우에는 토지 취득가액의 100분의 5에 상당하는 금액
> 4. 제1호 내지 제3호 외의 경우에는 토지 취득가액의 100분의 7에 상당하는 금액

3) 이행강제금 부과방법

시장·군수 등은 최초의 이행명령이 있었던 날을 기준으로 하여 1년에 한 번씩 그 이행명령이 이행될 때까지 반복하여 이행강제금을 부과·징수할 수 있으며(법 제124조의2제3항), 이에 따른 이행명령을 받은 자가 그 명령을 이행하는 경우에는 새로운 이행강제금의 부과를 즉시 중지하되, 명령을 이행하기 전에 이미 부과된 이행강제금은 징수하여야 한다(같은 조 제5항). 그러나 이용 의무기간이 지난 후에는 이를 부과할 수 없다(같은 조 제4항).

4) 불복방법

이행강제금의 부과처분에 불복하는 자는 고지를 받은 날로부터 30일 이내에 시장·군수 또는 구청장에게 이의를 제기할 수 있다(법 시행령 제124조의3제7항).

5) 강제징수

이행강제금 부과처분을 받은 자가 납부기한 내에 이를 납부하지 아니한 경우에는 국세 체납처분의 예 또는 「지방세외수입금의 징수 등에 관한 법률」에 따라 징수한다(법 제124조의2제7항).

9. 토지거래허가의 효과

가. 유동적무효의 도입

대법원은 1991년 처음으로 법의 적용과 관련하여 유동적 무효의 법리를 처음으로 도입하였다. 즉 동법은 규제지역에 속한 토지에 대한 거래시에는 허가

를 받아야 하고, 이 허가를 받지 아니하고 체결한 토지거래계약은 그 효력이 발생하지 아니하는 즉 무효로 규정하였다(법 제118조제6항).

나. 토지거래허가구역 내의 토지거래 계약의 효력

토지거래허가구역 내의 토지에 관한 거래계약은 관할관청으로부터 허가받기 전의 상태에서는 거래계약의 채권적 효력도 전혀 발생하지 아니하여 무효이므로 권리의 이전 또는 설정에 관한 어떠한 내용의 이행청구도 할 수 없고, 따라서 상대방의 거래계약상 채무불이행을 이유로 손해배상을 청구할 수도 없다.[82)]

즉, 허가를 받기까지 유동적 무효의 상태에서는 그 유동적인 기간 동안은 어디까지나 무효이기 때문에, 당사자는 계약에 기한 이행청구를 할 수는 없다. 그 후 허가를 받게 되면 그 계약은 소급해서 유효한 것이 되고, 허가 후에 새로이 거래계약을 체결할 필요는 없다. 그러나 이와 달리 불허가가 된 때에는 무효로 확정된다. 허가를 전제를 한 거래계약을 체결한 당사자는 그 계약이 효력 있는 것으로 완성될 수 있도록 서로 협력할 의무가 있고, 당사자는 공동으로 관할관청의 허가를 신청할 의무가 있다.[83)] 또한, 허가를 전제로 거래계약을 체결한 경우에는, 비록 유동적 무효의 상태에 있다 하더라도 이미 지급한 계약금 등을 무효를 이유로 부당이득반환청구를 할 수는 없으며,[84)] 일방이 허가신청 협력의무의 이행거절 의사를 분명히 하였더라도 그 상대방은 소로써 그 협력을 청구할 수 있고, 다만 당사자 쌍방이 허가신청을 하지 아니하기로 협의한 경우에는 유동적 무효상태의 계약은 확정적으로 무효가 된다.[85)]

한편, 민법 제565조제1항의 해약금은 계약 일반의 법리인 이상 법상의 토지거래허가를 받지 않은 유동적 무효 상태인 매매계약에 있어서도 당사자 사이의 매매계약은 매도인이 계약금의 배액을 상환하고 계약을 해제함으로써 적

---

82) 대법원 2000.1.28. 선고 99다40524 판결.
83) 대법원 1991.12.24. 선고 90다12243 판결.
84) 대법원 1993.6.22. 선고 91다21435 판결.
85) 대법원 1995.12.12. 선고 95다28236 판결.

법하게 해제되며,[86] 법상 토지거래허가구역으로 지정된 토지에 대해 토지거래계약을 맺고 그 허가를 받지 않은 상태에서 그 허가구역의 지정이 해제된 경우, 그 토지거래계약이 허가구역으로 지정이 해제되기 전에 확정적으로 무효로 된 경우를 제외하고는, 확정적으로 유효가 되었다고 할 것이다.[87]

【판시사항】

토지거래허가구역 내의 토지를 중간생략등기의 합의 아래 전매차익을 얻을 목적으로 전전매매한 경우, 그 각 매매계약의 효력(=확정적 무효) (대법원 1996.6.28. 선고 96다3982 판결)

【판결요지】

국토이용관리법에 의하여 허가를 받아야 하는 토지거래계약이 처음부터 허가를 배제하거나 잠탈하는 내용의 계약인 경우에는 허가 여부를 기다릴 것도 없이 확정적으로 무효로서 유효화될 여지가 없는바, 토지거래허가구역 내의 토지가 거래허가를 받거나 소유권이전등기를 경료할 의사 없이 중간생략등기의 합의 아래 전매차익을 얻을 목적으로 소유자 갑으로부터 부동산중개업자인 을, 병을 거쳐 정에게 전전매매한 경우, 그 각각의 매매계약은 모두 확정적으로 무효로서 유효화될 여지가 없고, 각 매수인이 각 매도인에 대하여 토지거래허가 신청절차 협력의무의 이행청구권을 가지고 있다고 할 수 없으며, 따라서 정이 이들을 순차 대위하여 갑에 대한 토지거래허가 신청절차 협력의무의 이행청구권을 대위행사할 수도 없다.

【판시사항】

(대법원 1992.3.31. 선고 91도3223 판결)

가. 국토이용관리법 제31조의2 소정의 벌칙적용대상인 "허가 없이 토지 등의 거래계약을 체결하는 행위"의 의미

나. 토지 매수 후 매매대금을 완급하지도 않은 상태에서 다시 타인에게 전매하여 대

86) 대법원 1997.6.27. 선고 97다2345 판결.

87) 대법원 1999.6.17. 선고 98다40459 판결.

금을 일부 수령한 경우 후자의 매매계약을 체결한 행위가 “가”항에 해당한다고 본 사례

【판결요지】

가. 국토이용관리법 제31조의2 소정의 벌칙적용대상인 “허가 없이 토지 등의 거래계약을 체결하는 행위”라 함은 처음부터 같은 법 제21조의3제1항 소정의 허가를 배제하거나 잠탈하는 내용의 거래계약을 체결하는 행위를 가리키고, 허가받을 것을 전제로 한 거래계약을 체결하는 것은 여기에 해당하지 않는다.

나. 토지를 매수할 때부터 국토이용관리법상의 허가를 받은 일이 없고, 매수 후 매매대금을 완급하지도 않은 상태에서 다시 타인에게 전매하여 그 매매대금 중 일부를 수령한 경우, 후자의 매매계약은 위와 같은 매매의 경위에 비추어 처음부터 국토이용관리법상의 허가를 배제한 거래계약으로서 허가받을 것을 전제로 한 계약이라고 볼 수 없다고 한 사례

【판시사항】

국토이용관리법상의 토지거래허가를 배제하기 위하여 매매계약일자를 소급작성하고 매매대금액도 낮춘 별도의 매매계약서를 허위로 작성한 것이 토지거래허가를 배제하거나 잠탈하려는 경우에 해당한다고 본 사례 (대법원 1993.11.23. 선고 92다44671 판결)

【판결요지】

국토이용관리법상의 토지거래허가를 배제하기 위하여 매매계약일자를 소급작성하고 매매대금액도 낮춘 별도의 매매계약서를 허위로 작성한 것이 토지거래허가를 배제하거나 잠탈하려는 경우에 해당한다고 본 사례

【판시사항】

토지거래허가구역 지정기간 중에 허가구역 안의 토지에 대하여 토지거래허가를 받지 않고 토지거래계약을 체결한 후 허가구역 지정이 해제되거나 허가구역 지정기간

이 만료되었음에도 재지정을 하지 않은 경우, 여전히 그 계약이 유동적 무효상태에 있다고 볼 것인지 여부(소극) (대법원 2010.3.25. 선고 2009다41465 판결)

【판결요지】

토지거래허가구역 지정기간 중에 허가구역 안의 토지에 대하여 토지거래허가를 받지 아니하고 토지거래계약을 체결한 후 허가구역 지정이 해제되거나 허가구역 지정기간이 만료되었음에도 재지정을 하지 아니한 때에는 그 토지거래계약이 허가구역 지정이 해제되기 전에 확정적으로 무효로 된 경우를 제외하고는, 더 이상 관할 행정청으로부터 토지거래허가를 받을 필요가 없이 확정적으로 유효로 되어 거래 당사자는 그 계약에 기하여 바로 토지의 소유권 등 권리의 이전 또는 설정에 관한 이행청구를 할 수 있고, 상대방도 반대급부의 청구를 할 수 있다고 보아야 할 것이지, 여전히 그 계약이 유동적 무효상태에 있다고 볼 것은 아니다.

【판시사항】

국토이용관리법상 토지거래허가를 받지 아니한 거래계약이 표시와 불일치한 의사 또는 하자 있는 의사에 의하여 이루어진 경우, 무효·취소를 주장할 수 있는 당사자 일방의 주장으로 유동적 무효 상태의 계약이 확정적 무효로 되는지 여부(적극) (대법원 1996.11.8. 선고 96다35309 판결)

【판결요지】

국토이용관리법상 거래허가를 받지 아니하고 계약당사자의 표시와 불일치한 의사(비진의표시, 허위표시 또는 착오) 또는 사기, 강박과 같은 하자 있는 의사에 의하여 토지거래 등이 이루어진 경우에 있어서, 이들 사유에 기하여 그 거래의 무효 또는 취소를 주장할 수 있는 당사자는 그러한 거래허가를 신청하기 전 단계에서 이러한 사유를 주장하여 거래허가 신청협력에 거절의사를 일방적으로 명백히 함으로써 그 계약을 확정적으로 무효화시키고 자신의 거래허가절차에 협력할 의무를 면함은 물론 기왕에 지급된 계약금 등의 반환도 구할 수 있다.

【판시사항】

토지거래허가구역 내 토지에 관하여 매매계약을 체결하고 계약금만 주고받은 상태에서 토지거래허가를 받은 경우, 매도인이 민법 제565조의 규정에 의하여 그 계약을 해제할 수 있는지 여부(적극) (대법원 2009.4.23. 선고 2008다62427 판결)

【판결요지】

「국토의 계획 및 이용에 관한 법률」에 정한 토지거래계약에 관한 허가구역으로 지정된 구역 안에 위치한 토지에 관하여 매매계약이 체결된 경우 당사자는 그 매매계약이 효력이 있는 것으로 완성될 수 있도록 서로 협력할 의무가 있지만, 이러한 의무는 그 매매계약의 효력으로서 발생하는 매도인의 재산권이전의무나 매수인의 대금지급의무와는 달리 신의칙상의 의무에 해당하는 것이어서 당사자 쌍방이 위 협력의무에 기초해 토지거래허가신청을 하고 이에 따라 관할관청으로부터 그 허가를 받았다 하더라도, 아직 그 단계에서는 당사자 쌍방 모두 매매계약의 효력으로서 발생하는 의무를 이행하였거나 이행에 착수하였다고 할 수 없을 뿐만 아니라, 그 단계에서 매매계약에 대한 이행의 착수가 있다고 보아 민법 제565조의 규정에 의한 해제권 행사를 부정하게 되면 당사자 쌍방 모두에게 해제권의 행사 기한을 부당하게 단축시키는 결과를 가져올 수도 있다. 그러므로 국토의 계획 및 이용에 관한 법률에 정한 토지거래계약에 관한 허가구역으로 지정된 구역 안의 토지에 관하여 매매계약이 체결된 후 계약금만 수수한 상태에서 당사자가 토지거래허가신청을 하고 이에 따라 관할관청으로부터 그 허가를 받았다 하더라도, 그러한 사정만으로는 아직 이행의 착수가 있다고 볼 수 없어 매도인으로서는 민법 제565조에 의하여 계약금의 배액을 상환하여 매매계약을 해제할 수 있다.

【판시사항】

(대법원 1997.7.25. 선고 97다4357 판결)

[1] 국토이용관리법상의 토지거래허가를 받지 않아 유동적 무효인 계약에 있어서 이행불능으로 인한 계약해제 및 손해배상청구가 가능한지 여부(소극)

[2] 유동적 무효인 계약이 확정적으로 무효가 된 경우, 그에 관해 귀책사유가 있는

당사자가 계약의 무효를 주장할 수 있는지 여부(적극)

【판결요지】

[1] 국토이용관리법상 토지거래허가구역 내에 있는 토지에 관하여 소유권 등 권리를 이전 또는 설정하는 내용의 거래계약은 관할 시장·군수 또는 구청장의 허가를 받아야만 효력이 발생하고 허가를 받기 전에는 물권적 효력은 물론 채권적 효력도 발생하지 아니하여 무효라고 보아야 할 것이므로, 따라서 허가받을 것을 전제로 하는 거래계약은 허가를 받을 때까지는 법률상 미완성의 법률행위로서 소유권 등 권리의 이전 또는 설정에 관한 거래의 효력이 전혀 발생하지 않으나 일단 허가를 받으면 그 계약은 소급하여 유효한 계약이 되고, 이와 달리 불허가가 된 때에 무효로 확정되므로 허가를 받기까지는 유동적 무효의 상태에 있다고 볼 것인바, 허가를 받을 것을 전제로 한 거래계약은 허가받기 전의 상태에서는 거래계약의 채권적 효력도 전혀 발생하지 않으므로 권리의 이전 또는 설정에 관한 어떠한 내용의 이행청구도 할 수 없고, 그러한 거래계약의 당사자로서는 허가받기 전의 상태에서 상대방의 거래계약상 채무불이행을 이유로 거래계약을 해제하거나 그로 인한 손해배상을 청구할 수 없다(토지거래허가구역 내에 있는 토지를 허가대상이 아닌 다른 부동산과 교환하기로 하는 내용의 교환계약이 국토이용관리법상의 토지거래허가를 받아야 하는 거래계약이어서, 당해 계약에 관하여 관할 관청의 토지거래허가를 받지 않은 이상 허가를 받기까지는 유동적 무효의 상태에 있는 것임에도 불구하고, 당해 계약이 유효한 계약임을 전제로 하여, 매수인의 교환대상 건물에 관한 소유권이전등기의무가 이행불능이 되었고 그와 같은 채무불이행이 매수인의 귀책사유에 기한 것이라는 이유로 계약이 매도인에 의하여 적법하게 해제된 것을 이유로, 매수인은 매도인에게 이행불능으로 인한 손해배상책임이 있다고 한 원심판결을 파기한 사례).

[2] 국토이용관리법상 토지거래허가를 받지 않아 거래계약이 유동적 무효의 상태에 있는 경우, 유동적 무효 상태의 계약은 관할 관청의 불허가처분이 있을 때뿐만 아니라 당사자 쌍방이 허가신청협력의무의 이행거절 의사를 명백히 표시한 경우에는 허가 전 거래계약관계, 즉 계약의 유동적 무효 상태가 더 이상 지속된다고 볼 수 없으므로, 계약관계는 확정적으로 무효가 된다고 할 것이고, 그와 같은 법리는 거래계약상 일방의 채무가 이행불능임이 명백하고 나아가 상대방이 거래계약의 존속을 더 이상 바라

지 않고 있는 경우에도 마찬가지라고 보아야 하며, 거래계약이 확정적으로 무효가 된 경우에는 거래계약이 확정적으로 무효로 됨에 있어서 귀책사우가 있는 자라고 하더라도 그 계약의 무효를 주장할 수 있다.

【판시사항】

토지거래허가 구역 내의 토지에 대한 매매계약 체결시 당사자 일방의 계약 위반으로 인한 손해배상액의 약정을 한 경우, 그 약정의 효력(유효) 및 적용 범위(대법원 1998.3. 27. 선고 97다36996 판결)

【판결요지】

국토이용관리법상 토지거래허가를 받지 않아 유동적 무효의 상태에 있는 계약을 체결한 당사자는 쌍방이 그 계약이 효력이 있는 것으로 완성될 수 있도록 서로 협력할 의무가 있으므로, 이러한 매매계약을 체결할 당시 당사자 사이에 그 일방이 토지거래허가를 받기 위한 협력 자체를 이행하지 아니하거나 허가신청에 이르기 전에 매매계약을 철회하는 경우 상대방에게 일정한 손해액을 배상하기로 하는 약정을 유효하게 할 수 있으며, 토지거래허가 구역 내의 토지에 관한 매매계약을 체결함에 있어서 토지거래허가를 받을 수 없는 경우 이외에 당사자 일방의 계약 위반으로 인한 손해배상액의 약정에 있어서 계약 위반이라 함은 당사자 일방이 그 협력의무를 이행하지 아니하거나 매매계약을 일방적으로 철회하여 그 매매계약이 확정적으로 무효가 되는 경우를 포함하는 것으로 봄이 상당하다.

【판시사항】

국토이용관리법상 토지거래허가구역 내의 토지에 대한 매매계약의 효력(대법원 1995. 4.28. 선고 93다26397 판결)

【판결요지】

국토이용관리법상의 규제지역 내의 토지에 대하여 관할도지사의 허가를 받기 전에 체결한 매매계약은 처음부터 위 허가를 배제하거나 잠탈하는 내용의 계약일 경우에는 확정적으로 무효로서 유효화 될 여지가 없으나 이와 달리 허가받을 것을 전제로 한 계약일 경우에는 허가를 받을 때까지는 법률상의 미완성의 법률행위로서 소유권 등 권리의 이전에 관한 계약의 효력이 전혀 발생하지 않음은 위의 확정적 무효의 경우와 다를 바 없지만, 일단 허가를 받으면 그 계약은 소급하여 유효한 계약이 되고 이와 달리 불허가가 된 때에는 무효로 확정되므로 허가를 받기까지는 유동적 무효의 상태에 있다고 보아야 하며, 이러한 유동적 무효 상태에 있는 계약을 체결한 당사자는 쌍방이 그 계약이 효력이 있는 것으로 완성될 수 있도록 서로 협력할 의무가 있다.

【판시사항】

「국토의 계획 및 이용에 관한 법률」상의 토지거래계약 허가구역 내의 토지에 관한 매매계약의 경우, 소유권이전등기청구권 또는 토지거래계약에 관한 허가를 받을 것을 조건으로 한 소유권이전등기청구권을 피보전권리로 한 부동산처분금지가처분신청이 허용되는지 여부(소극) (대법원 2010.8.26.자 2010마818 결정)

【판결요지】

「국토의 계획 및 이용에 관한 법률」상의 토지거래계약 허가구역 내의 토지에 관하여 관할관청의 허가를 받을 것을 전제로 한 매매계약은 법률상 미완성의 법률행위로서 허가받기 전의 상태에서는 아무런 효력이 없어, 그 매수인이 매도인을 상대로 하여 권리의 이전 또는 설정에 관한 어떠한 이행청구도 할 수 없고, 이행청구를 허용하지 않는 취지에 비추어 볼 때 그 매매계약에 기한 소유권이전등기청구권 또는 토지거래계약에 관한 허가를 받을 것을 조건으로 한 소유권이전등기청구권을 피보전권리로 한 부동산처분금지가처분신청 또한 허용되지 않는다.

다. 위반에 대한 제제

허가 또는 변경허가를 받지 아니하고 토지거래계약을 체결하거나, 속임수나 그 밖의 부정한 방법으로 토지거래계약 허가를 받은 자는 2년 이하의 징역 또는 2천만 원(제5호에 해당하는 자는 계약 체결 당시의 개별공시지가에 의한 해당 토지가격의 100분의 30에 해당하는 금액) 이하의 벌금에 처한다(법 제141조).

【판시사항】

(대법원 1992.10.13. 선고 92도1070 판결)

가. 국토이용관리법상 규제구역 내 토지에 관한 거래계약의 허가받기 전의 효력 유무(소극)

나. 위 "가"항의 규제구역 내 토지를 매도하였으나 거래허가를 받지 않은 경우 매도인이 배임죄의 주체인 타인의 사무를 처리하는 자에 해당하는지 여부(소극)

【판결요지】

가. 국토이용관리법 제21조의2 소정의 규제구역 내에 있는 토지에 관하여 소유권 등 권리를 이전 또는 설정하는 내용의 거래계약은 같은 법 제21조의3제1항 소정의 관할관청의 허가를 받아야 그 효력이 발생하고 허가를 받기 전에는 물권적 효력은 물론 채권적 효력도 발생하지 않는다.

나. 위 "가"항의 규제구역 내의 토지를 매도하였으나 같은 법 소정의 거래허가를 받은 바 없다면 매도인에게 매수인에 대한 소유권이전등기에 협력할 의무가 생겼다고 볼 수 없고, 따라서 매도인이 배임죄의 주체인 타인의 사무를 처리하는 자에 해당한다고 할 수 없다.

10. 토지의 선매

가. 선매제도의 의의

선매제도란 토지거래계약의 허가신청이 있을 때 공공기관(국가, 지방자치단체, 한국토지주택공사, 그 밖에 대통령령으로 정하는 공공기간 또는 공공단체 등)이 필요한 공공용지를 확보하기 위한 방안의 하나로 공공기관이 일반 사인보다 우선하여 당해 토지를 취득할 수 있게 하는 제도이다. 즉, 공익사업을 위해 필요한 토지를 우선취득하여 사적인 거래에 공공이 직접개입 하는 방식이다.

[대통령령으로 정하는 공공기간 또는 공공단체]

“대통령령으로 정하는 공공기관”이란 다음 각 호의 어느 하나에 해당하는 기관을 말한다(법 시행령 제120조제2항). 1. 「한국농수산식품유통공사법」에 따른 한국농수산식품유통공사 2. 「대한석탄공사법」에 따른 대한석탄공사 3. 「한국토지주택공사법」에 따른 한국토지주택공사 4. 「한국관광공사법」에 따른 한국관광공사 5. 「한국농어촌공사 및 농지관리기금법」에 따른 한국농어촌공사 6. 「한국도로공사법」에 따른 한국도로공사 7. 「한국석유공사법」에 따른 한국석유공사 8. 「한국수자원공사법」에 따른 한국수자원공사 9. 「한국전력공사법」에 따른 한국전력공사 10. 「한국철도공사법」에 따른 한국철도공사

나. 선매의 요건

1) 대상토지

선매대상 토지는 토지거래허가구역 안의 토지를 대상으로 한다. 즉, 토지거래 허가신청이 있는 경우에 그 토지가 ⅰ) 공익사업용 토지, ⅱ) 토지거래계약 허가를 받아 취득한 토지를 그 이용목적대로 이용하고 있지 아니한 토지를 대상을 한다(법 제122조제1항).

2) 선매자의 지정방법

시장·군수 또는 구청장은 토지거래계약에 관한 허가신청이 있는 경우 국가, 지방자치단체, 한국토지주택공사, 그 밖에 대통령령으로 정하는 공공기관 또는 공공단체가 그 매수를 원하는 경우에는 이들 중에서 해당 토지를 매수할 자[이하 “선매자(先買者)”라 한다]를 지정하여 그 토지를 협의 매수하게 할 수 있다(법 제122조제1항). 이러한 선매는 어디까지나 당사자 사이의 협의에 의한 매수이므로 협의에 의한 처분여부는 당사자가 결정할 수 있고 강제성이 있는 것은 아니다.[88)]

다. 선매절차

〈토지선매제도 선매의 절차〉

<table>
<tr><td rowspan="5">신청일로부터 1개월 이내</td><td>토지거래 허가신청</td></tr>
<tr><td>↓</td></tr>
<tr><td>선매협의 사실통지</td></tr>
<tr><td>↓</td></tr>
<tr><td>선매자의 지정토지</td></tr>
<tr><td rowspan="4">통지를 받은 날부터 1개월 이내</td><td>↓</td></tr>
<tr><td>선매조건 통지/선매협의</td></tr>
<tr><td>↓</td></tr>
<tr><td>선매완료</td></tr>
</table>

1) 선매자 지정 및 통보

시장·군수 또는 구청장은 '나.'의 1) 대상토지에 대하여 토지거래계약 허가신청이 있는 경우에는 그 신청이 있는 날부터 1개월 이내에 선매자를 지정하여 토지 소유자에게 알려야 한다(법 제122조제2조제2항 전단).

【판시사항】

국토이용관리법 제21조의14 소정의 선매자 지정의 효과(대법원 1992.12.24. 선고 92다3311 판결)

【판결요지】

국토리용관리법 제21조의14 소정의 선매자의 지정이 있는 것만으로 당연히 선매자와 토지 소유자 사이에 매매계약이 체결된 것으로 볼 수 없음은 물론 토지 소유자가 선매자의 협의에 반드시 응해야 할 의무가 있는 것으로 풀이되지 아니하고, 토지 소유자는 선매자의 협의에 불응하고 적정금액으로 재신고할 수 있다고 할 것이므로 종전

88) 대법원 1992.12.24. 선고 92다3311 판결.

당사자 사이의 거래계약에 대한 사법적 효력은 유지된다고 할 것이며, 가령 토지 소유자가 선매자의 협의에 응하여 협의가 성립된 경우라면 토지 소유자는 이를 이유로 종전 계약을 해제할 수 있는 권리가 생기는 데 지나지 않는다.

2) 선매협의

선매자는 지정 통지를 받은 날부터 1개월 이내에 그 토지 소유자와 선매협의를 끝내야 한다(법 제122조제2항 후단). 즉, 선매자로 지정된 자는 그 지정일부터 15일 이내에 매수가격 등 선매조건을 기재한 서면을 토지소유자에게 통지하여 선매협의를 하여야 하며, 지정일부터 30일 이내에 선매협의조서를 시장·군수 또는 구청장에게 제출하여야 한다(법 시행령 제122조).

이때 선매협의조서에는 다음 각 호의 사항이 기재되어야 한다(법 시행규칙 제26조).

1. 토지소유자의 성명(법인인 경우에는 그 명칭과 대표자의 성명) 및 주소
2. 토지의 소재지·지번·지목 및 면적
3. 토지에 대한 소유권외의 권리가 있는 때에는 그 종류 및 취득일
4. 2회 이상 선매협의한 내용
5. 협의 성립시에는 가격 및 조건(계약서 사본을 첨부하여야 한다)
6. 선매협의 불성립시에는 그 이유

3) 협의불성립시 처리절차

시장·군수 또는 구청장은 선매협의가 이루어지지 아니한 경우에는 지체 없이 허가 또는 불허가의 여부를 결정하여 통보하여야 한다(법 제122조제4항).

라. 선매가격

선매자가 토지를 매수하는 경우 그 가격은 감정평가업자가 감정평가한 감정가격을 기준으로 하되, 토지거래계약 허가신청서에 적힌 가격이 감정가격보다 낮은 경우에는 허가신청서에 적힌 가격으로 할 수 있다(법 제122조제3항).

[별지 제16호서식]

<table>
<tr><td colspan="8">선매협의조서</td></tr>
<tr><td rowspan="3">선 매 자</td><td>기 관 명</td><td colspan="6"></td></tr>
<tr><td>주 소</td><td colspan="6">우
(전화 :)</td></tr>
<tr><td>선매자지정일자</td><td colspan="6"></td></tr>
<tr><td rowspan="2">토지 소유자</td><td>성명(법인인 경우는 그 명칭 및 대표자 성명)</td><td colspan="2"></td><td colspan="2">주민등록번호
(법인등록번호)</td><td colspan="2">–</td></tr>
<tr><td>주 소</td><td colspan="6">우
(전화 :)</td></tr>
<tr><td rowspan="2">토지의표시</td><td>소 재 지</td><td>지번</td><td>지목</td><td>면적
(㎡)</td><td>허가신청
금액(원)</td><td colspan="2">권리의 종류
(취득일)</td></tr>
<tr><td></td><td></td><td></td><td></td><td></td><td colspan="2">(. . .)</td></tr>
<tr><td rowspan="2">정착물의표시</td><td>종 류</td><td colspan="3">내 용</td><td colspan="3">허가신청금액(원)</td></tr>
<tr><td></td><td colspan="3"></td><td colspan="3"></td></tr>
<tr><td>선매자제시조건</td><td>가 격</td><td></td><td>지급조건</td><td colspan="4"></td></tr>
<tr><td>선매협의내용</td><td colspan="7">□ 1차협의내용
□ 2차협의내용
□ 협의결과(협의 성립시에는 가격 및 조건을 기재하고 계약서 사본을 첨부하여야 하며, 협의 불성립시에는 그 이유를 기재하여야 함)</td></tr>
<tr><td colspan="8">「국토의 계획 및 이용에 관한 법률 시행령」 제122조의 규정에 의하여 선매협의조서를 제출합니다.

년 월 일
(선매자) (인)
시장·군수·구청장 귀하</td></tr>
</table>

210mm×297mm[보존용지(2종) 70g/m²]

11. 국가 등이 하는 토지거래계약에 대한 특례

가. 국가 등이 계약당사자인 경우

토지거래계약 당사자의 한쪽 또는 양쪽이 국가, 지방자치단체, 한국토지주택공사, 그 밖에 대통령령으로 정하는 공공기관 또는 공공단체인 경우에는 그 기관의 장이 시장·군수 또는 구청장과 협의할 수 있고, 그 협의가 성립된 때에는 그 토지거래계약에 관한 허가를 받은 것으로 본다(법 제121조제1항).

[법 제121조제1항에서 "대통령령으로 정하는 공공기관 또는 공공단체"]

법 시행령 제120조 (공공기관 등의 범위 등)

① 법 제121조제1항에서 "대통령령으로 정하는 공공기관 또는 공공단체"란 다음 각 호의 기관 또는 단체를 말한다. [개정 2005.9.8, 2009.8.5, 2009.11.20 제21835호(중소기업진흥에 관한 법률 시행령), 2011.8.11 제23073호(한국컨테이너부두공단법 시행령), 2013.6.11, 2014.1.14, 2014.3.24 제25279호(금융회사부실자산 등의 효율적 처리 및 한국자산관리공사의 설립에 관한 법률 시행령)]

1. 제96조제3항제1호부터 제10호까지의 공공기관
2. 「산림조합법」에 의한 산림조합 및 산림조합중앙회
3. 「농업협동조합법」에 의한 농업협동조합·축산업협동조합 및 농업협동조합중앙회
4. 「수산업협동조합법」에 의한 수산업협동조합 및 수산업협동조합중앙회
5. 「중소기업진흥에 관한 법률」에 따른 중소기업진흥공단
6. 「한국은행법」에 의한 한국은행
7. 「지방공기업법」에 의한 지방공사와 지방공단
8. 「공무원연금법」에 의한 공무원연금공단
9. 「인천국제공항공사법」에 따른 인천국제공항공사
10. 삭제 [2011.8.11 제23073호(한국컨테이너부두공단법 시행령)] [시행일 2011.8.19]
11. 「국민연금법」에 의한 국민연금공단
12. 「사립학교교직원 연금법」에 의한 사립학교교직원연금공단

13. 「금융회사부실자산 등의 효율적 처리 및 한국자산관리공사의 설립에 관한 법률」에 의한 한국자산관리공사(이하, "한국자산관리공사"라 한다)
14. 「항만공사법」에 따른 항만공사

나. 토지의 수용 등의 경우

「공익사업을 위한 토지 등의 취득 및 보상에 관한 법률」에 따른 토지의 수용, 「민사집행법」에 따른 경매, 그 밖에 대통령령으로 정하는 경우에는 토지거래계약허가의 규정을 적용하지 아니한다(법 제121조제2항, 법 시행령 제121조).

[토지거래계약허가제에 관한 규정을 적용하지 아니하는 경우]

법 시행령 제121조 (토지거래계약허가제에 관한 규정을 적용하지 아니하는 경우)
법 제121조제2항에 따라 법 제118조를 적용하지 아니하는 경우는 다음 각 호와 같다.

1. 「공익사업을 위한 토지 등의 취득 및 보상에 관한 법률」에 의한 토지의 협의취득·수용·사용 및 동법 제91조의 규정에 의한 환매의 경우
2. 「민사집행법」에 의한 경매
3. 「국유재산법」 제9조에 따른 국유재산관리계획에 따라 국유재산을 일반경쟁입찰에 의하여 처분하는 경우

3의2. 「공유재산 및 물품 관리법」 제10조에 따른 공유재산의 관리계획에 따라 공유재산을 일반경쟁입찰로 처분하는 경우

4. 「도시 및 주거환경정비법」 제48조의 규정에 의한 관리처분계획에 따른 분양의 경우 및 보류지 등을 매각하는 경우
5. 「도시개발법」 제26조에 따른 조성토지 등의 공급 계획에 따라 토지를 공급하는 경우, 법 제35조에 따라 환지 예정지를 지정하는 경우, 법 제40조에 따른 환지처분의 경우 및 법 제44조에 따라 체비지 등을 매각하는 경우
6. 「주택법」 제16조의 규정에 의하여 사업계획의 승인을 얻어 조성한 대지를 공급하는 경우 및 법 제38조에 따라 주택(부대시설 및 복리시설을 포함하며, 주택과 주택 외의 시설을 동일 건축물로 건축하여 공급하는 경

우에는 그 주택 외의 시설을 포함한다)을 공급하는 경우
7. 「택지개발촉진법」 제18조의 규정에 의하여 택지를 공급하는 경우
8. 「산업입지 및 개발에 관한 법률」 제2조제9호에 따른 산업단지개발사업 또는 법 제2조제12호에 따른 준산업단지를 개발하기 위한 사업으로 조성된 토지를 법 제16조에 따른 사업시행자(법 제38조에 따라 사업시행자로부터 분양에 관한 업무를 위탁받은 산업단지관리공단을 포함한다)가 분양하는 경우
9. 「농어촌정비법」 제25조·제26조·제42조 및 제43조에 따른 환지계획에 따른 환지 교부와 농지 등의 교환·분할·합병의 경우
10. 「농어촌정비법」의 규정에 의하여 사업시행자가 농어촌정비사업을 시행하기 위하여 농지를 매입하는 경우
11. 「상법」 제3편제4장제10절·제11절, 「채무자 회생 및 파산에 관한 법률」의 절차에 따라 법원의 허가를 받아 권리를 이전 또는 설정하는 경우
12. 국세 및 지방세의 체납처분 또는 강제집행의 경우
13. 국가 또는 지방자치단체가 법령의 규정에 의하여 비상재해시 필요한 응급조치를 강구하기 위하여 권리를 이전 또는 설정하는 경우
14. 「한국농어촌공사 및 농지관리기금법」에 따라 한국농어촌공사가 농지의 매매·교환 및 분할을 하는 경우
15. 「외국인토지법」 제4조에 따라 외국정부 또는 국제기구가 토지취득의 신고를 하거나 허가를 받은 경우
16. 한국자산관리공사가 「금융회사부실자산 등의 효율적 처리 및 한국자산관리공사의 설립에 관한 법률」 제4조 또는 동법 제5조의 규정에 의하여 토지를 취득하거나 경쟁입찰을 거쳐서 매각하는 경우 및 한국자산관리공사에 매각이 의뢰되어 3회 이상 공매하였으나 유찰된 토지를 매각하는 경우
16의2. 법 제47조 또는 「개발제한구역의 지정 및 관리에 관한 특별조치법」 제17조에 따라 매수청구된 토지를 취득하는 경우
16의3. 「신행정수도 후속대책을 위한 연기·공주지역 행정중심복합도시 건설을 위한 특별법」, 「공공기관 지방이전에 따른 혁신도시건설 및 지원에 관한 특별법」 또는 「기업도시개발 특별법」에 따라 조성된 택지 또는 주택을 공급하는 경우

16의4. 「건축물의 분양에 관한 법률」에 따라 건축물을 분양하는 경우
16의5. 「산업집적활성화 및 공장설립에 관한 법률」 제28조의4에 따라 지식산업센터를 분양하는 경우
17. 법령의 규정에 의하여 조세·부담금 등을 토지로 물납하는 경우

【판시사항】

지방자치단체가 도시관리계획상 초등학교 건립사업을 위하여 학교용지를 협의취득하였으나 위 학교용지 인근에서 아파트 건설사업을 하던 주택건설사업 시행자와 그 아파트 단지 내에 들어설 새 초등학교 부지와 위 학교용지를 교환하고 위 학교용지에 중학교를 건립하는 것으로 도시관리계획을 변경한 사안에서, 위 학교용지에 관한 환매권 행사를 인정한 사례 (대법원 2010.9.30. 선고 2010다30782 판결)

【판결요지】

지방자치단체가 도시관리계획상 초등학교 건립사업을 위하여 학교용지를 협의취득하였으나 위 학교용지 인근에서 아파트 건설사업을 하던 주택건설사업 시행자와 그 아파트 단지 내에 들어설 새 초등학교 부지와 위 학교용지를 교환하고 위 학교용지에 중학교를 건립하는 것으로 도시관리계획을 변경한 사안에서, 위 학교용지에 대한 협의취득의 목적이 된 당해 사업인 '초등학교 건립사업'의 폐지·변경으로 위 토지는 당해 사업에 필요 없게 되었고, 나아가 '중학교 건립사업'에 관하여 사업인정을 받지 않았을 뿐만 아니라 위 학교용지가 중학교 건립사업의 시행자 아닌 제3자에게 처분되었으므로 공익사업의 변환도 인정할 수 없다는 이유로 위 학교용지에 관한 환매권 행사를 인정한 사례

12. 다른 법률과의 관계

가. 농지법과의 관계

농지에 대하여 토지거래계약 허가를 받은 경우에는 「농지법」 제8조에 따른 농지취득자격증명을 받은 것으로 본다. 이 경우 시장·군수 또는 구청장은 「농

업·농촌기본법」 제3조제5호에 따른 농촌(도시지역의 경우에는 녹지지역만 해당한다)의 농지에 대하여 토지거래계약을 허가하는 경우에는 농지취득자격증명의 발급 요건에 적합한지를 확인하여야 하며, 허가한 내용을 농림축산식품부장관에게 통보하여야 한다(법 제126조제1항).

나. 부동산등기특별조치법과의 관계

토지거래허가의 규정에 따라 허가증을 발급받은 경우에는 「부동산등기 특별조치법」 제3조에 따른 검인을 받은 것으로 본다(같은 조 제2항).

제14장 보 칙

1. 시범도시의 지정 등

가. 시범도시의 지정

국토교통부장관은 도시의 경제·사회·문화적인 특성을 살려 개성 있고 지속 가능한 발전을 촉진하기 위하여 필요하면 직접 또는 관계 중앙행정기관의 장이나 시·도지사의 요청에 의하여 경관, 생태, 정보통신, 과학, 문화, 관광, 그 밖에 교육, 안전, 경제활력, 도시재생 및 기후변화 등의 분야별로 시범도시(시범지구나 시범단지를 포함한다)를 지정할 수 있으며(법 제127조제1항, 법 시행령 제126조제1항), 분야별로 시범도시의 지정에 관한 세부기준을 정할 수 있다(같은 조 제3항).

※ **원스톱 재난관리체계 구축 U-City 시범도시 선정**

국토해양부는 지자체에서 개별적으로 분산 운영되고 있는 CCTV 관제, 교통, 재난관리센터 등을 U-City 통합운영센터로 일원화해 One-Stop 재난관리체계를 구축하는 U-City 통합플랫폼 등을 시범적용하기 위한 2013년도 U-City 시범도시를 선정했다고 밝혔다. 시범도시로 서울 은평구, 경기도 남양주시·화성시·부천시, 강원도 삼척시, 경상남도 양산시, 인천경제자유구역(IFEZ) 등이다.

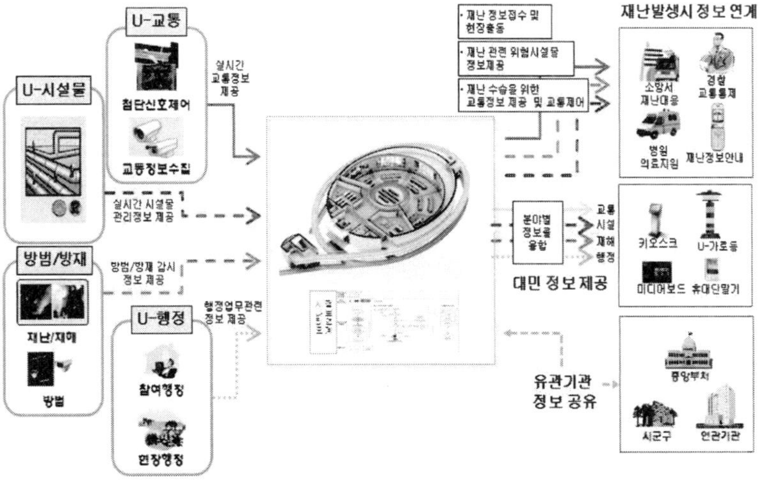

나. 지정기준

시범도시는 ⅰ) 시범도시의 지정이 도시의 경쟁력 향상, 특화발전 및 지역균형발전에 기여할 수 있을 것, ⅱ) 시범도시의 지정에 대한 주민의 호응도가 높을 것, ⅲ) 시범도시의 지정목적 달성에 필요한 사업(이하 "시범도시사업"이라 한다)에 주민이 참여할 수 있을 것, ⅳ) 시범도시사업의 재원조달계획이 적정하고 실현가능할 것 등의 기준에 적합하여야 한다(법 시행령 제126조제2항).

다. 지정절차

1) 주민의 의견청취 및 지방자치단체장의 의견청취, 도시계획위원회의 자문·심의 등

관계 중앙행정기관의 장 또는 시·도지사가 국토교통부장관에게 시범도시의 지정을 요청하고자 하는 때에는 미리 설문조사·열람 등을 통하여 주민의 의견을 들은 후 관계 지방자치단체의 장의 의견을 들어야 하며(같은 조 제4항), 시·도지사가 국토교통부장관에게 시범도시의 지정을 요청하고자 하는 때에는 미리 당해 시·도도시계획위원회의 자문을 거쳐야 한다(같은 조 제5항). 또한, 위 4, 5항의 요청을 받은 국토교통부장관은 시범도시를 지정하려면 중앙도시계획위원회의 심의를 거쳐야 한다(같은 조 제7항).

2) 제출서류

관계 중앙행정기관의 장 또는 시·도지사는 시범도시의 지정을 요청하고자 하는 때에는 ⅰ) 지정기준에 적합함을 설명하는 서류, ⅱ) 지정을 요청하는 관계 중앙행정기관의 장 또는 시·도지사가 직접 시범도시에 대하여 지원할 수 있는 예산·인력 등의 내역, ⅲ) 주민의견청취의 결과와 관계 지방자치단체의 장의 의견, ⅳ) 시·도도시계획위원회에의 자문 결과 등의 서류를 국토교통부장관에게 제출하여야 한다(같은 조 제6항).

3) 관계 행정기관의 장에 대한 통보 등

국토교통부장관은 시범도시를 지정한 때에는 지정목적·지정분야·지정대상도시 등을 관보에 공고하고 관계 행정기관의 장에게 통보하여야 한다(같은 조 제8항).

〈시범도시 지정절차〉

시범사업계획(안) 작성 (관계중앙행정기관의 장, 특별시장, 광역시장, 도지사, 시장·군수, 구청장)
↓
주민의견 청취
↓
시범사업계획 수립 (관계중앙행정기관의 장, 특별시장, 광역시장, 도지사, 시장·군수, 구청장)
↓
시·도소시공원위원회 심의
↓
시범사업 지정 신청 (관계중앙행정기관의 장, 특별시장, 광역시장, 도지사)
↓
예비평가 : 시범사업 평가대상 사업 선정 (국토교통부)
↓
예비평가 결과의 통보 (국토교통부장관)
↓
시범사업평가위원회 평가 (국토교통부)
↓
시범사업 지정·공고 및 통보 (국토교통부장관)

라. 시범도시의 공모

1) 시범도시의 공모

국토교통부장관은 직접 시범도시를 지정함에 있어서 필요한 경우에는 그 대상이 되는 도시를 공모할 수 있으며, 이에 따라 공모에 응모할 수 있는 자는 특별시장·광역시장·특별자치시장·특별자치도지사·시장·군수 또는 구청장 등이다(법 시행령 제127조제1,2항).

2) 시범도시공모 공고

국토교통부장관은 시범도시를 공모하고자 하는 때에는 ⅰ) 시범도시의 지정목적, ⅱ) 시범도시의 지정분야, ⅲ) 시범도시의 지정기준, ⅳ) 시범도시의 지원에 관한 내용(그 내용이 미리 정하여져 있는 경우에 한한다) 및 일정, ⅴ) 시범도시의 지정일정, ⅵ) 그 밖에 시범도시의 공모에 필요한 사항 등의 사항을 관보에 공고하여야 한다(법 시행규칙 제31조).

3) 전문기관의 자문 등

국토교통부장관은 시범도시의 공모 및 평가 등에 관한 업무를 원활하게 수행하기 위하여 필요한 때에는 전문기관에 자문하거나 조사·연구를 의뢰할 수 있다(법 시행령 제127조제3항).

마. 시범도시사업계획의 수립·시행

1) 사업계획수립

시범도시를 관할하는 특별시장·광역시장·특별자치시장·특별자치도지사·시장·군수 또는 구청장은 ⅰ) 시범도시가 시·군 또는 구의 관할구역에 한정되어 있는 경우 : 관할 시장·군수 또는 구청장이 수립·시행, ⅱ) 그 밖의 경우 : 특별시장·광역시장·특별자치시장 또는 특별자치도지사가 수립·시행 등의 구분에 따라 시범도시사업의 시행에 관한 계획을 수립·시행하여야 한다(법 시행령 제128조제1항).

2) 사업계획의 내용

시범도시사업계획에는 i) 시범도시사업의 목표·전략·특화발전계획 및 추진체제에 관한 사항, ii) 시범도시사업의 시행에 필요한 도시·군계획 등 관련계획의 조정·정비에 관한 사항, iii) 시범도시사업의 시행에 필요한 도시·군계획사업에 관한 사항, iv) 시범도시사업의 시행에 필요한 재원조달에 관한 사항, v) 주민참여 등 지역사회와의 협력체계에 관한 사항, vi) 그 밖에 시범도시사업의 원활한 시행을 위하여 필요한 사항 등이 포함되어야 한다(같은 조 제2항).

3) 주민의견청취, 국토해양부장관과의 협의, 고시 및 송부

특별시장 등이 시범도시사업계획을 수립하고자 하는 때에는 미리 설문조사·열람 등을 통하여 주민의 의견을 들어야 하고(같은 조 제3항), 국토교통부장관(관계 중앙행정기관의 장 또는 시·도지사의 요청에 의하여 지정된 시범도시의 경우에는 지정을 요청한 기관을 말한다)과 협의하여야 한다(같은 조 제4항). 또한, 위 절차를 통하여 시범도시사업계획을 수립한 때에는 그 주요내용을 당해 지방자치단체의 공보에 고시한 후 그 사본 1부를 국토교통부장관에게 송부하여야 한다(같은 조 제5항). 이는 시범도시사업계획의 변경시에도 준용한다(같은 조 제6항).

바. 시범도시의 지원기준

1) 보조 또는 융자

국토교통부장관, 관계 중앙행정기관의 장은 시범도시에 대하여 i) 시범도시사업계획의 수립에 소요되는 비용의 80% 이하, ii) 시범도시사업의 시행에 소요되는 비용(보상비를 제외한다)의 50% 이하의 범위에서 보조 또는 융자를 할 수 있으며(법 시행령 제129조제1항), 시·도지사 또한 시범도시에 대하여 위 i), ii)의 범위에서 보조나 융자를 할 수 있다(법 시행령 제129조제1,2항).

2) 국토교통부장에 통보

관계 중앙행정기관의 장 또는 시·도지사는 시범도시에 대하여 예산·인력 등을 지원한 때에는 그 지원내역을 국토교통부장관에게 통보하여야 한다(같은 조 제3항).

3) 사업추진을 위한 조례정립

시장·군수 또는 구청장은 시범도시사업의 시행을 위하여 필요한 경우에는 i) 시범도시사업의 예산집행에 관한 사항, ii) 주민의 참여에 관한 사항 등을 도시계획조례로 정할 수 있다(같은 조 제4항).

사. 시범도시사업의 평가·조정

시범도시를 관할하는 특별시장 등은 매년말까지 당해연도 시범도시사업계획의 추진실적을 국토교통부장관과 당해 시범도시의 지정을 요청한 관계 중앙행정기관의 장 또는 시·도지사에게 제출하여야 하며, 이를 제출받은 국토교통부장관 등이 이를 분석한 결과 필요하다고 인정하는 때에는 시범도시사업계획의 조정요청, 지원내용의 축소 또는 확대 등의 조치를 할 수 있다(법 시행령 제130조).

2. 전문기관에 자문 등

국토교통부장관은 필요하다고 인정하는 경우에는 광역도시계획이나 도시기본계획의 승인, 그 밖에 도시계획에 관한 중요 사항에 대하여 도시계획에 관한 전문기관에 자문을 하거나 조사·연구를 의뢰할 수 있으며, 이에 따라 자문을 하거나 조사·연구를 의뢰하는 경우에는 그에 필요한 비용을 예산의 범위에서 해당 전문기관에 지급할 수 있다(법 제129조).

3. 토지에의 출입 등과 보상

가. 토지에의 출입

국토교통부장관, 시·도지사, 시장 또는 군수나 도시계획시설사업의 시행자는 i) 도시·군계획·광역도시계획에 관한 기초조사, ii) 개발밀도관리구역, 기반시설부담구역 및 기반시설설치계획에 관한 기초조사, iii) 지가의 동향 및 토지거래의 상황에 관한 조사, iv) 도시·군계획시설사업에 관한 조사·측량 또는 시행 등의 행위를 하기 위하여 필요하면 타인의 토지에 출입하거나 타인의 토지를 재료 적치장 또는 임시통로로 일시 사용할 수 있으며, 특히 필요한 경우에는 나무, 흙, 돌, 그 밖의 장애물을 변경하거나 제거할 수 있다(법 제130조 제1항). 이때 그 행위를 하려는 자는 그 권한을 표시하는 증표와 허가증을 지니고 이를 관계인에게 내보여야 한다(같은 조 제7항).

나. 토지의 출입절차

1) 출입허가

타인의 토지에 출입하려는 자는 특별시장·광역시장·특별자치시장·특별자치도지사·시장 또는 군수의 허가를 받아야 하며, 출입하려는 날의 7일 전까지 그 토지의 소유자·점유자 또는 관리인에게 그 일시와 장소를 알려야 한다. 다만, 행정청인 도시계획시설사업의 시행자는 허가를 받지 아니하고 타인의 토지에 출입할 수 있다(같은 조 제2항).

2) 소유자 등의 동의

타인의 토지를 재료 적치장 또는 임시통로로 일시사용하거나 나무, 흙, 돌, 그 밖의 장애물을 변경 또는 제거하려는 자는 토지의 소유자·점유자 또는 관리인의 동의를 받아야 한다(같은 조 제3항). 다만, 그 소유자 등이 현장에 없거나 주소 또는 거소가 불분명하여 그 동의를 받을 수 없는 경우에는 행정청인 도시계획시설사업의 시행자는 관할 특별시장·광역시장·특별자치시장·특별자치도지사·시장 또는 군수에게 그 사실을 통지하여야 하며, 행정청이 아닌 도시계획시설사업의 시행자는 미리 관할 특별시장·광역시장·특별자치시장·특별자치도지사·시장 또는 군수의 허가를 받아야 한다(같은 조 제4항).

3) 사전통지

위 2)에 따라 토지를 일시 사용하거나 장애물을 변경 또는 제거하려는 자는 토지를 사용하려는 날이나 장애물을 변경 또는 제거하려는 날의 3일 전까지 그 토지나 장애물의 소유자·점유자 또는 관리인에게 알려야 한다(같은 조 제5항).

4) 행위제한

일출 전이나 일몰 후에는 그 토지 점유자의 승낙 없이 택지나 담장 또는 울타리로 둘러싸인 타인의 토지에 출입할 수 없다.

다. 수인의무

토지의 점유자는 정당한 사유 없이 토지의 출입 등의 행위를 방해하거나 거부하지 못한다(같은 조 제7항).

라. 보 상

1) 토지에의 출입 등에 따른 손실보상

토지에의 출입 등으로 인하여 손실을 입은 자가 있으면 그 행위자가 속한 행정청이나 도시·군계획시설사업의 시행자가 그 손실을 보상하여야 한다(법 제131조제1항).

2) 보상절차

가) 보상협의

손실 보상에 관하여는 그 손실을 보상할 자와 손실을 입은 자가 상호 협의하여야 한다(같은 조 제2항). 협의가 성립되었을 때에는 사업시행자는 관할 토지수용위원회에 협의 성립의 확인을 신청할 수 있다(같은 법 제29조제1항). 제29조제1항 및 제3항에 따른 확인은 이 법에 따른 재결로 보며, 사업시행자, 토지소유자 및 관계인은 그 확인된 협의의 성립이나 내용을 다툴 수 없다(같은 법 제29조제4항).

【판시사항】

「구 공공용지의 취득 및 손실보상에 관한 특례법」에 의한 협의취득 또는 보상합의의 법적 성질 (대법원 2004.9.24. 선고 2002다68713 판결)

【판결요지】

「구 공공용지의 취득 및 손실보상에 관한 특례법」(2002.2.4. 법률 제6656호로 폐지되기 전의 것)은 사업시행자가 토지 등의 소유자로부터 토지 등의 협의취득 및 그 손실보상의 기준과 방법을 정한 법으로서, 이에 의한 협의취득 또는 보상합의는 공공기관이 사경제주체로서 행하는 사법상 매매 내지 사법상 계약의 실질을 가진다.

【판시사항】

「공익사업을 위한 토지 등의 취득 및 보상에 관한 법률」이 사업시행자로 하여금 저당권자 등 관계인과 협의하거나 그 협의를 위한 통지를 하도록 규정한 취지 (부산지방법원 2008.11.13. 선고 2007가단145338 판결)

【판결요지】

근저당권이 설정된 토지가 수용되어 보상금이 지급되는 경우 근저당권자는 보상금을 그 지급 전에 압류하지 아니하면 담보권을 상실하게 되는바, 「공익사업을 위한 토지 등의 취득 및 보상에 관한 법률」이 사업시행자로 하여금 관계인과 협의하거나 그 협의를 위한 통지를 하도록 규정한 취지는 비자발적으로 담보권을 상실하게 될 저당권자 등의 관계인으로 하여금 당해 협의절차에 참여하여 자신의 권리를 스스로 행사할 수 있는 기회를 부여함으로써 그와 같은 토지수용으로 인하여 불측의 손해를 입지 아니하도록 예방할 뿐만 아니라, 협의가 성립하지 아니하여 수용재결로 나아가는 경우 물상대위권을 행사할 수 있는 기회를 제공함으로써 법률상 당연히 인정되는 물상대위권 행사의 실효성을 보장하기 위한 것이다.

나) 재결절차

손실을 보상할 자나 손실을 입은 자는 협의가 성립되지 아니하거나 협의를 할 수 없는 경우에는 관할 토지수용위원회에 재결을 신청할 수 있다(같은 조 제3항). 이때 그 신청은 사업인정고시가 된 날로부터 1년 이내에 제기하여야 하며, 재결신청에 따라 내려지는 최초의 재결을 수용재결이라 한다. 피수용자는 이를 신청할 수 없다. 한편, 재결이 이루어지게 되면 보상금의 지급을 조건으로 사업시행자는 목적을 원시취득하고 반면 토지 등 소유자는 그 권리를 상실하게 된다. 이 경우 손실을 보상하여야 할 자는 관할 토지수용위원회가 재결한 보상금을 지급하거나 공탁이 가능한 사유가 발생한 경우 공탁을 하여야 한다.

【판시사항】

(대법원 1982.11.9. 선고 82누197 전원합의체 판결)

가. 이의신청 및 소송의 계속중에 이의를 보류하지 아니하고 한 토지수용보상금 공탁금의 수령의 효과

나. 공탁된 토지수용보상금의 수령에 관한 이의유보 의사표시의 상대방

【판결요지】

가. 기업자가 토지수용법 제61조제2항제1호에 의하여 토지수용위원회가 재결한 토지수용보상금을 공탁한 경우에 그 공탁은 기업자가 토지소유자에 대하여 부담하는 토지수용에 따른 보상금 지급의무의 이행을 위한 것으로서 민법상 변제공탁과 다를 바 없으므로 토지소유자가 아무런 이의를 유보함이 없이 공탁금을 수령하였다면 토지소유자는 토지수용위원회의 재결에 승복하여 그 공탁의 취지에 따라 보상금을 수령한 것이라고 봄이 상당하므로 이로써 기업자의 보상금 지급의무가 확정적으로 소멸하는 것이고, 토지소유자가 위 재결에 대하여 이의신청을 제기하거나 소송을 제기하고 있는 중이라고 할지라도 그 쟁송중에 보상금 일부의 수령이라는 등 유보의 의사표시를 함이 없이 공탁금을 수령한 이상, 이는 종전의 수령거절 의사를 철회하고 재결에 승복하여 공탁한 취지대로 보상금 전액을 수령한 것이라고 볼 수밖에 없음은 마찬가지이며, 공탁금 수령당시 이의신청이나 소송이 계속중이라는 사실만으로 공탁금 수령에 관한 이의유보의 의사표시가 있는 것과 같이 볼 수는 없다.

나. 공탁된 토지수용보상금의 수령에 관한 이의유보의 의사표시는 그 공탁원인에 승복하여 공탁금을 수령하는 것임이 아님을 분명히 함으로써 공탁한 취지대로 채권

소멸의 효과가 발생함을 방지하고자 하는 것이므로, 그 의사표시의 상대방은 반드시 공탁공무원에 국한할 필요가 없고 보상금 지급의무자인 기업자에 대하여 이의유보의 의사표시를 하는 것도 가하다고 할 것이나, 이 사건에서 국립원호병원의 토지수용담당 주무과장이 기업자인 원호처장을 위하여 공탁금 수령에 관한 의사표시를 수령할 권한 있는 자라고 인정할 만한 자료가 없으니 원고가 공탁금 수령 전에 위 주무과장에게 보상금의 일부 수령이라는 뜻을 밝힌 사실만으로는 기업자에 대한 이의유보의 의사표시가 있었던 것이라고 단정하기는 어렵다고 할 것이다.

【판시사항】

「공익사업을 위한 토지 등의 취득 및 보상에 관한 법률」에 의하여 토지가 수용됨에 따라 기존의 가압류의 효력이 소멸한 경우, 가압류 집행 후 토지의 소유권을 취득한 제3취득자가 보상금을 전액 수령하는 것이 부당이득에 해당하는지 여부(소극) (대법원 2009.9.10. 선고 2006다61536 판결)

【판결요지】

「공익사업을 위한 토지 등의 취득 및 보상에 관한 법률」 제45조제1항에 의하면, 토지수용의 경우 사업시행자는 수용의 개시일에 토지의 소유권을 취득하고 그 토지에 관한 다른 권리는 소멸하는 것인바, 수용되는 토지에 대하여 가압류가 집행되어 있더라도 토지 수용으로 사업시행자가 그 소유권을 원시취득하게 됨에 따라 그 토지 가압류의 효력은 절대적으로 소멸하는 것이고, 이 경우 법률에 특별한 규정이 없는 이상 토지에 대한 가압류가 그 수용보상금채권에 당연히 전이되어 효력이 미치게 된다거나 수용보상금채권에 대하여도 토지 가압류의 처분금지적 효력이 미친다고 볼 수는 없으며, 또 가압류는 담보물권과는 달리 목적물의 교환가치를 지배하는 권리가 아니고, 담보물권의 경우에 인정되는 물상대위의 법리가 여기에 적용된다고 볼 수도 없다. 그러므로 토지에 대하여 가압류가 집행된 후에 제3자가 그 토지의 소유권을 취득함으로써 가압류의 처분금지 효력을 받고 있던 중 그 토지가 공익사업법에 따라 수용됨으로 인하여 기존 가압류의 효력이 소멸되는 한편 제3취득자인 토지소유자는 위 가압류의 부담에서 벗어나 토지수용보상금을 온전히 지급받게 되었다고 하더라도, 이는 위 법에 따른 토지 수용의 효과일 뿐이지 이를 두고 법률상 원인 없는 부당이득이라고 할 것은 아니다.

【판시사항】
사업시행자가 재결에 불복하여 이의신청을 거쳐 행정소송을 제기하는 경우 이의재결에서 증액된 보상금을 공탁하여야 할 시기(시기) (대법원 2008.2.15. 선고 2006두9832 판결)

【판결요지】
공익사업을 위한 토지 등의 취득 및 보상에 관한 법률 제85조 제1항의 규정 및 관련 규정들의 내용, 사업시행자가 행정소송 제기시 증액된 보상금을 공탁하도록 한 위 제85조제1항 단서 규정의 입법 취지, 그 규정에 의해 보호되는 보상금을 받을 자의 이익과 그로 인해 제한받게 되는 사업시행자의 재판청구권과의 균형 등을 종합적으로 고려하여 보면, 사업시행자가 재결에 불복하여 이의신청을 거쳐 행정소송을 제기하는 경우에는 원칙적으로 행정소송 제기 전에 이의재결에서 증액된 보상금을 공탁하여야 하지만, 제소 당시 그와 같은 요건을 구비하지 못하였다 하여도 사실심 변론종결 당시까지 그 요건을 갖추었다면 그 흠결의 하자는 치유되었다고 본다.

다) 이의의 신청

중앙토지수용위원회의 재결에 이의가 있는 자는 중앙토지수용위원회에 이의를 신청할 수 있으며(「공익사업을 위한 토지 등의 취득 및 보상에 관한 법률」 제83조제1항－이하 '공취법'이라고만 한다), 또한, 지방토지수용위원회의 재결에 이의가 있는 자는 해당 지방토지수용위원회를 거쳐 중앙토지수용위원회에 이의를 신청할 수 있다(같은 조 제2항). 이에 따른 이의의 신청은 재결서의 정본을 받은 날부터 30일 이내에 하여야 한다(같은 조 제3항).

라) 이의신청에 대한 재결

중앙토지수용위원회는 이의신청을 받은 경우 재결이 위법하거나 부당하다고 인정할 때에는 그 재결의 전부 또는 일부를 취소하거나 보상액을 변경할 수 있으며, 이에 따라 보상금이 늘어난 경우 사업시행자는 재결의 취소 또는 변경의 재결서 정본을 받은 날부터 30일 이내에 보상금을 받을 자에게 그 늘어난 보상금을 지급하여야 한다(공취법 제84조).

【판시사항】

(대법원 1994.11.11. 선고 93누19375 판결)

가. 토지수용법 제14조 소정의 사업인정의 법적 성격과 효력

나. 토지수용위원회가 사업의 시행이 불가능하게 되는 것과 같은 재결을 행할 수 있는지 여부

【판결요지】

가. 토지수용법 제14조의 규정에 의한 사업인정은 그 후 일정한 절차를 거칠 것을 조건으로 하여 일정한 내용의 수용권을 설정해 주는 행정처분의 성격을 띠는 것으로서 그 사업인정을 받음으로써 수용할 목적물의 범위가 확정되고 수용권으로 하여금 목적물에 관한 현재 및 장래의 권리자에게 대항할 수 있는 일종의 공법상의 권리로서의 효력을 발생시킨다.

나. 토지수용법은 수용·사용의 일차 단계인 사업인정에 속하는 부분은 사업의 공익성 판단으로 사업인정기관에 일임하고, 그 이후의 구체적인 수용·사용의 결정은 토지수용위원회에 맡기고 있는바, 이와 같은 토지수용절차의 2분화 및 사업인정의 성격과 토지수용위원회의 재결사항을 열거하고 있는 같은 법 제29조제2항의 규정 내용에 비추어 볼 때, 토지수용위원회는 행정쟁송에 의하여 사업인정이 취소되지 않는 한 그 기능상 사업인정 자체를 무의미하게 하는, 즉 사업의 시행이 불가능하게 되는 것과 같은 재결을 행할 수는 없다.

마) 행정소송의 제기

사업시행자, 토지소유자 또는 관계인은 재결에 불복할 때에는 재결서를 받은 날부터 60일 이내에, 이의신청을 거쳤을 때에는 이의신청에 대한 재결서를 받은 날부터 30일 이내에 각각 행정소송을 제기할 수 있으며(공취법 제85조제1항).[89)]

이에 따라 제기하려는 행정소송이 보상금의 증감(增減)에 관한 소송인 경우 그 소송을 제기하는 자가 토지소유자 또는 관계인일 때에는 사업시행자를, 사업시행자일 때에는 토지소유자 또는 관계인을 각각 피고로 한다(같은 조 제2항).

【판시사항】
토지소유자 등이 수용재결에 불복하여 이의신청을 거친 후 취소소송을 제기하는 경우 피고적격(=수용재결을 한 토지수용위원회) 및 소송대상(=수용재결) (대법원 2010.1.28. 선고 2008두1504 판결)

【판결요지】
「공익사업을 위한 토지 등의 취득 및 보상에 관한 법률」 제85조제1항 전문의 문언 내용과 같은 법 제83조·제85조가 중앙토지수용위원회에 대한 이의신청을 임의적 절차로 규정하고 있는 점, 행정소송법 제19조 단서가 행정심판에 대한 재결은 재결 자체에 고유한 위법이 있음을 이유로 하는 경우에 한하여 취소소송의 대상으로 삼을 수 있도록 규정하고 있는 점 등을 종합하여 보면, 수용재결에 불복하여 취소소송을 제기하는 때에는 이의신청을 거친 경우에도 수용재결을 한 중앙토지수용위원회 또는 지방토지수용위원회를 피고로 하여 수용재결의 취소를 구하여야 하고, 다만 이의신청에 대한 재결 자체에 고유한 위법이 있음을 이유로 하는 경우에는 그 이의재결을 한 중앙토지수용위원회를 피고로 하여 이의재결의 취소를 구할 수 있다고 보아야 한다.

【판시사항】
택지개발촉진법에 의한 택지개발계획 승인처분의 제소기간이 도과한 후 수용재결이나 이의재결 단계에서 그 위법 부당함을 이유로 재결의 취소를 구할 수 있는지 여부(소극) (대법원 1996.4.26. 선고 95누13241 판결)

89) 이 경우 사업시행자는 행정소송을 제기하기 전에 제84조에 따라 늘어난 보상금을 공탁하여야 하며, 보상금을 받을 자는 공탁된 보상금을 소송이 종결될 때까지 수령할 수 없다.

【판결요지】

택지개발촉진법 제12조제2항에 의하면 택지개발계획의 승인·고시가 있은 때에는 토지수용법 제14조 및 제16조의 규정에 의한 사업인정 및 사업인정의 고시가 있은 것으로 보도록 규정되어 있는바, 이와 같은 택지개발계획의 승인은 당해 사업이 택지개발촉진법상의 택지개발사업에 해당함을 인정하여 시행자가 그 후 일정한 절차를 거칠 것을 조건으로 하여 일정한 내용의 수용권을 설정해 주는 행정처분의 성격을 갖는 것이고, 그 승인고시의 효과는 수용할 목적물의 범위를 확정하고 수용권으로 하여금 목적물에 관한 현재 및 장래의 권리자에게 대항할 수 있는 일종의 공법상 권리로서의 효력을 발생시킨다고 할 것이므로 토지소유자로서는 선행처분인 건설부장관의 택지개발계획 승인단계에서 그 제척사유를 들어 쟁송하여야 하고, 그 제소기간이 도과한 후 수용재결이나 이의재결 단계에 있어서는 위 택지개발계획 승인처분에 명백하고 중대한 하자가 있어 당연무효라고 볼 특단의 사정이 없는 이상 그 위법 부당함을 이유로 재결의 취소를 구할 수는 없다.

【판시사항】

「공익사업을 위한 토지 등의 취득 및 보상에 관한 법률」 제85조제2항에 정한 보상금 증감에 관한 소송에서 수용재결의 기초가 된 감정기관의 감정평가가 위법하고 그 후 법원이 선임한 감정인의 감정평가도 위법한 경우 법원의 심리 방법 (대법원 2008.9.25. 선고 2008두9591 판결)

【판결요지】

토지소유자 또는 관계인이 「공익사업을 위한 토지 등의 취득 및 보상에 관한 법률」 제85조제2항의 규정에 의하여 사업시행자를 피고로 하여 제기하는 보상금의 증감에 관한 소송은 법원이 정당한 보상액을 심리하는 것을 전제로 하고 있으므로, 법원은 토지수용위원회 재결의 기초가 된 감정기관의 감정평가가 위법하다고 인정하는 경우에는 그 후 법원의 심리과정에서 선임된 감정인의 감정평가 역시 위법하다고 하더라도 곧바로 토지소유자 또는 관계인의 청구를 기각할 것이 아니라, 감정인 등에게 적법한 감정평가방법에 따른 재감정을 명하거나 사실조회를 하는 등의 방법으로 석명권을 행사하여 그 정당한 보상액을 심리한 다음, 이를 토지수용위원회 재결시의 보상액과 비교하여 청구의 인용 여부를 결정하여야 한다.

【판시사항】

수용보상금의 증액을 구하는 소송에서 선행처분으로서 그 수용대상 토지 가격 산정의 기초가 된 비교표준지공시지가결정의 위법을 독립한 사유로 주장할 수 있는지 여부(적극) (대법원 2008.8.21. 선고 2007두13845 판결)

【판결요지】

표준지공시지가결정은 이를 기초로 한 수용재결 등과는 별개의 독립된 처분으로서 서로 독립하여 별개의 법률효과를 목적으로 하지만, 표준지공시지가는 이를 인근 토지의 소유자나 기타 이해관계인에게 개별적으로 고지하도록 되어 있는 것이 아니어서 인근 토지의 소유자 등이 표준지공시지가결정 내용을 알고 있었다고 전제하기가 곤란할 뿐만 아니라, 결정된 표준지공시지가가 공시될 당시 보상금 산정의 기준이 되는 표준지의 인근 토지를 함께 공시하는 것이 아니어서 인근 토지 소유자는 보상금 산정의 기준이 되는 표준지가 어느 토지인지를 알 수 없으므로, 인근 토지 소유자가 표준지의 공시지가가 확정되기 전에 이를 다투는 것은 불가능하다. 더욱이 장차 어떠한 수용재결 등 구체적인 불이익이 현실적으로 나타나게 되었을 경우에 비로소 권리구제의 길을 찾는 것이 우리 국민의 권리의식임을 감안하여 볼 때, 인근 토지소유자 등으로 하여금 결정된 표준지공시지가를 기초로 하여 장차 토지보상 등이 이루어질 것에 대비하여 항상 토지의 가격을 주시하고 표준지공시지가결정이 잘못된 경우 정해진 시정절차를 통하여 이를 시정하도록 요구하는 것은 부당하게 높은 주의의무를 지우는 것이고, 위법한 표준지공시지가결정에 대하여 그 정해진 시정절차를 통하여 시정하도록 요구하지 않았다는 이유로 위법한 표준지공시지가를 기초로 한 수용재결 등 후행 행정처분에서 표준지공시지가결정의 위법을 주장할 수 없도록 하는 것은 수인한도를 넘는 불이익을 강요하는 것으로서 국민의 재산권과 재판받을 권리를 보장한 헌법의 이념에도 부합하는 것이 아니다. 따라서 표준지공시지가결정이 위법한 경우에는 그 자체를 행정소송의 대상이 되는 행정처분으로 보아 그 위법 여부를 다툴 수 있음은 물론, 수용보상금의 증액을 구하는 소송에서도 선행처분으로서 그 수용대상 토지 가격 산정의 기초가 된 비교표준지공시지가결정의 위법을 독립한 사유로 주장할 수 있다.

【판시사항】

토지의 감정평가를 위하여 비교표준지를 선정하는 방법 (대법원 2009.9.10. 선고 2006다64627 판결)

【판결요지】

비교표준지는 특별한 사정이 없는 한 도시계획구역 내에서는 용도지역을 우선으로 하고, 도시계획구역 외에서는 현실적 이용 상황에 따른 실제 지목을 우선으로 하여 선정하여야 하나, 이러한 토지가 없다면 지목, 용도, 주위 환경, 위치 등의 제반 특성을 참작하여 그 자연적, 사회적 조건이 감정대상 토지와 동일 또는 가장 유사한 토지를 선정하여야 하고, 표준지와 감정대상 토지의 용도지역이나 주변 환경 등에 다소 상이한 점이 있더라도 이러한 점은 지역요인이나 개별요인의 분석 등 품등비교에서 참작하면 되는 것이지 그러한 표준지의 선정 자체가 잘못된 것으로 단정할 수는 없다.

마. 공취법 준용

관할 토지수용위원회의 재결에 관하여는 「공익사업을 위한 토지 등의 취득 및 보상에 관한 법률」 제83조부터 제87조까지의 규정(이의의 신청, 이의신청에 대한 재결, 행정소송의 제기, 이의신청에 대한 재결의 효력, 법정이율에 의한 가산지급 등)을 준용한다(법 제131조제4항).

제 15 장 법률위반자에 대한 처분 등

1. 법률위반자에 대한 처분

가. 감독처분

국토교통부장관, 시·도지사, 시장·군수 또는 구청장은 다음 각 호의 어느 하나에 해당하는 자에게 이 법에 따른 허가·인가 등의 취소, 공사의 중지, 공작물 등의 개축 또는 이전, 그 밖에 필요한 처분을 하거나 조치를 명할 수 있다(법 제133조제1항).

1. 제31조제2항 단서에 따른 신고를 하지 아니하고 사업 또는 공사를 한 자
2. 도시·군계획시설을 제43조제1항에 따른 도시·군관리계획의 결정 없이 설치한 자
3. 제44조의3제2항에 따른 공동구의 점용 또는 사용에 관한 허가를 받지 아니하고 공동구를 점용 또는 사용하거나 같은 조 제3항에 따른 점용료 또는 사용료를 내지 아니한 자
4. 제54조에 따른 지구단위계획구역에서 해당 지구단위계획에 맞지 아니하게 건축물을 건축 또는 용도변경을 하거나 공작물을 설치한 자
5. 제56조에 따른 개발행위허가 또는 변경허가를 받지 아니하고 개발행위를 한 자

5의2. 제56조에 따라 개발행위허가 또는 변경허가를 받고 그 허가받은 사업기간 동안 개발행위를 완료하지 아니한 자

6. 제60조제1항에 따른 이행보증금을 예치하지 아니하거나 같은 조 제3항에 따른 토지의 원상회복명령에 따르지 아니한 자
7. 개발행위를 끝낸 후 제62조에 따른 준공검사를 받지 아니한 자

7의2. 제64조제3항 본문에 따른 원상회복명령에 따르지 아니한 자

8. 제76조(같은 조 제5항제2호부터 제4호까지의 규정은 제외한다)에 따른 용도지역 또는 용도지구에서의 건축 제한 등을 위반한 자
9. 제77조에 따른 건폐율을 위반하여 건축한 자
10. 제78조에 따른 용적률을 위반하여 건축한 자
11. 제79조에 따른 용도지역 미지정 또는 미세분 지역에서의 행위 제한 등을 위반한 자
12. 제81조에 따른 시가화조정구역에서의 행위 제한을 위반한 자
13. 제84조에 따른 둘 이상의 용도지역 등에 걸치는 대지의 적용 기준을 위반한 자
14. 제86조제5항에 따른 도시·군계획시설사업시행자 지정을 받지 아니하고 도시·군계획시설사업을 시행한 자
15. 제88조에 따른 도시·군계획시설사업의 실시계획인가 또는 변경인가를 받지 아니하고 사업을 시행한 자

15의2. 제88조에 따라 도시·군계획시설사업의 실시계획인가 또는 변경인가를 받고 그 실시계획에서 정한 사업기간 동안 사업을 완료하지 아니한 자

15의3. 제88조에 따른 실시계획의 인가 또는 변경인가를 받은 내용에 맞지 아니하게 도시·군계획시설을 설치하거나 용도를 변경한 자

16. 제89조제1항에 따른 이행보증금을 예치하지 아니하거나 같은 조 제3항에 따른 토지의 원상회복명령에 따르지 아니한 자
17. 도시·군계획시설사업의 공사를 끝낸 후 제98조에 따른 준공검사를 받지 아니한 자
18. 제118조에 따른 토지거래계약에 관한 허가 또는 변경허가를 받지 아니하고 토지거래계약 또는 그 변경계약을 체결한 자
19. 제118조에 따른 토지거래계약에 관한 허가를 받은 자가 그 토지를 허가받은 목적대로 이용하지 아니한 자
20. 제130조를 위반하여 타인의 토지에 출입하거나 그 토지를 일시사용한 자
21. 부정한 방법으로 다음 각 목의 어느 하나에 해당하는 허가·인가·지정 등

을 받은 자

가. 제56조에 따른 개발행위허가 또는 변경허가

나. 제62조에 따른 개발행위의 준공검사

다. 제81조에 따른 시가화조정구역에서의 행위허가

라. 제86조에 따른 도시·군계획시설사업의 시행자 지정

마. 제88조에 따른 실시계획의 인가 또는 변경인가

바. 제98조에 따른 도시·군계획시설사업의 준공검사

사. 제118조에 따른 토지거래계약에 관한 허가

22. 사정이 변경되어 개발행위 또는 도시·군계획시설사업을 계속적으로 시행하면 현저히 공익을 해칠 우려가 있다고 인정되는 경우의 그 개발행위허가를 받은 자 또는 도시·군계획시설사업의 시행자

【판시사항】

관계행정청이 아닌 당사자가 도시계획법 제78조제2호에 기하여 같은 법에 의한 처분의 취소 등을 요구할 수 있는지 여부(소극) (대법원 1991.1.11. 선고 90누1717 판결)

【판결요지】

도시계획법 제78조제2호 소정의 관계행정청의 허가 등의 취소권 등은 대인적 처분에 있어 상대방이 부정한 수단으로 허가 등을 얻었을 때 관계행정청이 감독자의 지위에서 허가 등을 취소하거나 공사를 중지할 수 있는 규정일 뿐 당사자가 이에 기하여 처분의 취소 등을 요구할 수 있는 근거 규정은 아니라고 할 것이다.

【판시사항】

토지형질변경허가권자의 위험관리의무의 내용 및 그 의무위반이나 재량에 의한 허가취소권 등의 불행사가 위법한 것으로 인정되기 위한 요건 (대법원 2001.3.9. 선고 99다64278 판결)

【판결요지】

구 도시계획법(2000.1.28. 법률 제6243호로 전문 개정되기 전의 것), 구 도시계획법 시행령(2000.7.1. 대통령령 제16891호로 전문 개정되기 전의 것), 「토지의 형질변경 등 행위허가기준 등에 관한 규칙」 등의 관련 규정의 취지를 종합하여 보면, 시장 등은 토지형질변경허가를 함에 있어 허가지의 인근 지역에 토사붕괴나 낙석 등으로 인한 피해가 발생하지 않도록 허가를 받은 자에게 옹벽이나 방책을 설치하게 하거나 그가 이를 이행하지 아니할 때에는 스스로 필요한 조치를 취하는 직무상 의무를 진다고 해석되고, 이러한 의무의 내용은 단순히 공공 일반의 이익을 위한 것이 아니라 전적으로 또는 부수적으로 사회구성원 개인의 안전과 이익을 보호하기 위하여 설정된 것이라 할 것이므로, 지방자치단체의 공무원이 그와 같은 위험관리의무를 다하지 아니한 경우 그 의무위반이 직무에 충실한 보통 일반의 공무원을 표준으로 할 때 객관적 정당성을 상실하였다고 인정될 정도에 이른 경우에는 국가배상법 제2조에서 말하는 위법의 요건을 충족하였다고 봄이 상당하고, 허가를 받은 자가 위 규칙에 기하여 부가된 허가조건을 위배한 경우 시장 등이 공사중지를 명하거나 허가를 취소할 수 있는 등 형식상 허가권자에게 재량에 의한 직무수행권한을 부여한 것처럼 되어 있더라도 시장 등에게 그러한 권한을 부여한 취지와 목적에 비추어 볼 때 구체적인 사정에 따라 시장 등이 그 권한을 행사하여 필요한 조치를 취하지 아니하는 것이 현저하게 불합리하다고 인정되는 경우에는 그러한 권한의 불행사는 직무상의 의무를 위반하는 것이 되어 위법하게 된다.

【판시사항】

구 도시계획법 제78조제1항에 정한 처분이나 조치명령을 받은 자가 이에 위반한 경우, 같은 법 제92조에 정한 처벌을 하기 위하여는 그 처분이나 조치명령이 적법할 것을 요하는지 여부(적극) (대법원 2004.5.14. 선고 2001도2841 판결)

【판결요지】

구 도시계획법(2000.1.28. 법률 제6243호로 전문 개정되기 전의 것) 제78조에 정한 처분이나 조치명령을 받은 자가 이에 위반한 경우 이로 인하여 같은 법 제92조에 정한 처벌을 하기 위하여는 그 처분이나 조치명령이 적법한 것이라야 하고, 그 처분이 당연무효가 아니라 하더라도 그것이 위법한 처분으로 인정되는 한 같은 법 제92조 위반죄가 성립될 수 없다.

나. 청 문

국토교통부장관 등은 i) 개발행위허가의 취소, ii) 제86조제5항에 따른 도시·군계획시설사업의 시행자 지정의 취소, iii) 실시계획인가의 취소, iv) 토지거래계약 허가의 취소 등의 어느 하나에 해당하는 처분을 하려면 청문을 하여야 한다(법 제126조).

유권해석

① **질의요지**

도시계획시설사업 실시계획인가를 받은 자가 공사를 착공하지 못하고 실시계획인가 취소를 원할 때 청문절차를 거쳐야 하는지 여부?

② **회신내용**

「국토의 계획 및 이용에 관한 법률」(이하, "법") 제136조 규정에 의거 시장, 군수 또는 구청장은 동법 제133조제1항에 따라 실시계획인가의 취소에 해당하는 처분을 하려면 청문을 하여야 합니다. 다만, 질의하신 사항처럼 사업시행자가 착공을 못하고 실시계획 인가받은 사항에 대하여 자진취하를 원할 때 실시계획 인가권자가 판단하여 청문절차 없이 실시계획인가 사항에 대하여 취소할 수 있을 것으로 사료되나, 이때 행정처분 또는 그 필요성·타당성을 판단하기 위한 의견서(이해관계인 포함) 등을 제출하는 것 이타당할 것입니다.

[도시정책과-1950, 2011.3.31]

【판시사항】

(대법원 2004.7.8. 선고 2002두8350 판결)

[1] 구 도시계획법 제23조제5항의 규정에 의한 사업시행자 지정처분을 취소함에 있어서 청문을 실시하지 아니한 경우, 그 절차를 결여한 지정처분의 취소처분이 위법한 처분인지 여부(적극)
[2] 행정청이 당사자와 사이에 도시계획사업의 시행과 관련한 협약을 체결하면서 관계 법령 및 행정절차법에 규정된 청문의 실시 등 의견청취절차를 배제하는 조항을 둔 경우, 청문의 실시에 관한 규정의 적용이 배제되거나 청문을 실시하지 않아도 되는 예외적인 경우에 해당하는지 여부(소극)

【판결요지】

[1] 구 도시계획법(2000.1.28. 법률 제6243호로 전문 개정되기 전의 것) 제78조, 제78조의2, 행정절차법 제22조제1항제1호, 제4항, 제21조제4항에 의하면, 행정청이 구 도시계획법 제23조제5항의 규정에 의한 사업시행자 지정처분을 취소하기 위해서는 청문을 실시하여야 하고, 다만 행정절차법 제22조제4항, 제21조제4항에서 정한 예외사유에 해당하는 경우에 한하여 청문을 실시하지 아니할 수 있으며, 이러한 청문제도는 행정처분의 사유에 대하여 당사자에게 변명과 유리한 자료를 제출할 기회를 부여함으로써 위법사유의 시정가능성을 고려하고 처분의 신중과 적정을 기하려는 데 그 취지가 있음에 비추어 볼 때, 행정청이 침해적 행정처분을 함에 즈음하여 청문을 실시하지 않아도 되는 예외적인 경우에 해당하지 않는 한 반드시 청문을 실시하여야 하고, 그 절차를 결여한 처분은 위법한 처분으로서 취소사유에 해당한다.
[2] 행정청이 당사자와 사이에 도시계획사업의 시행과 관련한 협약을 체결하면서 관계 법령 및 행정절차법에 규정된 청문의 실시 등 의견청취절차를 배제하는 조항을 두었다고 하더라도, 국민의 행정참여를 도모함으로써 행정의 공정성·투명성 및 신뢰성을 확보하고 국민의 권익을 보호한다는 행정절차법의 목적 및 청문제도의 취지 등에 비추어 볼 때, 위와 같은 협약의 체결로 청문의 실시에 관한 규정의 적용을 배제할 수 있다고 볼 만한 법령상의 규정이 없는 한, 이러한 협약이 체결되었다고 하여 청문의 실시에 관한 규정의 적용이 배제된다거나 청문을 실시하지 않아도 되는 예외적인 경우에 해당한다고 할 수 없다.

다. 손실보상

국토교통부장관 등은 제1항제22호에 따라 필요한 처분을 하거나 조치를 명한 경우에는 이로 인하여 발생한 손실을 보상하여야 하며, 이에 따른 손실 보상에 관하여는 제131조제2항부터 제4항까지의 규정을 준용한다(법 제133조제2,3항).

라. 행정심판

도시계획시설사업 시행자의 처분에 대하여는 「행정심판법」에 따라 행정심판을 제기할 수 있다. 이 경우 행정청이 아닌 시행자의 처분에 대하여는 그 시행자를 지정한 관한 시·도시사에게 행정심판을 제기하여야 한다(법 제124조).

2. 권리의무의 승계

ⅰ) 토지 또는 건축물에 관하여 소유권이나 그 밖의 권리를 가진 자의 도시관리계획에 관한 권리·의무, ⅱ) 제117조부터 제124조까지, 제124조의2, 제125조 및 제126조에 따라 토지의 소유권자, 지상권자 등에게 발생되거나 부과된 권리·의무는 그 토지 또는 건축물에 관한 소유권이나 그 밖의 권리의 변동과 동시에 그 승계인에게 이전한다(법 제135조제1항). 또한, 이 법 또는 이 법에 따른 명령에 의한 처분, 그 절차 및 그 밖의 행위는 그 행위와 관련된 토지 또는 건축물에 대하여 소유권이나 그 밖의 권리를 가진 자의 승계인에 대하여 효력을 가진다(같은 조 제2항).

3. 보고 및 검사

국토교통부장관(수산자원보호구역의 경우 해양수산부장관을 말한다) 등은 필요하다고 인정되는 경우에는 개발행위허가를 받은 자나 도시계획시설사업의 시행자에 대하여 감독상 필요한 보고를 하게 하거나 자료를 제출하도록 명할 수 있으며, 소속 공무원으로 하여금 개발행위에 관한 업무 상황을 검사하게 할 수 있으며, 이에 따라 업무를 검사하는 공무원은 그 권한을 표시하는 증표를 지니고 이를 관계인에게 내보여야 한다(법 제137조제1,2항).

4. 도시계획의 수립 및 운영에 대한 감독 및 조정

국토교통부장관(수산자원보호구역의 경우 해양수산부장관을 말한다)은 필요한 경우에는 시·도지사 또는 시장·군수에게, 시·도지사는 시장·군수에게 도시기본계획과 도시관리계획의 수립 및 운영실태에 대하여 감독상 필요한 보고를 하게 하거나 자료를 제출하도록 명할 수 있으며, 소속 공무원으로 하여금 도시기본계획과 도시관리계획에 관한 업무 상황을 검사하게 할 수 있다. 이때 국토교통부장관은 도시기본계획과 도시관리계획이 국가계획 및 광역도시계획의 취지에 부합하지 아니하거나 도시관리계획이 도시기본계획의 취지에 부합하지 아니하다고 판단하는 경우에는 특별시장 등에게 기한을 정하여 도시기본계획과 도시관리계획의 조정을 요구할 수 있고, 이 경우 특별시장 등은 도시기본계획과 도시관리계획을 재검토하여 정비하여야 한다(법 제138조제1,2항).

또한, 도지사는 시·군 도시·군관리계획이 광역도시계획이나 도시기본계획의 취지에 부합하지 아니하다고 판단되는 경우에는 시장 또는 군수에게 기한을 정하여 그 도시관리계획의 조정을 요구할 수 있으며, 이 경우 시장 또는 군수는 그 도시관리계획을 재검토하여 정비하여야 한다(같은 조 제3항).

제16장 권한의 위임 및 위탁

1. 권한 위임

가. 국토교통부장관

1) 권한의 일부위임

국토교통부장관(수산자원보호구역의 경우 해양수산부장관을 말한다)은 법 제29조제2항제4호에 해당하는 도시관리계획 중 1km² 미만의 구역의 지정 및 변경에 해당하는 도시관리계획의 결정은 그 일부를 시·도지사에게 위임할 수 있으며(법 제139조제1항, 법 시행령 제133조제1항), 시·도지사가 위 규정에 의하여 위임받은 업무를 처리한 때에는 해당 도시계획도서 및 계획설명서를 15일 이내에 국토교통부장관에게 제출하는 방법으로 보고하여야 한다. 다만, 국토교통부장관의 승인을 얻어 재위임한 때에는 그러하지 아니하다(법 시행규칙 제36조제1항).

2) 재 위 임

시·도지사는 국토교통부장관의 승인을 받아 그 위임받은 권한을 시장·군수 또는 구청장에게 재위임할 수 있다(법 제139조제1항).

【판시사항】
서울특별시장이 적법하게 도시계획을 결정·시행하고 있는 지역에 대하여 건설부장관이 택지개발사업실시계획의 승인을 하고 그 승인된 실시계획 중에 기존의 도시계획과 다른 내용이 포함되어 있으면 기존의 도시계획은 위 실시계획에 포함된 도시계획의 내용과 같이 변경된 것으로 보아야 하는지 여부 (대법원 1995.5.12. 선고 93누19047 판결)

【판결요지】

구 도시계획법(1991.12.14. 법률 제4427호로 개정되기 전의 것) 제2조제1항제1호 나목, 제10조, 같은 법 시행령 제6조제1항제2호에 의하면 주차장이나 자동차정류장에 대한 도시계획시설의 설치, 정비, 개량에 관한 결정 및 변경에 관한 권한은 건설부장관으로부터 서울특별시장 등에게 위임되었고, 이와 같은 권한의 위임이 행하여진 때에는 위임관청인 건설부장관은 그 사무를 처리할 권한을 잃고 수임관청인 서울특별시장 등만이 그 권한을 가지고 있다 할 것이나, 위와 같은 권한위임에도 불구하고 건설부장관은 구 택지개발촉진법 제11조가 규정하고 있는 범위에서는 도시계획의 결정·변경에 관하여 권한을 가지고 있다고 할 것이므로, 서울특별시장이 적법하게 도시계획을 결정·시행하고 있는 지역에 대하여 건설부장관이 같은 법 제11조에 의한 택지개발사업실시계획의 승인을 하고, 그 승인된 실시계획 중에 기존의 도시계획과 다른 내용이 포함되어 있으면 기존의 도시계획은 위 실시계획에 포함된 도시계획의 내용과 같이 적법하게 변경된 것으로 보아야 할 것이다.

나. 시도지사의 권한의 위임

시·도지사의 권한은 시·도의 조례로 정하는 바에 따라 시장·군수 또는 구청장에게 위임할 수 있다. 이 경우 시·도지사는 권한의 위임사실을 국토교통부장관에게 보고하여야 하며(법 제139조제2항), 위 규정에 의하여 위임받은 업무를 처리한 때에는 국토교통부장관에게 보고하여야 한다(법 시행령 제133조제3항).

다. 심의 및 의견청취

법 제139조제1항이나 제2항에 따라 권한이 위임되거나 재위임된 경우 그 위임되거나 재위임된 사항 중 i) 중앙도시계획위원회·지방도시계획위원회의 심의를 거쳐야 하는 사항, ii)「건축법」 제4조에 따라 시·도에 두는 건축위원회와 지방도시계획위원회가 공동으로 하는 심의를 거쳐야 하는 사항에 대하여는 그 위임 또는 재위임받은 기관이 속하는 지방자치단체에 설치된 지방도시계획위원회의 심의 또는 시·도의 조례로 정하는 바에 따라「건축법」 제4조에 의하여 시·군·구에 두는 건축위원회와 도시계획위원회가 공동으로 하는 심의를 거쳐야 하며, 해당 지방의회의 의견을 들어야 하는 사항에 대하여는 그 위임 또는 재위임받은 기관이 속하는 지방자치단체의 의회의 의견을 들어야 한다(법 제139조제3항).

2. 사무의 위탁

국토교통부장관, 시·도지사, 시장 또는 군수의 사무는 그 일부를 대통령령이나 해당 지방자치단체의 조례로 정하는 바에 따라 다른 행정청이나 행정청이 아닌 자에게 위탁할 수 있으며, 이에 따라 위탁받은 사무를 수행하는 자(행정청이 아닌 자로 한정한다)나 그에 소속된 직원은 「형법」이나 그 밖의 법률에 따른 벌칙을 적용할 때에는 공무원으로 본다(법 제139조제4,5항).

제17장 벌 칙

1. 3년 이하의 징역 또는 3천만 원 이하의 벌금

ⅰ) 법 제56조제1항 또는 제2항을 위반하여 허가 또는 변경허가를 받지 아니하거나, 속임수나 그 밖의 부정한 방법으로 허가 또는 변경허가를 받아 개발행위를 한 자, ⅱ) 시가화조정구역에서 허가를 받지 아니하고 제81조제2항 각 호의 어느 하나에 해당하는 행위를 한 자의 어느 하나에 해당하는 자는 3년 이하의 징역 또는 3천만 원 이하의 벌금에 처한다(법 제140조).

2. 3년 이상의 징역 또는 비용의 3배 이하의 벌금

기반시설설치비용을 면탈·경감할 목적 또는 면탈·경감하게 할 목적으로 거짓 계약을 체결하거나 거짓 자료를 제출한 자는 3년 이하의 징역 또는 면탈·경감하였거나 면탈·경감하고자 한 기반시설설치비용의 3배 이하에 상당하는 벌금에 처한다(법 제140조의2).

3. 2년 이하의 징역 도는 2천만 원 이하의 벌금

ⅰ) 법 제43조제1항을 위반하여 도시관리계획의 결정이 없이 기반시설을 설치한 자, ⅱ) 제44조제3항을 위반하여 공동구에 수용하여야 하는 시설을 공동구에 수용하지 아니한 자, ⅲ) 제54조를 위반하여 지구단위계획에 맞지 아니하게 건축물을 건축하거나 용도를 변경한 자, ⅳ) 제76조(같은 조 제5항제2호부터 제4호까지의 규정은 제외한다)에 따른 용도지역 또는 용도지구에서의 건축물이나 그 밖의 시설의 용도·종류 및 규모 등의 제한을 위반하여 건축물이나 그 밖의 시설을 건축 또는 설치하거나 그 용도를 변경한 자, ⅴ) 제118조제1항

에 따른 허가 또는 변경허가를 받지 아니하고 토지거래계약을 체결하거나, 속임수나 그 밖의 부정한 방법으로 토지거래계약 허가를 받은 자의 어느 하나에 해당하는 자는 2년 이하의 징역 또는 2천만 원(제5호에 해당하는 자는 계약 체결 당시의 개별공시지가에 의한 해당 토지가격의 100분의 30에 해당하는 금액) 이하의 벌금에 처한다(법 제140조).

【판시사항】

(대법원 2010.5.27. 선고 2010도1116 판결)

[1] 「구 국토의 계획 및 이용에 관한 법률」 위반죄로 처벌되는 '토지거래허가 없이 토지 등의 거래계약을 체결하는 행위'의 의미

[2] 토지거래허가구역 안에 있는 토지를 매수하면서 「구 국토의 계획 및 이용에 관한 법률」 및 같은 법 시행령에서 정하는 토지거래허가요건을 갖추지 못하였음에도 허가요건을 갖춘 타인 명의로 매매계약을 체결한 경우, 위 행위는 이 매매계약에 관하여 토지거래허가를 잠탈하고자 하는 것으로서, 위 법에서 처벌대상으로 삼고 있는 '토지거래허가 없이 토지의 거래계약을 체결한 경우'에 해당한다고 한 사례

【판결요지】

[1] 「구 국토의 계획 및 이용에 관한 법률」(2009.2.6. 법률 제9442호로 개정되기 전의 것) 위반죄로 처벌되는 '토지거래허가 없이 토지 등의 거래계약을 체결하는 행위'라 함은 처음부터 위 법 소정의 토지거래허가를 배제하거나 잠탈하는 내용의 계약을 체결하는 행위를 가리키고, 허가받을 것을 전제로 한 거래계약을 체결하는 것은 여기에 해당하지 아니한다.

[2] 토지거래허가구역 안에 있는 토지를 매수하면서 「구 국토의 계획 및 이용에 관한 법률」(2009.2.6. 법률 제9442호로 개정되기 전의 것) 및 같은 법 시행령(2005.11.11. 대통령령 제19130호로 개정되기 전의 것)에서 정하는 토지거래허가요건을 갖추지 못하였음에도 허가요건을 갖춘 타인 명의로 매매계약을 체결한 경우, 위 행위는 이 매매계약에 관하여 토지거래허가를 잠탈하고자 하는 것으로서, 위 법에서 처벌대상으로 삼고 있는 '토지거래허가 없이 토지의 거래계약을 체결한 경우'에 해당한다고 한 사례

【판시사항】

(대법원 2009.5.14. 선고 2009도926 판결)

[1] 「구 국토의 계획 및 이용에 관한 법률」 제141조제6호 위반죄가 성립하는 토지거래계약이 유상계약에 한정되는지 여부(적극)

[2] 피고인이 남편으로부터 무상증여받은 토지에 허위 내용의 산림경영계획서를 첨부하여 토지거래계약허가를 받은 사안에서, 대상 토지는 처음부터 토지거래계약허가를 요하지 않는 경우에 해당한다는 이유로 「구 국토의 계획 및 이용에 관한 법률」 제141조제6호 위반죄가 성립할 수 없다고 한 사례

【판결요지】

[1] 「구 국토의 계획 및 이용에 관한 법률」(2009.2.6. 법률 제9442호로 개정되기 전의 것)에 정한 토지거래계약허가제도는 토지의 투기적인 거래가 성행하거나 지가가 급격히 상승하는 지역 및 그러한 우려가 있는 지역에서의 투기적인 거래를 방지하기 위한 것으로서(제117조제1항), 제118조제1항에서 명시하고 있는 것처럼 대가를 받고 소유권 또는 지상권을 이전 또는 설정하는 경우, 즉 유상계약에만 한정되어 적용되는 것이다. 따라서 이러한 토지거래계약허가제도를 위반함에 따른 벌칙조항, 즉 위 법 제141조제6호도 유상계약의 경우에만 한정되어 적용되는 것이다.

4. 1년 이하의 징역 또는 1천만 원 이하의 벌금

법 제133조제1항에 따른 허가·인가 등의 취소, 공사의 중지, 공작물 등의 개축 또는 이전 등의 처분 또는 조치명령을 위반한 자는 1년 이하의 징역 또는 1천만 원 이하의 벌금에 처한다(법 제142조).

5. 양벌규정

법인의 대표자나 법인 또는 개인의 대리인, 사용인, 그 밖의 종업원이 그 법인 또는 개인의 업무에 관하여 제140조부터 제142조까지의 어느 하나에 해당

하는 위반행위를 하면 그 행위자를 벌할 뿐만 아니라 그 법인 또는 개인에게도 해당 조문의 벌금형을 과(科)한다. 다만, 법인 또는 개인이 그 위반행위를 방지하기 위하여 해당 업무에 관하여 상당한 주의와 감독을 게을리하지 아니한 경우는 그러하지 아니하다(법 제143조).

【판시사항】
도시계획법 제92조제3호 벌칙규정의 적용대상은 시행자의 업무를 행하는 자로서 그 업무를 위하여 위반행위를 한 행위자인지 여부 (대법원 1995.1.12. 선고 93도3509 판결)

【판결요지】
택지개발촉진법 제10조제1항, 도시계획법 제5조제2항은 시행자의 타인 토지 출입에 관한 근거규정으로서 같은 법 제92조제3호의 적용대상을 시행자에 한정하는 것으로 보아야 할 논거가 될 수 없고, 택지개발촉진법 제7조는 시행자를 국가·지방자치단체·한국토지개발공사 또는 대한주택공사 중에서 지정하도록 규정하고, 도시계획법 제23조는 특별한 규정이 없는 경우 시장·군수가 도시계획사업의 시행자가 되도록 규정하고 있어 위 벌칙규정이 그와 같은 시행자의 출입행위 등을 처벌하기 위한 조항으로 보기 어려운 점, 위 벌칙규정위반죄에 대하여는 징역형과 벌금형이 선택형으로 규정되어 있으며, 도시계획법 제93조는 법인의 대표자, 법인 또는 개인의 대리인·사용인 기타의 종업원이 위반행위를 하였을 때에는 그 행위자를 처벌하는 외에 그 법인 또는 개인에 대하여도 그 벌금형을 과하도록 규정하고 있는 점 등을 종합하여 보면, 위 벌칙규정의 적용대상은 택지개발촉진법 제10조제1항에 정한 시행자의 업무를 행하는 자로서 그 업무를 위하여 위반행위를 한 행위자이고, 그 행위자가 시행자와 도시계획법 제93조에서 정하는 관계에 있을 경우 시행자는 그 양벌규정에 의하여 처벌하도록 하는 취지라고 봄이 상당하다.

6. 과 태 료

행정질서벌이란 행정법상의 의무위반에 대한 제재로써 형법에 형명이 없는 벌, 즉 과태료를 과하는 행정벌을 말한다. 행정질서벌은 일정한 신고·보고·등록·서류비치 등을 할 행정법상의 의무를 태만히 하는 것과 같이 직접적으로 행정목적을 침해하는 것이 아니라, 간접적으로 행정목적의 달성에 장해를 미칠 위험성이 있는 행위, 다시 말하면 행정상의 질서를 문란하게 하는 행위에 대한 제재로 과해지는 것이 원칙이다. 과태료에 대하여는 형법총칙이 적용되지 않으며, 그 과벌절차는 특별한 규정이 없는 한 비송사건절차법(247~251)이 정하는 재판절차에 따라 과한다. 그러나 근래의 행정관계 법률은 과태료를 관계 행정청이 부과·징수하도록 하는 것이 일반적이다. 과태료의 징수에 관하여는 지방세 징수의 예에 의하며, 이의가 있는 자는 통지를 받은 날로부터 60일 이내에 그 지방자치단체의 장에게 이의신청을 하고, 그 결정에도 불복이 있을 때에는 관할 고등법원에 행정소송을 제기할 수 있다(지방자치법 제131조제5항).

【판시사항】

과태료의 처벌에 있어 공소시효나 형의 시효 및 예산회계법 제96조 소정의 국가의 금전채권에 관한 소멸시효의 규정이 적용 내지 준용되는지 여부(소극) (대법원 2000. 8.24.자 2000마1350 결정)

【판결요지】

과태료의 제재는 범죄에 대한 형벌이 아니므로 그 성질상 처음부터 공소시효(형사소송법 제249조)나 형의 시효(형법 제78조)에 상당하는 것은 있을 수 없고, 이에 상당하는 규정도 없으므로 일단 한번 과태료에 처해질 위반행위를 한 자는 그 처벌을 면할 수 없는 것이며, 예산회계법 제96조제1항은 "금전의 급부를 목적으로 하는 국가의 권리로서 시효에 관하여 다른 법률에 규정이 없는 것은 5년간 행사하지 아니할 때에는 시효로 인하여 소멸한다."고 규정하고 있으므로 과태료결정 후 징수의 시효, 즉 과태료 재판의 효력이 소멸하는 시효에 관하여는 국가의 금전채권으로서 예산회계법에 의하여 그 기간은 5년이라고 할 것이지만, 위반행위자에 대한 과태료의 처벌권을 국가의 금전채권과 동일하게 볼 수는 없으므로 예산회계법 제96조에서 정해진 국가의 금전채권에 관한 소멸시효의 규정이 과태료의 처벌권에 적용되거나 준용되지는 않는다.

【판시사항】
과태료와 같은 행정질서벌을 부과하기 위하여는 위반자의 고의·과실을 요하는지 여부(소극) 및 그 면책사유로서 정당한 사유의 의미 (대법원 2000.5.26. 선고 98두5972 판결)

【판결요지】
과태료와 같은 행정질서벌은 행정질서유지를 위한 의무의 위반이라는 객관적 사실에 대하여 과하는 제재이므로 반드시 현실적인 행위자가 아니라도 법령상 책임자로 규정된 자에게 부과되고 원칙적으로 위반자의 고의·과실을 요하지 아니하나, 위반자가 그 의무를 알지 못하는 것이 무리가 아니었다고 할 수 있어 그것을 정당시할 수 있는 사정이 있을 때 또는 그 의무의 이행을 그 당사자에게 기대하는 것이 무리라고 하는 사정이 있을 때 등 그 의무 해태를 탓할 수 없는 정당한 사유가 있는 때에는 이를 부과할 수 없다

가. 1천만 원 이하의 과태료

ⅰ) 법 제44조의3제2항에 따른 허가를 받지 아니하고 공동구를 점용하거나 사용한 자, ⅱ) 정당한 사유 없이 제130조제1항에 따른 행위를 방해하거나 거부한 자, ⅲ) 법 제130조제2항부터 제4항까지의 규정에 따른 허가 또는 동의를 받지 아니하고 같은 조 제1항에 따른 행위를 한 자, ⅳ) 법 제137조제1항에 따른 검사를 거부·방해하거나 기피한 자의 어느 하나에 해당하는 자에게는 1천만 원 이하의 과태료를 부과한다(법 제144조제1항).

나. 500만 원 이하의 과태료

ⅰ) 법 제56조제4항 단서에 따른 신고를 하지 아니한 자, ⅱ) 제137조제1항에 따른 보고 또는 자료 제출을 하지 아니하거나, 거짓된 보고 또는 자료 제출을 한 자의 어느 하나에 해당하는 자에게는 500만 원 이하의 과태료를 부과한다(같은 조 제2항).

다. 과태료의 부과·징수

1) 부과·징수

과태료는 ⅰ) 법 제144조제1항제2호·제4호 및 제2항제2호의 경우 : 국토교통부장관(제40조에 따른 수산자원보호구역의 경우 해양수산부장관을 말한다), 시·도지사, 시장 또는 군수, ⅱ) 법 제1항제1호·제3호 및 제2항제1호의 경우 : 특별시장·광역시장·특별자치시장·특별자치도지사·시장 또는 군수가 각각 부과·징수한다(같은 조 제3항).

2) 부과기준

과태료의 부과기준은 다음 표와 같다(법 시행령 제134조제1항).

[별표 28] 〈개정 2010.7.9〉

과태료의 부과 기준(제134조제1항 관련)

위 반 행 위	해당 법조문	과태료 금액
1. 법 제44조의3제2항에 따른 허가를 받지 아니하고 공동구를 점용하거나 사용한 자	법 제144조 제1항제1호	800만 원
2. 법 제56조제4항 단서에 따른 신고를 하지 아니한 자	법 제144조 제2항제1호	200만 원
3. 정당한 사유 없이 법 제130조제1항에 따른 행위를 방해하거나 거부한 자	법 제144조 제1항제2호	400만 원
4. 법 제130조제2항부터 제4항까지의 규정에 따른 허가 또는 동의를 받지 아니하고 같은 조 제1항에 따른 행위를 한 자	법 제144조 제1항제3호	300만 원
5. 법 제137조제1항에 따른 검사를 거부·방해하거나 기피한 자	법 제144조 제1항제4호	300만 원
6. 법 제137조제1항에 따른 보고 또는 자료 제출을 하지 아니하거나, 거짓된 보고 또는 자료 제출을 한 자	법 제144조 제2항제2호	300만 원

3) 과태료의 가중 또는 경감

국토교통부장관(수산자원보호구역의 경우에는 해양수산부장관을 말한다) 등은 위반행위의 동기·결과 및 횟수 등을 고려하여 과태료 금액의 2분의 1의 범위에서 가중하거나 경감할 수 있으며(법 시행령 제134조제2항), 이에 따라 과태료를 가중하여 부과하는 경우에도 과태료 부과금액은 i) 법 제144조제1항의 경우 : 1천만 원, ii) 법 제144조제2항의 경우 : 5백만 원 등의 구분에 따른 금액을 초과할 수 없다(같은 조 제3항).

판 례 색 인

사 항 색 인

저 자 약 력

■ 공 저 자

법학박사 **김 동 근**

숭실대학교 법과대학 법학과 졸업(법학사)
한성대학교 부동산대학원 졸업(부동산학석사)
숭실대학교 법학대학원 졸업(법학박사)

건국대학교 부동산정책연구소(부동산컨설팅과정 수료)
명지대학교 투자정보대학원(경매컨설팅과정 수료)
영산대학교 법무대학원(민사특별교육과정 수료)

현, 숭실대학교 외래교수
중앙법률사무교육원 교수
RTN부동산·경제TV 부동산전문위원
대한부동산학회 이사
한국부동산경영학회 섭외분과위원회 위원
한국부동산학회 정회원
한국법무보호학회 이사
내외일보 논설위원
내외경제 논설위원
법무법인 태한 부설 건설·부동산법률연구소 소장

【논 문】

- 주택재개발·재건축사업의 개선방안에 관한 법적연구, 숭실대학교 박사학위논문, 2012.6.
- 주택재건축 매도청구권행사상 문제점 및 개선방안에 관한 연구(숭실대학교 법학논총 27집), 2012.3.
- 정비사업조합설립·운용상의 개선방안에 관한 연구, 대한부동산학회지, 대한부동산학회, 제30권 제2호(통권 제35호). 2012.12.
- 정비사업조합설립추진위원회설립·운용상의 문제점 및 개선방안에 관한 입법정책적 연구, 부동산학보, 한국부동산학회, 제52집, 2013.2.
- 정비사업전문관리업제도의 문제점 및 개선방안에 관한 연구, 부동산학보, 한국부동산학회, 제54집, 2013.8.
- 관리처분계획인가 단계의 주요쟁점 및 개선방안에 관한 연구, 부동산경영, 한국부동산경영학회, 제8집, 2013.12.
- 주택정비사업으로 인하여 발생하는 주거이전비 보상에 관한 연구, 대한부동산학회지, 대한부동산학회, 제30권 제2호(통권 제35호), 2014.1.
- 정비사업에 있어 상가세입자 이주보상 관련 분쟁유형 및 개선방향에 관한 법적연구, 부동산학보, 한국부동산학회, 제57집, 2014.5

【저 서】

- 핵심재개발재건축분쟁실무(진원사)
- 건축분쟁소송실무(진원사)
- 부동산소송(진원사)
- 재개발·재건축 핵심 판례정리집 상, 하(진원사)
- 요건사실론(진원사)
- 민법총칙(진원사)

변호사 **윤 승 현**

서울경성고등학교 졸업
고려대학교 재료공학과 입학
경희대학교 법학부 졸업
사법연수원 수료(제40기)
전 중원종합법률사무소 소속 변호사
현, 법무법인 태한 소속변호사

【전문분야】
‣ 도시정비사업(재개발, 재건축), 부동산 개발 송무 및 자문

국토계획법 이론과 해설

저 자 김 동 근 · 윤 승 현
발행인 양 진 수
발행처 진 원 사

2014년 11월 17일 초판 인 쇄
2014년 11월 25일 초판 발 행

서울시 서초구 법원로2길 17-6(서초3동, 형덕빌딩 1층)
전화 : 02)916-1850 / 팩스 : 02)916-3442
신고번호 제321-2512007002호
http://www.jinwonsa.co.kr
http://www.lawbookstore.co.kr

ISBN : 978-89-6346-402-2 93360

정가 45,000원